“十三五”国家重点出版物出版规划项目

名校名家基础学科系列
Textbooks of Base Disciplines from Top Universities and Experts

# 大 学 物 理

## 上 册

## 第 2 版

主 编 陆 健
副主编 邓开明 骆晓森
参 编 刘素梅 章玉珠 严 琴
王广安 陈 波



机 械 工 业 出 版 社

本书根据教育部高等学校大学物理课程教学指导分委员会制定的《理工科类大学物理课程教学基本要求》(2010年版) 和国内同类物理教材的改革动态，并结合编者多年的教学经验编写而成。全套书分上下两册，本书是上册，主要内容为力学基础、机械振动和机械波、热学基础、电磁学（Ⅰ）四篇。本书在内容安排上科学、合理，完整性和适用性强，同时富有启发性；在物理概念的阐述上简明清楚、通俗易懂；在内容叙述上条理清晰、层次分明、深入浅出，同时注意加强语言的规范性。每章后附有“本章提要”，每篇后面节选了有关物理学与现代科学技术应用方面的内容，以开阔学生眼界，书后附有习题参考答案。

本书为各类工科本科院校的大学物理课程教材，也可作为综合性大学、师范院校非物理类专业以及各类成人高等教育物理课程的教材或参考书。

**图书在版编目（CIP）数据**

大学物理. 上册/陆健主编. —2版. —北京：机械工业出版社，2021.1（2024.11重印）
（名校名家基础学科系列）
“十三五”国家重点出版物出版规划项目
ISBN 978-7-111-67519-8

Ⅰ.①大… Ⅱ.①陆… Ⅲ.①物理学-高等学校-教材 Ⅳ.①O4

中国版本图书馆CIP数据核字（2021）第027184号

机械工业出版社（北京市百万庄大街22号 邮政编码100037）
策划编辑：李永联 责任编辑：李永联
责任校对：张晓蓉 封面设计：鞠 杨
责任印制：邓 博
北京盛通印刷股份有限公司印刷
2024年11月第2版第5次印刷
184mm×260mm · 20.75印张 · 513千字
标准书号：ISBN 978-7-111-67519-8
定价：59.00元

电话服务 网络服务
客服电话：010-88361066 机 工 官 网：www.cmpbook.com
010-88379833 机 工 官 博：weibo.com/cmp1952
010-68326294 金 书 网：www.golden-book.com
**封底无防伪标均为盗版** 机工教育服务网：www.cmpedu.com

# 前　言

本套书根据教育部高等学校大学物理课程教学指导分委员会制定的《理工科类大学物理课程教学基本要求》(2010年版)，在南京理工大学使用多年的《大学物理》讲义（潘国顺等编）的基础上，并结合国内同类物理教材的改革动态和编者多年的教学经验编写而成。

本次修订参考了国内一些同类的优秀大学物理教材，对第1版各章内容、例题和习题进行了重新审定和完善，增加了应用型习题，同时对书中"物理学与现代科学技术"栏目的内容进行了更新。为满足不同专业、不同模块教学内容的需求，光学部分增加了几何光学的内容，近代物理部分增加了原子物理的部分内容。每章均配有"本章提要"，并精选了适量难易适中的习题供学生练习、复习。

本套书内容安排科学、合理，完整性和适用性强，同时富有启发性。编者力求在物理概念的阐述上简明清楚、通俗易懂，在内容叙述上条理清晰、层次分明、繁简得当且深入浅出，同时注意加强了语言的规范性。

本套书符合高等院校工科本科教育层次及素质教育中大学物理作为通识教育课程的要求。在教学过程中做合理取舍或调整后，可满足不同专业、不同学时的教学需要。

本套书分上下两册，全套书编写大纲的制定和内容的安排是全体编者多次讨论后确定的。本书是上册，具体编写人员和分工为：邓开明、陈波编写第1~3章，骆晓森、刘素梅编写第4、5章，陈波、严琴编写第6、7章，王广安、陆健编写第8、9章。下册具体编写人员和分工为：刘素梅、邓开明编写第10~13章，严琴、陆健、陈波编写第14~17章，章玉珠、骆晓森、王广安编写第18~20章。全套书由陆健教授统稿。

本套书在编写过程中得到了南京理工大学教务处及理学院应用物理系的大力支持，在此表示衷心的感谢。

书中难免有不足之处，欢迎读者批评指正。

编　者

# 目录

前言
绪论 …… 1

## 第1篇 力学基础

第1章 质点力学基础 …… 4
1.1 参考系 质点 运动方程 …… 4
1.2 位移 速度 加速度 …… 6
1.3 平面曲线运动 …… 11
1.4 相对运动 …… 21
1.5 牛顿运动定律 …… 23
1.6 力学中的单位制和量纲 …… 31
*1.7 非惯性系 惯性力 科里奥利力 …… 33
本章提要 …… 37
习题 …… 38
第2章 质点力学中的守恒定律 …… 42
2.1 机械功 功率 …… 42
2.2 动能 动能定理 …… 46
2.3 势能 机械能守恒定律 …… 48
*2.4 质心 质心运动定律 …… 56
2.5 动量定理 动量守恒定律 …… 60
*2.6 火箭飞行原理简介 …… 65
2.7 碰撞 …… 67
2.8 角动量 角动量守恒定律 …… 69
本章提要 …… 71
习题 …… 72
物理学与现代科学技术Ⅰ …… 75
同步卫星 …… 75
第3章 刚体的转动 …… 77
3.1 刚体的定轴转动 …… 77
3.2 转动动能 转动惯量 …… 79
3.3 力矩 转动定律 …… 84
3.4 力矩的功 转动动能定理 …… 87
3.5 角动量和冲量矩 角动量守恒定律 …… 89
*3.6 旋进 …… 92
*3.7 刚体的平面运动 …… 94
本章提要 …… 98
习题 …… 100

## 第2篇 机械振动和机械波

第4章 机械振动 …… 104
4.1 简谐振动 …… 104
4.2 简谐振动的能量 …… 111
4.3 简谐振动的旋转矢量投影表示法 …… 113
4.4 简谐振动的合成 …… 115
4.5 阻尼振动 受迫振动 共振 …… 121
本章提要 …… 125
习题 …… 127
第5章 机械波 …… 130
5.1 机械波的产生及其特征量 …… 130
5.2 平面简谐波 …… 132
5.3 惠更斯原理 波的衍射 …… 139
5.4 波叠加原理 波干涉 …… 140
5.5 驻波 …… 143
5.6 多普勒效应 …… 148
*5.7 声波 超声波 次声波 …… 150
本章提要 …… 153
习题 …… 154
物理学与现代科学技术Ⅱ …… 158

声呐技术与水声信号处理 ……………………… 158

## 第 3 篇　热学基础

**第 6 章　气体动理学理论** ……………………… 166
6.1　气体动理学的基本概念 ……………… 166
6.2　理想气体状态方程 ………………… 168
6.3　理想气体的压强和温度公式 ………… 170
6.4　能量均分定理　理想气体的内能 …… 174
6.5　麦克斯韦速率分布定律 ……………… 179
6.6　玻尔兹曼分布定律 ………………… 186
6.7　气体分子的平均碰撞频率和平均自由程 ……………………………… 188
*6.8　气体内的迁移现象 ………………… 190
6.9　非理想气体状态方程 ……………… 194
本章提要 ……………………………………… 196
习题 ……………………………………………… 198
**第 7 章　热力学基础** ……………………………… 201
7.1　热力学第一定律 …………………… 201
7.2　气体的摩尔热容 …………………… 203
7.3　热力学第一定律对理想气体等值过程的应用 ………………………… 207
7.4　卡诺循环 ……………………………… 214
7.5　热力学第二定律 …………………… 220
7.6　熵　热力学第二定律的统计意义 …… 224
本章提要 ……………………………………… 229
习题 ……………………………………………… 231
物理学与现代科学技术Ⅲ ………………… 235
制冷技术的物理基础 ………………… 235

## 第 4 篇　电磁学（Ⅰ）

**第 8 章　真空中的静电场** ……………………… 238
8.1　电荷和电场 ………………………… 238
8.2　静电场的高斯定理 ………………… 245
8.3　静电场的环路定理　电势 ………… 252
8.4　等势面　电场强度与电势的微分关系 ………………………………… 259
本章提要 ……………………………………… 262
习题 ……………………………………………… 263
**第 9 章　静电场中的导体和电介质** …… 269
9.1　静电场中的导体 …………………… 269
9.2　静电场中的电介质 ………………… 275
9.3　电容　电容器 ……………………… 281
9.4　静电场的能量 ……………………… 286
本章提要 ……………………………………… 292
习题 ……………………………………………… 293
物理学与现代科学技术Ⅳ ………………… 298
摩擦纳米发电机 ……………………… 299
航空静电 ……………………………… 301
**附录** ……………………………………………… 303
附录 A　矢量 …………………………………… 303
附录 B　国际单位制（SI）简介 …………… 309
附录 C　常用物理量基本常数表 ………… 311
附录 D　地球、月球、太阳及大气的有关数据 ………………………………… 311
**部分习题参考答案** ……………………………… 313
**参考文献** ………………………………………… 326

# 绪　论

自然科学研究的对象是客观世界的基本属性和物质运动所遵循的规律。学习自然科学的目的在于认识客观世界，掌握它们的运动规律，促进自然科学的发展，从而达到认识自然、利用自然、改造自然、服务人类的目的。

物理学是自然科学的一个重要分支，是现代科学技术和工程技术的重要基础。

**1. 物理学的研究对象**

自然界所有的客观实在都是物质。整个自然界就是由各种各样运动着的物质组成的，大到宇宙，小到基本粒子。宇宙已探知的线度为 $10^{26}$m 以上，基本粒子的线度为 $10^{-15}$m 以下，两者有超过 41 个数量级的差别，可谓天壤之别。实物和场是物质存在的两种基本形式。物质是由大量分子、原子等粒子组成的客观实体，其表现形态有固态、液态、气态和等离子体等，它们之间在一定条件下可以相互转化。场是物质存在的另一种形式，人们熟知的电场、磁场和引力场等都是物质。

自然界的一切现象正是物质运动的表现。运动是物质的存在形式，也是物质的固有属性。各种不同的运动形式既服从普遍规律，也有它们自己的特有规律。

物质之间存在相互作用。相互作用的形式可分四类：①万有引力作用。这是一种长程力作用，存在于具有质量的一切物体之间，在天体运动中起着主要作用。②电磁相互作用。这也是一种长程力作用，存在于电荷之间、电流之间、电磁场之间。在原子、分子领域内，电磁相互作用起着支配作用。③强相互作用。这是一种短程力作用（$10^{-14}$m ~ $10^{-16}$m），存在于原子核的核子之间，在原子核内强相互作用起着支配作用。④弱相互作用（$<10^{-17}$m）。也是一种短程力作用，存在于基本粒子之间，常被强相互作用和电磁相互作用所掩盖。

物理学研究的是物质的基本结构、物质间的相互作用、物质运动最基本最普遍的形式，包括机械运动、分子热运动、电磁运动、原子和原子核内部的运动等。物理学研究物质的运动普遍存在于其他高级的、复杂的物质运动形式之中。如宇宙中任何物体，不论其化学性质如何，有无生命，都遵从物理学中的万有引力定律；一切变化和过程，不论是否具有化学的、生物的或其他特殊性质，都遵从物理学中能量守恒和转化定律。因此，物理学在自然科学中占有很重要的地位，它是自然科学和其他工程科学的重要基础。

**2. 物理学的研究方法**

人类认识客观世界的法则是实践—理论—实践。物理学的研究方法也遵从这个法则。具体地说，物理学的理论是通过观察、实验、抽象和假设等研究方法并通过实践的检验而建立起来的，再经过多次反复而不断发展和完善。实践是检验真理的唯一标准。

观察和实验是物理学及一切自然科学研究的基本方法。观察，是对自然界发生的某些现象原样地进行观察研究；实验，是在人为控制的条件下重现现象，再进行观察和分析研究。在实验中，常将复杂的条件加以简化，突出主要因素，排除或忽略次要因素，有时这也叫重现抽象。

抽象是根据问题的内容和性质，抓住主要因素，排除次要的、局部的和随机的因素，建立一个与实际情况基本相符的理想模型进行研究。例如，“质点” 和 “刚体” 都是物体的理想模型，前者忽略物体的大小、形状等次要因素，抓住了 “质量” 和 “点” 的主要因素；后者忽略了物体形变的次要因素，抓住了形状、质量分布和大小等主要因素。理想模型在物理学的研究中十分重要。

假说是建立在一定的观察和实验基础上，为说明物理现象的本质及其遵循的规律而提出的说明方案或基本论点。通过多次反复的实验对所做的假设进行检验，正确的假说上升为定律或基本原理；凡不符合实际的假说，则被否定或进行修正。在科学认识的发展过程中，假说是很重要的，甚至是一个必不可少的阶段。

从观察、实验、抽象、假设到理论的形成，物理学的研究并未结束，理论还必须受到实践的检验，并不断地修正、完善，继续向前发展。

**3. 物理学与工程技术科学的关系**

现代科学技术的发展，使科学与生产的关系越来越密切了。科学技术作为生产力，越来越显示出它的巨大作用。而物理学是现代技术科学和工程技术的基础，对其他自然科学和工程技术的发展起着推动和促进作用。

早在 17 世纪，牛顿力学已经成为天文学的基础，它是近代一切机械、建筑和交通运输等工程技术的基础。进入 18 世纪，随着热力学的发展，蒸汽机得到广泛应用，极大改变了工业生产的面貌，标志着人类历史上第一次工业革命的诞生。到了 19 世纪，在麦克斯韦电磁场理论的推动下，人类成功地制造了发电机、电器、电信设备，引起工业电气化，即第二次工业革命。20 世纪以来，由于相对论和量子力学的建立，人们对原子和原子结构的认识日益深化，进而推动了第三次工业革命，人类进入了原子能、激光技术和空间技术等原子时代。随着科学技术的迅猛发展，特别是微电子与计算机等信息技术的发展，人类已进入了信息社会。

可以预料，物理学和其他自然科学的进一步发展，必将进一步带动技术科学的重大突破。现代技术科学和生产力的迅猛发展，势必为物理学的深入研究提供更为先进的手段，从而又推动和加速物理学的研究和发展。

大学物理是高等学校理工科各专业的一门重要的通识基础课，甚至可以说是一门重要的素质教育课程。学生应该牢固掌握物理学的基本概念、基本规律和基本方法，深刻理解物理规律的意义和适应范围，并在科学思维方法、思维能力、实验技能及科学研究能力等方面得到严格训练，为今后学习专业知识和从事科研、开发和教育等工作打下扎实而必要的物理基础。

# 1

# 第 1 篇　力学基础

力学是物理学最古老的分支学科，其渊源在西方可以追溯到公元前 4 世纪古希腊学者关于运动的描述，在中国可以追溯到公元前 5 世纪《墨经》中关于《杠杆》原理的论述。现代意义上的力学是从 17 世纪开始的，由伽利略和牛顿等人创立，以牛顿三定律为基础，研究物体机械运动规律的一门物理学分支学科，人们称之为经典力学或牛顿力学。所谓机械运动是指物体相对位置的变化，它是一种最简单而又最基本的物质运动形态。研究机械运动规律而不涉及引起这种变化原因的力学，称为运动学；考虑物体间的相互作用及其对物体运动影响的力学，称为动力学。本篇主要研究质点力学基础、质点力学的守恒定律和刚体定轴转动，着重阐明物体的动量、能量和角动量等概念及相应的守恒定律。

# 第1章

# 质点力学基础

## 1.1 参考系 质点 运动方程

### 1.1.1 运动的绝对性和描述运动的相对性

自然界中一切物质都处于永恒不停的运动中，小至微观世界的基本粒子、原子和分子，大至日月星辰乃至整个宇宙。运动与物质密不可分，运动是物质的存在形式，物质运动是独立于人们意识之外的客观实在，这是运动的绝对性。但是在描述物体的运动时，相对于不同的参照物，所得到的结论可能截然不同。例如，高速运动的航天飞机内的宇航员，相对于航天飞机是静止的，而相对于太阳则是运动的，这就是描述运动的相对性。

### 1.1.2 参考系和坐标系

描述一个物体的运动，首先必须指明是相对于哪一个物体或物体体系（由彼此相对静止的几个物体组成），这个被选作参考的物体或物体体系，被称为参考系。例如，确定汽车的位置时，我们可以用固定在地面上的一些物体，如建筑物作为参考系，这样的参考系叫地面参考系。在物理实验中，确定某一物体的位置时，我们用固定在实验室内的一些物体，如实验台作为参考系，这样的参考系就称为实验室参考系。由于运动的相对性，如果我们选择的参考系不同，对物体运动的描述也就不同。因此，当我们描述一个物体的运动时，就必须明确是相对于哪个参考系而言的。从描述物体运动的角度来看，参考系的选取有一定的任意性。例如，要描述在一列运行的火车上行走的人的运动状态，我们既可以选择地面作为参考系，也可以选择运行的火车作为参考系，视问题的性质和处理问题的方便程度而定。

要定量地描述运动物体相对于参考系的位置，人们还需要在参考系上建立一个固定的坐标系。坐标系的选择也是任意的，同样视研究问题的方便程度而定。常用的坐标系有直角坐标系、平面极坐标系、球坐标系和柱坐标系等。

### 1.1.3 质点

任何物体都有一定的形状和大小，物体运动时，其上各点的位置变化不尽相同。若要精确、详细地描述物体的运动通常是很复杂的，但是，在某些问题的研究中，物体的形状和大小不起作用或影响甚小从而可以忽略不计，这时就可以把该物体看作一个没有形状和大小的几何点，而物体的质量全集中于该点，我们把这样的点称作**质点**。质点是研究物体运动而构建的一种理想模型。物体是否可以视为质点不是绝对的，是由问题具体性质所决定的。例如，在地球绕太阳公转的过程中，由于地球的半径（约 6 400km）同地球公转的轨道半径（约 149 504 000km）相比要小得多，地球上各点相对于太阳的运动，基本上可以认为是相同的。因此，在研究地球公转问题时，地球的形状和大小可以忽略不计，可以把它当作一个质点来处理。但是，若要研究地球的自转问题，再把地球看作质点，显然是不合适的。

质点模型的引入还为研究质量连续分布物体的运动提供了一种处理方法。例如，在讨论刚体运动时，可以把刚体看作是由无数质点组成的“质点系”来讨论。因此，质点运动是研究物体运动的基础。

### 1.1.4 位置矢量

要定量地描述任一时刻运动质点的空间位置，必须选定参考系并在其上建立坐标系，图 1-1 所示为一建立在三维空间里的笛卡儿直角坐标系。为了描述质点 $P$ 在时刻 $t$ 的位置，可以从原点 $O$ 向 $P$ 点引一条有向线段 $\boldsymbol{r}$（图 1-1 中的 $\overrightarrow{OP}$），矢量 $\boldsymbol{r}$ 称作**位置矢量**，简称**位矢**，或**矢径**。$\boldsymbol{r}$ 在三个坐标轴上的投影（$x$，$y$，$z$）称为矢径 $\boldsymbol{r}$ 的三个分量即 $P$ 点的坐标。如果令 $\boldsymbol{i}$、$\boldsymbol{j}$、$\boldsymbol{k}$ 分别为 $x$、$y$、$z$ 轴方向上的单位矢量，则矢径 $\boldsymbol{r}$ 可表示为

$$\boldsymbol{r}=x\,\boldsymbol{i}+y\,\boldsymbol{j}+z\,\boldsymbol{k} \tag{1-1}$$

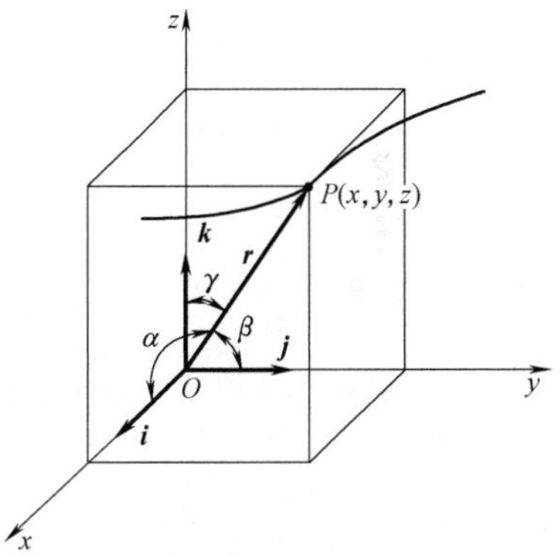

图 1-1 位置矢量

其大小为

$$r=|\boldsymbol{r}|=\sqrt{x^2+y^2+z^2}$$

矢径的方向余弦为

$$\cos\alpha=\frac{x}{r},\quad \cos\beta=\frac{y}{r},\quad \cos\gamma=\frac{z}{r}$$

式中，$\alpha$、$\beta$、$\gamma$ 分别为矢径 $\boldsymbol{r}$ 与 $x$、$y$、$z$ 轴间的夹角。

矢径的大小在国际单位制中的单位为米，符号为 m。

### 1.1.5 运动方程

质点的机械运动，实际上是指质点的空间位置随时间的变化过程。这时，质点的矢径 $\boldsymbol{r}$ 和坐标 $x$、$y$、$z$ 都是时间 $t$ 的函数，写为

$$\boldsymbol{r}=\boldsymbol{r}(t)=x(t)\boldsymbol{i}+y(t)\boldsymbol{j}+z(t)\boldsymbol{k} \tag{1-2a}$$

或标量函数（分量式）

$$x=x(t),\quad y=y(t),\quad z=z(t) \tag{1-2b}$$

式（1-2a）或式（1-2b）称为质点的**运动方程**。

当质点被约束在 $xOy$ 平面内运动时，运动方程简化为

$$\boldsymbol{r}=x(t)\boldsymbol{i}+y(t)\boldsymbol{j}$$

或分量式

$$x=x(t),\quad y=y(t)$$

知道了质点的运动方程，就可以确定任一时刻质点的位置。质点运动学的主要任务之一就是根据质点的初始条件求质点的运动方程。

质点运动所经历的空间路径称为轨迹。若质点的轨迹为直线，称为直线运动；若质点的轨迹为曲线，称为曲线运动。直线运动是曲线运动的一个特例。由运动方程参数形式（1-2b）中消去时间参数 $t$，即可求得质点的轨迹方程 $f(x, y, z)=0$。

例如，一质点的平面运动方程为

$$\boldsymbol{r}=R\cos\omega t\,\boldsymbol{i}+R\sin\omega t\,\boldsymbol{j}$$

其标量函数为

$$x(t)=R\cos\omega t, \quad y(t)=R\sin\omega t$$

消去 $t$ 后就得轨迹方程

$$x^2+y^2=R^2$$

这是在 $xOy$ 平面内以坐标原点为圆心、以 $R$ 为半径的圆周。

## 1.2 位移 速度 加速度

### 1.2.1 位移

在图 1-2 中，曲线 $AB$ 是质点运动轨迹的一部分。在时刻 $t$，质点位于 $A$ 处，矢径为 $\boldsymbol{r}_A$；时刻 $t+\Delta t$，质点位于 $B$ 处，矢径为 $\boldsymbol{r}_B$。在 $\Delta t$ 时间内质点的位置变化可用有向线段 $\Delta\boldsymbol{r}$（即 $\overrightarrow{AB}$）来表示，$\Delta\boldsymbol{r}$ 称为质点在 $\Delta t$ 时间间隔内的**位移**。位移是描述质点位置变化的物理量。位移 $\Delta\boldsymbol{r}$ 与矢径 $\boldsymbol{r}_A$ 和 $\boldsymbol{r}_B$ 之间的关系为

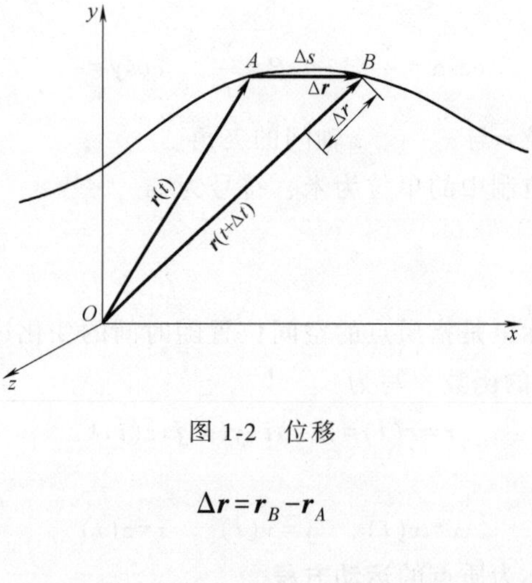


图 1-2 位移

$$\Delta\boldsymbol{r}=\boldsymbol{r}_B-\boldsymbol{r}_A$$

位移 $\Delta\boldsymbol{r}$ 的大小

$$|\Delta\boldsymbol{r}|=|\boldsymbol{r}_B-\boldsymbol{r}_A|=\sqrt{(x_2-x_1)^2+(y_2-y_1)^2+(z_2-z_1)^2}$$

它表示 $A$、$B$ 两点间的距离，方向由 $A$ 指向 $B$。

需要说明的是：位移 $\Delta\boldsymbol{r}$ 是矢量，既有大小又有方向，其大小 $|\Delta\boldsymbol{r}|$ 不同于位置矢量的大小在 $\Delta t$ 时间内的增量 $\Delta r=r(t+\Delta t)-r(t)$，如图 1-2 所示，即通常 $|\Delta\boldsymbol{r}|\neq\Delta r$。还需指出的是：

位移与路程是两个不同的概念。位移是矢量，它描述的是在 $\Delta t$ 时间间隔内质点的位置变化；路程是标量，它描述在 $\Delta t$ 时间间隔内质点通过路径如图 1-2 中弧 $AB$ 的长度 $\Delta s$。路程 $\Delta s$ 一般并不等于位移的大小 $|\Delta \boldsymbol{r}|$，即通常 $\Delta s \neq |\Delta \boldsymbol{r}|$。

位移矢量遵循平行四边形或三角形合成法则。如图 1-3 所示，在时刻 $t$ 质点位于 $A$ 点，经 $\Delta t_1$ 时间间隔后沿曲线到达 $B$ 点，位移为 $\Delta \boldsymbol{r}_1$，再经 $\Delta t_2$ 时间间隔后沿曲线到达 $C$ 点处，位移为 $\Delta \boldsymbol{r}_2$，那么质点在 $\Delta t=\Delta t_1+\Delta t_2$ 时间间隔内的总位移 $\Delta \boldsymbol{r}=\Delta \boldsymbol{r}_1+\Delta \boldsymbol{r}_2$。由此可见，位移只与初始位置（初态）及终止位置（终态）有关，与中间路径无关。

位移的量值，与路程一样，都表示长度量，在国际单位制中其单位用米表示，符号为 m。常用的单位还有千米（km）、分米（dm）、厘米（cm）和毫米（mm）等。

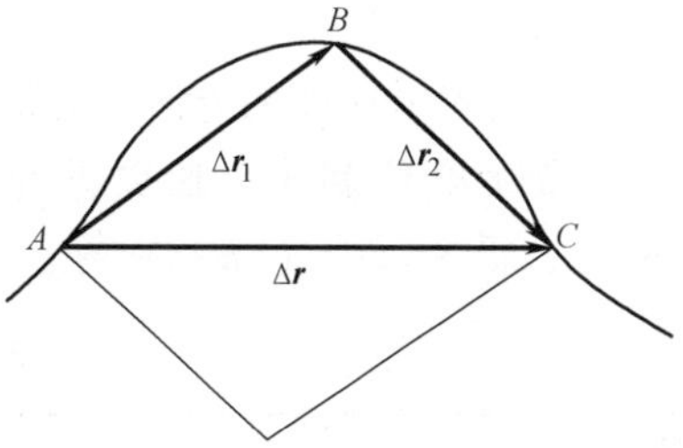

图 1-3　位移的合成

### 1.2.2　速度

速度是描述质点位置变化快慢程度的物理量。研究质点的运动，除了要知道质点的位移外，还需知道质点用多少时间产生了这一位移，即要知道质点运动的快慢程度。

在图 1-2 中，设在时刻 $t$ 到 $t+\Delta t$ 这段时间内，质点的位移为 $\Delta \boldsymbol{r}$，那么 $\Delta \boldsymbol{r}$ 与 $\Delta t$ 的比值，称为质点在 $\Delta t$ 时间内的平均速度，用 $\bar{\boldsymbol{v}}$ 表示，即

$$\bar{\boldsymbol{v}}=\frac{\Delta \boldsymbol{r}}{\Delta t}$$

平均速度是矢量，其方向为 $\Delta \boldsymbol{r}$ 方向，其大小为 $|\bar{\boldsymbol{v}}|=|\Delta \boldsymbol{r}|/\Delta t$。一般来说，平均速度（包括大小和方向）与所取时间的间隔 $\Delta t$ 的大小有关，因此在讨论平均速度时，必须明确是哪段时间内的平均速度。

在 $\Delta t$ 时间内，质点的路程 $\Delta s$ 与 $\Delta t$ 的比值，称为质点在这段时间内的平均速率，表示为

$$\bar{v}=\frac{\Delta s}{\Delta t}$$

平均速率是标量。一般情况下，平均速度的量值不等于平均速率，即 $|\bar{\boldsymbol{v}}| \neq \bar{v}$。

用平均速度描述质点的运动是粗糙的，因为它仅反映在一段时间内位置变化的平均快慢程度。若要精确地反映运动过程中质点在某一时刻或某一位置的运动情况，可以引入瞬时速度的概念。即令 $\Delta t$ 趋于零，这时平均速度 $\Delta \boldsymbol{r}/\Delta t$ 所趋于的极限值叫作质点在时刻 $t$ 的瞬时速度，简称为速度，用 $\boldsymbol{v}$ 来表示。由速度的定义，有

$$\boldsymbol{v}=\lim_{\Delta t\to 0}\frac{\Delta \boldsymbol{r}}{\Delta t}=\frac{\mathrm{d}\boldsymbol{r}}{\mathrm{d}t} \tag{1-3a}$$

可见，速度等于矢径对时间的一阶导数。

速度的大小叫速率，以 $v$ 表示，则有

$$v=|\boldsymbol{v}|=\left|\frac{\mathrm{d}\boldsymbol{r}}{\mathrm{d}t}\right|=\frac{|\mathrm{d}\boldsymbol{r}|}{\mathrm{d}t}=\frac{\mathrm{d}s}{\mathrm{d}t} \tag{1-3b}$$

即速率又等于质点所走过的路程对时间的变化率。

速度是矢量，既有大小，又有方向。在直角坐标系中速度矢量表示为

$$\boldsymbol{v}=v_x\boldsymbol{i}+v_y\boldsymbol{j}+v_z\boldsymbol{k} \tag{1-3c}$$

其中三个方向上的分量分别为

$$v_x=\frac{\mathrm{d}x}{\mathrm{d}t},\quad v_y=\frac{\mathrm{d}y}{\mathrm{d}t},\quad v_z=\frac{\mathrm{d}z}{\mathrm{d}t}$$

速度的大小为

$$|\boldsymbol{v}|=\sqrt{v_x^2+v_y^2+v_z^2} \tag{1-3d}$$

某时刻瞬时速度的方向，为沿着轨迹上质点所在处的切线，并指向质点前进的方向。

在国际单位制中，速度的单位为米每秒，符号为 m/s。常用的单位还有厘米每秒（cm/s）、千米每秒（km/s）等。表 1-1 给出了一些实际物体的速率值。

**表 1-1　一些实际物体的速率值**　　（单位：m/s）

| | | | |
|---|---|---|---|
| 光在真空中 | $3.0\times10^8$ | 机动赛车(最大) | $1.0\times10^2$ |
| 太阳在银河系中绕银河系中心的运动 | $3.0\times10^5$ | 高速公路最高限速 | $3.5\times10$ |
| 地球公转 | $3.0\times10^4$ | 12 级大风 | $3.0\times10$ |
| 发射人造地球卫星 | $7.9\times10^3$ | 猎豹(最快动物) | $2.8\times10$ |
| 现代歼击机 | 约 $9\times10^2$ | 普通火车 | $1.7\times10$ |
| 步枪子弹离开枪口时 | 约 $7\times10^2$ | 人跑步百米世界纪录(最快时) | $1.2\times10$ |
| 因地球自转在赤道上一点的速率 | $4.6\times10^2$ | 乌龟爬行 | $2.0\times10^{-2}$ |
| 空气分子热运动的平均速率(0℃) | $4.5\times10^2$ | 蜗牛爬行 | $1.5\times10^{-3}$ |
| 空气中的声速(0℃) | $3.3\times10^2$ | 大陆板块移动 | 约 $10^{-9}$ |
| 民航干线飞机 | $2.5\times10^2$ | | |

### 1.2.3　加速度

加速度是描述质点运动速度变化快慢的物理量。

质点在轨道上不同位置处的速度 $\boldsymbol{v}$ 通常是不同的，如图 1-4 所示。设 $\boldsymbol{v}_A$ 表示质点在时刻 $t$、位置 $A$ 点处的速度，$\boldsymbol{v}_B$ 表示质点在时刻 $t+\Delta t$、位置 $B$ 点处的速度，则人们把在 $\Delta t$ 时间内速度增量 $\Delta\boldsymbol{v}=\boldsymbol{v}_B-\boldsymbol{v}_A$ 与这段时间间隔 $\Delta t$ 的比值定义为平均加速度，即

$$\overline{\boldsymbol{a}}=\frac{\Delta\boldsymbol{v}}{\Delta t}$$

平均加速度 $\overline{\boldsymbol{a}}$ 是矢量，它随所取的时间间隔 $\Delta t$ 的不同而不同，所以在谈到平均加速度时必须指明是哪一段时间间隔。

当 $\Delta t\to0$ 时，平均加速度将趋于一个极限值，称之为质点在 $t$ 时刻的瞬时加速度，简称为加速度，用 $\boldsymbol{a}$ 表示，数学表示为

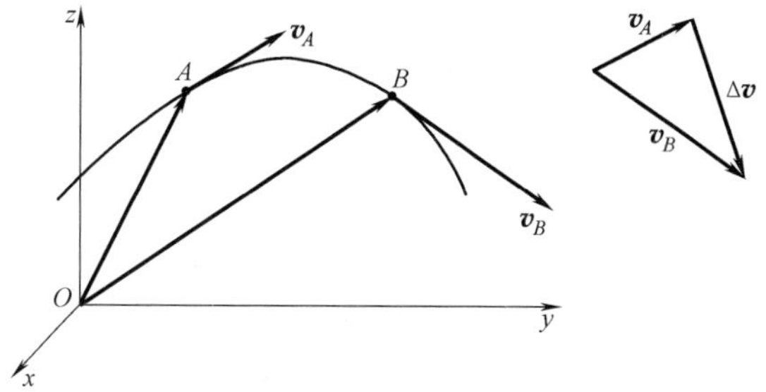


图 1-4 加速度

$$\boldsymbol{a}=\lim_{\Delta t\to 0}\frac{\Delta \boldsymbol{v}}{\Delta t}=\frac{\mathrm{d}\boldsymbol{v}}{\mathrm{d}t}=\frac{\mathrm{d}^2\boldsymbol{r}}{\mathrm{d}t^2} \tag{1-4a}$$

即加速度 $\boldsymbol{a}$ 是速度对时间的一阶导数，或矢径对时间的二阶导数。

在直角坐标系中，$\boldsymbol{a}$ 可表示为

$$\boldsymbol{a}=a_x\boldsymbol{i}+a_y\boldsymbol{j}+a_z\boldsymbol{k} \tag{1-4b}$$

其中，三个分量分别为

$$\begin{aligned} a_x&=\frac{\mathrm{d}v_x}{\mathrm{d}t}=\frac{\mathrm{d}^2x}{\mathrm{d}t^2}\\ a_y&=\frac{\mathrm{d}v_y}{\mathrm{d}t}=\frac{\mathrm{d}^2y}{\mathrm{d}t^2}\\ a_z&=\frac{\mathrm{d}v_z}{\mathrm{d}t}=\frac{\mathrm{d}^2z}{\mathrm{d}t^2}\end{aligned} \tag{1-4c}$$

加速度 $\boldsymbol{a}$ 的大小为

$$a=|\boldsymbol{a}|=\sqrt{a_x^2+a_y^2+a_z^2} \tag{1-4d}$$

加速度是矢量，既有大小，又有方向，其方向是速度增量 $\Delta\boldsymbol{v}$ 的极限方向。

应该明确的是：速度增量 $\Delta\boldsymbol{v}$ 的极限方向，一般不同于速度$\boldsymbol{v}$ 的方向，因而加速度 $\boldsymbol{a}$ 的方向与同一时刻 $\boldsymbol{v}$ 的方向一般是不一致的。

加速度是矢量，其合成或分解遵循平行四边形或三角形法则。例如，在曲线运动中，为研究问题的方便，通常将 $\boldsymbol{a}$ 分解成法向加速度 $\boldsymbol{a}_\mathrm{n}$ 和切向加速度 $\boldsymbol{a}_\mathrm{t}$，即 $\boldsymbol{a}$ 是 $\boldsymbol{a}_\mathrm{n}$ 和 $\boldsymbol{a}_\mathrm{t}$ 的合成，如图 1-5 所示。

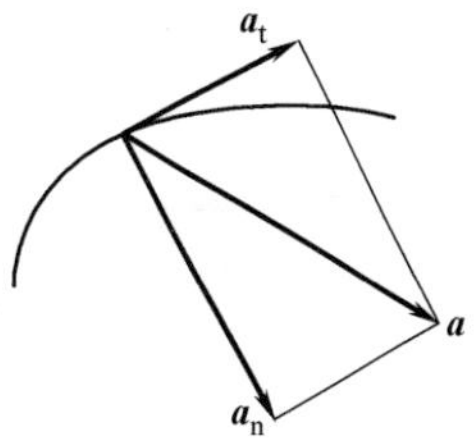


图 1-5 加速度的合成

在国际单位制中，加速度的单位为米每二次方秒，符号为 $\mathrm{m/s^2}$，此外，常用单位还有厘米每二次方秒（$\mathrm{cm/s^2}$）、毫米每二次方秒（$\mathrm{mm/s^2}$）等。

**例题 1-1** 已知一质点的运动方程为 $\boldsymbol{r}=(5\sin 2\pi t\,\boldsymbol{i}+4\cos 2\pi t\,\boldsymbol{j})$（单位为 m），试求：

（1）该质点从 0.25s 末到 1s 末的位移；1s 末的速度和加速度；

（2）该质点的轨迹方程。

**解** 由运动方程求速度或加速度的问题，通常采用微分方法。

（1）质点在 0.25s 末和 1s 末的位置分别为

$$\boldsymbol{r}_{0.25}=5\sin(2\pi\times0.25)\,\mathrm{m}\boldsymbol{i}+4\cos(2\pi\times0.25)\,\mathrm{m}\boldsymbol{j}=5\mathrm{m}\boldsymbol{i}$$
$$\boldsymbol{r}_1=5\sin(2\pi\times1)\,\mathrm{m}\boldsymbol{i}+4\cos(2\pi\times1)\,\mathrm{m}\boldsymbol{j}=4\mathrm{m}\boldsymbol{j}$$

这段时间内的位移为

$$\Delta\boldsymbol{r}=\boldsymbol{r}_1-\boldsymbol{r}_{0.25}=-5\mathrm{m}\boldsymbol{i}+4\mathrm{m}\boldsymbol{j}$$

或

$$|\Delta\boldsymbol{r}|=\sqrt{(\Delta x)^2+(\Delta y)^2}=\sqrt{(-5)^2+4^2}\ \mathrm{m}\approx6.4\mathrm{m}$$

$$\theta_1=\arctan\left(\frac{\Delta y}{\Delta x}\right)=\arctan\left(\frac{4}{-5}\right)\approx141°$$

这段时间内位移的大小为6.4m，位移的方向与$x$轴正方向约成141°角。

质点1s末的速度为

$$\boldsymbol{v}_1=\left(\frac{\mathrm{d}\boldsymbol{r}}{\mathrm{d}t}\right)_{t=1}=\left(\frac{\mathrm{d}x}{\mathrm{d}t}\boldsymbol{i}+\frac{\mathrm{d}y}{\mathrm{d}t}\boldsymbol{j}\right)_{t=1}$$
$$=[5\times2\pi\cos2\pi t\,\boldsymbol{i}-4\times2\pi\sin2\pi t\,\boldsymbol{j}]_{t=1}$$
$$=10\pi\mathrm{m/s}\boldsymbol{i}$$

或

$$v_1=\sqrt{v_x^2+v_y^2}=\sqrt{(10\pi)^2+0^2}\ \mathrm{m/s}=10\pi\mathrm{m/s}$$

$$\theta_2=\arctan\left(\frac{v_y}{v_x}\right)=0°$$

质点1s末的速度大小为$10\pi$m/s，方向沿$x$轴正方向。

质点1s末的加速度为

$$\boldsymbol{a}_1=\left(\frac{\mathrm{d}\boldsymbol{v}}{\mathrm{d}t}\right)_{t=1}=\left(\frac{\mathrm{d}^2\boldsymbol{r}}{\mathrm{d}t^2}\right)_{t=1}$$
$$=[-5\times(2\pi)^2\sin2\pi t\,\boldsymbol{i}-4\times(2\pi)^2\cos2\pi t\,\boldsymbol{j}]_{t=1}$$
$$=-16\pi^2\mathrm{m/s^2}\boldsymbol{j}=-157.9\mathrm{m/s^2}\boldsymbol{j}$$

或

$$a_1=\sqrt{a_x^2+a_y^2}=\sqrt{0^2+(-16\pi^2)^2}\ \mathrm{m/s^2}$$
$$=16\pi^2\mathrm{m/s^2}=157.9\mathrm{m/s^2}$$

$$\theta_3=\arctan\frac{a_y}{a_x}=\arctan\left(\frac{-16\pi^2}{0}\right)=-90°$$

可见，质点1s末加速度的大小约为157.9m/s$^2$，方向沿$y$轴的负方向。

(2) 轨迹方程可由运动参数方程$x=5\sin2\pi t$和$y=4\cos2\pi t$中消去时间参数$t$而得

$$\frac{x}{5}=\sin2\pi t,\quad \frac{y}{4}=\cos2\pi t$$

上两式两边分别平方，然后两式相加得

$$\frac{x^2}{5^2}+\frac{y^2}{4^2}=1$$

可见，质点在 $xOy$ 平面内的运动轨迹是椭圆，其长轴为 10m，短轴为 8m。

**例题 1-2** 一质点沿 $x$ 轴正方向做直线运动，其加速度 $a$ 与时间 $t$ 的关系为 $a=Ke^{-ct}$，其中 $K$ 和 $c$ 为常数。设初始时刻 $t=0$ 时质点位于 $x_0$ 处，速度为 $v_0$，试求该质点的速度 $v$ 和位置 $x$ 随时间 $t$ 变化的函数关系式。

**解** 在直线运动中，质点的位移、速度和加速度矢量都在同一直线上，因此可以将上述各矢量当作标量来处理，它们的方向可以由相应量值的正负来反映。虽然直线运动的讨论比较简单，但它是复杂的曲线运动的基础。

已知质点运动的加速度 $a$，求速度 $v$ 和坐标 $x$，通常采用积分法。

由加速度的定义 $a=\mathrm{d}v/\mathrm{d}t$ 及关系 $a=Ke^{-ct}$，可得

$$\mathrm{d}v=Ke^{-ct}\mathrm{d}t$$

利用初始条件进行积分

$$\int_{v_0}^{v}\mathrm{d}v=\int_0^t Ke^{-ct}\mathrm{d}t$$

$$v=v_0-\frac{K}{c}(e^{-ct}-1)$$

或

$$v=\left(v_0+\frac{K}{c}\right)-\frac{K}{c}e^{-ct}$$

由速度的定义 $v=\mathrm{d}x/\mathrm{d}t$ 及上式结果，可得位移为

$$\Delta x=x-x_0=\int_{x_0}^{x}\mathrm{d}x=\int_0^t v\mathrm{d}t$$

$$=\int_0^t\left[\left(v_0+\frac{K}{c}\right)-\frac{K}{c}e^{-ct}\right]\mathrm{d}t$$

$$=\left(v_0+\frac{K}{c}\right)t+\frac{K}{c^2}e^{-ct}-\frac{K}{c^2}$$

因此，坐标 $x$ 为

$$x=\left(x_0-\frac{K}{c^2}\right)+\left(v_0+\frac{K}{c}\right)t+\frac{K}{c^2}e^{-ct}$$

## 1.3 平面曲线运动

如果质点的运动轨迹是在同一个平面内，这种运动称之为平面曲线运动，例如抛体运动、圆周运动等。平面曲线运动的运动方程仍为

$$\boldsymbol{r}=\boldsymbol{r}(t)$$

在直角坐标系中可写成

$$\boldsymbol{r}=x(t)\boldsymbol{i}+y(t)\boldsymbol{j}$$

### 1.3.1 匀变速直线运动

直线运动是曲线运动的一个特例，又是一般曲线运动的一个分运动。在直线运动中经常碰到匀变速直线运动的问题。设质点沿 $x$ 轴做匀变速直线运动，已知其初始状态（$x_0$，$v_0$）

和加速度 $a$（$a$ 为恒量。若 $a>0$，质点做匀加速运动；$a<0$，质点做匀减速运动；$a=0$，质点做匀速运动。），要确定任一时刻 $t$ 时质点的运动状态（$x(t)$，$v(t)$），采用积分方法，容易得到

$$v = v_0 + \int_0^t \mathrm{d}v = v_0 + \int_0^t a\mathrm{d}t = v_0 + at \tag{1-5}$$

$$x = x_0 + \int_0^t \mathrm{d}x = x_0 + \int_0^t v\mathrm{d}t = x_0 + v_0 t + \frac{1}{2}at^2 \tag{1-6}$$

将式（1-5）两边平方并利用式（1-6）可得

$$v^2 = v_0^2 + 2a(x - x_0) \tag{1-7}$$

最常见的匀变速直线运动是自由落体运动。它是在忽略空气阻力的条件下，一个物体仅在重力作用下从静止开始下落的运动。在地球上同一地点的所有物体，不管它们的形状、大小如何，自由下落的加速度都是相同的，这一加速度叫自由落体加速度或重力加速度，用 $\boldsymbol{g}$ 来表示。在地球表面不同的地点，重力加速度略有不同，大约为 $9.8\mathrm{m/s^2}$。如果物体的初速度不为零，则为竖直上抛或下抛运动。设选取竖直向上为 $y$ 轴正向，物体以 $v_0$ 大小的初速度从 $y$ 轴原点竖直上抛，物体的加速度方向竖直向下，用 $-g$ 表示，则式（1-5）~式（1-7）可改写成

$$v = v_0 - gt$$

$$y = v_0 t - \frac{1}{2}gt^2$$

$$v^2 = v_0^2 - 2gy$$

如果取 $v_0=0$，上述表达式就可用来讨论自由落体运动。

### 1.3.2 抛体运动

在地球表面附近不太大的范围内，重力加速度 $\boldsymbol{g}$ 可以看成是常矢量。在忽略空气阻力的情况下，二维抛体运动的水平分量和竖直分量互相独立。这时可选平面直角坐标系，$x$ 轴和 $y$ 轴分别沿水平和竖直方向，如图 1-6 所示，抛体沿 $x$ 轴方向做匀速运动，沿 $y$ 轴方向做以 $-g$ 为加速度的匀变速运动。设抛体初速度 $\boldsymbol{v}_0$ 与 $x$ 轴正向成 $\theta_0$ 角，则 $\boldsymbol{v}_0$ 的水平分量和竖直分量分别为

$$v_{0x} = v_0\cos\theta_0, \quad v_{0y} = v_0\sin\theta_0$$

在任意时刻 $t$，速度分量分别为

$$v_x = v_{0x} = v_0\cos\theta_0$$

$$v_y = v_{0y} - gt = v_0\sin\theta_0 - gt$$

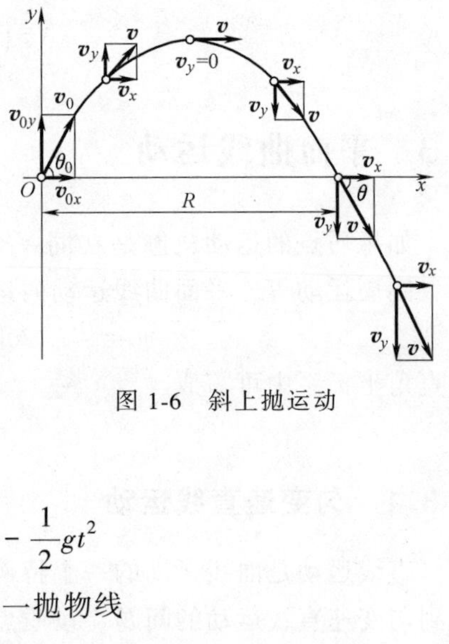

图 1-6 斜上抛运动

运动方程为

$$x = v_0\cos\theta_0 t, \quad y = v_0\sin\theta_0 t - \frac{1}{2}gt^2$$

从 $x$ 和 $y$ 中消去时间参数 $t$，可得抛体运动的轨迹方程为一抛物线

$$y = x\tan\theta_0 - \frac{g}{2v_0^2\cos^2\theta_0}x^2$$

质点达到最大高度（常称为射高）时，$v_y = 0$，从而可以求得达到最大高度所需要的时间

$$t_H = \frac{v_0\sin\theta_0}{g}$$

将 $t = t_H$ 代入运动方程 $y$ 的表达式可求得最大高度

$$H = \frac{v_0^2\sin^2\theta_0}{2g}$$

显然，当 $\theta_0 = 90°$时，$H$ 达到极大值

$$H_{\rm m} = \frac{v_0^2}{2g}$$

质点从地面某点抛出后，最后落到地面上同一高度的另一处，飞行的总时间 $T = 2t_H$，亦可令 $y = 0$ 求得（$y = 0$ 的另一解，$t = 0$ 表示起始点的时刻）

$$T = \frac{2v_0\sin\theta_0}{g}$$

这两点间水平距离称为射程。将 $t = T$ 代入运动方程 $x$ 的表达式中，即得射程

$$R = \frac{v_0^2\sin2\theta_0}{g}$$

不难看出，在一定的初始速度 $\boldsymbol{v}_0$下，$\theta_0 = 45°$时的射程最大，为

$$R_{\rm m} = \frac{v_0^2}{g}$$

应该指出，以上关于抛体运动的公式，都是在忽略空气阻力的情况下得到的。这些公式仅在初速度较小时同实际比较符合，当抛体的初速度较大时，由于空气阻力的作用，实际的抛体运动同由上述公式计算得到的结果有较大差异。图 1-7 给出了一个以初速度 161km/h 与水平方向成 60°角的抛体球，在考虑空气阻力时，实际运动的轨迹是图中曲线Ⅰ，在无空气阻力的真空中，抛体运动的轨迹是图中Ⅱ曲线。两者的差异是显而易见的。

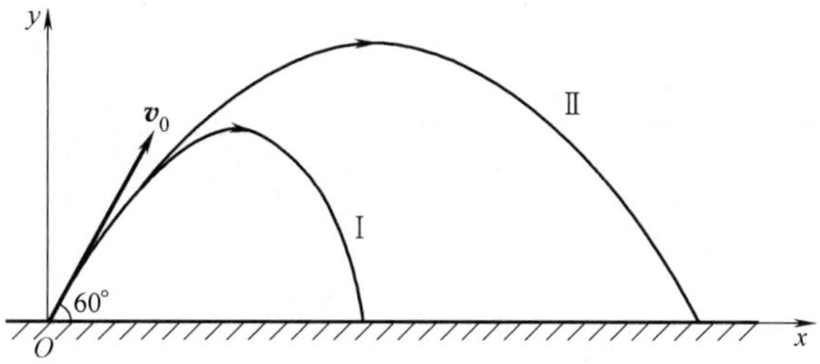


图 1-7　抛体运动轨迹

**例题 1-3**　一电影特技演员正试图从一建筑物屋顶水平跳至其相邻的建筑物屋顶，如图 1-8 所示。在他纵身一跃之前，首先应考虑一下能否成功。那么，如果他跳离屋顶最大水平速度是 4.5m/s，他能否成功跳至相邻建筑物屋顶？

**解**　由题意可知，相邻两建筑物屋顶的落差为 4.8m，自由下落这段竖直距离所需要的

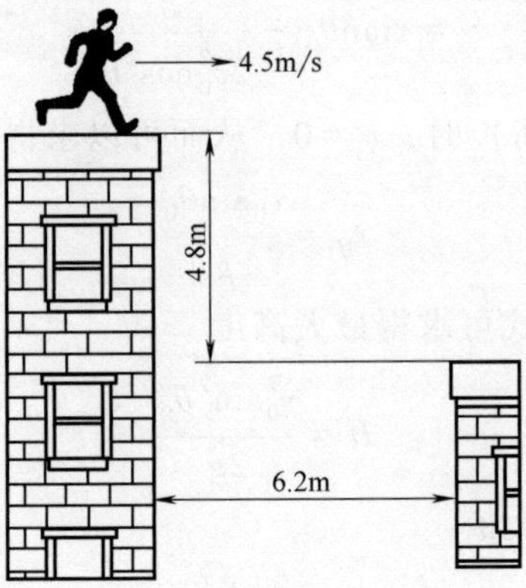


图 1-8 例题 1-3 图

时间为

$$t = \sqrt{-\frac{2(y-y_0)}{g}}$$

$$= \sqrt{-\frac{2\times(-4.8\text{m})}{9.8\text{m/s}^2}} = 0.99\text{s}$$

在这一段时间内，他水平运动的最大距离是

$$x - x_0 = (v_0\cos\theta_0)t$$

$$= (4.5\text{m/s})(\cos 0°)(0.99\text{s}) = 4.5\text{m}$$

该特技演员如果想成功着陆在相邻的建筑物屋顶，至少需要水平运动 6.2m。因此，你可以建议他别跳。

**例题 1-4** 在坡度（斜面的倾角）为 $\alpha$ 的斜面底端 $O$ 处，以初速 $\boldsymbol{v}_0$ 抛出一小球，$\boldsymbol{v}_0$ 的方向与斜面成 $\beta$ 角，小球恰好垂直击中斜面于 $Q$ 点，如图 1-9 所示（不计空气阻力）。

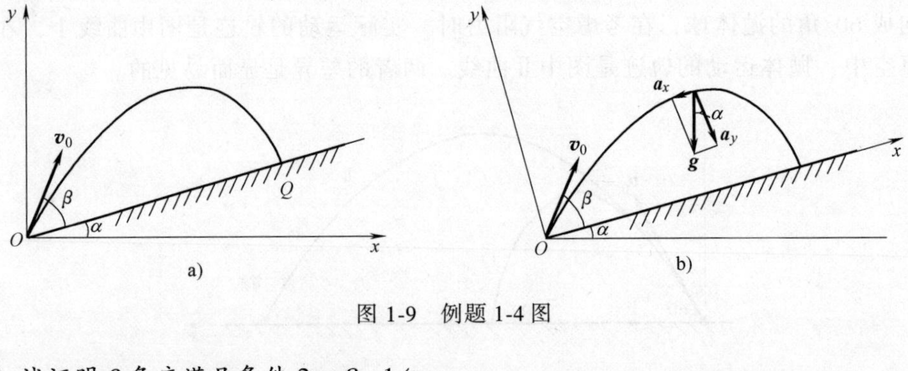


图 1-9 例题 1-4 图

（1）试证明 $\beta$ 角应满足条件 $2\tan\beta = 1/\tan\alpha$；

（2）试求点 $O$、$Q$ 之间的距离。

**解** 把小球视为质点，取 $O$ 点为原点，斜面方向为 $x$ 轴，垂直于斜面方向为 $y$ 轴，如图 1-9b 所示（$x$、$y$ 轴的取法有一定的任意性，视问题的方便程度而定。本题亦可取水平方向为 $x$ 轴，竖直方向为 $y$ 轴）。此时初速 $\boldsymbol{v}_0$ 的 $x$、$y$ 分量分别为

$$v_{0x} = v_0\cos\beta,\quad v_{0y} = v_0\sin\beta$$

加速度 **g** 在 $x$、$y$ 方向的分量分别为

$$a_x = -g\sin\alpha,\quad a_y = -g\cos\alpha$$

这时小球斜上抛运动可看作两个匀变速直线运动的合成。任一时刻 $t$ 的速度分量分别为

$$v_x = v_0\cos\beta - g\sin\alpha t$$
$$v_y = v_0\sin\beta - g\cos\alpha t$$

运动方程为

$$x = v_0\cos\beta t - \frac{1}{2}g\sin\alpha t^2$$

$$y = v_0\sin\beta t - \frac{1}{2}g\cos\alpha t^2$$

（1）由垂直击中斜面的条件（$v_x=0$ 和 $y=0$）可得小球在空中的运行时间为

$$t_Q = \frac{v_0\cos\beta}{g\sin\alpha}\quad（由\ v_x = 0\ 得到）$$

或

$$t_Q = \frac{2v_0\sin\beta}{g\cos\alpha}\quad（由\ y = 0\ 得到）$$

令两式相等可得关系（即小球垂直击中斜面的条件）

$$2\tan\beta = \frac{1}{\tan\alpha}$$

这一条件中并不包含初速 $\boldsymbol{v}_0$，可以想象，只要保持同一抛射角 $\beta$（$\beta=\arctan(1/2\tan\alpha)$），以较大的初速 $\boldsymbol{v}_0$ 抛出小球时，就可以使小球垂直击中斜面上离 $O$ 较远的点。

（2）将 $t_Q=(v_0\cos\beta)/(g\sin\alpha)$ 代入 $x$ 的表达式，可得 $O$、$Q$ 两点的距离（亦可利用公式 $v^2-v_0^2=2a\Delta x$）

$$x_{OQ} = v_0\cos\beta\frac{v_0\cos\beta}{g\sin\alpha} - \frac{1}{2}g\sin\alpha\left(\frac{v_0\cos\beta}{g\sin\alpha}\right)^2 = \frac{v_0^2\cos^2\beta}{2g\sin\alpha}$$

### 1.3.3　圆周运动

圆周运动是最简单的平面曲线运动之一，是研究其他一般曲线运动的基础。

**1. 匀速率圆周运动**

做圆周运动的质点每时每刻的速率相等，或者说，在任何相等的时间内，质点经历相等的弧长，这种运动叫作匀速率圆周运动。设圆半径为 $R$，圆心为 $O$，在 $\Delta t$ 时间内质点从 $A$ 到达 $B$ 点，转过的圆心角为 $\Delta\theta$，如图 1-10 所示。在 $A$、$B$ 两点处，速度分别为 $\boldsymbol{v}_A$ 和 $\boldsymbol{v}_B$，两者的大小相等，即 $|\boldsymbol{v}_A|=|\boldsymbol{v}_B|=v$，方向分别与半径 $OA$ 和 $OB$ 垂直。在 $\Delta t$ 时间内速度的增量为 $\Delta\boldsymbol{v}=\boldsymbol{v}_B-\boldsymbol{v}_A$。

根据加速度的定义，有

$$\boldsymbol{a} = \lim_{\Delta t\to 0}\frac{\Delta\boldsymbol{v}}{\Delta t} = \lim_{\Delta t\to 0}\frac{\boldsymbol{v}_B-\boldsymbol{v}_A}{\Delta t}$$

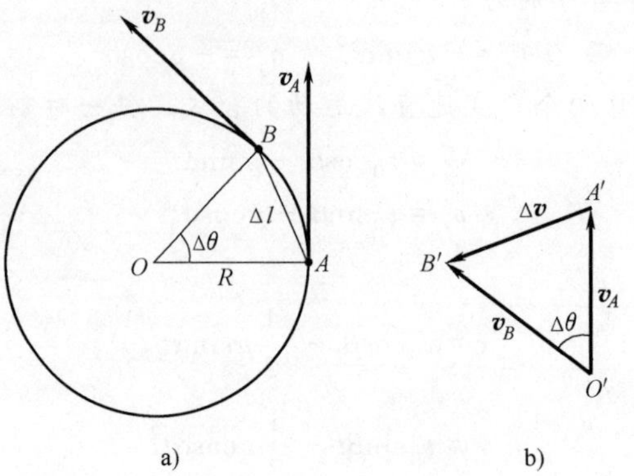


图 1-10 匀速率圆周运动

由图中两个三角形$\triangle AOB$与$\triangle A'O'B'$相似，得到对应边成比例的关系

$$\frac{|\Delta \boldsymbol{v}|}{v}=\frac{\Delta l}{R}$$

式中，$\Delta l$ 是弦 $AB$ 的长度。用 $\Delta t$ 除等式两边，得

$$\frac{|\Delta \boldsymbol{v}|}{\Delta t}=\frac{v}{R}\frac{\Delta l}{\Delta t}$$

当 $\Delta t \to 0$ 时，$B$ 点趋近于 $A$ 点，因此 $\Delta l$ 逼近于弧长 $\Delta s$，因而加速度的大小为

$$a=\lim_{\Delta t \to 0}\frac{|\Delta \boldsymbol{v}|}{\Delta t}=\frac{v}{R}\lim_{\Delta t \to 0}\frac{\Delta l}{\Delta t}=\frac{v}{R}\lim_{\Delta t \to 0}\frac{\Delta s}{\Delta t}=\frac{v^2}{R} \tag{1-8}$$

加速度 $\boldsymbol{a}$ 的方向为 $\Delta \boldsymbol{v}$ 的极限方向。从图 1-10 可以看出，当 $\Delta t \to 0$ 时，$\Delta\theta \to 0$，$\Delta \boldsymbol{v}$ 的极限方向垂直于$\boldsymbol{v}_A$，并由 $A$ 点指向圆心。由于做匀速率圆周运动物体的加速度在任意时刻都是由物体所在处指向圆心，所以人们称之为向心加速度。显然，向心加速度改变了速度的方向。

### 2. 变速率圆周运动

质点在圆周上各点处的速率如果随时间变化，这种运动称为变速率圆周运动。设质点在圆周上 $A$、$B$ 两点处的速度分别为$\boldsymbol{v}_A$和$\boldsymbol{v}_B$，它们的大小和方向都不相同，速度增量为 $\Delta \boldsymbol{v}=\boldsymbol{v}_B-\boldsymbol{v}_A$，如图 1-11 所示。

在图 1-11b 中，从 $D$ 作 $DF$ 使 $CF=CD$，这样将 $\Delta \boldsymbol{v}$ 分解成两个分矢量 $\Delta \boldsymbol{v}_{\mathrm{n}}$（即 $\overrightarrow{DF}$）和 $\Delta \boldsymbol{v}_{\mathrm{t}}$（即 $\overrightarrow{FE}$）。根据矢量合成法则，有

$$\Delta \boldsymbol{v}=\Delta \boldsymbol{v}_{\mathrm{n}}+\Delta \boldsymbol{v}_{\mathrm{t}}$$

根据加速度的定义，有

$$\boldsymbol{a}=\lim_{\Delta t \to 0}\frac{\Delta \boldsymbol{v}}{\Delta t}=\lim_{\Delta t \to 0}\frac{\Delta \boldsymbol{v}_{\mathrm{n}}}{\Delta t}+\lim_{\Delta t \to 0}\frac{\Delta \boldsymbol{v}_{\mathrm{t}}}{\Delta t}$$

式中，$\lim\limits_{\Delta t \to 0}(\Delta \boldsymbol{v}_{\mathrm{n}}/\Delta t)$ 所表示的分加速度就是向心加速度，也称为法向加速度，用 $\boldsymbol{a}_{\mathrm{n}}$ 表示，它改变了速度的方向，其大小 $a_{\mathrm{n}}=|\boldsymbol{a}_{\mathrm{n}}|=v^2/R$；$\lim\limits_{\Delta t \to 0}(\Delta \boldsymbol{v}_{\mathrm{t}}/\Delta t)$ 所表示的分加速度叫作切向

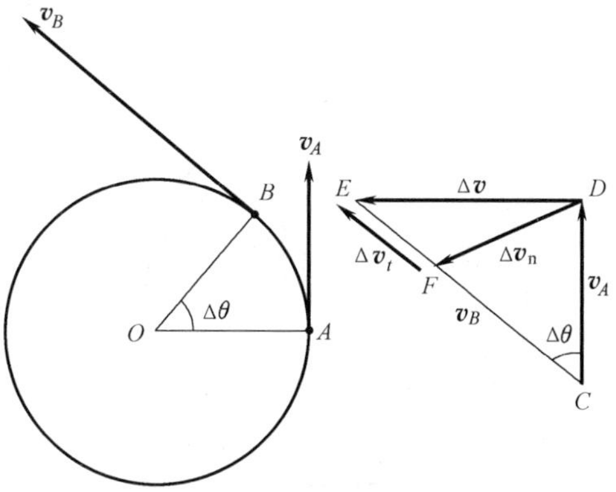


a)　　　　b)

图 1-11　变速率圆周运动

加速度，用 $\boldsymbol{a}_t$ 表示，它改变了速度的大小，其大小 $a_t=|\boldsymbol{a}_t|=\mathrm{d}v/\mathrm{d}t$，当 $\Delta t\to 0$ 时，$\boldsymbol{a}_t$ 和 $\boldsymbol{v}$ 同向，都是沿 $A$ 点的切线方向。这也是称它为切向加速度的原因，如图 1-12 所示。总加速度 $\boldsymbol{a}$

$$\boldsymbol{a}=\boldsymbol{a}_n+\boldsymbol{a}_t=\frac{v^2}{R}\boldsymbol{n}_0+\frac{\mathrm{d}v}{\mathrm{d}t}\boldsymbol{t}_0 \tag{1-9}$$

式中，$\boldsymbol{n}_0$ 和 $\boldsymbol{t}_0$ 分别表示法线方向（指向轨道凹侧）和切线方向的单位矢量。显然，$\boldsymbol{n}_0$ 和 $\boldsymbol{t}_0$ 都不是常矢量，它们的方向都随时间变化。这种沿着已知轨迹建立起来的坐标系，称为自然坐标系。$\boldsymbol{a}$ 的大小可由式（1-10）决定

$$a=|\boldsymbol{a}|=\sqrt{a_n^2+a_t^2}=\sqrt{\left(\frac{v^2}{R}\right)^2+\left(\frac{\mathrm{d}v}{\mathrm{d}t}\right)^2} \tag{1-10}$$

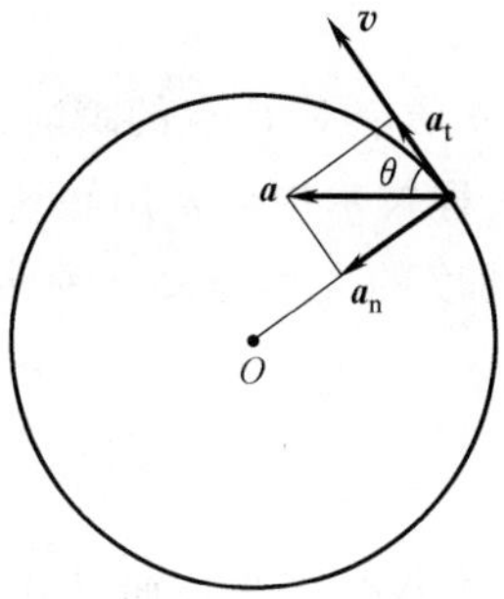


图 1-12　切向加速度和法向加速度

$\boldsymbol{a}$ 的方向可由它与瞬时速度 $\boldsymbol{v}$ 的夹角 $\theta$ 来表示，即

$$\theta=\arctan\frac{a_n}{a_t} \tag{1-11}$$

以上是从圆周运动的速率大小和圆周半径的几何关系入手，求得圆周运动物体的法向加速度和切向加速度。

**3. 圆周运动的角量描述**

质点的圆周运动也可以等效地用角位移、角速度、角加速度等角量来描述。

设想有一质点在 $xOy$ 平面内绕原点 $O$ 做圆周运动，如图 1-13 所示。设时刻 $t$ 质点在 $A$ 点，半径 $OA$ 与 $x$ 轴成 $\theta$ 角，$\theta$ 角称为角位置。在时刻 $t+\Delta t$ 质点到达 $B$ 点，半径 $OB$ 与 $x$ 轴成 $\theta+\Delta\theta$ 角，$OA$ 与 $OB$ 之间的夹角 $\Delta\theta$ 称为质点在 $\Delta t$ 时间内对 $O$ 点的角位移。角位移不但有大小，而且有转向。通常规定沿反时针方向（俯视）转动的角位移取正值，沿顺时针方向转动的角位移取负值。

角位移 $\Delta\theta$ 与时间 $\Delta t$ 的比值 $\Delta\theta/\Delta t$ 称为质点在 $\Delta t$ 时间内对 $O$ 点的平均角速度，以 $\overline{\omega}$ 表示，即

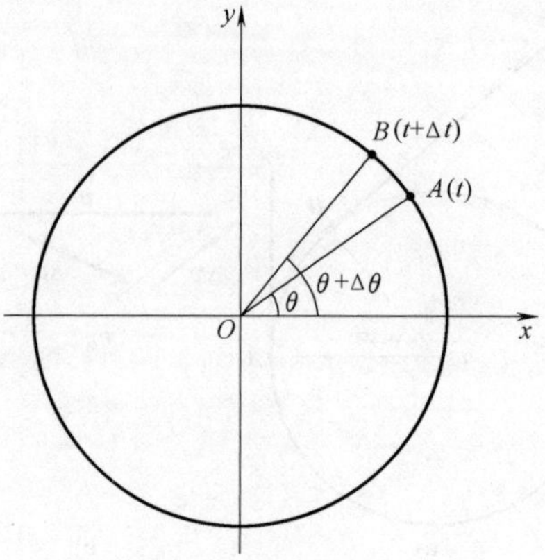


图 1-13 角位移

$$\overline{\omega}=\frac{\Delta\theta}{\Delta t}$$

当 $\Delta t \to 0$ 时，$\Delta\theta/\Delta t$ 趋于某一极限值

$$\omega=\lim_{\Delta t\to 0}\frac{\Delta\theta}{\Delta t}=\frac{\mathrm{d}\theta}{\mathrm{d}t} \tag{1-12}$$

$\omega$ 称为时刻 $t$ 质点对 $O$ 点的瞬时角速度，简称为角速度。角速度的单位为弧度每秒，符号为 rad/s。在工程技术中，常用转速或每分钟的转数，用字母 $n$ 表示，单位为转每分，符号为 r/min。角速度的大小与每分钟转数的关系为

$$\omega=\frac{2\pi n}{60}$$

角速度不仅有大小，而且还有方向，是一个矢量，通常用 $\boldsymbol{\omega}$ 来表示。角速度的方向可以用右手螺旋法则来确定。例如，图 1-14a 为一绕其自身转轴转动的唱片，唱片上的每一点都可以看成做圆周运动的质点，其角速度具有确定的大小和方向（自上向下看为顺时针方向）。我们用一个沿其转轴具有一定长度的有向线段来表示其角速度的大小，如图 1-14b 所示，角速度的方向同唱片的转动方向成右手螺旋关系，如图 1-14c 所示。

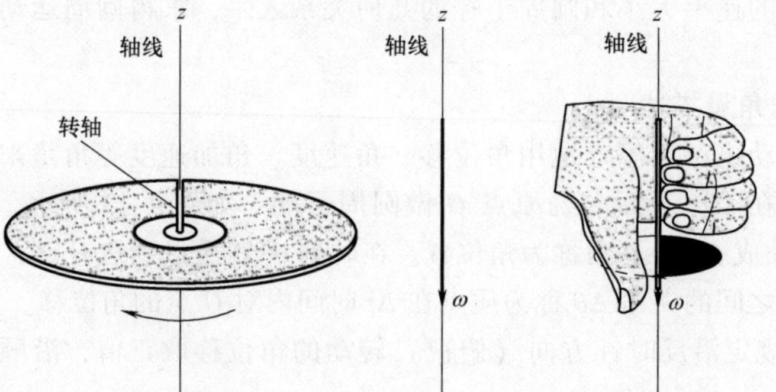


图 1-14 角速度的方向

设质点在 $\Delta t$ 时间内角速度的改变量为 $\Delta\boldsymbol{\omega}=\boldsymbol{\omega}(t+\Delta t)-\boldsymbol{\omega}(t)$，则 $\Delta\boldsymbol{\omega}$ 与 $\Delta t$ 的比值，称为在 $\Delta t$ 这段时间内质点对 $O$ 点的平均角加速度，用 $\overline{\boldsymbol{\alpha}}$ 表示，即

$$\overline{\boldsymbol{\alpha}}=\frac{\Delta\boldsymbol{\omega}}{\Delta t}$$

当 $\Delta t\to0$ 时，$\Delta\boldsymbol{\omega}/\Delta t$ 趋近于某一极限值，称为时刻 $t$ 质点对 $O$ 点的瞬时角加速度，简称为角加速度，用 $\boldsymbol{\alpha}$ 表示，即

$$\boldsymbol{\alpha}=\lim_{\Delta t\to0}\frac{\Delta\boldsymbol{\omega}}{\Delta t}=\frac{\mathrm{d}\boldsymbol{\omega}}{\mathrm{d}t} \tag{1-13}$$

角加速度也是矢量，其方向沿着角速度增加的方向，即 $\Delta\boldsymbol{\omega}$ 的极限方向。角加速度的单位为弧度每二次方秒，符号 $\mathrm{rad/s^2}$。

当质点做匀变速率圆周运动时，其角加速度 $\boldsymbol{\alpha}$ 是恒量；当质点做匀速率圆周运动时，角加速度为零，而角速度 $\boldsymbol{\omega}$ 是恒量。

质点做为匀变速圆周运动时，用角量表示的运动方程与匀变速直线运动方程完全相似，它们是

$$\begin{cases}\omega=\omega_0+\alpha t\\ \theta=\theta_0+\omega_0 t+\dfrac{1}{2}\alpha t^2\\ \omega^2=\omega_0^2+2\alpha(\theta-\theta_0)\end{cases} \tag{1-14}$$

式中，$\theta_0$、$\omega_0$ 分别表示质点在 $t=0$ 时的初角位置和初角速度。

为便于记忆和比较，将直线运动和圆周运动对应的公式列于表 1-2。

**表 1-2　直线运动与圆周运动的公式对照**

| 直　线　运　动 | | 圆　周　运　动 | |
|---|---|---|---|
| 位置 $x$，位移 $\Delta x$ | | 角位置 $\theta$，角位移 $\Delta\theta$ | |
| 速度 | $v=\dfrac{\mathrm{d}x}{\mathrm{d}t}$ | 角速度 | $\omega=\dfrac{\mathrm{d}\theta}{\mathrm{d}t}$ |
| 加速度 | $a=\dfrac{\mathrm{d}v}{\mathrm{d}t}=\dfrac{\mathrm{d}^2x}{\mathrm{d}t^2}$ | 角加速度 | $\alpha=\dfrac{\mathrm{d}\omega}{\mathrm{d}t}=\dfrac{\mathrm{d}^2\theta}{\mathrm{d}t^2}$ |
| 匀速直线运动 | $x=x_0+vt$ | 匀速率圆周运动 | $\theta=\theta_0+\omega t$ |
| 匀变速直线运动 | $v=v_0+at$<br>$x=x_0+v_0t+\dfrac{1}{2}at^2$<br>$v^2=v_0^2+2a(x-x_0)$<br>$\overline{v}=\dfrac{v_0+v}{2}$ | 匀变速圆周运动 | $\omega=\omega_0+\alpha t$<br>$\theta=\theta_0+\omega_0t+\dfrac{1}{2}\alpha t^2$<br>$\omega^2=\omega_0^2+2\alpha(\theta-\theta_0)$<br>$\overline{\omega}=\dfrac{\omega_0+\omega}{2}$ |

**4. 线量与角量的关系**

当质点做圆周运动时，线量（速度、加速度）与角量（角速度、角加速度）之间有一定的对应关系。

设质点初始时刻位于 $x$ 轴上 $Q$ 点，如图 1-15 所示，某一时刻 $t$，质点运动到 $A$ 点，其路程 $s=\overset{\frown}{QA}$，角位移为 $\theta$，圆周半径为 $R$，则

$$s = R\theta$$

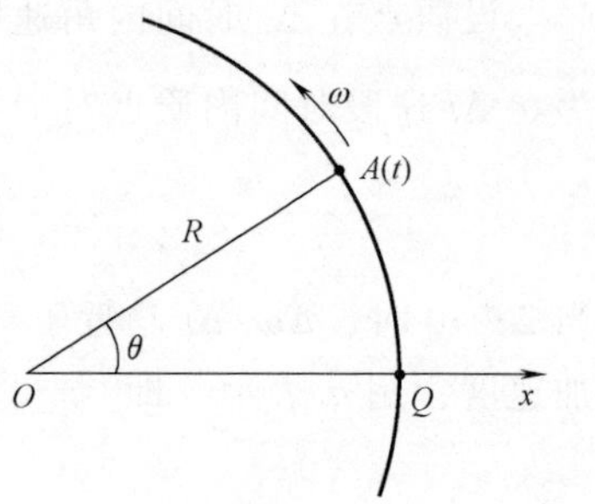

图 1-15 线量和角量关系

根据线速度大小即速率的定义 $v=\mathrm{d}s/\mathrm{d}t$ 和角速度大小的定义 $\omega=\mathrm{d}\theta/\mathrm{d}t$，将上式两边对时间 $t$ 求导，可得线速度的大小和角速度大小之间的关系式

$$v = R\omega \tag{1-15}$$

同样，按照圆周运动切向加速度的定义 $a_\mathrm{t}=\mathrm{d}v/\mathrm{d}t$ 和角加速度的定义 $\alpha=\mathrm{d}\omega/\mathrm{d}t$，式（1-15）两边对时间 $t$ 求导，可得质点切向加速度的大小与角加速度大小之间的关系式

$$a_\mathrm{t} = R\alpha \tag{1-16}$$

如果将 $v=R\omega$ 代入向心加速度公式 $a_\mathrm{n}=v^2/R$，可得向心加速度大小 $a_\mathrm{n}$ 与角速度 $\omega$ 之间的关系式

$$a_\mathrm{n} = \frac{v^2}{R} = v\omega = R\omega^2 \tag{1-17}$$

上述关系可以进一步用矢量关系式分别表示为

$$\boldsymbol{v} = \boldsymbol{\omega} \times \boldsymbol{R}$$
$$\boldsymbol{a}_\mathrm{t} = \boldsymbol{\alpha} \times \boldsymbol{R}$$
$$\boldsymbol{a}_\mathrm{n} = \boldsymbol{\omega} \times \boldsymbol{v}$$

**例题 1-5** 设地球是个球体，半径为 $R=6\ 370\mathrm{km}$。求纬度 $\varphi=60°$ 的地面上各点相对于地心的速度和加速度的大小。

**解** 如图 1-16 所示，地球自转时，纬度为 $\varphi$ 的点 $Q$ 在与赤道平面平行的平面内做圆周运动，其半径 $R'=R\cos\varphi=6\ 370\times\cos60°\mathrm{km}=3185\mathrm{km}$。地球自转可以认为是匀速率转动，因此角加速度 $\beta=0$，地面上各点的切向加速度 $a_\mathrm{t}=0$，只要求出地球自转的角速度 $\omega$，利用圆周运动公式，易得 $Q$ 点的速度和向心加速度的大小分别为 $v=R'\omega$，$a_\mathrm{n}=R'\omega^2$。

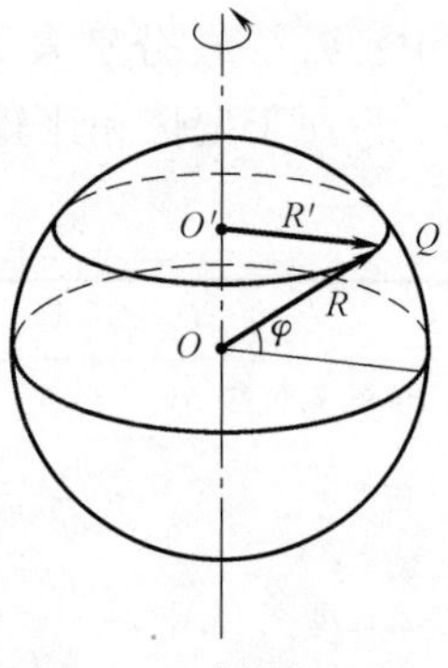

图 1-16 例题 1-5 图

因为地球的自转周期 $T=60\times60\times24\mathrm{s}=86\ 400\mathrm{s}$，则地球自转角速度

$$\omega = \frac{2\pi}{T} = \frac{2\pi}{86400}\mathrm{rad/s} = 7.27 \times 10^{-5}\mathrm{rad/s}$$

因此 $Q$ 点的速度和向心加速度的大小分别为

$$v = R'\omega = 3185 \times 7.27 \times 10^{-5}\mathrm{km/s} = 0.232\mathrm{km/s} = 232\mathrm{m/s}$$

$$a_\mathrm{n} = R'\omega^2 = 3185 \times (7.27 \times 10^{-5})^2\mathrm{km/s^2} = 1.68 \times 10^{-5}\mathrm{km/s^2} = 1.68 \times 10^{-2}\mathrm{m/s^2}$$

**例题 1-6** 一质点做半径为 0.10m 的圆周运动，其角坐标为 $\theta=2+4t^3$，$\theta$ 以 rad 计，$t$ 用 s 计，问 $t=2\mathrm{s}$ 时，质点的速率、法向加速度和切向加速度各为多少？

**解** 按式（1-15）得

$$v = R\omega = R\frac{\mathrm{d}\theta}{\mathrm{d}t} = 12t^2R$$

按式（1-17）得

$$a_n = \frac{v^2}{R} = 144Rt^4$$

按式（1-16）得

$$a_t = \frac{dv}{dt} = 24Rt$$

代入数据，$t=2$s 时，有

$$v = 0.10 \times 12 \times 2^2 \text{m/s} = 4.8\text{m/s}$$

$$a_n = 144 \times 0.10 \times 2^4 \text{m/s}^2 = 230.4\text{m/s}^2$$

$$a_t = 24 \times 0.1 \times 2\text{m/s}^2 = 4.8\text{m/s}^2$$

### 1.3.4　平面曲线运动

质点做一般平面曲线运动时，若曲线上 $A$、$B$ 两点的速度分别为$\boldsymbol{v}_A$和$\boldsymbol{v}_B$，速度的增量 $\Delta \boldsymbol{v}=\boldsymbol{v}_B-\boldsymbol{v}_A$ 也可分解成 $\Delta \boldsymbol{v}_n$和 $\Delta \boldsymbol{v}_t$，如图 1-17 所示。与变速率圆周运动相似，质点在曲线上任一点的法向加速度 $\boldsymbol{a}_n$ 和切向加速度 $\boldsymbol{a}_t$ 分别为

$$\left.\begin{aligned} \boldsymbol{a}_n &= \lim_{\Delta t \to 0} \frac{\Delta \boldsymbol{v}_n}{\Delta t}, \quad a_n = \frac{v^2}{R} \\ \boldsymbol{a}_t &= \lim_{\Delta t \to 0} \frac{\Delta \boldsymbol{v}_t}{\Delta t}, \quad a_t = \frac{dv}{dt} \end{aligned}\right\} \tag{1-18}$$

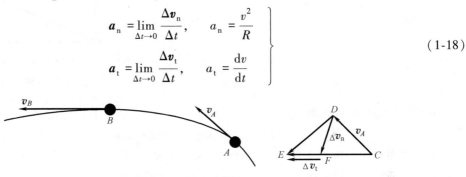

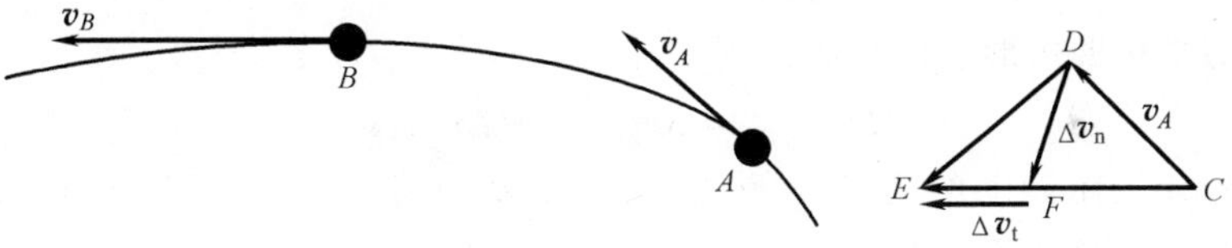


图 1-17　平面曲线运动

需要指出的是，上式中 $R$ 是曲线在该点处的曲率半径。一般来说，与圆周运动不同，曲线上各处的曲率中心和曲率半径是逐点不同的，$\boldsymbol{a}_n$ 的方向总是指向该点处的曲率中心，而 $\boldsymbol{a}_t$ 的方向沿着该点的切线方向。

## 1.4　相对运动

### 1.4.1　位矢的相对性

人们在研究力学问题时常常需要用不同的参考系或坐标系来描述同一物体的运动。对于不同的参考系，同一质点的位移、速度和加速度可能不同。例如图 1-18 中，$P$ 点的位置相对于对应轴互相平行的直角坐标系 $Oxyz$ 和 $O'x'y'z'$是不同的。在坐标系 $Oxyz$ 中，$P$ 点的位置用 $\boldsymbol{r}_{OP}$ 表示，在坐标系 $O'x'y'z'$中，则用 $\boldsymbol{r}_{O'P}$ 表示。

显然，$\boldsymbol{r}_{O'P}$ 和 $\boldsymbol{r}_{OP}$ 间的关系为

$$\boldsymbol{r}_{O'P} = \boldsymbol{r}_{O'O} + \boldsymbol{r}_{OP} \tag{1-19}$$

式中，$\boldsymbol{r}_{O'O}$ 为坐标系 $Oxyz$ 的原点 $O$ 相对于坐标系 $O'x'y'z'$的原点 $O'$位置。式（1-19）描述了位置矢量的相对性。

### 1.4.2 位移的相对性

位移是矢量，有大小和方向，它与参考系的选择有关。例如，轮船渡江航行，设东西向的河流中，水相对于岸由西向东流动，$\Delta t$ 时间内的位移为 $\Delta\boldsymbol{r}_{水对岸}$，轮船相对于水由南往北行驶，在该时间内的位移为 $\Delta\boldsymbol{r}_{船对水}$，则轮船相对于岸的位移为 $\Delta\boldsymbol{r}_{船对岸}$，如图 1-19 所示。

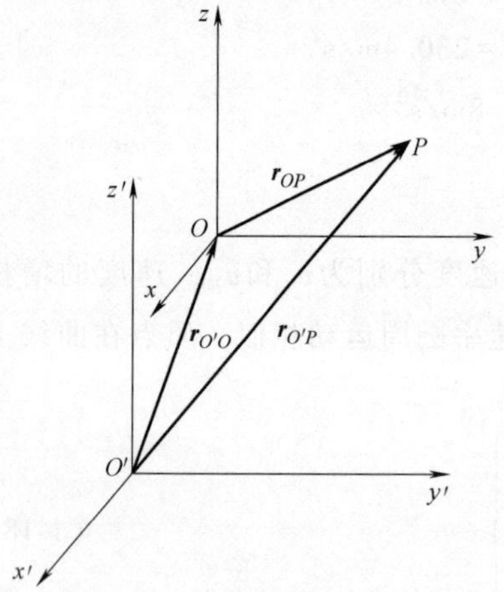


图 1-18　位置矢量的相对性

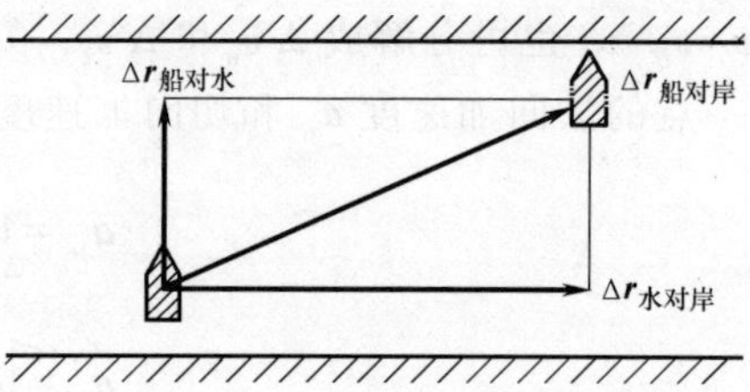


图 1-19　位移的相对性

按照矢量的平行四边形法则合成，则

$$\Delta\boldsymbol{r}_{船对岸}=\Delta\boldsymbol{r}_{船对水}+\Delta\boldsymbol{r}_{水对岸}$$

如果用符号 $A$ 表示运动的质点（例如船），$K$ 表示某一参考系（例如运动参考系水），$K'$表示另一参考系（例如静止参考系河岸），则上式可改变写为

$$\Delta\boldsymbol{r}_{AK'}=\Delta\boldsymbol{r}_{AK}+\Delta\boldsymbol{r}_{KK'} \tag{1-20}$$

这就是不同参考系间位移的变换关系。

### 1.4.3 速度和加速度的相对性

与位移类似，对于不同的参考系质点的运动速度和加速度的大小、方向一般也是不同的。利用速度和加速度的定义及位移的相对性公式，可得速度和加速度的相对性表达式分别为

$$\boldsymbol{v}_{AK'}=\boldsymbol{v}_{AK}+\boldsymbol{v}_{KK'} \tag{1-21}$$

及

$$\boldsymbol{a}_{AK'}=\boldsymbol{a}_{AK}+\boldsymbol{a}_{KK'} \tag{1-22}$$

式中，$\boldsymbol{v}_{AK'}$ 和 $\boldsymbol{a}_{AK'}$ 表示质点 $A$ 相对于参考系 $K'$的速度和加速度；$\boldsymbol{v}_{AK}$ 和 $\boldsymbol{a}_{AK}$ 表示质点相对于参考系 $K$ 的速度和加速度。

**例题 1-7**　如图 1-20a 所示，一辆汽车在雨中由西向东行驶，速率为 $v_1$，下落的雨滴因受西风的影响而与竖直方向成 $\alpha$ 角，速率为 $v_2$，若车后有一长方形的大箱子伸出车篷外，要使箱子不被雨水淋湿，车速 $v_1$ 至少要多大？

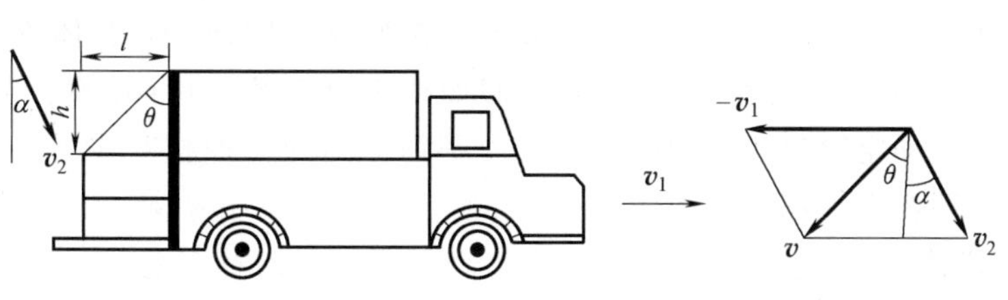


图 1-20　例题 1-7 图

**解**　这是一个相对运动的问题，要使箱子不淋湿，必须使雨滴相对于汽车的速度 $v$ 与竖直方向的夹角 $\theta$ 满足 $\tan\theta \geqslant l/h$，因为

$$\boldsymbol{v}_{雨对车}=\boldsymbol{v}_{雨对地}+\boldsymbol{v}_{地对车}$$

即

$$\boldsymbol{v}=\boldsymbol{v}_2+(-\boldsymbol{v}_1)$$

由图 1-20b 可得

$$\tan\theta=\frac{v_1-v_2\sin\alpha}{v_2\cos\alpha}\geqslant\frac{l}{h}$$

所以

$$v_1\geqslant v_2\left[\left(\frac{l}{h}\right)\cos\alpha+\sin\alpha\right]$$

即汽车速度 $v_1$ 至少要为 $v_2[(l/h)\cos\alpha+\sin\alpha]$，箱子才不被淋湿。

## 1.5　牛顿运动定律

牛顿在伽利略等前人研究成果的基础上，对机械运动的基本规律进行了深入细致的研究，于 1687 年提出了质点动力学的基本规律——牛顿运动定律。从牛顿运动定律可以推导出固体、液体等物体的运动规律，从而建立起整个经典力学大厦。

### 1.5.1　牛顿运动定律内涵

牛顿运动定律是从无数实验事实中归纳总结出来的。其内容如下：

第一运动定律：任何物体都保持静止或匀速直线运动状态，直到其他物体所作用的力迫使它改变这种状态为止。

第二运动定律：物体受到外力作用时，物体所获得加速度的大小与合外力成正比，与物体的质量成反比；加速度的方向与合外力的方向相同。

第三运动定律：当物体 $A$ 以力 $\boldsymbol{F}_1$ 作用在物体 $B$ 上时，物体 $B$ 也必定以力 $\boldsymbol{F}_2$ 作用在物体 $A$ 上；$\boldsymbol{F}_1$ 和 $\boldsymbol{F}_2$ 在同一直线上，大小相等而方向相反。

下面把三条运动定律的内涵及其有关概念做一简要说明。

**1. 第一运动定律**

它包含两层重要的含义：首先，按照这条定律，任何物体都有保持原来的静止状态或匀速直线运动状态不变的性质，这种性质称为物体的惯性。因此，第一运动定律也称惯性定律。其次，第一运动定律还同时确定了力的涵义。按照这个定律，当物体不受外力作用时，其速度不发生改变，即没有加速度。换言之，假如物体的速度发生了改变，它一定受到外力的作用。因此第一运动定律包含了力的概念：力是物体间的一种相互作用，由于这种作用，物体会改变速度，即获得加速度。

**2. 第二运动定律**

第二运动定律在第一运动定律的基础上进一步阐明了物体机械运动的规律，引入了“力”和“质量”这两个重要的物理量，并确定了力 $\boldsymbol{F}$、质量 $m$ 和加速度 $\boldsymbol{a}$ 之间的定量关系

$$\boldsymbol{F} = km\boldsymbol{a} \tag{1-23}$$

式中，比例系数 $k$ 取决于质量、加速度和力的单位。如果选用适当的单位，可使 $k=1$，于是式（1-23）可写成

$$\boldsymbol{F} = m\boldsymbol{a} \tag{1-24}$$

这就是牛顿第二运动定律的数学表达式。在国际单位制中，质量 $m$ 的基本单位是千克，符号是 kg；加速度 $a$ 的单位是米每二次方秒，符号是 $m/s^2$；力 $F$ 的单位是牛顿，符号是 N。1N 的力，就是作用于质量为 1kg 的物体上使其获得 $1m/s^2$ 大小加速度的力。

式（1-24）是牛顿第二运动定律的数学表达式，它是质点动力学的基本方程，如果知道物体所受的外力以及物体的初始状态（即初始位置和初速度），则受力物体在任何时刻的状态（即位置和速度）就可确定。所以这一方程也称为牛顿运动方程。

牛顿第二运动定律概括了以下的基本内容：

1）它说明了任一物体在不同外力作用下，物体的加速度与外力之间的正比、同向关系，即 $\boldsymbol{a} \propto \boldsymbol{F}$。

2）它说明了不同物体在相等外力作用下，物体加速度的大小与物体质量之间的反比关系，即 $a \propto 1/m$。

3）它概括了力的独立性或力的叠加原理，即几个力同时作用于同一物体上所产生的加速度，应等于每个力单独作用时所产生加速度的矢量叠加（矢量加法）。由于力的矢量性，我们常把式（1-24）写成

$$\sum_i \boldsymbol{F}_i = m\boldsymbol{a}$$

式（1-24）中的 $\boldsymbol{F}$ 应理解成所有外力的矢量叠加，即合外力 $\sum_i \boldsymbol{F}_i (i = 1,2,3,\cdots)$

应用牛顿第二运动定律应注意以下几点：

1）牛顿第二运动定律只适用于质点或可以看作质点的物体。

2）式（1-24）中的 $\boldsymbol{F}$ 应理解成 $\sum_i \boldsymbol{F}_i$，$\boldsymbol{a}$ 应理解为 $\sum_i \boldsymbol{a}_i$（即 $\boldsymbol{a}$ 是每个力 $\boldsymbol{F}_i$ 单独作用时所产生加速度的矢量 $\boldsymbol{a}_i$ 的叠加）。

3）在数量上 $m\boldsymbol{a}$ 虽然等于 $\boldsymbol{F}$，但它本身不是外力，千万不要把它误认为是外力。

4）式(1-24) 是瞬时关系式，$\boldsymbol{F}$ 改变时，$\boldsymbol{a}$ 也同时改变，它们同时存在，同时改变，同时消失。

5）式（1-24）是矢量式，解题时往往要用分量式，这时其形式与坐标系的选取有关。例如，在直角坐标系中，其分量式为

$$F_x = ma_x, \quad F_y = ma_y, \quad F_z = ma_z \tag{1-25a}$$

其中，$F_x=\sum_i F_{ix}$，$F_y=\sum_i F_{iy}$，$F_z=\sum_i F_{iz}$。

注意，在应用上述分量式时，力和加速度分量的正负决定于坐标轴的取向。

对于圆周运动情况，有时也采用法向分量和切向分量式来分析和求解问题，此时

$$F_t=ma_t=m\frac{dv}{dt},\qquad F_n=ma_n=m\frac{v^2}{r} \tag{1-25b}$$

式中，$F_t$ 为切向合外力 $\sum_i F_{it}$；$F_n$ 为法向合外力 $\sum_i F_{in}$。

**3. 第三运动定律**

第三运动定律说明物体间的作用力具有相互作用的本质，如图 1-21 所示，如果 $B$ 球对 $A$ 球的作用 $\boldsymbol{F}_1$ 称为作用力，则 $A$ 球对 $B$ 球的作用 $\boldsymbol{F}_2$ 就称为反作用力，反之亦然。

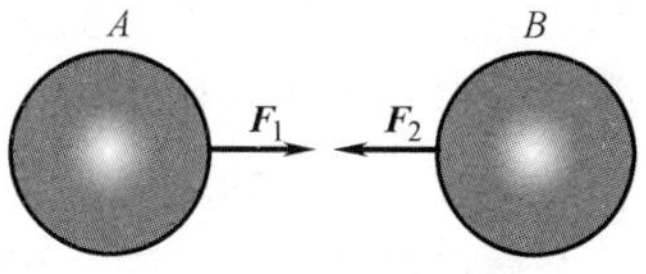

图 1-21　作用力和反作用力

作用力与反作用力同时存在同时消失。在作用力和反作用力存在时，不论哪一时刻，它们总是大小相等，方向相反，并在同一条直线上。

作用力和反作用力作用在不同的物体上，不能互相抵消。

作用力和反作用力一定是属于同一性质的力，如果作用力是万有引力、弹性力或摩擦力，那么反作用力也相应地分别为万有引力、弹性力或摩擦力。

## 1.5.2 惯性参考系

在运动学中，参考系的选择可以是任意的，但在应用牛顿定律时，参考系则不能任意选取，因为牛顿定律不是对任何参考系都适用的，对某些参考系它是适用的，对另一些参考系却不适用。

凡是牛顿运动定律适用的参考系，称为惯性参考系，简称惯性系；牛顿运动定律不成立的参考系，称为非惯性系。一个参考系是否是惯性系，要由实验和观测的结果来判断。从天体运动的研究知道：以太阳的中心为原点，指向任何恒星的直线为坐标轴而建立的参考系称之为太阳参考系，在此参考系中所观测到的大量天文现象，都和用牛顿定律和万有引力定律推算的结果相符。因此，在力学中通常将太阳参考系认为是惯性参考系，相对于惯性系做匀速直线运动的参考系，也是惯性系；而对于惯性系做变速运动的参考系，则不是惯性系。

地球对于太阳既有公转，又有自转，因此地心相对于太阳以及地面相对于地心都不是做匀速直线运动。虽然严格地说地球不是一个惯性系，但是由于地心对太阳的法向加速度约 $6\times10^{-3}\text{m/s}^2$ 和地面对地心的向心加速度小于 $3.40\times10^{-2}\text{m/s}^2$，它们都很小，一般而言，地球和静止在地面上的任何物体都可以近似视作惯性系。同样，在地面上做匀速直线运动的物体也可以近似视作惯性系。

## 1.5.3 万有引力　弹性力　摩擦力

下面简要介绍力学中常见的几种力。

**1. 万有引力**

1665 年，23 岁的牛顿对物理学做出了一项重要的贡献——提出了万有引力定律，即任

何两个质点都要互相吸引，引力的大小和两个质点的质量 $m_1$、$m_2$ 乘积成正比，和两质点间的距离 $r$ 的二次方成反比，引力的方向则在两质点的连线上。$m_2$ 受到 $m_1$ 的引力数学表达式为

$$F = -G\frac{m_1 m_2}{r^2}\boldsymbol{r}_0$$

式中，$G=6.672\times10^{-11}\mathrm{N\cdot m^2\cdot kg^{-2}}$ 为引力常量；$\boldsymbol{r}_0$ 为由 $m_1$ 指向 $m_2$ 的单位矢量；负号表示吸引。

尽管万有引力定律严格地说只适用于两个质点间的相互作用，但是，对于两个实际的物体，只要它们自身的线度同它们之间的距离相比很小，万有引力定律就仍然适用。例如，地球和月亮相距很远，可以把它们当作质点看待。对于地球和地面上物体之间的万有引力问题，此时地球显然不能看作是质点，但可以用壳定理（the shell's theorem）去讨论。壳定理内容如下：一个质量均匀的球壳对其外任一质点的吸引力，就如同把球壳上所有质量都集中在球心上的一个质点对其吸引力完全相同。地球可以看成是由一系列同心球壳套构而成。因此，它对其外任一物体的万有引力就如同一个质量与之相同、位置位于地球的球心处的质点一样。

通常我们周围两个物体间的万有引力十分微小，但是，由于万有引力大小具有随物体质量乘积成正比地增大、随物体间的距离的二次方成反比地减小的长程力的特性，对于天体这样大质量物体的运动，万有引力起着支配性作用。

物体的重量是指地面附近的物体所受地球的引力（又称重力）。在忽略地球自转的影响时，质量为 $m$ 的物体所受的重力 $\boldsymbol{P}$ 的大小为

$$P = G\frac{m_{地}\, m}{R^2} = ma_g \approx mg$$

式中，$m_{地}$ 为地球的质量；$R$ 为地球的半径；$a_g(=Gm_{地}/R^2)$ 是地球的引力加速度；$g$ 是重力加速度，重力的方向竖直向下。如果考虑地球自转的影响，重力加速度的方向就不是竖直向下，其大小也同地球的引力加速度不同，在地球的赤道上两者之差为

$$a_g - g = \left(\frac{2\pi}{T}\right)^2 R = 0.034\mathrm{m/s^2}$$

式中，$T$ 为地球自转的周期（24h）。

**2. 弹性力**

物体受外力作用时要发生形变，在其内部同时产生企图恢复原来形状的力，称为弹性力。

绳子或细棒被拉伸时，在它们内部相邻的两部分之间有相互作用的力，这种力称为张力，如图 1-22 所示的 $\boldsymbol{F}_{T1}$，$\boldsymbol{F}'_{T1}$；$\boldsymbol{F}_{T2}$，$\boldsymbol{F}'_{T2}$；…；$\boldsymbol{F}_{TN}$，$\boldsymbol{F}'_{TN}$ 等。

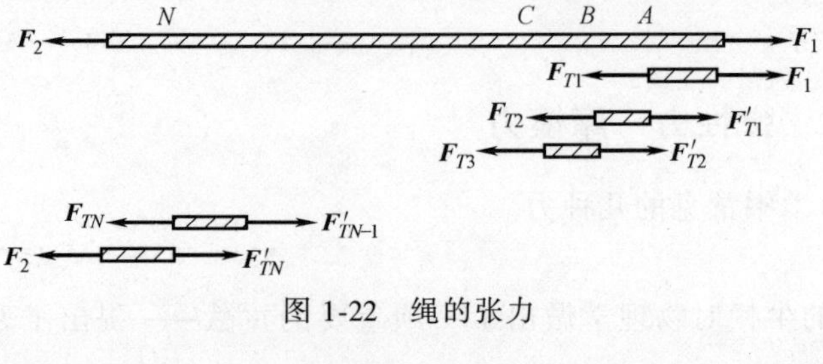


图 1-22 绳的张力

弹簧被拉伸或压缩时，其内部将产生反抗形变的力，这种力称为弹簧的恢复力，又称弹性力，如图 1-23 所示。在弹性限度内，弹性力遵守胡克定律

$$F = -kx$$

式中，$k$ 称为弹簧的劲度系数；$x$ 为偏离平衡位置的位移；负号表示力与位移的方向相反。由此可见，弹性力的大小与位移成正比，方向总是指向平衡位置。

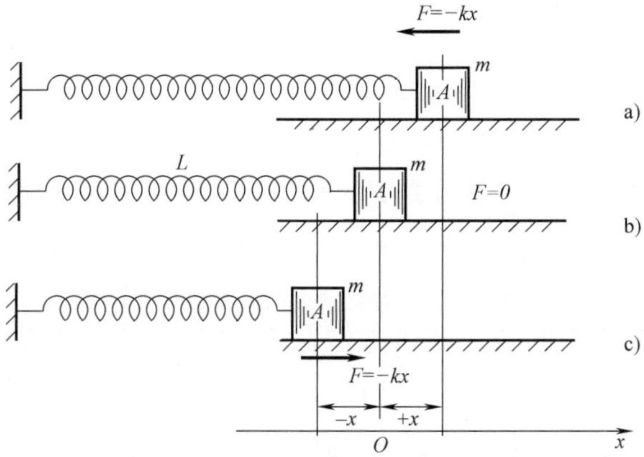


图 1-23　弹簧的弹性力

当物体互相紧压而彼此发生变形时，物体企图恢复形变的力称为正压力，如图 1-24 所示的 $\boldsymbol{F}_N$。

张力、弹簧的恢复力和正压力（或支承力），都是弹性力。

**3. 摩擦力**

当一物体在另一个物体的表面上做相对运动或有相对运动趋势时，在接触面上就会产生一种阻碍它们相对运动的力，这种力称为摩擦力。

相互接触的两物体在外力作用下有相对滑动的趋势，但尚未滑动时，产生静摩擦力，例如图 1-25 中的 $\boldsymbol{F}_r$ 和 $\boldsymbol{F}_r'$（图中省略了 $A$ 的重力）。当外力逐渐增大，静摩擦力 $\boldsymbol{F}_r$ 和 $\boldsymbol{F}_r'$也逐渐增大，当外力大到一定数值时，物体开始在另一物体表面上做相对滑动，这说明静摩擦力增加到这一数值后不再增加。摩擦力的这一最大值，称为最大静摩擦力，用 $\boldsymbol{F}_s$ 表示。实验证明 $|\boldsymbol{F}_s|$ 与两物体间接的正压力 $|\boldsymbol{F}_N|$ 成正比，即

$$F_s = \mu_0 F_N$$

比例系数 $\mu_0$ 称为静摩擦系数。

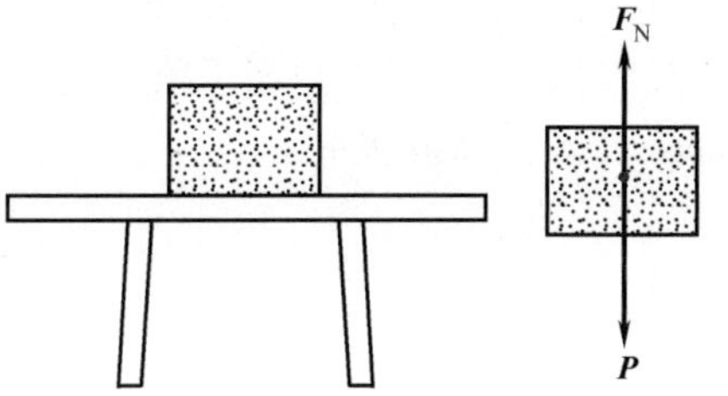


图 1-24　正压力

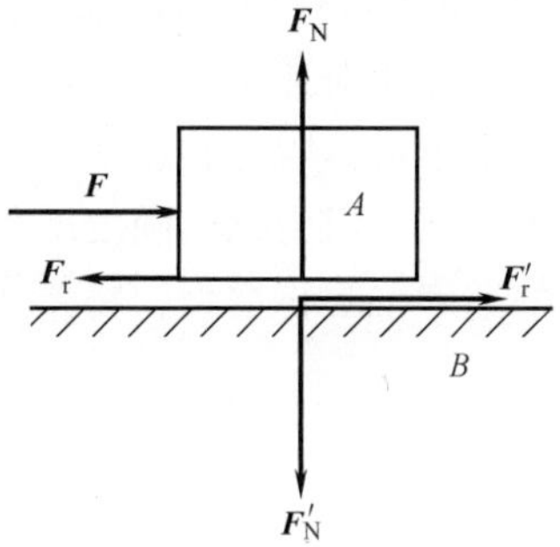


图 1-25　静摩擦力

物体在相对滑动过程中所受到的摩擦力称为滑动摩擦力，用 $\boldsymbol{F}_k$ 表示。实验证明，$|\boldsymbol{F}_k|$也与正压力大小$|\boldsymbol{F}_N|$成正比，即

$$F_k = \mu_k F_N$$

比例系数 $\mu_k$ 称为滑动摩擦系数。

$\mu_0$ 与 $\mu_k$ 的大小决定于两物体的材质和表面情况。对于给定的一对接触面来说，$\mu_k<\mu_0$，而 $\mu_0$、$\mu_k$ 一般都小于1。图 1-26 给出了一在桌面上滑动的木块，当作用在其上的外力逐渐增大至最大静摩擦力时，木块所受的摩擦力随时间变化的实验结果。显然，滑动摩擦力小于最大静摩擦力。现将常见的几种材料的摩擦系数列于表 1-3。

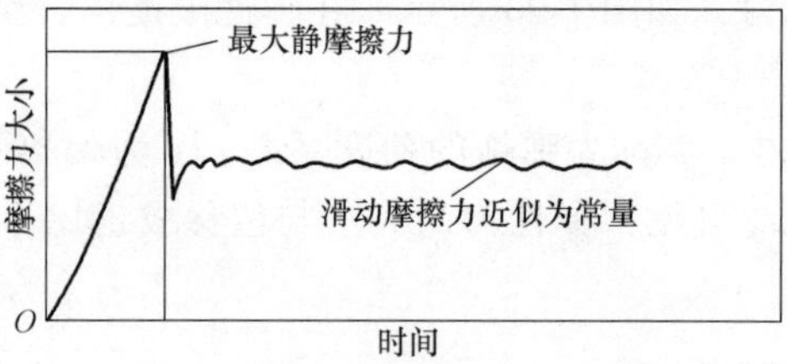


图 1-26 木块在桌面上所受的滑动摩擦力

表 1-3 几种材料之间的摩擦系数

| 接触物体的材料 | 静摩擦系数 | 滑动摩擦系数 |
|---|---|---|
| 钢和钢 | 0.15 | 0.15 |
| 铁和铁 | 0.15 | 0.15 |
| 钢和铜 | 0.22 | 0.19 |
| 木材和木材 | 0.36~0.62 | 0.20~0.50 |
| 传送带和铸铁 | 0.61 | 0.23~0.56 |
| 传送带和木材 | 0.43~0.79 | 0.29~0.35 |

### 4. 流体阻力和终极速率

一个物体如果让其与流体（流动的气体或液体）有相对运动，此时物体会受到一个方向与物体同流体相对运动方向相反的流体阻力，其大小和相对速率的大小有关。在相对速率较小、流体可以从物体周围平顺地流过时，流体阻力 $F_d$ 的大小同相对速率成正比

$$F_d = kv$$

比例系数 $k$ 取决于物体的形状和大小以及流体的性质（如黏性、密度等）。在物体有较大的横截面面积，且相对速率较大致使在物体的后方出现流体旋涡时，流体阻力 $F_d$ 可表示为

$$F_d = \frac{1}{2}C\rho Av^2$$

式中，$\rho$ 是流体的密度；$A$ 是物体的有效横截面面积；$C$ 为阻力系数，典型值在 0.4~1.0 之间，且随相对速率的大小而变化。

由于流体阻力和速率的二次方成正比，当物体在空气中由静止下落时，随着物体的速率增大，空气阻力也会随之增大；当物体速率足够大时，空气阻力就会同重力相平衡，此后物体的速率将不再增大，物体达到了终极速率 $v_t$，由 $F_d=mg$ 可得，终极速率

$$v_t = \sqrt{\frac{2mg}{C\rho A}}$$

式中，$m$ 为下落物体的质量。表 1-4 列出了一些物体的终极速率 $v_t$。

表 1-4　一些物体在空气中的终极速率

| 物体 | 终极速率/(m/s) | 物体 | 终极速率/(m/s) |
|---|---|---|---|
| 棒球 | 42 | 乒乓球 | 9 |
| 网球 | 31 | 雨滴(半径为 1.5mm) | 7 |
| 篮球 | 20 | 跳伞运动员 | 5 |

### 1.5.4　牛顿定律的应用举例

应用牛顿定律求解力学问题时，首先要对物体进行受力分析，即找出物体受周围其他物体对它所施加的作用力，这是求解问题的前提和关键。

分析某物体的受力情况，就要选该物体作为研究对象，（常称选隔离体），找出所有外界对它的作用力，并画出受力图，称为示力图。

应用牛顿定律求解动力学问题的步骤可概括成“隔离物体，分析受力，取坐标系，列出方程，求出结果。”具体来说明：

1）确定研究对象，将它们“隔离”。

2）分析各隔离体的受力情况，画出示力图。写出各隔离体的矢量运动方程（当物体受力情况比较简单时，此方程通常可免）。

3）选取合适的坐标系，列出各分量方程式。

4）求解方程，并对所得结果进行分析。

**例题 1-8**　一柔软不可拉伸的细轻绳跨过一轴承光滑的定滑轮，绳子两端分别悬挂有质量为 $m_1$ 和 $m_2$ 的物体，其中 $m_1<m_2$，如图 1-27 所示。设滑轮的质量可以不计，试求物体的加速度和绳子上的张力。

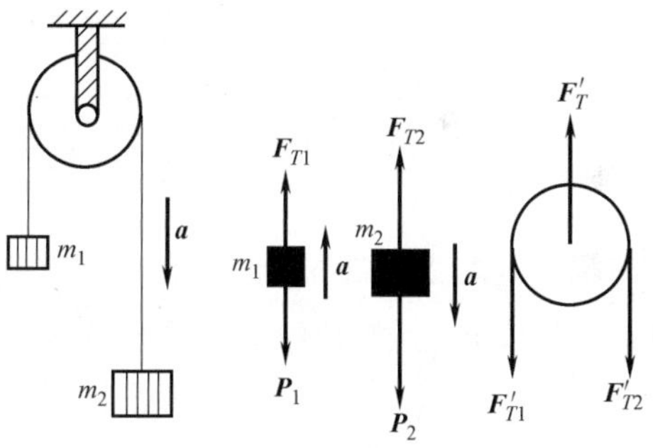

图 1-27　例题 1-8 图

**解**　本题中绳子轻，表示绳子质量不计，又滑轮质量不计，故绳子上各点处的张力都相等；绳子不能伸缩，则两物体和绳子具有相同的加速度大小。

将物体 $m_1$ 和 $m_2$ 隔离出来，作示力图。对 $m_1$ 来说，在绳子拉力 $\boldsymbol{F}_{T1}$ 和重力 $\boldsymbol{P}_1$（$=m_1\boldsymbol{g}$）的作用下以加速度 $\boldsymbol{a}_1$ 向上运动；对 $m_2$ 来说，在绳子拉力 $\boldsymbol{F}_{T2}$ 和重力 $\boldsymbol{P}_2$（$=m_2\boldsymbol{g}$）的作用下以加速度 $\boldsymbol{a}_2$ 向下运动，它们的矢量运动方程（此步可免）为

$$\boldsymbol{F}_{T1}+\boldsymbol{P}_1=m_1\boldsymbol{a}_1,\quad \boldsymbol{F}_{T2}+\boldsymbol{P}_2=m_2\boldsymbol{a}_2 \tag{1}$$

若对 $m_1$ 规定向上方向为正，对 $m_2$ 规定向下方向为正，则标量式为

$$F_{T1}-m_1g=m_1a_1,\quad m_2g-F_{T2}=m_2a_2$$

由于 $F_{T1}=F_{T2}=F_T$，$a_1=a_2=a$，则标量式可写成

$$F_T-m_1g=m_1a,\quad m_2g-F_T=m_2a \tag{2}$$

解方程可得物体的加速度和绳子上的张力分别为

$$a = \frac{m_2 - m_1}{m_2 + m_1}g, \quad F_T = \frac{2m_1 m_2}{m_1 + m_2}g \tag{3}$$

**例题 1-9** 一质量为 $m_1$ 的三棱柱体位于光滑的水平面上，其上置一质量为 $m_2$ 的小棱柱体，如图 1-28a 所示。它们的横截面都是直角三角形，两者的接触面（倾角为 $\theta$）亦为光滑，设它们由静止开始滑动，试求：

（1）$m_1$ 后退的加速度；

（2）它们间相互作用的正压力。

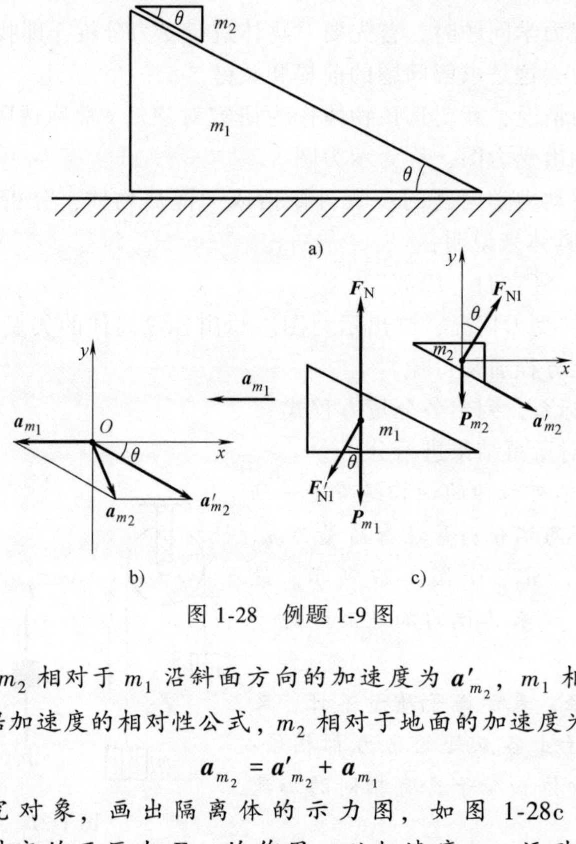


图 1-28 例题 1-9 图

**解** 本题中，设 $m_2$ 相对于 $m_1$ 沿斜面方向的加速度为 $\boldsymbol{a}'_{m_2}$，$m_1$ 相对于地面的水平向左的加速度为 $\boldsymbol{a}_{m_1}$，根据加速度的相对性公式，$m_2$ 相对于地面的加速度为

$$\boldsymbol{a}_{m_2} = \boldsymbol{a}'_{m_2} + \boldsymbol{a}_{m_1} \tag{1}$$

将 $m_2$、$m_1$ 作为研究对象，画出隔离体的示力图，如图 1-28c 所示。$m_2$ 受到重力 $\boldsymbol{P}_{m_2}$（$=m_2\boldsymbol{g}$）和 $m_1$ 对它的正压力 $\boldsymbol{F}_{N1}$ 的作用，以加速度 $\boldsymbol{a}_{m_2}$ 运动；$m_1$ 在重力 $\boldsymbol{P}_{m_1}$（$=m_1\boldsymbol{g}$）、对它的正压力为 $\boldsymbol{F}'_{N1}$ 及地面对它的支持力 $\boldsymbol{F}_N$ 的作用下，以加速度 $\boldsymbol{a}_{m_1}$ 沿水平方向向左运动。根据牛顿第二定律，对它们分别列出矢量方程式（在本题中，此步写出为好）

$$\boldsymbol{F}_{N1} + \boldsymbol{P}_{m_2} = m_2\boldsymbol{a}_{m_2} \tag{2}$$

$$\boldsymbol{F}_N + \boldsymbol{F}'_{N1} + \boldsymbol{P}_{m_1} = m_1\boldsymbol{a}_{m_1} \tag{3}$$

必须注意，牛顿定律只适用于惯性系，本题中对 $m_2$ 列方程时，必须以地面为参考系，而不能以 $m_1$ 为参考系（$m_1$ 是非惯性系），因而，式（2）中加速度只能用 $\boldsymbol{a}_{m_2}$ 而不能用 $\boldsymbol{a}'_{m_2}$。

选取直角坐标系如图 1-28b、c 所示，写出分量式

$$a_{m_2x} = a'_{m_2}\cos\theta - a_{m_1}, \quad a_{m_2y} = -a'_{m_2}\sin\theta \tag{1a}$$

$$F_{N1}\sin\theta = m_2 a_{m_2x}, \quad F_{N1}\cos\theta - m_2 g = m_2 a_{m_2y} \tag{2a}$$

$$-F'_{N1}\sin\theta=-m_1a_{m_1},\quad F_N-F'_{N1}\cos\theta-m_1g=0 \tag{3a}$$

考虑到 $F_{N1}=F'_{N1}$，求解式（1a）、式（2a）、式（3a），可得 $m_1$ 后退的加速度 $a_{m_1}$ 和它们之间的正压力 $F_{N1}$ 分别为

$$a_{m_1}=\frac{m_2g\sin\theta\cos\theta}{m_1+m_2\sin^2\theta} \tag{4}$$

$$F_{N1}=\frac{m_1m_2g\cos\theta}{m_1+m_2\sin^2\theta} \tag{5}$$

**例题 1-10**　半径为 $R=1.5\text{mm}$ 的雨滴自高度 $h=1200\text{m}$ 的云中落下，阻力系数 $C$ 为 0.60，如果雨滴在下落过程中保持球形不变，水和空气的密度分别为 $\rho_{水}=1000\text{kg/m}^3$ 和 $\rho_{空}=1.2\text{kg/m}^3$，则

(1) 雨滴的终极速率为多少？

(2) 若不考虑空气阻力，雨滴落到地面时速率大小是多少？

**解**　(1) 雨滴的质量为 $m=\dfrac{4}{3}\pi R^3\rho_{水}$，有效截面面积 $A=\pi R^2$，

$$v_t=\sqrt{\frac{2mg}{C\rho_{空}A}}=\sqrt{\frac{8\pi R^3\rho_{水}g}{3C\rho_{空}\pi R^2}}=\sqrt{\frac{8R\rho_{水}g}{3C\rho_{空}}}$$

$$=\sqrt{\frac{(8)(1.5\times10^{-3}\text{m})(1000\text{kg/m}^3)(9.8\text{m/s}^2)}{(3)(0.60)(1.2\text{kg/m}^3)}}\approx7.4\text{m/s}$$

雨滴的终极速率为 7.4m/s。

(2) 若不考虑空气阻力，水滴下落为自由落体运动

$$v'_t=\sqrt{2gh}=\sqrt{(2)(9.8\text{m/s}^2)(1200\text{m})}\approx150\text{m/s}$$

可见两者相差甚大。

## 1.6　力学中的单位制和量纲

力学中的各物理量不是完全彼此独立的，而是有一定的联系。若选取其中某些物理量及其单位以后，利用有关定义或定律便可导出其他的物理量及其单位。例如，若选定米为长度单位，秒为时间单位，则由定义式 $v=\text{d}s/\text{d}t$ 可以导出速率的单位为米每秒（m/s），由定义式 $a=\text{d}v/\text{d}t$ 可以导出加速度的单位为米每二次方秒（$\text{m/s}^2$）。

在力学中只有三个物理量及其单位是互相独立的，如果适当选定这三个物理量和它们的单位，通过定义或定律就能导出其他物理量和它们的单位。这三个选定的物理量就称为基本量，其单位称为基本单位；由基本量导出的物理量，称为导出量，它们的单位称为导出单位。

基本单位和导出单位合起来组成单位制。基本量及其单位选取不同，单位制也就不同。在力学中常用的单位制有两种：绝对单位制和重力单位制。

在绝对单位制中，选定长度、质量和时间为基本量，它们的单位为基本单位。然后由牛顿运动方程 $F=ma$ 导出力的单位。在重力单位制中选取长度、力和时间为基本量，它们的

单位为基本单位，然后由 $F=ma$ 导出质量单位。（工程单位制是一种重力单位制，由于本书中不用此单位制，在此不做介绍，感兴趣的读者可参阅有关的参考书。）绝对单位制有两种：米千克秒制（MKS 制）和厘米克秒制（CGS 制）。在 MKS 制中，长度单位为米（m），质量单位为千克（kg），时间单位为秒（s），则力的单位称为牛顿（N）。1N 力定义为：在某一单个力作用下，质量 1kg 的物体刚好获得 $1\text{m/s}^2$ 的加速度。在 CGS 制中，长度单位为厘米（cm），质量单位为克（g），时间单位为秒（s），则力的单位为达因（dyn）。1dyn 力使质量为 1g 的物体获得 $1\text{cm/s}^2$ 的加速度。容易证明

$$1\text{N}=10^5\text{dyn}$$

在绝对单位制中，牛顿运动方程中各物理量连同它们的单位写作

$$\text{MKS 制}\quad \boldsymbol{F}(\text{N})=m(\text{kg})\times\boldsymbol{a}(\text{m/s}^2)$$

$$\text{CGS 制}\quad \boldsymbol{F}(\text{dyn})=m(\text{g})\times\boldsymbol{a}(\text{cm/s}^2)$$

本书采用国际单位制（SI），MKS 制就是国际单位制中的力学量单位制。

导出量由基本量的某种组合来表示。表示一个物理量如何由基本量组合的式子称为这个物理量的量纲。例如在绝对单位制中，长度、质量和时间这三个基本量的量纲分别用字母 L、M 和 T 表示。其他各物理量的量纲就可用这三个字母的某种组合来表示，例如速度的量纲是 $\text{LT}^{-1}$，加速度的量纲是 $\text{LT}^{-2}$，力的量纲是 $\text{MLT}^{-2}$。我们用物理量的符号外加一方括号，例如 $[v]$、$[a]$、$[F]$ 表示该物理量的量纲，则 $[v]=\text{LT}^{-1}$，$[a]=\text{LT}^{-2}$，$[F]=\text{MLT}^{-2}$。

量纲除表示导出量与基本量的关系外，还有以下若干用途：

1）用于单位换算。例如力的量纲 $[F]=\text{MLT}^{-2}$，则力的单位从 MKS 制换算成 CGS 制时，可以写成

$$\begin{aligned}1\text{N}&=1\text{kg}\cdot\text{m/s}^2=1000\text{g}\times100\text{cm/s}^2\\&=10^5\ \text{g}\cdot\text{cm/s}^2=10^5\text{dyn}\end{aligned}$$

由此可得换算式

$$1\text{N}=10^5\text{dyn}$$

2）用于检验公式。在较复杂的方程中，常常包含若干项，各项的量纲必须相等。因为量纲相等的项才可以相加、相减或相等，因此检验方程中各项的量纲，就可以初步断定这个公式是否正确。例如匀速率圆周运动的向心力公式

$$F_\text{n}=m\omega^2r$$

式中，因为公式两边的量纲都是 $\text{MLT}^{-2}$，所以按照量纲的检验，这个公式是正确的（式中无量纲的数字系数是否正确，不能用量纲来检验）。

3）确定比例系数的量纲。根据量纲分析，可以确定方程中比例系数的量纲，从而定出比例系数的单位，例如胡克定律的公式

$$F=-kx$$

式中，$[F]=\text{MLT}^{-2}$，$[x]=\text{L}$，从公式两边量纲相等，可知劲度系数 $[k]=\text{MT}^{-2}$，相应地在 MKS 制中，$k$ 的单位为 $\text{kg/s}^2$ 或 N/m。

4）估计某些物理量的数量级。例如，利用量纲分析法大致估计空气中声速的数量级，已知空气的压强为 $1.013\times10^5\text{N/m}^2$，密度为 $1.29\text{kg/m}^3$。

问题涉及空气的压强 $p$、密度 $\rho$ 和音速 $u$，其中有两个量是独立的。假设 $u$ 与 $p^\alpha\cdot\rho^\beta$ 成比例，写成等式

$$u = np^{\alpha}\rho^{\beta}$$

式中，$n$、$\alpha$、$\beta$ 为纯数。由量纲分析法可知，等号两边的量纲应该相等，左边的量纲为 $[u] = LT^{-1}$，右边的量纲为 $[p^{\alpha}\rho^{\beta}] = (ML^{-1}T^{-2})^{\alpha} \cdot (ML^{-3})^{\beta}$，因此有量纲关系

$$LT^{-1} = M^{\alpha+\beta}L^{-(\alpha+3\beta)}T^{-2\alpha}$$

比较两边相应量纲的幂次

$$\alpha + \beta = 0, \quad -(\alpha + 3\beta) = 1, \quad 2\alpha = 1$$

由此可以确定

$$\alpha = \frac{1}{2}, \quad \beta = -\frac{1}{2}$$

因此可以大致估计声速 $u$ 的数量级

$$u \propto p^{\frac{1}{2}}\rho^{-\frac{1}{2}} = \left(\frac{p}{\rho}\right)^{\frac{1}{2}} = \left(\frac{1.013\times10^{5}\,\mathrm{N/m^2}}{1.29\,\mathrm{kg/m^3}}\right)^{\frac{1}{2}} = 280.2\,\mathrm{m/s} \approx 300\,\mathrm{m/s}$$

## *1.7　非惯性系　惯性力　科里奥利力

在 1.6 中，我们已经说明：牛顿运动定律成立的参考系称为惯性参考系，牛顿运动定律不成立的参考系称为非惯性参考系。

在相互做匀速直线运动的一切惯性系中，所有的力学现象都是等效的，亦即物体所遵守的力学规律都是完全相同的，这就是力学的**相对性原理**或**伽利略相对性原理**。

为了使牛顿第二定律形式上适用于非惯性系，可以假想在非惯性系中的物体，除了相互作用所引起的力以外，还受到因非惯性系而引起的力，这个力称为**惯性力**。

例如，在一列以加速度 $\boldsymbol{a}_k$ 做直线运动的车厢内，有一质量为 $m$ 的小球放在光滑的桌面上，如图 1-29 所示。如果在地面参考系看：由于小球所受的合外力为零，小球将保持静止状态。如果选取加速运动的车厢为参考系，这个小球虽然所受的合力为零，但小球的加速度不为零（等于$-\boldsymbol{a}_k$），所以对这车厢来说，牛顿运动定律不成立。若假想小球受到一个大小为 $ma_k$、方向与 $\boldsymbol{a}_k$ 相反的力$-m\boldsymbol{a}_k$ 的作用，则小球的运动在加速运动的车厢看，形式上仍然可以用牛顿第二定律来描述。这个作用于小球的假想力 $\boldsymbol{F}_{惯} = -m\boldsymbol{a}_k$ 就是我们所说的惯性力。

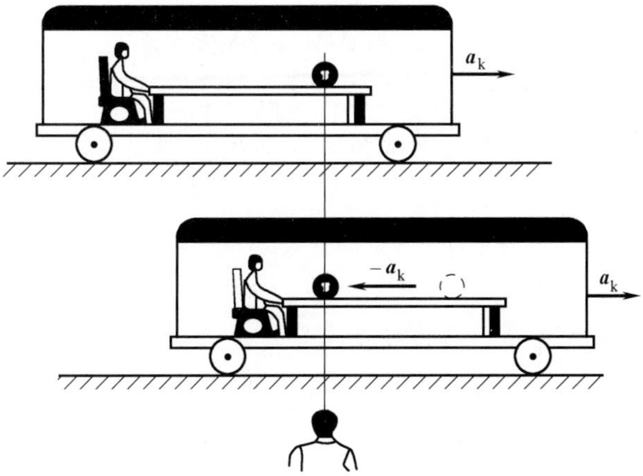


图 1-29　惯性系与非惯性系

惯性力不具备"力是物体间相互作用"这一特性，所以它与前述的相互作用的"真实力"有着本质的区别。惯性力的实质是非惯性系加速度的反映。

对于不同的非惯性系（例如平动、转动系统等），根据具体问题的不同，所假想的惯性力的具体数学表示形式也不相同。

在非惯性系中，当将惯性力和相互作用力一起考虑后，牛顿第二定律形式上仍然适用，即

$$\boldsymbol{F}+\boldsymbol{F}_{\text{惯}}=m\boldsymbol{a}'$$

式中，$\boldsymbol{F}$ 是物体由于相互作用所受的合外力；$\boldsymbol{a}'$是物体相对于非惯性系的加速度；$\boldsymbol{F}_{\text{惯}}$ 是假想的惯性力；$\boldsymbol{a}_{\mathrm{k}}$ 是非惯性系相对惯性系的加速度。

**例题 1-11** 一车厢相对于地面做匀加速直线运动，加速度大小为 $a=\dfrac{g}{\sqrt{3}}$。车厢内悬挂一小球，当小球相对于车厢不动时，试问悬线与竖直方向之间的夹角为多少？

**解** 取车厢为参考系，坐标系 $Oxy$ 固定于车厢。这时小球受到重力 $\boldsymbol{P}$、悬线拉力 $\boldsymbol{F}_{\mathrm{T}}$ 和惯性力 $\boldsymbol{F}_{\text{惯}}$ 的作用，如图 1-30 所示。因为小球相对于车厢静止不动，故有

$$\boldsymbol{P}+\boldsymbol{F}_{\mathrm{T}}+\boldsymbol{F}_{\text{惯}}=0$$

其相应的分量式为

$$0+F_{\mathrm{T}}\sin\theta-ma=0 \qquad (1)$$

$$-mg+F_{\mathrm{T}}\cos\theta+0=0 \qquad (2)$$

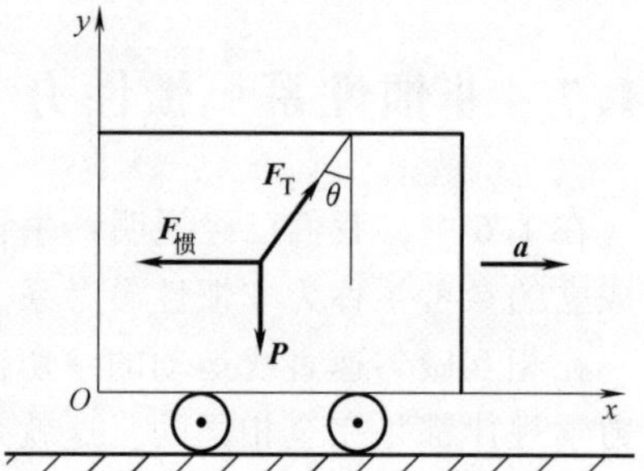


图 1-30 例题 1-11 图

由式（1）、式（2）可得

$$\tan\theta=\frac{a}{g}=\frac{\sqrt{3}}{3}$$

因此

$$\theta=30^{\circ}$$

本题也可选择地面为参考系，这时 $\boldsymbol{F}_{\text{惯}}$ 就不存在，小球具有与车厢相同的加速度。无论取车厢或地面为参考系，所得的结果是相同的。

**例题 1-12** 试在非惯性系 $m_1$ 中，求解例题 1-9 中 $m_1$ 后退的加速度，及 $m_2$ 与 $m_1$ 间的相互作用的正压力。

**解** 非惯性系 $m_1$ 的加速度 $\boldsymbol{a}_{m_1}$、$m_2$ 相对于 $m_1$ 的加速度 $\boldsymbol{a}'_{m_2}$，在图 1-31 中，$m_2$ 的受力除相互作用引起的重力 $\boldsymbol{P}_{m_2}$、斜面 $m_1$ 的支持力 $\boldsymbol{F}_{\mathrm{N1}}$ 外，还有惯性力 $\boldsymbol{F}_{\text{惯}}=-m_2\boldsymbol{a}_{m_1}$；$m_1$ 的受力有重力 $P_{m_1}$、$m_2$ 对它的正压力 $\boldsymbol{F}'_{\mathrm{N1}}$ 及地面支持力 $\boldsymbol{F}_{\mathrm{N}}$。根据非惯性中的牛顿第二定律，列出矢量方程式

$$\boldsymbol{F}_{\mathrm{N1}}+\boldsymbol{P}_{m_2}+\boldsymbol{F}_{\text{惯}}=m_2a'_{m_2} \qquad (1)$$

$$\boldsymbol{F}_{\mathrm{N}}+\boldsymbol{F}'_{\mathrm{N1}}+\boldsymbol{P}_{m_1}=m_1a_{m_1} \qquad (2)$$

选取如图 1-31 所示的直角坐标系，写出分量式

$$\begin{cases}F_{\mathrm{N1}}\sin\theta+m_2a_{m_1}=m_2a'_{m_2}\cos\theta\\ F_{\mathrm{N1}}\cos\theta-m_2g=-m_2a'_{m_2}\sin\theta\end{cases} \qquad (3)$$

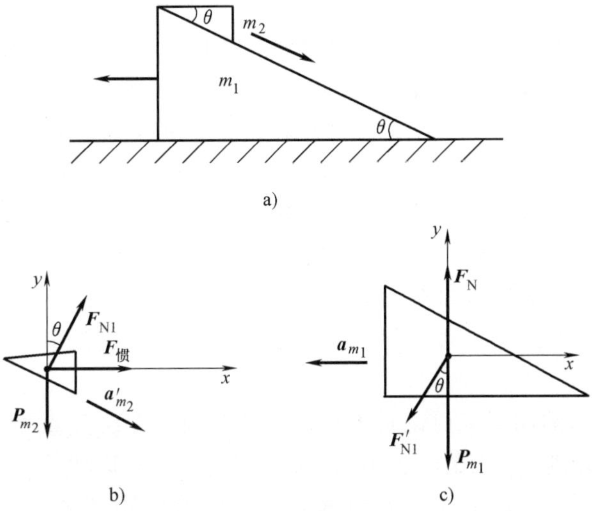


图 1-31　例题 1-12 图

$$
\begin{cases} F'_{N1}\sin\theta = m_1 a_{m_1} \\ F_N - F'_{N1}\cos\theta - m_1 g = 0 \end{cases} \tag{4}
$$

考虑到 $F_{N1}=F'_{N1}$，求解式（3）、式（4）可得 $m_1$ 的后退加速度 $a_{m_1}$ 和它们间正压力 $F_{N1}$ 的量值分别为

$$
a_{m_1} = \frac{m_2 g\sin\theta\cos\theta}{m_1 + m_2\sin^2\theta} \tag{5}
$$

$$
F_{N1} = \frac{m_1 m_2 g\cos\theta}{m_1 + m_2\sin^2\theta} \tag{6}
$$

可见，所得的结果与例题 1-9 用相对运动方法求得的结果完全相同。

在上面两题的求解过程中，读者可以体会到，“惯性力”没有施力者，也不具备“力是物体间相互作用”这一特性，它与“真实力”有本质的区别。

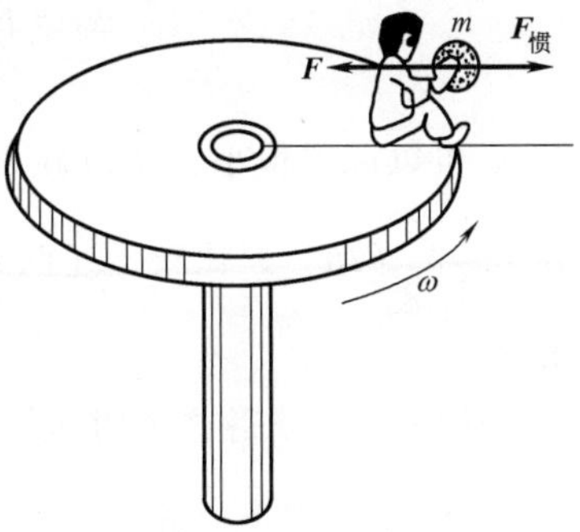


图 1-32　例题 1-13 图

**例题 1-13**　如图 1-32 所示是一个大水平转台，以恒定角速度 $\omega$ 相对地面参考系（惯性系）转动。如果转台上坐着一人，手棒一个质量为 $m$ 的小球，与转轴的距离为 $R$，人和球相对于桌面都是静止的。试问：对于转台这一参考系来说，小球受到怎样的惯性力？

**解**　对地面参考系（惯性系）而言，小球受到重力 $\boldsymbol{P}$ 和人手对它的作用力 $\boldsymbol{F}_r$，合力 $\boldsymbol{F}=\boldsymbol{P}+\boldsymbol{F}_r$ 就是使小球作匀速圆周运动的向心力。则 $\boldsymbol{F}=m\boldsymbol{a}_n$ 或 $F=ma_n=m\omega^2R$。对于匀角速转动的转台这一非惯性系而言，小球除受到 $\boldsymbol{F}$ 的作用外，还受到惯性力 $\boldsymbol{F}_{惯}$ 的作用，因为小球相对转台是静止的，所以 $\boldsymbol{F}_{惯}$ 与 $\boldsymbol{F}$ 相平衡，即

$$
\boldsymbol{F}_{惯} + \boldsymbol{F} = 0
$$

则

$$
\boldsymbol{F}_{惯} = -\boldsymbol{F} = -m\boldsymbol{a}_n
$$

在小球随台子转动过程中，在圆周上各处，小球所受的合力 $\boldsymbol{F}$，其方向总是沿法向指向圆心，因此惯性力 $\boldsymbol{F}_{惯}$ 的方向是从圆心沿径向向外。通常将这样的惯性力称为离心力。

由上面的分析可见，从地面参考系（惯性系）中的观察者来看，做匀速率圆周运动的小球仅受向心力的作用，根本不受什么离心力的作用。但从转台这一非惯性系来看，小球静止不动，则它既受到向心力 $\boldsymbol{F}$ 的作用，又受到离心力 $\boldsymbol{F}_{惯}$ 的作用，两者时时处处“平衡”着。这是非惯性系中形式上应用牛顿第二定律处理力学问题的一种方法，不要将它和惯性系中处理力学问题的方法相互混为一谈。

如果物体相对于匀角速转动的参考系而言不是静止的，而是在做相对运动，那么在此转动参考系上的观测者看来，物体除了受到离心力的作用外，还受到另一种附加的力——**科里奥利力**的作用。

我们用图 1-33 所示的例子来讨论科里奥利力的起因。在绕竖直轴 $O$ 以匀角速度 $\omega$ 转动的圆盘上，一质点 $m$ 以速度 $\boldsymbol{v}'$ 沿半径 $OC$ 相对于圆盘做匀速移动。在一段时间 $\Delta t$ 内，质点 $m$ 由 $A$ 点运动到 $B$ 点，所经过的距离为 $AB=v'\Delta t$；与此同时，圆盘相对于惯性系转动了一个角度 $\Delta\varphi=\omega\Delta t$，半径 $OC$ 转到 $OC'$，因而质点 $m$ 实际上到达了 $B'$ 点。

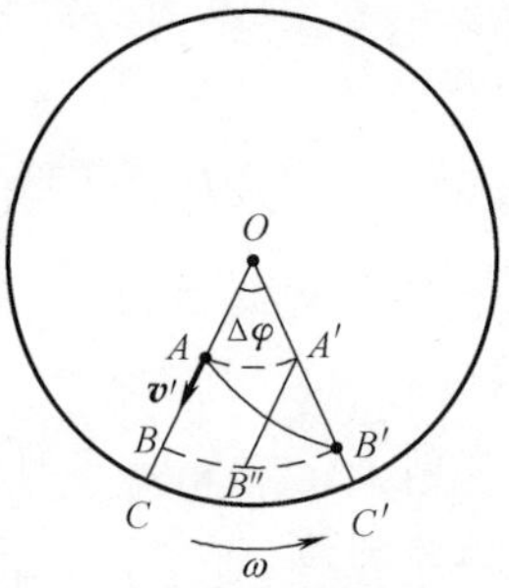

图 1-33　科里奥利力的起因

处于圆盘外惯性系中的观测者来看，质点 $m$ 同时参与了两个运动：以速度 $\boldsymbol{v}'$ 相对于圆盘的运动，以及随圆盘的转动。显然，如果圆盘不转，质点只是相对于圆盘运动，在 $\Delta t$ 末质点到达了 $B$ 点，如果质点相对于圆盘不动，只是圆盘转动，则在 $\Delta t$ 末质点到达了 $A'$ 点。现在，质点 $m$ 同时参与两个运动，如果按照位移合成法则，似乎在 $\Delta t$ 末质点应该到达了 $B''$ 点（$A'B''/\!/AB$），但实际上质点到达了 $B'$ 点，这是由于质点 $m$ 在沿半径方向移动的过程中距转轴 $O$ 的距离不断增大，因而质点因圆盘转动而获得的切向速度也不断增大的缘故。

为了得出表征质点切向速度 $v_t$ 变化快慢的加速度 $a_t$，可做如下的简化考虑：质点 $m$ 在 $\Delta t$ 内所走过的附加路程为

$$\begin{aligned}\Delta s = B'B'' &= A'B''\Delta\varphi \\ &= (v'\Delta t)(\omega\Delta t) = v'\omega(\Delta t)^2,\end{aligned}$$

由于 $\Delta t$ 可以取得很小，所以在极限情况下，在 $\Delta s=B'B''$ 一段内可以应用匀变速直线公式，即 $\Delta s=\dfrac{1}{2}a_t(\Delta t)^2$。比较上述两式，可得 $a_t=2v'\omega$，其方向与质点相对于圆盘的速度 $\boldsymbol{v}'$ 垂直并指向右。

为使质点 $m$ 获得这个切向加速度，必须施加给它一个向右的切向力

$$F_t = ma_t = 2mv'\omega$$

实际上常把质点 $m$（如小球）放在圆盘上沿半径方向的槽中，该切向力由槽壁提供，否则质点 $m$ 不可能沿半径相对于圆盘做匀速直线运动。

在匀角速转动的圆盘这个非惯性系中的观测者看来，质点 $m$ 所做的是沿半径方向上的匀速直线运动，因此，必须设想有一个附加的力（人们称之为科里奥利力）$F_C$ 与槽壁施加的切向力 $\boldsymbol{F}_t$ 平衡，它的大小为 $F_C=2mv'\omega$，其方向与质点 $m$ 相对于圆盘的速度 $\boldsymbol{v}'$ 垂直但指向左。

可以证明，在普遍情况下，当质点 $m$ 以任意取向的速度 $\boldsymbol{v}'$ 相对于转动参考系运动时，

科里奥利力可用下列矢量式来表示：

$$\boldsymbol{F}_{\mathrm{C}} = 2m\boldsymbol{v}' \times \boldsymbol{\omega}$$

式中，矢量 $\boldsymbol{\omega}$ 为转动参考系的角速度。

由科里奥利力 $\boldsymbol{F}_{\mathrm{C}}$ 的表达式可以看出，无论物体向哪个方向运动，在地球的北半球上，科里奥利力 $\boldsymbol{F}_{\mathrm{C}}$ 总是指向物体行进方向的右侧，如图 1-34 所示；而在地球的南半球上，科里奥利力 $\boldsymbol{F}_{\mathrm{C}}$ 总是指向物体行进方向的左侧。由此可以说明，为什么北半球河流右岸被冲刷得比较严重，以及赤道附近信风（图 1-35）和北半球上旋风（图 1-36）形成的原因。

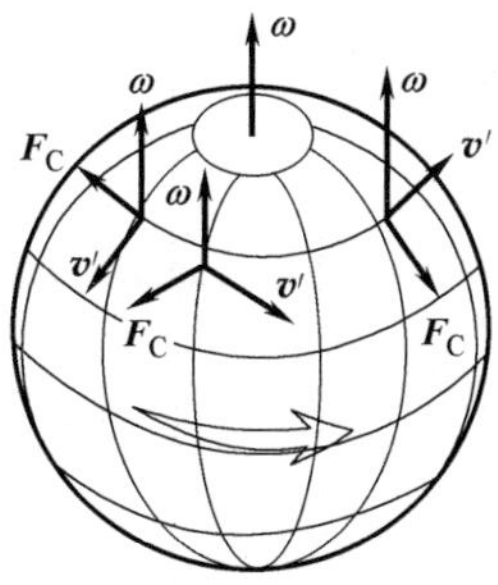


图 1-34　北半球上的科里奥利力

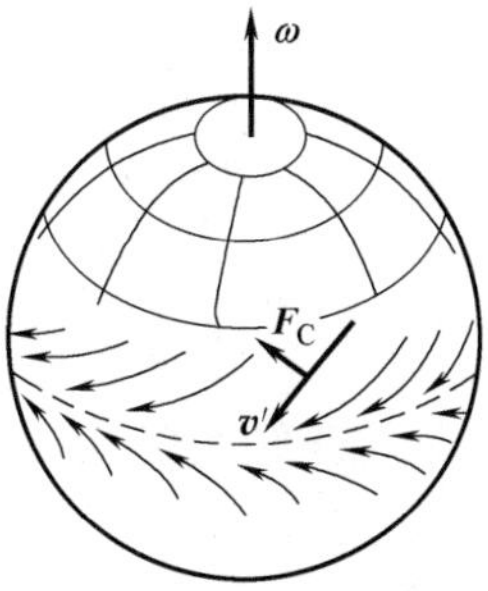


图 1-35　信风的形成

1851 年，傅科为了证实地球的自转，在巴黎万神殿的圆拱屋顶上悬挂了一个长约 67m 的大单摆，摆锤是质量为 28kg 的铁球。人们在地面上观测时发现，傅科所悬挂的摆的摆动平面不断地在做顺时针方向的偏转，傅科摆平面轨迹如图 1-37 所示。傅科摆平面轨迹可以用科里奥利力加以解释，它证明了地球是在不断地自转。

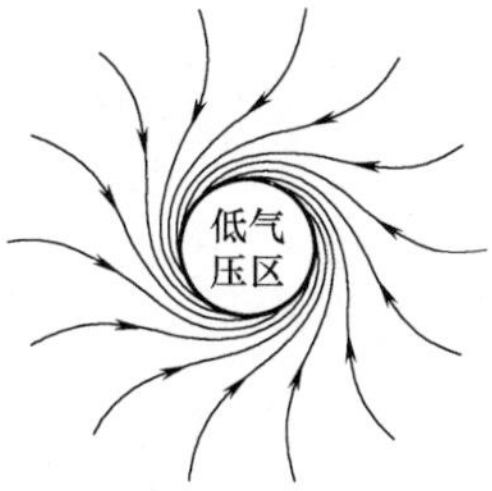


图 1-36　旋风的形成

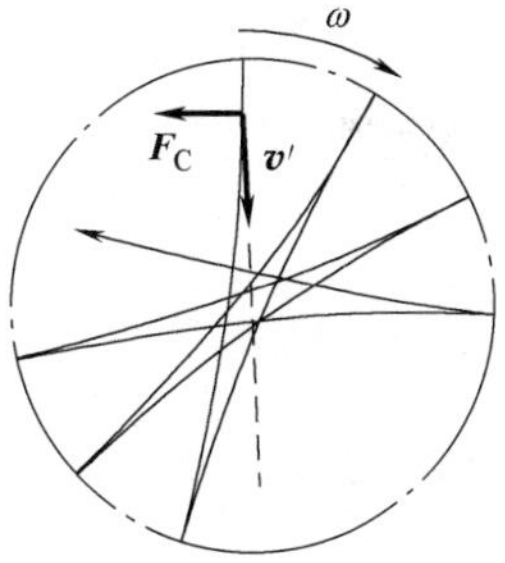


图 1-37　傅科摆平面轨迹

# 本 章 提 要

**基本概念**

1. 参考系　质点

2. 矢径　$\boldsymbol{r} = x\boldsymbol{i} + y\boldsymbol{j} + z\boldsymbol{k}$

位移　$\Delta\boldsymbol{r} = \boldsymbol{r}_2 - \boldsymbol{r}_1 = \Delta x\ \boldsymbol{i} + \Delta y\ \boldsymbol{j} + \Delta z\ \boldsymbol{k}$

速度　$\boldsymbol{v} = \lim\limits_{\Delta t \to 0} \dfrac{\Delta \boldsymbol{r}}{\Delta t} = \dfrac{\mathrm{d}\boldsymbol{r}}{\mathrm{d}t} = v_x\ \boldsymbol{i} + v_y\ \boldsymbol{j} + v_z\ \boldsymbol{k}$

加速度　$\boldsymbol{a} = \lim\limits_{\Delta t \to 0} \dfrac{\Delta \boldsymbol{v}}{\Delta t} = \dfrac{\mathrm{d}\boldsymbol{v}}{\mathrm{d}t} = \dfrac{\mathrm{d}^2\boldsymbol{r}}{\mathrm{d}t^2} = a_x\ \boldsymbol{i} + a_y\ \boldsymbol{j} + a_z\ \boldsymbol{k}$

3. 路程 速率

4. 运动方程 $\boldsymbol{r}=\boldsymbol{r}(t)$

$x=x(t),\quad y=y(t),\quad z=z(t)$

轨迹方程 $f(x,y,z)=0$

5. 圆周运动的加速度 $\boldsymbol{a}=\boldsymbol{a}_n+\boldsymbol{a}_t$

法向加速度 $a_n=\dfrac{v^2}{R}$

切向加速度 $a_t=\dfrac{dv}{dt}$

6. 重力 $\boldsymbol{P}=m\boldsymbol{g}$

万有引力 $\boldsymbol{F}=-G\dfrac{m_1m_2}{r^3}\boldsymbol{r}$

最大静摩擦力 $F_s=\mu_0F_N$

滑动摩擦力 $F_k=\mu_kF_N$

7. 惯性力

**基本定律和基本公式**

1. 匀变速直线运动

$a=$常量

$v=v_0+at$

$x=x_0+v_0t+\dfrac{1}{2}at^2$

$v^2=v_0^2+2a(x-x_0)$

2. 抛体运动

$a_x=0,\quad a_y=-g$

$v_x=v_0\cos\theta_0,\quad v_y=v_0\sin\theta_0-gt$

$x=v_0\cos\theta_0t,\quad y=v_0\sin\theta_0t-\dfrac{1}{2}gt^2$

3. 牛顿运动三定律

## 习　题

1-1 设质点的运动方程为 $x=x(t)$，$y=y(t)$。在计算质点的速度和加速度时，有人先求出 $r=\sqrt{x^2+y^2}$，然后根据 $v=dr/dt$ 和 $a=d^2r/dt^2$ 求得结果，也有人先计算速度和加速度的分量，再合成，即 $v=\sqrt{\left(\dfrac{dx}{dt}\right)^2+\left(\dfrac{dy}{dt}\right)^2}$ 和 $a=\sqrt{\left(\dfrac{d^2x}{dt^2}\right)^2+\left(\dfrac{d^2y}{dt^2}\right)^2}$。你认为哪一种方法正确？为什么？两者的差别何在？

1-2 已知电子的运动方程可表示为 $\boldsymbol{r}=3.0t\boldsymbol{i}-4.0t^2\boldsymbol{j}+2.0\boldsymbol{k}$，式中 $t$ 以 s 计，$\boldsymbol{r}$ 以 m 计。试求：

(1) 电子的速度 $\boldsymbol{v}$；

(2) 电子的加速度 $\boldsymbol{a}$；

(3) 电子在 $t=2$s 时的速度和加速度。

1-3 一小轿车沿水平道路做直线运动，制动时的速度为 $v_0$，制动后其加速度与速度成正比，即 $a=-kv$，$k$ 为正的常数，试求：

(1) 制动后轿车的速度与时间的函数关系；

(2) 制动后轿车最多能行进多远？

1-4 在高度为 $h$ 的平台上，有一小车由绳子拴着，跨过定滑轮由地面上的人以匀速度 $v_0$ 向右拉动，设台高 $h$ 比人的身高高很多，当人从平台脚向右走了距离 $s$ 时，如题 1-4 图所示，试求：

(1) 小车的速度大小；

(2) 小车的加速度大小；

(3) 小车移动的距离

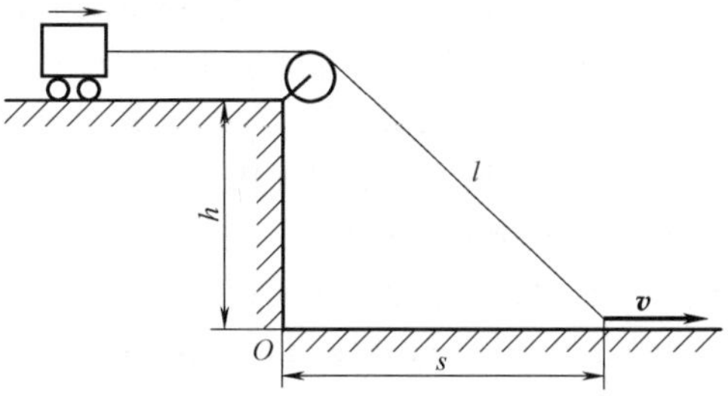

题 1-4 图

1-5 一篮球运动员站在篮圈下跳起抢篮板球，假设其弹跳竖直高度是 76cm。试问：

(1) 在其跳跃过程中经过最上方 15cm 所花去的时间是多少？

(2) 在其跳跃过程中经过最下方 15cm 所花去的时间是多少？

以上结果是否可用来解释篮球运动员在他们跳跃投篮时，在他们跳跃到最高时，仿佛人能够停留在空中似的？

1-6 人们可以通过竖直上抛一小球来测量此地的重力加速度 $g$，假设小球通过某一高度上、下两次的时间间隔是 $\Delta t_L$，通过其上方 $H$ 高度上、下两次的时间间隔是 $\Delta t_U$，如题 1-6 图所示，试证：$g=\dfrac{8H}{\Delta t_L^2-\Delta t_U^2}$

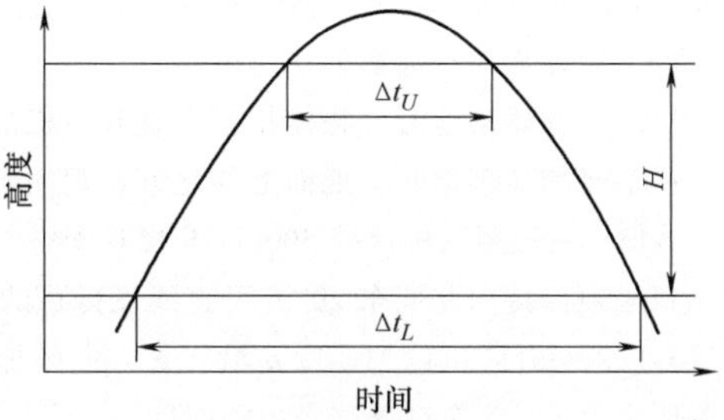

题 1-6 图

1-7 在离射击运动员枪口的斜上方高度为 $h$，水平距离为 $s$ 的 $P$ 点处有一活动靶，正由静止开始自由下落。为了击中目标，若在靶开始下落的同时开枪，问：

(1) 设子弹的初速度为 $\boldsymbol{v}_0$ 时，枪口应与水平方向成什么角度？

(2) 若不计空气阻力，击中靶时，子弹飞行了多长时间？靶的位置在何处？

1-8 如题 1-8 图所示，若篮球运动员正好把篮球投中篮圈，那么篮球的初速度应该是多少？

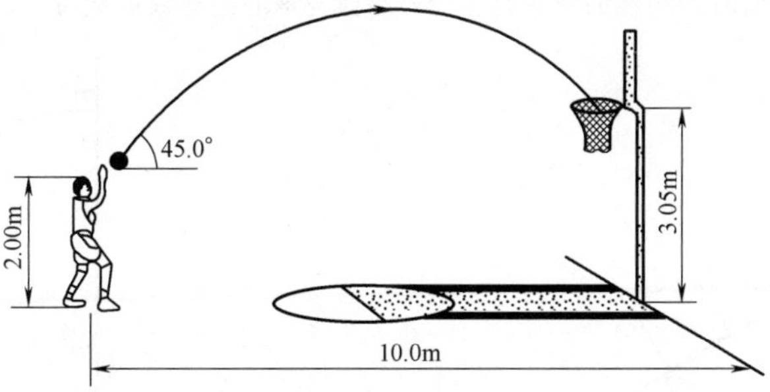

题 1-8 图

1-9 在一部侦探故事中，人们在距一建筑物基础 4.5m 远，距打开的窗户 24m 下的地面上发现了一具尸体，若此人是从该窗户里坠落下来的，那么他坠落窗户时的水平初速度是多少？你能认为他的死是意外事故吗？

1-10 一足球运动员踢出球的初速率为 25m/s，如果他站在距球门 50m 远处的正前方，那么踢出的球同水平方向所成的角度为何值时正好把球踢中距地面 3.44m 高的球门横梁上。

1-11 一质点沿半径为 $R$ 的圆周按运动方程 $s=v_0t-bt^2/2$ 运动，其中 $s$ 为弧长，$v_0$ 为初速，$b$ 是常数，设 $s$ 以 m，$t$ 以 s 为单位。求：

(1) 任一时刻 $t$，质点的法向、切向加速度和总加速度；

(2) $t$ 为何值时，质点的总加速度在数值上等于 $b$；此时质点已在圆周上运行了多少圈？

1-12 (1) 地球赤道上任一物体因地球自转而具有的向心加速度是多大？

(2) 如果在地球赤道上的物体上具有 $9.8\mathrm{m/s^2}$ 的向心加速度，那么地球自转的周期是多少？

1-13 现代战斗机驾驶员常常担心飞行时的急转弯，当飞行员的头向着曲率中心，身体经历向心加速度时，其头部中的血压会降低而使大脑失去正常功能。当向心加速度为 $2g$ 或 $3g$ 时，飞行员会感受到身体很沉重。当向心加速度为 $4g$ 时，飞行员的视觉会变成黑白，视界变窄而进入“隧道视觉”。如果向心加速度保持在这一数值或者再增加的话，飞行员的视觉将停止，很快将失去知觉。如果战斗机以 716m/s 的速率绕一半径为 5.80km 的圆弧运动，其向心加速度是重力加速度的多少倍？

1-14 一质点沿半径为 0.10m 的圆周做圆周运动，其角位置（以 rad 表示）可用 $\theta=2+4t^3$ 来表示，其中 $t$ 以 s 计，问：

(1) 当 $t=2\mathrm{s}$ 时，其法向加速度和切向加速度各为多少？

(2) 当切向加速度的大小恰好为总加速度大小的一半时，$\theta$ 值为多少？

1-15 一直升飞机正以 6.2m/s 的速率，在高度为 9.5m 上空直线飞行，如果从飞机中以相对于飞机 12m/s 的速率，向飞机飞行相反方向投掷一物体。问：

(1) 物体相对于地面的初速度；

(2) 当物体落地时，物体相对于直升飞机的水平距离；

(3) 当物体落地时，地面上的观察者观测到物体同地面形成的角度是多少？

1-16 一轻型飞机保持 500km/h 相对于空气的速率飞行，飞机飞往正北 800km 处的目的地，飞行员发现飞机必须保持向北偏东 20°方可直线飞抵目的地。若飞机飞行 2.00h 后到达，求风速大小和方向。

1-17 一升降机以加速度 $\boldsymbol{a}$ 沿竖直方向匀加速上升，有一螺钉从升降机顶棚上松落。已知顶棚到底板间的距离为 $h$，求螺钉落到底板的时间。

1-18 物体 $A$、$B$ 的质量分别为 $m_A$ 和 $m_B$ ($m_B>m_A$)，同一根不能伸长的细柔轻绳连接，挂在轴承光滑、质量不计的定滑轮两侧，如题 1-18 图所示。此系统可沿三棱柱斜面滑动，设物体与三棱柱斜面间的摩擦系数为 $\mu$，斜角为 $\alpha$ 和 $\beta$，且 $\tan\beta>\mu$。求此物体系统的平衡条件。(提示：求 $m_A/m_B$ 满足的关系式)

1-19 如题 1-19 图所示，在半径为 $R$ 的光滑球面的顶端，一物体由静止开始下滑，设球面固定不动，那么物体刚好开始脱离球面时，物体的速率是多少？物体与球心的连线同竖直方向的夹角 $\theta$ 又是多少？

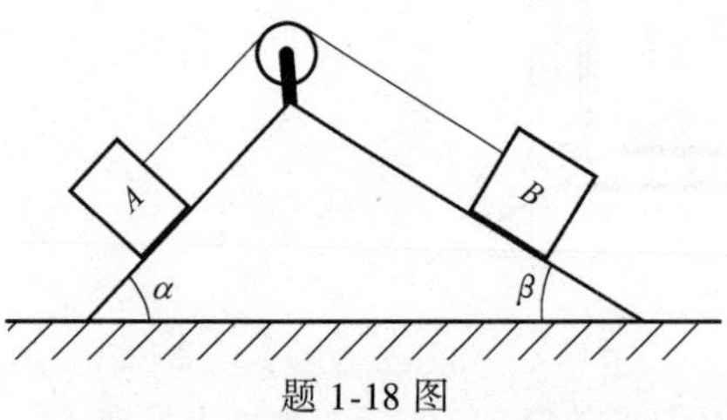

题 1-18 图

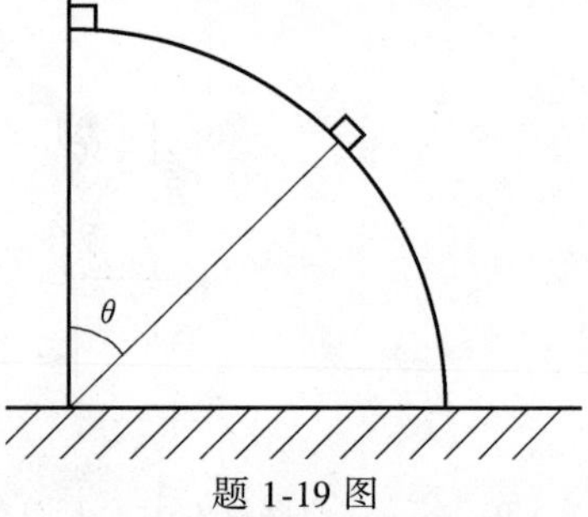

题 1-19 图

1-20 一质量为 $m$ 的物体，由地面以初速 $v_0$ 竖直向上抛出，物体受到空气阻力与速度成正比而反向，即 $F_r=-kv$，($k$ 为正的常数)。求：

(1) 物体由抛出到达最大高度所需的时间；

(2) 物体上升的最大高度。

1-21 在赤道上空发射一颗地球同步卫星，应该把该星发射到离地面多高的地方？已知，万有引力常数 $G=6.67\times10^{-11}\mathrm{N\cdot m^2/kg^2}$，地球的质量 $m_{地}=5.98\times10^{24}\mathrm{kg}$。

1-22　一质量均匀分布的链条，总长度为 $L$，与台面的摩擦系数为 $\mu$，其中有长度为 $a$ 的部分垂在台外，如题 1-22 图所示。松手后使它由静止在重力作用下下落。求链条刚好全部离开台面时速度的大小。

1-23　在水平面上有一楔形斜面，质量为 $m_1$，楔角为 $\beta$，在斜面上放有质量为 $m_2$ 的物体，如题 1-23 图所示。设所有接触面全部光滑。求物体 $m$ 从静止开始沿斜面下滑的过程中对斜面的正压力。

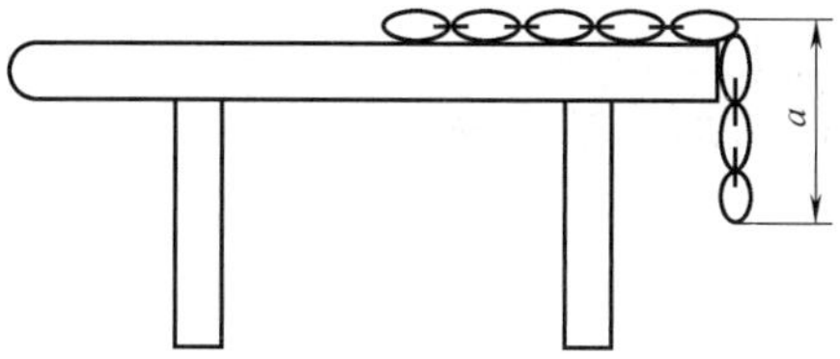


题 1-22 图

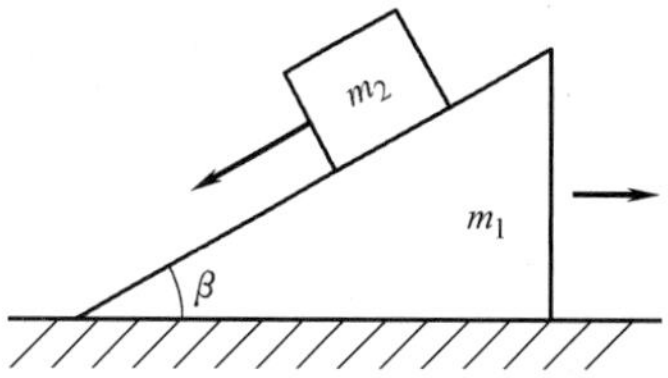


题 1-23 图

1-24　在顶角为 $2\alpha$ 的圆锥顶上系一劲度系数为 $k$ 的轻弹簧，其原长为 $x_0$，今在弹簧的另一端挂一质量为 $m$ 的物体，使其在光滑的斜锥面上绕圆锥轴线运动，如题 1-24 图所示。请用图中所给的坐标系列出牛顿运动方程；并求出使物体 $m$ 离开锥面的最小角速度 $\omega$ 和此时的弹簧长度 $x$。

1-25　一质量为 40kg 的木板静止放在无摩擦的地面上，一质量为 10kg 的木块，放在木板的上面，如题 1-25 图所示。若木块与木板之间的静摩擦系数是 0.60，动摩擦系数是 0.40，有一大小为 100N 的力水平作用在木块上。那么

(1) 木块的加速度大小是多少？

(2) 木板的加速度大小又是多少？

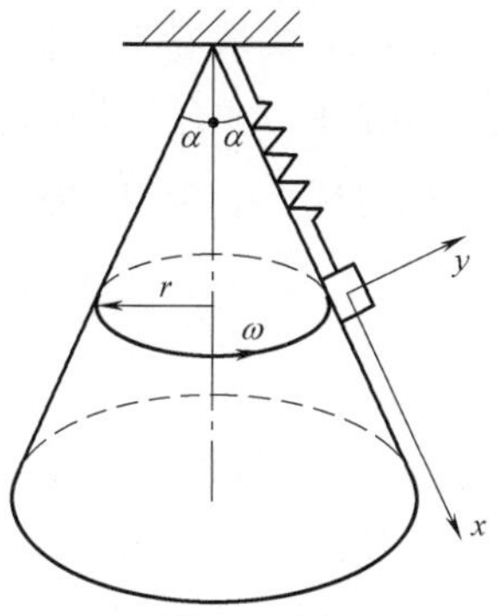


题 1-24 图

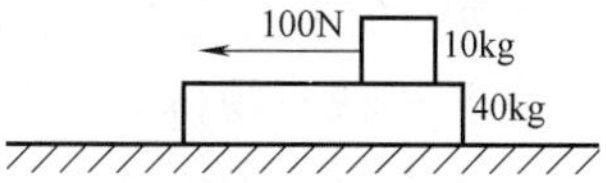


题 1-25 图

1-26　一质量为 1000kg 的船，关闭其发动机时，正以 90km/h 的速度水平行驶。若船与水面间的摩擦力大小正比于船的速度，即 $F_k = 70v$，其中速度 $v$ 以 m/s 计，$F_k$ 以 N 计，那么在摩擦力作用下，船速减到 45km/h 所需要的时间是多少？

1-27　一质量为 $m_1$ 的质点，放置在一质量为 $m_2$、长度为 $L$ 的均质细棒的延长线外 $d$ 处，试求：细棒对质点的万有引力。

1-28　某中子星以 1r/s 的速度绕其自身轴线旋转，若中子星的半径是 20km，要使其表面上的物体能停留在其表面同其一道转动，该中子星的最小质量是多少？

# 第 2 章

# 质点力学中的守恒定律

质点力学中的守恒定律包含质点的机械能守恒定律、质点的动量守恒定律和质点的角动量守恒定律，统称为质点力学的三大守恒定律，是质点力学的重要组成部分。应用三大守恒定律来处理质点力学问题是简洁而有效的。更为重要的是，三大守恒定律不仅在处理宏观、低速运动的牛顿力学中成立，而且适用于需要用量子力学去处理的微观物理世界和需要用相对论来讨论的物体运动速度接近于光速的高速运动情形。可以说，三大守恒定律是现代物理学重要的基础。

## 2.1 机械功　功率

牛顿定律反映了物体所受的力与所产生的加速度之间的瞬时关系。在某些情况下，我们需要研究力的瞬时效应，但在另一些情况下，我们无需知道（或无法知道）力的瞬时效应，只要研究力使物体在空间运动过程中的累积效应就可以搞清楚物体运动的规律。本节从功的概念引入开始研究力的空间累积效应。

### 2.1.1 功

“功”的概念是人们在长期的生产实践和科学研究中逐步形成的，它首先来源于机械做功。各种机械对物体做功有一个共同的特点：首先物体要受力的作用，其次物体必须要在力的方向上有一定的位移，两者缺一不可。

**1. 恒力的功**

恒力对物体所做的功，等于力在作用点位移方向上的分量和作用点位移大小的乘积。

设在水平面上有一物体受到恒力 $\boldsymbol{F}$ 的作用，沿力的方向运动，位移为 $\boldsymbol{l}$，如图 2-1a 所示。那么力 $\boldsymbol{F}$ 对物体所做的功 $A$ 等于 $\boldsymbol{F}$ 的大小与 $\boldsymbol{l}$ 的大小的乘积，即

$$A = Fl$$

如果 $\boldsymbol{F}$ 与 $\boldsymbol{l}$ 方向不一致，它们之间有一夹角 $\alpha$，如图 2-1b 所示，那么力 $\boldsymbol{F}$ 对物体所做的功为

$$A = Fl\cos\alpha \tag{2-1}$$

式 (2-1) 定义的功，也可用矢量 $\boldsymbol{F}$ 与 $\boldsymbol{l}$ 的标积来表示

$$A = \boldsymbol{F} \cdot \boldsymbol{l} \tag{2-2}$$

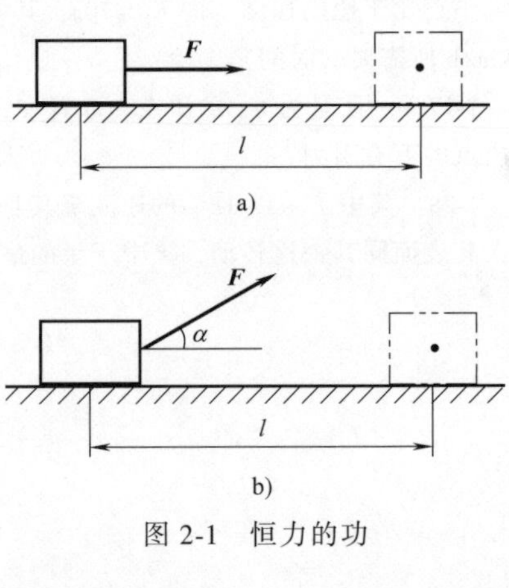

图 2-1　恒力的功

功是标量，它有正负。从式 (2-2) 可见，当 $0 \leqslant \alpha$

$<\pi/2$ 时，$A$ 为正，表示力 $\boldsymbol{F}$ 对物体做正功；当 $\alpha=\pi/2$ 时，$A=0$，表示力 $\boldsymbol{F}$ 对物体不做功；当 $\pi/2<\alpha\leqslant\pi$ 时，$A$ 为负值，表示力 $\boldsymbol{F}$ 对物体做负功或物体克服外力 $\boldsymbol{F}$ 做功。

**2. 变力的功**

一般情况下，力 $\boldsymbol{F}$ 可能在方向上或量值上有变化，也可能在方向和量值上同时有变化。若物体在变力 $\boldsymbol{F}$ 作用下，从 $a$ 点沿曲线运动到 $b$ 点，如图 2-2 所示。$\boldsymbol{F}$ 对物体所做的功 $A$ 可以这样来考虑：首先在曲线路径上任取一元位移 $\Delta\boldsymbol{l}_i$，变力 $\boldsymbol{F}$ 在这段元位移上 $\boldsymbol{F}_i$ 可视为恒力，设它与物体元位移 $\Delta\boldsymbol{l}_i$ 的夹角为 $\alpha_i$，那么它在这段元位移上对物体所做的元功 $\Delta A_i$ 为

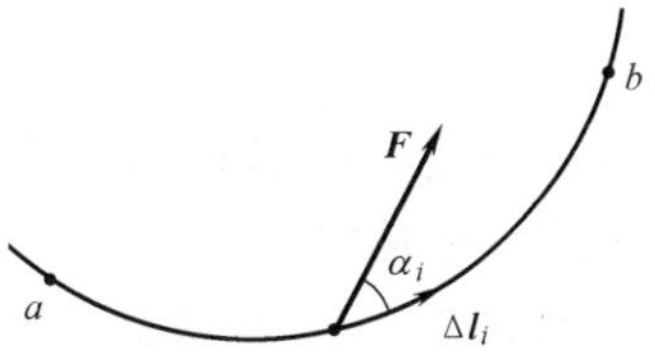

图 2-2　变力的功

$$\Delta A_i=\boldsymbol{F}_i\cdot\Delta\boldsymbol{l}_i=F_i\Delta l_i\cos\alpha_i$$

整个过程中变力所做的总功 $A$ 将是各元功的代数和

$$A=\sum_i\Delta A_i=\sum_i\boldsymbol{F}_i\cdot\Delta\boldsymbol{l}_i=\sum_i F_i\Delta l_i\cos\alpha_i$$

如果将元位移取得无限小，则上述求和可用积分代替

$$A=\int_a^b\mathrm{d}A=\int_a^b\boldsymbol{F}\cdot\mathrm{d}\boldsymbol{l}=\int_a^b F\cos\alpha\mathrm{d}l \tag{2-3a}$$

式中，$a$、$b$ 表示曲线运动的起点和终点。

如果变力 $\boldsymbol{F}$ 处于运动质点所在的平面，设此平面为 $xy$ 平面。此时变力可表示为 $\boldsymbol{F}=F_x\boldsymbol{i}+F_y\boldsymbol{j}$，元位移可表示为 $\mathrm{d}\boldsymbol{l}=\mathrm{d}x\boldsymbol{i}+\mathrm{d}y\boldsymbol{j}$。在变力 $\boldsymbol{F}$ 的作用下质点由位置 $a$ 移动到位置 $b$，变力在全过程中对运动物体所做的功为

$$\begin{aligned}A&=\int_a^b\boldsymbol{F}\cdot\mathrm{d}\boldsymbol{l}=\int_a^b(F_x\boldsymbol{i}+F_y\boldsymbol{j})\cdot(\mathrm{d}x\boldsymbol{i}+\mathrm{d}y\boldsymbol{j})\\&=\int_a^b(F_x\mathrm{d}x+F_y\mathrm{d}y)\end{aligned} \tag{2-3b}$$

如果物体同时受到 $n$ 个力 $\boldsymbol{F}_1$，$\boldsymbol{F}_2$，…，$\boldsymbol{F}_n$ 的作用，合力的功应为

$$\begin{aligned}A&=\int_a^b\boldsymbol{F}\cdot\mathrm{d}\boldsymbol{l}=\int_a^b(\boldsymbol{F}_1+\boldsymbol{F}_2+\cdots+\boldsymbol{F}_n)\cdot\mathrm{d}\boldsymbol{l}\\&=\int_a^b\boldsymbol{F}_1\cdot\mathrm{d}\boldsymbol{l}+\int_a^b\boldsymbol{F}_2\cdot\mathrm{d}\boldsymbol{l}+\cdots+\int_a^b\boldsymbol{F}_n\cdot\mathrm{d}\boldsymbol{l}\\&=A_1+A_2+\cdots+A_n=\sum_i A_i\end{aligned} \tag{2-4}$$

式（2-4）表明：合力的功等于各分力所做的功的代数和。

功的单位由力 $\boldsymbol{F}$ 的单位和位移 $\boldsymbol{l}$ 的单位所决定，在国际单位制中，功的单位是牛顿米（N·m），称作焦耳（J）。在讨论原子或亚原子粒子时，常见的功的单位是电子伏特（eV），1eV 子伏特为 $1.6\times10^{-19}$J，功的量纲为 $\mathrm{ML^2T^{-2}}$。

功率　在实际问题中不仅要知道力所做的功，而且还要知道做功的快慢。因此提出了功率的概念。功率是单位时间内所做的功。设在 $\Delta t$ 时间内 $\boldsymbol{F}$ 对物体所做的功为 $\Delta A$，则这段时间内的平均功率为

$$\bar{P}=\frac{\Delta A}{\Delta t}$$

若 $\Delta t\to0$，则某时刻的瞬时功率（简称功率）为

$$P=\lim_{\Delta t\to 0}\frac{\Delta A}{\Delta t}=\frac{\mathrm{d}A}{\mathrm{d}t} \tag{2-5}$$

式中，$P=\mathrm{d}A/\mathrm{d}t$ 表示功率等于单位时间内所做的功，而不是功对时间的导数。还可以把瞬时功率写为

$$P=\frac{\boldsymbol{F}\cdot \mathrm{d}\boldsymbol{l}}{\mathrm{d}t}=\boldsymbol{F}\cdot\boldsymbol{v}=Fv\cos\alpha \tag{2-6}$$

式（2-6）说明：瞬时功率等于力在速度方向的分量和速度大小的乘积。在国际单位制中，功率的单位是焦耳每秒（J/s），称为瓦特（W），功率的量纲是 $ML^2T^{-3}$。

**例题 2-1** 一劲度系数为 $k$ 的轻质弹簧，一端固定在 $A$ 点，另一端系一质量为 $m$ 的物体，靠在光滑的半径为 $R$ 的圆柱体表面上。弹簧原长为 $AB$，如图 2-3 所示。在变力 $F$（方向保持在圆柱面的切线方向）作用下，物体极缓慢地沿表面从 $B$ 移到 $C$，$\angle COB=\pi/3$，求变力 $F$ 对物体所做的功。

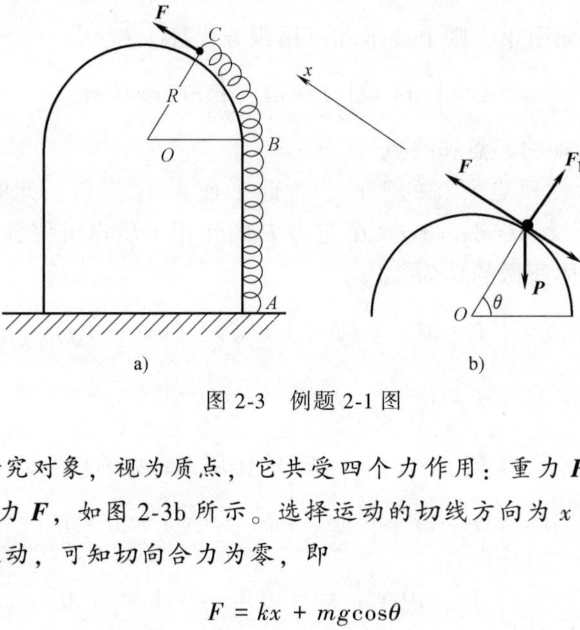


图 2-3 例题 2-1 图

**解** 取物体为研究对象，视为质点，它共受四个力作用：重力 $\boldsymbol{P}=m\boldsymbol{g}$，支持力 $\boldsymbol{F}_N$、弹簧的恢复力 $\boldsymbol{F}_K$ 和拉力 $\boldsymbol{F}$，如图 2-3b 所示。选择运动的切线方向为 $x$ 轴正方向。

因为是极缓慢运动，可知切向合力为零，即

$$F=kx+mg\cos\theta$$

由于弹簧的伸长量 $x=R\theta$，则

$$F=kR\theta+mg\cos\theta$$

可见，力 $F$ 的大小和方向都随 $\theta$ 角而变化，因此是属于变力做功。

在过程中任取一段元位移 $\mathrm{d}l$，$\mathrm{d}l=\mathrm{d}x=R\mathrm{d}\theta$，在此 $\mathrm{d}l$ 内，$F$ 可视为恒定，所以 $\boldsymbol{F}$ 对 $m$ 所做的元功为

$$\mathrm{d}A=F\mathrm{d}x=(kR\theta+mg\cos\theta)R\mathrm{d}\theta$$

物体从 $B$ 沿圆弧到 $C$，拉力 $F$ 所做的功为

$$A=\int_B^C\mathrm{d}A=\int_0^{\frac{\pi}{3}}(kR\theta+mg\cos\theta)R\mathrm{d}\theta$$

$$=\int_0^{\frac{\pi}{3}}kR^2\theta\mathrm{d}\theta+\int_0^{\frac{\pi}{3}}mgR\cos\theta\mathrm{d}\theta$$

$$=\frac{1}{2}kR^2\left(\frac{\pi}{3}\right)^2+mgR\sin\frac{\pi}{3}$$

$$=\frac{1}{18}kR^2\pi^2+\frac{\sqrt{3}}{2}mgR$$

**例题 2-2**　质量为 $m$ 的小球在光滑的水平面内沿半径为 $r$ 的固定圆环做圆周运动。已知小球与圆环之间的滑动摩擦系数为 $\mu_k=\frac{1}{2}$，小球在任一位置的角速度 $\omega=\omega_0 e^{-\theta/2}$，$\omega_0$ 为初始速度，$\theta$ 为角位移，如图 2-4 所示。求小球运动一周回到原位时摩擦力所做的功。

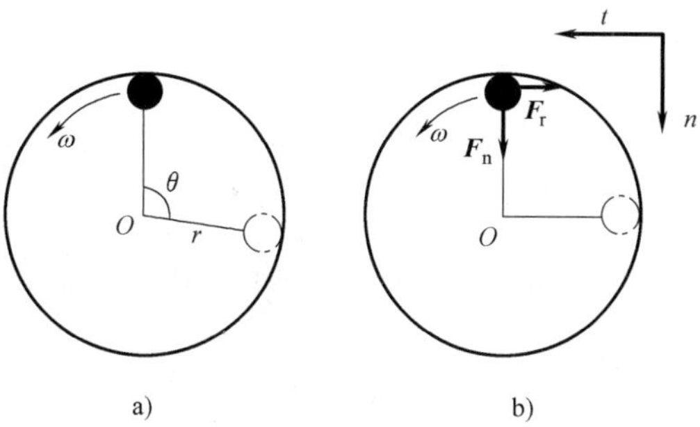

图 2-4　例题 2-2 图

**解**　取小球为研究对象，视为质点。在竖直方向受力平衡（未画出）。在水平面内，小球受到圆环对它的法向正压力 $\boldsymbol{F}_n$，它是产生圆周运动的向心力，只改变速度的方向；同时小球还受到圆环的切向摩擦力 $\boldsymbol{F}_r$，它与运动方向相反，只改变速度的大小；选择自然坐标如图 2-4b 所示。向心力 $\boldsymbol{F}_n$ 对小球不做功。摩擦力的大小

$$F_r=\mu_k F_n=\mu_k m\omega^2 r=\mu_k m\omega_0^2 r e^{-\theta}$$

可见 $\boldsymbol{F}_r$ 是个变量，它在某一元位移中所做的功

$$dA=\boldsymbol{F}_r\cdot d\boldsymbol{l}=-F_r dl=-\mu_k m\omega_0^2 r e^{-\theta} r d\theta$$

$$=-\mu_k m\omega_0^2 r^2 e^{-\theta} d\theta$$

小球运动一周 $\boldsymbol{F}_r$ 对它所做的功为

$$A=\oint dA=\int_0^{2\pi}-\mu_k m\omega_0^2 r^2 e^{-\theta} d\theta$$

$$=\mu_k m\omega_0^2 r^2 e^{-\theta}\Big|_0^{2\pi}$$

$$=\frac{1}{2}m\omega_0^2 r^2(e^{-2\pi}-1)$$

式中，$\oint$ 表示对闭合路径一周求积分。可见，摩擦力 $\boldsymbol{F}_r$ 对小球做负功。摩擦力的功与重力、万有引力和弹性力的功不同，它不仅与物体的始、末位置有关，而且与所经历的路径有关。

**例题 2-3**　质点在外力 $\boldsymbol{F}=4y\boldsymbol{i}+5x\boldsymbol{j}$ 的作用下，在水平面内从原点 $O$ 运动到 $Q$ 点，如图 2-5 所示，求 $\boldsymbol{F}$ 对质点在下列情况下所做的功（力的单位为 N）：

（1）质点沿路径 $OMQ$ 运动；

（2）质点沿路径 $ONQ$ 运动。

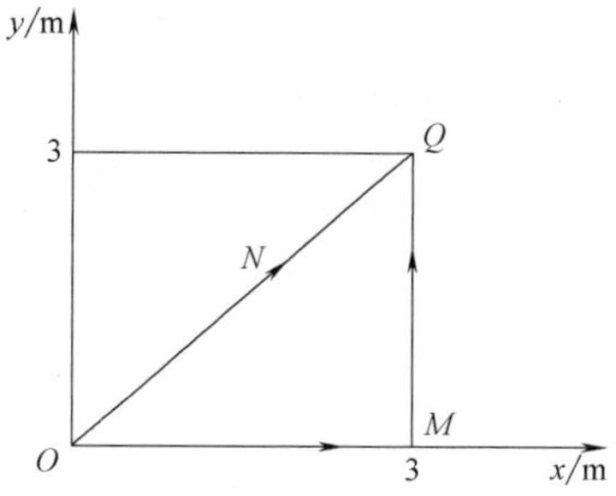

图 2-5　例题 2-3 图

**解**　这是变力做功问题

（1）在 $OMQ$ 路径中，可以分两段考虑：在 $O\to M$ 内，$\boldsymbol{F}=\boldsymbol{F}_1=5x\boldsymbol{j}$ 与位移 $\overrightarrow{OM}$ 垂直，因此 $\boldsymbol{F}_1$ 对质点不做功；在

$M \to Q$ 内，$\boldsymbol{F}=\boldsymbol{F}_2=4y\boldsymbol{i}+15\boldsymbol{j}$，它所做的功为

$$A=\int_{(OMQ)}\boldsymbol{F}\cdot\mathrm{d}\boldsymbol{l}=\int_{(MQ)}\boldsymbol{F}_2\cdot\mathrm{d}\boldsymbol{l}_2$$

$$=\int_0^3(4y\boldsymbol{i}+15\boldsymbol{j})\cdot\mathrm{d}y\boldsymbol{j}$$

$$=\int_0^3 15\mathrm{d}y=15y\Big|_0^3=45\mathrm{J}$$

（2）在 $ONQ$ 路径中的任一点，有坐标 $x=y$，故 $\boldsymbol{F}=4x\boldsymbol{i}+5x\boldsymbol{j}$，任一段的元位移 $\mathrm{d}\boldsymbol{l}=\mathrm{d}x\boldsymbol{i}+\mathrm{d}x\boldsymbol{j}$，在这元位移中，$F$ 的元功则为

$$\mathrm{d}A=\boldsymbol{F}\cdot\mathrm{d}\boldsymbol{l}=(4x\boldsymbol{i}+5x\boldsymbol{j})\cdot(\mathrm{d}x\boldsymbol{i}+\mathrm{d}x\boldsymbol{j})=9x\mathrm{d}x$$

总功则为

$$A=\int_{(ONQ)}\mathrm{d}A=\int_0^3 9x\mathrm{d}x=\frac{9}{2}x^2\Big|_0^3=40.5\mathrm{J}$$

## 2.2 动能 动能定理

### 2.2.1 动能

动能的概念与功的概念有密切的联系。功是描述力对空间累积效应的物理量，而动能是与物体运动状态相联系的重要物理量。如果物体运动的速度远小于光速，物体的动能定义为物体的质量（$m$）与其速率二次方（$v^2$）的乘积之半（为何如此定义，详见式（2-8）），用符号 $E_\mathrm{k}$ 表示。其数学式为

$$E_\mathrm{k}=\frac{1}{2}mv^2 \tag{2-7}$$

动能是标量，其大小决定于物体的质量和速度，显然它是物体运动状态的单值函数。动能的单位与量纲和功相同。

### 2.2.2 动能定理

动能定理是描述外力对物体做功而引起物体运动状态变化的规律。

设物体的质量为 $m$，初速率为 $v_0$，在合外力 $\boldsymbol{F}$ 的作用下做曲线运动，从始位置 $O$ 沿曲线路径运动到 $Q$ 时，速度变为 $v$，如图 2-6 所示。合外力 $\boldsymbol{F}$ 所做的功为

$$A=\int_O^Q\boldsymbol{F}\cdot\mathrm{d}\boldsymbol{l}=\int_O^Q F\cos\alpha\mathrm{d}l=\int_O^Q F_\mathrm{t}\mathrm{d}l$$

$$=\int_{v_0}^{v}m\frac{\mathrm{d}v}{\mathrm{d}t}v\mathrm{d}t=\int_{v_0}^{v}mv\mathrm{d}v$$

$$=\frac{1}{2}mv^2-\frac{1}{2}mv_0^2=E_\mathrm{k}-E_\mathrm{k0} \tag{2-8}$$

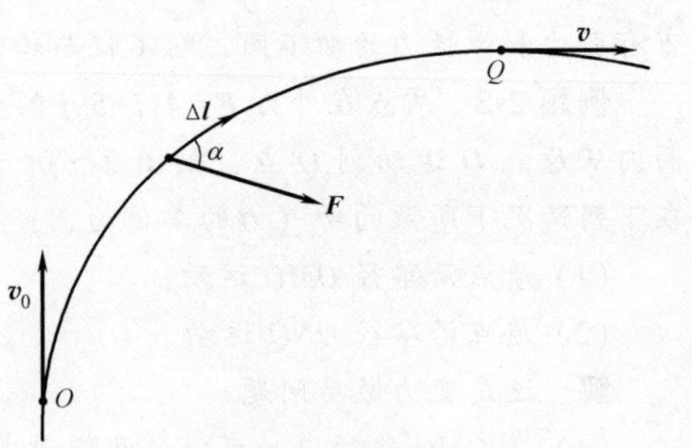

图 2-6 动能定理

式中，$F_t=ma_t=m(\mathrm{d}v/\mathrm{d}t)$ 为物体所受的合外力沿切线方向上的分量。式（2-8）是动能定理的数学形式。它表明：合外力对物体所做的功等于物体动能的增量。

从式（2-8）可知，当外力对物体做正功（即 $A>0$）时，物体的动能增加；当外力对物体做负功（即 $A<0$）时，物体的动能减少，亦即物体依靠减少动能反抗外力做功。因此动能概念表示当物体以一定的速度运动时所具有的做功本领。动能是能量的一种形式，可以通过力的做功而在运动物体间传递，或转化成其他形式的能量。

**例题 2-4** 质量 $m=2\times10^3\mathrm{kg}$ 的汽车在关闭发动机后以速率 $v_0=6\mathrm{m/s}$ 从斜坡顶端滑下，到达底端时的速率 $v=8\mathrm{m/s}$。假定斜坡长 $l=500\mathrm{m}$，高 $h=10\mathrm{m}$，求汽车运动过程中所受到的阻力 $F_r$ 的大小（设阻力是恒力）。

**解** 取汽车为研究对象，视为质点。它共受三个力：重力 $\boldsymbol{P}=m\boldsymbol{g}$，支持力 $\boldsymbol{F}_N$ 和阻力 $\boldsymbol{F}_r$，选沿斜面向下为 $x$ 轴正方向，如图 2-7 所示。

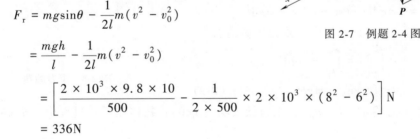

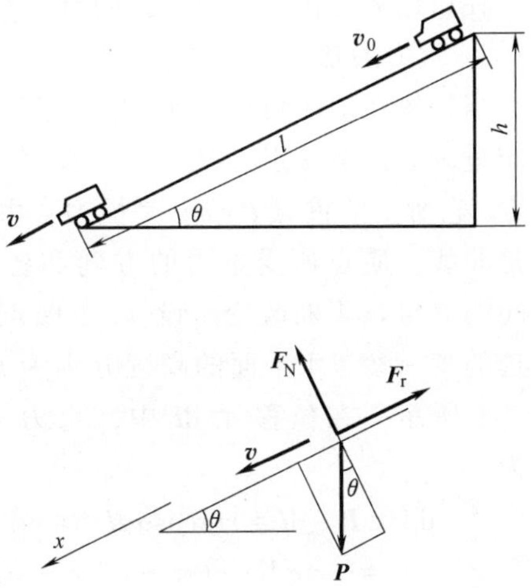

图 2-7 例题 2-4 图

汽车在沿斜面方向的合力为 $(mg\sin\theta-F_r)$，合力对汽车所做的功为

$$A=\int_0^l(mg\sin\theta-F_r)\mathrm{d}l$$
$$=(mg\sin\theta-F_r)l$$

汽车的初、末动能分别为 $1/2mv_0^2$ 和 $\frac{1}{2}mv^2$，根据动能定理有

$$(mg\sin\theta-F_r)l=\frac{1}{2}mv^2-\frac{1}{2}mv_0^2$$

解得

$$F_r=mg\sin\theta-\frac{1}{2l}m(v^2-v_0^2)$$
$$=\frac{mgh}{l}-\frac{1}{2l}m(v^2-v_0^2)$$
$$=\left[\frac{2\times10^3\times9.8\times10}{500}-\frac{1}{2\times500}\times2\times10^3\times(8^2-6^2)\right]\mathrm{N}$$
$$=336\mathrm{N}$$

可见应用动能定理解题的方法是：确定研究对象，分析受力；确定初、末动能，写出外力所做的功；根据动能定理列出方程，求解结果。

**例题 2-5** 一质量 $m=2\mathrm{kg}$ 的物体，放在光滑的水平桌面上，现在施一沿 $x$ 方向的力 $F=5\mathrm{e}^{-x}\mathrm{N}$，使物体从坐标原点由静止开始运动，求物体可能达到的最大速率。

**解** 把物体作为研究对象，且视为质点。它共受三个力作用：重力 $\boldsymbol{P}$，支持力 $\boldsymbol{F}_N$ 和所施的力 $\boldsymbol{F}$。沿 $x$ 方向的外力只有 $F=5\mathrm{e}^{-x}\mathrm{N}$，初动能为零，末动能未知，设为 $\frac{1}{2}mv^2$，$F$ 所做的功为

$$A=\int_0^{\infty}5\mathrm{e}^{-x}\mathrm{d}x=5\mathrm{J}$$

根据动能定理 $A=E_k-E_0=1/2mv^2-1/2mv_0^2$，有

$$A=\frac{1}{2}mv^2-0$$

因此物体可能达到的最大速率为

$$v=\sqrt{\frac{2A}{m}}=\sqrt{\frac{2\times 5}{2}}\text{m/s}\approx 2.24\text{m/s}$$

## 2.3 势能 机械能守恒定律

### 2.3.1 保守力

在讨论势能概念之前，我们首先看看重力、万有引力和弹性力做功的特点。

**1. 重力的功**

当物体在地面附近运动时，重力（是万有引力的一个特例）将对物体做功。设一质点的质量为 $m$，由 $a$ 点经某一曲线路径（$acb$）到达 $b$ 点。它所受的重力 $\boldsymbol{P}=m\boldsymbol{g}$ 是恒力，由于其运动轨道是曲线，质点所受重力的方向和各段位移元方向间的夹角 $\alpha$ 不断改变。设 $a$、$b$ 两点的位置，对所选的某一参考水平面的高度分别为 $h_a$ 和 $h_b$，如图 2-8 所示。在位移元 $\mathrm{d}\boldsymbol{l}$ 中，重力 $\boldsymbol{P}$ 所做的元功为

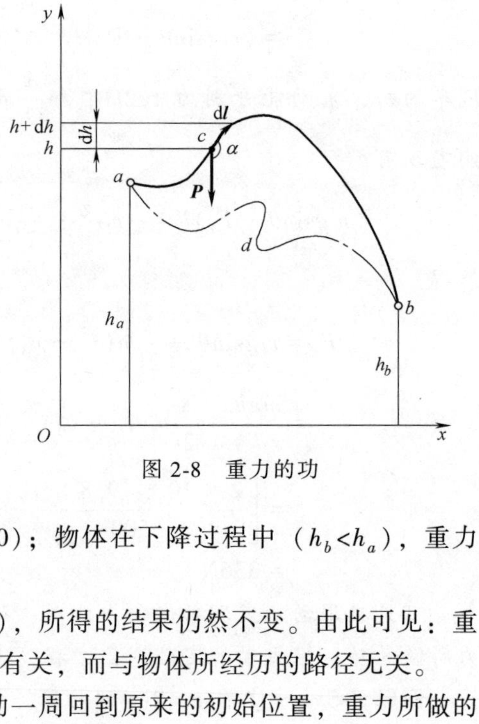

图 2-8 重力的功

$$\begin{aligned}\mathrm{d}A&=\boldsymbol{P}\cdot\mathrm{d}\boldsymbol{l}=mg\cos\alpha\mathrm{d}l\\&=-mg\mathrm{d}l\cos(\pi-\alpha)=-mg\mathrm{d}h\end{aligned}$$

所以在曲线路径（$acb$）过程中，重力所做的功为

$$\begin{aligned}A&=\int_a^b\mathrm{d}A=\int_{h_a}^{h_b}-mg\mathrm{d}h\\&=-(mgh_b-mgh_a)\end{aligned}\qquad(2\text{-}9)$$

可见物体在上升过程中（$h_b>h_a$），重力做负功（$A<0$）；物体在下降过程中（$h_b<h_a$），重力做正功。

如果改变质点的运动路径，如图 2-8 中的（$adb$），所得的结果仍然不变。由此可见：重力所做的功仅与运动物体的始、末位置（$h_a$ 和 $h_b$）有关，而与物体所经历的路径无关。

上面的结论可以推断：物体沿任一闭合路径运动一周回到原来的初始位置，重力所做的功为零。

**2. 万有引力的功**

月球或人造地球卫星绕地球运动时，受到地球的吸引力。与此相类似，地球等行星绕太阳运动时，受到太阳的吸引力。它们都可归结为一运动质点受到一个固定质点的万有引力作用的问题。

设一个质量为 $m_1$ 的质点固定在 $O$ 点不动，另一个质量为 $m_2$ 的质点，在 $m_1$ 的引力场中沿任一路径从 $a$ 点运动到 $b$ 点。设 $r_a$ 和 $r_b$ 分别是 $a$ 点和 $b$ 点相对于固定点 $O$ 的距离，如

图 2-9 所示。

万有引力是变力，在任一位置，质点 $m_2$ 所受的引力为

$$F=-G\frac{m_1m_2}{r^2}r_0$$

式中，负号表示 $\boldsymbol{F}$ 与 $\boldsymbol{r}_0$ 反向，$\boldsymbol{r}_0$ 表示矢径 $\boldsymbol{r}$ 方向上的单位矢量，由 $m_1$ 指向 $m_2$。在任一段位移元 $\mathrm{d}\boldsymbol{l}$ 中，引力所做的元功为

$$\mathrm{d}A=\boldsymbol{F}\cdot\mathrm{d}\boldsymbol{l}=-G\frac{m_1m_2}{r^2}\boldsymbol{r}_0\cdot\mathrm{d}\boldsymbol{l}$$

$$=-G\frac{m_1m_2}{r^2}\cos(\pi-\alpha)\mathrm{d}l=-G\frac{m_1m_2}{r^2}\mathrm{d}r$$

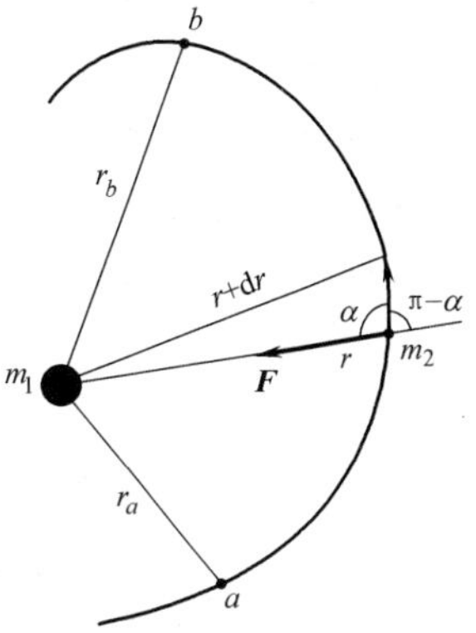


图 2-9　万有引力的功

质点 $m_2$ 从 $a$ 点运动到 $b$ 点，引力所做的功为

$$A=\int_a^b\mathrm{d}A=\int_{r_a}^{r_b}-G\frac{m_1m_2}{r^2}\mathrm{d}r$$

$$=-\left[\left(-G\frac{m_1m_2}{r_b}\right)-\left(-G\frac{m_1m_2}{r_a}\right)\right]\tag{2-10}$$

由此可见，与重力一样，万有引力所做的功也只与运动物体 $m_2$ 的始、末位置有关，而与所经历的路径无关。如果物体沿任一闭合路径运动一周回到原来的初始位置，万有引力所做的功为零。

### 3. 弹性力的功

设有一轻质弹簧，一端固定，另一端连接一可视为质点的物体。当物体在光滑的水平面内沿弹簧长度方向做直线运动时，弹簧发生形变，弹性力作用于物体上。取物体运动的直线为 $x$ 轴，坐标原点在物体的平衡位置。在质点运动的任一位置 $x$ 处，弹簧的伸长量为 $x$，根据胡克定律，在弹性限度内，作用于物体上的弹性力可表示为 $F=-kx$。

设物体由始位置 $a$（坐标 $x_a$）运动到末位置 $b$（坐标 $x_b$），如图 2-10 所示，在此过程中，弹性力 $F$ 是变力，根据变力做功公式，可以得到 $F$ 对物体 $m$ 所做的功为

$$A=\int_a^b\mathrm{d}A=\int_{x_a}^{x_b}-kx\mathrm{d}x=-\frac{1}{2}kx^2\Big|_{x_a}^{x_b}=-\left(\frac{1}{2}kx_b^2-\frac{1}{2}kx_a^2\right)\tag{2-11}$$

显然，当弹簧缩短时（$x_b<x_a$），弹性力做正功（图 2-10a），当弹簧伸长时（$x_b>x_a$），弹性力做负功（图 2-10b）。由式（2-11）可见，弹性力做功同重力做功和万有引力所做功具有共同的特点：功只与始、末位置（$x_a$ 和 $x_b$）有关，若物体由某一位置出发使弹簧经过任意的伸长或缩短（在弹性限度内），再回到原位置，在全过程中，弹性力所做的功为零。

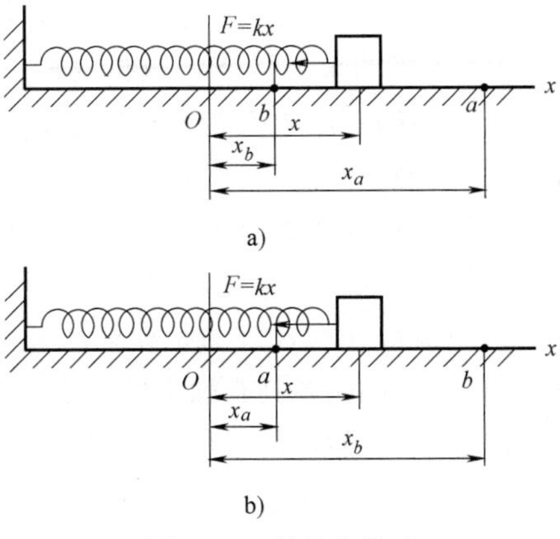


图 2-10　弹性力的功

重力、万有引力和弹性力的做功具有一个共同的特点，即它们的功只是取决于物体始末位置，而与运动物体所经历的路径无关。凡做功具有这种特

点的力都称为**保守力**。重力、万有引力和弹性力都是保守力。也可以用另外一种表述来定义保守力：物体经任意闭合路径一周回到原来位置的过程中，若某力对物体所做的功恒为零，这种力就称为保守力。否则就是**非保守力**。由例题 2-2 可见，小球运动一周回到原来位置，摩擦力所做的功不等于零，因此摩擦力是非保守力。除了摩擦力是非保守力外，两个物体之间发生非弹性碰撞时的碰撞冲力，火箭因燃料燃烧喷出气体而得到的推力等也都是非保守力。

## 2.3.2 势能

一个物体能够做功，说明这个物体具有能量。上节已说明，运动着的物体所具有的做功本领，称为动能。现在来说另一种形式的能量——势能。打桩时大汽锤从高处落下而做功，水力发电利用高处的水下落而做功，大汽锤和水之所以能做功是由于：①它们与地球之间有相互作用（重力）；②它们相对于地球的位置有变化。物体因重力而具有的能量称为重力势能。同样，物体因万有引力而具有的能量称为万有引力势能。压缩的弹簧逐渐恢复原长时，可以推动系在弹簧上的物体做功，钟表内卷紧的发条逐渐放松而做功。弹簧和发条之所以能做功是由于：①它们内部有弹性力的作用；②它们所处的相对位置发生变化。物体因弹性力而具有的能量称为弹性势能。总之，相互作用的物体系统内因相对位置而具有的做功本领，称为**势能**。

在力学中，主要讨论重力势能、万有引力势能和弹性势能，在其他部分内容中还会涉及到其他形式的势能，例如由于分子间的相互作用而引起的分子间相互作用势能、由于静电力引起的静电势能等。

### 1. 重力势能

重力所做的功由式（2-9）所示

$$A=-(mgh_b-mgh_a)$$

如果令 $h_a=h$，$h_b=0$，这时重力所做的功等于 $mgh$。这一量值表示物体在高度 $h$（注意：与物体在高度 $h=0$ 处相比较）时，因重力而具有的做功本领。因此把 $mgh$ 即物体的重力和高度的乘积，称为物体与地球所组成的重力系统的重力势能，简称为重力势能。

如果用 $E_{pa}=mgh_a$ 和 $E_{pb}=mgh_b$ 分别表示物体在高度 $h_a$ 和 $h_b$ 的重力势能，则重力所做的功与重力势能的关系可改写成

$$A=-(E_{pb}-E_{pa})=-\Delta E_p$$

上式表示：重力所做的功等于重力势能增量的负值。如果重力做正功（即 $A>0$），物体由高处下落，系统的重力势能将减少（$E_{pb}<E_{pa}$），如果重力做负功（即 $A<0$），物体由低处运动到高处，系统的重力势能将增加（$E_{pb}>E_{pa}$）。

应该注意：

1）重力势能为物体和地球所组成的重力系统所共有，通常所说“物体的重力势能”仅仅是一种简称而已。

2）势能概念与保守力是密切相关联的。只有保守力做功具有与路径无关的确定量值，才反映出相应的势能差具有确定的量值。反之，非保守力的功与路径有关，并不确定，因此不存在非保守力的势能。由于重力属于物体和地球系统的内力，因此重力势能的概念是与重力是保守内力这一特点相联系。保守内力的功等于系统势能改变量的负值，即

$$A_{保守内力}=-\Delta E_p$$

3）势能只有相对的意义，它与势能零点的选择有关。例如，若选择地面处为重力势能的零点，则高度为 $h$ 处，物体的重力势能为 $mgh$。现在选择高度 $h$ 处为重力势能的零点，则该处的重力势能为零。实际上，前面的重力势能 $mgh$ 指的是势能差，所以真正意义的也是势能差。不管零点势能怎样选定，势能差总有其绝对的意义。

**2. 万有引力势能**

万有引力是保守力，它所做的功由式（2-10）表示

$$A=-\left[\left(-G\frac{m_1m_2}{r_b}\right)-\left(-G\frac{m_1m_2}{r_a}\right)\right]$$

通常取 $m_2$ 离 $m_1$ 为无限远时的万有引力势能为零势能的参考位置，在万有引力功的表达式中令 $r_b$ 趋近于∞，则 $m_2$ 从 $a$ 位置运动到无限远处引力所做的功就等于 $m_2$ 在 $a$ 位置时的万有引力势能，即 $E_{pa}=-G\dfrac{m_1m_2}{r_a}$。当然也令 $m_2$ 相对 $m_1$ 处于 $b$ 位置的势能为 $E_{pb}$，有 $E_{pb}=-G\dfrac{m_1m_2}{r_b}$。式（2-10）可改写成

$$A=E_{pa}-E_{pb}=-\Delta E_p$$

上式表示：引力做功等于引力势能的减少。

对于一个质量为 $m$ 的物体在地球重力场中的重力势能也可用万有引力势能式 $E_{pa}=-G\dfrac{m_{地}\,m}{r_a}$来表示，其中 $m_{地}$ 表示地球的质量，$r_a$ 表示地球的半径。令 $r_a=R$，则物体在地面上的重力势能为

$$E_{p0}=-G\frac{m_{地}\,m}{R}$$

物体在地面上方 $h$ 高度处的重力势能为

$$E_{ph}=-G\frac{m_{地}\,m}{R+h}$$

两式相减得

$$E_{ph}-E_{p0}=Gm_{地}\,m\left(\frac{1}{R}-\frac{1}{R+h}\right)$$

当 $h\ll R$ 时，$1/(R+h)\approx(1/R)[1-(h/R)]$，则上式可化为

$$E_{ph}-E_{p0}\approx G\frac{m_{地}\,m}{R^2}h=mgh$$

式中应用了 $g=G(m_{地}/R^2)$，可见 $E_{pa}=-G\dfrac{m_{地}\,m}{r_a}$是反映重力势能量值的更一般的形式，而 $mgh$ 只对近地物体才成立。

**3. 弹性势能**

弹性力是弹性系统（物体与弹簧组成）的保守内力，其物体所做的功由式（2-11）表示，即

$$A=-\left(\frac{1}{2}kx_b^2-\frac{1}{2}kx_a^2\right)$$

对弹性系统来说，如果规定弹簧无形变时的弹性势能为零，则在弹簧伸长量为 $x$ 时的弹性势能 $E_p=\frac{kx^2}{2}$。如果用 $E_{pa}$ 和 $E_{pb}$ 分别表示弹簧伸长量为 $x_a$ 和 $x_b$ 时的弹性势能$\frac{kx_a^2}{2}$和$\frac{kx_b^2}{2}$，则弹性力所做的功与弹性势能的关系为

$$A = E_{pa} - E_{pb} = -\Delta E_p$$

上式表明：弹性力所做的功等于弹性势能增量的负值。

### 2.3.3 功能原理

2.2 节所述的质点动能定理可以推广到由多个物体所组成的系统（质点系），设该系统是由质量分别为 $m_1$，$m_2$，$m_3$，…，$m_n$ 共 $n$ 个质点组成，它们所受到的系统外其他物体的作用力分别为 $\boldsymbol{F}_1$，$\boldsymbol{F}_2$，$\boldsymbol{F}_3$，…，$\boldsymbol{F}_n$，第 $i$ 个质点受的系统内其他质点作用的合内力可表示为 $\boldsymbol{F}_i' = \sum_{j\neq i}\boldsymbol{F}_{ij}'$，其中 $\boldsymbol{F}_{ij}'$ 表示为体系内第 $i$ 个质点所受到的第 $j$ 个质点的作用力。对于第 $i$ 个质点，应用质点动能定理有

$$A_i = \int(\boldsymbol{F}_i + \boldsymbol{F}_i')\cdot \mathrm{d}\boldsymbol{l} = \int\boldsymbol{F}_i\cdot\mathrm{d}\boldsymbol{l} + \int\boldsymbol{F}_i'\cdot\mathrm{d}\boldsymbol{l} = A_{i外} + A_{i内} = \Delta E_{ki} \tag{2-12}$$

对于所讨论的由 $n$ 个质点所组成的体系中的每一个质点，我们都可以得到一个与式（2-12）类似的动能定理表述形式，共有 $n$ 个方程，将这 $n$ 个方程的两边分别相加即可得到系统的动能定理

$$\begin{aligned} A &= \sum_{i=1}^{n}A_i = \sum_{i=1}^{n}A_{i外} + \sum_{i=1}^{n}A_{i内} = A_外 + A_内 \\ &= \sum_{i=1}^{n}(E_{ki} - E_{ki0}) = \Big(\sum_{i=1}^{n}E_{ki}\Big) - \Big(\sum_{i=1}^{n}E_{ki0}\Big) = E_k - E_{k0} \end{aligned} \tag{2-13a}$$

式中，$E_k$ 和 $E_{k0}$ 分别表示系统在终态和初态的总动能；$A$ 表示作用在系统内各物体上所受的外力和内力所做的功的总和，内力中包含有保守内力和非保守内力。为清楚起见，将式（2-13a）改写成

$$A_{外力} + A_{保守内力} + A_{非保守内力} = E_k - E_{k0} \tag{2-13b}$$

保守内力（例如重力、万有引力和弹性力等）做功的同时，系统的势能（重力势能、万有引力势能和弹性势能等）将发生改变。保守内力的功等于系统势能增量的负值，即

$$A_{保守内力} = -(E_p - E_{p0}) \tag{2-14}$$

将式（2-14）代入式（2-13b）可得

$$A_{外力} + A_{非保守内力} = (E_k + E_p) - (E_{k0} + E_{p0}) = E - E_0 \tag{2-15}$$

式中，$E=E_k+E_p$，$E_0=E_{k0}+E_{p0}$，$E$ 包含动能和势能（重力势能、万有引力势能和弹性势能），称为机械能。式（2-15）表示：外力所做的功和非保守内力所做的功的总和等于系统机械能的增量，通常称为系统的**功能原理**。

### 2.3.4 机械能守恒定律

当外力和非保守内力不做功或所做的功恒为零（包括没有外力和非保守内力的情况），物体系统的动能和势能之和即机械能保持不变。

$$E_k + E_p = \text{恒量} \tag{2-16}$$

这一结论称为**机械能守恒定律**。其叙述如下：由若干物体（视为质点）组成的系统，如果系统内只有保守力（重力、万有引力和弹性力）做功，其他非保守内力和外力做功恒为零，那么，虽然系统内各物体的动能和各种势能之间可以相互转换，但它们机械能的总和总是保持恒定。

**例题 2-6**　一劲度系数为 $k$ 的轻质弹簧，一端固定，另一端系一质量为 $m$ 的小球，放在桌面上，如图 2-11 所示。弹簧处于自然长度时小球具有向右的速率 $v_0$。设小球与桌面间的滑动摩擦系数为 $\mu_k$，求小球向右运动的最大位移的大小。

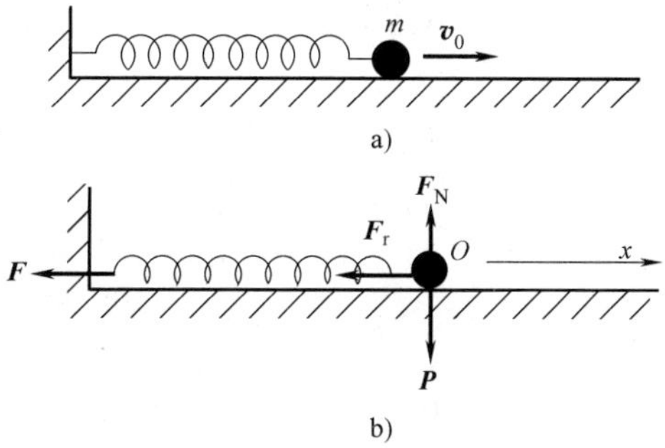

图 2-11　例题 2-6 图

**解**　取弹性系统（弹簧+小球）为研究对象，除系统的保守内力外，弹簧受到固定端的拉力 $\boldsymbol{F}$，小球受到重力 $\boldsymbol{P}=m\boldsymbol{g}$，支持力 $\boldsymbol{F}_N$ 和摩擦力 $\boldsymbol{F}_r$，如图 2-11 所示。这四个力中只有摩擦阻力 $\boldsymbol{F}_r$ 做负功，为

$$A = \boldsymbol{F}_r \cdot \boldsymbol{l} = -F_r l = -\mu_k mgl$$

取弹簧自然长度时小球所在点 $O$ 为弹性势能零点，则初态的机械能为 $\frac{mv_0^2}{2}$（弹性势能为零），小球从 $O$ 点向右运动到最大位移处的终态的机械能为 $\frac{kl^2}{2}$（动能为零），根据动能原理可得

$$-\mu_k mgl = \frac{1}{2}kl^2 - \frac{1}{2}mv_0^2$$

改写成

$$kl^2 + 2\mu_k mgl - mv_0^2 = 0$$

解得（已知本题中 $l$ 为正值）

$$l = \frac{-2\mu_k mg + \sqrt{4\mu_k^2 m^2 g^2 + 4kmv_0^2}}{2k}$$

$$= \frac{\mu_k mg}{k}\left(\sqrt{1 + \frac{kv_0^2}{\mu_k^2 mg^2}} - 1\right)$$

**例题 2-7**　坡度为 30°的斜面，底端板上固定一轻质弹簧。斜面顶端置一质量 $m=1\text{kg}$ 的物体，距弹簧自由长度时 $O$ 点处的距离为 $l=2.8\text{m}$，如图 2-12 所示。物体由静止开始下滑和弹簧接触后将弹簧压缩了 $\Delta l=0.2\text{m}$，设弹簧的劲度系数 $k=100\text{N/m}$，$g$ 取 $10\text{m/s}^2$，求物体下滑过程中受到斜面的平均阻力。

**解**　取弹簧、物体和地球为系统作为研究对象。除系统保守内力外，弹簧固定端受到挡板的作用力 $\boldsymbol{F}$，斜面对物体的支持力 $\boldsymbol{F}_N$ 和斜面对物体的摩擦力 $\boldsymbol{F}_r$，如图 2-12 所示。

取物体滑至最低处 $C$ 为重力势能的零点，弹簧自然伸长时的一端 $O$ 点为弹性势能的零点。初态的机械能：物体动能为零，重力势能为 $mg(l+\Delta l)\sin\theta$，弹性势能为零点；终态的机械能：动能为零，重力势能为零，弹性势能为 $k(\Delta l)^2/2$。

由于 $\boldsymbol{F}_N$，$\boldsymbol{F}$ 不做功，只有平均阻力 $\boldsymbol{F}_r$ 做功。根据功能原理可得

$$-F_r(l+\Delta l)=\frac{1}{2}k(\Delta l)^2-mg(l+\Delta l)\sin\theta$$

则平均阻力为

$$F_r=mg\sin\theta-\frac{k(\Delta l)^2}{2(l+\Delta l)}$$

$$=\left[1\times10\times\sin30°-\frac{100\times0.2^2}{2(2.8+0.2)}\right]\text{N}$$

$$=4.33\text{N}$$

方向与位移方向相反。

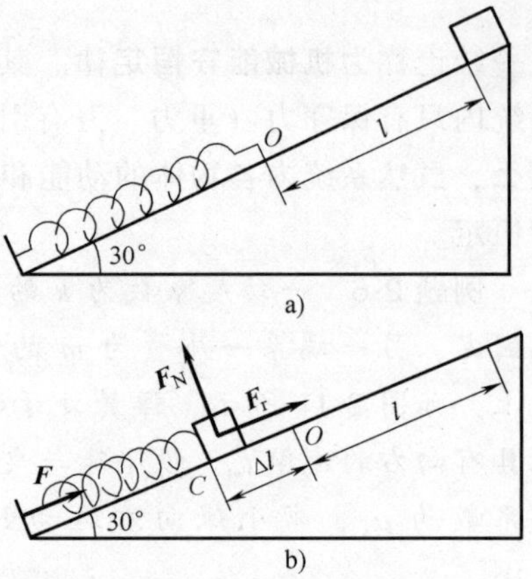


图 2-12　例题 2-7 图

**例题 2-8**　试利用机械能守恒定律求第二宇宙速度。

**解**　从地面上抛出物体，使物体脱离地球的引力范围所需的最小发射速度，称为**第二宇宙速度**。取物体和地球组成的系统为研究对象，物体处于地球表面处时系统的机械能为物体的发射动能 $mv_2^2/2$ 和物体与地球系统的万有引力势能 $[-G(m_{地}m/R)]$ 之和，即 $mv_2^2/2+[-G(m_{地}m/R)]$，当物体脱离地球引力时的势能，即物体在无限远处系统的引力势能为零，物体的动能也为零，因此机械能为零。根据机械能守恒定律有

$$\frac{1}{2}mv_2^2+\left(-G\frac{m_{地}m}{R}\right)=0$$

因此

$$v_2=\sqrt{\frac{2Gm_{地}}{R}}$$

由于 $g=Gm_{地}/R^2$，则第二宇宙速度

$$v_2=\sqrt{2gR}=\sqrt{2\times9.8\times6.4\times10^6}\text{m/s}$$

$$=11.2\times10^3\text{m/s}$$

此外，**第一宇宙速度**是使物体可以环绕地球表面运行所需要的最小发射速度，它可以用牛顿第二定律直接求得，其大小为 $7.90\times10^3$m/s。**第三宇宙速度**是使物体脱离太阳引力作用所需要的最小发射速度，其大小可以将太阳和物体看成一个体系，利用机械能守恒定律去计算，结果为 $16.7\times10^3$m/s（相对于地球）。

### 2.3.5　能量守恒定律

如果系统内除保守力（如重力、弹性力等）外，还有摩擦力或其他非保守力做功，那么物体系统的机械能将不再守恒。事实证明，在系统机械能减少或增加的同时，必然有等值的其他形式的能量增加或减少，而系统机械能和其他形式能量的总和仍然是恒量。这就是说，能量不能消失，也不会创造，只能从一种形式转换成另一种形式。这一结论称为**能量守恒定律**。对于一个与外界没有物质交换和能量交换的系统（称为封闭系统），能量守恒定律

可以这样叙述：在封闭系统内，不论发生何种变化过程，虽然各种形式的能量可以互相转换，但能量的总和是恒量。

## 2.3.6　一维势能曲线

如果给定了一个保守力，人们可以从保守力所做的功等于势能增量的负值来定义势能差或势能。然而，在许多情况下，特别是在微观领域中，用势能函数来描述力的特性，要比用力的各个分量来描述更为简明。因此，势能的一个重要用途是，它使人们能够把特定形式的势能，同在自然界中观测到的特定相互作用联系起来。

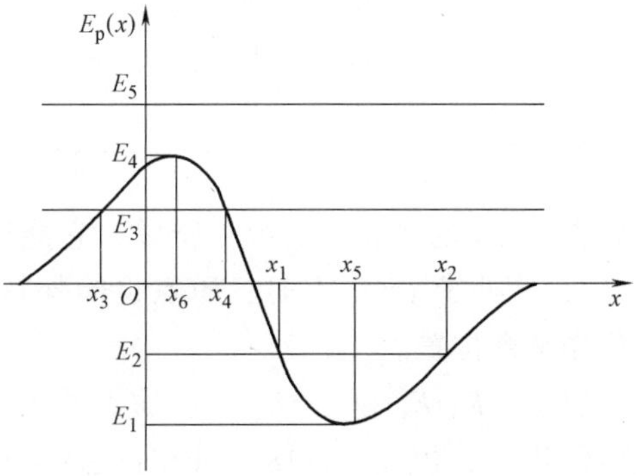

图 2-13　一维势能曲线

人们知道，势能是状态的函数。在坐标和势能零点确定后，物体的势能就仅仅是位置的函数。在一维情况下，画出的势能随坐标变化的曲线，称为一维势能曲线。如图 2-13 所示。

在一维情况下，假设在保守力 $F(x)$ 的作用下，物体位置有了一个微小的增加 $\mathrm{d}x$，根据保守力做功同势能增量的关系有

$$F(x)\mathrm{d}x=-\mathrm{d}E_p(x) \tag{2-17}$$

或

$$F(x)=-\frac{\mathrm{d}E_p(x)}{\mathrm{d}x} \tag{2-18}$$

上式表明：保守力指向势能下降的方向，其大小正比于势能曲线的斜率。

为了验证式（2-18）的正确性，我们讨论一下弹性力同弹性势能的关系。将弹簧弹性势能 $E_p=\frac{kx^2}{2}$代入式（2-18）有

$$F(x)=-\frac{\mathrm{d}E_p}{\mathrm{d}x}=-kx$$

这正是关于弹簧弹性力的胡克定律公式。

在仅有保守力作用的情况下，一维质点的机械能守恒，该质点满足

$$E_k+E_p=E$$

由于质点的动能不能为负值，所以有 $E\geqslant E_p$，它表明：质点的总能量总是大于或等于势能。根据这一论断，只要知道了势能函数以及质点的能量，不必详细求解运动方程，质点的运动范围就可以完全确定了。下面举例说明。

如图 2-13 所示，如果质点的能量 $E=E_2$，则 $E\geqslant E_p$ 要求 $x_1\leqslant x\leqslant x_2$，这表示具有能量 $E_2$ 的质点只能在 $x_1$ 与 $x_2$ 之间运动，$x_1$ 与 $x_2$ 是方程 $E_p(x)=E_2$ 的两个根。这种在有限范围中的运动称为束缚运动。对于图 2-13 所示的势能函数，当质点能量在 $E_1\leqslant E\leqslant 0$ 时，都是做束缚运动。

当质点能量 $E>0$ 时，运动范围可以延伸到无穷远。如当 $E=E_3$ 时，质点可以在 $-\infty<x\leqslant x_3$，或者 $x_4\leqslant x<+\infty$ 两个无限的范围中运动，其中，$x_3$，$x_4$ 是方程 $E_p(x)=E_3$ 的两个根。当 $E=E_5$ 时，质点可以在整个 $x$ 的范围，即 $-\infty<x<+\infty$ 中运动。这种具有无限范围的运动称为

非束缚的，或自由运动。

对于 $E=E_3$ 情况，如果开始时质点在 $x>x_4$ 的范围中运动，则它永远不会跑到 $x<x_3$ 的范围中去。因为从 $x>x_4$ 到 $x<x_3$，必须经过 $x_3<x<x_4$，而这一范围质点是不能进入的。所以，对于能量为 $E_3$ 的质点来说，势能函数的作用相当于在 $x_3<x<x_4$ 范围中造成一个不可逾越的壁垒，常称为势垒。

当 $E=E_1$ 时，质点只能处于 $x=x_5$ 点，它的动能为零，故速度为零，所以，这是静止的质点。从受力的角度来分析，由于 $x=x_5$ 是 $E_\mathrm{p}(x)$ 的极小点，因此有

$$F(x_5)=-\left(\frac{\mathrm{d}E_\mathrm{p}}{\mathrm{d}x}\right)_{x_5}=0$$

即处在 $x=x_5$ 的质点不受力。所以，它能保持静止状态。由类似的分析可知：当质点的能量 $E=E_4$，并处于 $x=x_6$ 点时，质点也能保持静止状态。我们把这些能保持质点静止状态的位置称作平衡位置。

但是，$E=E_1$ 和 $E=E_4$ 时，质点处于 $x=x_5$ 和 $x=x_6$ 处的平衡性质完全不同，如果将质点稍稍偏离 $x_5$，由式（2-18）可知：它将受到一个指向 $x_5$ 的恢复力作用，使之又回到 $x_5$ 的平衡位置，所以 $x=x_5$ 是稳定的平衡点。同理，如果将质点稍稍偏离 $x_6$，它将受到一个背向 $x_6$ 的力作用使之更加远离 $x_6$，故 $x=x_6$ 是非稳定的平衡点。

## *2.4 质心 质心运动定律

### 2.4.1 质心

在 1.5 节中，我们讨论了一个质点在外力作用下所遵循的规律，对于由若干质点所组成的质点体系，其运动通常是复杂的，例如，我们向空中抛一木棒，如图 2-14 所示，由于棒上任何一点的运动情况同棒上其他点的运动情况都不相同。因此，不能简单地把棒看成是质点。但是，在这个质点系中，人们总能发现这样一个点 $C$，它的运动规律就好像质点系中所有质点的质量都集中于 $C$ 点，全部外力也作用于 $C$ 点一样。这样的特殊点 $C$ 称为质点系的**质量中心**，简称**质心**。图 2-14 画出了木棒质心在空中运行的抛物线轨迹。

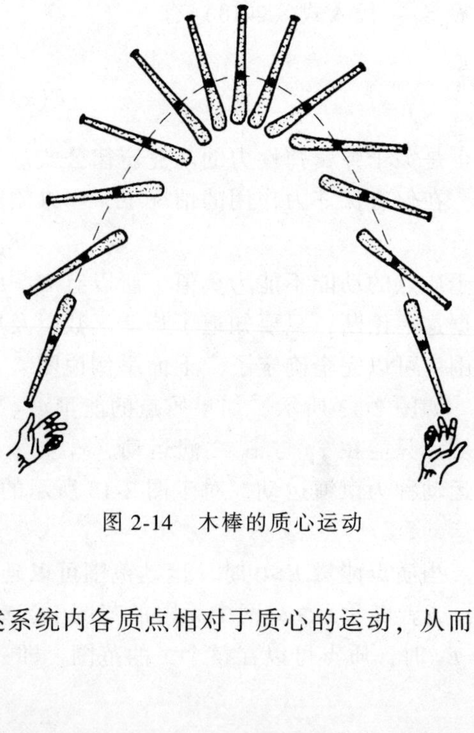

图 2-14 木棒的质心运动

在引入质心概念之后，对解决较复杂物体体系的运动，例如地球和月球两天体间的相对运动，原子核和核外电子组成的原子，以及若干原子组成分子的运动等，带来了甚多的方便。当研究一个质点系的运动时，人们可以先确定质点系质心的运动，再以质心为参考点来描述系统内各质点相对于质心的运动，从而对整个系统的运动，获得完整的认识。

设一个质点系由 $n$ 个质点组成，各质点的质量分别为 $m_1$，$m_2$，$m_3$，…，$m_n$，位置矢量分别为 $\boldsymbol{r}_1$，$\boldsymbol{r}_2$，$\boldsymbol{r}_3$，…，$\boldsymbol{r}_n$，其质心位矢定义为

$$\boldsymbol{r}_C = \frac{\sum_{i=1}^{n} m_i \boldsymbol{r}_i}{\sum_{i=1}^{n} m_i} = \frac{\sum_{i=1}^{n} m_i \boldsymbol{r}_i}{m} \tag{2-19a}$$

式中，$m = \sum_{i=1}^{n} m_i$ 是质心系的总质量。质心位矢式（2-19a）也可以写成沿各坐标轴的分量式。例如，在直角坐标系中，其分量式为

$$\left.\begin{aligned} x_C &= \frac{\sum_{i=1}^{n} m_i x_i}{\sum_{i=1}^{n} m_i} \\ y_C &= \frac{\sum_{i=1}^{n} m_i y_i}{\sum_{i=1}^{n} m_i} \\ z_C &= \frac{\sum_{i=1}^{n} m_i z_i}{\sum_{i=1}^{n} m_i} \end{aligned}\right\} \tag{2-19b}$$

对于一个质量连续分布的物体，可以认为它是由许多质点（或称作质元）组成的，以 $\mathrm{d}m$ 表示质元的质量，以 $\boldsymbol{r}$ 表示该质元的位矢，则其质心的位矢定义为

$$\boldsymbol{r}_C = \frac{\int \boldsymbol{r}\,\mathrm{d}m}{\int \mathrm{d}m} = \frac{\int \boldsymbol{r}\rho\,\mathrm{d}V}{\int \rho\,\mathrm{d}V} \tag{2-20a}$$

它的三个直角坐标分量分别是

$$\left.\begin{aligned} x_C &= \frac{\int x\,\mathrm{d}m}{\int \mathrm{d}m} = \frac{\int x\rho\,\mathrm{d}V}{\int \rho\,\mathrm{d}V} \\ y_C &= \frac{\int y\,\mathrm{d}m}{\int \mathrm{d}m} = \frac{\int y\rho\,\mathrm{d}V}{\int \rho\,\mathrm{d}V} \\ z_C &= \frac{\int z\,\mathrm{d}m}{\int \mathrm{d}m} = \frac{\int z\rho\,\mathrm{d}V}{\int \rho\,\mathrm{d}V} \end{aligned}\right\} \tag{2-20b}$$

许多物体具有对称点、线、面，对于这些物体来说，其质心位于这些对称点、线、面

上。例如，质量均匀分布球体的质心在其对称点球心上，质量均匀分布锥体的质心在其对称轴线上。

**例题 2-9** 如图 2-15 所示，质量分别为 $m_1 = 1.2\text{kg}$，$m_2 = 2.5\text{kg}$ 和 $m_3 = 3.4\text{kg}$ 的三个质点，它们分别位于边长 $a = 140\text{cm}$，等边三角形的三个顶点，求这个质量体系的质心。

**解** 我们选取图 2-15 所示的坐标系使 $m_1$ 位于原点，$m_2$ 位于 $x_2 = 140\text{cm}$ 的 $x$ 轴上。此时，$x_3 = a\cos60° = 70\text{cm}$，$y_3 = a\sin60° = 121\text{cm}$

由质心的定义可得

$$x_C = \frac{1}{m}\sum_{i=1}^{3} m_i x_i = \frac{(1.2\text{kg})(0\text{cm}) + (2.5\text{kg})(140\text{cm}) + (3.4\text{kg})(70\text{cm})}{7.1\text{kg}}$$

$$= 83\text{cm}$$

$$y_C = \frac{1}{m}\sum_{i=1}^{3} m_i y_i = \frac{(1.2\text{kg})(0\text{cm}) + (2.5\text{kg})(0\text{cm}) + (3.4\text{kg})(121\text{cm})}{7.1\text{kg}}$$

$$= 58\text{cm}$$

图 2-15 中分量分别为 $x_C$ 和 $y_C$ 的位矢 $\boldsymbol{r}_C$，给出了质心的位置。

**例题 2-10** 如图 2-16 所示，在半径为 $R$ 的均匀薄圆板上，挖去一个半径为$\dfrac{R}{2}$的小圆板，小圆板与大圆板相切。求剩下部分的质心。

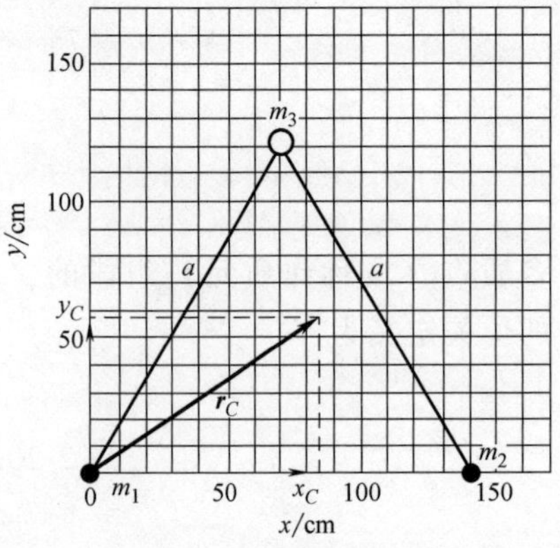


图 2-15 例题 2-9 图

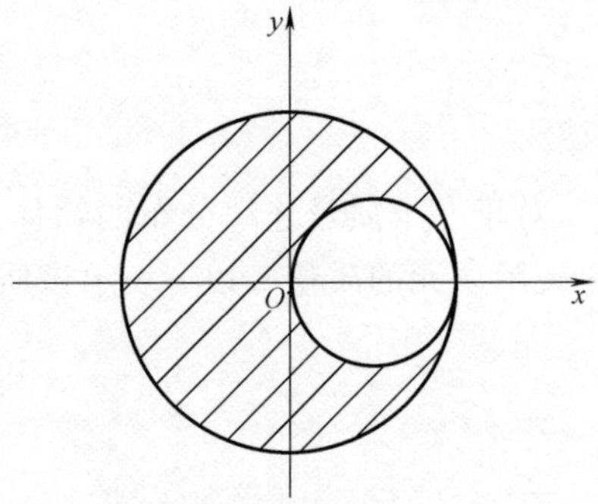


图 2-16 例题 2-10 图

**解** 取坐标轴如图 2-16 所示，使之对 $x$ 轴对称分布，可见其质心坐标 $y_C = 0$。设薄板单位面积的质量为 $\sigma$，可以设想大圆板（未挖去小圆板之前）的质量为 $m_0 = \pi R^2\sigma$，质心坐标为 $x_0 = 0$，挖去的小圆板的质量为$-m =$ $(-\pi R^2/4)$ $\sigma$，其质心坐标为 $x = R/2$，则剩余部分的质心坐标为

$$x_C = \frac{m_0 x_0 + (-mx)}{m_0 + (-m)} = -\frac{R}{6}$$

这种求质心的方法，称为负质量法。

## 2.4.2 质心运动定律

当系统中每个质点都在运动时，系统的质心位置也可能发生变化。现在从牛顿第二定律

和第三定律直接推导出质心运动定律。

对 $n$ 个质点组成系统，质心的矢径由式（2-19）表示，由速度和加速度的定义，可求得质心的速度和加速度分别为

$$\boldsymbol{v}_C=\frac{\mathrm{d}\boldsymbol{r}_C}{\mathrm{d}t}=\frac{\sum_{i=1}^{n} m_i\frac{\mathrm{d}\boldsymbol{r}_i}{\mathrm{d}t}}{\sum_{i=1}^{n} m_i}=\frac{\sum_{i=1}^{n} m_i\boldsymbol{v}_i}{\sum_{i=1}^{n} m_i} \tag{2-21}$$

$$\boldsymbol{a}_C=\frac{\mathrm{d}\boldsymbol{v}_C}{\mathrm{d}t}=\frac{\sum_{i=1}^{n} m_i\frac{\mathrm{d}\boldsymbol{v}_i}{\mathrm{d}t}}{\sum_{i=1}^{n} m_i}=\frac{\sum_{i=1}^{n} m_i\boldsymbol{a}_i}{\sum_{i=1}^{n} m_i} \tag{2-22}$$

设 $\boldsymbol{F}_1$，$\boldsymbol{F}_2$，…，$\boldsymbol{F}_i$，…，$\boldsymbol{F}_n$ 分别表示系统各质点 $m_1$，$m_2$，…，$m_i$，…，$m_n$ 所受系统外物体的作用力；$\boldsymbol{F}'_{ij}$ 表示系统内第 $j$ 个质点对第 $i$ 个质点的作用力，则第 $i$ 个质点所受到的系统内其他质点的合内力为 $\sum\limits_{i\neq j}\boldsymbol{F}'_{ij}$。由牛顿第二定律，可以写出系统内各质点的运动方程为

$$\begin{aligned}
&\boldsymbol{F}_1+\sum_{j\neq 1}^{n}\boldsymbol{F}'_{1j}=m_1\boldsymbol{a}_1\\
&\boldsymbol{F}_2+\sum_{j\neq 2}^{n}\boldsymbol{F}'_{2j}=m_2\boldsymbol{a}_2\\
&\qquad\vdots\\
&\boldsymbol{F}_i+\sum_{j\neq i}^{n}\boldsymbol{F}'_{ij}=m_i\boldsymbol{a}_j\\
&\qquad\vdots\\
&\boldsymbol{F}_n+\sum_{j\neq n}^{n-1}\boldsymbol{F}'_{nj}=m_n\boldsymbol{a}_n
\end{aligned} \tag{2-23}$$

由于系统中内力总是成对出现，根据牛顿第三运动定律，有 $\boldsymbol{F}'_{12}+\boldsymbol{F}'_{21}=0$，…，$\boldsymbol{F}'_{ij}+\boldsymbol{F}'_{ji}=0$，…，因此，将上面各方程两边相加后即得

$$\sum_{i=1}^{n}\boldsymbol{F}_i=\sum_{i=1}^{n}m_i\boldsymbol{a}_i \tag{2-24}$$

将该式代入式（2-22），并令 $\sum\limits_{i=1}^{n}m_i=m$ 表示系统的总质量，则

$$\sum_{i=1}^{n}\boldsymbol{F}_i=m\boldsymbol{a}_C \tag{2-25}$$

式（2-25）称为物体的**质心运动定律**。由此可见：不管物体的质量如何分布，也不管外力作用于物体的什么地方，其质心 $C$ 的运动情况，好像物体的全部的质量集中于 $C$ 点，所有的外力也集中作用于 $C$ 点时一个质点的运动一样。

**例题 2-11**　由三个质点所组成的质点体系，开始时每个质点都处于静止状态，并各自受一外力作用，如图 2-17a 所示，试求该质点体系质心的加速度。

**解** 合外力 $x$ 方向的分量和 $y$ 方向的分量分别为

$$\sum F_{外,x} = 14N-6.0N+(12N)(\cos45°) = 16.5N$$

$$\sum F_{外,y} = (12N)(\sin45°) = 8.49N$$

合外力的大小为

$$\sum F_{外} = \sqrt{(16.5N)^2 + (8.49N)^2} = 18.6N$$

合外力与 $x$ 轴的夹角为

$$\theta = \arctan\frac{8.49N}{16.5N} = \arctan0.515 = 27°$$

合外力的大小和方向如图 2-17b 所示。因此质点加速度的大小为

$$a_C = \frac{\sum F_{外}}{m} = \frac{18.6N}{16kg} = 1.16m/s^2$$

质心加速度的方向同合外力的方向一致，同 $x$ 轴的夹角为 27°。

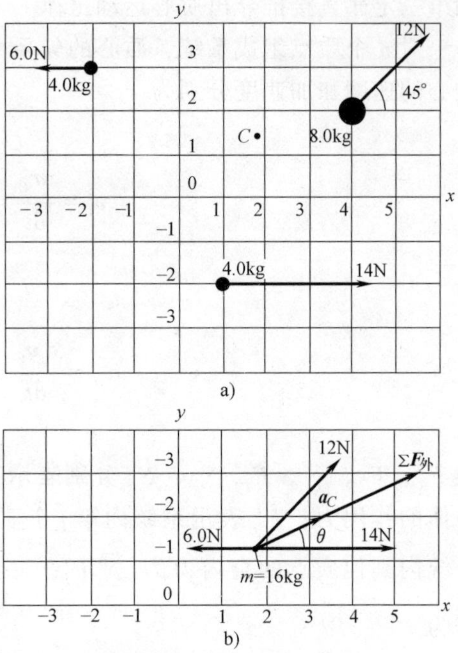


图 2-17 例题 2-11 图

## 2.5 动量定理 动量守恒定律

前面曾介绍了力的空间累积效应，用过程量功来描述。本节将讨论力的时间累积效应。描述力对时间累积效应的物理量是冲量，与冲量相联系描述物体运动状态的物理量是动量。下面首先引入动量的概念，然后介绍冲量的定义，最后讨论描述力对物体（视为质点）的冲量与物体动量变化之间关系的动量定理。

### 2.5.1 动量

动量是描述物体运动状态的重要物理量，是物体机械运动量大小的量度之一。其定义为：物体的质量与其速度的乘积，用 $\boldsymbol{p}$ 表示，即

$$\boldsymbol{p} = m\boldsymbol{v} \tag{2-26}$$

动量是一个矢量，其方向与速度的方向相同。动量的单位由质量和速度的单位所确定，在国际单位制中为千克米每秒，符号是 kg · m/s。

有了动量的定义，牛顿第二定律就可以表述为

$$\boldsymbol{F} = m\boldsymbol{a} = \frac{\mathrm{d}(m\boldsymbol{v})}{\mathrm{d}t} = \frac{\mathrm{d}\boldsymbol{p}}{\mathrm{d}t} \tag{2-27}$$

即物体动量随时间的变化率同物体所受的合外力成正比。

对于一个由 $n$ 个质点组成的质点体系来说，体系的总动量为体系内各质点动量的矢量叠加，即

$$\boldsymbol{p}=\boldsymbol{p}_1+\boldsymbol{p}_2+\boldsymbol{p}_3+\cdots+\boldsymbol{p}_n=\sum_{i=1}^{n}\boldsymbol{p}_i \tag{2-28}$$

式（2-24）也可等效地改写为

$$\sum_{i=1}^{n}\boldsymbol{F}_i=\sum_{i=1}^{n}m_i\boldsymbol{a}_i=\sum_{i=1}^{n}\frac{\mathrm{d}\boldsymbol{p}_i}{\mathrm{d}t}=\frac{\mathrm{d}}{\mathrm{d}t}\sum_{i=1}^{n}\boldsymbol{p}_i=\frac{\mathrm{d}\boldsymbol{p}}{\mathrm{d}t} \tag{2-29}$$

## 2.5.2　冲量

冲量表示力对时间的累积效应，它等于力乘以力所作用的时间，冲量是一个矢量，用 $\boldsymbol{I}$ 表示。

若外力 $\boldsymbol{F}$ 是个恒力，在 $t_0$ 时刻到 $t$ 时刻这段时间内，物体所受外力的冲量为

$$\boldsymbol{I}=\boldsymbol{F}(t-t_0) \tag{2-30}$$

若外力 $\boldsymbol{F}$ 是个变力，即 $\boldsymbol{F}$ 是时间的函数，则必须将力的作用时间（$t-t_0$）分成许多极小的时间间隔 $\Delta t_i$（$i=1,2,\cdots$），使得在时间 $\Delta t_i$ 内，力 $\boldsymbol{F}_i$ 可视为恒力，于是在 $\Delta t_i$ 时间内的冲量为 $\Delta\boldsymbol{I}_i=\boldsymbol{F}_i\Delta t_i$，而在（$t-t_0$）整个时间内的冲量为

$$\boldsymbol{I}=\sum_i\Delta\boldsymbol{I}_i=\sum_i\boldsymbol{F}_i\Delta t_i \tag{2-31}$$

当 $\Delta t_i$（$i=1,2,\cdots$）趋于无限小，则上式可用积分表示为

$$\boldsymbol{I}=\int_{t_0}^{t}\boldsymbol{F}\mathrm{d}t \tag{2-32a}$$

在直角坐标系中，其分量式为

$$\begin{cases}I_x=\int_{t_0}^{t}F_x\mathrm{d}t=\overline{F_x}(t-t_0)\\ I_y=\int_{t_0}^{t}F_y\mathrm{d}t=\overline{F_y}(t-t_0)\\ I_z=\int_{t_0}^{t}F_z\mathrm{d}t=\overline{F_z}(t-t_0)\end{cases} \tag{2-32b}$$

式中，$\overline{F_x}$、$\overline{F_y}$ 和 $\overline{F_z}$ 表示在（$t-t_0$）这段时间内 $\boldsymbol{F}$ 的三个分量 $F_x$、$F_y$ 和 $F_z$ 的平均值。

冲量的单位由力和时间的单位确定，在国际单位制中是牛顿秒，符号为 N · s。

## 2.5.3　动量定理

动量定理是用来定量地描述外力的冲量与物体动量变化之间的关系，由式（2-27）易得

$$\boldsymbol{I}=\int_{t_0}^{t}\boldsymbol{F}\mathrm{d}t=\int_{t_0}^{t}\frac{\mathrm{d}\boldsymbol{p}}{\mathrm{d}t}\mathrm{d}t=\boldsymbol{p}(t)-\boldsymbol{p}(t_0)=\Delta\boldsymbol{p} \tag{2-33a}$$

式（2-33a）为动量定理的数学表达式，它表明：物体所受外力的冲量等于物体动量的增量。

在直角坐标系中，相应的三个分量式为

$$\begin{cases}I_x=\int_{t_0}^{t}F_x\mathrm{d}t=p_x-p_{0x}=mv_x-mv_{0x}\\ I_y=\int_{t_0}^{t}F_y\mathrm{d}t=p_y-p_{0y}=mv_y-mv_{0y}\\ I_z=\int_{t_0}^{t}F_z\mathrm{d}t=p_z-p_{0z}=mv_z-mv_{0z}\end{cases} \tag{2-33b}$$

对无限小的时间间隔 d$t$ 来说，冲量 $\boldsymbol{F}\mathrm{d}t$ 的方向可以认为与 $\boldsymbol{F}$ 的方向一致，但在一段有限的时间内，如果外力 $\boldsymbol{F}$ 的方向是随时改变的，冲量的方向就与某一瞬间外力的方向未必一致，但总是与物体动量增量 $\boldsymbol{p}-\boldsymbol{p}_0$ 的方向一致的。冲量与动量具有相同的量纲，在国际单位制中为 $\mathrm{MLT}^{-1}$。

动量定理对碰撞和冲击等问题特别有用。当两物体碰撞时它们相互作用力的作用时间很短，只有在接触的瞬间才存在，而且这个力随时间的变化很大，这种相互作用力称为冲力。在两物体碰撞时，每一瞬时的冲力是难于测量的，但两物体碰撞前后的动量却是容易测定的，因此，根据动量定理，就可以由冲量计算出这段时间内平均冲力的量值。应该注意，在实际问题中，如果有限大小的恒力（例如重力等）与冲力同时存在，因为冲力极大，作用时间又极短，有限大小恒力的冲量往往可以忽略不计。在生产实践中，人们有时要利用冲力，增大冲力；有时又要减小冲力，避免冲力造成损害。例如压力机冲压成形，就是要利用冲击时的巨大冲力；各种缓冲器和缓冲设备的原理是延长碰撞时间以减小冲力。

**例题 2-12** 体重为 50kg 的撑杆跳运动员，跳过 5m 高度后落在泡沫软垫上，假设人与软垫的相互作用时间为 1s，试求软垫对运动员的平均冲力有多大？如果运动员直接落在硬地上，相互作用时间为 0.1s，则运动员受到的平均冲力又为多大？（取 $g=10\mathrm{m/s^2}$）

**解** 取运动员为研究对象，视为质点。运动员过杆后落到软垫（或硬地）上可分为两个过程：（1）运动员过杆后直至与软垫（或硬地）接触前瞬间，可看作自由落体运动；（2）运动员与软垫（或硬地）间的互相作用，使运动员减速，直到速度为零。

过程（1）的末速度就是过程（2）的初速度，令为 $v_0$，其大小

$$v_0=\sqrt{2gh}=\sqrt{2\times10\times5}\mathrm{m/s}=10\mathrm{m/s}$$

运动员与软垫（或硬地）相互作用时，运动员共受两个力作用；竖直向下的重力 $\boldsymbol{P}=m\boldsymbol{g}$，软垫（或硬地）给运动员的平均作用力 $\boldsymbol{F}$（方向向上）。运动员的初动量 $\boldsymbol{p}_0=m\boldsymbol{v}_0$，末动量 $\boldsymbol{p}=m\boldsymbol{v}=0$。取竖直向上为正方向，根据动量定理有

$$(\bar{F}-mg)\Delta t=\Delta p=0-(-mv_0)=mv_0$$

则对于软垫和硬地情况下，运动员所受的平均作用力分别为

$$\bar{F}_1=\frac{mv_0}{\Delta t_1}+mg=\left(\frac{50\times10}{1}+50\times10\right)\mathrm{N}=1000\mathrm{N}$$

$$\bar{F}_2=\frac{mv_0}{\Delta t_2}+mg=\left(\frac{50\times10}{0.1}+50\times10\right)\mathrm{N}=5500\mathrm{N}$$

由上述运算可见，动量定理中的合力，在相互作用过程中，恒力（重力等）是否可以忽略，要视具体问题而定，只有当作用时间极短，平均作用力的量值 $\bar{F}\gg$恒力（$mg$ 等），此时恒力才能忽略不计，否则不行。例如上面 $\bar{F}_1=2mg$，因而不能忽略 $mg$，$\bar{F}_2=11mg$，则 $mg$ 勉强可以忽略。

上面讨论了单个质点的动量定理，利用式（2-29），人们很容易把它推广到由 $n$ 个质点组成的质点系中。系统所受合外力的总冲量应为

$$\int_{t_0}^{t}\left(\sum_i \boldsymbol{F}_i\right)\mathrm{d}t=\int_{t_0}^{t}\left(\frac{\mathrm{d}\boldsymbol{p}}{\mathrm{d}t}\right)\mathrm{d}t=\Delta\boldsymbol{p} \tag{2-34}$$

式（2-34）是系统动量定理的数学表达式，它表明：系统所受所有外力的总冲量等于系统总

动量的增量；系统总动量的改变量，仅仅决定于系统所受的外力，而与系统的内力无关。

### 2.5.4 动量守恒定律

由系统的动量定理可知，如果系统不受外力或外力的矢量和为零，即 $\sum_i \boldsymbol{F}_i = 0$，系统的总动量将保持不变，即 $\sum_i \boldsymbol{p}_{i0} = \sum_i \boldsymbol{p}_i$。这就是系统的**动量守恒定律**。数学式为

$$\sum_i \boldsymbol{p}_i = \text{恒矢量} \quad \left(\text{条件：} \sum_i \boldsymbol{F}_i = 0\right) \tag{2-35a}$$

动量守恒定律指出：系统内各物体间相互作用的内力，虽能引起各物体动量的改变，但不引起系统总动量的改变，系统总动量的变化决定于外力。当系统不受外力或外力的矢量和为零时，系统的总动量保持恒定。

动量守恒定律的数学式（2-35a）是一个矢量式，在实际应用中，常用分量式，即

$$\begin{cases} \sum_i p_{ix} = \sum m_i v_{ix} = \text{恒量} \quad \left(\text{条件：} \sum_i F_{ix} = 0\right) \\ \sum_i p_{iy} = \sum m_i v_{iy} = \text{恒量} \quad \left(\text{条件：} \sum_i F_{iy} = 0\right) \\ \sum_i p_{iz} = \sum m_i v_{iz} = \text{恒量} \quad \left(\text{条件：} \sum_i F_{iz} = 0\right) \end{cases} \tag{2-35b}$$

由动量守恒定律的分量式（2-35b）可以得出结论：如果系统所受的所有外力在某方向上的分量的代数和为零，那么系统的总动量在该方向上的分量将保持不变。

在某些情况下，系统所受的外力比系统内物体间相互作用的内力小很多时，可以把外力忽略不计，此时动量守恒定律近似成立。例如炸弹或炮弹在空中爆炸的瞬间，虽然有重力（外力）存在，但比起爆炸力（内力）小很多，因此动量守恒定律近似成立。此时各碎片的总动量（矢量和），近似等于炸弹或炮弹在爆炸前瞬时的动量。

动量守恒定律揭示了物体间相互作用引起机械运动量发生转移的规律。在经典力学中，动量守恒定律可以从牛顿定律导出，然而动量守恒定律不仅适用于宏观物体，而且也适用于分子原子等微观粒子，它是物理学中最普遍的定律之一。

在日常生活和工程技术上，动量守恒的例子很多，例如：放炮时，炮身的反冲使炮弹快速射出炮镗；火箭或喷气飞机在空气中飞行时，由化学作用（固体或液体燃料的燃烧）产生的大量高速气体不断向后喷出，推动火箭或飞机以很高的速度飞行。

**例题 2-13** 质量为 $m$ 的小木块从高度为 $h$，倾角为 $\theta$ 的光滑斜面上由静止下滑，投入装有砂子的木箱内。砂子和木箱的总质量为 $m_{\text{砂木}}$，木箱与一端固定、劲度系数为 $k$ 的轻质弹簧相连接。测得弹簧的最大压缩量为 $L$，如图 2-18 所示。求木箱与地面间的滑动摩擦系数。

**解** 本题中全过程可分三个阶段：

（1）$m$ 沿光滑斜面下滑到坡底，在该阶段 $m$ 仅受重力和斜面的支持力。支持力总是与 $m$ 的位移垂直，因而做功为零，因此机械能守恒。

（2）物体 $m$ 和砂箱 $m_{\text{砂木}}$ 碰撞，若将 $m$ 和 $m_{\text{砂木}}$ 看作一系统，则系统在水平方向的合外力为零，因此系统的水平动量守恒。

（3）在压缩弹簧的过程中，系统（选择 $m$、$m_{\text{砂木}}$ 和轻弹簧）的动能有一部分转化为弹性势能，另一部分克服摩擦力 $\boldsymbol{F}_{\mathrm{r}}$ 做功，可用功能原理求解。

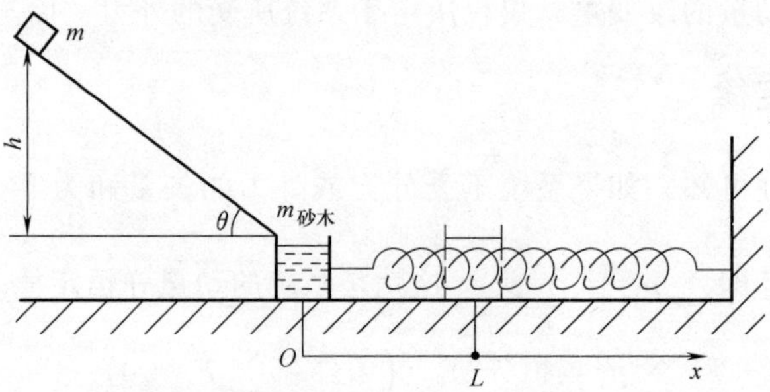


图 2-18 例题 2-13 图

求解步骤如下：

(1) 由机械能守恒

$$mgh = \frac{1}{2}mv^2$$

可得
$$v = \sqrt{2gh}$$

水平方向速度分量

$$v_x = \sqrt{2gh}\cos\theta$$

(2) 由动量分量守恒

$$mv_x = (m + m_{砂木})v_0$$

可得，碰撞后 $m$ 和 $m_{砂木}$ 一起运动的速度

$$v_0 = \left(\frac{m}{m + m_{砂木}}\right)v_x = \left(\frac{m}{m + m_{砂木}}\right)\sqrt{2gh}\cos\theta$$

(3) 由功能原理

$$A_{外力} + A_{非保守内力} = E_2 - E_1$$

其中
$$A_{外力} = -F_r L = -\mu_k\ (m + m_{砂木})\ gL$$

$$A_{非保守内力} = 0$$

$$E_1 = \frac{1}{2}\ (m + m_{砂木})\ v_0^2 = \frac{1}{2}\left(\frac{m^2}{m + m_{砂木}}\right)2gh\cos^2\theta$$

$$E_2 = \frac{1}{2}kL^2$$

则有

$$-\mu_k(m + m_{砂木})gL = \frac{1}{2}kL^2 - \frac{1}{2}\left(\frac{m^2}{m + m_{砂木}}\right)2gh\cos^2\theta$$

解得木箱与地面之间的滑动摩擦系数

$$\mu_k = \frac{m^2 h\cos^2\theta}{(m + m_{砂木})^2 L} - \frac{kL}{2(m + m_{砂木})g}$$

**例题 2-14** 在光滑的水平桌面上有质量为 $m_1$ 的物体，其上放置一质量为 $m_2$ 的物体，它们都处于静止。今有一小球从左沿水平方向射到物体 $m_2$ 并被弹回，于是 $m_2$ 以速度 $\boldsymbol{v}_0$ (相对于桌面) 向右运动。$m_2$ 和 $m_1$ 两表面间的滑动摩擦系数为 $\mu_k$，$m_2$ 逐渐带动 $m_1$ 运动，最后 $m_2$ 和 $m_1$ 以相同的速度一起运动，如图 2-19 所示，问 $m_2$ 从开始运动到相对于 $m_1$ 静止

时，在 $m_1$ 表面上移动了多远的距离？

**解**　选择 $m_2$ 和 $m_1$ 为一系统，其运动情况如图 2-19 所示。设 $m_2$ 和 $m_1$ 最后一起运动的速度为 $v$。在全过程中，系统在水平方向所受的合外力为零，因而水平方向满足动量守恒，即

$$m_2 v_0 = (m_2 + m_1) v \tag{1}$$

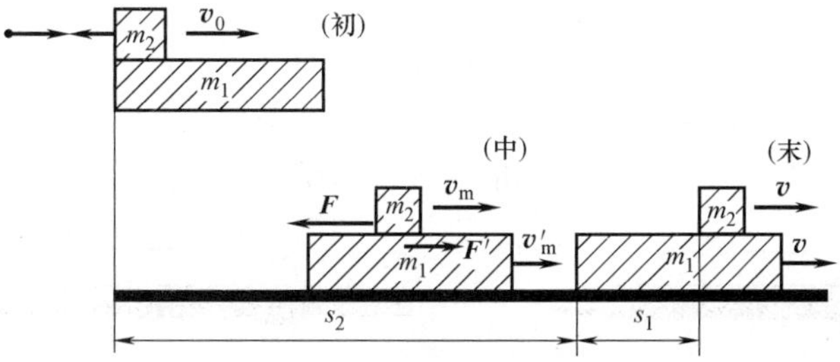


图 2-19　例题 2-14 图

可得

$$v = \left(\frac{m_2}{m_2 + m_1}\right) v_0$$

对该系统应用功能原理

$$A_{外力} + A_{非保内力} = E_2 - E_1 \tag{2}$$

其中

$$A_{外力} = 0$$

$$A_{非保内力} = A_{m_F} + A_{M_{F'}} = - F(s_1 + s_2) + F s_2$$

$$= - F s_1 = - \mu_k m_2 g s_1$$

$$E_1 = \frac{1}{2} m_2 v_0^2$$

$$E_2 = \frac{1}{2}(m_2 + m_1) v^2 = \frac{1}{2}\left(\frac{m_2^2}{m_2 + m_1}\right) v_0^2$$

代入式（2），可得 $m_2$ 在 $m_1$ 表面上移动的距离

$$s_1 = \frac{m_1 v_0^2}{2\mu_k g(m_2 + m_1)}$$

## *2.6　火箭飞行原理简介

随着科学技术的飞跃发展，世界各国相继向太空发射大量的卫星和宇宙飞船，火箭是宇宙航行的运载工具。动量守恒定律是火箭飞行的基本原理。在飞行过程中，火箭的燃料和氧化剂在燃烧室中燃烧，向后不断地喷出大量的高速气体，使火箭获得很大的向前动量，从而获得前进的高速度。若要高速飞行的卫星和飞船减速或“着陆”，则要向前方喷气使其减速。

火箭在足够远的外层空间飞行时，由于空气相当稀薄，空气的阻力和重力的影响均可忽略不计。火箭在喷气过程中，其质量和速度都在不断地变化着，因此这是一个变质量问题。

设在时刻 $t$，火箭的质量为 $m$，相对于地面的速度为$\boldsymbol{v}$，而在 $t+\mathrm{d}t$ 时刻，火箭的质量为 $m+\mathrm{d}m$，速度为$\boldsymbol{v}+\mathrm{d}\boldsymbol{v}$，在 $\mathrm{d}t$ 时间内，火箭喷出的气体质量为$-\mathrm{d}m$（这里 $\mathrm{d}m$ 为火箭质量在 $\mathrm{d}t$ 时间内的改变量，是负值），喷出的气体相对于火箭的速度为 $\boldsymbol{u}$)，对于火箭和燃气组成的系统来说喷气前的总动量为 $m\boldsymbol{v}$，喷气后火箭的动量 $(m+\mathrm{d}m)(\boldsymbol{v}+\mathrm{d}\boldsymbol{v})$，喷出的燃气动量为 $(-\mathrm{d}m)(\boldsymbol{v}+\boldsymbol{u})$，如图 2-20 所示。由于火箭不受外力的作用，系统的总动量保持不变，所以根据动量守恒定律，可得

$$m\boldsymbol{v}=(m+\mathrm{d}m)(\boldsymbol{v}+\mathrm{d}\boldsymbol{v})+(-\mathrm{d}m)(\boldsymbol{v}+\boldsymbol{u})$$

略去二阶无穷小量 $\mathrm{d}m\mathrm{d}\boldsymbol{v}$，得到

$$m\mathrm{d}\boldsymbol{v}-\boldsymbol{u}\mathrm{d}m=0$$

图 2-20　火箭飞行原理

一般情况，$\boldsymbol{u}$ 和$\boldsymbol{v}$ 沿着一直线而反向，因而上式可写成标量式

$$\mathrm{d}v=-u\frac{\mathrm{d}m}{m}$$

考虑到火箭飞行开始时的速度为零，质量为 $m_\mathrm{i}$，燃料烧完时的速度为 $v$，质量为 $m_\mathrm{f}$，则

$$v=\int_{m_\mathrm{i}}^{m_\mathrm{f}}-u\frac{\mathrm{d}m}{m}=u\ln\frac{m_\mathrm{i}}{m_\mathrm{f}} \tag{2-36}$$

式中，$m_\mathrm{i}/m_\mathrm{f}$ 称为火箭的质量比。式（2-36）表明：火箭在喷射终了时的速度 $v$ 与气体的喷射速度 $u$ 成正比，与质量比的自然对数 $\ln(m_\mathrm{i}/m_\mathrm{f})$ 成正比。因此要提高火箭的飞行速度，需要提高喷气速度和质量比。欲提高喷气速度，就应使用燃料效率高的高能燃料。而质量比 $m_\mathrm{i}/m_\mathrm{f}$ 要取自然对数，因此可以预料，提高质量比对增加火箭速度效果不会很显著。

要使火箭飞行速度达到 7900m/s（第一宇宙速度），所需的质量比约为 30。这意味着 1t 的火箭，必须携带 29t 重的燃料，这在技术上是有困难的。在目前的技术条件下，一般火箭的喷气速度可达 3000m/s 左右，质量比约为 5 左右，相应的火箭所能达到的速度约为 4500m/s 左右。要卫星绕地球运转，需要 7.9km/s，用单级火箭显然无法达到的，必须采用多级火箭的办法。

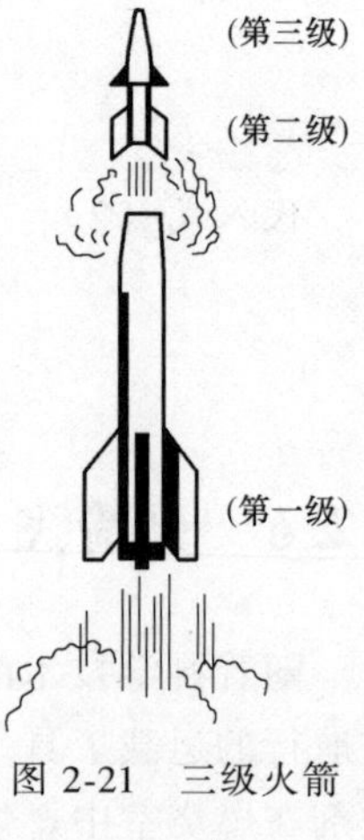


图 2-21　三级火箭

所谓多级火箭是指由几个火箭连接而成的火箭组合，如图 2-21 所示。

火箭起飞时，第一级火箭的发动机开始工作，推动各级火箭一起前进。当第一级火箭的燃料烧尽后，第二级火箭的发动机开始工作，并自动脱落第一级火箭的外壳，因此第二级火箭在第一级火箭的基础上进一步加速，依此类推，使之达到所需的速度。前一级火箭外壳的脱落，减轻了下一级火箭的负担，实际上提高了质量比，因此携带同样多燃料的单级火箭来说，多级火箭能达到更高的最终速度。

设整个火箭与第一级火箭燃烧尽时的质量比为 $n_1$，第一级火箭脱落后，火箭与第二级火箭燃烧尽时的质量比为 $n_2$，依此类推。在第一级火箭燃烧尽时，火箭组所获得的速度为 $v_1$

$$v_1 = u_1 \ln n_1$$

当第二级火箭燃烧尽时，火箭组所获得的速度为 $v_2$，则

$$\int_{v_1}^{v_2} \mathrm{d}v = \int_{m_1}^{m_2} - u_2 \frac{\mathrm{d}m}{m} = u_2 \ln \frac{m_1}{m_2}$$

即

$$v_2 = v_1 + u_2 \ln n_2 = u_1 \ln n_1 + u_2 \ln n_2$$

以此类推。火箭的最终速度为

$$v_n = u_1 \ln n_1 + u_2 \ln n_2 + \cdots + u_n \ln n_n \tag{2-37a}$$

式中，$u_1$，$u_2$，…，$u_n$ 分别为各级火箭的喷气速度。假设 $u_1 = u_2 = \cdots = u_n = u$，则式（2-37a）可改写为

$$v_n = u \ln (n_1 n_2 \cdots n_n) \tag{2-37b}$$

由于所有质量比都大于 1，因而当火箭的级数增加时，就可获得较高的速度。一个三级火箭，设质量比为 $n_1 = n_2 = n_3 = n = 5$，喷气速度 $u = 2000\text{m/s}$，则火箭的最终速度 $v = u \ln n^3 = 9657\text{m/s}$。

目前，“长征-5 号”运载火箭的最大起飞推力可达 1078 吨，近地轨道运载能力可达 25 吨，在全球现役运载火箭中，已超俄罗斯现役最强的“质子-M”和日本现役最强的 H-IIB 运载火箭，仅次于美国现役的“重型猎鹰”和“德尔塔-4”重型运载火箭，可以排到现役全球第 3 的位置。但是跟历史上的“土星-5 号”相比（起飞推力超过 3400t，近地轨道运载能力达到 140t）还是有明显的差距。

## 2.7　碰撞

两个或两个以上物体相遇时发生相互作用，如果作用时间极为短暂，那么这种作用过程称为碰撞。“碰撞”的含义十分广泛，弹子球的撞击、踢球、打桩和锻造等过程是碰撞；人从车上跳下，高速粒子轰击原子核，用经典模型处理的气体分子间相互作用过程等都是碰撞。一般说来，由于碰撞时间极短，相互作用内力极大，其他作用力相对来说微不足道，因此若将相互碰撞的物体作为一个系统来考虑，可以认为系统仅受内力的相互作用，则在碰撞过程中，这一系统满足动量守恒定律。

碰撞分为正碰与斜碰两类，如果碰撞前两小球的速度在两球心的连线方向上，那么碰撞时相互作用的冲力和碰撞后的速度也都在这一连线上，这种碰撞称为正碰或对心碰撞，如图 2-22 所示。否则就是斜碰。本节只讨论正碰，斜碰问题可以转化成正碰问题处理。

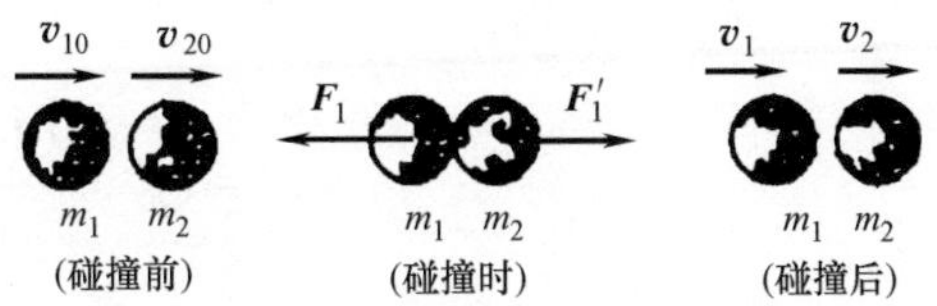

图 2-22　两小球的正碰

碰撞过程通常分为形变的发生阶段和形变的恢复阶段。

如果在经过碰撞的恢复阶段后两个球的形变完全消失，形状复原，两小球弹开，这种碰撞称为完全弹性碰撞，简称弹性碰撞；如果两小球的形变完全永久保留，两球不弹开而以相同的速度运动，这种碰撞称为完全非弹性碰撞；如果两小球的形变部分消失，部分保留，这种碰撞称为非弹性碰撞。两小球的碰撞究竟属于上述三种情况的哪一种，取决于两球的材质。

如图 2-22，设质量分别为 $m_1$ 和 $m_2$ 的两小球，碰撞前的速度分别为 $\boldsymbol{v}_{10}$ 和 $\boldsymbol{v}_{20}$，碰撞后的

速度分别为$\boldsymbol{v}_1$和$\boldsymbol{v}_2$，应用动量守恒定律得

$$m_1\boldsymbol{v}_{10}+m_2\boldsymbol{v}_{20}=m_1\boldsymbol{v}_1+m_2\boldsymbol{v}_2 \tag{2-38a}$$

由于速度方向位于同一直线上，在具体计算时把上式写成标量式

$$m_1v_{10}+m_2v_{20}=m_1v_1+m_2v_2 \tag{2-38b}$$

式中，速度方向与规定正方向相同者取正号，相反者取负号。

在一般的非弹性碰撞中，两小球相碰变形不能完全复原，就有一部分机械能转变为其他形式的能量，机械能守恒定律不成立。只有在弹性碰撞过程中，机械能完全没有损失，机械能守恒定律才成立。在实验结果的基础上，牛顿提出了碰撞定律：碰撞后两球的分离速度（$v_2-v_1$）与碰撞前两球的接近速度（$v_{10}-v_{20}$）成正比，比值由两球的材质决定

$$e=\frac{v_2-v_1}{v_{10}-v_{20}} \tag{2-39}$$

$e$通常称为恢复系数。由式（2-39）可见

当$e=0$时，有

$$v_2=v_1=\frac{m_1v_{10}+m_2v_{20}}{m_1+m_2} \tag{2-40}$$

碰撞后两球以相同的速度一起运动，这是完全非弹性碰撞的情况。

当$e=1$时，有$v_2-v_1=v_{10}-v_{20}$，即两球的分离速度等于两球的接近速度。再利用式（2-38b）可得

$$\left.\begin{aligned}v_1&=\frac{(m_1-m_2)v_{10}+2m_2v_{20}}{m_1+m_2}\\v_2&=\frac{2m_1v_{10}+(m_2-m_1)v_{20}}{m_1+m_2}\end{aligned}\right. \tag{2-41}$$

容易证明：上述两小球系统碰撞前后机械能守恒（总动能不变），这就是弹性碰撞的情形。

当$0<e<1$时，求解式（2-38b）和式（2-39），可得

$$\left.\begin{aligned}v_1&=v_{10}-\frac{(1+e)(v_{10}-v_{20})m_2}{m_1+m_2}\\v_2&=v_{20}+\frac{(1+e)(v_{10}-v_{20})m_1}{m_1+m_2}\end{aligned}\right. \tag{2-42}$$

利用式（2-42），可以求出在非弹性碰撞中损失的机械能为

$$\begin{aligned}|\Delta E|&=\left(\frac{1}{2}m_1v_{10}^2+\frac{1}{2}m_2v_{20}^2\right)-\left(\frac{1}{2}m_1v_1^2+\frac{1}{2}m_2v_2^2\right)\\&=\frac{1}{2}(1-e^2)(v_{10}-v_{20})^2\left(\frac{m_1m_2}{m_1+m_2}\right)\end{aligned} \tag{2-43}$$

由式（2-43）可见，若$e=1$，则$\Delta E=0$，这时无机械能损失，这是弹性碰撞。

# 2.8　角动量　角动量守恒定律

## 2.8.1　角动量

在质点运动时，用动量描述机械运动的状态。同样，在质点做曲线运动时，也可用角动量来描述其转动状态。在自然界中经常会遇到质点围绕着某一个定点转动的情况。例如，地球绕太阳的公转，人造卫星围绕地球的转动，原子中的电子围绕原子核转动等。

一个动量为 $\boldsymbol{p}$ 的质点，对惯性参考系某一给定点 $O$ 的**角动量** $\boldsymbol{L}$ 定义为矢径 $\boldsymbol{r}$ 和动量 $\boldsymbol{p}$ 的矢积，即

$$\boldsymbol{L} = \boldsymbol{r} \times \boldsymbol{p} \tag{2-44}$$

由矢量叉积的定义可知：角动量 $\boldsymbol{L}$ 的量值为 $L = rp\sin\varphi$，方向垂直于矢径 $\boldsymbol{r}$ 和动量 $\boldsymbol{p}$ 所组成的平面，指向是由 $\boldsymbol{r}$ 经小于 180°的角 $\varphi$ 转到 $\boldsymbol{p}$ 的右手螺旋的前进方向，如图 2-23 所示。

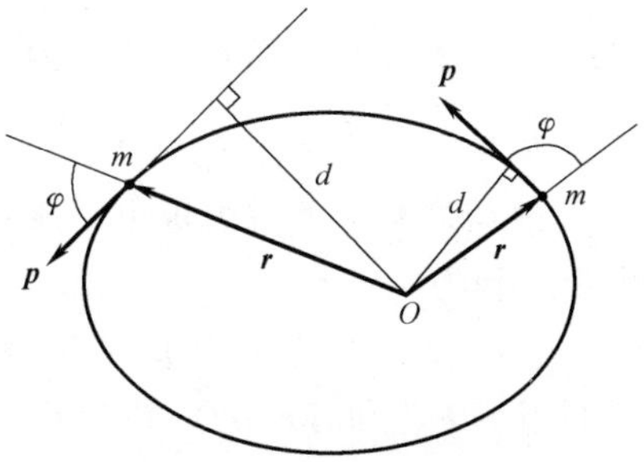


图 2-23　质点的角动量

由式（2-44）可知，质点的角动量不仅同质点的动量有关，而且还同质点的位矢有关，因而它还取决于固定点位置的选择。同一质点相对于不同的点，它的角动量不同。因此，在讨论质点的角动量时，必须指明它是对哪一个固定点来说的。

在国际单位制中角动量的单位为千克二次方米每秒，符号为 $\mathrm{kg \cdot m^2/s}$，量纲为 $\mathrm{ML^2T^{-1}}$。

在自然界中，大到天体，小至原子、电子的运动，都要用到角动量的概念。例如，电子绕核运动，具有轨道角动量。微观粒子的基本性质之一是它们的角动量的值具有不连续，称作为角动量的量子化（将在原子的量子理论中介绍）。

以上讨论的是单个质点的角动量。一个质点体系对于某一固定点的角动量定义为其中各质点对该定点角动量的矢量和，即

$$\boldsymbol{L} = \sum_i \boldsymbol{L}_i = \sum_i \boldsymbol{r}_i \times \boldsymbol{p}_i \tag{2-45}$$

## 2.8.2　角动量定理

先讨论单质点角动量定理。对单质点角动量的定义式（2-44）两边求时间导数有

$$\frac{\mathrm{d}\boldsymbol{L}}{\mathrm{d}t} = \frac{\mathrm{d}}{\mathrm{d}t}(\boldsymbol{r} \times \boldsymbol{p}) = \boldsymbol{r} \times \frac{\mathrm{d}\boldsymbol{p}}{\mathrm{d}t} + \frac{\mathrm{d}\boldsymbol{r}}{\mathrm{d}t} \times \boldsymbol{p}$$

由于 $\mathrm{d}\boldsymbol{r}/\mathrm{d}t=\boldsymbol{v}$，所以，$(\mathrm{d}\boldsymbol{r}/\mathrm{d}t)\times\boldsymbol{p}=0$。同时，动量对时间的变化率等于质点所受的合外力，所以上式有

$$\frac{\mathrm{d}\boldsymbol{L}}{\mathrm{d}t} = \boldsymbol{r} \times \boldsymbol{F} \tag{2-46}$$

式中，矢径 $\boldsymbol{r}$ 和合外力 $\boldsymbol{F}$ 的矢积定义为该质点所受的合外力矩，即力矩 $\boldsymbol{M}=\boldsymbol{r}\times\boldsymbol{F}$。在国际单

位制中，力矩的单位是牛顿米，符号是 N·m，其量纲为 $ML^2T^{-2}$。利用力矩的定义，式 (2-46) 可写成

$$\boldsymbol{M}=\frac{\mathrm{d}\boldsymbol{L}}{\mathrm{d}t} \tag{2-47}$$

式 (2-47) 是**单个质点角动量定理**的数学形式，它表明：质点所受的合外力矩等于它的角动量对时间的变化率。

利用单个质点角动量定理和牛顿第三定律，可以进一步得到质点系的角动量定理。对质点系角动量的定义式 (2-45) 两边对时间求导数有

$$\frac{\mathrm{d}\boldsymbol{L}}{\mathrm{d}t}=\sum_i\frac{\mathrm{d}\boldsymbol{L}_i}{\mathrm{d}t}=\sum_i\boldsymbol{r}_i\times\boldsymbol{F}_i+\sum_i\left(\boldsymbol{r}_i\times\sum_{j\neq i}\boldsymbol{F}_{ij}'\right)=\boldsymbol{M}_{外}+\boldsymbol{M}_{内} \tag{2-48}$$

式中，$\boldsymbol{M}_{外}=\sum_i\boldsymbol{r}_i\times\boldsymbol{F}_i$ 为质点系所受的合外力矩，即各质点所受外力矩的矢量和；$\boldsymbol{M}_{内}=\sum_i\left(\boldsymbol{r}_i\times\sum_{j\neq i}\boldsymbol{F}_{ij}'\right)$ 是各质点所受的内力矩的矢量和，$\sum_{j\neq i}\boldsymbol{F}_{ij}'$ 是第 $i$ 个质点所受的体系内其他质点的合内力。由于内力 $\boldsymbol{F}_{ij}'$ 和 $\boldsymbol{F}_{ji}'$ 是作用力和反作用力，它们是成对出现，且大小相等、方向相反，故与之相应的内力矩也是成对出现。对于第 $i$ 和第 $j$ 两个质点来说，它们的相互作用的力矩之和为

$$\boldsymbol{r}_i\times\boldsymbol{F}_{ij}'+\boldsymbol{r}_j\times\boldsymbol{F}_{ji}'=(\boldsymbol{r}_i-\boldsymbol{r}_j)\times\boldsymbol{F}_{ij}'=0$$

上式利用了 $\boldsymbol{F}_{ij}'$ 和 $(\boldsymbol{r}_i-\boldsymbol{r}_j)$ 共线的性质，因而它们的叉积为零。因此，在式 (2-48) 中，所有的内力矩之和 $\boldsymbol{M}_{内}$ 为零。于是由式 (2-48) 得出

$$\boldsymbol{M}_{外}=\frac{\mathrm{d}\boldsymbol{L}}{\mathrm{d}t} \tag{2-49}$$

式 (2-49) 是**质点系的角动量定理**，它表明：一个质点系总角动量对时间的变化率等于该质点系所受的合外力矩，与质点系所受的内力矩无关。

## 2.8.3 角动量守恒

由式 (2-47) 和式 (2-49) 可见：当质点或质点系相对于某一固定点所受的合外力矩为零时，此质点或质点系相对于该固定点的角动量将不随时间变化。这就是**角动量守恒定律**。

能量守恒定律、动量守恒定律和角动量守恒定律是自然界的普遍规律，它们不仅在宏观世界，而且在微观领域同样成立，是人们认识自然的强有力工具。

**例题 2-15** 两质点以恒定的动量在水平面上运动，如图 2-24 所示。质点 1 具有动量大小 $p_1=5.0\mathrm{kg\cdot m/s}$，$\boldsymbol{p}_1$ 与 $O$ 点的垂直距离为 2.0m；质点 2 的动量大小 $p_2=2.0\mathrm{kg\cdot m/s}$，$\boldsymbol{p}_2$ 与 $O$ 点的垂直距离为 4.0m，求此两质点体系绕 $O$ 点的角动量。

**解** 由角动量的定义 $\boldsymbol{L}=\boldsymbol{r}\times\boldsymbol{p}$ 可分别求出质点 1 和质点 2 的角动量。

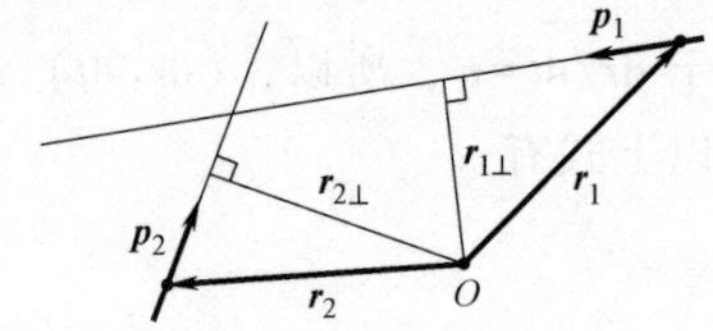

图 2-24 例题 2-15 图

质点 1 的角动量方向垂直纸面向外，大小为

$$L_1=r_{1\perp}p_1=(2.0\mathrm{m})(5.0\mathrm{kg\cdot m/s})=10\mathrm{kg\cdot m^2/s}$$

质点 2 的角动量方向垂直纸面向里，大小为

$$L_2=r_{2\perp}p_2=(4.0\mathrm{m})(2.0\mathrm{kg\cdot m/s})=8.0\mathrm{kg\cdot m^2/s}$$

因此，此两质点体系的角动量方向垂直纸面向外，大小为

$$L=L_1+(-L_2)=2.0\text{kg}\cdot\text{m}^2/\text{s}$$

**例题 2-16**　一质量为 $m$ 的企鹅自距原点 $O$ 的水平距离为 $d$ 的点 $A$ 处由静止自由下落，如图 2-25 所示。试求 (1) 该企鹅绕原点的角动量；(2) 企鹅所受重力绕原点的力矩。

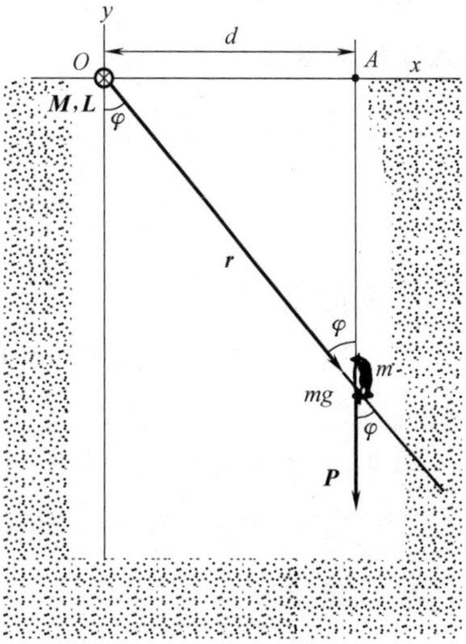


图 2-25　例题 2-16 图

**解**　(1) 由角动量 $\boldsymbol{L}=\boldsymbol{r}\times\boldsymbol{p}$ 的定义可知：企鹅的角动量大小为

$$L=rmv\sin\varphi=dmv=dmgt$$

式中，$g$ 为重力加速度；$t$ 为企鹅下落的时间；角动量的方向垂直纸面向里。

(2) 重力矩的方向垂直纸面向里，大小为

$$M=rmg\sin\varphi=mgd$$

也可以用 $\boldsymbol{M}=\dfrac{\mathrm{d}\boldsymbol{L}}{\mathrm{d}t}$ 来求重力矩的大小。两种方法求得的力矩结果是一致的。

# 本章提要

**基本概念**

1. 功　　$A=\int_a^b \boldsymbol{F}\cdot\mathrm{d}\boldsymbol{l}=\int_a^b F\cos\theta\mathrm{d}l$

2. 机械能　　$E=E_\text{k}+E_\text{p}$

动能　　$E_\text{k}=\dfrac{1}{2}mv^2$

势能
$$\begin{cases}\text{重力势能 } E_\text{p}=mgh\\ \text{弹性势能 } E_\text{p}=\dfrac{1}{2}kx^2\\ \text{万有引力势能 } E_\text{p}=-G\dfrac{m_1m_2}{r}\end{cases}$$

保守力　　$\oint \boldsymbol{F}\cdot\mathrm{d}\boldsymbol{l}=0$

3. 动量　　$\boldsymbol{p}=m\boldsymbol{v}$

冲量　　$\boldsymbol{I}=\int_0^t \boldsymbol{F}\mathrm{d}t$

4. 质心　　$\boldsymbol{r}_C=\dfrac{\sum\limits_{i=1}^{n} m_i\boldsymbol{r}_i}{\sum\limits_{i=1}^{n} m_i}$

5. 角动量　　$\boldsymbol{L}=\boldsymbol{r}\times\boldsymbol{p}$

力矩 $$\boldsymbol{M}=\boldsymbol{r}\times\boldsymbol{F}$$

**基本定律和基本公式**

1. 动能定理 $$A=E_{\mathrm{k}}-E_{\mathrm{k0}}=\frac{1}{2}mv^2-\frac{1}{2}mv_0^2 \quad (\text{对质点})$$

$$A=E_{\mathrm{k}}-E_{\mathrm{k0}}=\sum_i E_{\mathrm{k}i}-\sum_i E_{\mathrm{k}i0} \quad (\text{对质点系})$$

2. 功能原理表达式

$$\begin{aligned}A_{\text{外力}}+A_{\text{非保守内力}}&=E-E_0\\&=(E_{\mathrm{k}}+E_{\mathrm{p}})-(E_{\mathrm{k0}}+E_{\mathrm{p0}})\end{aligned}$$

当 $A_{\text{外力}}+A_{\text{非保守内力}}=0$ 时，系统的机械能守恒，即

$$E_{\mathrm{k}}+E_{\mathrm{p}}=\sum_i(E_{\mathrm{k}i}+E_{\mathrm{p}i})=\text{恒量}$$

3. 动量定理

$$\boldsymbol{I}=\int_0^t\boldsymbol{F}\mathrm{d}t=\boldsymbol{p}-\boldsymbol{p}_0=\Delta\boldsymbol{p} \quad (\text{对质点})$$

$$\boldsymbol{I}=\int_0^t\left(\sum_{i=1}^n\boldsymbol{F}_i\right)\mathrm{d}t=\sum_{i=1}^n\boldsymbol{p}-\sum_{i=1}^n\boldsymbol{p}_0=\Delta\boldsymbol{p} \quad (\text{对质点系})$$

若体系所受的合外力 $\sum\boldsymbol{F}=0$，此时体系的动量守恒，即

$$\boldsymbol{p}=\sum_i m_i\boldsymbol{v}_i=\text{恒量}$$

4. 碰撞定律

$$e=\frac{v_2-v_1}{v_{10}-v_{20}}=\begin{cases}1 & (\text{弹性碰撞})\\0 & (\text{完全非弹性碰撞})\\\text{大于 }0\text{，小于 }1 & (\text{非弹性碰撞})\end{cases}$$

5. 角动量定理 $$\frac{\mathrm{d}\boldsymbol{L}}{\mathrm{d}t}=\frac{\mathrm{d}}{\mathrm{d}t}(\boldsymbol{r}\times\boldsymbol{p})=\boldsymbol{M} \quad (\text{对质点})$$

$$\frac{\mathrm{d}\boldsymbol{L}}{\mathrm{d}t}=\sum_i\frac{\mathrm{d}\boldsymbol{L}_i}{\mathrm{d}t}=\sum_i\boldsymbol{r}_i\times\boldsymbol{F}_i=\boldsymbol{M}_{\text{外}} \quad (\text{对质点系})$$

当质点或质点系所受的合外力矩为零时，质点或质点系统的角动量守恒，即

$$\boldsymbol{L}=\text{常矢量}$$

## 习　题

2-1　一质点在外力 $\boldsymbol{F}=(5x\boldsymbol{i}+6y\boldsymbol{j})$ N 作用下，在水平面内做曲线运动，式中 $x$，$y$ 以m 计。

(1) 若质点的运动方程为 $x=5t^2$，$y=2t$。求时间从 0 到 3s 内外力所做的功；

(2) 若质点的轨道方程为 $y=2x^2$，求当 $x$ 从原点 $O$ 到 3m 处外力所做的功。

2-2　一质点在外力 $\boldsymbol{F}=(2x\boldsymbol{i}+3\boldsymbol{j})$ N 作用下，在水平面内运动。若质点由位置 $\boldsymbol{r}_i=2\boldsymbol{i}+3\boldsymbol{j}$ 运动到位置 $\boldsymbol{r}_k=-4\boldsymbol{i}-3\boldsymbol{j}$，力所做的功是多少？(位置及 $x$ 以 m 计)

2-3　小球的质量为 $m$，在光滑的水平面内沿半径为 $R$ 的固定圆环做圆周运动。已知小球的初速度大小为 $v_0$，运动一周回到原来位置时速度的大小为 $v_0/2$。求运动一周圆环对小球的摩擦阻力所做的功。

2-4　质量为 $m$ 的小球在光滑的水平面内沿半径为 $R$ 的固定圆环上做圆周运动。若已知小球与圆环间

的滑动摩擦系数为 $\mu$，小球的初速度大小为 $v_0$，求运动一周小球回到原来位置时的速度大小。

2-5　如题 2-5 图所示，质量为 $m=2\text{kg}$ 的物体从静止开始，沿一轨道从位置 $A$ 运动到位置 $B$，在位置 $B$ 处的速率为 $v=6\text{m/s}$，$A$、$B$ 两点的高度差 $h=5\text{m}$，求轨道施于物体的摩擦力所做的功。

2-6　如题 2-6 图所示，一物体从高为 $h$，倾角为 $\theta$ 的斜面上由静止开始下滑，然后又在水平面上继续前进一段距离后静止。设物体与斜面和平面间的摩擦系数均为 $\mu$，求物体在平面上前进的距离 $s$。

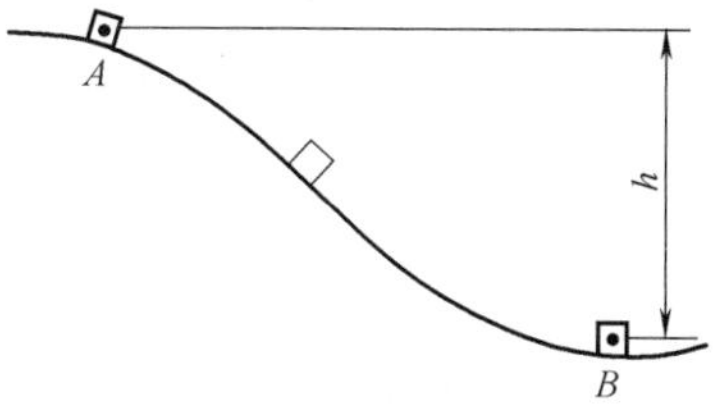


题 2-5 图

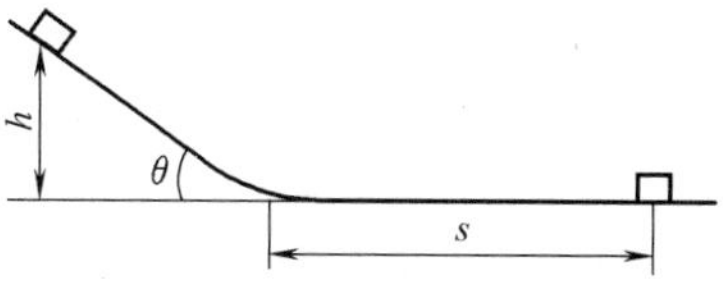


题 2-6 图

2-7　如题 2-7 图所示，在光滑的水平面上，质量为 $m_1$ 的物体和一轻弹簧相连，此时弹簧已处于压缩状态（用扳机扣住），并使质量 $m_2$ 的物体和 $m_1$ 相紧靠，整个系统处于静止。然后打开扳机，弹簧便推动 $m_1$、$m_2$ 两物体运动，到某一时刻，物体 $m_2$ 和 $m_1$ 分开而独自运动。弹簧的劲度系数为 $k$，处于原压缩状态时缩短的长度为 $b$。

（1）求 $m_1$、$m_2$ 开始分离时的位置和速度；

（2）分开后它们各自做什么运动？

2-8　设有一劲度系数为 $k$ 的轻弹簧，一端固定在地面上，另一端穿过固定圆环底部的小孔同一质量为 $m$ 的小球相连，如题 2-8 图所示。设弹簧的原长为 $l_0$，小球以速度 $\boldsymbol{v}_0$ 自 $M$ 点出发，沿半径为 $R$ 的光滑竖直圆环壁滑动（圆环通过架子固定在地面上）。问：

（1）要使小球在 $Q$ 点（顶点）处不脱离轨道，$\boldsymbol{v}_0$ 的数值最小需多大？

（2）小球运动到 $P$ 点处的速率为多少？

2-9　用轻弹簧把质量为 $m_1$ 和 $m_2$ 的两块木板连起来，一起放在地面上，如题 2-9 图所示。设 $m_2>m_1$，问：

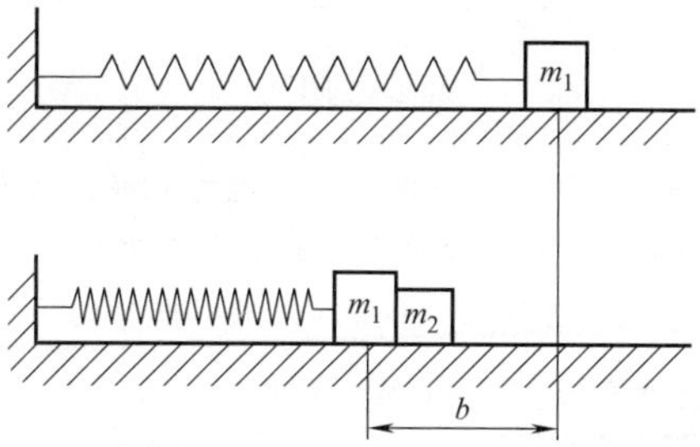


题 2-7 图

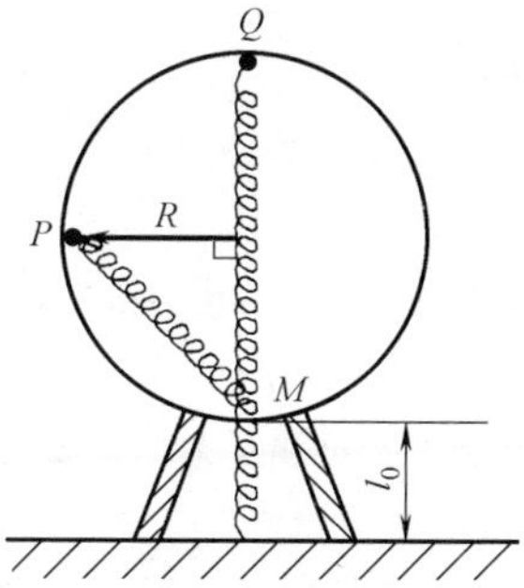


题 2-8 图

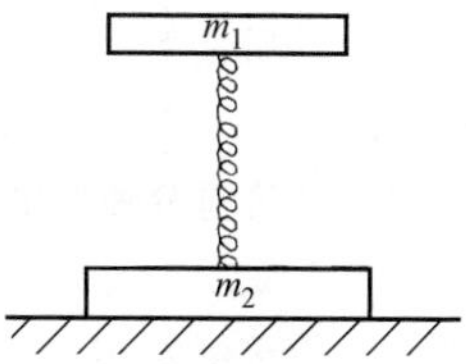


题 2-9 图

（1）对上面的木板必须施多大的正压力 $\boldsymbol{F}$，以使在 $\boldsymbol{F}$ 突然撤去而上面的木板上跳时恰能使下面的木板提离地面？

（2）如果 $m_1$ 和 $m_2$ 交换位置，结果有何变化？

2-10　将一物体以 10km/s 的速率竖直抛离地球的表面，忽略空气阻力的作用，问此物体能上升到离地面的最大高度是多少？

2-11　太阳系中一些行星具有近似于环状的卫星云，在星系中也包含着环状结构。现将它们考虑成一个质量为 $m_{星}$，半径为 $R$，质量是均匀分布的圆环，问：

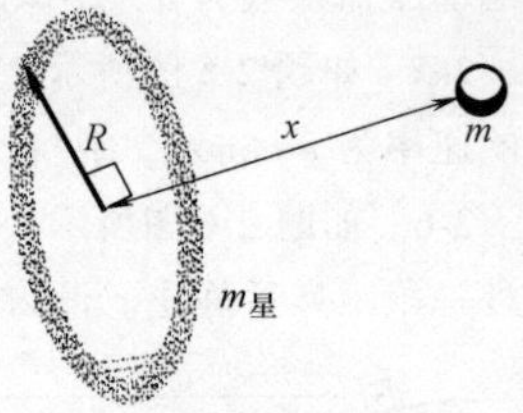

题 2-11 图

（1）质量为 $m$ 的质点，处在环的轴线上距环心 $x$ 处，如题 2-11 图所示，所受到圆环的万有引力是多大？

（2）如果质点在引力的作用下由静止被圆环吸引向环心运动，当它通过环心时，速率为多大？

2-12 一物体绕一质量为 $m_星$ 的行星做椭圆运动。若物体距行星的距离为 $r$，该椭圆的长半轴为 $a$，试证明：该物体的速率满足关系式

$$v^2 = Gm_星\left(\frac{2}{r} - \frac{1}{a}\right)$$

2-13 双原子分子（如 $H_2$ 和 $O_2$）间的相互作用势能可表示为

$$E_p = \frac{A}{r^{12}} - \frac{B}{r^6}$$

式中，$r$ 为两原子间的距离；$A$、$B$ 为正常数。此势能与两原子间的相互作用力相关联。两原子间的距离为何值时，每个原子所受到的作用力为零？这一距离即为两原子分子的平衡间距。

2-14 氨气分子的结构是由三个氢原子为基底和一个氮原子为顶的金字塔形。三个氢原子形成一个等边三角形，每个氢原子距该等边三角形的中心距离为 $9.40\times10^{-11}$m，氮氢原子间的距离是 $10.14\times10^{-11}$m，如题 2-14 图所示，氮氢原子质量比为 13.9。求氨分子质心距氮原子的距离。

2-15 一金字塔高 $H=147$m，底边为长 $L=230$m 的正四方形，如题 2-15 图所示，其体积为 $L^3H/3$。假设该金字塔的体密度为 $\rho=1.8\times10^3$kg/m$^3$。试求：

（1）质心离地面的高度是多少？

（2）建造该金字塔需要做的功是多少？

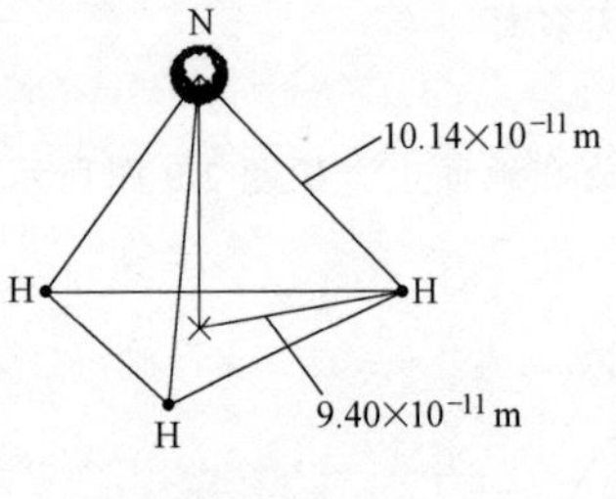

题 2-14 图

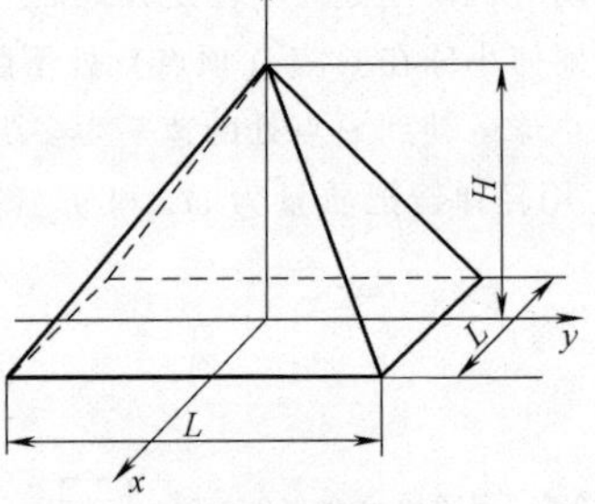

题 2-15 图

2-16 一质量为 $10\times10^{-3}$kg 的小球，从 $h_1=0.256$m 高处由静止落到水平桌面上，反跳后的最大高度为 $h_2=0.195$m，小球与桌面的接触时间为（1）$t=0.01$s；（2）$t=0.002$s，试求小球对桌面的平均冲力。

2-17 机枪每分钟射出 120 发子弹，每颗子弹的质量为 20g，出口速度为 800m/s，求射击时的平均反冲力。

2-18 传送带以 $v_0=2$m/s 的速率把质量 $m=20$kg 的行李包送到坡道上端，行李包沿光滑的坡道下滑后装到 $m_车=40$kg 的小车上，如题 2-18 图所示。已知小车与传送带之间的高度差为 $h=0.6$m，行李包与车板间的摩擦系数 $\mu=0.4$，小车与地面间的摩擦忽略不计。取 $g=10$m/s$^2$，求：

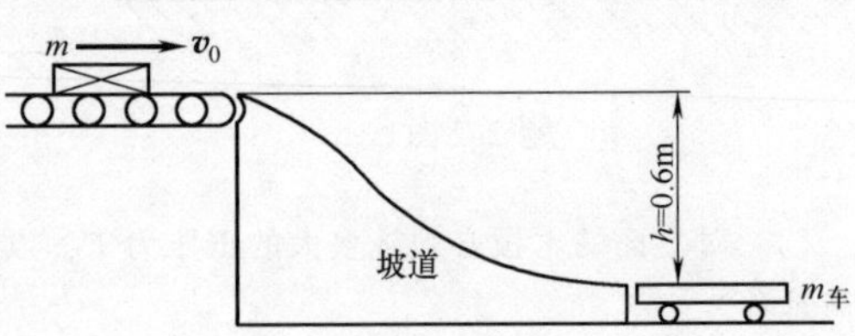

题 2-18 图

（1）开始时行李包与车板间相对滑动，当行李包对小车保持相对静止时，车的速度有多大？

（2）从行李包被送上小车到它相对于小车静止时所需的时间是多少？

2-19 一劲度系数为 $k=100$N/m 的轻弹簧，一端与墙固定，另一端连接一个质量 $m_物=9.98$kg 的物体，

如题 2-19 图所示。一质量 $m=0.02\text{kg}$ 的子弹射入物体 $m_{物}$ 并留在其内。$m_{物}$ 与水平面之间的滑动摩擦系数 $\mu_k=0.2$，弹簧的最大压缩量 $x_m=10\text{cm}$。求子弹射入 $m_{物}$ 之前的速率大小 $v_0$（取 $g=10\text{m/s}^2$）。

2-20　一质量 $m_1=2.0\text{kg}$ 的木块以速率 10m/s 在光滑的水平桌面上运动，在它的正前方有一质量 $m_2=5.0\text{kg}$ 的木块，正以速率 3.0m/s 与 $m_1$ 同方向运动，有一劲度系数 $k=1120\text{N/m}$ 的轻弹簧系于木块 $m_2$ 后，如题 2-20 图所示。当两木块碰撞时，弹簧的最大压缩量是多少？

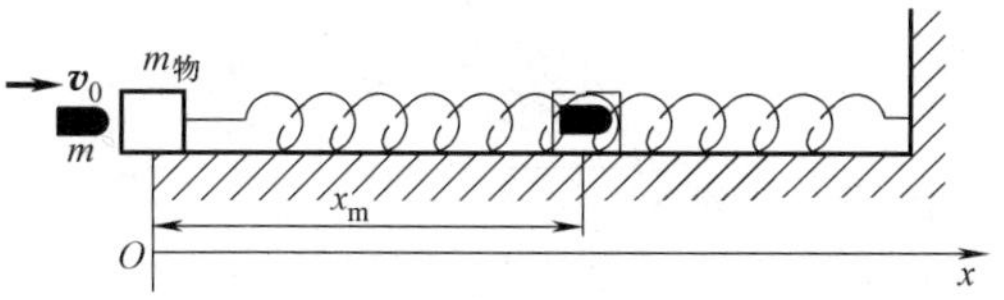


题 2-19 图

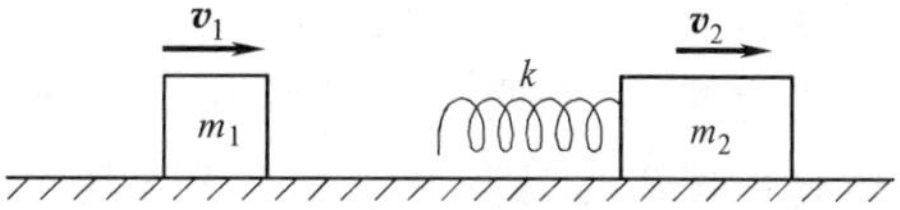


题 2-20 图

*2-21　一小球从高度 $h$ 处自由下落，不计空气的阻力，在与水平面碰撞后又回弹到高度 $h_1$，问在 $n$ 次碰撞后小球能回弹到多大高度？

2-22　我国第一颗人造卫星绕地球沿椭圆轨道运动，地球的中心 $O$ 为该椭圆的一个焦点，已知地球的平均半径 $R=6\ 378\text{km}$，人造卫星距地面最近距离 $l_1=439\text{km}$，最远距离 $l_2=2\ 384\text{km}$，如题 2-22 图所示。若人造卫星在近地点 $A_1$ 的速度 $v_1=8.10\text{km/s}$，求人造卫星在远地点 $A_2$ 的速度。

2-23　如题 2-23 图所示，在光滑的水平桌面上有一小孔，今有质量 $m=4\text{kg}$ 的小物体以细轻绳子系着置于桌面上，绳穿过小孔下垂持稳。小物体原来以半径 $R_0=0.5\text{m}$ 在桌面上回转，其速率为 $v_0=4\text{m/s}$，如在其转动时，将绳子缓缓下拖，以缩短物体的回转半径，问绳子断裂时的回转半径有多大？（设绳断时的张力为 2000N）。

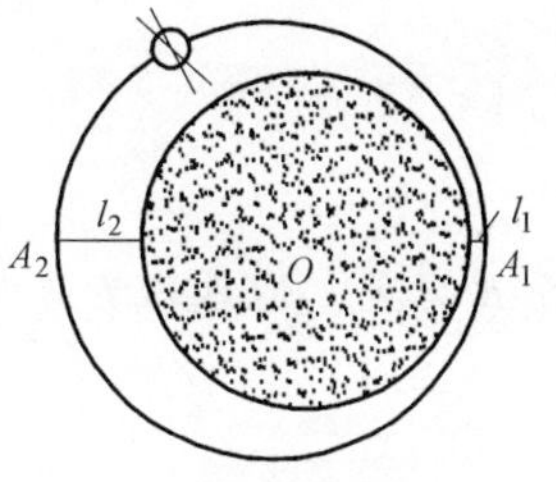


题 2-22 图

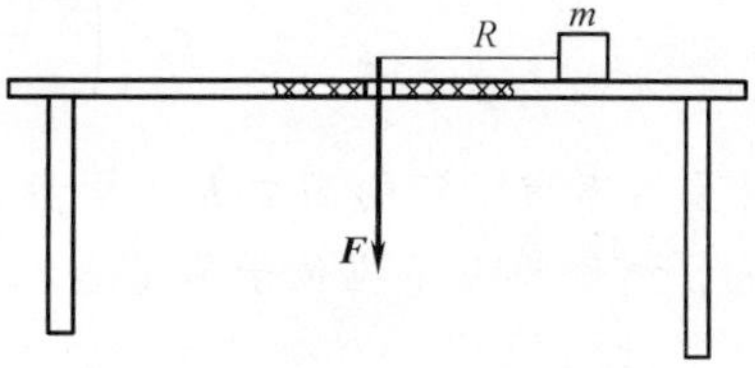


题 2-23 图

## 物理学与现代科学技术 I

# 同步卫星

1945 年，著名的科学预言家克拉克在英国《无线电世界》杂志上提出：用三颗等距离配置的同步卫星（图 I -1）中继微波可实现全球 24h 通信。1964 年美国成功地发射了第一颗定点在赤道上空的同步卫星。1965 年 4 月，国际通信卫星组织发射了第一颗商用国际通信卫星，开放了大西洋两岸的电话中继和电视传播，使克拉克 20 年前的预言终于变成了现实。我国也于 1984 年 4 月 8 日 19 时 20 分首次成功地发射了试验通信卫星，并于 4 月 19 日 18 时 27 分 57 秒成功地使它定点在东经 125°的赤道上空。

同步卫星有着广泛的应用，最大的用途莫过于实现全球 24h 的通信。目前，60%以上国际间的无线电通信业务和 100%国际电视转播是通过同步卫星实现的。此外，同步卫星技术还广泛地应用于气象、科学研究和军事等许多领域。

同步卫星是在地球的同步轨道（也叫地球静止轨道）上运行的。这是一条位于赤道平面内的一个圆形轨道，同步卫星位于赤道上空某一确定的高度，以地球自转角速度同地球一起旋转，从地面上看卫星好像挂在天空静止不动一样。故这种卫星叫作地球同步卫星。

地球同步轨道的计算要用到牛顿力学定律。可以把同步卫星看成是一个质点，地球看成一个均匀球体，同时忽略作用在卫星上的其他力（如太阳和月球的引力、大气阻力等），那么同步卫星就是在地球的引力作用下做匀速率圆周运动。它做匀速率圆周运动的向心力由地球对卫星的引力所提供，即可以表示成

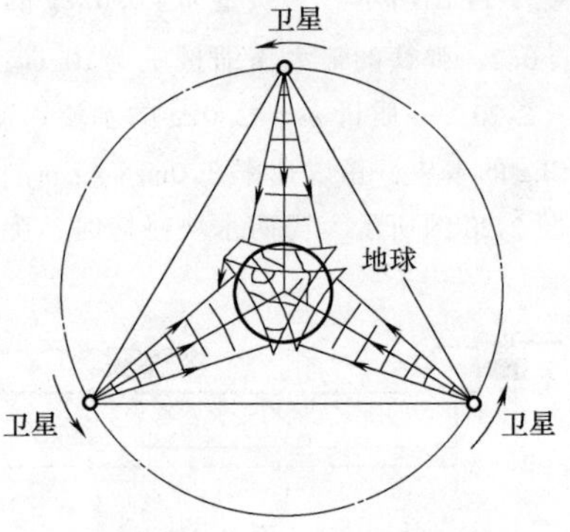

图Ⅰ-1 同步卫星示意

$$G\frac{m_{地}\,m}{r^2}=m\frac{v^2}{r} \tag{1}$$

式中，$G=6.672\times10^{-1}\mathrm{N\cdot m^2/kg^2}$ 是万有引力常数；$m_{地}=5.98\times10^{24}\mathrm{kg}$ 是地球的质量；$m$ 是同步卫星的质量；$r$ 是同步卫星到地心的距离。

式（1）也可以表示成

$$G\frac{m_{地}\,m}{r^2}=m\left(\frac{2\pi}{T}\right)^2 r \tag{2}$$

式中，$T$ 是地球自转周期，它的大小为23h56min4s，即 $T=86164\mathrm{s}$。将万有引力常数 $G$、地球质量 $m_{地}$ 和地球自转周期代入式（2）即可求得同步轨道的半径

$$r=\left(\frac{Gm_{地}\,T^2}{4\pi^2}\right)^{1/3}=4.22\times10^4\mathrm{km}$$

卫星离赤道上空的高度 $h$ 为同步轨道半径 $r$ 与地球赤道半径 $R$ 之差。取地球赤道半径为6378km，则同步卫星应位于赤道上空，

$$h=r-R=3.58\times10^4\mathrm{km} \tag{3}$$

卫星在轨道上运行的速度可由下式给出：

$$v=\left(\frac{2\pi}{T}\right)r=3.07\mathrm{km/s} \tag{4}$$

综上所述，同步卫星是在赤道平面离地面约35 800km高度的地球同步轨道上以速率约为3.07km/s做匀速率圆周运动。由于地球同步轨道位于赤道平面内离地心约为42 200km的一个大圆上，显然，这条轨道是唯一的，即地球上空静止轨道只有一条。

为了防止同步卫星之间发生碰撞和无线电干扰，根据目前的技术条件，使用同一频段的同步卫星相互不能靠得太近，至少应保持3°的间隔。这就是说，地球同步轨道上最多只能分布120颗卫星，而实际上，自1964年8月第一颗试验型同步卫星进入轨道以来，地球静止轨道上的卫星数目已经远远超过了120颗。静止轨道日益拥挤，大有“客满”为患之势。如何有效利用地球静止轨道和如何开发新的替代轨道，已经成为当今航天科技人员的一个紧迫课题。现在，人们已着手开发与地球赤道平面夹角不为零的同步轨道。

# 第3章

# 刚体的转动

质点运动只代表物体的平动，实际上，物体因有形状和大小，除了平动外还可做转动，甚至还可做更复杂的运动。本章从质点运动的知识出发，着重讨论刚体的定轴转动规律。

## 3.1 刚体的定轴转动

### 3.1.1 刚体

在外力作用下，形状和大小都保持不变的物体称作**刚体**，也就是说，刚体内部任何两点之间的距离，在运动过程中保持不变。刚体的概念同质点的概念一样，是一种理想的力学模型。在自然界中，严格意义上的刚体并不存在。任何物体在外力作用下，其形状和大小或多或少都要发生变化。但是，如果在外力作用下物体的形状和大小改变甚小，对所讨论问题的影响可以忽略不计。此时，就可把这样的物体当作刚体来处理，从而使问题得以简化。

### 3.1.2 平动和转动

刚体最简单的运动是平动和转动。刚体运动时，如果其内部任意两点所连成的直线，在运动过程中始终保持平行，这种运动称作**平动**（如图 3-1a 所示）。刚体看成是由无穷多质点所组成的质点系。当刚体做平动时，其内部各质点的位移、速度和加速度都相等，因此刚体内任何一个质点的运动，都可以代表整个刚体的运动。此时刚体的运动可以用质点运动来描述。刚体平动的例子很多，例如升降机的运动，气缸中活塞的运动，车床上车刀的运动等。

刚体运动时，如果刚体内各质点都绕同一直线在与该直线相垂直的平面内做圆周运动，刚体的这种运动称为**转动**，如图 3-1b 所示。例如，汽车方向盘的转动，地球的自转，车轮

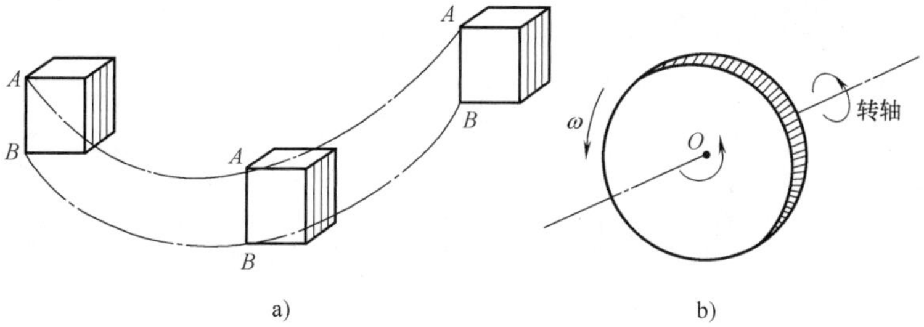


图 3-1 刚体的平动和转动

a）刚体的平动 b）刚体的转动

的运动等都是转动。这一直线称为刚体的转轴，在刚体运动过程中，转轴固定不动的转动称为刚体的**定轴转动**。

刚体的一般运动比较复杂，但可以证明，刚体的一般运动可以当作平动和转动的组合。例如，一个火车轮的滚动，可以看作由车轮随其转轴的平动和车轮绕转轴的转动组合而成。

### 3.1.3 定轴转动

刚体做定轴转动时，刚体内各质点都在其所在的与刚体转轴相垂直的平面内做圆周运动，圆心在转轴的轴线上。虽然刚体内各质点做圆周运动的半径不一定相等，但是，各质点的矢径在相同的时间内转过的角度相同，这意味着各质点具有相同的角速度和角加速度。因此，在描述刚体的定轴转动时，通常在刚体上任取一垂直于转轴的平面作为转动平面。如图 3-2 所示，$O$ 点为转轴与某一平面的交点，$P$ 为刚体上的一个质点，它在转动平面内绕 $O$ 点做圆周运动，某一时刻具有一定的角速度和角加速度，在一定的时间内具有一定的角位移，刚体内任何其他质点也都在各自的转动平面内做圆周运动，且具有与 $P$ 点相同的角位移、角速度和角加速度。因此，质点运动学中讨论过的角量概念以及有关公式都适用于刚体的定轴转动，质点做圆周运动角量与线量的关系式，同样适用于刚体内各质点绕定轴的转动。

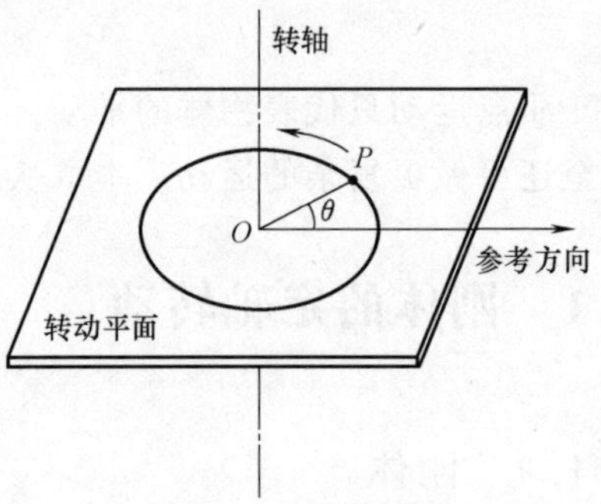

图 3-2 转动平面

### 3.1.4 角速度矢量

为了充分地反映刚体定轴转动的情况，常用矢量来表示角速度。角速度矢量规定如下：在转轴上画一有向线段，其长度按一定比例代表角速度的大小，其方向与刚体转动方向成右手螺旋关系，也就是右手螺旋方向和刚体转动方向一致，则螺旋前进方向便是角速度的正方向，如图 3-3 所示。

在转轴上确定了角速度的大小和方向后，角速度矢量就确定了，此时在离转轴距离为 $\boldsymbol{r}$ 的刚体上任一点 $P$ 的线速度 $\boldsymbol{v}$ 与角速度 $\boldsymbol{\omega}$ 的关系（见图 3-4）为

$$\boldsymbol{v}=\boldsymbol{\omega}\times\boldsymbol{r} \tag{3-1}$$

式中，$\boldsymbol{r}=\overrightarrow{OP}$ 为矢径。采用两矢量的矢积表示式，可同时简洁地表示出线速度和角速度之间在量值上和方向上的关系。

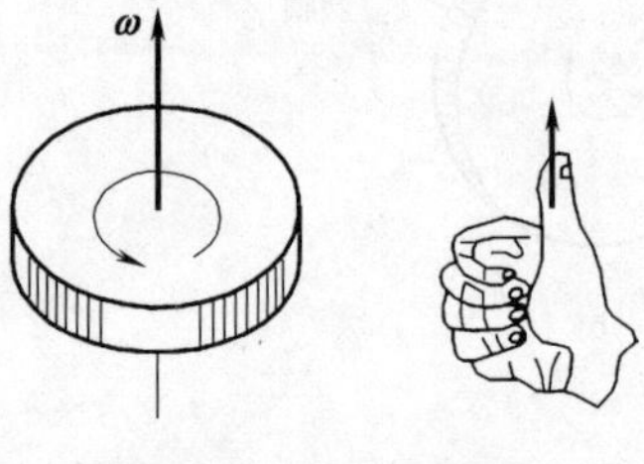

图 3-3 角速度矢量

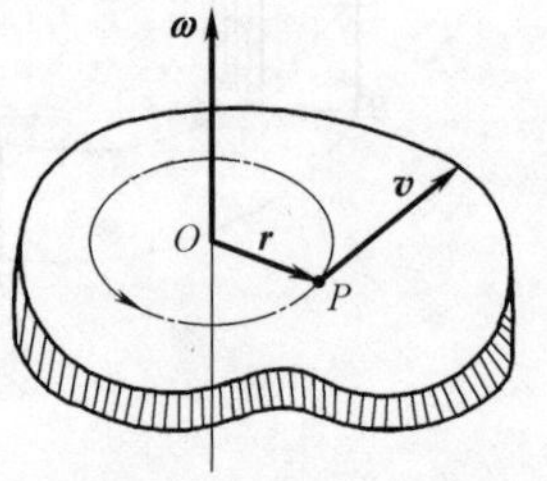

图 3-4 角速度和线速度之间的关系

定轴转动中，角加速度矢量 $\boldsymbol{\alpha}$ 定义为

$$\boldsymbol{\alpha}=\frac{\mathrm{d}\boldsymbol{\omega}}{\mathrm{d}t} \tag{3-2}$$

角加速度也是矢量，当刚体做加速转动时，$\boldsymbol{\alpha}$ 与 $\boldsymbol{\omega}$ 同方向；当刚体减速转动时，$\boldsymbol{\alpha}$ 与 $\boldsymbol{\omega}$ 反向。

## 3.2　转动动能　转动惯量

物体平动时，其惯性大小的量度是物体的质量。刚体转动时，其转动惯性大小用什么来度量呢？本节从计算刚体转动动能入手，引入转动惯量这一重要概念。

### 3.2.1　转动动能

刚体可以看成是由大量质点组成的体系。设各质点的质量分别为 $\Delta m_1$，$\Delta m_2$，…，$\Delta m_n$，各质点离转轴的距离分别为 $r_1$，$r_2$，…，$r_n$，它们做圆周运动的线速度的大小分别为 $v_1$，$v_2$，…，$v_n$，因此，各质点的动能分别为 $E_{k1}=\Delta m_1 v_1^2/2$，$E_{k2}=\Delta m_2 v_2^2/2$，…，$E_{kn}=\Delta m_n v_n^2/2$。整个刚体的转动动能应为各质点的转动动能之和，即

$$\begin{aligned}E_k&=E_{k1}+E_{k2}+\cdots+E_{kn}\\&=\frac{1}{2}\Delta m_1 v_1^2+\frac{1}{2}\Delta m_2 v_2^2+\cdots+\frac{1}{2}\Delta m_n v_n^2\end{aligned}$$

虽然各质点的线速度不同，但它们却有相同的角速度，即都等于刚体转动的角速度 $\omega$，利用 $v_i=\omega r_i$ 的关系，有

$$\begin{aligned}E_k&=\frac{1}{2}\Delta m_1 r_1^2\omega^2+\frac{1}{2}\Delta m_2 r_2^2\omega^2+\cdots+\frac{1}{2}\Delta m_n r_n^2\omega^2\\&=\sum_{i=1}^{n}\frac{1}{2}\Delta m_i r_i^2\omega^2\end{aligned}$$

因为各质点 $\omega$ 都相同，可将 $\omega^2/2$ 从求和号中提出，所以刚体的转动动能为

$$E_k=\frac{1}{2}\left(\sum_{i=1}^{n}\Delta m_i r_i^2\right)\omega^2$$

通常令

$$I=\sum_{i=1}^{n}\Delta m_i r_i^2$$

则

$$E_k=\frac{1}{2}I\omega^2 \tag{3-3}$$

式（3-3）即为刚体的转动动能表达式。

### 3.2.2　转动惯量

式（3-3）中的 $I$（有的教材用 $J$ 表示）称为刚体对给定转轴的转动惯量，即

$$\begin{aligned}I&=r_1^2\Delta m_1+r_2^2\Delta m_2+\cdots+r_n^2\Delta m_n\\&=\sum_{i=1}^{n}r_i^2\Delta m_i\end{aligned} \tag{3-4a}$$

式（3-4a）表明：刚体的转动惯量 $I$ 等于刚体中每个质点的质量与这一质点到转轴距离二次方的乘积之和。将式（3-3）与平动动能公式 $E_k=(1/2)mv^2$ 相比较可知：转动惯量 $I$ 相当于质点做平动时的质量 $m$，它是物体转动惯性大小的量度。

如果刚体的质量是连续分布的，式（3-4a）的求和可用积分来代替。此时，刚体的转动惯量可表示为

$$I=\int r^2\mathrm{d}m \tag{3-4b}$$

式中，$\mathrm{d}m$ 为质元质量；$r$ 为质元到转轴的距离。

由式（3-4a）或式（3-4b）可见：刚体的转动惯量 $I$ 不仅与刚体的总质量有关，还与刚体的质量分布有关，亦即与刚体的形状、大小和各部分密度有关。此外，转动惯量 $I$ 还与转轴的位置有关。根据刚体质量的分布状况，式（3-4b）中质元 $\mathrm{d}m$ 的表示形式可写成

$$\mathrm{d}m=\begin{cases}\rho_l\mathrm{d}l & \text{（质量呈线分布，例如细棒等）}\\ \rho_S\mathrm{d}S & \text{（质量呈面分布，例如薄板等）}\\ \rho\mathrm{d}V & \text{（质量呈体分布，一般情况）}\end{cases}$$

式中，$\rho_l$、$\rho_S$ 和 $\rho$ 分别称为质量的线密度、面密度和体密度，$\mathrm{d}l$、$\mathrm{d}S$ 和 $\mathrm{d}V$ 分别为长度元、面积元和体积元。

国际单位制中，转动惯量的单位是千克二次方米，符号 $\mathrm{kg\cdot m^2}$，量纲为 $\mathrm{ML^2}$。

表 3-1 给出了几个几何形状简单、密度均匀的刚体对不同转轴的转动惯量。

**表 3-1 转动惯量**

| 刚　体 | 转轴位置 | 转动惯量 | 刚　体 | 转轴位置 | 转动惯量 |
|---|---|---|---|---|---|
| 圆环 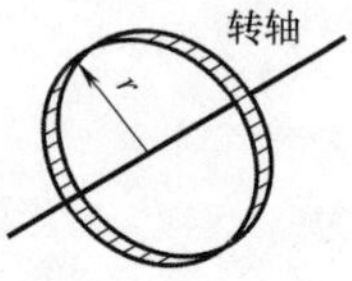 | 转轴通过中心与环面垂直 | $I=mr^2$ | 圆环 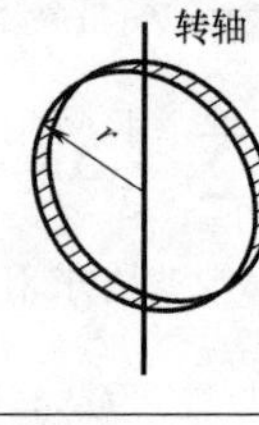 | 转轴沿直径 | $I=\frac{mr^2}{2}$ |
| 薄圆盘 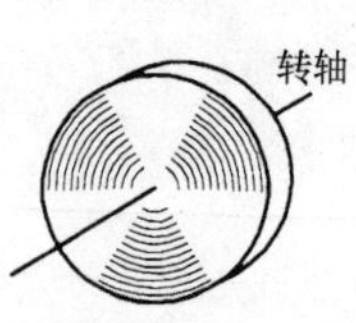 | 转轴通过中心与盘面垂直 | $I=\frac{mr^2}{2}$ | 圆柱体 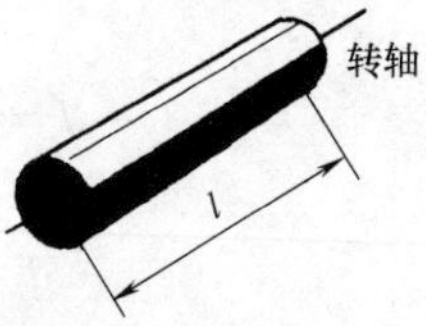 | 转轴沿几何轴 | $I=\frac{mr^2}{2}$ |
| 圆筒 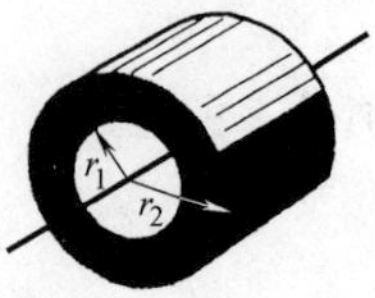 | 转轴沿几何轴 | $I=\frac{m}{2}(r_1^2+r_2^2)$ | 圆柱体 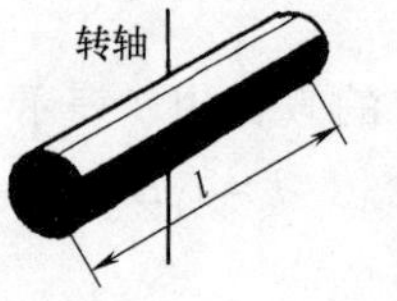 | 转轴通过中心与几何轴垂直 | $I=\frac{mr^2}{4}+\frac{ml^2}{12}$ |

（续）

| 刚　　体 | 转轴位置 | 转动惯量 | 刚　　体 | 转轴位置 | 转动惯量 |
|---|---|---|---|---|---|
| 细棒 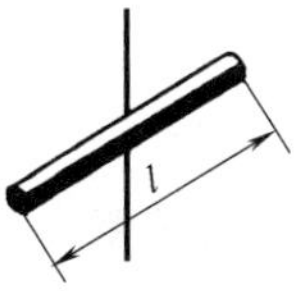  | 转轴通过中心与棒垂直 | $I=\frac{ml^2}{12}$ | 球体 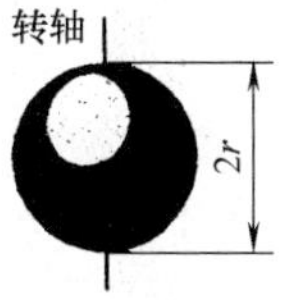  | 转轴沿直径 | $I=\frac{2mr^2}{5}$ |
| 细棒   | 转轴通过端点与棒垂直 | $I=\frac{ml^2}{3}$ | 球壳 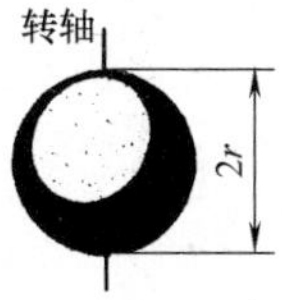  | 转轴沿直径 | $I=\frac{2mr^2}{3}$ |

**例题 3-1**　一质量为 $m$、长为 $l$ 的均匀细棒，试求它对下列各给定转轴的转动惯量。

（1）转轴通过棒的中心并与棒垂直；

（2）转轴通过棒的一端并与棒垂直；

（3）转轴通过棒上离中心为 $h$ 的一点并与棒垂直。

**解**　如图 3-5 所示，在棒上离转轴距离为 $x$ 处取一线元 $\mathrm{d}x$，质量元 $\mathrm{d}m=\rho_l\mathrm{d}x\,(\rho_l=m/l)$，根据转动惯量的定义 $I=\int r^2\mathrm{d}m$ 求解。

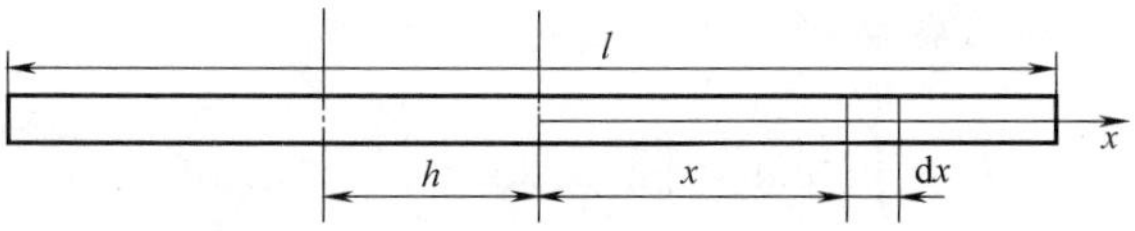


图 3-5　例题 3-1 图

（1）当转轴通过中心并与棒垂直时

$$I=\int_{-\frac{l}{2}}^{\frac{l}{2}}x^2\rho_l\mathrm{d}x=\frac{1}{3}x^3\rho_l\Big|_{-\frac{l}{2}}^{\frac{l}{2}}$$

$$=\frac{l^3}{12}\rho_l=\frac{1}{12}ml^2 \tag{1}$$

（2）当转轴通过棒的一端并与棒垂直时

$$I=\int_0^l x^2\rho_l\mathrm{d}x=\frac{1}{3}l^3\rho_l=\frac{1}{3}ml^2 \tag{2}$$

（3）当转轴通过棒上离中心为 $h$ 的一点并与棒垂直时

$$I=\int_{-\frac{l}{2}+h}^{\frac{l}{2}+h}x^2\rho_l\mathrm{d}x=\frac{1}{12}ml^2+mh^2 \tag{3}$$

由此可见，对同一均匀细棒，若转轴的位置不同，转动惯量也不相同。

在此例中，设细棒绕通过质心并与棒垂直的转轴的转动惯量为 $I_C=\frac{1}{12}ml^2$，绕离质心距离为 $h$ 并与棒垂直的平行转轴的转动惯量为 $I=\frac{1}{12}ml^2+mh^2$，则 $I$ 与 $I_C$ 有关系

$$I = I_C + mh^2 \tag{3-5}$$

式 (3-5) 可推广到质量任意分布的刚体，称为**平行轴公式**。其文字叙述如下：

绕任意转轴的转动惯量，等于绕过质心的平行轴的转动惯量加上刚体总质量乘以两轴间距离的二次方。(证明略)

**例题 3-2** 如图 3-6 所示，一质量为 $m$ 的均匀的长方形薄板，长为 $a$，宽为 $b$，坐标系原点 $O$ 位于薄板质心，试求

(1) 薄板绕 $x$ 轴的转动惯量；

(2) 薄板绕 $y$ 轴的转动惯量；

(3) 薄板绕 $z$ 轴的转动惯量。

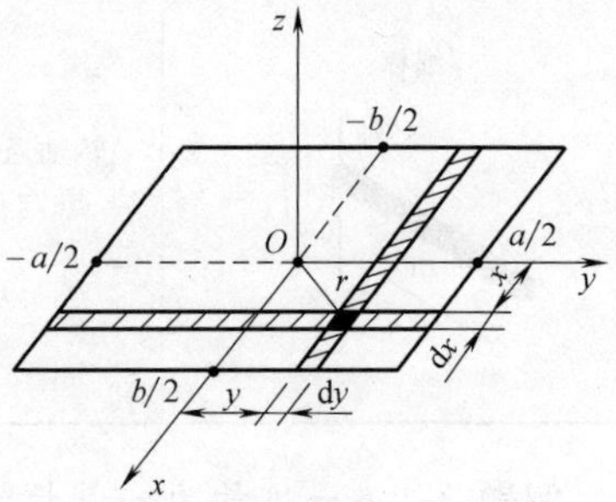


图 3-6 例题 3-2 图

**解** (1) 如图示，在薄板上离 $x$ 轴为 $y$ 处取一面积元 $dS=bdy$，该质量元 $dm=\rho_S dS$。根据转动惯量定义 $I=\int r^2 dm$，容易求得薄板绕 $x$ 轴的转动惯量为

$$I_x = \int y^2 dm = \iint y^2 \rho_S dS = \int_{-\frac{a}{2}}^{\frac{a}{2}} y^2 \rho_S b dy$$

$$= \frac{1}{12}\rho_S a^3 b = \frac{1}{12}ma^2$$

(2) 同理，薄板绕 $y$ 轴的转动惯量为

$$I_y = \int x^2 dm = \iint x^2 \rho_S dS = \int_{-\frac{b}{2}}^{\frac{b}{2}} x^2 \rho_S a dx$$

$$= \frac{1}{12}\rho_S ab^3 = \frac{1}{12}mb^2$$

(3) 在薄板上离 $x$ 轴为 $y$、离 $y$ 轴为 $x$ 处，取一小面积元 $dS=dxdy$，质量元 $dm=\rho_S dxdy$，则绕 $z$ 轴的转动惯量为

$$I_z = \int r^2 dm = \iint (x^2 + y^2)\rho_S dS$$

$$= \int_{-\frac{a}{2}}^{\frac{a}{2}}\int_{-\frac{b}{2}}^{\frac{b}{2}} (x^2 + y^2)\rho_S dxdy$$

$$= \frac{1}{12}ma^2 + \frac{1}{12}mb^2$$

在此例中，有关系式

$$I_z = I_x + I_y \tag{3-6}$$

式 (3-6) 可以推广到质量任意分布的平面薄板，称为垂直轴公式。其文字叙述如下：

一平面刚体薄板绕垂直于其平面的转轴的转动惯量，等于绕平面内与垂直轴相交的任意

两个正交轴的转动惯量之和。(证明略)

**例题 3-3**　质量为 $m$、半径为 $R$ 的细圆环或圆盘，试求：

(1) 绕通过中心并与圆面垂直的转轴的转动惯量；

(2) 绕通过中心并位于圆盘面内的转轴的转动惯量。

**解**　(1) 细圆环的质量可以认为分布在半径为 $R$ 的圆周上，则转动惯量为

$$I_z = \int_0^m R^2 \mathrm{d}m = mR^2 \tag{1}$$

对圆盘来说，质量均匀分布在半径为 $R$ 的整个圆面上，在离轴的距离为 $r$ 处取一细圆环，其面积元 $\mathrm{d}S=2\pi r\mathrm{d}r$，质量元 $\mathrm{d}m=\rho_S\mathrm{d}S$，则整个圆盘的转动惯量为

$$I_z = \int_0^m r^2 \mathrm{d}m = 2\pi\rho_S\int_0^R r^3 \mathrm{d}r$$

$$= \frac{\pi}{2}\rho_S R^4$$

因为质量的面密度 $\rho_S=m/\pi R^2$，代入上式可得

$$I_z = \frac{1}{2}mR^2 \tag{2}$$

由此可见，两个质量相等、转轴位置也相同的刚体，由于质量分布情况不同，它们的转动惯量也不相同。

(2) 利用垂直轴公式 $I_z=I_x+I_y$，由圆盘的对称性，有 $I_x=I_y$，因此绕过中心并位于圆盘面内的转轴转动时，圆盘的转动惯量为

$$I_x = I_y = \frac{1}{2}I_z = \frac{1}{4}mR^2 \tag{3}$$

可见，利用垂直轴公式计算时要方便得多。

**例题 3-4**　质量为 $m$、半径为 $R$、长为 $l$ 的均匀圆柱体，求绕通过中心并与圆柱体垂直的转轴的转动惯量。

**解**　此圆柱体在不满足 $R\ll l$ 时，不能作细棒处理。求解的思路(图 3-7)如下：

(1) 先考虑离 $OC$ 轴距离为 $x$ 处的薄片处绕平行轴 $O'C'$的转动惯量 $\mathrm{d}I_{C'}$；

(2) 利用平行轴公式求该薄圆片绕中心轴 $OC$ 的转动惯量 $\mathrm{d}I_C$；

(3) 把从$-\frac{l}{2}$到$\frac{l}{2}$中所有薄圆片对 $OC$ 轴的转动惯量累加即积分，即可求得本题的结果。

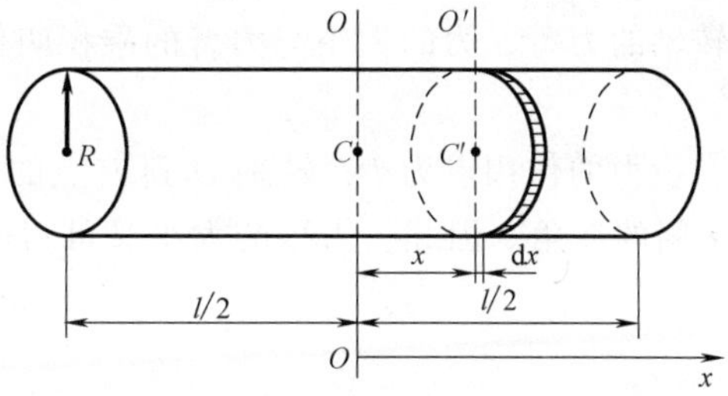


图 3-7　例题 3-4 图

利用上题结果

$$I_x = I_y = \frac{1}{4}mR^2$$

可得

$$\mathrm{d}I_{C'} = \frac{1}{4}R^2 \mathrm{d}m$$

利用平行轴公式，易得

$$\mathrm{d}I_C = \mathrm{d}I_{C'} + x^2\mathrm{d}m = \left(\frac{1}{4}R^2 + x^2\right)\mathrm{d}m$$

因此，对整个圆柱体有

$$\begin{aligned} I_C &= \int_0^m \left(\frac{1}{4}R^2 + x^2\right)\mathrm{d}m \\ &= \frac{1}{4}mR^2 + \int_{-\frac{l}{2}}^{\frac{l}{2}} x^2\rho S\mathrm{d}x \\ &= \frac{1}{4}mR^2 + \frac{1}{12}\rho Sl^3 \end{aligned}$$

其中，$\mathrm{d}m=\rho\mathrm{d}V=\rho S\mathrm{d}x$。考虑到圆柱体质量 $m=\rho Sl$，则有

$$I_C = \frac{1}{4}mR^2 + \frac{1}{12}ml^2$$

## 3.3 力矩 转动定律

改变物体平动状态，需要有外力对物体作用。实验表明：改变刚体的转动状态，不仅与力的大小有关，而且与力的作用点以及力的方向有关。例如开关房门时，如果作用力与转轴平行或通过转轴，那么在不破坏房门结构的前提下，无论用多大的力也不能把房门打开或关上。因此，讨论转动问题时，必须首先研究力、力的作用点以及力的方向之间的关系。

### 3.3.1 力矩

在 2.8 节中，我们曾经简略地讨论了力矩，现做进一步讨论。假设刚体所受的外力 $\boldsymbol{F}$ 在垂直于转轴 $O$ 的平面内，如图 3-8a 所示，力的作用线与转轴间的垂直距离为 $d$，叫作力 $\boldsymbol{F}$ 对转轴的力臂，力的大小与力臂的乘积叫作力对转轴的力矩。用 $M$ 表示力矩的大小，则有

$$M = Fd \tag{3-7a}$$

设力的作用点为 $P$，转轴 $O$ 到 $P$ 点的矢径为 $\boldsymbol{r}$。由图 3-8a 可见 $d=r\sin\varphi$，$\varphi$ 为力 $\boldsymbol{F}$ 与矢径 $\boldsymbol{r}$ 间的夹角。因此，力矩的大小又可写成

$$M = Fr\sin\varphi \tag{3-7b}$$

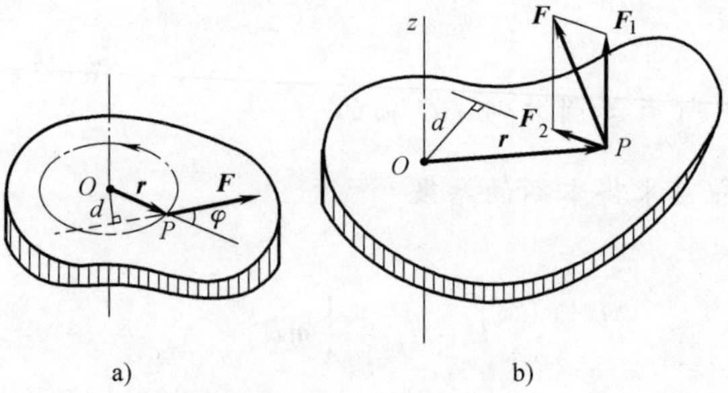


图 3-8 力矩

力矩是矢量，在定轴转动中力矩的方向由右手螺旋法则确定。具体地说：由矢径 $\boldsymbol{r}$ 的方向经

小于 180°的角 $\varphi$ 转到力 $\boldsymbol{F}$ 的方向时，右手螺旋的前进方向即为力矩的方向。因此，力矩可简洁地用矢径 $\boldsymbol{r}$ 和力 $\boldsymbol{F}$ 的矢积来表示

$$\boldsymbol{M} = \boldsymbol{r} \times \boldsymbol{F} \tag{3-7c}$$

如果外力不在垂直于转轴的平面内，如图 3-8b 所示，那么，必须把外力 $\boldsymbol{F}$ 分解成两个分力：平行于转轴的分力 $\boldsymbol{F}_1$ 和垂直于转轴并在转动平面内的分力 $\boldsymbol{F}_2$，其中只有 $\boldsymbol{F}_2$ 才能改变定轴转动的刚体的转动状态。因此，式（3-7a）、式（3-7b）和式（3-7c）中的 $\boldsymbol{F}$ 应理解成上述的 $\boldsymbol{F}_2$ 分力。

在国际单位制中，力矩的单位为米牛顿，符号为 m · N，量纲为 $ML^2T^{-2}$。

在定轴转动中，若有几个外力同时作用在刚体上，它们的力矩分别为 $\boldsymbol{M}_1$，$\boldsymbol{M}_2$，…，$\boldsymbol{M}_n$，它们作用的总效果相当于某个力矩的作用，这个力矩叫作这些力的**合力矩 $\boldsymbol{M}$**。实验表明，合力矩等于每个力各自产生力矩的矢量和，即

$$\boldsymbol{M} = \boldsymbol{M}_1 + \boldsymbol{M}_2 + \cdots + \boldsymbol{M}_n = \sum_i \boldsymbol{M}_i \tag{3-8}$$

计算恒力 $\boldsymbol{F}$ 对某一转轴的力矩比较简单，可直接套用式（3-7a）或式（3-7b），力矩的方向由右手螺旋法则确定。

刚体上力的作用点连续分布时，计算对某一转轴的合力矩，可采用分小段法，将每一小段上的力视为恒力，再按恒力的力矩计算各元力矩，最后进行矢量叠加（采用积分）。

例如，质量为 $m$、半径为 $R$ 的均匀薄圆盘，在某一水平面内绕过其中心与薄圆盘平面相垂直的转轴沿逆时针（自上向下看）方向转动，圆盘面与水平面之间的摩擦系数为 $\mu$，求摩擦力对转轴 $O$ 的力矩。

本问题中，可将圆盘分成许多个同心的细圆环，求出每个细圆环所受的摩擦力矩，然后再用积分方法求得整个圆盘所受的摩擦力矩。如图 3-9 所示，在半径为 $r$ 的细圆环上取一小面元 $\mathrm{d}S$，其质量元为 $\mathrm{d}m = \rho_S \mathrm{d}S = \rho_S r\mathrm{d}r\mathrm{d}\varphi$，它所受的摩擦力大小为 $\mathrm{d}F_\mathrm{r} = \mu g\mathrm{d}m = \mu g\rho_S r\mathrm{d}r\mathrm{d}\varphi$，对转轴 $O$ 的力矩为 $\mathrm{d}M_1 = -r\mathrm{d}F_\mathrm{r} = -\mu g\rho_S r^2\mathrm{d}r\mathrm{d}\varphi$，细圆环所受的摩擦力矩为

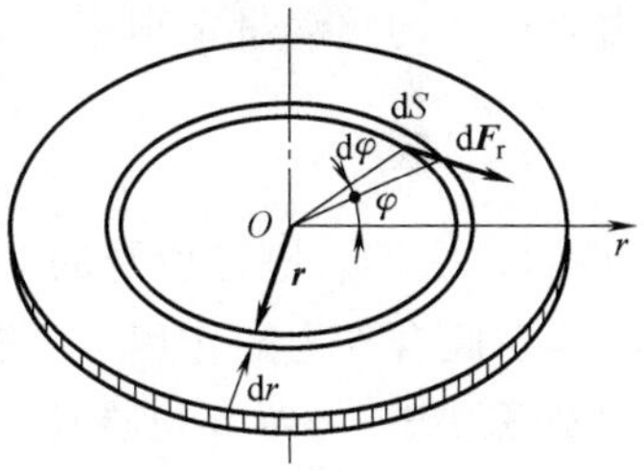

图 3-9　圆盘的摩擦力矩

$$\mathrm{d}M = \int \mathrm{d}M_1 = \int_0^{2\pi} -\mu g\rho_S r^2\mathrm{d}r\mathrm{d}\varphi = -\mu g\rho_S 2\pi r^2\mathrm{d}r$$

整个圆盘所受的摩擦力矩为

$$M = \int \mathrm{d}M = -\mu g\rho_S\int_0^R 2\pi r^2\mathrm{d}r = -\mu g\rho_S\frac{2}{3}\pi R^3$$

考虑到圆盘的面密度 $\rho_S = m/\pi R^2$，代入后得到

$$M = -\frac{2}{3}\mu mgR$$

式中，负号表示摩擦力矩是阻力矩，与角速度矢量方向相反。

### 3.3.2　刚体的转动定律

大量的实验表明：一个定轴转动的刚体，当它所受的合外力矩（对该转轴而言）等于零时，它将保持原来的转动状态不变，即原来静止的仍然静止，原来转动的则仍保持原来的角速度转动。它反映了任何转动着的刚体具有转动惯性，其在转动中的地位与牛顿第一运动

定律在平动中的地位相当。

大量实验还表明：一个定轴转动的刚体，当它所受的合外力矩对该转轴而言不等于零时，它将获得角加速度，角加速度的方向与合外力矩的方向相同；角加速度 $\alpha$ 的量值与合外力矩 $M$ 的量值成正比，并与其转动惯量成反比（这里 $M$、$I$、$\alpha$ 都是对同一转轴而言），即

$$\alpha \propto \frac{M}{I} \quad \text{或} \quad M = kI\alpha$$

当采用国际单位制时，比例系数 $k=1$，于是

$$M = I\alpha \tag{3-9}$$

式（3-9）称为**刚体的转动定律**。显然，这个定律在转动中的地位与牛顿第二运动定律在平动中的地位相当。将式（3-9）和 $F=ma$ 相比较，可以看出 $I$ 与 $m$ 相当，$I$ 是反映刚体转动惯性大小的物理量。

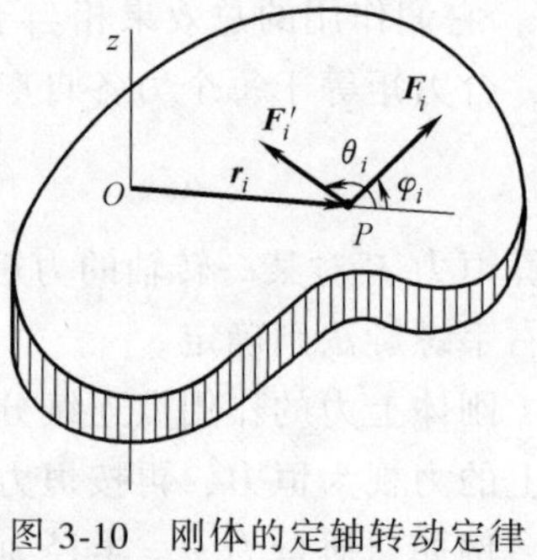

图 3-10 刚体的定轴转动定律

转动定律可以从质点系的角动量定理推导出来，图 3-10 表示一个绕固定转轴 $Oz$ 轴正向转动的刚体，角速度和角加速度分别为 $\boldsymbol{\omega}$ 和 $\boldsymbol{\alpha}$，与 $z$ 轴同向；刚体所受的外力矩大小为 $\boldsymbol{M}$，方向沿 $z$ 轴正向，其上任一质元 $P$，质量为 $\Delta m_i$，离转轴的距离 $r_i$（相应的矢径为 $\boldsymbol{r}_i$），该质元绕转轴的角动量为

$$\Delta L_i = (r_i)(\Delta m_i r_i \omega) = (\Delta m_i r_i^2)\omega$$

因此，整个刚体绕转轴的角动量为

$$L = \sum \Delta L_i = (\sum \Delta m_i r_i^2)\omega = I\omega$$

再由质点系的角动量定理式（2-49）的分量式 $M_z = (\mathrm{d}L_z/\mathrm{d}t)$ 可得

$$M = \frac{\mathrm{d}L}{\mathrm{d}t} = \frac{\mathrm{d}(I\omega)}{\mathrm{d}t} = I\frac{\mathrm{d}\omega}{\mathrm{d}t} = I\alpha$$

式（3-9）表明：刚体所受的对于某一固定转轴的合外力矩，等于刚体对此转轴的转动惯量和刚体在此合外力矩作用下所获得的角加速度的乘积。

**例题 3-5** 一细轻绳跨过一个半径为 $r$、质量为 $m$ 的定滑轮，滑轮可视为圆盘。绳的两端分别系有质量为 $m_1$ 和 $m_2$ 的物体，$m_1<m_2$，如图 3-11 所示。设绳子与滑轮之间无相对滑动。试求物体的加速度和绳子的张力。

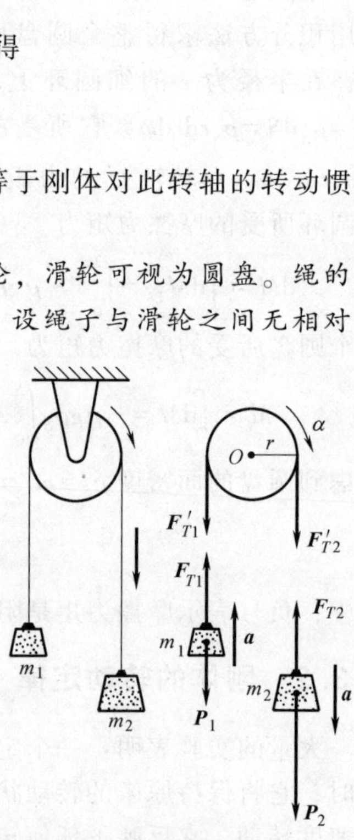

图 3-11 例题 3-5 图

**解** 按题意，滑轮具有一定的转动惯量，因此在转动过程中，两边绳子的张力不再相等。设 $m_1$ 这边绳子的张力为 $\boldsymbol{F}_{T1}$，$\boldsymbol{F}'_{T1}$（$\boldsymbol{F}'_{T1}=-\boldsymbol{F}_{T1}$），$m_2$ 这边绳子的张力为 $\boldsymbol{F}_{T2}$，$\boldsymbol{F}'_{T2}$（$\boldsymbol{F}'_{T2}=-\boldsymbol{F}_{T2}$）；因为 $m_2>m_1$，因此 $m_1$ 向上运动，$m_2$ 向下运动，而滑轮顺时针方向转动。按牛顿运动定律和转动定律可列出标量方程式为

对 $m_1$：

$$F_{T1} - P_1 = m_1 a \tag{1}$$

对 $m_2$：

$$P_2 - F_{T2} = m_2 a \tag{2}$$

对滑轮：

$$F'_{T2}r - F'_{T1}r = I\alpha \tag{3}$$

式中，$P_1=m_1g$，$P_2=m_2g$；$a$ 是物体的加速度；$\alpha$ 是滑轮的角加速度，考虑到 $I=\frac{1}{2}mr^2$，而滑轮边缘上的切向加速度和物体的加速度相等，即

$$a = r\alpha \tag{4}$$

由式（1）、式（2）、式（3）、式（4）即可解得

$$a = \frac{(m_2 - m_1)g}{m_1 + m_2 + \frac{I}{r^2}} = \frac{(m_2 - m_1)g}{m_1 + m_2 + \frac{m}{2}}$$

$$F_{T1} = m_1(g + a) = \frac{m_1\left(2m_2 + \frac{m}{2}\right)g}{m_1 + m_2 + \frac{m}{2}}$$

$$F_{T2} = m_2(g - a) = \frac{m_2\left(2m_1 + \frac{m}{2}\right)g}{m_1 + m_2 + \frac{m}{2}}$$

$$\alpha = \frac{a}{r} = \frac{(m_2 - m_1)g}{\left(m_1 + m_2 + \frac{m}{2}\right)r}$$

## 3.4　力矩的功　转动动能定理

定轴转动的刚体在外力矩作用下而加速转动，其转动动能不断增加，这是由于外力矩做功的结果。本节讨论外力矩做功与刚体转动动能改变量之间的定量关系。

### 3.4.1　力矩的功

设刚体在外力作用下，在 d$t$ 时间内绕固定轴 $O$ 转过一微小的角位移 d$\theta$，刚体上某质点的 $P$ 位移为 d$\boldsymbol{s}$，其所受外力 $\boldsymbol{F}$，如图 3-12 所示。d$\boldsymbol{s}$ 与 $\boldsymbol{F}$ 间的夹角为 $\alpha$，$\overrightarrow{OP}$(即 $\boldsymbol{r}$)与 $\boldsymbol{F}$ 间的夹角为 $\varphi$，因为 $\boldsymbol{r}\perp$ d$\boldsymbol{s}$，则 $\alpha+\varphi=90°$，按照功的定义，力 $\boldsymbol{F}$ 在 d$\boldsymbol{s}$ 位移所做的功为

$$dA = \boldsymbol{F}\cdot d\boldsymbol{s} = F\cos\alpha ds = Fr\cos\alpha d\theta = Fr\sin\varphi d\theta$$

考虑到力矩定义 $M=Fr\sin\varphi$，则上式可写成

$$dA = Md\theta$$

上式表明：力矩所做的元功 d$A$ 等于力矩 $M$ 与角位移 d$\theta$ 的乘积。

当刚体在恒力矩 $M$ 作用下转过 $\theta$ 角时，力矩的功为

$$A = M\theta \tag{3-10a}$$

而变力矩所做的功为

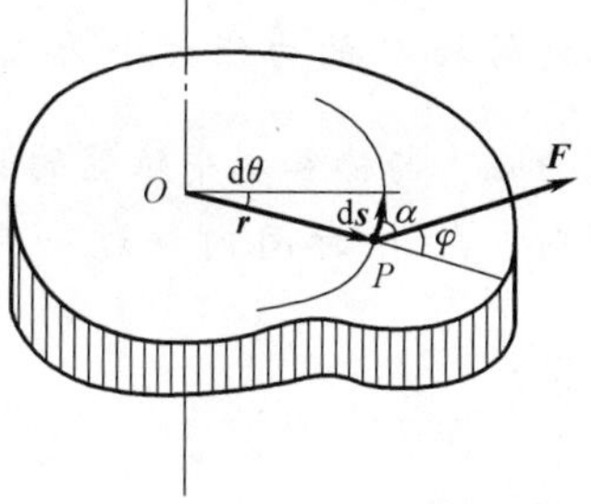


图 3-12　力矩的功

若刚体同时受到几个力的作用，则上面各式中的 $M$ 应理解成这几个力的合力矩。

力矩 $M$ 的功率

$$N = \frac{\mathrm{d}A}{\mathrm{d}t} = M\frac{\mathrm{d}\theta}{\mathrm{d}t} = M\omega \tag{3-11}$$

式（3-11）表明：力矩的瞬时功率等于力矩和角速度的乘积。

当力矩与角速度同向时，力矩的功和功率为正值，这时的力矩被称作动力矩；当力矩与角速度反向时，力矩的功和功率为负值，这时的力矩被称作阻力矩。

### 3.4.2 转动动能定理

在定轴转动中，根据转动定律，刚体的合外力矩 $M=I\beta=I(\mathrm{d}\omega/\mathrm{d}t)$，在 $\mathrm{d}t$ 时间内的角位移 $\mathrm{d}\theta=\omega\mathrm{d}t$，因此合外力矩的元功为

$$\mathrm{d}A = M\mathrm{d}\theta = \left(I\frac{\mathrm{d}\omega}{\mathrm{d}t}\right)(\omega\mathrm{d}t) = I\omega\mathrm{d}\omega$$

当刚体的角速度从初始时刻 $t_0$ 的 $\omega_0$ 增加到终了时刻 $t$ 的 $\omega$ 时，在此过程中合外力矩 $M$ 对刚体所做的功为

$$A = \int\mathrm{d}A = \int M\mathrm{d}\theta = \int_{\omega_0}^{\omega} I\omega\mathrm{d}\omega$$

在定轴转动中对某一刚体来说 $I$ 是个常数，则有

$$A = \frac{1}{2}I\omega^2 - \frac{1}{2}I\omega_0^2 \tag{3-12}$$

式（3-12）称为刚体在定轴转动中的动能定理，它表明：合外力矩对刚体所做的功等于刚体转动动能的增量。

注意，定轴转动刚体的动能定理是直接从转动定律推导出来的，并未涉及刚体上的内力和内力矩，这一事实说明：定轴转动刚体上所有内力所做的总功是等于零的。

**例题 3-6** 一根质量为 $m$，长为 $l$ 的均质细棒 $OA$，在竖直平面内可绕一水平光滑的转轴 $O$ 转动，如图 3-13 所示。棒在重力作用下，由静止开始从水平位置下摆，试求棒上 $A$ 点和质心 $C$ 点在竖直位置时的速度。

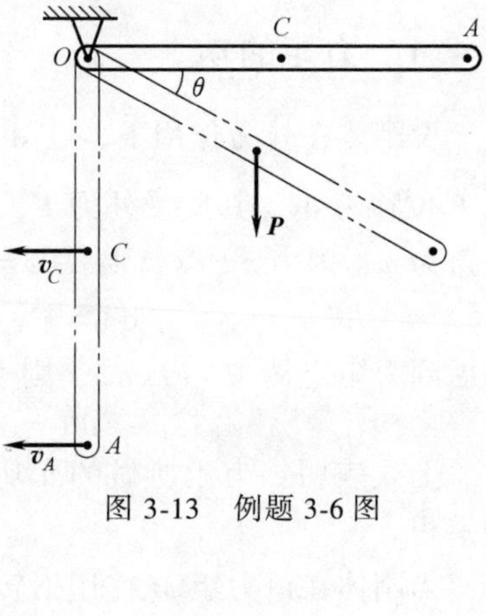


图 3-13 例题 3-6 图

**解** 本题可采用转动定律，也可应用转动动能定理。下面采用后者来解答。

细棒除转轴 $O$ 对它的支持力（不产生力矩）外，只受到重力 $\boldsymbol{P}=m\boldsymbol{g}$，作用在棒的质心 $C$ 上，方向竖直向下，其对转轴 $O$ 的力矩大小为 $M=mg\dfrac{l}{2}\cos\theta$，可见重力矩是变力矩，与棒和水平位置的夹角 $\theta$ 有关。当细棒在图示位置时，在 $\mathrm{d}t$ 时间内转过一角位移 $\mathrm{d}\theta$，重力矩所做的元功为

$$\mathrm{d}A = M\mathrm{d}\theta = mg\frac{l}{2}\cos\theta\mathrm{d}\theta$$

从水平位置转到竖直位置的过程中，重力矩所做的总功

$$A=\int \mathrm{d}A=\int_0^{\frac{\pi}{2}} mg\frac{l}{2}\cos\theta \mathrm{d}\theta=\frac{1}{2}mgl$$

在此过程中，细棒在初、末位置的转动动能分别为零和$\frac{I\omega^2}{2}$，根据转动动能定理有

$$\frac{1}{2}mgl=\frac{1}{2}I\omega^2-0$$

因此可得转动角速度

$$\omega=\sqrt{\frac{mgl}{I}}$$

在棒上任一点的角速度都是相同的，从而 $A$ 点和 $C$ 点的线速度分别为

$$v_A=\omega l=\sqrt{\frac{mgl^3}{I}}$$

$$v_C=\omega\frac{l}{2}=\frac{1}{2}\sqrt{\frac{mgl^3}{I}}$$

本题中细棒的转动惯量 $I=\frac{1}{3}ml^2$，代入上面两式可得

$$v_A=\sqrt{3gl}$$

$$v_C=\frac{1}{2}\sqrt{3gl}$$

说明：本题中只有重力对细棒做功，重力是保守力，因此重力（或重力矩）所做的功，应该等于质心点重力势能的减小，即

$$A=-\Delta E_{\mathrm{p}}=mgh=\frac{mgl}{2}$$

因此本题用机械能（质心点的势能和细棒的转动动能之和）守恒定律求解更为方便。

## 3.5　角动量和冲量矩　角动量守恒定律

### 3.5.1　角动量定理

与冲量相类似，用冲量矩可以描述力矩对时间的累积效应。冲量矩定义为力矩乘以力矩所作用的时间。刚体做定轴转动时，根据转动定律 $\boldsymbol{M}=I\boldsymbol{\beta}=I\mathrm{d}\boldsymbol{\omega}/\mathrm{d}t$，可得

$$\boldsymbol{M}=\frac{\mathrm{d}(I\boldsymbol{\omega})}{\mathrm{d}t}=\frac{\mathrm{d}\boldsymbol{L}}{\mathrm{d}t} \tag{3-13}$$

和

$$\boldsymbol{M}\mathrm{d}t=\mathrm{d}(I\boldsymbol{\omega})=\mathrm{d}\boldsymbol{L} \tag{3-14a}$$

因为是刚体，对某一转轴的转动惯量 $I$ 是常数，所以可将 $I\mathrm{d}\boldsymbol{\omega}$ 写成 $\mathrm{d}(I\boldsymbol{\omega})$，即角动量的增

量。式(3-13)表明：物体对某一给定轴的角动量随时间的变化率等于物体所受到的对该轴的合外力矩。当物体的角速度从初始时刻 $t_0$ 的 $\boldsymbol{\omega}_0$ 变为终了时刻 $t$ 的 $\boldsymbol{\omega}$ 时，将式（3-14a）两边进行积分后得到

$$\boldsymbol{H} = \int_0^t \boldsymbol{M}\mathrm{d}t = \overline{\boldsymbol{M}}\Delta t = \int_{L_0}^{L} \mathrm{d}\boldsymbol{L} = \boldsymbol{L} - \boldsymbol{L}_0 = I\boldsymbol{\omega} - I_0\boldsymbol{\omega}_0 \tag{3-14b}$$

式（3-14b）中，$\boldsymbol{M}\mathrm{d}t$ 是合外力矩在 $\mathrm{d}t$ 时间内的角冲量；$\int_0^t \boldsymbol{M}\mathrm{d}t$ 是合外力矩在 $\Delta t = t - t_0$ 这段时间内的角冲量，用 $\boldsymbol{H}$ 表示。$I_0$ 和 $\boldsymbol{\omega}_0$ 分别表示初始时刻 $t_0$ 物体的转动惯量和角速度，$I$ 和 $\boldsymbol{\omega}$ 分别表示终了时刻 $t$ 物体的转动惯量和角速度。式（3-14a）和式（3-14b）称为**角动量定理**，它表示：转动物体所受的合外力矩的角冲量等于在这段时间内物体角动量的增量。

在国际单位制中，角冲量的单位是米牛顿秒，符号为 m·N·s，量纲为 $\mathrm{ML^2T^{-1}}$，与角动量的量纲相同。

### 3.5.2 角动量守恒定律

如果物体所受的合外力矩等于零，那么按照式（3-14a）得

$$\frac{\mathrm{d}\boldsymbol{L}}{\mathrm{d}t} = \frac{\mathrm{d}(I\boldsymbol{\omega})}{\mathrm{d}t} = 0$$

则有

$$\boldsymbol{L} = I\boldsymbol{\omega} = \text{恒矢量} \tag{3-15}$$

可见：当刚体所受的合外力矩等于零时，刚体的角动量 $I\boldsymbol{\omega}$ 保持恒定。这一结论称为**刚体的角动量守恒定律**，它可以看成是 2.8 节中质点系角动量守恒定律在刚体情况下的应用。

由于物体的角动量等于物体的转动惯量和角速度的乘积，因此，角动量守恒有两种可能：一种是转动惯量和角速度都保持不变的情况，例如，一个正在转动的飞轮（刚体），当所受的摩擦阻力矩可忽略不计时，就近似于这种情况；另一种情况是转动惯量和角速度都同时改变但乘积保持不变($I_0\boldsymbol{\omega}_0 = I\boldsymbol{\omega}$)，例如图 3-14 所示的演示实验：一人坐在凳子上，凳子可绕竖直轴转动，转动过程中的摩擦阻力可忽略不计。人的两手各握一个哑铃，当他平举两臂时，在别人的帮助下，使人和凳一起以一定的角速度转动起来，如图 3-14a 所示；然后此人突然收缩两臂，这时由于没有外力矩的作用，人和凳的角动量保持不变，而双臂收缩，转

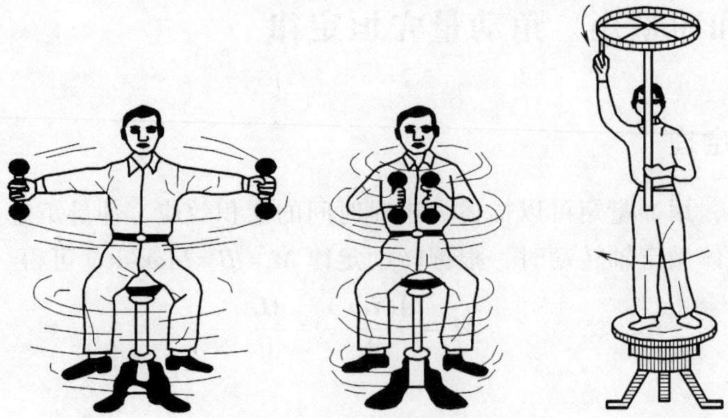
a) b) c)

图 3-14 角动量守恒定律的演示

动惯量减小，因此角速度增大，此时，他要比原来平举时转得快些，如图 3-14b 所示。又如，图 3-14c 是一个比较有趣的实验。在静止的转椅上站着一个手握重钢轮的人，钢轮可绕其轮轴转动，轮轴与转椅的转轴处于一直线。现在该人用另一只手不断推动重钢轮，人们将见转椅和人一起向反方向转动。原因是该系统由两部分组成，分别以不同的角速度 $\omega_1$、$\omega_2$ 绕相同的轴转动，设钢轮的转动惯量为 $I_1$，人和转椅的转动惯量为 $I_2$；由于不受外力矩作用，假设摩擦又可忽略，而且最初静止，根据角动量守恒定律 $I_1\omega_1+I_2\omega_2=0$，则 $\omega_2=-I_1\omega_1/I_2$，于是该实验现象得到了定量的说明。

**例题 3-7** 一根质量为 $m$、长为 $l$ 的均质细棒，可在竖直平面内绕通过其一端 $O$ 的水平轴转动，开始时处于竖直位置，如图 3-15 所示。一质量为 $m_0$ 的小球以速度 $\boldsymbol{v}_0$ 水平向右击到棒的下端点。设小球与棒做完全弹性碰撞。求碰撞后小球的回跳速度和棒的角速度各为多少？

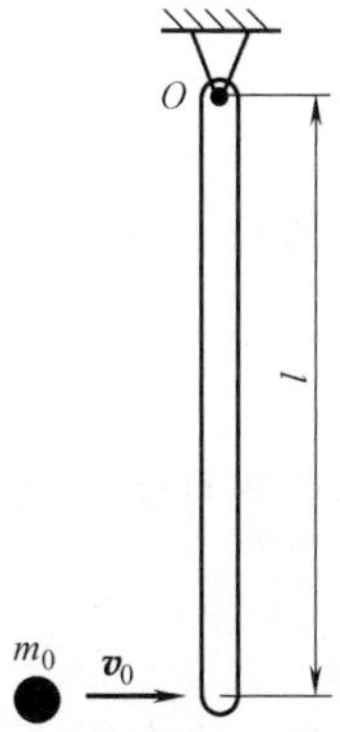


图 3-15 例题 3-7 图

**解** 取小球和细棒为一系统。系统所受的合外力矩为零，因此碰撞时系统的总角动量守恒。设碰撞后小球的回跳速度为 $\boldsymbol{v}$，棒的角速度为 $\omega$，应用角动量守恒定律，可得

$$m_0v_0l=-m_0vl+I\omega \tag{1}$$

上式中，我们令逆时针方向转动为正。又因为小球与细棒的碰撞是弹性的，遵从机械能守恒定律，即有

$$\frac{1}{2}m_0v_0^2=\frac{1}{2}I\omega^2+\frac{1}{2}m_0v^2 \tag{2}$$

上式左边表示碰撞前小球的动能（细棒的动能为零），右边表示碰撞后小球和细棒的动能之和，以 $I=\frac{1}{3}ml^2$ 代入式(1)、式(2)，即可解得

$$v=\frac{v_0(m-3m_0)}{(m+3m_0)},\quad \omega=\frac{6m_0v_0}{(m+3m_0)l} \tag{3}$$

此题也可对小球应用动量定理（设向右为正）

$$-\int F\mathrm{d}t=(-m_0v)-m_0v_0=-m_0(v+v_0) \tag{4}$$

式中，$\left[-\int F\mathrm{d}t\right]$ 表示细棒对小球的冲量。

对细棒应用角动量定理（逆时针方向为正）

$$\int M\mathrm{d}t=\int lF'\mathrm{d}t=I\omega-0 \tag{5}$$

式中，$\int M\mathrm{d}t=\int lF'\mathrm{d}t$ 表示小球对细棒的角冲量，由 $F=F'$（作用力与反作用力的大小相等），将式（4）、式（5）合并即得式（1），再应用弹性碰撞的条件，列出式（2），求解即得式（3）。

**例题 3-8** 质量为 $m_{台}$、半径为 $R$ 的圆台，可绕过中心的竖直轴转动，如图 3-16 所示。设阻力可忽略不计。质量为 $m$ 的一人，站在圆台的边缘，人和圆台原来都静止。如果人沿圆台的边缘奔跑一周，相对于地面来说，人和圆台各转了多少角度？

**解** 如果以人和圆台为一系统，系统未受外力矩的作用，因此角动量守恒。已知系统开

始时的角动量等于零，应用角动量守恒定律，可写出

$$I\omega + I'\omega' = 0$$

式中，$I$ 和 $I'$ 分别表示圆台和人对转轴的转动惯量；$\omega$ 和 $\omega'$ 分别表示相应的角速度（相对于地面而言，两角速度的方向相反）。$I\omega = \frac{1}{2}m_{台} R^2 \cdot \omega$，而 $I'\omega' = mR^2 \cdot \omega'$，代入上式可得

图 3-16 例题 3-8 图

$$\frac{1}{2}m_{台} R^2\omega + mR^2\omega' = 0$$

$$\omega = -\frac{2m}{m_{台}}\omega'$$

人相对于圆台的角速度为

$$\Omega = \omega' - \omega = \left(1 + \frac{2m}{m_{台}}\right)\omega' = \frac{m_{台} + 2m}{m_{台}}\omega'$$

人在圆台上奔跑一周所需的时间为

$$T = \frac{2\pi}{\Omega} = \frac{2\pi m_{台}}{(m_{台} + 2m)\omega'}$$

因此，人相对于地面所绕行的角位移为

$$\Delta\theta' = \omega' T = \frac{2\pi m_{台}}{m_{台} + 2m}$$

圆台所转过的角位移为

$$\Delta\theta = \omega T = -\frac{2m\omega'}{m_{台}} \cdot \frac{2\pi M}{(m_{台} + 2m)\omega'}$$

$$= -\frac{4\pi m}{m_{台} + 2m}$$

显然，负号表示圆台和人的角位移相反，因此人和圆台所转过的角度分别为 $2\pi m_{台}/(m_{台}+2m)$ 和 $4\pi m/(m_{台}+2m)$，两者之和即等于 $2\pi$。

## *3.6 旋进

众所周知，尽管受到同样的重力矩作用，当陀螺以角速度 $\boldsymbol{\omega}$ 绕其对称轴急速转动时并不倒下来，而当陀螺停下来不转动时，却要倒下。原因何在呢？因为陀螺在以角速度 $\boldsymbol{\omega}$ 绕其本身的对称轴高速转动的同时，其对称轴还绕着竖直轴 $Oz$ 以很小的角速度 $\boldsymbol{\Omega}$ 缓慢地回转，这种现象称为**旋进**，也称为**进动**，如图 3-17a 所示。

下面来计算旋进的角速度。对上述的转动陀螺，旋进角速度 $\boldsymbol{\Omega}$，其量值 $\Omega \ll \omega$，则陀螺的瞬时角速度 $\boldsymbol{\omega}+\boldsymbol{\Omega}$ 与 $\boldsymbol{\omega}$ 非常接近（图 3-17b）。令 $\boldsymbol{L}_{OC} = I\boldsymbol{\omega}$ 为陀螺对自身对称轴 $OC$ 的角动量，$\boldsymbol{L} = I(\boldsymbol{\omega}+\boldsymbol{\Omega})$ 为陀螺对于 $O$ 点的角动量。由于假设 $\Omega \ll \omega$，且 $\boldsymbol{\omega}+\boldsymbol{\Omega}$ 与 $\boldsymbol{\omega}$ 间的夹角很小，可近似地认为 $\boldsymbol{L} = I\boldsymbol{\omega}$。在此假设基础上，求陀螺的旋进角速度 $\boldsymbol{\Omega}$。

在图 3-17a 中令 $\overrightarrow{OC} = \boldsymbol{r}$，其中 $C$ 为陀螺的质心，则陀螺受到的重力矩 $\boldsymbol{M} = \boldsymbol{r} \times \boldsymbol{F}$，其量值

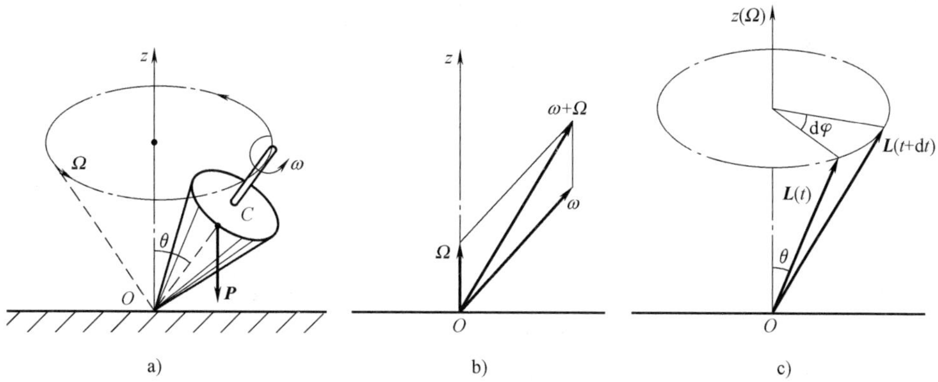


图 3-17　陀螺的旋进

为 $mgr\sin\theta$，方向垂直于 $\overrightarrow{OC}$ 及 $\overrightarrow{Oz}$ 所决定的平面。任一时刻 $t$，陀螺对 $O$ 点角动量 $\boldsymbol{L}=I\boldsymbol{\omega}$，在 $\mathrm{d}t$ 时间内的改变量为 $\mathrm{d}\boldsymbol{L}$，由图 3-17c 可知

$$\mathrm{d}L = L\sin\theta\mathrm{d}\varphi = I\omega\sin\theta\mathrm{d}\varphi \tag{1}$$

式中，$\theta$ 为自转轴 $\overrightarrow{OC}$ 与竖直轴 $\overrightarrow{Oz}$ 的夹角；$\mathrm{d}\varphi$ 是角动量 $\boldsymbol{L}$ 的端点在 $\mathrm{d}t$ 内在水平面上转过的角度。根据角动量定理和旋进角速度的定义

$$\mathrm{d}L = M\mathrm{d}t, \qquad \Omega = \frac{\mathrm{d}\varphi}{\mathrm{d}t} \tag{2}$$

综合式（1）和式（2），可得

$$I\omega\sin\theta \cdot \Omega = M = mgr\sin\theta$$

即可求得旋进角速度

$$\Omega = \frac{M}{I\omega\sin\theta} = \frac{mgr}{I\omega} \tag{3-16}$$

由式（3-16）可见：旋进角速度 $\Omega$ 与重力矩 $M$ 成正比，与陀螺自转角速度 $\omega$ 成反比。因此，在陀螺自转角速度很大时，旋进角速度就较小，反之，则较大。

陀螺等高速旋转的物体受到外力矩作用而发生旋进的现象，称为**回转效应**。

回转效应在实践中有广泛的应用。例如枪弹或炮弹从膛内射出以后，将受空气的阻力。设空气阻力为 $\boldsymbol{F}_r$，其方向与弹丸的质心速度的方向相反，一般不作用在弹丸的质心 $C$ 上（图 3-18）。若弹丸不绕其自身的对称轴高速旋转，则 $\boldsymbol{F}_r$ 对质心 $C$ 的力矩将使弹丸绕质心 $C$ 转动，而使弹丸翻转。所以枪炮膛内都刻有螺旋形的来复线，使弹丸绕对称轴高速自转，由于回转效应，空气阻力矩将使弹丸的对称轴绕前进方向旋进，从而使弹丸的对称轴与前进方向保持不太大的偏离，保证弹头正确命中目标，而不会发生弹尾触及目标的情况。

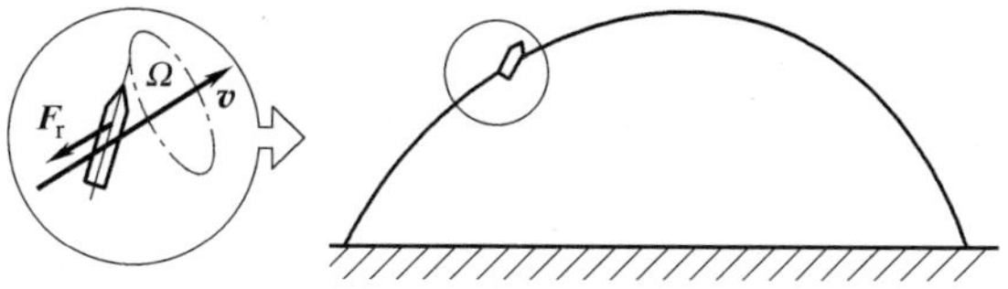


图 3-18　弹丸的旋进

旋进的概念在微观领域中也常用到。例如磁介质原子中的电子绕核运动和电子本身的自旋，都能产生角动量，在外磁场中，会发生以外磁场方向为轴线的旋进，从而解释物质的磁性。

但是任何事物都是一分为二的。回转效应有时也能引起有害的作用。例如当飞机转弯时由于回转效应，涡轮机的轴承将会受到附加的力。因此在设计和制造中必须考虑这种效应的影响。

**例题 3-9** 回转仪如图 3-19 所示。细杆质量不计，均匀薄圆盘的质量为 $m$，它对自身对称轴的转动惯量为 $I$，自转角速度 $\omega$ 很大，盘心与支点 $O$ 的间距为 $l$。试画出圆盘自转角动量、外力矩及旋进角动量的矢量图，求出对称轴旋进的角速度 $\Omega$。

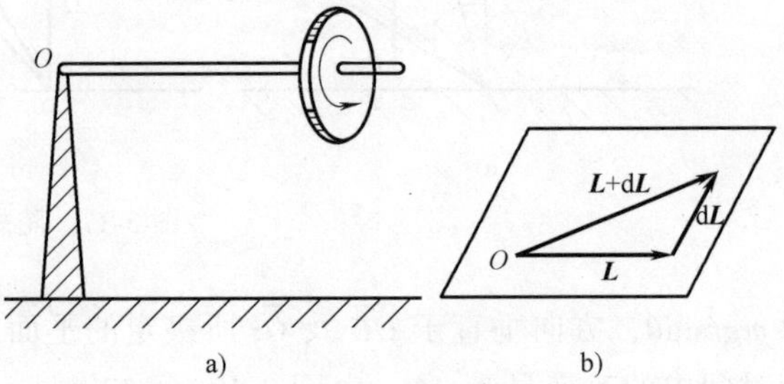


图 3-19 例题 3-9 图

**解** 矢量图如图 3-19b 所示。对称轴的旋进角速度

$$\Omega = \frac{\mathrm{d}\varphi}{\mathrm{d}t} = \frac{M}{I\omega\sin\theta}$$

在本题中，由于 $\theta = 90°$（自转轴 $OC$ 与竖直轴 $Oz$ 方向的夹角），而 $M = mgl$，则旋进角速度

$$\Omega = \frac{mgl}{I\omega}$$

方向竖直向上。

## *3.7 刚体的平面运动

刚体的一般运动可以看作是平动和转动的叠加。若刚体内所有的运动点都平行于某一平面，则这种运动称作刚体的平面运动。在刚体平面运动中，刚体内垂直于该平面的任一直线在运动中始终保持垂直于该平面，而且垂线上各点的运动都是完全相同的。理论和实验表明：刚体的平面运动可以看作为整个刚体随刚体质心的平动与过质心轴的转动的叠加。例如，在平面铁轨上运动的火车车轮的运动，可以看作是车轮轴的平动和车轮绕车轮轴的转动的叠加。

刚体的平面运动由整个刚体绕轴的转动与处于转轴上的质心的平动两种运动组成。设刚体质心所在的平面为 $xy$ 平面，由质心运动定律

$$\sum \boldsymbol{F}_i = m\boldsymbol{a}_C \tag{3-17a}$$

可以写出下面的两个分量式

$$\left.\begin{aligned}\sum F_{ix} &= ma_{Cx}\\ \sum F_{iy} &= ma_{Cy}\end{aligned}\right\} \tag{3-17b}$$

式中，$\sum F_{ix}$ 和 $\sum F_{iy}$ 分别为作用于刚体上沿 $x$ 方向和 $y$ 方向的合外力；$m$ 为刚体的质量；$a_{Cx}$ 和 $a_{Cy}$ 是质心加速度 $\boldsymbol{a}_C$ 在 $x$ 方向和 $y$ 方向的两个分量。

刚体绕质心的转动，实验和理论都证明，它遵循转动定律，因此有

$$\boldsymbol{M}_C = I_C \boldsymbol{\alpha} \tag{3-18}$$

式中，$\boldsymbol{M}_C$、$I_C$ 和 $\boldsymbol{\alpha}$ 分别是刚体所受的合外力矩、刚体的转动惯量和角加速度，三者都是相对于通过质心 $C$ 的那个转轴而言的。刚体的平面运动就可由式（3-17b）和式（3-18）联立解决。

图 3-20 所示为一自行车车轮沿直线轨道做纯滚动（即无滑动的滚动），其质心 $C$(在车轮的转轴上)前进速率为$\boldsymbol{v}_C$。设车轮的半径为 $R$，在一定时间间隔内质心前进了距离 $s$，车轮绕其转轴转过角度 $\theta$。由图 3-20 可见，两者之间满足关系 $s=R\theta$，对该式两边求时间的导数得到

$$v_C = R\omega \tag{3-19}$$

式中，$\omega$ 为自行车车轮绕其质心旋转的角速度。

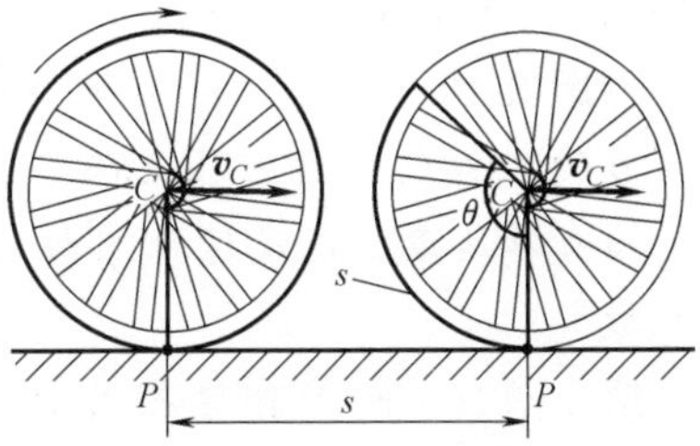

图 3-20　车轮沿直线轨道作纯滚动

自行车车轮的运动可看作是：整个车轮以速度$\boldsymbol{v}_C$ 随轮心的平动和以角速度 $\boldsymbol{\omega}$ 绕轮心的转动的叠加，如图 3-21 所示。因此，车辆上各点的速度也就等于平动速度$\boldsymbol{v}_C$ 与该点相对于轮心做角速度 $\boldsymbol{\omega}$ 转动时所具有的速度的矢量和，车轮边缘上各点因转动而具有的速度为 $\boldsymbol{\omega}\times\boldsymbol{R}$，因此，车轮边缘上任一点的速度为

$$\boldsymbol{v} = \boldsymbol{v}_C + \boldsymbol{\omega} \times \boldsymbol{R} \tag{3-20}$$

由图 3-21c 可见：$T$ 点的速度为 $2\boldsymbol{v}_C$，$P$ 点的速度为 0。

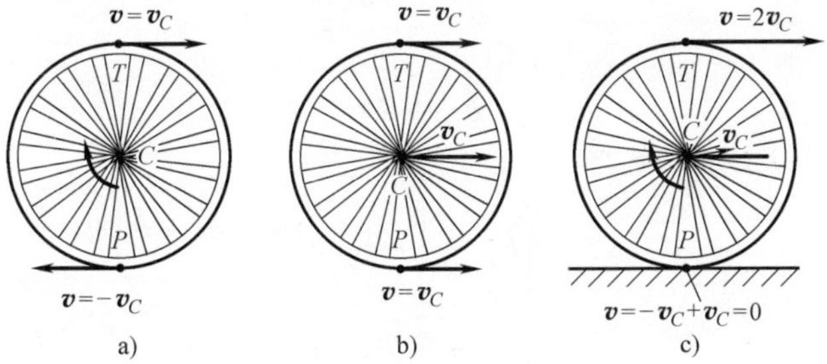

图 3-21　车轮的平面运动看作是平动和转动的叠加

由于车与轨道的接触点 $P$ 是瞬时静止的，人们又可以把车轮的运动看成是整个车轮绕其与地面接触点 $P$ 并与车轮所在的平面相垂直的轴做纯转动，如图 3-22 所示。$P$ 称为瞬时中心。在定轴转动的情况下，轴线是固定不动的，而现在车轮做纯粹滚动时通过接触点 $P$ 与盘面垂直的这条轴线，是随时在改变位置的，称为瞬时轴线或瞬时轴，假设它绕 $P$ 点的角速度为 $\omega'$，那么，$T$ 点的速度为 $v_T=2R\omega'$，它应该等于 $2v_C=2R\omega$。因此，有

$$\omega' = \omega \tag{3-21}$$

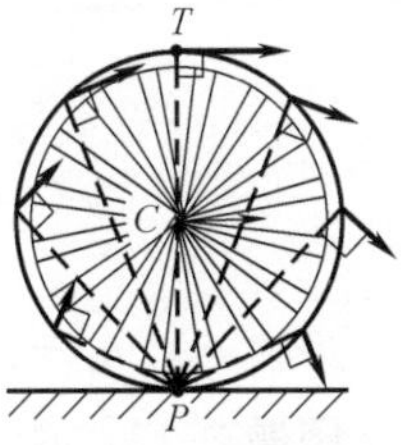

图 3-22　车轮的运动看作是纯转动

式（3-21）表明：车轮绕瞬时轴转动的角速度与其绕过质心的转轴转动的角速度相等。

如果取车轮绕瞬时轴转动的转动惯量为 $I_P$，那么车轮的动能为

$$E_k = \frac{1}{2} I_P \omega^2 \tag{3-22a}$$

利用平行轴公式可得 $I_P = I_C + MR^2$，代入式（3-22a）并利用 $v_C = R\omega$ 有

$$E_k = \frac{1}{2}(I_C + MR^2)\omega^2 = \frac{1}{2} I_C \omega^2 + \frac{1}{2} M v_C^2 \tag{3-22b}$$

式（3-22b）中第一项可解释成刚体绕质心转动的转动动能，第二项可解释成刚体随质心平动的平动动能。这一结果虽然是在车轮做平面运动这一特例推导出来的，但是，它对于一切做平面运动的刚体都成立。

**例题 3-10** 一质量为 $m$ 半径为 $R$ 的均匀圆柱体，沿倾角为 $\theta$ 的粗糙斜面自静止无滑下滚（图 3-23），求静摩擦力、质心加速度，以及保证圆柱体做无滑滚动所需最小摩擦系数。

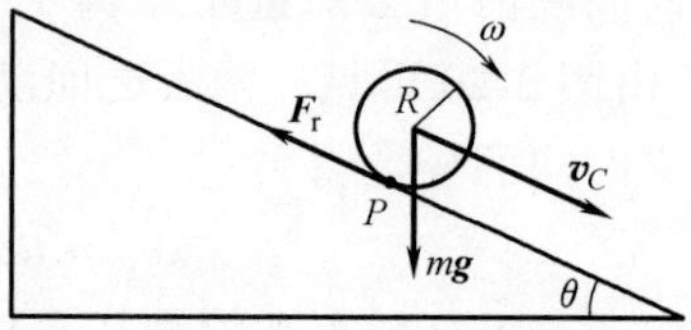

图 3-23　例题 3-10 图

**解** 用 $F_r$ 代表静摩擦力的量值，根据质心运动定理，有

$$mg\sin\theta - F_r = ma_C \tag{1}$$

对于质心重力的力矩等于 0，只有摩擦力矩 $RF_r$，从而

$$RF_r = I_C\alpha = \frac{1}{2} mR^2 \alpha \tag{2}$$

刚体上的 $P$ 点同时参与两种运动：随圆柱体以质心速度 $v_C$ 平动和以线速度 $R\omega$ 绕质心转动。无滑动意味着圆柱体与斜面的接触点 $P$ 的瞬时速度为 0，由此得

$$v_C = R\omega$$

对时间求导，得

$$a_C = R\alpha \tag{3}$$

由式（1）、式（2）和式（3）解得

$$\begin{cases} F_r = \dfrac{1}{3} mg\sin\theta \\ a_C = \dfrac{2}{3} g\ \sin\theta \end{cases}$$

要保证无滑滚动，所需静摩擦力 $F_r$ 不能大于最大静摩擦力 $\mu F_N = \mu mg\cos\theta$，即

$$F_r \leqslant \mu F_N \quad 或 \quad \frac{1}{3} mg\sin\theta \leqslant \mu mg\cos\theta$$

亦即

$$\mu \geqslant \frac{1}{3}\tan\theta$$

摩擦系数小于此值就要出现滑动。

**例题 3-11** 设质量为 $m$、半径 $r$ 的均匀圆柱体在倾角为 $\varphi$ 的斜面上无滑动地滚下。求圆柱体质心 $C$ 的加速度 $a_C$、斜面对圆柱体的摩擦力 $\boldsymbol{F}_r$ 和法向支持力 $\boldsymbol{F}_N$，并讨论圆柱体在斜面上做纯滚动需满足的条件。同时用机械能守恒定律求质心速度 $v_C$。

**解** 圆柱体受到三个力的作用：重力 $\boldsymbol{P} = m\boldsymbol{g}$，斜面法向支持力 $\boldsymbol{F}_N$ 和摩擦力 $\boldsymbol{F}_r$ 如图 3-24 所示。坐标轴取向为 $X$ 轴沿斜面向下，$Y$ 轴垂直斜面向上，这时质心 $C$ 的加速度分量 $a_{Cy} = 0$。

根据式（3-17a）和式（3-18）可得

$$mg\sin\varphi - F_r = ma_{Cx} \tag{1}$$

$$F_N - mg\cos\varphi = 0 \tag{2}$$

$$F_r r = I\alpha \tag{3}$$

但由于无滑动滚动，有

$$\alpha = \frac{a_{Cx}}{r} \tag{4}$$

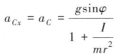

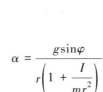

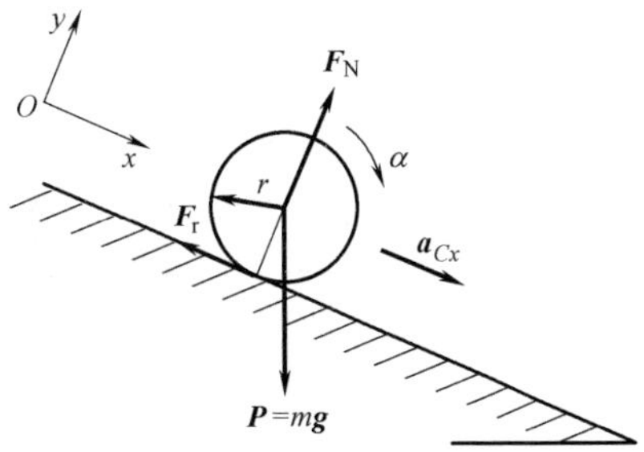


图 3-24　例题 3-11 图

联立方程解得

$$a_{Cx} = a_C = \frac{g\sin\varphi}{1 + \dfrac{I}{mr^2}}$$

$$\alpha = \frac{g\sin\varphi}{r\left(1 + \dfrac{I}{mr^2}\right)}$$

$$F_r = \frac{g\sin\varphi}{\dfrac{1}{m} + \dfrac{r^2}{I}}$$

由于 $I=\frac{1}{2}mr^2$，代入可得

$$a_C = \frac{2}{3}g\sin\varphi$$

$$\alpha = \frac{2}{3}\frac{g\sin\varphi}{r}$$

$$F_r = \frac{1}{3}mg\sin\varphi$$

$$F_N = mg\cos\varphi$$

说明：圆柱体之所以能沿斜面做无滑动滚动，正是由于静摩擦力 $F_r$ 的作用，但不一定是最大静摩擦力 $F_{max}$。如果圆柱体表面及斜面比较光滑，以致它们之间的最大静摩擦力

$$F_{max} = \mu_s F_N = \mu_s mg\cos\varphi$$

小于上面所求出的摩擦力 $F_r$ 的值，即

$$\mu_s mg\cos\varphi < \frac{1}{3}mg\cos\varphi$$

或

$$\tan\varphi > 3\mu_s$$

那么圆柱体不可能再做纯滚动了。因此，圆柱体在斜面上做纯滚动的条件是

$$\tan\varphi \leqslant 3\mu_s$$

如果斜面和圆柱体都是光滑的，则对圆柱体没有摩擦力，即 $F_r=0$，那么圆柱体质心沿斜面下滑的加速度是

$$a'_C = g\sin\varphi$$

而圆柱体对质心轴转动的角加速度和角速度则分别为

$$\alpha = 0, \quad \omega = 0$$

这种情况就是纯滑动的情况。

刚体的一般运动可以看作刚体随质心的平动和绕质心的转动的叠加。理论分析证明，刚体的全部动能等于质心运动的平动动能和刚体绕质心的转动动能之和，即

$$E_k = \frac{1}{2}mv_C^2 + \frac{1}{2}I_C\omega^2$$

这样，刚体运动的机械能就应包括平动动能、转动动能以及机械势能等。

圆柱体在斜面上纯滚动下落时，所受到的斜面的静摩擦力 $F_r$ 和支持力 $N$ 都不做功，满足机械能守恒的条件，那么要求质心运动速度或绕质心转动的角速度，应用机械能守恒定律就比较方便。

圆柱体从静止滚下，这时初动能 $E_{k0} = 0$，只有重力势能 $E_{p0} = mgh$。当它滚动下降这段高度时，全部动能

$$E_k = \frac{1}{2}mv_C^2 + \frac{1}{2}I_C\omega^2$$

但势能 $E_p = 0$。由于纯粹滚动，$v_C = \omega r$，代入上式得

$$E_k = \frac{1}{2}m\left(1 + \frac{I_C}{mr^2}\right)v_C^2$$

由机械能守恒定律得

$$mgh = \frac{1}{2}m\left(1 + \frac{I_C}{mr^2}\right)v_C^2$$

因此

$$v_C = \sqrt{\frac{2gh}{1 + \frac{I_C}{mr^2}}}$$

## 本章提要

**基本概念**

1. 转动惯量

$$I = \begin{cases} \sum_i r_i^2 \Delta m_i & \text{（离散）} \\ \int r^2 \mathrm{d}m & \text{（连续）} \end{cases}$$

2. 转动动能 $E_k = \frac{1}{2}I\omega^2$

3. 力矩 $\boldsymbol{M} = \boldsymbol{r} \times \boldsymbol{F}$

4. 角动量 $\boldsymbol{L} = I\boldsymbol{\omega}$ （对刚体）

5. 角冲量　$\boldsymbol{H}=\int_{t_0}^{t}\boldsymbol{M}\mathrm{d}t=\overline{\boldsymbol{M}}\Delta t$

6. 力矩的功　$A=\int_{\theta_i}^{\theta_f}M\mathrm{d}\theta$

**基本定律和基本公式**

1. 平行轴公式　$I=I_C+mh^2$

   正交轴公式　$I_z=I_x+I_y$

2. 转动定律　$\boldsymbol{M}=I\boldsymbol{\alpha}$

3. 转动动能定理　$A=\int M\mathrm{d}\theta=\frac{1}{2}I\omega^2-\frac{1}{2}I\omega_0^2$

4. 角动量定理　$\boldsymbol{H}=\int_{t_0}^{t}\boldsymbol{M}\mathrm{d}t=\Delta\boldsymbol{L}=I\boldsymbol{\omega}-I_0\boldsymbol{\omega}_0$

5. 角动量守恒定律，若 $M=0$，则刚体的

$$\boldsymbol{L}=I\boldsymbol{\omega}=\text{恒矢量}$$

**平动与转动的类比**（见表 3-2）

**表 3-2　平动与转动的类比**

| 平　动 | 转　动 |
|---|---|
| 1. 描述平动的物理量：$\boldsymbol{r},\mathrm{d}\boldsymbol{r},\boldsymbol{v},\boldsymbol{a}$<br>其中 $\begin{cases}\boldsymbol{r},\boldsymbol{v}(=\mathrm{d}\boldsymbol{r}/\mathrm{d}t)\text{——描述平动状态}\\\mathrm{d}\boldsymbol{r},\boldsymbol{a}(=\mathrm{d}\boldsymbol{v}/\mathrm{d}t)\text{——描述平动状态的变化}\end{cases}$ | 1. 描述转动的物理量：$\boldsymbol{\theta},\mathrm{d}\boldsymbol{\theta},\boldsymbol{\omega},\boldsymbol{\alpha}$<br>其中 $\begin{cases}\boldsymbol{\theta},\boldsymbol{\omega}(=\mathrm{d}\boldsymbol{\theta}/\mathrm{d}t)\text{——描述转动状态}\\\mathrm{d}\boldsymbol{\theta},\boldsymbol{\alpha}(=\mathrm{d}\boldsymbol{\omega}/\mathrm{d}t)\text{——描述转动状态的变化}\end{cases}$ |
| 2. 改变平动状态的原因<br>（1）外因——合外力 $\boldsymbol{F}$<br>（2）内因——质量 $m$，物体平动惯性大小的量度<br>引入动量 $\boldsymbol{p}=m\boldsymbol{v}$，$\boldsymbol{p}$ 是描述物体平动状态的物理量 | 2. 改变转动状态的原因<br>（1）外因——合外力矩 $\boldsymbol{M}(=\boldsymbol{r}\times\boldsymbol{F})$<br>（2）内因——转动惯量 $I$，物体转动惯性大小的量度<br>引入角动量 $\boldsymbol{L}=I\boldsymbol{\omega}(\boldsymbol{L}=\boldsymbol{r}\times\boldsymbol{p})$，$\boldsymbol{L}$ 是描述物体转动状态的物理量 |
| 3. 基本规律<br>（1）$\begin{cases}\boldsymbol{F}=m\boldsymbol{a}\text{——适用于定质量}\\\boldsymbol{F}=\mathrm{d}\boldsymbol{p}/\mathrm{d}t\text{—适用于定、变质量}\end{cases}$<br>（2）力对时间的累积作用规律——动量的定理<br>$\int_{t_1}^{t_2}\boldsymbol{F}\mathrm{d}t=\boldsymbol{p}_2-\boldsymbol{p}_1=\Delta\boldsymbol{p}$<br>当合外力 $\boldsymbol{F}=0$ 时，$\Delta\boldsymbol{p}=0$，系统动量守恒<br>（3）力对空间的累积作用规律——<br>1）$\int_a^b\boldsymbol{F}\cdot\mathrm{d}\boldsymbol{s}=\Delta E_\mathrm{k}$—— 质点动能定理<br>式中，$\boldsymbol{F}$ 为合外力；$E_\mathrm{k}$ 为平动动能<br>2）$\int_a^b\boldsymbol{F}\cdot\mathrm{d}\boldsymbol{l}=\Delta E$—— 系统的功能原理<br>式中，$\boldsymbol{F}$ 为合外力＋非保守内力；$E$ 为系统的机械能 | 3. 基本规律<br>（1）力矩的瞬时作用规律——转动定律<br>$\begin{cases}\boldsymbol{M}=I\boldsymbol{\alpha}\text{——适用于刚体}\\\boldsymbol{M}=\mathrm{d}\boldsymbol{L}/\mathrm{d}t\text{——适用于刚体、非刚体}\end{cases}$<br>（2）力矩对时间的累积作用规律——角动量定理<br>$\int_{t_1}^{t_2}\boldsymbol{M}\mathrm{d}t=\boldsymbol{L}_2-\boldsymbol{L}_1=\Delta\boldsymbol{L}$<br>当合外力矩 $\boldsymbol{M}=0$ 时，$\Delta\boldsymbol{L}=0$，系统角动量守恒<br>（3）力矩对空间的累积作用规律——<br>1）$\int_{\theta_1}^{\theta_2}\boldsymbol{M}\cdot\mathrm{d}\boldsymbol{\theta}=\Delta E_\mathrm{k}$—— 刚体转动动能定理<br>式中，$\boldsymbol{M}$ 为合外力矩；$E_\mathrm{k}$ 为转动动能<br>2）$\int_{\theta_1}^{\theta_2}\boldsymbol{M}\cdot\mathrm{d}\boldsymbol{\theta}=\Delta E$—— 转动系统功能原理<br>式中，$\boldsymbol{M}$ 为合外力矩＋非保守内力的合力矩；$E$ 为系统的机械能 |

# 习　题

3-1　地球的质量 $m_{地}=6.0\times10^{24}\text{kg}$、半径 $R\approx6.4\times10^{6}\text{m}$，假设其密度均匀，求其对自转轴的转动惯量和自转动能。

3-2　一根长为 $l$、质量为 $m$ 的均质细铁丝，在其中点处折成 $\theta=120°$ 角，放在 $xOy$ 平面内，如题 3-2 图所示，求其对 $Ox$、$Oy$ 和 $Oz$ 轴的转动惯量。

3-3　直升飞机的螺旋桨是由三根长为 5.20m、质量为 240kg 的叶片组成，如题 3-3 图所示。如果螺旋桨正以 350r/min 转动。试求：

(1) 螺旋桨绕轴的转动惯量；

(2) 螺旋桨的转动动能。

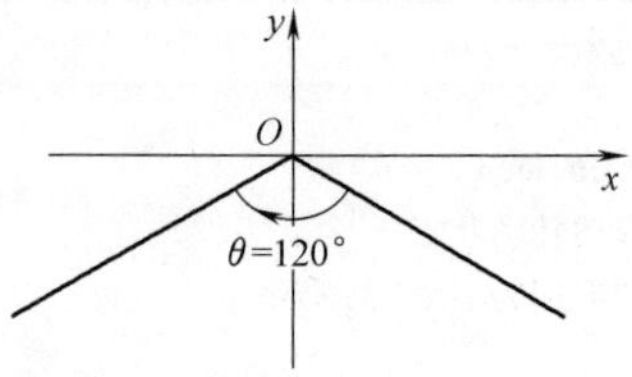


题 3-2 图

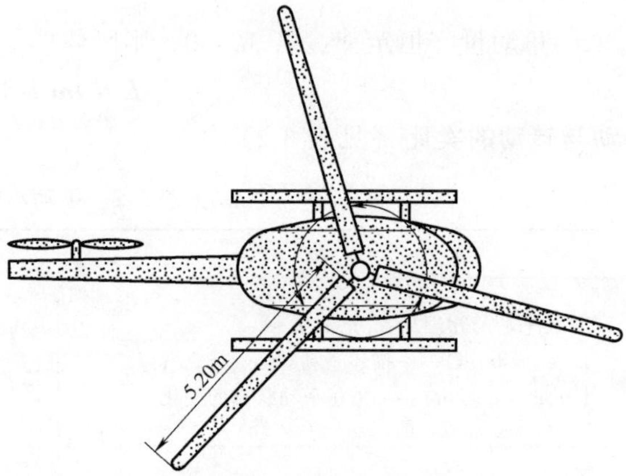


题 3-3 图

3-4　一钟摆模型，由一根均匀细杆和一均匀薄圆盘组成，如题 3-4 图所示。设细杆的长度为 $l$、质量为 $m$，薄圆盘的半径为 $r$、质量为 $m_{盘}$。这一钟摆模型在竖直平面内可绕水平轴 $O$ 摆动。求其绕 $O$ 轴的转动惯量。

3-5　两个完全相同的木块，质量均为 $m$，由一轻绳跨过一半径为 $R$、转动惯量为 $I$ 的滑轮连接，如题 3-5 图所示。假设在滑动的过程中，轻绳在滑轮上不打滑，滑轮的轴与滑轮之间无摩擦，木块与桌面的摩擦力大小不知。当此系统在重力作用下开始滑动，经历了 $t$ 时间间隔，滑轮转过的角度为 $\theta$，若木块的加速度恒定。试求：

(1) 滑轮的角加速度；

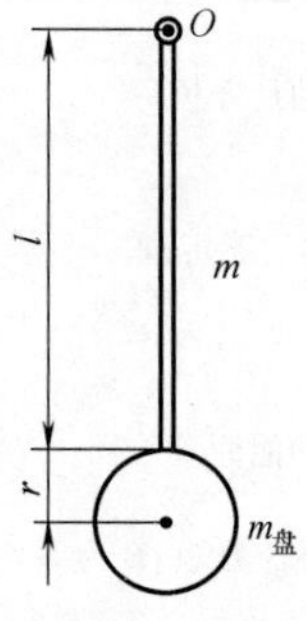


题 3-4 图

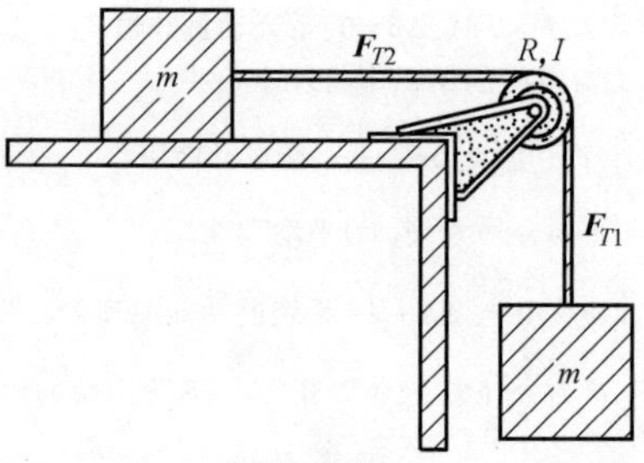


题 3-5 图

（2）两木块的加速度；

（3）连接木块细绳中张力的量值 $F_{T1}$ 和 $F_{T2}$。

3-6　一质量为 1kg、半径为 1m 的均匀薄圆盘绕垂直于盘面的中心轴 $O$ 旋转，转速为 180r/min，此圆盘在摩擦力矩作用下在 2s 内停止转动，求：

（1）摩擦力矩的平均值；

（2）1s 末时圆盘的转动动能；

（3）在 2s 内圆盘转动的圈数。

3-7　一半径为 $R$、质量为 $m$ 的均匀圆盘，放在粗糙的水泥地上。若令它开始以角速度 $\omega_0$ 绕过中心的垂直轴 $O$ 转动，已知盘面与地面的摩擦系数为 $\mu_k$，问经过多少时间，其转速减为原来的一半？

3-8　一质量为 $m_{球壳}$、半径为 $R$ 的均匀球壳可绕竖直轴无摩擦地转动，如题 3-8 图所示。一无质量的轻绳绕在球壳的赤道线上，并通过转动惯量为 $I$、半径为 $r$ 的与自身转轴无摩擦的滑轮与一质量为 $m$ 的物体相连。若在滑动的过程中绳与滑轮不打滑，物体下降 $h$ 高度后的速度是多少？

3-9　一质量为 $m_{棒}$ 的均质细棒、长为 $l$，上端可绕水平轴 $O$ 自由转动，如题 3-9 图所示。现在一质量为 $m$ 的子弹，水平射入其下端而不复出。此后棒摆到水平位置后又下落。求子弹射入棒前的速度值 $v_0$（不计空气阻力）。

3-10　一刚体由一个质量为 $m$，半径为 $R$ 的圆环和一个由四根长为 $R$，质量为 $m$ 的细棒做成的正方形构成，如题 3-10 图所示。此刚体绕竖直轴旋转的周期是 2s，如果 $R=0.50$m，$m=2.0$kg，试求：

（1）刚体绕轴的转动惯量；

（2）刚体绕轴的角动量。

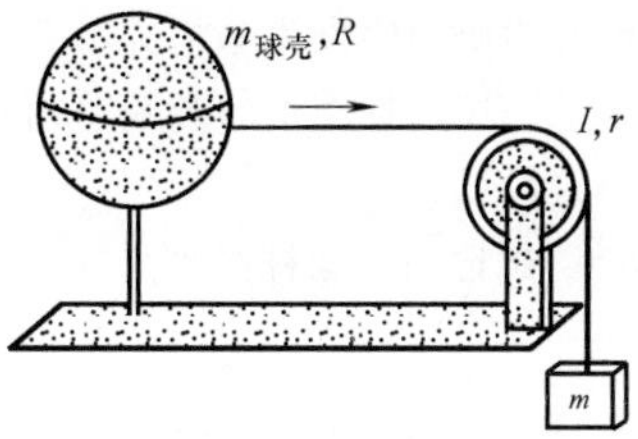

题 3-8 图

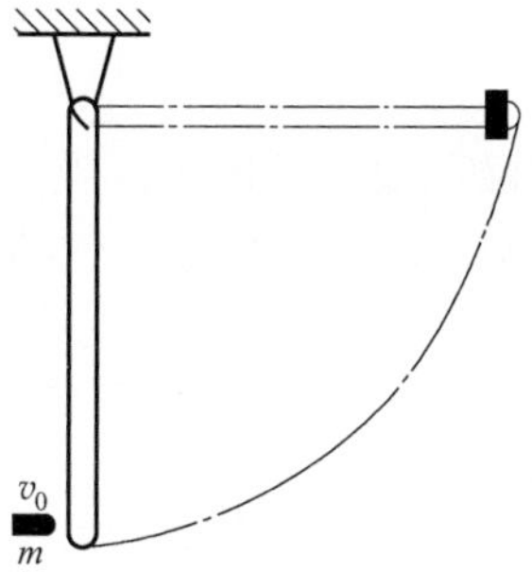

题 3-9 图

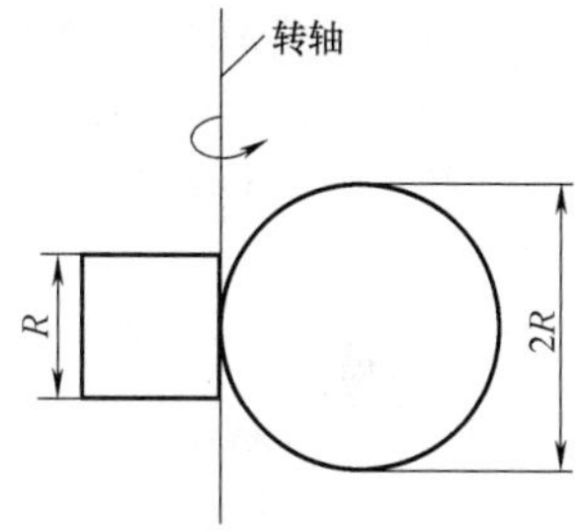

题 3-10 图

3-11　两个半径分别为 $R_1$ 和 $R_2$，绕轴的转动惯量分别为 $I_1$ 和 $I_2$ 的圆柱体，如题 3-11 图所示。开始时大圆柱体的角速度为 $\omega_0$，小圆柱体缓缓移向大圆柱体直到它们表面相互接触，在摩擦力矩的作用下，小圆柱体开始转动，最终两圆柱面均无滑动。试根据 $I_1$，$I_2$，$R_1$，$R_2$ 和 $\omega_0$，求出小圆柱体最终的角速度 $\omega_2$。

3-12　如题 3-12 图所示，劲度系数为 $k$ 的轻弹簧一端固定，另一端通过一定滑轮系一质量为 $m$ 的物体，滑轮半径为 $R$、转动惯量为 $I$，绳与滑轮间无相对滑动，求物体从弹簧原长时开始下落到 $h$ 距离时的速度。

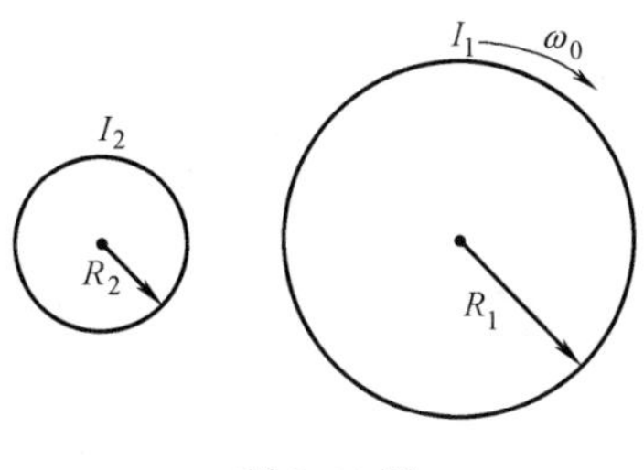

题 3-11 图

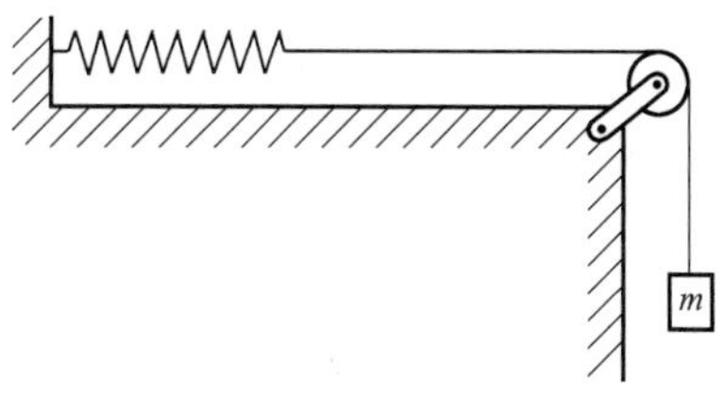

题 3-12 图

*3-13 长为 $l$、质量为 $m$ 的均质细杆，放在两支点 $A$、$B$ 上，如题 3-13 图所示。现在撤去支点 $B$，在撤去 $B$ 的瞬间，求：

（1）细杆 $B$ 点处一端的切向加速度；

（2）支点 $A$ 对细杆的支持力。

3-14 长为 $l$、质量为 $m$ 的均质细棒，在摩擦系数为 $\mu_k$ 的水平桌面上，可绕固定的光滑竖直轴 $O$ 做定轴转动。现在质量为 $m_0$，速度为 $\boldsymbol{v}_0$ 的小球，沿水平面垂直撞击处于静止的细棒一端 $A$，小球的反弹速度为 $\boldsymbol{v}$，如题 3-14 图所示。求

（1）撞击后细棒的角速度；

（2）桌面对转动细棒的摩擦力矩；

（3）从撞击后瞬间到细棒停止转动所需的时间及转过的圈数。

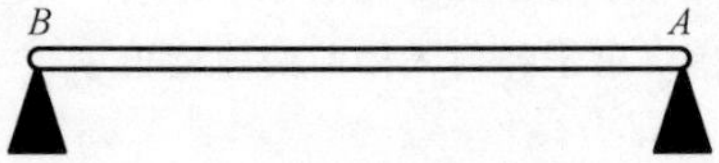


题 3-13 图

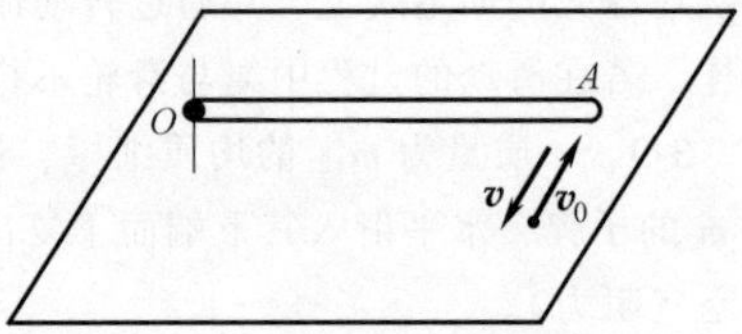


题 3-14 图

3-15 一长为 $l$、质量为 $m_{棒}$ 的均质细棒，可绕光滑水平轴 $O$ 在竖直平面内转动。水平轴 $O$ 离地面的高度恰好等于棒长 $l$。令细棒在水平位置从静止自由下落，在竖直位置与质量为 $m$ 的小球相撞，如题 3-15 图所示。试求下列情况下碰撞后瞬间，小球的速度大小。

（1）棒与小球做完全弹性碰撞；

（2）棒与小球做完全非弹性碰撞。

3-16 一质量为 $m$ 的小物块从无摩擦的滑道上下滑后与一处于竖直放置的均质细棒发生碰撞并粘合在细棒的一端，如题 3-16 图所示。受碰后细棒绕光滑水平轴 $O$ 转过角度 $\theta$ 后停下。试根据图中的参数给出角度 $\theta$。

*3-17 如题 3-17 图所示，为了使弹子球从静止开始做纯滚动（无滑动），试证明：球杆必须打在球心上方 $\frac{2R}{5}$ 处（$R$ 为球半径）。

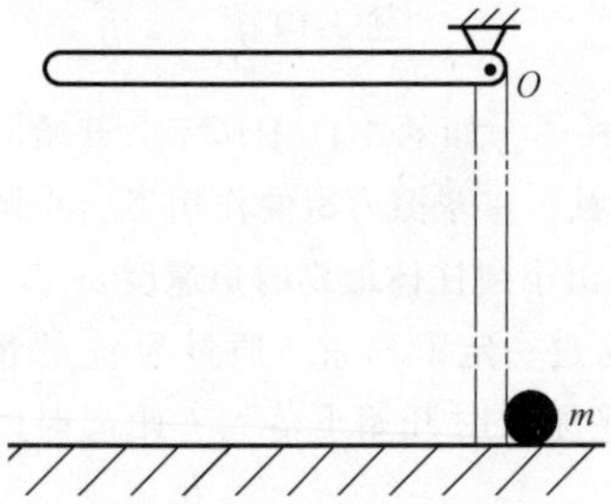


题 3-15 图

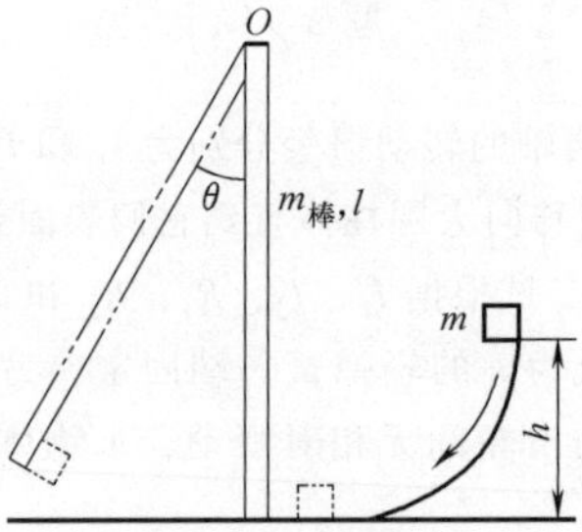


题 3-16 图

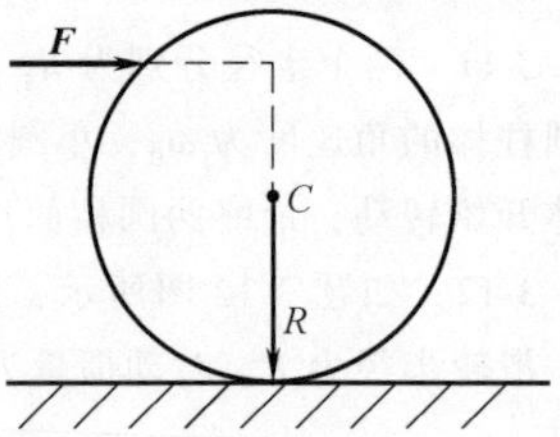


题 3-17 图

# 2

# 第 2 篇　机械振动和机械波

# 第 4 章

# 机械振动

任何一个物理量随时间呈周期性的变化都可以称为振动。振动是一种普遍的运动形式，例如，钟摆的摆动，交流电路中电压、电流的变化，电磁辐射中的电磁场的变化等都可以称为振动。

物体在某一位置附近来回做往复运动，称为机械振动。

机械振动的基本规律是研究其他形式的振动、波动以及光波、无线电波等多种学科的基础。它们在生产技术和科学研究中有着广泛的应用。

在所有的振动中，最简单、最基本的振动是简谐振动。可以证明，任何复杂的振动，都可以由若干个简谐振动叠加而成。若清楚地理解和牢固地掌握了简谐振动的规律，那么复杂的振动问题也就容易解决了。正因为如此，本章将着重讨论简谐振动。本章的主要内容有：①简谐振动的特征，描述简谐振动的物理量和简谐振动方程；②简谐振动的合成。

## 4.1 简谐振动

### 4.1.1 简谐振动的特征方程

从动力学角度来看，物体在弹性力（满足胡克定律）或准弹性力作用下所做的运动称为简谐振动，简称谐振动。

**1. 弹簧振子**

一轻质弹簧一端固定，另一端与一质量为 $m$ 的物体相连所组成的系统，称为弹簧振子。弹簧振子的运动是谐振动的典型例子。

将该系统置于光滑的水平面上，如图 4-1 所示。物体在位置 $O$ 处时，弹簧无形变，因此在水平方向物体不受力的作用，而竖直方向重力和支持力相平衡。通常将物体所受合外力为零的位置称为平衡位置，此时弹簧的长度称为原长。取平衡位置 $O$ 为坐标原点，水平向右取为 $x$ 轴的正方向，如图 4-1a 所示；将物体向右拉到 $B$ 处释放，物体受到向左、指向平衡位置的弹性力 $\boldsymbol{F}$ 的作用，向平衡位置加速运动，如图 4-1b 所示；随着弹簧不断缩短，弹性力不断减小，到达平衡位置时，弹性力为

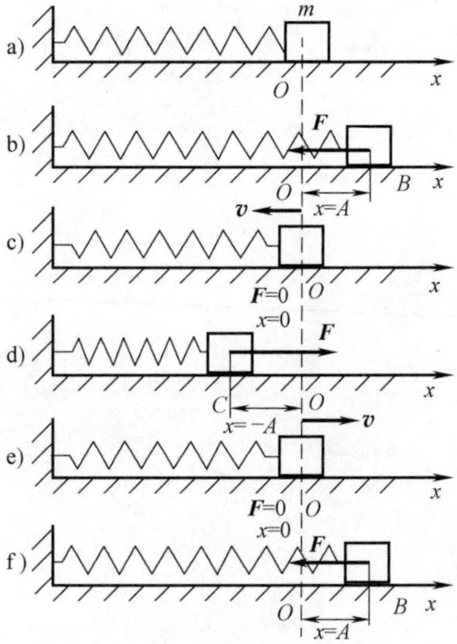


图 4-1 弹簧振子的振动

零，速度达到最大，如图 4-1c 所示；由于惯性，物体将继续向左运动，弹簧被压缩，物体受到向右、指向平衡位置的弹性力 $\boldsymbol{F}$ 的作用，并且 $\boldsymbol{F}$ 的量值逐渐增大，物体逐渐被减速，到达 $C$ 处位置时物体速度为零，弹性力的量值最大，如图 4-1d 所示；接着物体又会在指向平衡位置的弹性力 $\boldsymbol{F}$ 的作用下，向平衡位置运动，速度逐渐增大，到达平衡位置 $O$ 时，速度又达到最大，如图 4-1e 所示；此后由于惯性，物体又运动到 $B$ 点处，速度逐渐减为零，弹性力 $\boldsymbol{F}$ 达到最大，如图 4-1f 所示；这样物体完成了一次全振动。此后物体将重复上述过程，在平衡位置附近来回做往复运动。综上所述，物体做振动，一靠系统的弹性力，二靠物体的惯性。

根据胡克定律，在弹性限度内，当物体的位移为 $x$ 时，其所受的弹性力为

$$F = -kx \tag{4-1}$$

式中，$k$ 为弹簧的劲度系数，其大小取决于弹簧的材料、形状和粗细等；负号表示弹性力与位移的方向相反。式（4-1）称为简谐振动动力学特征方程。

设在弹性力 $\boldsymbol{F}$ 的作用下，物体得到的加速度为 $\boldsymbol{a}$，根据牛顿第二运动定律可得

$$a = \frac{F}{m} = -\frac{k}{m}x$$

令

$$\omega^2 = k/m \tag{4-2}$$

及

$$a = \frac{\mathrm{d}v}{\mathrm{d}t} = \frac{\mathrm{d}^2x}{\mathrm{d}t^2} = \ddot{x}$$

则有

$$\ddot{x} + \omega^2 x = 0 \tag{4-3}$$

式（4-3）表明，物体在弹性力 $\boldsymbol{F}$ 作用下获得的加速度 $\ddot{x}$（即 $a$）与位移 $x$ 成正比而反向。具有这种特征的振动即为简谐振动。因此称式（4-3）为简谐振动运动学特征方程。

式（4-3）是微分方程，其解的一般形式为

$$x = A\cos(\omega t + \varphi) \tag{4-4}$$

式中，$A$ 为振幅；$\varphi$ 是初相位。这两个积分常数的物理意义将在下面进行叙述。式（4-4）描述了做简谐振动物体的位移 $x$ 与时间 $t$ 的函数关系，通常称为简谐振动运动方程。

若要证明某一物体做简谐振动，只需证明其满足方程式（4-1）、式（4-3）或式（4-4）中的任何一式即可。

**2. 单摆**

在长为 $l$ 的不可伸缩的细轻绳下端，拴一质量为 $m$ 的小球。当细绳在竖直位置时，小球处于平衡位置 $O$；使小球偏离平衡位置后，小球将在重力作用下围绕平衡位置 $O$ 来回往复运动。这样的装置称为单摆，如图 4-2 所示。

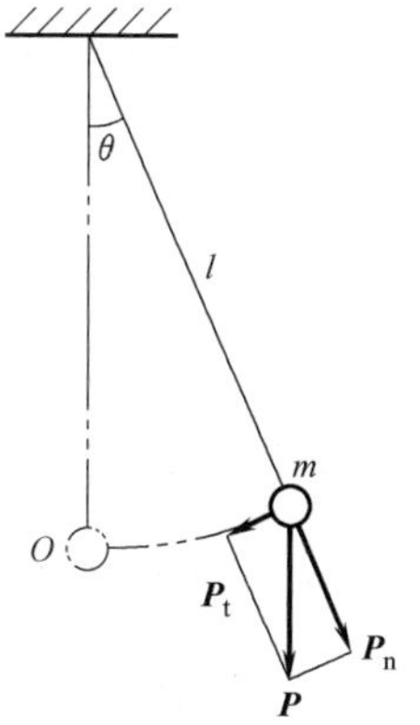

图 4-2　单摆

通常以摆线与竖直位置所成的夹角 $\theta$ 作为描述单摆位置的物理量，并规定单摆平衡位置右方的 $\theta$ 为正值，左方的 $\theta$ 为负值。当单摆处于任一 $\theta$ 时，其重力的切向分量值为 $P_t = mg\sin\theta$，在该分力的作用下，单摆向平衡位置做加速运动，有

$$-mg\sin\theta = ma_t = ml\beta = ml\frac{d^2\theta}{dt^2} = ml\ddot{\theta}$$

式中，$a_t$ 表示切向加速度，$\beta$ 表示角加速度，由此可得

$$\ddot{\theta} + \frac{g}{l}\sin\theta = 0$$

可见单摆以任意角摆动时，其角位移 $\theta$ 不具备式（4-3）的形式，因此不是简谐振动。当单摆小角度（通常 $\theta<5°$）摆动时，$\sin\theta \approx \theta$，且令 $\omega^2 = g/l$，则

$$\ddot{\theta} + \omega^2\theta = 0 \tag{4-5}$$

由式（4-5）表明，当单摆做小角度摆动时，单摆的运动可近似看作为简谐振动；重力的切向分量值 $P_t = mg\sin\theta \approx mg\theta$，其大小与角位移 $\theta$ 成正比，其方向与角位移方向相反，此力的性质与弹性力相类似，称为准弹性力。

### 4.1.2　简谐振动的速度和加速度

对式（4-4）求一阶导数和二阶导数，可得简谐振动物体的速度和加速度分别为

$$v = \frac{dx}{dt} = -\omega A\sin(\omega t + \varphi) \tag{4-6}$$

$$a = \frac{d^2x}{dt^2} = -\omega^2 A\cos(\omega t + \varphi) \tag{4-7}$$

可见速度和加速度也是时间 $t$ 的正弦和余弦函数。令速度的最大值为 $v_m = \omega A$，加速度的最大值为 $a_m = \omega^2 A$，分别称为速度的振幅和加速度的振幅。若以时间为横轴，分别以位移、速度和加速度为纵轴，并设位移的初相位 $\varphi = 0$，则可画出位移、速度、加速度与时间的关系曲线，如图 4-3 所示。

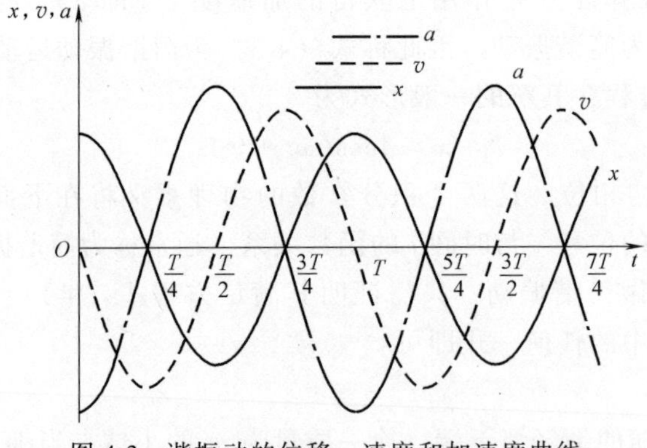


图 4-3　谐振动的位移、速度和加速度曲线

由图 4-3 可见，简谐振动的位移、速度和加速度都是时间的周期性函数。当位移最大时速度为零；在平衡位置时速度最大；位移值最大时，加速度值也最大，但两者总是反向。

### 4.1.3　描述简谐振动的物理量

描述简谐振动的物理量有周期、频率、振幅和相位等。下面分别阐述它们的物理意义。

（1）周期、频率和角频率　简谐振动是一种周期性运动。物体完成一次完全的振动所

需的时间称为周期，用 $T$ 表示，单位是秒（s）。由式（4-4）应有

$$x = A\cos(\omega t + \varphi) = A\cos[\omega(t + T) + \varphi]$$

显然有

$$T = 2\pi/\omega \tag{4-8}$$

周期的倒数称为频率，用 $\nu$ 表示，单位是赫兹（Hz），它表示单位时间内物体完成全振动的次数，即

$$\nu = \frac{1}{T} = \frac{\omega}{2\pi} \tag{4-9}$$

式中，$\omega$ 称为角频率，它表示 $2\pi$ 秒时间内物体完成全振动的次数，即

$$\omega = 2\pi\nu = 2\pi/T \tag{4-10}$$

对于弹簧振子

$$\omega = \sqrt{\frac{k}{m}}, \quad T = 2\pi\sqrt{\frac{m}{k}} \tag{4-11a}$$

可以看出，弹簧振子的振动周期或频率（或角频率）是由系统的本身性质（$k$——弹性，$m$——惯性）所决定，因而常称其为固有周期或固有频率（或固有角频率）。

对于单摆则有

$$\omega = \sqrt{\frac{g}{l}}, \quad T = 2\pi\sqrt{\frac{l}{g}} \tag{4-11b}$$

（2）振幅　物体离开平衡位置的最大位移的绝对值称为振幅，用 $A$ 表示。显然物体振动时，它将围绕平衡位置在 $x=A$ 和 $x=-A$ 之间来回往复运动。

（3）相位　式（4-4）中（$\omega t+\varphi$）称为简谐振动的相位，它是确定振动物体任一时刻 $t$ 时运动状态的物理量。$\varphi$ 是 $t=0$ 时的相位，称为初相位，它是确定物体初始时刻运动状态的重要物理量。

由图 4-3 的 $x$-$t$ 曲线可见，在同一周期内物体没有相同的振动状态，即没有相同的位移和速度，因而没有相同的相位；而时间相差周期 $T$ 的整数倍的任意两点，具有相同的振动状态，其相位差为 $2\pi$ 的整数倍。

振幅 $A$ 和初相位 $\varphi$ 是由系统本身性质和初始条件所确定。初始时刻 $t=0$ 的物体，其状态（$x_0$，$v_0$）可由式（4-4）和式（4-6）确定，即

$$\left.\begin{aligned} x_0 &= A\cos\varphi \\ v_0 &= -\omega A\sin\varphi \end{aligned}\right\} \tag{4-12}$$

由此可得

$$\left.\begin{aligned} A &= \sqrt{x_0^2 + v_0^2/\omega^2} \\ \tan\varphi &= \frac{-v_0}{\omega x_0} \end{aligned}\right\} \tag{4-13}$$

在简谐振动角频率给定的情况下，简谐振动振幅和初相位可由初始条件（$x_0$，$v_0$）所确定。

综上所述，在描述简谐振动的三个物理量 $A$、$\omega$、$\varphi$ 确定以后，简谐振动运动方程完全确定。因此通常将 $A$、$\omega$、$\varphi$ 称为描述简谐振动的三要素。

**例题 4-1**　劲度系数为 $k$ 的轻质弹簧，竖直放在桌面上，上端连接一个质量为 $m$ 的平

板，处于平衡状态，如图 4-4a 所示。今有一质量为 $m_0$ 的小球，由距离平板为 $h$ 高处自由下落，与平板做完全非弹性碰撞。若设弹簧下端与桌面固定，以小球与平板碰撞的瞬间为计时开始，试求小球振动的运动方程。

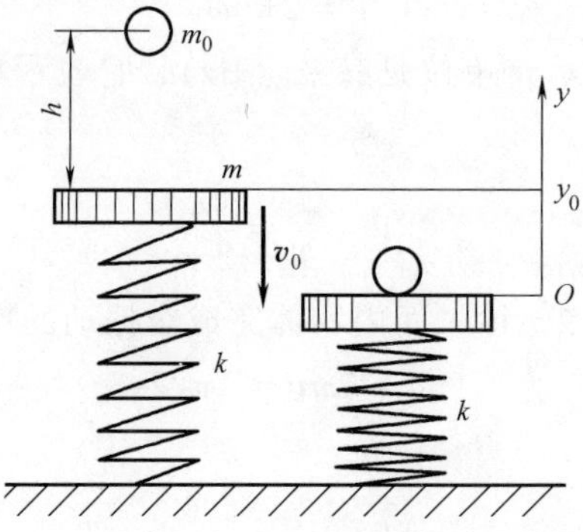


图 4-4 例题 4-1 图

**解** 令小球、弹簧平板振子一起构成弹性系统。其振动的角频率为

$$\omega=\sqrt{k/(m_0+m)} \tag{1}$$

选择 $(m_0+m)$ 与弹簧处于平衡时的位置 $O$ 为坐标原点，竖直向上为坐标轴的正方向，如图 4-4b 所示。令 $t=0$ 时刻小球与平板相碰时的位置为初位置坐标 $y_0$，则 $y_0=m_0g/k$。碰撞前瞬间小球的速度 $v=-\sqrt{2gh}$，负号表示速度方向沿 $y$ 轴的反方向。

小球与木板做完全非弹性碰撞，碰撞后以共同的速度 $v_0$ 向下运动（该速度 $v_0$ 是振子 $m_0+m$ 的初速度）。由动量守恒定律可得

$$v_0=\frac{m_0v}{m_0+m}=-\frac{m_0\sqrt{2gh}}{m_0+m}$$

由振动的初始条件 $(y_0,\ v_0)$，不难求得振幅和初相位分别为

$$A=\sqrt{y_0^2+\frac{v_0^2}{\omega^2}}=\frac{m_0g}{k}\sqrt{1+\frac{2hk}{(m_0+m)g}} \tag{2}$$

$$\tan\varphi=\frac{-v_0}{\omega y_0}=\sqrt{\frac{2hk}{(m_0+m)g}},\qquad \varphi=\arctan\sqrt{\frac{2hk}{(m_0+m)g}} \tag{3}$$

求得简谐振动三要素 $A$、$\omega$、$\varphi$ 后，将式（1）~式（3）代入简谐振动运动方程式（4-4），可得

$$\begin{aligned}y&=A\cos(\omega t+\varphi)\\&=\frac{m_0g}{k}\sqrt{1+\frac{2hk}{(m_0+m)g}}\cos\left[\sqrt{\frac{k}{m_0+m}}\cdot t+\arctan\sqrt{\frac{2hk}{(m_0+m)g}}\right]\end{aligned}$$

值得指出，简谐振动运动方程中的初相位 $\varphi$ 与坐标轴的取向有关，因此在解题时必须指明坐标轴的正方向和坐标原点的位置。

**例题 4-2** 一固定的滑轮，转动惯量为 $I$、半径为 $R$，其上挂一长度不可伸缩的细轻绳，一端与地面固定的轻弹簧相接，另一端与质量为 $m$ 的物体相连，如图 4-5 所示。设轻弹簧的劲度系数为 $k$，绳子与滑轮间无相对滑动，忽略轮轴的摩擦力。现将物体从平衡位置拉下一

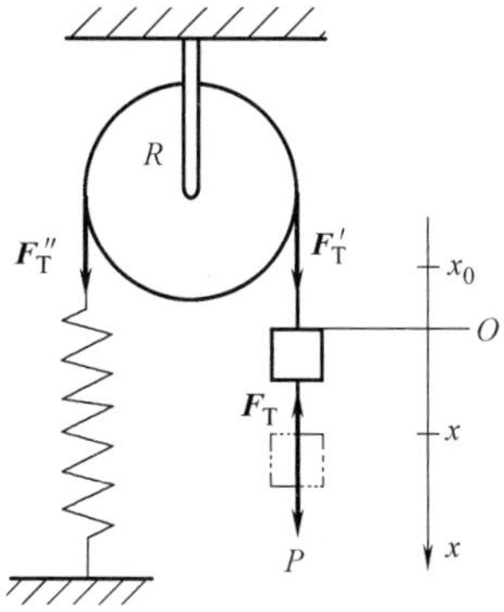

图 4-5 例题 4-2 图

小距离后释放。

(1) 试证明物体做简谐振动;

(2) 求物体的振动周期。

**解** 将物体、定滑轮和轻弹簧组合看作为一系统，要证明物体做简谐振动，只要证明其满足式 (4-1)、式 (4-3) 和式 (4-4) 中的任一式即可。通常可以用两种方法证明。

(1) **证法 1**：取平衡位置作为坐标原点，竖直向下为 $x$ 轴的正方向。当物体平衡时，由图可见有

$$mg = k|x_0| = -kx_0 \tag{1}$$

式中，$|x_0|$为物体平衡时弹簧相对于原长时的伸长量。当物体在任一位置 $x$ 处，物体 $m$ 的平动方程（牛顿第二运动定律）为

$$mg - F_T = ma \tag{2}$$

对于定滑轮，其转动方程为

$$R(F'_T - F''_T) = I\alpha \tag{3}$$

式中，$F_T = F'_T$。由于绳子与滑轮间无相对滑动，故平动的加速度 $a$ 和转动角加速度 $\alpha$ 间有一联系方程

$$a = R\alpha \tag{4}$$

而弹簧此时弹性力的量值为

$$F = k(x - x_0) = F''_T \tag{5}$$

由式 (1)~式 (5) 可得

$$a = -\frac{k}{m + \frac{I}{R^2}}x$$

即

$$\ddot{x} + \omega^2 x = 0 \tag{6}$$

其中

$$\omega = \sqrt{\frac{k}{m + \frac{I}{R^2}}}$$

式 (6) 满足式 (4-3)，表明系统做简谐振动。

**证法 2**：该系统在振动过程中只有重力和弹性力做功，而重力和弹性力是保守力，因此系统机械能守恒。若将系统的重力势能零点选在平衡位置，则物体处于任一位置坐标 $x$ 时，系统的机械能可以表示为

$$\frac{1}{2}mv^2 + \frac{1}{2}I\omega^2 + \frac{1}{2}k(x - x_0)^2 - mgx = \text{恒量}$$

其中，$x_0<0$（见图 4-5），考虑到物体在平衡位置时，有

$$mg = k|x_0| = -kx_0$$

因而有

$$\frac{1}{2}mv^2 + \frac{1}{2}I\omega^2 + \frac{1}{2}kx^2 + \frac{1}{2}kx_0^2 = \text{恒量} \tag{7}$$

将式（7）两边对时间求导，并考虑到 $\omega=v/R=x/R$，$a=\dfrac{\mathrm{d}v}{\mathrm{d}t}=\dot{v}=\ddot{x}$，可得

$$m\dot{x}\ddot{x}+\frac{1}{R^2}\dot{x}\ddot{x}+kx\dot{x}=0$$

化简上式，并令 $\omega^2=k/\left(m+\dfrac{1}{R^2}\right)$，可得

$$\ddot{x}+\omega^2x=0$$

满足式（4-3），表明物体做简谐振动。

（2）由 $\omega^2=k\bigg/\left(m+\dfrac{1}{R^2}\right)$ 可得该物体的振动周期为

$$T=\frac{2\pi}{\omega}=2\pi\sqrt{\frac{m+I/R^2}{k}} \tag{8}$$

**例题 4-3** 设有密闭气缸，内盛空气（可视为理想气体）。活塞的质量 $m$、面积 $S$，可以在竖直方向无摩擦地移动，如图 4-6 所示。平衡时气体压强为 $p$，体积 $V=Sl$。今将活塞压下一小位移，然后释放，任其做微振动，设气体的温度保持不变。

试证明该活塞做简谐振动；并求其振动的周期 $T$。

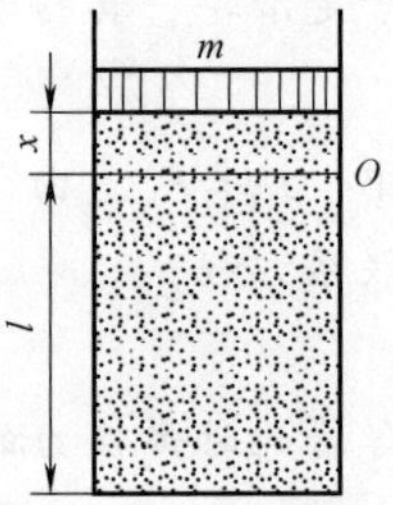

图 4-6　例题 4-3 图

**解** 如图 4-6 所示，取向上为坐标轴正方向，设平衡位置为坐标原点，活塞在振动的某一时刻所处的位置坐标为 $x$，气体压强的相应改变为 $\Delta p$，活塞受到一个指向平衡位置的回复力作用，即

$$F=S\Delta p \tag{1}$$

由于假设过程是等温的，则由玻意耳-马略特定律 $pV=C$ 得（忽略高阶小量 $\Delta p\Delta V$）

$$p\Delta V+V\Delta p=0$$

则

$$\Delta p=-\frac{\Delta V}{V}p \tag{2}$$

以 $V=Sl$，$\Delta V=Sx$ 代入式（2）得

$$\Delta p=-\frac{p}{l}x \tag{3}$$

将式（3）代入式（1）得

$$F=-\left(\frac{pS}{l}\right)x=-kx \tag{4}$$

式中，$k=pS/l$ 为常数。

由牛顿第二运动定律，可得活塞运动的加速度为

$$a=\frac{F}{m}=-\left(\frac{pS}{ml}\right)x \tag{5}$$

令

$$\omega^2=\frac{pS}{ml}$$

则式（5）可改写成

$$\ddot{x} + \omega^2 x = 0 \tag{6}$$

式（6）满足式（4-3），故活塞运动是简谐振动，振动周期为

$$T = \frac{2\pi}{\omega} = 2\pi\sqrt{\frac{ml}{pS}} \tag{7}$$

由本题可以看出，一定量气体密封于气囊内，就具有与弹簧相似的作用，故称为“空气弹簧”，它常在科学实验和工程技术中用于精密测量的防振设备。

**例题 4-4**　一半径为 $R$ 的飞轮，与一长为 $L$ 的曲柄连结，曲柄另一端与滑槽中的滑块 $A$ 连接；假设飞轮转动的角速度为 $\omega$ 恒定不变，初始角位置 $\theta_0=\varphi$，则任意时刻 $t$ 时的角位置为 $\theta=\omega t+\varphi$，如图 4-7 所示。

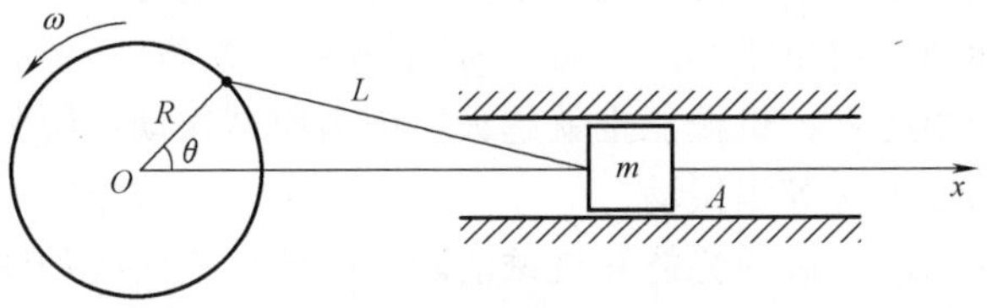


图 4-7　例题 4-4 图

（1）滑块 $A$ 是否做简谐振动？

（2）如若不是，则在什么条件可以看作简谐振动？

**解**　（1）设滑块 $A$ 和飞轮的中心轴 $O$ 的连线为 $x$ 轴，以 $O$ 为坐标原点（图 4-7），则任意时刻 $t$ 时滑块 $A$ 的位置坐标为

$$\begin{aligned} x &= R\cos\theta + \sqrt{L^2 - h^2} \\ &= R\cos(\omega t + \varphi) + \sqrt{L^2 - R^2\sin^2(\omega t + \varphi)} \end{aligned} \tag{1}$$

可见它不符合 $x=A\cos(\omega t+\varphi)$ 的简谐振动方程的形式，因此不是简谐振动。

（2）若 $L\gg R$，则根号内 $L^2\gg R^2\sin^2(\omega t+\varphi)$，因此 $R^2\sin^2(\omega t+\varphi)$ 可以忽略不计。再将坐标原点移至 $x=L$ 处，则上述方程式变为

$$x = R\cos(\omega t + \varphi) \tag{2}$$

式（2）符合简谐振动方程的形式，故在 $L\gg R$ 的条件下，滑块 $A$ 做简谐振动。

## 4.2　简谐振动的能量

现在以弹簧振子为例来讨论简谐振动的能量。设任一时刻 $t$，物体相对于平衡位置的位移为 $x$，速度为 $v$，则简谐振动系统具有的弹性势能 $E_p$ 和动能 $E_k$ 分别为

$$E_p = \frac{1}{2}kx^2 = \frac{1}{2}kA^2\cos^2(\omega t + \varphi) \tag{4-14}$$

$$E_k = \frac{1}{2}mv^2 = \frac{1}{2}m\omega^2A^2\sin^2(\omega t + \varphi) \tag{4-15a}$$

对于弹簧振子来说，$\omega^2=k/m$，则

$$\frac{1}{2}m\omega^2A^2 = \frac{1}{2}kA^2$$

因此简谐振动动能也可写成

$$E_k = \frac{1}{2}kA^2\sin^2(\omega t + \varphi) \tag{4-15b}$$

由式（4-14）、式（4-15）可见，简谐振动系统的势能和动能都是时间 $t$ 的周期函数，任意时刻 $t$ 时的机械能为两者之和，即

$$E = E_p + E_k = \frac{1}{2}kA^2\cos^2(\omega t + \varphi) + \frac{1}{2}m\omega^2A^2\sin^2(\omega t + \varphi)$$

$$= \frac{1}{2}kA^2 = \frac{1}{2}m\omega^2A^2 \tag{4-16}$$

式（4-16）表明，在振动过程中，简谐振动系统的势能和动能可以相互转换，但总的机械能保持守恒。总的机械能与振动角频率的二次方 $\omega^2$ 和振幅二次方 $A^2$ 的乘积成正比。对于一给定的简谐振动系统，振幅越大，机械能也就越大。因为简谐振动系统的机械能在全过程中是恒定的，所以简谐振动也称为等幅振动。

振动过程中的振动动能、振动势能和机械能随时间的变化曲线如图 4-8 所示。

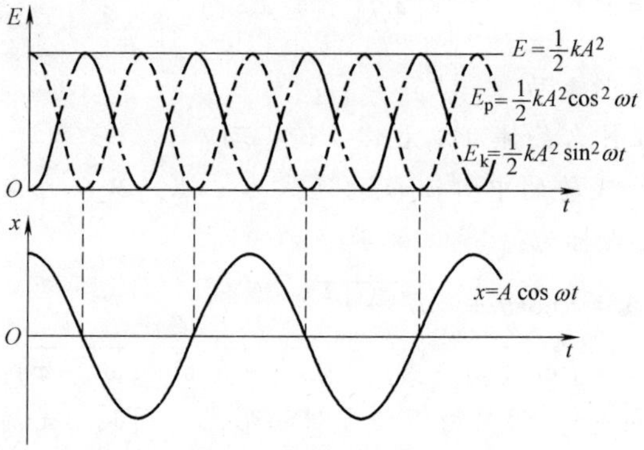


图 4-8　简谐振动动能、势能和机械能

简谐振动系统的势能和动能在一个周期时间内的平均值分别为

$$\bar{E}_p = \frac{1}{T}\int_0^T E_p\,dt = \frac{1}{T}\int_0^T \frac{1}{2}kA^2\cos^2(\omega t + \varphi)\,dt$$

$$= \frac{1}{2}\cdot\frac{1}{2}kA^2 = \frac{1}{2}E$$

$$\bar{E}_k = \frac{1}{T}\int_0^T E_k\,dt = \frac{1}{T}\int_0^T \frac{1}{2}m\omega^2A^2\sin^2(\omega t + \varphi)\,dt$$

$$= \frac{1}{2}\cdot\frac{1}{2}m\omega^2A^2 = \frac{1}{2}E$$

即

$$\bar{E}_p = \bar{E}_k = \frac{1}{2}E$$

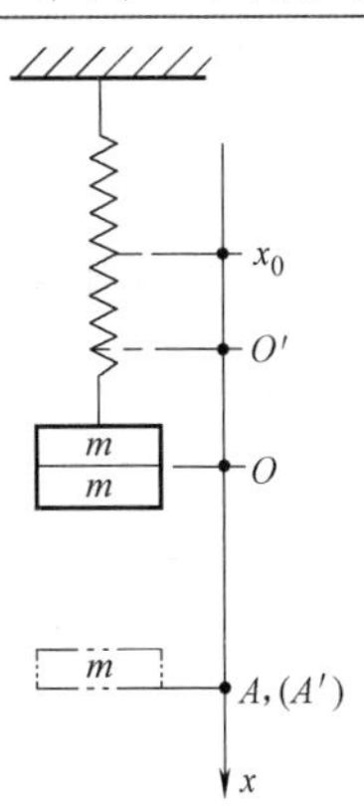

图 4-9　例题 4-5 图

上式表明，简谐振动系统的势能和动能虽然都是时间 $t$ 的周期函数，但它们在一个周期内的平均值相等，并且各占总机械能的一半。

**例题 4-5**　劲度系数为 $k$ 的轻弹簧，一端与顶棚相接，另一端连着两个质量均为 $m$、粘合在一起的物体，如图 4-9 所示。现将两物托至弹簧原长处，并以速度 $v_0$ 向下释放。

(1) 试求两物体振动的振幅 $A$；

(2) 在振动到最低点处，若下面物体自行脱落，求留下物体的最大振动动能 $E_k{}'$。

**解**　(1) 以两物体的平衡位置为坐标原点 $O$，向下规定为 $x$ 轴的正方向，设弹簧原长时初始位置的坐标为 $x_0$，则 $x_0=-2mg/k$，角频率 $\omega=\sqrt{k/2m}$，因此物体的振幅

$$A=\sqrt{x_0^2+\frac{v_0^2}{\omega^2}}=\sqrt{\frac{4m^2g^2}{k^2}+\frac{2mv_0^2}{k}}$$

(2) 在最低点处下面物体脱落，留下的弹簧振子最大振动势能为 $kA'^2/2$，其中

$$A'=A+\left|\frac{x_0}{2}\right|=\sqrt{\frac{4m^2g^2}{k^2}+\frac{2mv_0^2}{k}}+\frac{mg}{k}$$

这是由于留下系统中物体 $m$ 的平衡位置上移了 $|x_0|/2$，若令为新坐标原点 $O'$；并设 $O'$ 点处为新的势能零点，则物体 $m$ 的新振幅现在就为上述 $A'$。在平衡位置 $O'$ 处，物体振动动能最大，其值为

$$E'_{\mathrm{km}}=\frac{1}{2}mv_{\mathrm{m}}^2=\frac{1}{2}kA'^2$$

$$=\frac{5m^2g^2}{2k}+mv_0^2+mg\sqrt{\frac{4m^2g^2}{k^2}+\frac{2mv_0^2}{k}}$$

## 4.3　简谐振动的旋转矢量投影表示法

在研究简谐振动时，经常采用旋转矢量投影法来表示简谐振动。这种方法可以直观地认识简谐振动的位移与时间的函数关系：一方面有助于形象、直观地理解简谐振动的振幅、角频率、相位等物理量的物理涵义；另一方面有助于简化简谐振动讨论中的数学处理，并为振动的合成提供最为简捷的数学处理方法。

如图 4-10 所示，在 $x$ 轴的原点 $O$ 作一长度为 $A$ 的矢量 $\boldsymbol{A}$，称为振幅矢量，令矢量 $\boldsymbol{A}$ 相对于 $O$ 点以匀角速度 $\omega$ 在纸面内逆时针方向旋转。设 $t=0$ 时，振幅矢量 $\boldsymbol{A}$ 与 $x$ 轴正方向的夹角为 $\varphi$；任一时刻 $t$，$\boldsymbol{A}$ 与 $x$ 轴正方向的夹角则为 $\omega t+\varphi$，则 $\boldsymbol{A}$ 的端点在 $x$ 轴上的投影点 $P$ 的坐标为

$$x=A\cos(\omega t+\varphi)$$

可见，$\boldsymbol{A}$ 的端点在 $x$ 轴上的投影点 $P$ 的运动为简谐振动。简谐振动的旋转矢量表示法，在振

动的合成、波的干涉、电工和无线电等范围内被广泛地采用。

振幅矢量 $\boldsymbol{A}$ 绕原点 $O$ 逆时针旋转一周，其端点在 $x$ 轴上的投影点 $P$ 正好往返一次，对应的中心角为 $2\pi$，经历的时间为 $T$（一个周期），显然 $\omega=2\pi/T$。所以，对投影点 $P$ 而言，$\omega$ 是简谐振动的角频率；对振幅矢量 $\boldsymbol{A}$ 的端点而言，$\omega$ 是圆周运动的角速度。

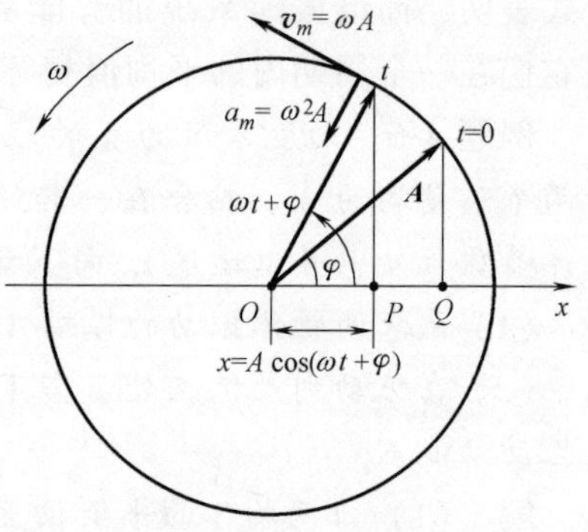

图 4-10 简谐振动的旋转矢量表示

旋转矢量投影表示法的优点是直观。在应用时可以认为，矢量 $\boldsymbol{A}$ 以角速度 $\omega$ 逆时针方向匀速旋转，其端点在 $x$ 轴上的投影点 $P$ 的运动就是简谐振动；初始时刻，$\boldsymbol{A}$ 与 $x$ 轴正方向的夹角 $\varphi$ 就是简谐振动的初相位；任意时刻 $t$，$\boldsymbol{A}$ 与 $x$ 轴正方向的夹角 $\omega t+\varphi$ 就是简谐振动 $t$ 时刻的相位。此外，由振幅矢量图还可以确定简谐振动的速度 $v$ 和加速度 $a$。由图 4-10 可以看出，$\boldsymbol{A}$ 在 $x$ 轴上的投影为

$$x=A\cos(\omega t+\varphi)$$

而 $\boldsymbol{A}$ 的端点的线速度（$v_{\mathrm{m}}=\omega A$）在 $x$ 轴上的投影为

$$v=-\omega A\sin(\omega t+\varphi)$$

$\boldsymbol{A}$ 的端点的法向加速度（$a_{\mathrm{m}}=\omega^2 A$）在 $x$ 轴上的投影为

$$a=-\omega^2 A\cos(\omega t+\varphi)$$

应用旋转矢量法可以表示同一时刻同频率的两个简谐振动的相位差（图 4-11a），

$$\Delta\Phi=(\omega t+\varphi_2)-(\omega t+\varphi_1)=\varphi_2-\varphi_1$$

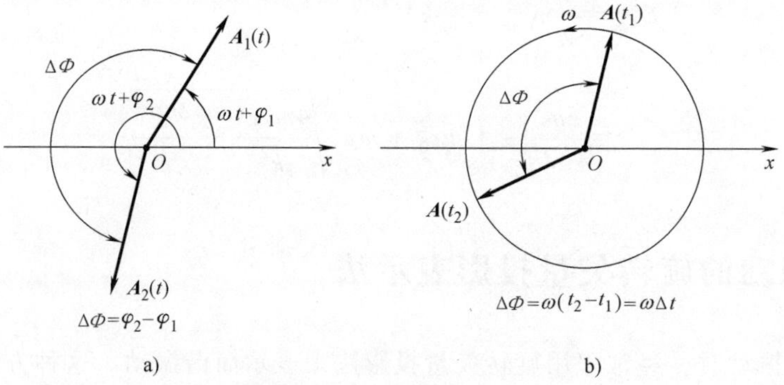

图 4-11 旋转矢量法表示同频率两简谐振动的相位差

当 $\Delta\Phi=\varphi_2-\varphi_1=0$ 时，称这两个振动是相位相同（同相）；当 $\Delta\Phi=\varphi_2-\varphi_1=\pi$ 时，称这两个振动是相位相反（反相）；当 $\Delta\Phi=\varphi_2-\varphi_1>0$ 时，称振动 2 比振动 1 相位超前，或者说振动 1 比振动 2 相位落后。

应用旋转矢量方法也可以表示同一简谐振动在不同时刻的相位差（图 4-11b），

$$\Delta\Phi=(\omega t_2+\varphi)-(\omega t_1+\varphi)=\omega(t_2-t_1)=\omega\Delta t$$

应用旋转矢量方法还可以确定简谐振动的初相位 $\varphi$（见例题 4-6）。

**例题 4-6** 劲度系数 $k=10\text{N/m}$、质量 $m=0.1\text{kg}$ 的弹簧振子，其振动的机械能为 $E=$

0.05J；在 $t=0$ 时处于平衡位置，且向 $x$ 轴负方向运动。试求

(1) 该简谐振动的振动方程；

(2) 振子到达 $x=0.05\text{m}$ 处，最少需要多少时间？

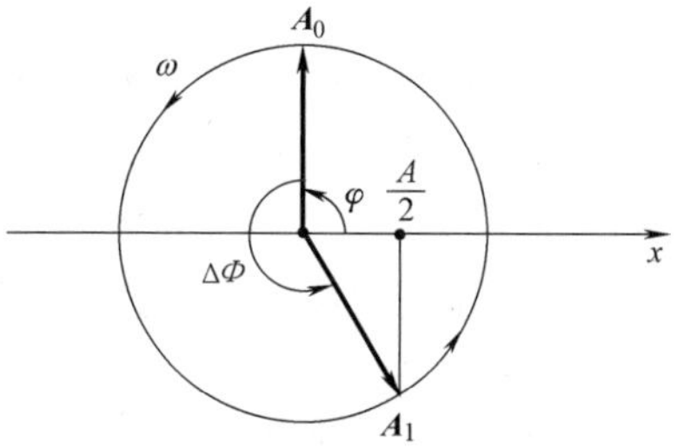

图 4-12　例题 4-6 图

**解**　(1) 设简谐振动方程为

$$x = A\cos(\omega t + \varphi)$$

其中

$$A = \sqrt{2E/k} = \sqrt{2 \times 0.05/10}\,\text{m} = 0.1\text{m}$$

$$\omega = \sqrt{k/m} = \sqrt{10/0.1}\,\text{s}^{-1} = 10\text{s}^{-1}$$

初相 $\varphi$ 由初条件 $x_0=0$，$v_0<0$ 确定。利用旋转矢量法可得（见图 4-12）

$$\varphi = \pi/2$$

因此简谐振动方程为

$$x = 0.1\cos\left(10t + \frac{\pi}{2}\right)\text{m}$$

(2) 由图可见，到达 $x=0.05\text{m}=A/2$ 处，需要时间最少时，$v>0$，故可得

$$10t + \frac{\pi}{2} = \frac{5\pi}{3}$$

所以

$$t = 7\pi/60\text{s} \approx 0.37\text{s}$$

## 4.4　简谐振动的合成

振动的合成是计算波动叠加、干涉的基础。例如，当两列声波同时传播到空间某一点时，依据波叠加原理（第 5 章 5.4）的观点，该处质点同时参与这两个声振动，该质点的运动，可以看作为这两个声振动的合成。下面就几种简单的特殊情况分别加以讨论。

### 4.4.1　同方向、同频率两简谐振动的合成

设一个质点同时参与同方向、同频率的两个简谐振动，它们的振动方程分别为

$$x_1 = A_1\cos(\omega t + \varphi_1)$$

$$x_2 = A_2\cos(\omega t + \varphi_2)$$

式中，$A_1$、$A_2$ 和 $\varphi_1$、$\varphi_2$ 分别表示这两个简谐振动的振幅和初相位；$x_1$、$x_2$ 分别为它们的同方向的振动位移。而质点的合振动位移为

$$x = x_1 + x_2 = A_1\cos(\omega t + \varphi_1) + A_2\cos(\omega t + \varphi_2)$$

利用三角恒等变换关系，上式可化为

$$x = A\cos(\omega t + \varphi) \tag{4-17}$$

式中，$A$、$\varphi$ 分别为合振动的振幅和初相位，其表达式分别为

$$A = \sqrt{A_1^2 + A_2^2 + 2A_1A_2\cos(\varphi_2 - \varphi_1)} \tag{4-18}$$

和

$$\tan\varphi = \frac{A_1\sin\varphi_1 + A_2\sin\varphi_2}{A_1\cos\varphi_1 + A_2\cos\varphi_2} \tag{4-19}$$

式（4-17）表明，同方向、同频率两个简谐振动的合成，仍然是简谐振动，其频率与两个分振动的频率相同，其振幅和初相位分别由式（4-18）和式（4-19）所决定。

上述结果应用旋转矢量法也可以得到，而且更为便捷。

如图 4-13 所示，在坐标轴原点 $O$ 作振幅矢量 $\boldsymbol{A}_1$、$\boldsymbol{A}_2$，$t=0$ 时它们与 $x$ 轴的夹角分别为 $\varphi_1$ 和 $\varphi_2$；$\boldsymbol{A}_1$、$\boldsymbol{A}_2$ 均以角速度 $\omega$ 沿逆时针方向做匀角速转动，它们间的夹角 $\Delta\Phi=\varphi_2-\varphi_1$ 会保持不变，因而由振幅矢量 $\boldsymbol{A}_1$、$\boldsymbol{A}_2$ 构成的平行四边形的形状也将保持不变，并且也以角速度 $\omega$ 做匀角速逆时针转动。由于合矢量 $\boldsymbol{A}$ 在 $x$ 轴上的投影 $x$ 等于 $\boldsymbol{A}_1$、$\boldsymbol{A}_2$ 在 $x$ 轴上的投影 $x_1$ 和 $x_2$ 之和，即 $x=x_1+x_2$，所以合矢量 $\boldsymbol{A}$ 在 $x$ 轴上的投影 $x$，可以代表两简谐振动的合成，$\boldsymbol{A}$ 代表了合振动的振幅矢量。

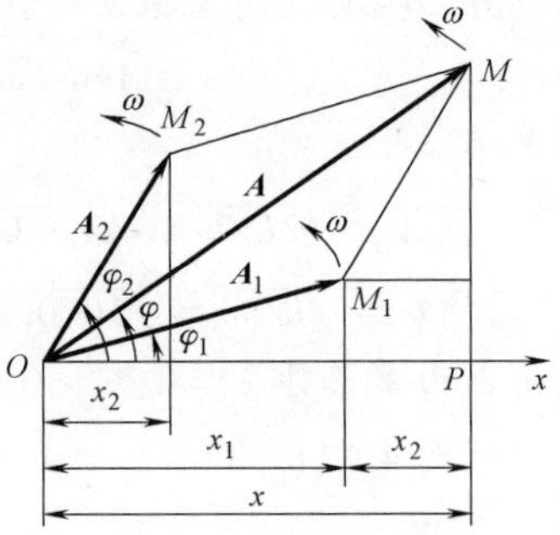


图 4-13　同方向同频率两简谐振动的合成

利用几何关系，容易求得合振动振幅 $A$ 和初相位 $\varphi$ 与两分振动振幅 $A_1$、$A_2$ 和初相位 $\varphi_1$、$\varphi_2$ 的关系式（4-18）、式（4-19）。

下面对同方向同频率两简谐振动的合成结果做一简单讨论。

（1）当相位差 $\Delta\Phi=\varphi_2-\varphi_1=2k\pi$，$(k=0,\pm1,\pm2,\cdots)$ 时，$\cos(\varphi_2-\varphi_1)=1$，则由式（4-18）可得

$$A = A_1 + A_2$$

即当两个分振动的相位差为 $\pi$ 的偶数倍时，合振动的振幅有最大值，等于这两个分振动的振幅之和。

（2）当相位差 $\Delta\Phi=\varphi_2-\varphi_1=(2k+1)\pi$，$(k=0,\pm1,\pm2,\cdots)$ 时，$\cos(\varphi_2-\varphi_1)=-1$，则由式（4-18）可得

$$A = |A_1 - A_2|$$

即当两个分振动的相位差为 $\pi$ 的奇数倍时，合振动的振幅有最小值，等于这两个分振动的振幅之差的绝对值。此时，若 $A_1=A_2$，则 $A=0$，也就是说参与这两个分振动的质点处于静止状态。

一般情况下，相位差 $\Delta\Phi=\varphi_2-\varphi_1$ 可能为其他任意值，则合振动的振幅 $A$ 介于 $A_1+A_2$ 和 $|A_1-A_2|$ 之间。可见合振动的振幅 $A$ 不是简单地为两分振动振幅 $A_1$ 和 $A_2$ 的和与差，而是与它们的相位差密切相关。也就是说，$\Delta\Phi=\varphi_2-\varphi_1$ 对合振动的振幅 $A$ 起着重要的作用。

### 4.4.2　同方向、频率略有差异的两简谐振动的合成

设两个同方向的简谐振动，角频率分别为 $\omega_1$ 和 $\omega_2$，且 $\omega_2$ 略大于 $\omega_1$，它们的振动方程分别为

$$x_1 = A_1\cos(\omega_1 t + \varphi_1)$$
$$x_2 = A_2\cos(\omega_2 t + \varphi_2)$$

由旋转矢量图方法来讨论合振动情况。$t$ 时刻两分振动的振幅矢量 $\boldsymbol{A}_1$ 和 $\boldsymbol{A}_2$ 之间的夹角

$$\Delta\Phi = (\omega_2 - \omega_1)t + (\varphi_2 - \varphi_1)$$

是随时间 $t$ 而变化的，这样合振动的振幅矢量 $\boldsymbol{A}$ 的长度和转速也将随时间 $t$ 而变化，因此合振动不再是简谐振动。由于 $\boldsymbol{A}_1$ 和 $\boldsymbol{A}_2$ 转动的快慢不同，因而 $\boldsymbol{A}_1$ 和 $\boldsymbol{A}_2$ 时而同方向，时而反方向，即产生的合振动时而加强时而减弱，这种现象称为拍。单位时间内合振动振幅大小变化的次数称为拍频。由下面可知，拍频为

$$\nu = \frac{1}{T} = \frac{\omega_2 - \omega_1}{2\pi} = \nu_2 - \nu_1 \tag{4-20}$$

拍频等于两个分振动的频率之差。

图 4-14a、b 分别表示两个频率略有差异的简谐振动的位移-时间曲线，图 4-14c 表示合振动的位移-时间曲线；在 $t_1$ 时刻两分振动的相位相同，合振幅最大，在 $t_2$ 时刻两分振动的相位相反，合振幅最小，……图 4-14c 中虚线表示合振动的振幅随时间作周期性的缓慢变化，即产生拍现象。

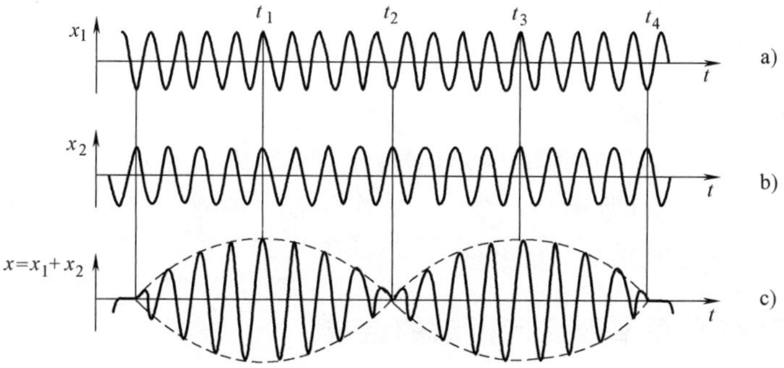


图 4-14　拍现象

拍现象有许多重要的应用。例如，利用拍现象可以测定频率来校正乐器；超外差收音机就是利用本机的高频振荡和天线接收到的高频载波信号叠加而产生中频，再进行有效地放大；地面卫星站可以利用多普勒效应（下章内容）引起的频率差异而形成的拍现象，来跟踪人造地球卫星等。

* 用合振动方程来求拍频。为方便起见设两分振动的振幅相等，即 $A_1=A_2$，初相位均为零，即 $\varphi_1=\varphi_2=0$，则合振动方程为

$$\begin{aligned} x &= x_1 + x_2 = A_1\cos\omega_1 t + A_1\cos\omega_2 t \\ &= \left[2A_1\cos\left(\frac{\omega_2 - \omega_1}{2}t\right)\right]\cos\left(\frac{\omega_2 + \omega_1}{2}t\right) \\ &= A\cos\left(\frac{\omega_2 + \omega_1}{2}t\right) \end{aligned}$$

式中，$(\omega_2+\omega_1)/2$ 是合振动的角频率；$|A|$ 为合振动的振幅，它是时间 $t$ 的周期函数，即

$$|A| = \left|2A_1\cos\frac{\omega_2 - \omega_1}{2}t\right|$$

由于 $\omega_2-\omega_1 \ll \omega_2+\omega_1$，振幅变化较为缓慢，幅值在零和 $2A_1$ 之间，即

$$0 \leqslant |A| \leqslant 2A_1$$

因为余弦函数的绝对值是以 $\pi$ 为周期的，所以

$$|A| = \left|2A_1\cos\frac{\omega_2-\omega_1}{2}t\right|$$
$$= \left|2A_1\cos\left(\frac{\omega_2-\omega_1}{2}t+\pi\right)\right|$$
$$= \left|2A_1\cos\frac{\omega_2-\omega_1}{2}\left(t+\frac{2\pi}{\omega_2-\omega_1}\right)\right|$$
$$= \left|2A_1\cos\frac{\omega_2-\omega_1}{2}(t+T)\right|$$

显然合振幅的变化周期

$$T = \frac{2\pi}{\omega_2-\omega_1} = \frac{1}{\nu_2-\nu_1}$$

合振幅变化的频率即拍频为

$$\nu = \frac{1}{T} = \nu_2 - \nu_1$$

拍频等于两个分振动频率之差。

例如两音叉，振动频率分别为 $\nu_1 = 360\text{Hz}$，$\nu_2 = 364\text{Hz}$，它们一起振动时的拍频率 $\nu = 4\text{Hz}$，也就是说在 1 秒内可以听到 4 次强音、4 次弱音。注意，只有当两个分振动的频率较高、而频率差又较小时，拍现象才较显著。

### *4.4.3 相互垂直同频率两简谐振动的合成

设一质点同时参与两同频率、振动方向相互垂直的简谐振动，它们的振动方程分别为

$$x = A_1\cos(\omega t+\varphi_1)$$
$$y = A_2\cos(\omega t+\varphi_2)$$

任一时刻 $t$，质点的位置坐标为（$x$，$y$），当 $t$ 变化时，质点的位置坐标（$x$，$y$）也跟着变化，将上述两方程联立消去时间 $t$，可得质点在 $xOy$ 平面内的轨迹方程为（推导略）

$$\frac{x^2}{A_1^2}+\frac{y^2}{A_2^2}-\frac{2xy}{A_1A_2}\cos(\varphi_2-\varphi_1) = \sin^2(\varphi_2-\varphi_1) \tag{4-21}$$

在一般情况下，式（4-21）是一个椭圆型方程，质点运动的轨迹是一椭圆。在特殊情况下，可能为直线或圆，如图 4-15 所示。

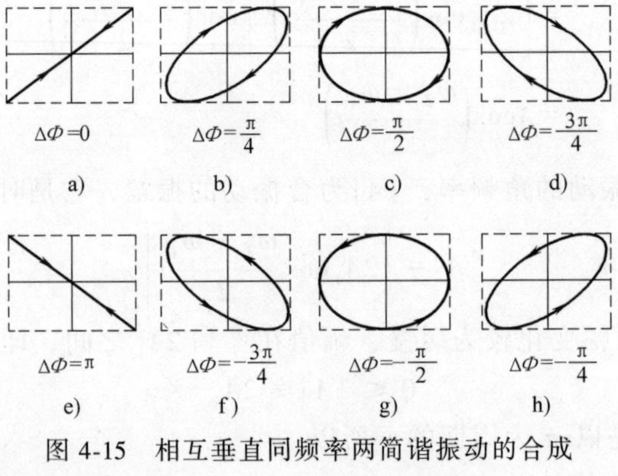


图 4-15 相互垂直同频率两简谐振动的合成

下面就几种特殊情况进行讨论。

（1）当 $\Delta\Phi=\varphi_2-\varphi_1=0$ 时，即两个分振动的相位相同时，由式（4-21）可得

$$\frac{y}{x}=\frac{A_2}{A_1}$$

这是斜率为 $A_2/A_1$ 的直线方程。表明合振动仍然是简谐振动，合振幅为$\sqrt{A_1^2+A_2^2}$，角频率与原分振动的角频率相同。质点在Ⅰ、Ⅲ象限内做直线运动，如图 4-15a 所示。

（2）当 $\Delta\Phi=\varphi_2-\varphi_1=\pi$ 时，即两个分振动的相位相反，则由式（4-21）可得

$$\frac{y}{x}=-\frac{A_2}{A_1}$$

它是斜率为$-A_2/A_1$ 的直线方程，合振幅为$\sqrt{A_1^2+A_2^2}$，角频率与原分振动的角频率相同。质点在Ⅱ、Ⅳ象限做直线运动，如图 4-15e 所示。

（3）当 $\Delta\Phi=\varphi_2-\varphi_1=\pi/2$ 时，即两个分振动的相位差为 $\pi/2$，则由式（4-21）可得

$$\frac{x^2}{A_1^2}+\frac{y^2}{A_2^2}=1$$

表明质点运动的轨迹为一椭圆，质点运动方向为顺时针方向转动（或简称右旋），如图 4-15c 所示。若 $A_1=A_2$，则质点运动轨迹为右旋的圆。

（4）当 $\Delta\Phi=\varphi_2-\varphi_1=3\pi/2$（或$-\pi/2$）时，由式（4-21）可得

$$\frac{x^2}{A_1^2}+\frac{y^2}{A_2^2}=1$$

质点运动的轨迹仍然是椭圆，但运动方向为逆时针方向转动（或简称为左旋），如图 4-15g 所示。同样，若 $A_1=A_2$，则质点运动轨迹为左旋的圆。

由上述讨论可知，两个相互垂直同频率的简谐振动合成，质点运动的轨迹一般为椭圆，也可能是直线或圆。反之，任何一个直线简谐振动、圆周运动或椭圆运动，总可以分解为两个相互垂直的同频率的简谐振动。这部分内容在光学中是讨论线偏振光、椭圆偏振光或圆偏振光等的基础。

### *4.4.4　相互垂直频率不同的两谐振动的合成

两个相互垂直、频率不同的简谐振动的合成，质点的运动轨迹较为复杂，当两简谐振动的频率比为整数比时，合成的轨迹曲线常称为**李萨如图形**。图 4-16 给出了两相互垂直、频率比分别为 1∶2 和 1∶3 的简谐振动合成的质点轨迹。

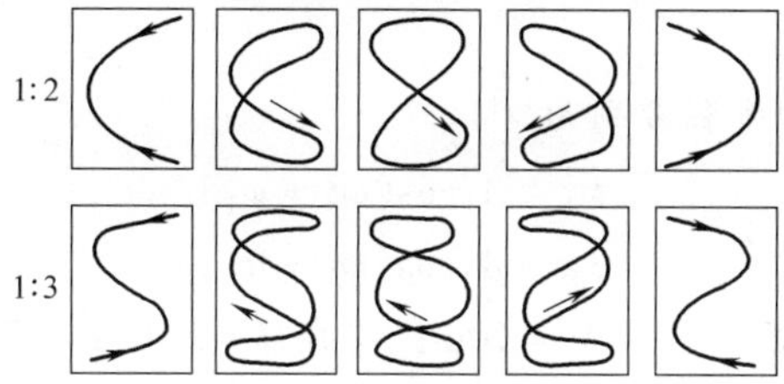


图 4-16　李萨如图形

**例题 4-7** 一质点同时参与同方向同频率的两个简谐振动，它们的振动方程为

$$x_1 = 10\cos\left(2\pi t + \frac{\pi}{3}\right)$$

$$x_2 = 6\cos\left(2\pi t + \frac{2\pi}{3}\right)$$

式中，$x$ 的单位为 m、$t$ 的单位为 s。试求合振动方程。

**解** 由式（4-18）和式（4-19）可得

$$A = \sqrt{10^2 + 6^2 + 2 \times 10 \times 6\cos\left(\frac{2\pi}{3} - \frac{\pi}{3}\right)}$$

$$= \sqrt{196}\text{m} = 14\text{m}$$

$$\tan\varphi = \frac{10\sin\dfrac{\pi}{3} + 6\sin\dfrac{2}{3}\pi}{10\cos\dfrac{\pi}{3} + 6\cos\dfrac{2\pi}{3}}$$

$$= \frac{10 \times \sqrt{3}/2 + 6 \times \sqrt{3}/2}{10 \times 1/2 + 6 \times (-1/2)} = 4\sqrt{3}$$

则

$$\varphi = 1.43\text{rad}$$

故合振动方程为

$$x = 14\cos(2\pi t + 1.43)$$

**例题 4-8** 同方向、同频、同振幅两简谐振动 $A$、$B$ 的振动曲线如图 4-17 所示。试求

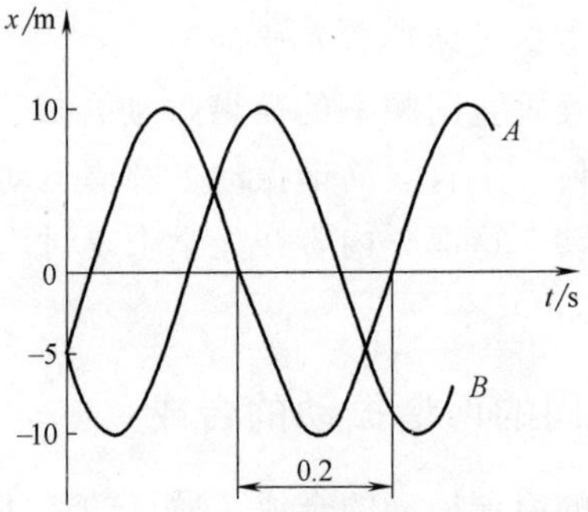


图 4-17 例题 4-8 图

（1）简谐振动 $A$、$B$ 的振动方程；

（2）它们的合振动振幅。

**解** （1）设两简谐振动方程分别为

$$x_A = A_1\cos(\omega t + \varphi_1)$$

$$x_B = A_2\cos(\omega t + \varphi_2)$$

由图 4-17 可见，两振动的振幅 $A_1 = A_2 = 10\text{m}$；周期 $T = 2\times 0.2\text{s} = 0.4\text{s}$，则角频率 $\omega = 2\pi/T = 5\pi\text{s}^{-1}$。对曲线 $A$，初始时刻的位移

$$x_{A0} = -5\text{m}, \text{ 则 } \cos\varphi_1 = x_0/A = -1/2$$

初始时刻的速度

$$v_{A0} > 0, \quad \text{即} \quad \sin\varphi_1 < 0$$

由此可知 $\varphi_1 = 4\pi/3$。故质点 $A$ 的振动方程为

$$x_A = 10\cos\left(5\pi t + \frac{4}{3}\pi\right)\text{m}$$

对于曲线 $B$，$x_{B0} = -5\text{m}$，则 $\cos\varphi_2 = -1/2$，而 $v_{B0} < 0$，即 $\sin\varphi_2 > 0$，由此可得 $\varphi_2 = 2\pi/3$。故质点 $B$ 的振动方程为

$$x_B = 10\cos\left(5\pi t + \frac{2}{3}\pi\right)$$

（2）合振动的振幅由式（4-18）可得

$$A = \sqrt{10^2 + 10^2 + 2 \times 10 \times 10\cos\left(\frac{2\pi}{3} - \frac{4\pi}{3}\right)}\text{m} = 10\text{m}$$

## 4.5　阻尼振动　受迫振动　共振

### 4.5.1　阻尼振动

简谐振动是一种不考虑阻力的理想情况，而实际情况中总是存在阻力。在振动过程中，系统将不断消耗自身的能量，以克服阻力做功，使物体的振幅不断地减小。这种振动能量（或振幅）随时间不断减小的振动，称为阻尼振动。

阻尼振动中能量减少的方式通常有两类：一类是由于摩擦力的存在，使振动系统的机械能转化为热能，这种阻尼称为摩擦阻尼；另一类是由于振动系统引起邻近质点振动，使能量向四周辐射，振动的能量转变为波动的能量，这种阻尼称为辐射阻尼。例如音叉振动，不仅有摩擦阻尼，而且有辐射阻尼，使音叉的振动能量逐渐减小，最终停止振动。

图 4-18a 为阻尼振动的位移-时间曲线。由此曲线可见，阻尼振动的振幅随时间不断减

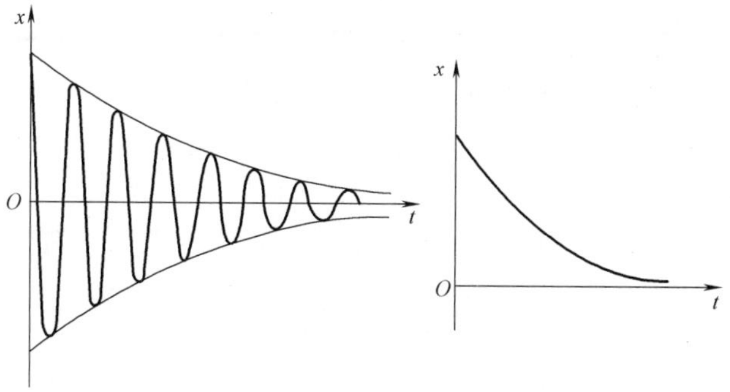


a)　　b)

图 4-18　阻尼振动的位移-时间曲线

小并渐趋为零；阻尼振动的振幅在一个极大值出现之后，相隔一段时间后再出现另一个较小的极大值，这段固定的时间称为阻尼振动的周期。但严格地说，阻尼振动不能算是周期运动，因为在一个周期后，振幅不能恢复到原值大小，因此常将阻尼振动叫作准周期运动。实验与理论都表明，阻尼振动的周期比无阻尼时的固有周期要长。阻尼越大，振幅衰减越快，阻尼周期将越长。当阻尼过大，以致系统在未完成一次振动前，已经将能量消耗完毕，系统经历非周期性方式回到平衡位置，这种振动则称为过阻尼振动，如图 4-18b 所示。

实际生活中，根据不同的需求可以控制阻尼的大小。例如在某些情况下为了减振或防振，需要加大阻尼；在灵敏电流计等精密仪表中，为使指针尽快停止偏转，常使电流计的偏转系统有较大阻尼。在另一些情况下，可以添加润滑剂来减小阻尼等。

## 4.5.2 受迫振动和共振

振动系统在周期性外力作用下的振动称为受迫振动，这种周期性外力叫作强迫力。阻尼振动系统在周期性外力作用下的振动，初始阶段常比较复杂、不稳定，之后会趋于稳定。如果外力是按照简谐振动规律变化的，则达到稳定状态以后，受迫振动将是简谐振动，振动的振幅恒定不变，且其大小与周期性外力的大小、频率以及系统的固有频率等有关，如图 4-19 所示。受迫振动的周期与强迫力的周期相同。但理论表明，它们的相位并不相同，而是有一个相位差，这个相位差与振动系统阻尼的大小、固有频率以及外力的频率有关。因此，在受迫振动的一个周期内，外力的方向与物体的运动方向有时相同，有时相反。相同时外力对系统做正功，供给系统能量；相反时，外力对系统做负功，使系统的能量减少。当外力的频率 $\nu$ 与系统的固有频率 $\nu_0$ 相同时，受迫振动的振幅最大，这种现象称为共振。图 4-20 表示受迫振动的振幅与外力频率的关系。

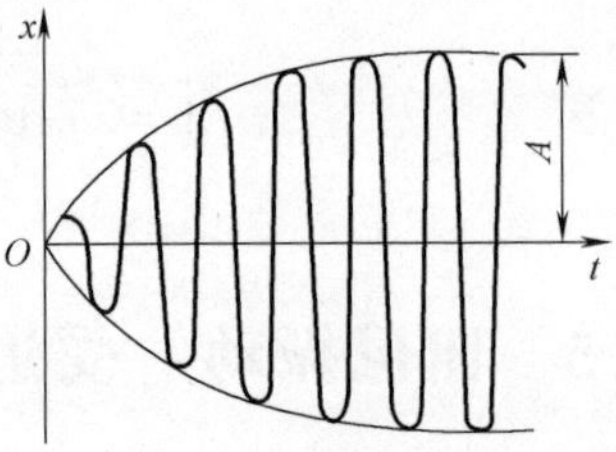


图 4-19 受迫振动的位移-时间曲线

由图 4-20 可见，阻尼越小，共振的振幅越大；阻尼为零，振幅将趋于无限大。事实上，这种情况下的振动系统在未达到稳定状态以前就可能遭到破坏了。

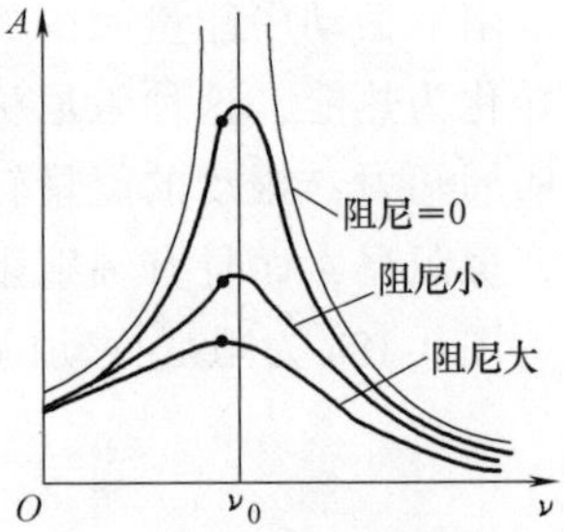


图 4-20 受迫振动的振幅与外力频率的关系

共振现象有许多有益的应用，例如许多乐器的发音就利用了共振现象；收音机的调谐电路是利用了电磁共振现象；无损检验中也常利用到共振现象。此外，共振也有可能产生危害，要设法避免，例如队伍过桥时一般不允许齐步走，否则可能产生共振并进而引发塌桥事故；在攀登雪山时，应尽量避免大声喧哗，否则可能因共振而导致雪崩发生；制造飞机时，要设法错开气流及发动机频率与机翼固有频率相同，否则可能发生共振，造成空难事故，等等。

## 4.5.3 减振原理

当机器运转时，由激励（即强迫力）而引起系统的振动不仅会影响机器的正常工作，同时也对周围环境产生不良影响；强烈的振动对工农业生产、科学研究和日常生活都能产生严重的危害，特别是高精度仪器设备在使用过程中，要求有相当安静的、稳定的环境，例如全息照相等。随着工农业生产和科技的发展，对减振和隔振的要求日益迫切。

减少振动的方法很多，视具体问题区别对待。目前常用的方法大致有以下几方面：

1）消除或抑制振源强度。激励源的存在是产生受迫振动的原因，因此消除振动的根本办法就是消除产生激励的来源。例如对高速转子进行完善的动平衡，减小其质量分布不平衡而产生的激振力；高速公路的路面铺设应尽可能平坦光滑，以减轻路面不平对车轮的冲击力；减少高层建筑物的迎风面积，以减轻其承受的风力。所有这些措施都是消除或抑制振源强度的。

2）避开共振区。振源强度虽然可以减小到很低的程度，但常常难以完全消除。因此，机器应避开共振区工作，即机器本身的固有频率尽可能与振源可能的频率远离。

3）隔振措施。在振源和减振体（需要降低振动强度的物体）之间插进柔软的衬垫，依靠它的变形来减轻振源对减振体的作用，这种措施通常称为隔振。用来隔振的装置称为隔振器。例如汽车的充气内胎；仪器包装箱内泡沫塑料填充物；火车车厢和车轮间所装的弹簧等都是隔振装置。

4）阻尼消振。前面讲到阻尼振动时曾经提到，依靠阻尼力可以消耗吸收振动源的能量，达到消振的目的。

在实际问题中，常将几种减振措施联合使用。例如全息照相中，隔振措施常采用空气弹簧，使用重工作台以降低系统的固有频率，低压充气囊以增大阻尼，达到较好的减振效果。

为了进一步深入地理解阻尼振动、受迫振动和共振现象，下面对这些问题进行简略的定量介绍。

## *4.5.4 定量分析

### 1. 阻尼振动方程和阻尼解

在有阻尼的情况下，振动物体不仅受到弹性力 $F=-kx$，而且受到阻尼力 $F_r$。在振动物体速度不太大时，实验表明，阻尼力与物体的速度成正比而反向，即

$$F_r = -\gamma v = -\gamma \dot{x}$$

由牛顿定律可得振动方程为

$$-kx - \gamma \dot{x} = m\ddot{x}$$

或

$$\ddot{x} + 2\delta\dot{x} + \omega_0^2 x = 0 \tag{4-22}$$

式中，$\omega_0=\sqrt{k/m}$ 为无阻尼谐振系统的固有频率；$\delta=\gamma/2m$ 为阻尼系数；$\ddot{x}$ 为物体的速度 $\dot{x}$ 对时间的一阶导数，即为物体的加速度。阻尼振动方程式（4-22）是线性齐次二阶常系数微分方程，其一般解为

$$x = A_0 e^{-\delta t}\cos(\omega t + \varphi) \tag{4-23a}$$

式中，$A_0 e^{-\delta t}$ 为 $t$ 时刻阻尼振动的振幅；$A_0$ 为初始时刻 $t=0$ 时的振幅。在阻尼力作用下，振动系统不断消耗机械能，其振幅随时间 $t$ 逐渐衰减，阻尼系数 $\delta$ 越大，亦即阻尼越大或质量越小，振幅衰减越快，最后停止振动。阻尼振动时系统的角频率 $\omega$ 为

$$\omega = \sqrt{\omega_0^2 - \delta^2} \tag{4-23b}$$

由式（4-23b）可见，当系统的固有频率 $\omega_0$ 大于阻尼系数 $\delta$，即 $\omega_0>\delta$ 时，物体做减幅准周

期阻尼振动；当 $\omega_0<\delta$ 时，$\omega$ 为虚数，表示物体做过阻尼振动，物体未完成一次全振动以前，能量已消耗完毕，振动物体以非周期方式回到平衡位置；$\cos(\omega t+\varphi)$ 反映了在弹性力的作用下的周期运动，由于阻尼力的存在，振动频率变小，周期变长。

要使物体的振动持续不断地进行下去，必须补充能量以克服阻尼耗散。简单的做法是再对物体施加一个周期性的简谐强迫力。在此强迫力的作用下，物体做受迫振动。

**2. 受迫振动方程及方程的解**

令强迫力 $F'=F_0'\cos\omega' t$，则物体的振动方程为

$$-kx-\gamma\dot{x}+F_0'\cos\omega' t=m\ddot{x}$$

或

$$\ddot{x}+2\delta\dot{x}+\omega_0^2 x=\frac{F_0'}{m}\cos\omega' t \tag{4-24}$$

式中，$\omega'$为强迫力的角频率；$F_0'$为强迫力的振幅。受迫振动方程式（4-24）是线性常系数二阶非齐次微分方程，其解为相应齐次方程的解（即阻尼解）$A_0\mathrm{e}^{-\delta t}\cos(\omega t+\varphi)$ 与该方程的一个特解 $A\cos(\omega' t-\varphi')$ 的线性组合，即

$$x=A_0\mathrm{e}^{-\delta t}\cos(\omega t+\varphi)+A\cos(\omega' t-\varphi') \tag{4-25a}$$

式（4-25a）中第一项为阻尼项，它随时间 $t$ 的增加而逐渐衰减，时间适当长之后，它基本上不起作用，因此它并不重要，称为暂态响应，与强迫力无关。第二项则为强迫力存在时系统出现的响应，它不随时间而衰减，一定时间后该项起主要作用，称为稳态响应。利用数学解析方法或旋转矢量方法，可以确定 $A$ 和 $\varphi'$分别为

$$A=\frac{(F_0'/k)}{\sqrt{\left[1-\left(\dfrac{\omega'}{\omega_0}\right)^2\right]^2+\dfrac{1}{Q^2}\left(\dfrac{\omega'}{\omega_0}\right)^2}} \tag{4-25b}$$

$$\tan\varphi'=\frac{\left(\dfrac{\omega'}{\omega_0}\right)}{Q\left[1-\left(\dfrac{\omega'}{\omega_0}\right)^2\right]} \tag{4-25c}$$

式中，$Q=\omega_0/2\delta$，其数量级通常在 2 以上。

由式（4-25b）和（4-25c）可见，稳态响应（稳定解）与系统固有角频率 $\omega_0$、强迫力角频率 $\omega'$和阻尼系数 $\delta$ 有关，特别与 $\omega'/\omega_0$ 的比值密切相关。下面就三种特殊情况稍加讨论。

1）$\omega'\ll\omega_0$。当强迫力的角频率比系统固有角频率小得多时，则 $(\omega'/\omega_0)^2\ll1$，与 1 相比，$(\omega'/\omega)^2$ 可以忽略不计；$\dfrac{1}{Q}\left(\dfrac{\omega'}{\omega_0}\right)\ll1$，与 1 相比也可忽略不计，故由式（4-25b）和（4-25c）可得

$$A\approx F_0'/k,\quad \varphi'\gtrsim0$$

即受迫振动物体的振幅 $A$ 相当于在强迫力幅值 $F_0'$作用下弹簧的静伸长，约等于一个常数；而振动物体的位移与强迫力几乎是同相位，仅仅落后一个很小的相位角 $\varphi'$（$\varphi'\gtrsim0$）。

2）$\omega'\gg\omega_0$。当强迫力的角频率 $\omega'$比系统的固有角频率 $\omega_0$ 大得多时，则 $(\omega'/\omega_0)^2\gg1$，相对于 $(\omega'/\omega_0)^2$，1 可以忽略不计；相对于 $(\omega'/\omega_0)^4$，$\dfrac{1}{Q^2}\left(\dfrac{\omega'}{\omega_0}\right)^2$ 也可忽略不计，则由式

(4-25b) 和式 (4-25c) 可得

$$A \approx \frac{(F'_0/k)}{(\omega'/\omega_0)^2} \approx 0$$

$$\tan\varphi' \approx \frac{\frac{1}{Q}\left(\frac{\omega'}{\omega_0}\right)}{-\left(\frac{\omega'}{\omega_0}\right)^2} \lesssim 0 \quad 即 \quad \varphi' \lesssim \pi$$

可见在此情况下，物体振幅很小，接近于零；物体的位移几乎与强迫力反相位（$\varphi' \lesssim \pi$）。

3）$\omega' = \omega_0$。当强迫力的角频率 $\omega'$ 等于系统固有角频率 $\omega_0$ 时，由式（4-25b）和式（4-25c）可得

$$A = Q\left(\frac{F'_0}{k}\right)$$

$$\tan\varphi' = \frac{1}{Q\left(1 - \frac{\omega'}{\omega_0}\right)^2} \to +\infty, \quad 即\ \varphi' = \pi/2$$

此时物体的振幅 $A$ 达到极大值，这种现象称为共振。共振时，物体位移的相位比强迫力的相位落后 $\pi/2$。在阻尼较小时，$Q = \omega_0/2\delta$ 较大，受迫振动的振幅 $A$ 就较大；在无阻尼时，$\delta = 0$，$Q \to \infty$，则 $A \to \infty$。

图 4-20 中，受迫振动的振幅 $A$ 与强迫力频率的关系曲线，清楚地反映了上述三种特殊情况。

# 本 章 提 要

**简谐振动方程**

1. 简谐振动动力学特征方程

$$F = -kx$$

2. 简谐振动运动学特征方程

$$\ddot{x} + \omega^2 x = 0$$

3. 简谐振动运动方程

$$x = A\cos(\omega t + \varphi)$$

如果物体的运动规律满足上述三个方程中的任意一个，即可判定该物体的运动为简谐振动。

**描述简谐振动的物理量**

1. 周期 $T$，频率 $\nu$ 和角频率 $\omega$　$T$，$\nu$，$\omega$ 仅取决于振动系统本身的性质，因此称为固有周期、固有频率和固有角频率。它们之间的关系为

$$\omega = 2\pi\nu = 2\pi/T$$

（1）对于弹簧振子，有

$$\omega = \sqrt{\frac{k}{m}}, \qquad T = 2\pi\sqrt{\frac{m}{k}}$$

（2）对于单摆，有

$$\omega = \sqrt{\frac{g}{l}},\quad T = 2\pi\sqrt{\frac{l}{g}}$$

2. 振幅 $A$ 和初相位 $\varphi$ $A$ 和 $\varphi$ 除与系统性质（$\omega$）有关外，完全由初始条件（$x_0$，$v_0$）确定。

（1）振幅 $A$

$$A = \sqrt{x_0^2 + \left(\frac{v_0}{\omega}\right)^2}$$

（2）初相位 $\varphi$

$$\text{由 } \tan\varphi = \frac{-v_0}{\omega x_0}\text{，即可求得 } \varphi$$

若物体初速 $v_0$ 仅知方向而不知数值时，可以采用另一种解析法或旋转矢量法来确定初相位 $\varphi$。

**简谐振动的速度、加速度和能量**

1. 简谐振动的速度

$$v = \dot{x} = -\omega A\sin(\omega t + \varphi)$$

注意，速度的相位比位移的相位超前 $\pi/2$。

2. 简谐振动的加速度

$$a = \ddot{x} = -\omega^2 A\cos(\omega t + \varphi)$$

注意，加速度的相位比速度的相位超前 $\pi/2$，比位移的相位超前 $\pi$。

3. 简谐振动的能量

$$E_{\mathrm{k}} = \frac{1}{2}mv^2 = \frac{1}{2}m\omega^2A^2\sin^2(\omega t + \varphi)$$

$$E_{\mathrm{p}} = \frac{1}{2}kx^2 = \frac{1}{2}kA^2\cos^2(\omega t + \varphi)$$

$$\bar{E}_{\mathrm{k}} = \bar{E}_{\mathrm{p}} = E/2$$

$$E = E_{\mathrm{k}} + E_{\mathrm{p}} = \frac{1}{2}kA^2 = \frac{1}{2}m\omega^2A^2$$

**旋转矢量投影法**

该法可以简洁、直观地分析振动情况及振动的合成等问题，并能直接看出相位的超前或落后，要求熟练掌握。

**简谐振动的合成**

1. 同方向、同频率两简谐振动的合成 同方向、同频率两简谐振动的合成仍然是简谐振动，其角频率与原来分振动的角频率相同，其振幅和初相位分别为

$$A = \sqrt{A_1^2 + A_2^2 + 2A_1A_2\cos(\varphi_2 - \varphi_1)}$$

$$\tan\varphi = \frac{A_1\sin\varphi_1 + A_2\sin\varphi_2}{A_1\cos\varphi_1 + A_2\cos\varphi_2}$$

当 $\Delta\Phi=\varphi_2-\varphi_1=2k\pi(k=0,\pm1,\pm2,\cdots)$时，合振动振幅 $A=A_1+A_2$ 为最大；

当 $\Delta\Phi=\varphi_2-\varphi_1=(2k+1)\pi(k=0,\pm1,\pm2,\cdots)$时，$A=|A_1-A_2|$，合振动振幅为最小，若

$A_1=A_2$ 时，则合振幅 $A=0$。

*2. 同方向、频率稍有差异的两简谐振动的合成　合振动为拍振动；振幅变化的频率称为拍频率，大小 $\nu=|\nu_1-\nu_2|$。

*3. 相互垂直、频率相同的两简谐振动的合成　合振动质点运动的轨迹通常为椭圆，特殊情况下为直线或圆。

## 习　题

4-1　回答下列问题。

(1) 什么叫简谐振动？如何证明某物体的运动是简谐振动？

(2) 简谐振动的特征方程，以及运动方程的形式是怎样的？

(3) 在硬地上用手拍皮球，皮球反复跳动，这种运动是不是简谐振动？说明理由。

(4) 一小球在两个对称光滑斜面间做往复运动，如题 4-1(4) 图所示。它的运动是否是简谐振动？说明理由？

(5) 一小球在半径很大的光滑凹柱面上围绕最低点 $O$ 做往复运动，如题 4-1(5) 图所示。它的运动是否为简谐振动？说明理由。

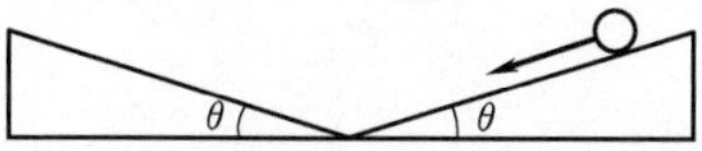

题 4-1(4) 图

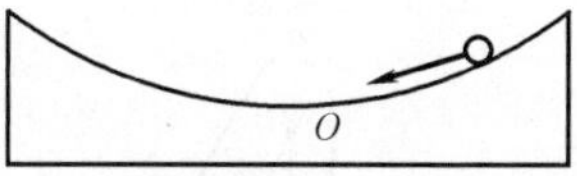


题 4-1(5) 图

4-2　设简谐振动方程为 $x=0.5\cos(4\pi t-\pi/3)$，$x$ 单位为 m，$t$ 单位为 s，则该振动的振幅 $A=$________，周期 $T=$________，初相位 $\varphi=$________；初始时刻 $t=0$ 时速度的量值 $v_0=$________，方向为________。

4-3　有一简谐振子其平衡位置在 $x=0$ 处，周期为 $T$，振幅为 $A$；$t=0$ 时经过 $x=A/2$ 处，且向 $x$ 轴负方向运动，则其简谐振动运动方程可表示为________________。

4-4　一劲度系数为 $k$ 的轻质弹簧一端固定，另一端与质量为 $m$ 的小球相连，组成一弹簧振子，其振动周期 $T=$________，若将弹簧剪掉一半后组成新的弹簧振子，其振动周期又为 $T'=$________。

4-5　质量为 0.01kg 的小球与一轻质弹簧组成弹簧振子，按 $x=0.1\cos(8\pi t+2\pi/3)$ 的规律振动，式中 $x$ 以 m 计，$t$ 以 s 计，则该简谐振动的周期 $T=$________，初相位 $\varphi=$________；最大速度值 $v_m=$________和最大加速度值 $a_m=$________；最大的恢复力 $F_m=$________，最大动能 $E_k=$________及总机械能 $E=$________。

4-6　如题 4-6 图所示，两个频率、振幅都相同的简谐振动曲线 $A$、$B$，则它们的简谐振动方程分别为 $x_A=$________，$x_B=$________。

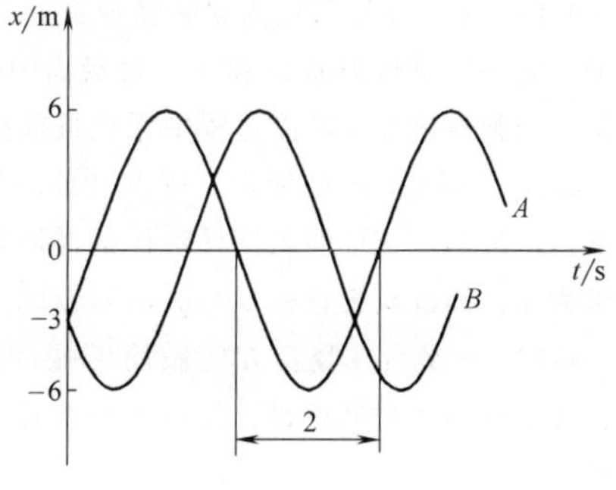


题 4-6 图

4-7　若 $A$、$B$ 两简谐振动曲线如题 4-6 图所示，它们的合振动振幅 $A=$________，合振动的初相位 $\Phi=$________。

4-8　劲度系数分别为 $k_1$ 和 $k_2$ 的两轻质弹簧，与质量为 $m$ 的物体相连接，拉长后另一端分别固定于 $A$、$B$ 两点，系统置于光滑的桌面上，如题 4-8 图所示。将物体沿弹簧方向拉开一小位移后释放。

(1) 试证明物体做简谐振动；

(2) 求该系统的振动周期。

4-9 将劲度系数分别为 $k_1$ 和 $k_2$ 的两轻质弹簧串联后左端固定，右端与质量为 $m$ 的物体相连，置于光滑的桌面上，如题 4-9 图所示。

(1) 试求其固有频率；

(2) 若有一质量为 $m_0$ 的子弹以匀速度 $\boldsymbol{v}_0$从右往左沿水平方向射入静止的物体内而一起运动，求其运动方程(规定向右为 $x$ 轴正方向)。

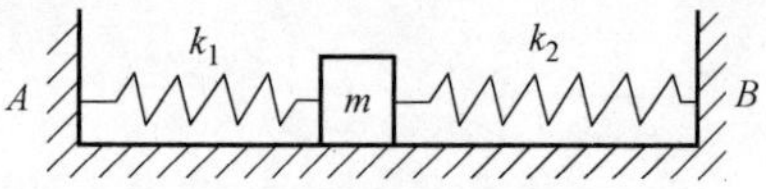


题 4-8 图

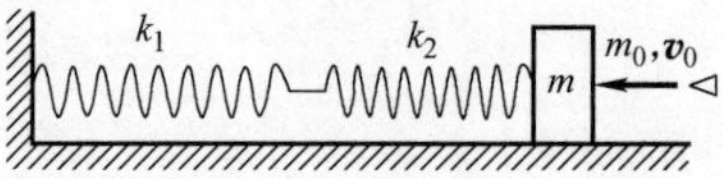


题 4-9 图

4-10 如题 4-10 图所示，一刚体可绕固定光滑的水平轴 $O$ 自由摆动，该装置称为复摆(又称物理摆)。设刚体质量为 $m$，对转轴 $O$ 的转动惯量为 $I$，质心位于 $C$，已知 $OC=L$。

(1) 试证明它做小角度摆动时为简谐振动；

(2) 求其摆动的周期。

4-11 将劲度系数为 $k$ 的轻质弹簧，一端固定，另一端通过刚性细轻绳绕过定滑轮与质量为 $m$ 的物体相连，定滑轮的半径为 $R$，转动惯量为 $I$，如题 4-11 图所示。假定绳与定滑轮无相对滑动。试求

(1) 物体的振动周期 $T$；

(2) 当将物体托至弹簧原长时，由静止释放，求物体的运动方程(以向下为正方向)。

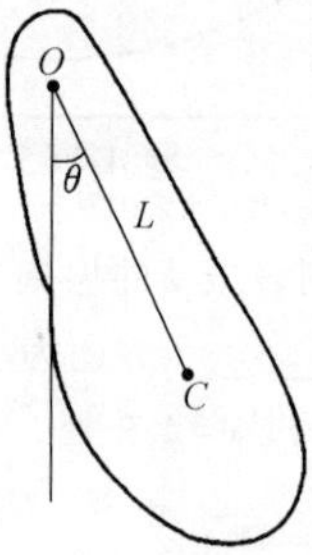


题 4-10 图

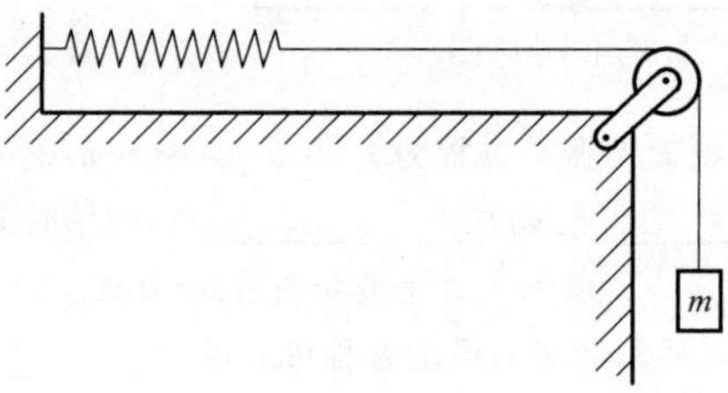


题 4-11 图

4-12 由劲度系数为 $k$ 的轻质弹簧和质量为 $m_{物}$ 的物体组成的弹簧振子，一端固定，置于光滑的水平面上。当它做振幅为 $A$ 的简谐振动时，有一质量为 $m$ 的黏土块从高度为 $h$ 处自由下落，恰好落到物体 $m_{物}$ 上，试求：

(1) 土块粘上前后，物体的振动周期各为多少？

(2) 若土块在物体 $m_{物}$ 通过平衡位置及通过最大位移处落上时，试分别计算其振幅的变化。

4-13 在一弹性系数为 $k$ 的轻弹簧下悬挂一质量为 $m$ 的盘子，处于静止状态，盘面水平。有一质量也为 $m$ 的物体，自盘面中心正上方比盘面高 $h$ 处由静止自由落下，与盘子做完全弹性碰撞（碰撞过程中无机械能损失），试求：前两次碰撞期间盘子的运动。

4-14 如题 4-14 图所示，密度计玻璃管直径为 $d$，浮在密度为 $\rho$ 的液体内，让其做上下自由振动。试证明若不计液体的黏滞阻力，密度计的运动是简谐振动；设密度计的质量为 $m$，其玻璃管直径 $d$ 与圆筒容器的直径相比，可以忽略不计，求振动的周期。

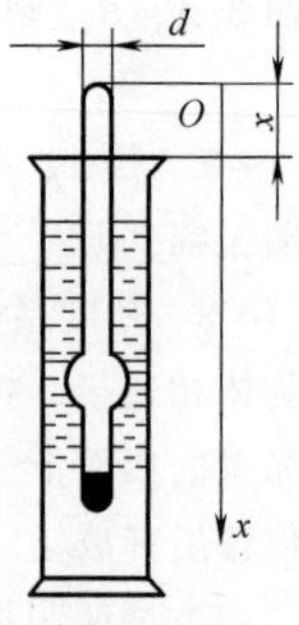


题 4-14 图

4-15 一平台在竖直方向做简谐振动，振幅为 5cm，频率为 10/πHz，台面保持水平，在平台到达最低点时，将一木块轻轻地放在平台上(设木块质量远小于平台质量)，试求：

(1)木块于何处离开平台？

(2)木块能达到的高度比平台能达到的高度高多少？

4-16　已知一弹簧振子的总机械能为 $E$，振幅为 $A$，试求：

(1)当 $x=A/2$ 时，系统的动能 $E_k$ 和势能 $E_p$；

(2)$x$ 取何值时，系统的动能与势能相等。

4-17　有两个同方向的简谐振动，它们的振动方程分别为

$$x_1 = 0.05\cos(10t + 3\pi/5)$$
$$x_2 = 0.06\cos(10t + \pi/5)$$

式中，$x$ 以 m 计，$t$ 以 s 计。试求：

(1) 它们合振动的振幅和初相位；

(2) 写出合振动的运动方程；

(3) 用旋转矢量法表示(1)的结果。

4-18　两个同方向、同频率的简谐振动，其合振幅为 0.20m，合振动的相位与第一简谐振动的相位差为 $\pi/6$，已知第一简谐振动的振幅为 $\sqrt{3}/10$m，求第二简谐振动的振幅以及第一、第二两简谐振动的相位差。

4-19　一质点同时参与三个同方向、同频率的简谐振动，它们的振动方程分别为

$$x_1 = A\cos\omega t$$
$$x_2 = A\cos(\omega t + \pi/3)$$
$$x_3 = A\cos(\omega t + 2\pi/3)$$

(1) 试用旋转矢量法求合振动的运动方程；

(2) 合振动由初始位置至 $x=-A_{合}/2$ 所需的最短时间是多少？

*4-20　一均质细杆，两端分别用长为 $l$ 的细绳吊起，使杆呈水平状态，如题 4-20 图所示。使杆做一小角度扭动(重心不动)后释放，任其自由地在水平面内绕竖直中心轴摆动。试求摆动的周期 $T$。

*4-21　劲度系数为 $k$ 的轻质弹簧，一端固定，另一端连接在质量为 $m$ 的均质圆柱体的轴上，圆柱体可绕该轴线自由转动，如题 4-21 图所示。令圆柱体偏离平衡位置，使系统做简谐振动，设圆柱体与桌面间无相对滑动。求该系统的振动周期。

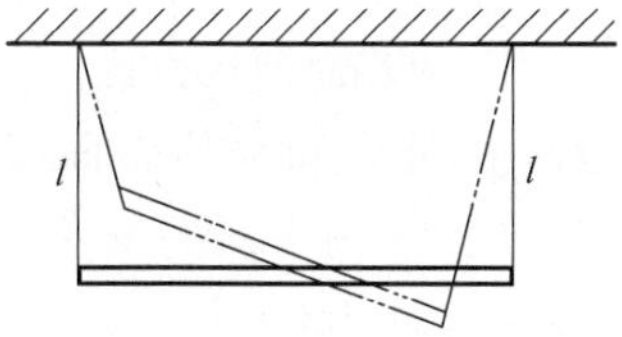


题 4-20 图

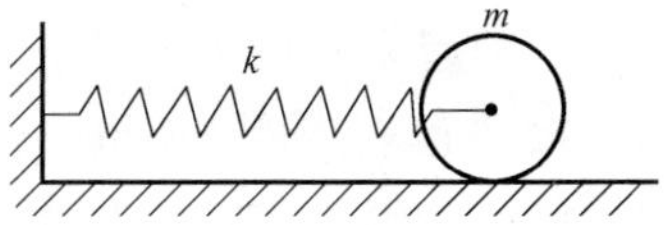


题 4-21 图

# 第5章

# 机 械 波

波动是一种常见的运动形式，它是振动状态的传播过程。波动一般可分为两大类，一类是机械振动在弹性媒质(固体、液体)中的传播过程，这类波叫做机械波，例如水波、声波等；另一类是变化电磁场在空间(不一定有介质)的传播过程，通称电磁波，例如无线电波，光波等。机械波和电磁波在本质上是不相同的，但它们都具有波动的共同特征和规律。本章以机械波为例分析讨论波动的产生、传播及其规律。

## 5.1 机械波的产生及其特征量

### 5.1.1 机械波的产生 横波和纵波

机械波是机械振动在弹性媒质中的传播过程。弹性媒质中各个质点之间有弹性力相互联系着，当媒质中某一质点 $A$ 因受到外界扰动而离开平衡位置时，邻近质点将对质点 $A$ 作用一个弹性力，并使质点 $A$ 在平衡位置附近振动起来。与此同时质点 $A$ 也给邻近质点弹性力的作用，使邻近质点也在平衡位置附近振动起来。因此，弹性媒质中一个质点的振动会引起它邻近质点的振动，而邻近质点的振动又会引起较远质点更迟的振动。这样依次带动，使振动以一定的速度由近及远地传播出去，从而形成机械波。例如，投石子于水面，与石子撞击的那部分水先振动起来，成为波源，周围的一圈圈水团也将在重力和水的表面张力的作用下，被带动着振动起来，圈圈涟漪，荡漾成为水面波。再比如，一扬声器的纸盆在空气中振动，将会使周围的空气质点发生振动，由于空气质点间存在着弹性力作用，这种过程将不断持续下去，这样就会造成空间各处空气层的压缩和疏张，此起彼伏，伸展延续，形成声波。

通过以上分析可知，机械波的形成需要有两个基本条件，一是要有波源，即引起波动的初始振动物体；二是要有能够传播这种机械振动的弹性媒质。

必须注意的是波动所传播的是振动状态，媒质中的各质点并不随波逐流，各质点只在各自的平衡位置附近振动。可做这样的观察，当水面波向四周扩展时，漂浮在水面上的小木块只做上、下浮动，而不会随波前进。由于振动状态可以用相位来描述，故振动状态的传播也就可以表示为相位的传播。

根据质点的振动方向与波的传播方向之间的关系，可以把波动分为两类：一类是在波动过程中，振动方向与波的传播方向相互垂直，这类波称为横波，例如绳波等；另一类是在波动过程中，振动方向与波的传播方向相互平行，这类波称为纵波，例如声波等。横波和纵波是两种最简单的波，各种复杂的波都可以分解为横波和纵波来研究。例如，水面波看起来像横波，实际上是横波和纵波合成的混合波。

### 5.1.2　波面和波线

为了形象地利用几何图形描述波动过程，我们引入以下的几个概念。在波动传播过程中，任一时刻媒质中各振动相位相同的点联结成的面叫作波面(也称波阵面或同相面)。因为波源每一时刻都向媒质传出一个波面，因而一列波在某时刻的波面可有任意多个。另外，从波源开始，沿波的传播方向，各质点在同一时刻的振动相位是逐点落后的。所以在同一时刻离波源越远的波面相位值越小。于是将某时刻相位值最小的波面称为该时刻的波前。显然波前是该时刻沿波传播方向上的最前列的波面，而且任意时刻只有一个波前。

波面为平面的波叫平面波，波面为球面的波叫球面波。

沿波的传播方向作一些带箭头的线，叫作波线，波线的指向表示波的传播方向。在各向同性均匀媒质中，波线恒与波面垂直。平面波和球面波的波面和波线如图 5-1 所示。

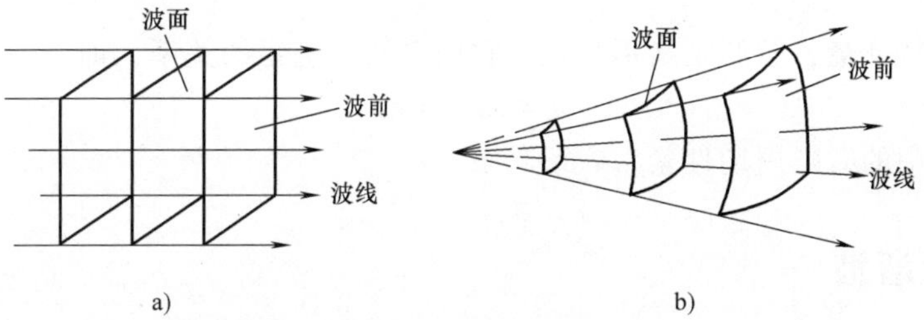


图 5-1　波面与波线

a) 平面波　b) 球面波

### 5.1.3　描述波动的特征量

为了描述波动的整体性质，我们引入以下物理量。

**1. 波速(相速度)**

在波动过程中，单位时间内某振动状态所传播的距离称为波速，用 $u$ 来表示。由于振动状态由振动的相位决定，因此波动也可以看作为振动相位的传播，波速也称为相速。必须注意，波速不同于质点振动的速度。机械波的波速由媒质的性质决定，具体说来就是由媒质的密度和弹性模量决定。理论表明，在一根紧张的柔软绳索或弦线中，横波的传播速度为

$$u = \sqrt{\frac{F_T}{\mu}} \tag{5-1}$$

式中，$F_T$ 是绳索或弦线中的张力；$\mu$ 是绳索或弦线单位长度的质量。

在一根细长的棒中，沿棒的长度方向，纵波传播的速度为

$$u = \sqrt{\frac{Y}{\rho}} \tag{5-2}$$

式中，$Y$ 为媒质的弹性模量；$\rho$ 为棒的密度。

液体和气体只有容变弹性，所以在液体和气体内部只能传播与容变有关的弹性纵波。理论表明，纵波的传播速度为

$$u = \sqrt{\frac{B}{\rho}} \tag{5-3}$$

式中，$B$ 是媒质的容变弹性模量；$\rho$ 是媒质密度。例如，在标准状态下，声波在空气中的波速为 332m/s，而在氢气中声速为 1263m/s。

**2. 波长**

波传播时，在同一波线上两个相邻的相位差为 $2\pi$ 的质点之间的距离称为波长，用 $\lambda$ 表示。因为波源做一次完全振动波前进的距离正好为一个波长，所以波长 $\lambda$ 描述了波动过程中的空间周期性。

**3. 周期和频率**

波前进一个波长的距离所需的时间称为波的周期，用 $T$ 表示。显然，波的周期与波源的振动周期相同，周期反映了波动的时间周期性。波的周期的倒数，则表示单位时间内，波前进距离中完整波的数目，称为波的频率，用 $\nu$ 表示。显然，波的频率也就是波源振动的频率。

对于以上各特征量，按照定义不难得到它们之间所满足的关系，即

$$u = \lambda/T = \lambda\nu \tag{5-4}$$

上式将波动过程中的时空周期性紧密联系起来。

## 5.2 平面简谐波

波源做简谐振动时所产生的波称为**简谐波**，简谐波是简单而十分重要的，可以证明，任何复杂的波都可以看成是由若干简谐波的叠加结果。

为了对波在空间的传播进行定量的描述，我们需要找到一个数学函数式，它能描述媒质中任意位置的质点(以其平衡位置所在处表示)，在任意时刻的振动状态，亦即能描述媒质中各质点的位移 $y$ 随质点位置 $x$ 和时间 $t$ 的变化关系，这样的数学函数式称为波函数，亦称为**波动方程**。

### 5.2.1 平面简谐波的波函数

波面为平面的简谐波称为**平面简谐波**。设有一平面简谐波在无吸收的无限大均匀媒质中沿 $Ox$ 轴正向传播，波速为 $u$，如图 5-2 所示。现在 $x$ 轴就是波线，垂直于 $x$ 轴的一系列平面就是波面。因为在同一波面上各点的振动情况相同，所以 $x$ 轴上的各点的振动也就代表了整个波动的情况。

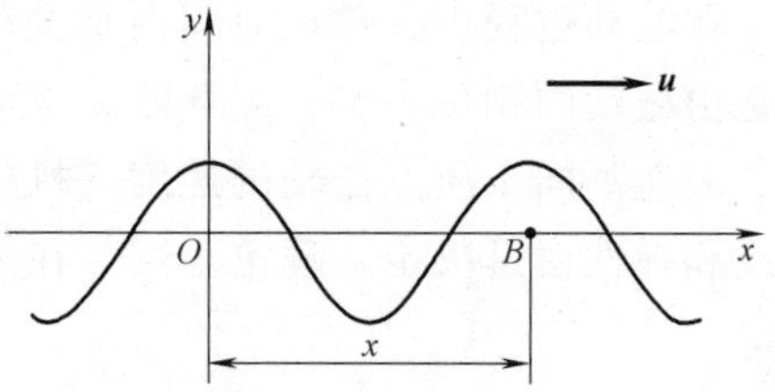


图 5-2 波函数图

设坐标原点 $O$ 处质点的振动方程为

$$y_0(t) = A\cos(\omega t + \varphi_0) \tag{5-5}$$

式中，$y_0(t)$ 是坐标原点 $O$ 处质点在 $t$ 时刻离开平衡位置的位移；$A$ 为振幅；$\omega$ 为角频率；$\varphi_0$ 是其初相位。在 $x$ 轴上任取一点 $B$，其坐标为 $x$，平衡位置在 $B$ 处的质点将以相同的振幅 $A$ 和相同的角频率 $\omega$ 重复 $O$ 处质点的振动。只是 $B$ 处质点的振动在相位上较 $O$ 点落后，这是

因为振动从 $O$ 点传到 $B$ 点需要时间为 $x/u$，故 $O$ 点在 $t$ 时的相位等于 $B$ 点在 $\left(t+\frac{x}{u}\right)$ 时的相位。或者说，$B$ 点在 $t$ 时刻的相位等于 $O$ 点在 $\left(t-\frac{x}{u}\right)$ 时刻的相位，根据式(5-5)，$O$ 点在 $t$ 时刻的相位为 $(\omega t+\varphi_0)$，$B$ 点在 $t$ 时刻相位应为 $\left[\omega\left(t-\frac{x}{u}\right)+\varphi_0\right]$，因此 $B$ 点处质点的振动方程为

$$y(x,\ t)=A\cos\left[\omega\left(t-\frac{x}{u}\right)+\varphi_0\right] \tag{5-6a}$$

上式表示的是任意时刻波线上任意点做简谐振动的位移，也代表了沿 $+x$ 方向传播的平面简谐波的波函数。利用 $\omega=\frac{2\pi}{T}=2\pi\nu$ 和 $u=\lambda\nu=\lambda/T$，波函数式(5-6)可以改写为

$$y(x,\ t)=A\cos\left[2\pi\left(\frac{t}{T}-\frac{x}{\lambda}\right)+\varphi_0\right] \tag{5-6b}$$

$$y(x,\ t)=A\cos\left[2\pi\left(\nu t-\frac{x}{\lambda}\right)+\varphi_0\right] \tag{5-6c}$$

$$y(x,\ t)=A\cos\left[\omega t-2\pi\frac{x}{\lambda}+\varphi_0\right] \tag{5-6d}$$

当平面简谐波沿 $x$ 轴负方向传播时，$B$ 点的振动状态(相位)将超前于 $O$ 点，这时我们只需将式(5-6a)小括号内的负号换成正号，那么它就代表了一个向 $-x$ 方向传播的平面简谐波的波函数，即

$$y(x,\ t)=A\cos\left[\omega\left(t+\frac{x}{u}\right)+\varphi_0\right] \tag{5-7}$$

对于波函数式(5-6)的物理意义，我们分三种情况讨论：

1）当 $x=x_0$ 一定时，位移 $y$ 仅为 $t$ 的函数，此时波函数给出的是坐标为 $x_0$ 的指定质点 $B$ 的振动方程，有

$$y(t)=A\cos\left[\omega\left(t-\frac{x_0}{u}\right)+\varphi_0\right]$$

式中，$-\frac{\omega x_0}{u}$ 表示指定质点 $B$ 落后于 $O$ 点的相位。如令 $\varphi=-\frac{\omega x_0}{u}+\varphi_0$，$\varphi$ 则为指定点 $B$ 的初相，所以上式亦可表示为

$$y(t)=A\cos(\omega t+\varphi)$$

这个方程说明了每个质点振动的周期性，亦即波动的时间周期性。据此我们可以作出该质点的 $y$-$t$ 振动曲线。图 5-3 画出了波线上几个特殊点做简谐振动时的位移-时间曲线(取 $\varphi_0=0$)。

2）当 $t=t_0$ 给定时，位移 $y$ 仅为 $x$ 的函数。这时波函数给出了 $t_0$ 时刻沿波的传播方向上各质点偏离平衡位置位移 $y$ 的空间分布，即 $t_0$ 时刻的波形，有

$$y=A\cos\left[\omega\left(t_0-\frac{x}{u}\right)+\varphi_0\right]$$

可见，此刻质点在空间的位置分布具有周期性，即波动的空间周期性。据此我们作出 $t_0$ 时

刻的 $y$-$x_0$ 波形曲线，图 5-4 中画出了几个特殊时刻的波形图（取 $\varphi_0=0$）。

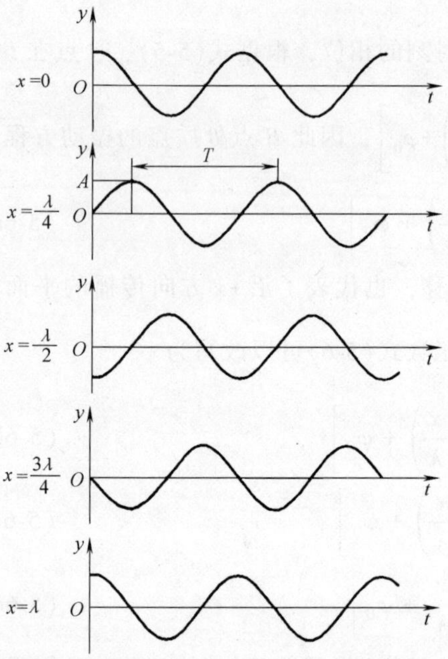


图 5-3　波线上给定点的位移-时间曲线

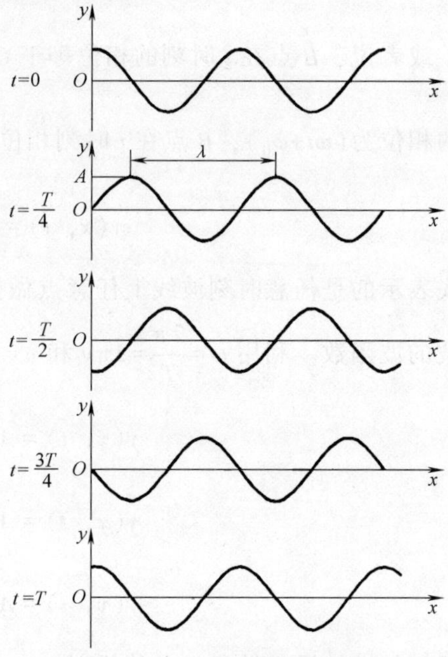


图 5-4　给定时刻的波形图

另外可以看出，在同一时刻 $t$，同一波线上坐标为 $x_1$、$x_2$ 的任意两点间的相位差 $\varphi_1-\varphi_2$ 为

$$\varphi_1-\varphi_2=\frac{\omega(x_2-x_1)}{u}=\frac{2\pi}{\lambda}(x_2-x_1) \tag{5-8}$$

式中，$(x_2-x_1)$ 称为波程差。

3）当 $t$ 和 $x$ 都变化时，波函数式(5-6a)就表示 $Ox$ 轴上处于不同位置的各个质点在不同时刻的位移，也可以说波函数表示了不同时刻的波形，即反映了波形的传播。为了看清这一点，我们分别写出在 $t_1$ 时刻位于 $x_1$ 处的质点的位移和 $t+\Delta t$ 时刻位于 $x_2$ 处的质点的位移，它们分别为

$$y(x_1,\ t_1)=A\cos\left[\omega\left(t_1-\frac{x_1}{u}\right)+\varphi_0\right]$$

$$y(x_2,\ t_1+\Delta t)=A\cos\left[\omega\left(t_1+\Delta t-\frac{x_2}{u}\right)+\varphi_0\right]$$

现波以波速 $u$ 传播，取 $\Delta x=u\Delta t$，则有

$$x_2=x_1+\Delta x=x_1+u\Delta t$$

这时

$$\begin{aligned}y(x_2,\ t_1+\Delta t)&=y(x_1+u\Delta t,\ t_1+\Delta t)\\&=A\cos\left[\omega\left(t_1+\Delta t-\frac{x_1+u\Delta t}{u}\right)+\varphi_0\right]\\&=A\cos\left[\omega\left(t_1-\frac{x_1}{u}\right)+\varphi_0\right]=y(x_1,\ t_1)\end{aligned}$$

这一结果说明，在 $t_1+\Delta t$ 时刻，位于 $x_2=x_1+\Delta x$ 处的质点的位移正好等于在 $t_1$ 时刻位于 $x_1$ 处质点的位移。也就是说 $t_1$ 时刻位于 $x_1$ 处质点的振动状态(相位)，经过 $\Delta t$ 时间间隔传过了 $\Delta x=u\Delta t$ 的距离到达 $x_2$ 处。即 $t_1$ 时刻的波形在 $\Delta t$ 时间内沿波的传播方向上平移了一段距离 $\Delta x=u\Delta t$，反映了波的传播过程。所以，波函数描述了波形的传播，如图 5-5 所示。这种波通常也称行波。

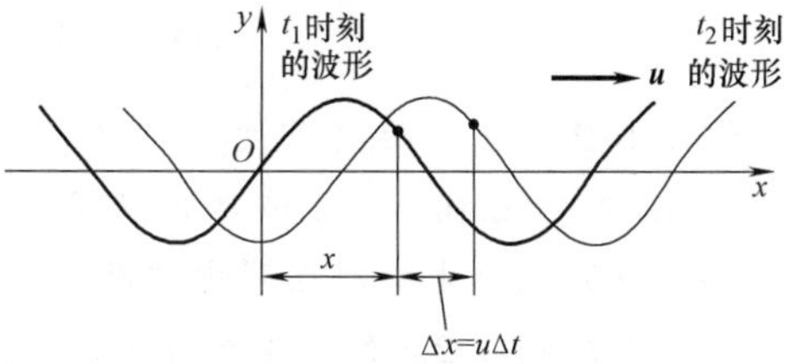


图 5-5　波形的传播

**例题 5-1**　一横波在弦上传播，其波函数是

$$y(x,\ t)=0.01\cos 2\pi\left(\frac{x}{2}-\frac{t}{4}\right)$$

式中，$x$、$y$ 以 m 计，$t$ 以 s 计。求：

(1) 振幅、波长、初相、周期、频率和波速；

(2) 距波源 $\frac{\lambda}{2}$ 处质点的振动方程；

(3) $t=\frac{T}{4}$ 时的波形；

(4) 质点振动的最大速度。

**解**　(1) 标准形式的波函数为

$$y(x,\ t)=A\cos\left[2\pi\left(\frac{t}{T}-\frac{x}{\lambda}\right)+\varphi_0\right]$$

与题给波函数比较。题给波函数改写为

$$y(x,\ t)=0.01\cos 2\pi\left(\frac{t}{4}-\frac{x}{2}\right)$$

两者比较后有 $A=0.01\text{m}$，$\lambda=2\text{m}$，$\varphi_0=0$，$T=4\text{s}$，频率和波速为

$$\nu=\frac{1}{T}=\frac{1}{4}\text{Hz}$$

$$u=\frac{\lambda}{T}=\frac{2}{4}\text{m/s}=0.5\text{m/s}$$

(2) 将 $x=\frac{\lambda}{2}$ 代入题给波函数中，得该点振动方程为

$$y(t)=0.01\cos\frac{\pi}{2}(t-2)$$

(3) 将 $t=\frac{T}{4}$ 代入题给波函数中，得到该时刻的波形

$$y(x)=0.01\cos\left(\frac{\pi}{2}-\pi x\right)$$

(4) 质点的振动速度为

$$v=\frac{\partial y}{\partial t}=-0.01\times\frac{\pi}{2}\sin 2\pi\left(\frac{t}{4}-\frac{x}{2}\right)$$

其最大值为

$$v_{max} = \omega A = 0.01 \times \frac{\pi}{2}\text{m/s} = 1.57 \times 10^{-2}\text{m/s}$$

**例题 5-2** 一平面简谐波以波速 $u=200\text{m/s}$ 向 $+x$ 方向传播。已知波源的振动周期为 0.02s，振幅 $A=0.02\text{m}$。设波源振动经过平衡位置向正方向运动时作为计时起点。求：

(1) 以波源为坐标原点写出波函数；

(2) 以距波源 2m 处为坐标原点写出波函数。

**解** (1) 首先根据波源振动的初始条件写出波源的振动方程。初始条件为 $t=0$ 时，$y_0=0$，$v_0=\frac{\partial y}{\partial t}>0$。由此定出波源振动的初相为 $\varphi_0=-\frac{\pi}{2}$。波长 $\lambda=ut=4\text{m}$。故波源的振动方程为

$$y_0(t) = A\cos\left(\frac{2\pi}{T}t + \varphi_0\right) = 0.02\cos\left(100\pi t - \frac{\pi}{2}\right)$$

则以波源为原点的波函数为

$$y(x,\ t)=A\cos\left[2\pi\left(\frac{t}{T}-\frac{x}{\lambda}\right)+\varphi_0\right]$$

$$=0.02\cos\left[2\pi\left(\frac{t}{0.02}-\frac{x}{4}\right)-\frac{\pi}{2}\right]$$

(2) 先求距波源 2m 处质点的振动方程。波从 $O$ 传到 2m 处的质点所需时间为 $\Delta t=\frac{x_1}{u}=\frac{2}{200}\text{s}$，得距波源 2m 处质点振动方程为

$$y(t) = A\cos[\omega(t - \Delta t) + \varphi_0] = 0.02\cos\left[100\pi\left(t - \frac{2}{200}\right) - \frac{\pi}{2}\right]$$

$$= 0.02\cos\left[100\pi t - \frac{3}{2}\pi\right]$$

式中，$-\frac{3}{2}\pi=\varphi$ 为距波源 2m 处质点振动的初相。则以距波源 2m 处为坐标原点的波函数为

$$y(x,t) = A\cos\left[2\pi\left(\frac{t}{T} - \frac{x}{\lambda}\right) + \varphi\right]$$

$$= 0.02\cos\left[2\pi\left(\frac{t}{0.02} - \frac{x}{4}\right) - \frac{3}{2}\pi\right]$$

***平面波的波动方程** 将平面谐波的波函数

$$y(x,\ t) = A\cos\left[\omega\left(t - \frac{x}{u}\right) + \varphi_0\right]$$

分别对 $t$ 和 $x$ 求二阶偏导数，可得

$$\frac{\partial^2 y}{\partial t^2} = -A\omega^2\cos\left[\omega\left(t - \frac{x}{u}\right) + \varphi_0\right]$$

$$\frac{\partial^2 y}{\partial x^2} = -A\frac{\omega^2}{u^2}\cos\left[\omega\left(t - \frac{x}{u}\right) + \varphi_0\right]$$

比较上面两式可得到

$$\frac{\partial^2 y}{\partial x^2}=\frac{1}{u^2}\frac{\partial^2 y}{\partial t^2} \tag{5-9}$$

上式为沿 $x$ 方向传播的平面波的波动方程。从数学上可以证明，式(5-9)为各种平面波(即不限于平面简谐波)都满足的微分方程式。式(5-9)不仅适用于机械波，也适用于电磁波等，它是物理学中的一个具有普遍意义的方程。它的普遍意义在于：任何物理量 $y$，不论是力学量还是电磁学量等，只要它与时间和坐标的关系满足方程式(5-9)，则这一物理量就会按波的形式传播，而且其偏导数$\frac{\partial^2 y}{\partial t^2}$系数的倒数的平方根就是这种波的传播速度。

一般情况下，物理量 $\xi(x,y,z,t)$ 在三维空间中以波的形式传播，只要媒质是均匀、各向同性且无吸收的，则有

$$\frac{\partial^2 \xi}{\partial x^2}+\frac{\partial^2 \xi}{\partial y^2}+\frac{\partial^2 \xi}{\partial z^2}=\frac{1}{u^2}\frac{\partial^2 \xi}{\partial t^2} \tag{5-10}$$

上式称为波动方程。

## 5.2.2 波的能量 能流密度

波在弹性媒质中传播时，媒质中各质点都在振动，因而具有动能；同时，由于各相邻质点的位移不同，从而使媒质发生弹性形变，因而具有势能。波在媒质中的传播过程实际上也是相邻质点通过弹性力做功传递机械能的过程，因此导致机械能随波的传播在媒质中“流动”，形成能流。下面我们以平面简谐纵波在棒中的传播为例来讨论这一问题。

如图 5-6 所示，在棒中任一位置 $x$ 处，取一体积元 $\mathrm{d}V$，质量为 $\mathrm{d}m=\rho\mathrm{d}V$，其中 $\rho$ 为棒的密度。若棒中的平面简谐纵波为

$$y(x,\ t)=A\cos\left[\omega\left(t-\frac{x}{u}\right)+\varphi_0\right]$$

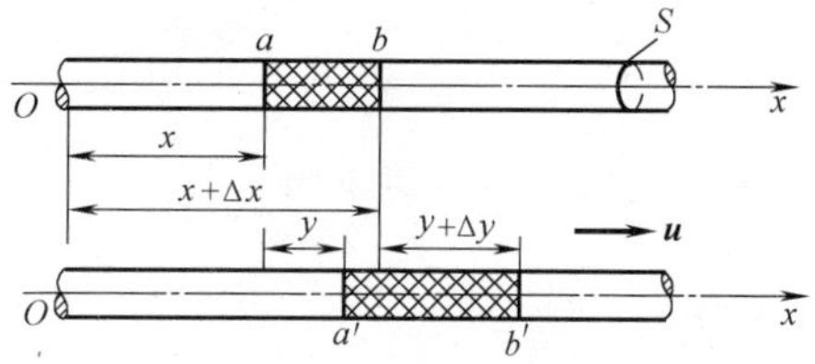

图 5-6 纵波在固体细长棒中的传播

当波传播到这个体积元时，这体积元将具有动能 $\mathrm{d}E_\mathrm{k}$ 和势能 $\mathrm{d}E_\mathrm{p}$，可以证明(证明过程见下文)

$$\mathrm{d}E_\mathrm{k}=\mathrm{d}E_\mathrm{p}=\frac{1}{2}\rho A^2\omega^2\mathrm{d}V\sin^2\left[\omega\left(t-\frac{x}{u}\right)+\varphi_0\right] \tag{5-11}$$

体积元 $\mathrm{d}V$ 内的总机械能 $\mathrm{d}E$ 为

$$\begin{aligned}\mathrm{d}E&=\mathrm{d}E_\mathrm{k}+\mathrm{d}E_\mathrm{p}\\&=\rho A^2\omega^2 dV\sin^2\left[\omega\left(t-\frac{x}{u}\right)+\varphi_0\right]\end{aligned} \tag{5-12}$$

由式(5-11)和式(5-12)表明，在波传播过程中，任一体积元的动能和势能在任何时刻都同相位，动能和势能总是相等的，即动能达到最大值时，势能也达到最大值；动能为零时，势能也为零。此外任一体积元的总能量不是常量而是随时间 $t$ 做周期性变化的，体积元在不断接受能量，也在不断放出能量。同时，式(5-11)和式(5-12)还表明，在 $t$ 一定时，媒质各体积元的能量又是随 $x$ 做周期性分布的。当 $x$ 和 $t$ 都变化时，式(5-12)可以反映波动能量的传播过程。

需要强调，波动过程中，小体积元(或质点)的能量与孤立的简谐振动系统的能量具有

本质区别。对于孤立的简谐振动系统，其动能和势能可以相互转换，但不传播能量到系统外部，系统的总机械能守恒；而弹性媒质中的小体积元不是孤立系统，其与周围邻近质点间有弹性联系，有相互作用，有能量交换，导致小体积元的总机械能不守恒。

把单位体积中波的能量称为波的能量密度，用 $w$ 表示，即

$$w=\frac{\mathrm{d}E}{\mathrm{d}V}=\rho A^2\omega^2\sin^2\left[\omega\left(t-\frac{x}{u}\right)+\varphi_0\right] \tag{5-13}$$

波的能量密度也是随时间做周期性变化的。一个周期内能量密度的平均值称为平均能量密度，用 $\bar{w}$ 表示，即

$$\begin{aligned}\bar{w}&=\frac{1}{T}\int_0^T w\mathrm{d}t\\&=\frac{1}{T}\int_0^T\rho A^2\omega^2\sin^2\omega\left(t-\frac{x}{u}\right)\mathrm{d}t=\frac{1}{2}\rho A^2\omega^2\end{aligned} \tag{5-14}$$

由以上讨论看出，波的能量、能量密度都与媒质的密度 $\rho$、波的振幅的二次方 $A^2$ 及角频率的二次方 $\omega^2$ 成正比。

### *5.2.3 波动能量的推导

棒中的平面简谐纵波的波函数为

$$y(x,\ t)=A\cos\left[\omega\left(t-\frac{x}{u}\right)+\varphi_0\right]$$

波传到位于 $x$ 处体积元 $\mathrm{d}V$(见图 5-6)处，其动能为

$$\mathrm{d}E_{\mathrm{k}}=\frac{1}{2}(\mathrm{d}m)v^2=\frac{1}{2}\rho\mathrm{d}Vv^2$$

这一体积元的振动速度 $v$ 为

$$v=\frac{\partial y}{\partial t}=-A\omega\sin\left[\omega\left(t-\frac{x}{u}\right)+\varphi_0\right]$$

代入上式即得

$$\mathrm{d}E_{\mathrm{k}}=\frac{1}{2}\rho A^2\omega^2\mathrm{d}V\sin^2\left[\omega\left(t-\frac{x}{u}\right)+\varphi_0\right]$$

再计算势能 $\mathrm{d}E_{\mathrm{p}}$。由图 5-6 可见，这体积元的应变为$\frac{\partial y}{\partial x}$。根据弹性模量的定义和胡克定律，这体积元所受弹性力为

$$F=YS\frac{\partial y}{\partial x}=K\mathrm{d}y$$

而体积元的弹性势能为

$$\mathrm{d}E_{\mathrm{p}}=\frac{1}{2}K(\mathrm{d}y)^2=\frac{1}{2}\frac{YS}{\mathrm{d}x}(\mathrm{d}y)^2=\frac{1}{2}YS\mathrm{d}x\left(\frac{\partial y}{\partial x}\right)^2$$

因为 $\mathrm{d}V=S\mathrm{d}x$，$Y=u^2\rho$，将波函数对 $x$ 求一阶偏导

$$\frac{\partial y}{\partial x}=A\frac{\omega}{u}\sin\left[\omega\left(t-\frac{x}{u}\right)+\varphi_0\right]$$

代入上式并整理，可得

$$dE_p = \frac{1}{2}\rho A^2\omega^2 dV\sin^2\left[\omega\left(t-\frac{x}{u}\right)+\varphi_0\right]$$

即有

$$dE_k = dE_p = \frac{1}{2}\rho A^2\omega^2 dV\sin^2\left[\omega\left(t-\frac{x}{u}\right)+\varphi_0\right]$$

能流密度是用来描述波的能量传播的物理量。单位时间内，通过垂直于波传播方向单位面积的平均能量，叫作波的能流密度。能流密度是一个矢量，用 $\boldsymbol{I}$ 表示。在各向同性媒质中，能流密度矢量的方向就是波速的方向，它的大小反映了波的强弱，故能流密度也称为波强度。

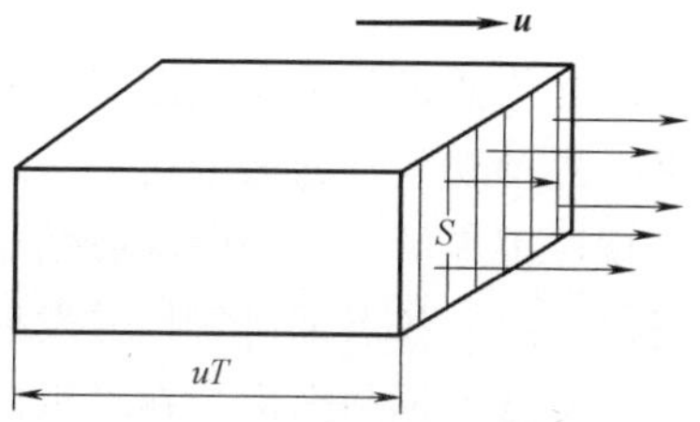

图 5-7　能流密度示意图

如图 5-7 所示，在均匀媒质中取垂直于波速 $u$ 的面积 $S$，已知媒质中平均能量密度为 $\bar{w}$，则在 $S$ 面左方的体积 $uTS$ 内的能量 $\bar{w}uTS$，恰好在一个周期 $T$ 的时间内通过面积 $S$。因而能流密度的大小为

$$I = \frac{\bar{w}uTS}{TS} = \bar{w}u = \frac{1}{2}\rho A^2\omega^2 u \tag{5-15}$$

写成矢量式为

$$\boldsymbol{I} = \bar{w}\boldsymbol{u} \tag{5-16}$$

从式(5-15)看出，波强度的大小与波的振幅二次方 $A^2$ 成正比。这一结论不仅对平面简谐波适用，而且具有普遍意义。

## 5.3　惠更斯原理　波的衍射

### 5.3.1　惠更斯原理

如图 5-8 所示，水面波传播时，如果用一块有小孔的隔板挡在波的前面，不论原来的波面是什么形状，只要小孔的线度小于波长，通过小孔后的波面都将变成以小孔为中心的圆形波。小孔可以看作是新的波源。

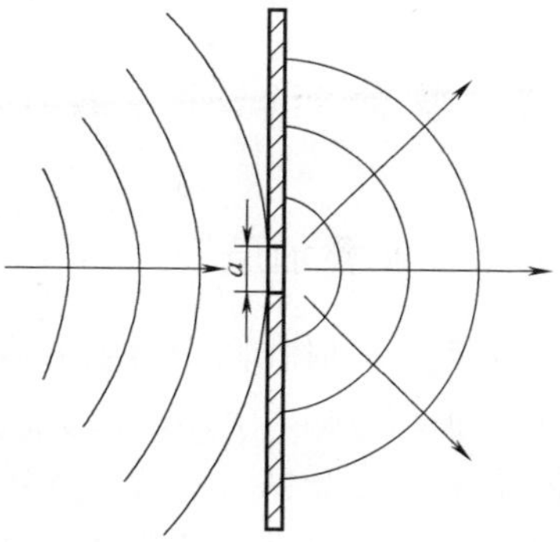

图 5-8　障碍物的小孔成为新的波源

根据大量的这类现象，惠更斯于 1690 年提出：媒质中波动传播到的各点，都可以看作是发射子波的波源，其后任一时刻，这些子波的包络面就是新的波面，这就是**惠更斯原理**。据此，只要知道了某一时刻的波面，就可用几何作图的方法决定下一时刻的波面。因而惠更斯原理在很广泛的范围内解决了波的传播问题。

下面以球面波和平面波为例，说明惠更斯原理的应用。如图 5-9a 所示，$t$ 时刻的波面是半径为 $R_1$ 的球面 $S_1$，按惠更斯原理，$S_1$ 上的每一点都可以看成发射子波的点波源。以 $S_1$ 面上各点为中心，以 $r=$

$u\Delta t$ 为半径作半球面，这些半球面就是这些新的子波的波面，它们的包络面 $S_2$ 就是 $(t+\Delta t)$ 时刻的波面。

图 5-9b 为平面波传播示意图。若已知 $t$ 时刻平面波的波面 $S_1$，按惠更斯原理，应用同样方法，可求出 $t+\Delta t$ 时刻新的波面 $S_2$，这两例说明，当波在均匀的各向同性的媒质中传播时，用惠更斯原理得出的波面的几何形状是保持不变的。

### 5.3.2　波的衍射

波在传播过程中遇到障碍物时，其传播方向发生改变，能够绕过障碍物的边缘继续向前传播，这种现象称为波的衍射。

现应用惠更斯原理解释波的衍射现象。如图 5-10 所示，平面波传到一宽度与波长相近的缝时，缝上各点都可看作是发射子波的波源。作出这些子波的包络面，就得出新的波面。此时波面已不再是平面，在靠近障碍物的边缘处，波面发生弯曲，波的传播方向改变，波绕过了障碍物而向前传播。如果障碍物的缝更窄，衍射现象就更显著。

无论是机械波还是电磁波都会产生衍射现象，衍射现象是波动的特征之一。

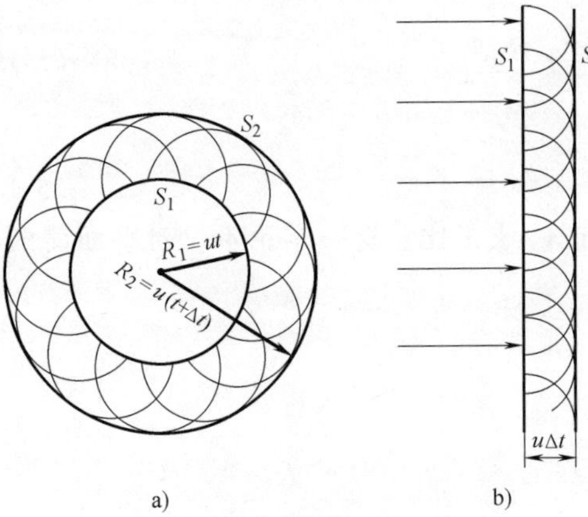


图 5-9　用惠更斯原理作新波阵面

a）球面波　b）平面波

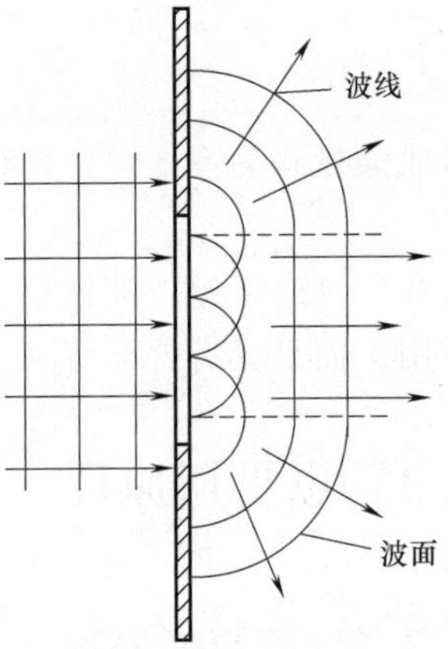


图 5-10　波的衍射

## 5.4　波叠加原理　波干涉

### 5.4.1　波叠加原理

几列波同时在同一媒质中传播时，无论相遇与否，各波仍保持各自的原有特性(频率、波长、振动方向等)不变，仍然按照自己原来的方向继续前进，如同没有遇到其他波一样。例如，在管弦乐队合奏时，音乐厅中同时传播着各种乐器的声波，但人们仍能够分辨出各种乐器的音调，这就是波传播的独立性的例子。在相遇区域内，任一点处质点的振动，为各列波单独存在时所引起的振动的合振动。即在任一时刻，该点处质点的位移是各列波在该点引起位移的矢量和，这一规律称为**波叠加原理**。

应当指出，波叠加原理并不是普遍成立的，只有在波的强度不很大，描述波动过程的微分方程是线性的，其运动才遵从叠加原理。如果波动微分方程不是线性的，波叠加原理就不成立。例如，强烈的爆炸形成的声波、强激光等就不遵从叠加原理。

### 5.4.2　波干涉

在一般情况下，几列波在空间相遇而叠加问题的是很复杂的，下面只讨论一种最简单也是最重要的波的叠加情况。

有两列波，它们的振动方向相同，频率相同，相位相同或相位差恒定，它们相遇时就可以叠加出某些点的振动状态始终加强，某些点的振动状态始终减弱的稳定分布，这种现象称作波的干涉，这两列波称作相干波，产生相干波的波源称为相干波源。

下面讨论两列相干波干涉的情形。

设有两个相干波源 $S_1$ 和 $S_2$，它们的振动方向相同，并以相同的角频率 $\omega$ 做简谐振动，其振动方程分别为

$$y_{01}=A_{10}\cos(\omega t+\varphi_1)$$
$$y_{02}=A_{20}\cos(\omega t+\varphi_2)$$

式中，$A_{10}$、$A_{20}$ 和 $\varphi_1$、$\varphi_2$ 分别为两波源的振幅和初相。两列波在同一媒质中传播，相遇，因而发生叠加。如图 5-11 所示，设媒质中的 $P$ 点离开 $S_1$ 和 $S_2$ 的距离分别为 $r_1$ 和 $r_2$，并设这两列波在 $P$ 点相遇时的振幅分别为 $A_1$ 和 $A_2$。因而两波各自在 $P$ 点分别引起的振动为

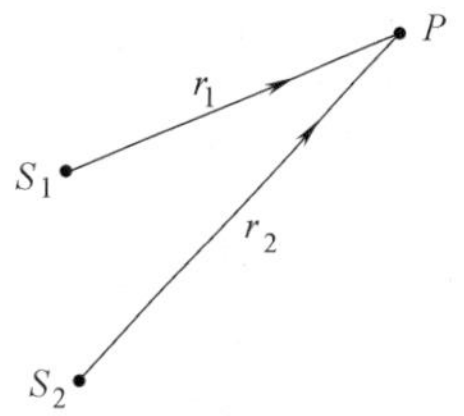

图 5-11　波的干涉用图

$$y_1=A_1\cos\left(\omega t-2\pi\frac{r_1}{\lambda}+\varphi_1\right)$$

$$y_2=A_2\cos\left(\omega t-2\pi\frac{r_2}{\lambda}+\varphi_2\right)$$

式中，$\lambda$ 为波长；$\left(-2\pi\frac{r_1}{\lambda}+\varphi_1\right)$与$\left(-2\pi\frac{r_2}{\lambda}+\varphi_2\right)$分别是 $P$ 点处两分振动的初相。根据波叠加原理，$P$ 点的合振动为

$$y=y_1+y_2=A\cos(\omega t+\varphi)$$

式中，$A$ 为合振动的振幅，由式

$$A^2=A_1^2+A_2^2+2A_1A_2\cos\Delta\varphi \tag{5-17}$$

决定。因为波的强度正比于振幅的二次方，如以 $I_1$，$I_2$ 和 $I$ 分别表示两个分振动和合振动的强度，则有

$$I=I_1+I_2+2\sqrt{I_1I_2}\cos\Delta\varphi \tag{5-18}$$

其中两分振动在 $P$ 点处的相位差为

$$\Delta\varphi=(\varphi_2-\varphi_1)-2\pi\frac{r_2-r_1}{\lambda} \tag{5-19}$$

式中，$(\varphi_2-\varphi_1)$是两相干波源的初相差，是一恒量；$2\pi\frac{r_2-r_1}{\lambda}$是由于两列波的传播路程不同而产生的相位差。对空间给定点 $P$，波程差 $r_2-r_1$ 是一定的，因而 $2\pi\frac{r_2-r_1}{\lambda}$也是恒定的。于

是两列波在 $P$ 点的相位差 $\Delta\varphi$ 将保持恒定，$P$ 点的合振幅 $A$ 和合强度 $I$ 也将保持恒定不变。对空间不同点，$\Delta\varphi$ 的值一般是不同的，由式(5-18)可以看出，这些不同点会对应各自恒定的合强度值。这样，干涉的结果，使空间某些点处的振动始终加强，某些点处的振动始终减弱，合强度 $I$ 在空间形成一稳定的分布。这就是波的干涉现象。

由式(5-18)和式(5-19)看出，当相位差满足

$$\Delta\varphi=(\varphi_2-\varphi_1)-2\pi\frac{(r_2-r_1)}{\lambda}=\pm 2k\pi,\quad k=0,1,2,\cdots \tag{5-20a}$$

的地方，振幅和强度最大，为

$$A_{\max}=A_1+A_2,\quad I_{\max}=I_1+I_2+2\sqrt{I_1I_2} \tag{5-20b}$$

这又称为干涉相长。

当相位差满足

$$\Delta\varphi=(\varphi_2-\varphi_1)-2\pi\frac{r_2-r_1}{\lambda}=\pm(2k+1)\pi,\quad k=0,1,2,\cdots \tag{5-21a}$$

的地方，振幅和强度最小，为

$$A_{\min}=|A_1-A_2|,\quad I_{\min}=I_1+I_2-2\sqrt{I_1I_2} \tag{5-21b}$$

这又称为干涉相消。

如果两波源的初相相同，即 $\varphi_1=\varphi_2$，则 $\Delta\varphi$ 只决定于波程差 $\delta=r_1-r_2$，上述条件简化为

$$\delta=r_1-r_2=\pm k\lambda,\quad k=0,1,2,\cdots(\text{干涉相长}) \tag{5-22}$$

$$\delta=r_1-r_2=\pm(2k+1)\frac{\lambda}{2},\quad k=0,1,2,\cdots(\text{干涉相消}) \tag{5-23}$$

水面上两列相干波的干涉现象，可用图 5-12 来表示。图中用实线圆弧表示波峰，用虚线圆弧表示波谷。在两列波的波峰相遇处或波谷相遇处合振幅最大，振动最强；在波峰与波谷相遇处，合振幅最小，振动最弱。

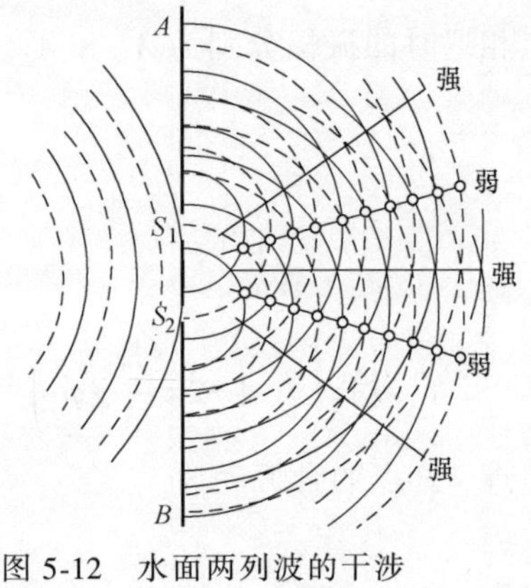

图 5-12 水面两列波的干涉

**例题 5-3** 如图 5-13a 所示，$S_1$ 和 $S_2$ 为两个相干波源，相距 $\frac{\lambda}{4}$，$S_1$ 较 $S_2$ 的相位超前 $\frac{\pi}{2}$。问：沿 $S_1$ 和 $S_2$ 的连线上，$S_1$ 左侧各点的合振幅为多少？$S_2$ 右侧各点的合振幅为多少（设这两列波在 $S_1$ 和 $S_2$ 连线方向上的振幅不随距离变化，分别为 $A_1$ 和 $A_2$）？

**解** 先计算在 $S_1$ 左侧各点的合振幅。任取一点 $P$（图 5-13b），先计算 $S_1$ 和 $S_2$ 在 $P$ 点引起的振动相位差。由式(5-19)有

$$\Delta\varphi=(\varphi_2-\varphi_1)-2\pi\frac{(r_2-r_1)}{\lambda}$$

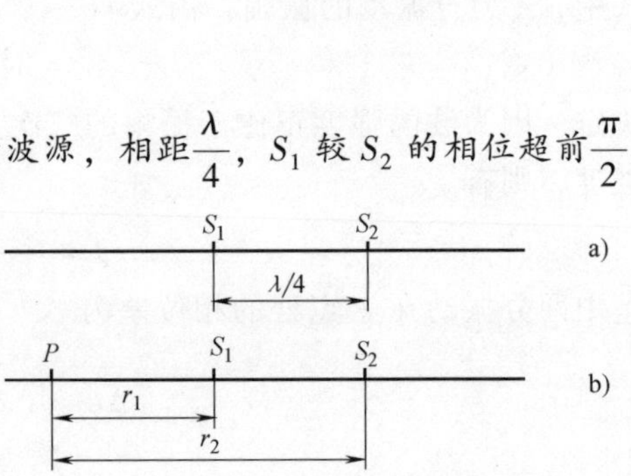

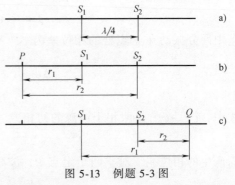

图 5-13 例题 5-3 图

$$=-\frac{\pi}{2}-2\pi\frac{\frac{\lambda}{4}}{\lambda}=-\pi$$

$\Delta\varphi$ 为 $\pi$ 的奇数倍，所以 $P$ 点的振动减弱，合振幅为

$$A=|A_2-A_1|$$

由于 $P$ 点是 $S_1$ 左侧的任一点，$\Delta\varphi$ 与 $P$ 点位置无关，所以 $S_1$ 左侧各点合振幅均为 $|A_2-A_1|$。

同理，可以计算 $S_2$ 右侧任一点 $Q$ 的合振幅(图 5-13c)，$S_1$ 和 $S_2$ 在 $Q$ 点引起的振动相位差为

$$\Delta\varphi=(\varphi_2-\varphi_1)-2\pi\frac{r_2-r_1}{\lambda}$$

$$=-\frac{\pi}{2}-2\pi\frac{-\frac{\lambda}{4}}{\lambda}=-\frac{\pi}{2}+\frac{\pi}{2}=0$$

所以 $Q$ 点的振动加强，合振幅为

$$A=A_1+A_2$$

$S_2$ 右侧的所有点的合振幅均为 $(A_1+A_2)$。

## 5.5 驻波

有两列相干波，它们不仅振动方向相同，频率相同，相位差恒定，而且振幅也相等，当它们沿相反方向传播时，在它们的叠加区域内形成一种特殊的波，称作驻波。

### 5.5.1 驻波实验

图 5-14 所示，弦线的一端系在音叉上，另一端通过定滑轮系一砝码拉紧弦线。使音叉振动，并调节劈尖 $B$ 的位置，当 $AB$ 为某些特定长度时，可看到 $AB$ 之间的弦线上有些点始终静止不动，有些点则振动最强，弦线 $AB$ 将分段振动，这就是驻波。那么弦线上的驻波是怎样形成的呢？当音叉振动时，在弦线上产生一个从左向右传播的入射波，入射波在 $B$ 点遇到障碍时被反射向左传播，如果不计反射时的能量损失(该实验可以如此考虑)，则反射波与入射波同频率，同振动方向，同振幅，但传播方向相反。入射波和反射波干涉的结果，就在弦线上产生驻波。弦线上始终不动的点，称为驻波的**波节**；而振动最强的点，称为驻波的**波腹**。

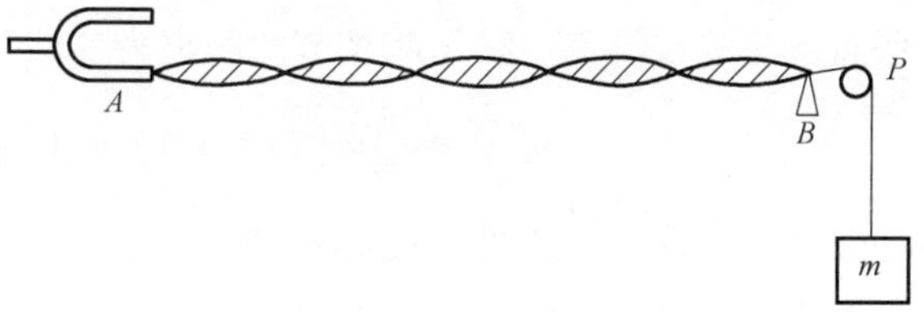


图 5-14 弦线上产生驻波的实验示意图

驻波在声学、无线电学及光学等方面有广泛的应用。例如，弦乐器的音调调节就利用了两端固定的弦线上的驻波，改变弦线的长度或调节弦线上的张力都可以改变音调；又如激光器的谐振腔就是利用光束在两块高反射率的平行反射镜之间来回反射形成的驻波来实现选模。

### 5.5.2 驻波波函数

驻波的形成可用波的叠加原理进行定量研究。

设有两列相干波，分别沿 $x$ 轴正方向和负方向传播。它们的波函数可分别写成

$$y_1 = A\cos 2\pi\left(\nu t - \frac{x}{\lambda}\right)$$

$$y_2 = A\cos 2\pi\left(\nu t + \frac{x}{\lambda}\right)$$

按叠加原理，有

$$y = y_1 + y_2 = A\left[\cos 2\pi\left(\nu t - \frac{x}{\lambda}\right) + \cos 2\pi\left(\nu t + \frac{x}{\lambda}\right)\right]$$

利用三角函数关系可以求出

$$y = 2A\cos 2\pi\frac{x}{\lambda}\cdot\cos 2\pi\nu t \tag{5-24}$$

此式就是驻波的表达式。因子 $\cos 2\pi\nu t$ 是时间 $t$ 的余弦函数，说明形成驻波后，各质点都在做频率为 $\nu$ 的简谐振动。另一因子 $\left|2A\cos 2\pi\frac{x}{\lambda}\right|$ 就是这简谐振动的振幅，它是坐标 $x$ 的余弦函数，说明各点的振幅随着其与原点的距离 $x$ 的不同而不同。

下面对驻波的特征做进一步的讨论。

1）波节和波腹。由驻波表达式(5-24)可知，在 $x$ 值满足下式的各点，振幅为零

$$2\pi\frac{x}{\lambda} = \pm(2k+1)\frac{\pi}{2},\quad k = 0,1,2,\cdots$$

或

$$x = \pm(2k+1)\frac{\lambda}{4},\quad k = 0,1,2,\cdots$$

这些点就是驻波波节。相邻两波节的距离为

$$x_{k+1} - x_k = [2(k+1)+1]\frac{\lambda}{4} - (2k+1)\frac{\lambda}{4} = \frac{\lambda}{2}$$

即相邻两波节间的距离是波长的一半。

在 $x$ 值满足下式的各点，振幅最大

$$2\pi\frac{x}{\lambda} = \pm k\pi,\quad k = 0,1,2,\cdots$$

或

$$x = \pm k\frac{\lambda}{2},\quad k = 0,1,2,\cdots$$

这些点就是驻波波腹。可以证明，相邻两波腹间的距离也是波长的一半。波节和波腹是相间分布的。

图 5-15 所示为驻波形成的物理过程，图中粗实线表示合成波形。从上向下各图依次表示 $t=0$，$\frac{T}{8}$，$\frac{T}{4}$，$\frac{3T}{8}$，$\frac{T}{2}$等各时刻各质点的分位移和合位移。其中 $C_1$、$C_2$、$C_3$、$C_4$ 等各点始

终保持不动，这些点就是波节；而 $D_1$、$D_2$、$D_3$、$D_4$ 等各点就是波腹。可以清楚地看出，每一时刻，驻波都有一定的波形，此波既不向右移，也不向左移，各质点以各自确定的振幅在各自的平衡位置附近振动，没有振动状态或相位的传播。

2）驻波中各点的相位。驻波中各点的振动相位取决于 $\cos 2\pi \dfrac{x}{\lambda}$ 的正负。凡是使 $\cos 2\pi \dfrac{x}{\lambda}$ 为正的各点相位均为 $2\pi\nu t$，凡是使 $\cos 2\pi \dfrac{x}{\lambda}$ 为负的各点的相位也相同，均为 $2\pi\nu t+\pi$，但与前一种情况刚好相反。在任意两个相邻波节之间各点，$\cos 2\pi \dfrac{x}{\lambda}$ 具有相同符号，这些点的振动相位相同。因此这些点的振动沿相同方向同时达到最大值，又同时沿相同方向通过平衡位置。而在任一波节两侧的各点，$\cos 2\pi \dfrac{x}{\lambda}$ 有相反符号，两侧各点相位相反。因此波节两侧各点的振动沿相反方向同时达到最大值，又同时沿相反方向通过平衡位置。由此可见，各波节将驻波分成许多段，每一驻波段都可以看作是一孤立的振动系统，一起同步振动，而段与段之间则无相位的传递，只有相位的突变。

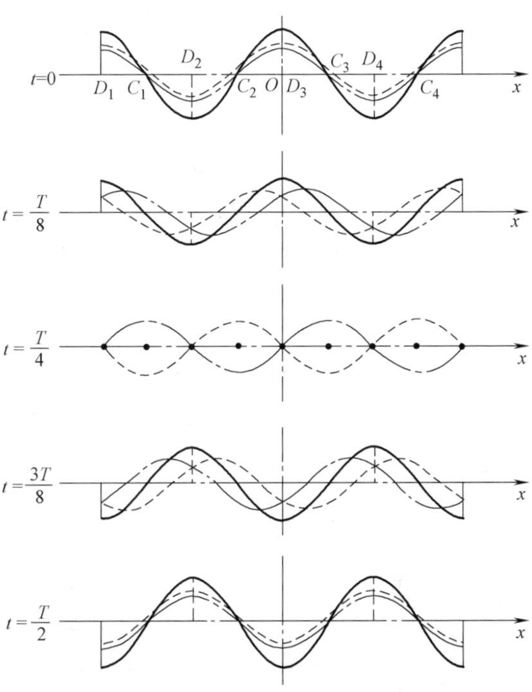

图 5-15　驻波的形成过程

## 5.5.3　驻波的能量

当驻波上各质点的位移都达到最大位移时，它们的速度同时都变为零，所以动能也为零。但此时媒质的形变最大，所以弹性势能达到最大值。由于波节附近的相对形变最大，所以势能最大，因此驻波的势能主要集中在波节附近。当驻波上所有质点同时达到平衡位置时，媒质的形变为零，所以势能为零，而动能却达最大值，而且主要集中在质点速度最大的波腹附近。

由此可见，媒质在振动过程中，驻波的动能和势能不断地转换。在转换过程中，能量不断由波节附近逐渐集中到波腹附近，再由波腹附近又逐渐集中到波节附近，但始终只在相邻的两个波节之间流动，没有能量能通过任何一个波节。也就是说，没有能量的定向传播，驻波的平均能流密度为零。

综上所述，在驻波中，没有振动状态或相位的传播，也没有能量的传播，所以才称为驻波。

## 5.5.4　半波损失

在弦线上的驻波实验中，入射波是在 $B$ 点被反射的，反射点 $B$ 处弦线是固定不动的，

因而 $B$ 点只能是波节。这说明反射波与入射波的相位在反射点正好相反，也就是说，入射波在反射点反射时相位有 $\pi$ 的突变，如图 5-16a 所示。根据相位差 $\Delta\varphi$ 与波程差 $\delta$ 的关系 $\left(\delta=\frac{\lambda}{2\pi}\Delta\varphi\right)$，相位差为 $\pi$ 就相当于半个波长 $\lambda/2$ 的波程差。这表明入射波在固定端反射时，反射波与入射波之间存在着半个波长的波程差，因此，这种相位突变 $\pi$ 通常称为**半波损失**。当波在自由端反射时，则没有相位突变，形成驻波时，如图 5-16b 所示。

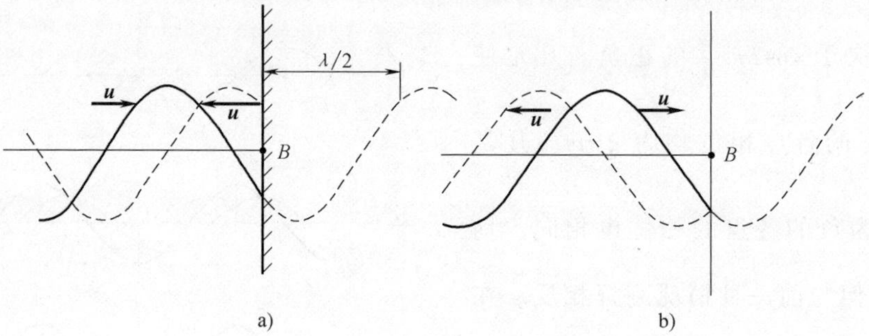


图 5-16 半波损失

a) $B$ 是固定端 b) $B$ 是自由端

一般情况下，入射波在两种媒质的分界面处是出现波节还是波腹，与波的种类，两种媒质的性质以及入射角的大小有关。例如，在机械波垂直入射的情况下，把媒质密度 $\rho$ 与媒质中波速 $u$ 的乘积 $\rho u$ 较大的媒质称为**波密媒质**，较小的称为**波疏媒质**。若波是从波密媒质反射回波疏媒质，反射点出现波节，就是说入射波在反射点反射时有相位 $\pi$ 的突变。若波是从波疏媒质反射回波密媒质，则反射波在反射点没有相位突变。

## *5.5.5 弦线上的驻波

在一根两端固定的张紧的弦中，当拨动弦线时，弦线中就产生经两端反射而成的两列反向传播的波，它们会叠加而形成驻波。但是并不是所有波长的波都能形成驻波的，由于在两固定端必须是波节，因此弦线的长度 $L$ 必须满足下列条件，即

$$L=n\frac{\lambda_n}{2},\qquad \lambda_n=\frac{2L}{n},\qquad n=1,2,3,\cdots$$

因 $u=\lambda\nu$，于是

$$\nu_n=n\frac{u}{2L},\qquad n=1,2,3,\cdots \tag{5-25}$$

这就是说能在弦线上形成驻波的频率(或波长)值是不连续的。在式(5-25)中取 $n=1$，$\nu_1=\frac{u}{2L}$是弦的基频，$\nu_n=n\nu_1$ 是弦的 $n$ 次谐频。弦的基频和谐频都称为弦的简正频率或固有频率，它们所对应的驻波称为弦的简正模式或固有振型。图 5-17 画出了弦线振动的三个简正模式。

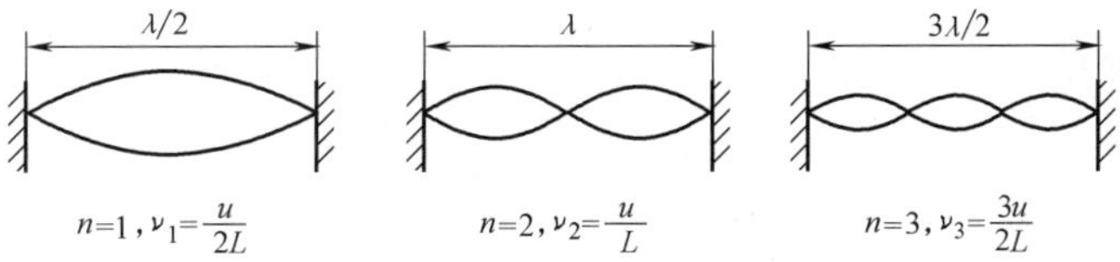


图 5-17 两端固定的弦的三个简正模式

**例题 5-4** 一沿 $x$ 轴方向传播的入射波的波函数为 $y_1=A\cos 2\pi\left(\frac{t}{T}-\frac{x}{\lambda}\right)$，在 $x=0$ 处发生反射，反射点为波节点。求：(1) 反射波的波函数；(2) 合成波(驻波)的波函数；(3) 各波腹和波节的位置。

**解** (1) 由题给条件知，反射波沿 $-x$ 方向传播，反射点为波节，所以反射波的波函数为

$$y_2=A\cos\left[2\pi\left(\frac{t}{T}+\frac{x}{\lambda}\right)-\pi\right]$$

反射时有 $\pi$ 的相位突变。在反射波波函数中可以用 $-\pi$，也可以用 $+\pi$。

(2) 根据波的叠加原理，合成波的波函数为

$$y=y_1+y_2=A\cos 2\pi\left(\frac{t}{T}-\frac{x}{\lambda}\right)+A\cos\left[2\pi\left(\frac{t}{T}+\frac{x}{\lambda}\right)-\pi\right]$$

$$=2A\sin 2\pi\frac{x}{\lambda}\cdot\sin 2\pi\frac{t}{T}$$

(3) 形成波腹的各点，振幅最大，即

$$\left|\sin 2\pi\frac{x}{\lambda}\right|=1$$

即
$$2\pi\frac{x}{\lambda}=\pm(2k+1)\frac{\pi}{2}$$

所以
$$x=\pm(2k+1)\frac{\lambda}{4},\quad k=0,1,2,\cdots$$

因入射波是由 $x$ 轴的负端向坐标原点传播，所以各波腹位置为

$$x=-(2k+1)\frac{\lambda}{4},\quad k=0,1,2,\cdots$$

形成波节各点，振幅为零，即

$$\sin 2\pi\frac{x}{\lambda}=0$$

即
$$2\pi\frac{x}{\lambda}=\pm k\pi$$

所以
$$x=\pm k\frac{\lambda}{2},\quad k=0,1,2,\cdots$$

同理，波节位置为

$$x=-k\frac{\lambda}{2},\quad k=0,1,2,\cdots$$

# 5.6 多普勒效应

在上面的讨论中，我们假定波源和观察者相对于媒质是静止的，观察者接收到的波的频率与波源发出的波的频率是相同的。如果波源（或观察者、或两者）相对于媒质运动，这时观察者接收到的波的频率和波源发出的波的频率一般不再相同。这种由于观察者（或波源、或二者）相对于媒质运动，而使观察者接收到的频率发生变化的现象称为**多普勒效应**。例如火车进站，站台上的观察者听到火车汽笛声的音调变高；火车出站，站台上的观察者听到火车汽笛声的音调变低。为了简单起见，下面的讨论假定波源和观察者在同一直线上运动。

## 5.6.1 机械波的多普勒效应

机械波必须在弹性媒质中传播，其在媒质中的传播速度为 $u$。设波源相对于媒质的速度为 $v_S$，向着观察者运动时 $v_S$ 为正，背着观察者时为负。观察者相对于媒质的速度为 $v_R$，向着波源运动时 $v_R$ 为正，背着波源时为负。下面分几种情况讨论观察者接收到的波的频率 $\nu_R$ 与波源频率 $\nu_S$ 之间的关系。

**1. 波源静止，观察者运动**

若观察者向着静止的波源运动，观察者在单位时间内接收到的完整波的数目会比他静止时接收的多。因为波源发出的波以速度 $u$ 向着观察者传播，同时观察者以速度 $v_R$ 向着静止的波源运动，因而多接收了一些完整波数。单位时间内观察者接收到的完整波的数目等于分布在 $u+v_R$ 距离内波的数目，如图 5-18 所示，即

$$\nu_R=\frac{u+v_R}{\lambda}=\frac{u+v_R}{\frac{u}{\nu}}=\frac{u+v_R}{u}\nu$$

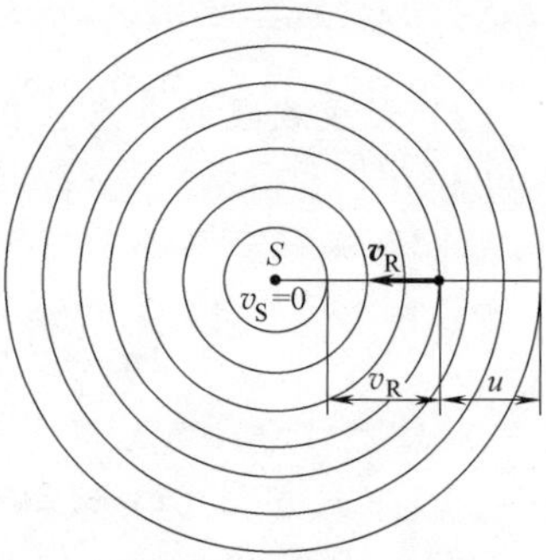

图 5-18 波源静止时的多普勒效应

式中，$\nu$ 是波的频率。由于波源在媒质中静止，所以波的频率就等于波源的频率，因此有

$$\nu_R=\frac{u+v_R}{u}\nu_S \tag{5-26}$$

这表明当观察者向着波源运动时，观察者所接收到的频率为波源频率的 $\left(1+\frac{v_R}{u}\right)$ 倍。反之，当观察者背着波源运动时，式（5-26）仍然适用，只不过 $v_R$ 要取负值，这时观察者接收到的频率低于波源的频率。

**2. 波源运动，观察者静止**

当波源运动时，波的频率不再等于波源的频率。因为若波源是静止的，在波源的周期 $T_S$ 时间内，波在媒质中传播了一个波长 $\lambda=uT_S$ 的距离，到达了 $A$ 点。但是现在波源是向着观察者运动的，在同样时间 $T_S$ 内，波源前进了距离 $v_ST_S$，到达 $S'$。这 $S'$点到前方最近的同相点 $A$ 点之间的距离就是现在媒质中的波长 $\lambda'$，则现在媒质中的波长为

$$\lambda'=\lambda-v_S T_S=(u-v_S)T_S=\frac{u-v_S}{\nu_S}$$

如图 5-19 所示。这样，观察者接收到的波的频率 $\nu_R$ 为

$$\nu_R=\frac{u}{\lambda'}=\frac{u}{u-v_S}\nu_S \tag{5-27}$$

这时观察者接收到的频率大于波源的频率。当波源远离观察者运动时，式（5-27）仍然适用，只不过 $v_S$ 要取负值，这时观察者接收到的频率小于波源的频率。

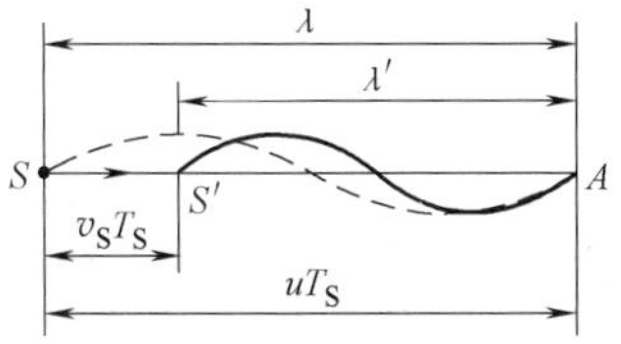

图 5-19 波源运动的前方波长缩短

**3. 波源和观察者同时运动**

综合以上两种分析，可得当波源和观察者相向运动时，观察者接收到的频率为

$$\nu_R=\frac{u+v_R}{u-v_S}\nu_S \tag{5-28}$$

当波源和观察者彼此离开时，式（5-28）仍然适用，只不过 $v_R$ 和 $v_S$ 要取负值。

## *5.6.2 电磁波的多普勒效应

电磁波也有多普勒效应，但是电磁波的多普勒效应与机械波的有原则性区别。真空中电磁波传播速度为光速 $c$，且与参考系无关，所以研究电磁波的多普勒效应时必须以狭义相对论为理论基础。电磁波的传播无需媒质，所以在电磁波的多普勒效应公式中只出现观察者与波源的相对速率 $v$。根据相对论原理，当相对运动发生在两者连线上时，观察者接收到的电磁波频率 $\nu_R$ 为

$$\nu_R=\sqrt{\frac{c+v}{c-v}}\nu_S \tag{5-29}$$

当波源和观察者相互靠近时 $v$ 取正，相互离开时 $v$ 取负。

从式（5-29）可见，当波源靠近观察者时，接收到的频率比波源频率高，称为紫移；波源远离观察者时，接收到的频率比波源频率低，称为红移。

天文学家们发现，来自宇宙星体的光谱几乎都存在红移现象，这说明星体正在远离地球向四面飞去。星体光谱的红移现象为宇宙“大爆炸”理论提供了重要的证据。

多普勒效应有着广泛的应用，例如雷达系统就应用了反射波的多普勒效应，来监测汽车、飞机、导弹、卫星等运动目标的速度。医院里的“超声心动图仪”“超声血流图仪”等，是利用超声波的多普勒效应，可对心脏跳动和血液流动情况诊断。

**例题 5-5** 一声源，其振动频率为 1000Hz。

（1）当它以 20m/s 的速率向静止的观察者运动时，此观察者接收到的声波频率是多大？

（2）如果声源静止，而观察者以 20m/s 的速率向声源运动时，此观察者接收到的声波频率又是多大？设空气中的声速为 340m/s。

**解** （1）在声源向观察者运动的情况下，$v_R=0$，$v_S=20\text{m/s}$，由式（5-27），观察者接收到的声波频率为

$$\nu_R=\frac{u}{u-v_S}\nu_S=\frac{340}{340-20}\times1000\text{Hz}\approx1063\text{Hz}$$

(2) 在观察者向声源运动的情况中，$v_S=0$，$v_R=20\text{m/s}$，由式 (5-26)，观察者接收到的声波频率为

$$\nu_R=\frac{u+v_R}{u}\nu_S=\frac{340+20}{340}\times 1000\text{Hz}\approx 1059\text{Hz}$$

## *5.7 声波 超声波 次声波

### 5.7.1 声波

在弹性媒质中，若波源激起一波动，频率在 20~20000Hz 之间，一般能引起人的听觉，波源在这一频率范围内的振动称为声振动，由声振动所激起的波称为声波（纵波）。频率高于 20000Hz 的机械波叫作超声波；频率低于 20Hz 的机械波叫作次声波。

声学在发展初期，原是为听觉服务的。理论上，声学研究声的产生、传播和接收。应用上，声学研究如何获得悦耳的音响效果，如何避免妨碍健康或影响工作效率的噪声，如何提高乐器和电声仪器的音质等。随着科学技术的发展，人们发现声波的很多特性和作用，有的对听觉有影响，有的对听觉并无影响，但对科学研究和生产技术都很重要。例如，利用声的传播特性来研究媒质的微观结构，利用声的作用来促进化学反应等。因此，在近代声学中，一方面，为听觉服务的研究和应用，确实得到了进一步的发展；另一方面，也开展了许多有关物理、化学、工程技术方面的研究和应用。声的概念不再局限在听觉范围以内。在目前的声学术语中，声振动和声波有其更广泛的涵义，几乎就是机械振动和机械波的同义词。

从声波的特性和作用来看，所谓 20Hz 和 20000Hz 并无明确的分界线。例如频率较高的可闻声波，已具有超声波的某些特性和作用，因此在超声技术的研究领域中，也常包括高频可闻声波的特性和作用的研究。

声波是机械波。机械波的一般规律已在前面机械波的介绍中讨论过。这里只讨论声学的某些特殊问题。

超声频率可以高达 $10^{11}$Hz，次声频率可以低达 $10^{-3}$Hz，在这样大的频率范围内，按频率的大小研究声波的各种性质是具有重大意义的。

### 5.7.2 声压 声强和声强级

为了描述声波在媒质中各点的强弱，常用声压和声强两个物理量。

媒质中有声波传播时的压强与无声波时静压强之间有一差额。这一压强差额称为声压。声压的成因是很明显的。由于声波是疏密波，在稀疏区域，实际压强小于原来的静压强，在稠密区域，实际压强大于原来的静压强，前者声压为负值，后者声压为正值。显然，由于媒质中各点声振动的周期性变化，声压也在做周期性变化。对平面余弦波来说，可以证明声压振幅为

$$p_m=\rho u A\omega \tag{5-30}$$

式中，$\rho$ 是媒质密度；$u$ 是声速；$\omega$ 是角频率；$A$ 是声振动的振幅。

声强就是声波的平均能流密度，即单位时间内通过垂直于声波传播方向的单位面积的声波能量。根据平均能流密度的公式，声强 $I$ 为

$$I = \frac{1}{2}\rho u A^2 \omega^2 = \frac{p_m^2}{2\rho u} \tag{5-31}$$

由式（5-30）和式（5-31）可知，频率越高就越容易获得较大的声压和声强。其原因如下：一方面因为同样辐射功率的高频发声器，尺寸可以做得较小，以致单位面积上发射的功率（即声强）就可以较大；另一方面因为高频声波易于聚焦，可以在焦点处获得极大的声强。例如震耳欲聋的炮声，声强约为 $1\text{W/m}^2$，而目前用聚焦的方法，超声波的最大声强已达 $10^9\text{W/m}^2$（相应的声压约为数百个大气压），比炮声的声强高达 $10^9$ 倍。

能引起听觉的声波，不仅在频率上有一范围，而且在声强上也有一范围。对于每个给定的可闻频率，声强都有上下两个极值，低于下限的声强不能引起听觉，高于上限的声强也不能引起听觉，只能引起痛觉。声强的上下限值随频率而异，频率在 20Hz 以下和 20000Hz 以上时，就无所谓上下限值，因为在这频率范围内的任何大小的声强都不引起听觉。在 1000Hz 频率时，一般正常人听觉的最高声强为 $1\text{W/m}^2$，最低声强为 $10^{-12}\text{W/m}^2$。通常将这一最低声强作为测定声强的标准，用 $I_0$ 表示。由于声强的数量级相差悬殊（达 $10^{12}$ 倍），所以常用对数标度作为声强级（以 $L_I$ 表示）的量度，声强级为

$$L_I = \lg \frac{I}{I_0} \tag{5-32}$$

单位为贝尔（符号 B）。实际上，贝尔这一单位太大，因此常用分贝（dB）作为单位，此时声强级的公式为

$$L_I = 10\lg \frac{I}{I_0} \tag{5-33}$$

以分贝为单位时，炮声的声强级约为 120dB，而聚焦超声波的声强级可达 210dB。

此外，如果把加速度振幅 $a_m = A\omega^2$ 代入式（5-31），得

$$I = \frac{1}{2}\rho u A^2 \omega^2 = \frac{1}{2}\rho u \frac{a_m^2}{\omega^2} \tag{5-34}$$

在极大的高频声强时，声压振幅可达千百个大气压，获得的加速度振幅可达重力加速度的数百万倍。我们知道在相距半波长的两点处，振动的相位相反，即一点的加速度达到极大值时，另一点就达到负的加速极大值。对高频超声波，半波长约为 1mm。在这样小的距离中，就要出现这样大的方向相反的加速度，以及成千个大气压的压强变化，可以想象，高频超声波的作用是异常巨大的。

根据以上分析，就可对各种频率的声波的特点及其应用范围得到一个初步的了解。频率极低的次声波，由于波长很长，只有碰到非常大的障碍物或媒质分界面时，才会发生明显的反射和折射，而且在媒质中很少被吸收，可以传递很远，因此在气象、海洋、地震、地质等方面发展了不少有价值的应用。

**例题 5-6**　频率为 500kHz，声强为 $1.2\times10^7\text{W/m}^2$，声速为 1500m/s 的超声波，在水（水的密度为 $1000\text{kg/m}^3$）中传播时，其声压振幅为多少大气压？位移振幅、加速度振幅各为多少？

**解**　已知 $I=1.2\times10^7\text{W/m}^2$，$\rho=1000\text{kg/m}^3$，利用式（5-31）得声压振幅为

$$\begin{aligned} p_m &= \sqrt{2\rho u I} = \sqrt{2\times1\times10^3\times1500\times1.2\times10^7}\ \text{N/m}^2 \\ &= 6\times10^6\text{N/m}^2 \approx 60\ \text{大气压} \end{aligned}$$

位移振幅为

$$A=\sqrt{\frac{2I}{\rho u\omega^2}}=\sqrt{\frac{2\times1.2\times10^7}{1\times10^3\times1500\times(2\pi\times500\times10^3)^2}}\mathrm{m}$$
$$=1.27\times10^{-6}\mathrm{m}$$

加速度振幅为

$$a_m=A\omega^2=1.27\times10^{-6}\times(2\pi\times500\times10^3)^2\mathrm{m/s^2}$$
$$=1.26\times10^7\mathrm{m/s^2}\approx1.29\times10^6g$$

### 5.7.3 超声波的传播特性 超声波对物质的作用和应用

高频超声波最明显的传播特性之一就是方向性很好，射线定向传播。超声波的穿透本领很大，在液体、固体中传播时，衰减很小。在不透明的固体中，超声波能穿透几十米的厚度。超声波碰到杂质或媒质分界面有显著的反射。这些特性使得超声波成为探伤、定位等技术的一个重要工具。

此外，超声波在媒质中的传播特性如波速、衰减、吸收等，都与媒质的各种宏观的非声学的物理量有着紧密联系。例如声波与媒质的弹性模量、密度、温度、气体的成分等有关。声强的衰减与材料的空隙率、黏滞性等有关。利用这些特性，已制成了测定这些物理量的各种超声仪器。

从本质上看，超声波的这些传播特性，都取决于媒质的分子特性。声速、吸收与分子的能量、分子的结构等，都有密切的关系。由于超声波测量方法的方便，可以获得大量实验数据，所以在生产实践和科学研究中，已经发现超声波对物质的许多特殊作用，而且这些特殊作用都有广泛应用。下面介绍其主要的作用和一些典型的应用。

**1. 超声的机械作用**

超声波能使物质做激烈的强迫机械振动，这些机械作用，在许多超声波应用技术中，如超声清洗、除垢、催化、辅助电镀、生物医学等，都起着重要作用。

**2. 超声波的空化作用**

当超声波作用于液体，会在液体中传播超声纵波，引起液体中呈现高频率的疏密交替变化，稀疏区被拉伸，密集区被压缩，进而在液体中产生大量微小的“空化泡”。这些“空化泡”的产生，一方面原因是液体内局部由于被拉伸而形成负压，压强的降低使原来溶于液体的气体过饱和，在液体中析出，成为小气泡；另一方面原因是强大的瞬间拉应力把液体“撕开”成微小空洞，而形成“空化泡”。这些微小的气泡、空化泡在超声波传播的负压区瞬间形成及生长，而在正压区又迅速被挤压致溃灭，在急剧被压缩致溃灭的瞬间会产生局部高温高压（约5000K，1000atm），并产生速度约为110m/s、有强大冲击力的微射流，这些被称为空化作用。

在超声波的空化作用中，局部的高温高压及射流等，使其可以有广泛的应用。例如在常温常压下不能发生的化学反应，在空化作用下往往能够发生，又如非常坚硬的物质在空化作用下能被粉碎等。

**3. 超声的热作用**

媒质对超声波的吸收会引起温度的上升，一方面，频率越高，这种热效应就越显著；另一方面，在不同媒质的分界面上，特别是在流体媒质与固体媒质的分界面上，或流体媒质与其中悬浮粒子的分界面上，超声波的能量将大量地转换成热能，往往造成分界面处的局部高温，甚至产生电离现象。这种作用也有很多重要的应用。

以上几种超声波的作用是最基本的作用。除此之外，超声波的作用还有许多（例如化学作用，生物学作用等），其中有些可以用上述基本作用来初步说明，还有些尚未能圆满解释。文献报道的各种应用相当广泛，例如有文献报道，利用超声波的生物学作用，进行种子处理，可以使某些农作物增产，用超声波治疗某些疾病，有时可以获得良好疗效，等等。因此，进一步研究超声波对各种物质的作用非常有必要。

**4. 次声波**

次声波又称亚声波，也是一种人耳听不到的声波，振动频率低于 20Hz。在自然界的许多活动中，常可产生次声波。例如，火山爆发、地震、陨石落地、大气湍流、雷暴、磁暴等自然活动中，都有次声波发生。次声波可以把自然信息传播到很远很远的地方，所经历的时间也很长。例如，1883 年苏门答腊和爪哇之间一次火山爆发，产生的次声波绕地球三圈，历时 108h。次声波的传播速度和声波相同，在 20℃时在空气中约为 334m/s。振动周期为 1s 的次声波，波长为 334m；周期为 10s 的次声波，波长为 3440m。周期越长，波长也越长。和声波相比较，大气对次声波吸收是很少的。次声波在大气中传播几千公里以后，其吸收还不到万分之几分贝。利用次声波通过大气所引起的压力波动效应，可以测量次声波。次声波的测量表明，次声波是平面波。它沿着与地球表面平行的方向传播。在强烈的地震时，沿地面传播的地震波有三种：纵向波、横向波和表面波。它们所激发的次声波的强度各不相同。接收这三种不同的次声波，可以推算出地震波的竖直幅度、方向和水平速度。由于次声波有远距离传播的特点，它的应用已受到越来越多的重视。它不仅用于探测气象、地震测量，而且也可用于军事侦察。对次声波的产生、传播、接收、影响和应用的研究，已导致现代声学的一个新分支的形成，这就是次声学。

## 本章提要

**机械波的产生与传播**

条件：波源和媒质。

相位传播：波传播的是振动的相位，沿波的传播方向，各质点振动的相位依次落后。

**波速、波长和周期**

波速 $u$：单位时间内，一定振动相位传播的距离，其值取决于媒质的性质。

波长 $\lambda$：波传播方向上相位差为 $2\pi$ 的两点间的距离，表示波的空间周期性。

周期 $T$：波中各质点完成一次完全振动所需的时间。表示波的时间周期性。

频率 $\nu$：单位时间内通过波线上某一点的“完整波”的数目。

$$T=\frac{1}{\nu},\qquad u=\frac{\lambda}{T}=\lambda\nu$$

**平面简谐波**

波函数 $y(x,t)=A\cos\left[\omega\left(t-\frac{x}{u}\right)+\varphi_0\right]$（沿 $x$ 轴正方向传播）

能量密度 $$w=\rho A^2\omega^2\sin^2\left[\omega\left(t-\frac{x}{u}\right)+\varphi_0\right]$$

平均能量密度 $$\bar{w}=\frac{1}{2}\rho A^2\omega^2$$

平均能流密度（波强度） $$I=\bar{w}u=\frac{1}{2}\rho A^2\omega^2 u$$

**惠更斯原理**

波所传播到的空间各点都可看作是发射子波的波源，任一时刻这些子波的包络就是新的波面。

**波的干涉**

波的叠加原理：几列波在媒质中任一点相遇时，相遇点振动的位移等于各列波单独存在时该点振动位移的矢量和。

波的相干条件：振动方向相同、频率相同、相位差恒定。

干涉加强和减弱条件

$$\Delta\varphi=\varphi_2-\varphi_1-2\pi\frac{r_2-r_1}{\lambda}=\begin{cases}\pm 2k\pi & k=0,1,2,\cdots\ (\text{加强})\\ \pm(2k+1)\pi & k=0,1,2,\cdots\ (\text{减弱})\end{cases}$$

当 $\varphi_1=\varphi_2$ 时

$$\delta=r_1-r_2=\begin{cases}\pm k\lambda & k=0,1,2,\cdots\ (\text{加强})\\ \pm(2k+1)\dfrac{\lambda}{2} & k=0,1,2,\cdots\ (\text{减弱})\end{cases}$$

**驻波**

两列振幅相同的相干波，在同一直线上沿相反方向传播时，形成驻波。有波节和波腹，相邻两波节或波腹之间的距离为$\frac{\lambda}{2}$。没有相位和能量的传播。

**多普勒效应**

当观察者和波源相向运动时

$$\nu_R=\frac{u+v_R}{u-v_S}\nu_S$$

当观察者和波源相背运动时，上式 $v_R$ 和 $v_S$ 取负值。

## 习　　题

5-1　设某一时刻横波的波形图如题 5-1 图所示，

(1) 试分别用箭头标出图中 A、B、C、D、E、F、G、H、I 等质点在该时刻的运动方向；

(2) 画出经过 1/4 周期后的波形图。

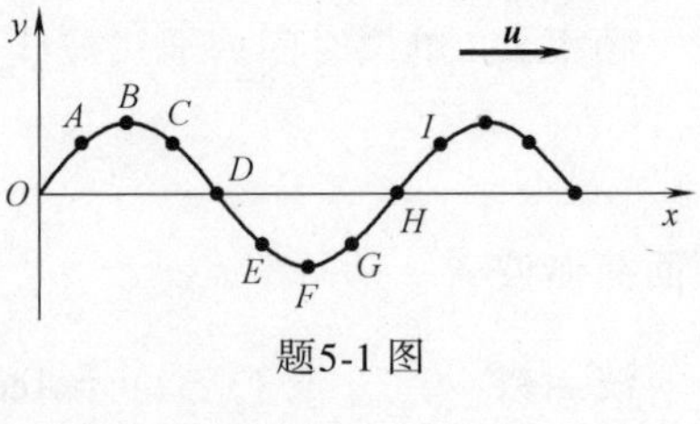

题5-1 图

5-2　关于波长的概念，下列说法是否一致？

(1) 同一波线上两个相邻的相位相同的点之间的距离；

(2) 在一个周期内波所传播的距离；

(3) 波线上相位差为 2π 的两点之间的距离；

（4）两个相邻的波峰（或波谷）之间的距离。

5-3 （1）沿 $x$ 轴正方向传播的平面余弦波，$t=0$ 时刻的波形图如题 5-3 图所示。求原点 $O$，1，2，3，4 各点振动的初相。

（2）如果波沿 $x$ 轴反向传播，原点 $O$，1，2，3，4 各点振动的初相又是多少？

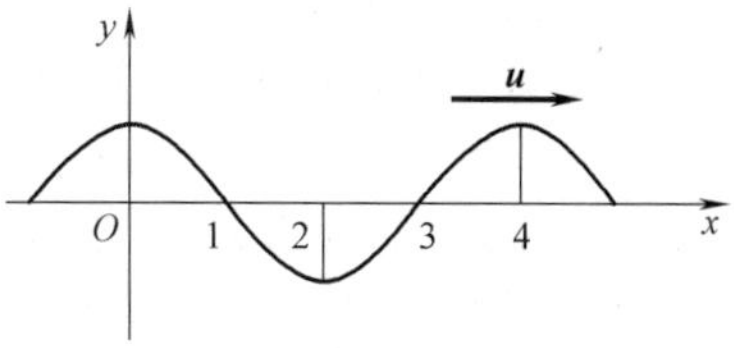

题 5-3 图

5-4 空气中频率为 1000Hz 的声波传播到湖面上并进入水中，若已知空气中的声速为 340m/s，水中的声速为 1500m/s，试求：

（1）声波在空气中的波长；

（2）声波在水中的频率和波长。

5-5 一平面波的波函数为

$$y=0.25\cos(125t-0.37x)$$

式中，$x$、$y$ 以 m 计，$t$ 以 s 计。求：

（1）波的振幅、角频率、周期、波速和波长；

（2）$x_1=10\text{m}$ 处的振动方程；

（3）$x_2=25\text{m}$ 和 $x_1=10\text{m}$ 两点处的同一时刻的相位差。

5-6 频率为 $\nu=12.5\times10^3\text{Hz}$ 的平面余弦纵波沿细长的金属棒传播，棒的弹性模量 $E=1.9\times10^{11}\text{N/m}^2$，棒的密度为 $\rho=7.6\times10^3\text{kg/m}^3$；已知波源的振幅 $A=0.1\text{mm}$，初相 $\varphi=0$。求：

（1）波源的振动方程；

（2）波函数；

（3）在波源振动 0.0021s 时的波形方程。

5-7 一频率为 500Hz 的平面波，波速为 350m/s。求：

（1）在波线上同一时刻相位差为 $\pi/3$ 的两点间的距离；

（2）在同一点，时间间隔为 $10^{-3}\text{s}$ 的两位移间的相位差。

5-8 一平面余弦横波，沿 $x$ 轴正方向传播，波速 $u=100\text{m/s}$，且沿 $x$ 轴每米长度内包含有 50 个波长，振幅为 $3\times10^{-2}\text{m}$。若取在坐标原点的质点通过平衡位置向上运动的时刻为起始时刻，试求：

（1）波函数；

（2）$t=1\text{s}$ 时恰好通过平衡位置的那些质点的坐标。

5-9 有一平面余弦波，以 $u=5\text{m/s}$ 向 $x$ 轴正方向传播，$t=0$ 时刻的波形如题 5-9 图所示。求：

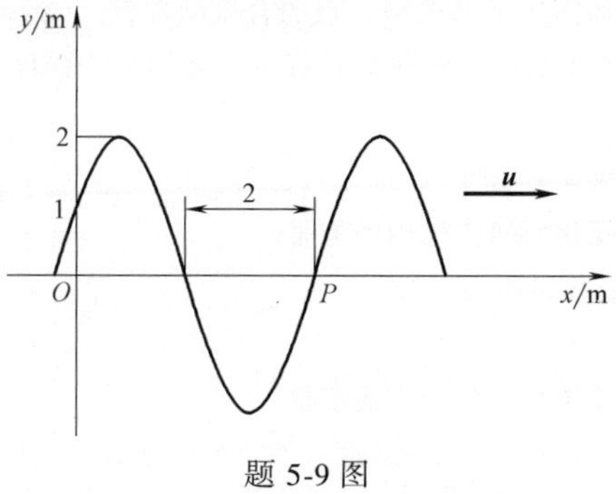

题 5-9 图

（1）该平面余弦波的波函数；

（2）波线上 $P$ 点的坐标和该点处质点的振动方程；

（3）在波线上与原点相距 3m 和与原点相距 1.5m 的两点在同一时刻的相位差。

5-10 一横波沿 $x$ 轴正方向以 $u=0.2\text{m/s}$ 的速度传播。在 $x$ 轴上有一点 $B$，$B$ 点的振动方程为

$$y = 0.03\cos4\pi t$$

式中，$y$ 以 m 计，$t$ 以 s 计，如题 5-10 图所示。

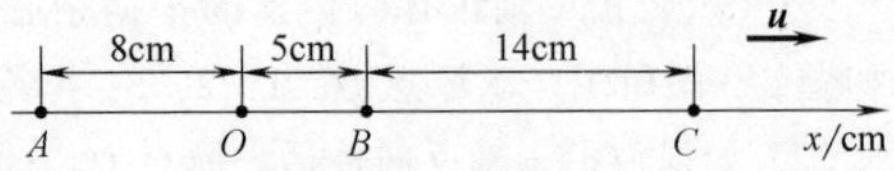


题 5-10 图

(1) 试以 $B$ 点和 $O$ 点为坐标原点，分别写出波函数；

(2) 写出 $O$ 点、$A$ 点和 $C$ 点的振动方程。

5-11 如题 5-11 图所示，一平面简谐波沿 $x$ 轴正方向传播，$O$ 点为波源，已知 $OA=AB=10\text{cm}$，振幅 $A=10\text{cm}$，角频率 $\omega=7\pi\text{s}^{-1}$。当 $t=1\text{s}$ 时，$A$ 处质点振动的情况是 $y_A=0$，$(\partial y/\partial t)_A<0$；$B$ 点处质点则是 $y_B=5.0\text{cm}$，$(\partial y/\partial t)_B>0$，设波长 $\lambda>l$，求波函数。

5-12 一沿 $x$ 轴正方向传播的平面余弦波，$t=\dfrac{1}{3}\text{s}$ 时波形如题 5-12 图所示，周期 $T=2\text{s}$，求：

(1) 写出该波的波函数；

(2) $P$ 点离原点 $O$ 的距离。

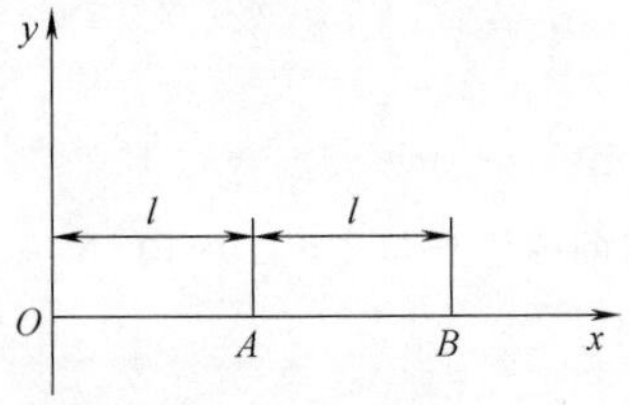


题 5-11 图

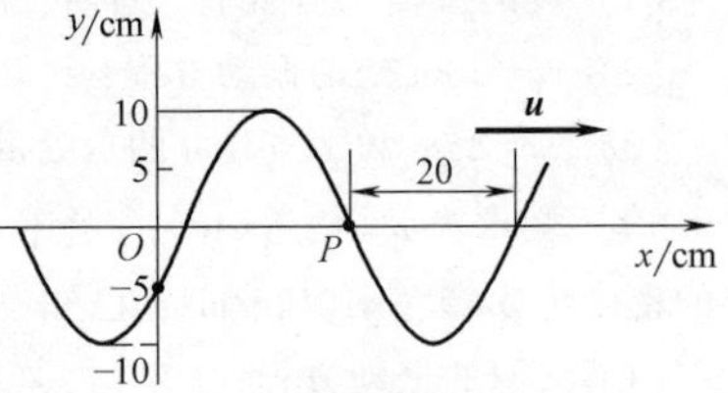


题 5-12 图

5-13 如题 5-13 图所示，一个在远处的波源所发出的平面简谐波，沿 $x$ 轴正方向传播，其波速 $u=1\text{m/s}$，传播到 $A$ 点时，$A$ 点的振动方程（$y$ 以 m 计）为

$$y_A=0.04\cos\ (2\pi t-\pi)$$

试求：

(1) 写出以 $O$ 点为坐标原点的波函数；

(2) 另有一相干波源 $S$，其振动方程（$y$ 以 m 计）为

$$y_S=0.04\cos\left(2\pi t+\frac{\pi}{2}\right)$$

传播到 $P$ 点时，与前一波相遇，如图所示。求出 $P$ 点的合振动方程。

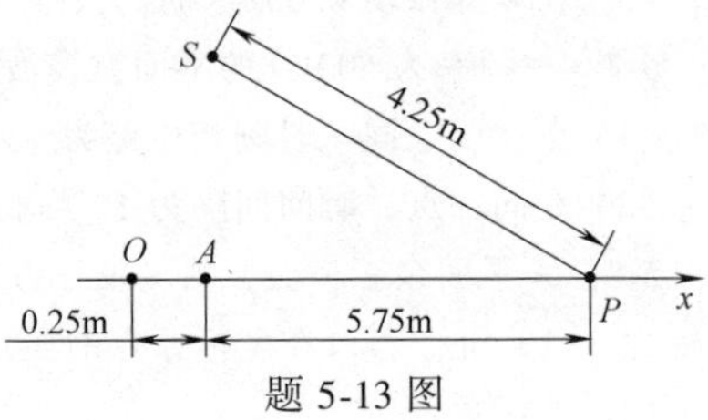


题 5-13 图

5-14 一正弦式空气波沿直径 0.14m 的圆柱形管行进，波的平均强度为 $8.50\times10^{-3}\text{J}\cdot\text{s}^{-1}\cdot\text{m}^{-2}$，频率为 256Hz，波速为 340m/s，求：

(1) 波的平均能量密度和最大能量密度；

(2) 间距为一个波长的两个同相面间空气中的能量。

5-15 试说明在理想化的无吸收媒质中，

(1) 平面简谐波的振幅保持不变；

(2) 球面简谐波的振幅与离波源中心的距离成反比。

5-16 一球面点波源，发射功率为 5W，若媒质不吸收波的能量，求距离波源 1m 和 5m 处的平均能流密度。

5-17 如题 5-17 图所示，$A$ 和 $B$ 是两个同相位的波源，相距 $d=0.01\text{m}$，同时以 30Hz 的频率发出波动，波速为 0.5m/s。$P$ 点位于与 $AB$ 成 30°角、与 $A$ 相距为 4m 处，求两波通过 $P$ 点时的相位差。

5-18 如题 5-18 图所示，设平面横波 1 沿 $BP$ 方向传播，它在 $B$ 点的振动方程为

$$y_1=0.2\times10^{-2}\cos2\pi t$$

平面横波 2 沿 $CP$ 方向传播，它在 $C$ 点的振动方程为

$$y_2=0.2\times10^{-2}\cos\ (2\pi t+\pi)$$

式中，$y$ 以 m 计，$t$ 以 s 计。波速为 0.2m/s，求：

（1）两波传播到 $P$ 点时的相位差；

（2）在 $P$ 点处合振动的振幅；

（3）如果在 $P$ 点处相遇的两横波，振动方向是相互垂直的，则合振动的振幅又如何？

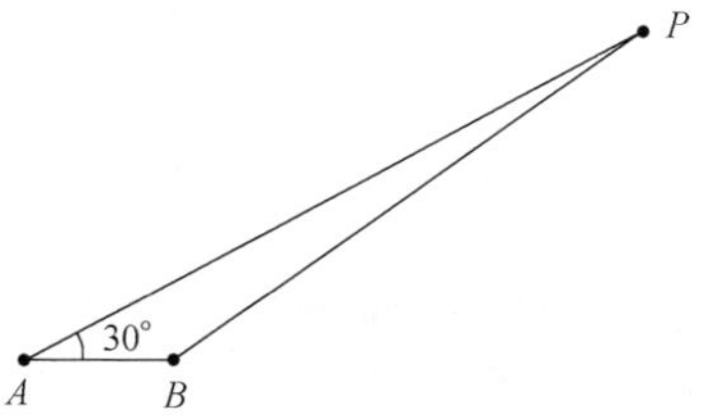


题 5-17 图

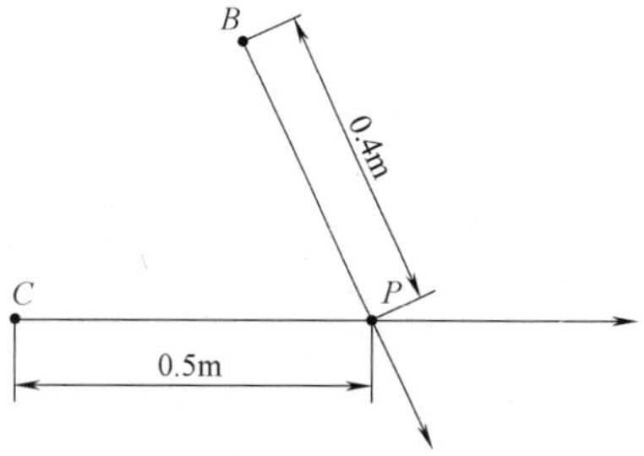


题 5-18 图

5-19　如题 5-19 图所示，在均匀无吸收的媒质中，从 $O$ 点发出一沿 $+x$ 方向传播的平面简谐波，波速 $u=1\text{m/s}$。已知距 $O$ 为 2m 处的 $A$ 质点的简谐振动方程为 $y=5\cos\left(\frac{\pi}{2}t+\frac{\pi}{2}\right)$，$y$ 以 m 计。求：

题 5-19 图

（1）写出以 $O$ 为坐标原点的波函数；

（2）距 $O$ 点为 4m 处的 $P$ 点，另有一平面简谐波波源，其振动方程为 $y=5\cos\left(\frac{\pi}{2}t+\frac{\pi}{2}\right)$，$y$ 以 m 计，求 $OP$ 连线间因干涉而静止的各点的位置。

5-20　同一媒质中的两个波源位于 $A$、$B$ 两点，如题 5-20 图所示。其振幅相同，频率都是 100Hz，相位差为 $\pi$。若 $AB=30\text{m}$，波在媒质中的传播速度为 400m/s，试求 $A$、$B$ 连线上因干涉而静止的各点的位置。

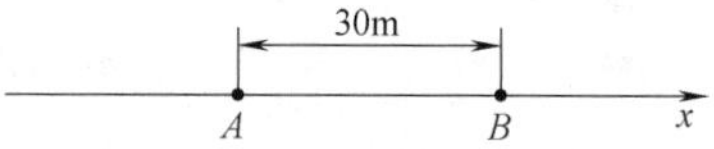


题 5-20 图

5-21　沿 $x$ 轴传播的平面简谐波的波函数为 $y=10^{-3}\cos\left[200\pi\left(t-\frac{x}{200}\right)\right]$，$y$ 以 m 计，入射波在固定端 $A$ 处反射，且 $OA=2.25\text{m}$，如题 5-21 图所示。求反射波的波函数。

5-22　如题 5-22 图所示，一平面简谐波沿 $+x$ 方向传播，$BC$ 为波密媒质的反射面，波由 $P$ 点反射，$OP=\frac{3}{4}\lambda$，$DP=\frac{1}{6}\lambda$。$t=0$ 时，$O$ 处质点由平衡位置向正方向运动。设反射后波不衰减，$A$、$\omega$ 和 $\lambda$ 为已知。求：

（1）写出入射波的波函数；

（2）写出反射波的波函数；

（3）入射波与反射波在 $D$ 点的合振动方程。

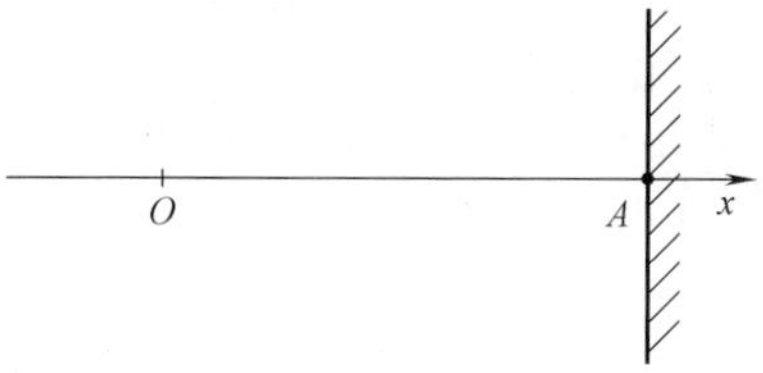


题 5-21 图

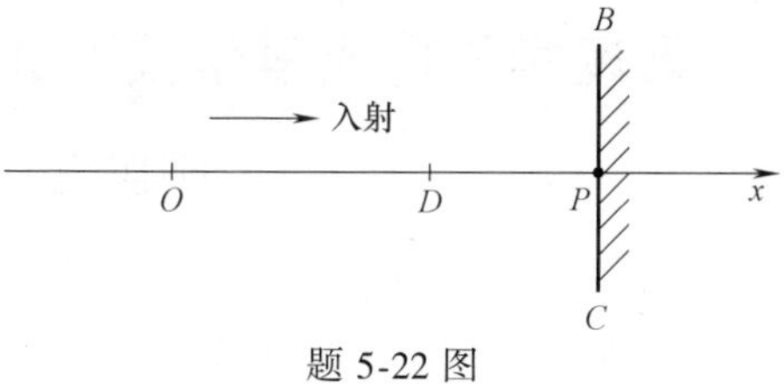


题 5-22 图

5-23 在位于 $x$ 轴的弦线上有一驻波，测得 $x=n+5/6$ (m) ($n=0,\pm1,\pm2,\cdots$) 处为波节，在波腹处，最大位移 $y_{max}$ 为 5m，从平衡位置到最大位移，最短历时 0.5s，若以弦线上所有质元均处于平衡位置时开始计时，写出该驻波的表达式。

5-24 若入射波的波函数为

$$y_{入}=A\sin\left(\omega t+\frac{2\pi x}{\lambda}\right)$$

入射波在 $x=0$ 处反射，反射端为自由端。在振幅不衰减的情况下，求：

(1) 驻波方程；

(2) 波节和波腹的位置；

(3) 作出 $t=1/4$ 周期时，0 至 $\lambda$ 间驻波的波形图。

5-25 波源 $S$ 以速度 $\boldsymbol{v}_S$ 向墙壁接近，如题 5-25 图所示。波源频率为 $\nu_S=2040$Hz，静止的观察者 $R$ 听得拍音频率为 $\Delta\nu=3$Hz，设声音的传播速度为 $u=340$m/s，求波源的移动速度 $\boldsymbol{v}_S$。

5-26 甲火车以 43.2km/h 的速率行驶，其上一乘客听到对面驶来的乙火车鸣笛声的频率为 $\nu_1=512$Hz，当这一火车过后，听其鸣笛声的频率为 $\nu_2=428$Hz。求乙火车上的人听到乙火车鸣笛的频率 $\nu_S$ 和乙火车对地面的速度 $\boldsymbol{v}_S$。设空气中声波的速度为 340m/s。

5-27 如题 5-27 图所示，一音叉置于反射面 $S$ 和观察者 $R$ 之间，音叉和观察者都是静止的，音叉的频率为 $\nu_0$，设反射面以速度 $\boldsymbol{v}$ 向着观察者 $R$ 运动，则 $R$ 处接收到的拍频是多少？

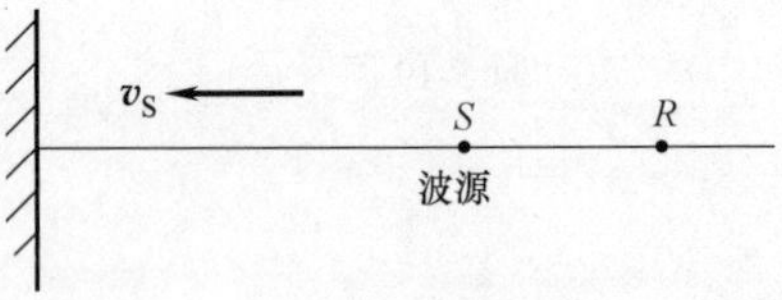

题 5-25 图

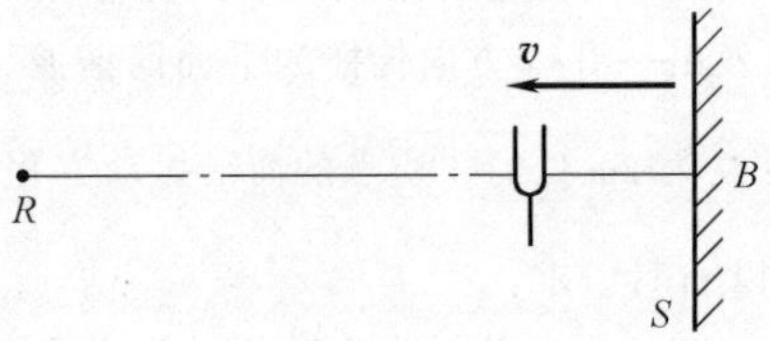

题 5-27 图

5-28 在媒质Ⅰ中插入一厚度为 $d$ 的由媒质Ⅱ做成的平板，一平面波自左向右垂直地入射于平板上。该波在 $S$ 点的振动方程为 $y_S=A\cos\omega t$，设媒质Ⅰ和Ⅱ中的波速分别为 $\boldsymbol{u}_1$ 和 $\boldsymbol{u}_2$（且 $\rho_1 u_1<\rho_2 u_2$），振幅保持不变，坐标的选择如题 5-28 图所示，试求：

(1) $A_1$ 面上反射波的波函数；

(2) $A_2$ 面上反射进入Ⅰ区的反射波函数；

(3) 若使上述两反射波在Ⅰ区中叠加后加强，则媒质板的厚度至少是多少？

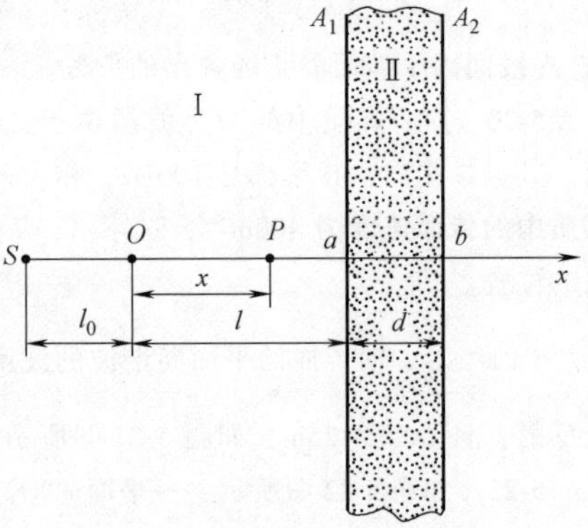

题 5-28 图

5-29 一频率为 1kHz 的声源以 $v_S=34$m/s 的速率向右运动。在声源的右方有一反射面，该反射面以 $v_1=68$m/s 的速率向左运动。设空气中的声速为 $u=340$m/s。试求：

(1) 声源所发出的声波在空气中的波长；

(2) 每秒内到达反射面的波数；

(3) 反射波在空气中的波长。

## 物理学与现代科学技术Ⅱ

### 声呐技术与水声信号处理

声呐是利用声波能量在水中传播进行工作的设备，能够实现水中物体探测、水中通信和导航。声波是机械波，可以在空气中传播，也可以在水中传播，水中传播的声波也叫水声，水声是目前所知唯一可在水中远距离传播的能量形式。其他能量形式，例如电磁波（包括光波），在水中传播会很快衰减，不能远距离传播。或者说，声波作为一种能量载体，在水中是高度“透明”的，其“透明度”远高于电磁波（包括光波）等其他能量载体，因此，水中潜航、水下探测、水中通信等，都广泛使用各种各样的声呐系统。

例如，我国“蛟龙号”深海载人潜水器，装备有9种16部声呐，分别为水声通信机（2部）、水声电话（1部）、超短基线定位声呐（1部）、长基线定位声呐（1部）、测深侧扫声呐（1部）、成像声呐（1部）、声学多普勒测速仪（1部）、避碰声呐（7部）和高度计（1部），可以实现水下通信、导航、定位、探测等功能，先进的水声数字通信和海底微地形地貌探测能力是蛟龙号的技术亮点之一。图Ⅱ-1所示为我国蛟龙号深海载人潜水器，2009—2012年，蛟龙号先后完成了1000m、3000m、5000m和7000m级海上试验，最大下潜深度达到7062m，其水声通信机实现了7000m级深度的彩色图像、数据、文字和语音的水声通信传输；高分辨率测深侧扫声呐实现了7000m级深度的海底地形地貌精细探测；成功测绘出了马里亚纳海沟局部的微地形地貌图；2012年6月，蛟龙号在7000m深的海底通过水声通信系统与在太空的“天宫一号”航天员实现了海底太空对话，图Ⅱ-2所示为蛟龙号海底太空通话画面截图，这在国际上也是一次创举。2013年，蛟龙号执行了长达113天的试验性应用航行任务，试验和应用结果均表明，蛟龙号载人潜水器装备的各种声呐系功能完善，性能先进，运行稳定可靠。

图Ⅱ-1　蛟龙号深海载人潜水器

在后续的海试中，蛟龙号的水声通信效果良好，母船和潜水器之间信息交流顺畅，语音清晰，传回了大量数据和水下作业照片，综合性能优于同类国际载人潜水器水声通信系统。

图Ⅱ-2　蛟龙号海底太空通话

2020年10月10日~11月28日，我国全新建造的新一代万米载人潜水器“奋斗者”号赴马里亚纳海沟开展万米海试，成功完成13次下潜，其中8次突破万米深度。11月10日8时12分，“奋斗者”号创造了10909m的中国载人深潜新纪录，标志着我国在大深度载人深潜领域达到世界领先水平。

近几十年来，潜艇潜航和反潜战需求、水下状况探查和水中（尤其是海洋）资源开发等方面的需求，持续保持强烈态势，成为对声呐技术发展的巨大推动力；另一方面，水声物理学、水声信号处理、现代电子技术、计算机技术及设备和计算方法等持续快速进步，助推声呐技术迅猛发展。

例如，在合成孔径声呐（SAS）研究领域，相应于国际上快速发展的大环境，我国的发展也非常快，中国科学院声学研究所于“九五”“十五”和“十一五”期间持续得到国家

“863”计划支持。经历了原理和关键技术探索、海试样机和工程样机研制等阶段，在关键技术和多型系统研制方面，取得了一系列重大突破。2010年完成的SAS工程样机，是世界上首次研制完成同时具备高、低频同步实时成像能力的SAS系统，其各项性能指标达到国际领先水平，该系统在水底掩埋目标探测和识别方面表现出优越的性能。SAS工作在高频段，可大幅提高成像分辨率，成为侧扫声呐的升级换代产品。而在低频段，它可穿透成像，实现对水底掩埋物的探测识别，有效弥补传统成像声呐在该方面的不足。2012年，中国科学院声学研究所高频型SAS和双频型SAS完成设计定型。

2018年，中国科学院声学研究所就三频合成孔径声呐设计方法建立了首个合成孔径声呐国内行业标准。通过系列湖上、海上试验，取得了大量清晰水底和小目标图像的试验结果。许多高质量成像，远好于国外的试验结果，如图Ⅱ-3~图Ⅱ-5所示。

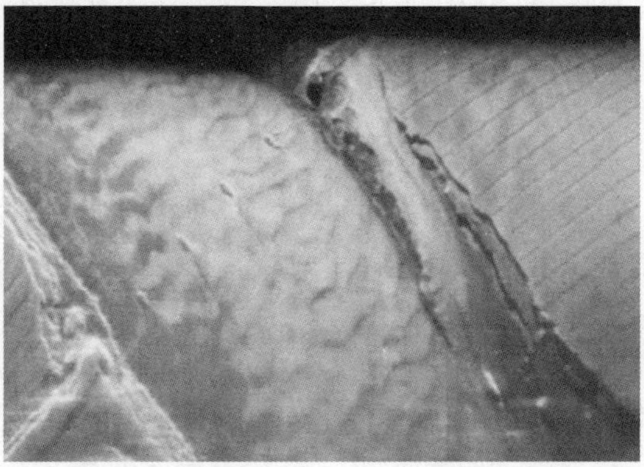

图Ⅱ-3　淹没在水下的桥墩与河道的合成孔径声呐图像

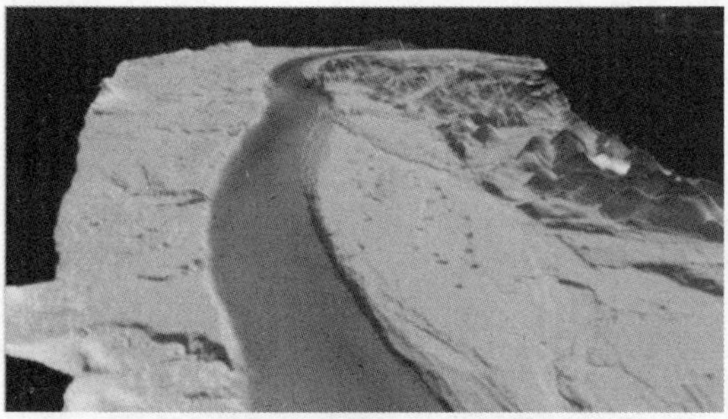

图Ⅱ-4　千岛湖水下地貌的声呐图像

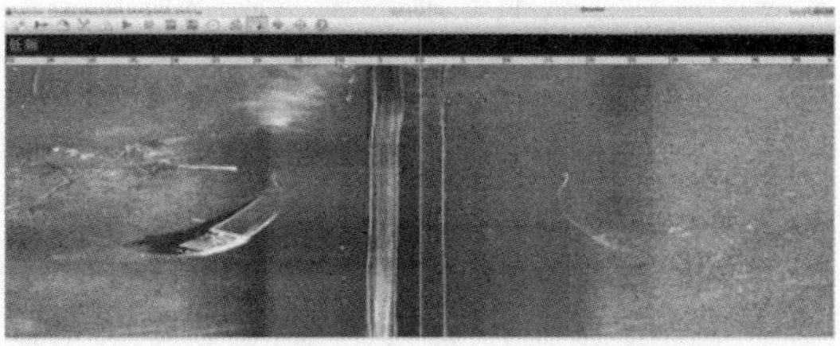

图Ⅱ-5　水下沉船的侧扫声呐图像

**1. 声呐工作方式（主动声呐和被动声呐）**

声呐系统大致有主动和被动两种工作方式。当声呐系统以主动方式（见图Ⅱ-6）工作时，系统要先通过其声波发射器（换能器）向水中发出声波脉冲，由此发出的声波在水中传播，传播速度约为1500m/s，遇到水中的目标物体会产生反射的声波（回波），系统的接收器（水听器）可以接收回波，由发射和接收声波的过程，可以确定目标物体

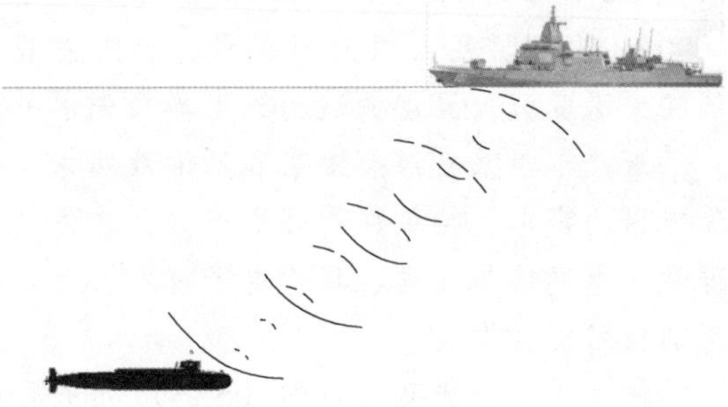

图Ⅱ-6　主动声呐

所在的方向；由接收到回波与发出声波脉冲期间的时间差和声波在水中的波速，可以计算出目标物体与声呐系统间的距离；通过分析回波信号特征和积累经验，可以不同程度判别目标物体的某些性质。当声呐系统以被动方式工作时，是以系统的水听器接收来自目标物体自身发出的声波，在接收声波的过程中，可以大致确定波源所在的方向，通过分析接收到的信号特征和积累经验，可以判别目标物体的某些性质。

主动声呐可以获取目标物体的距离、方向信息和物体的某些特征信息；有些种类的主动声呐（例如侧扫声呐和合成孔径声呐等），通过特别设计的工作方式和相应的计算方法，可以将目标物体或水中水底的状况以图像的形式显示，清晰直观。但是，主动声呐工作时要向水中发射声波，有伴随存在暴露己方目标的可能。

被动声呐（见图Ⅱ-7）可以取得目标物体的方向信息和物体的某些特征信息；通过设置较大规模水听器阵列（例如拖曳阵列声呐），有可能在水中接收到源自100km之外的声波信息。关于被动声呐测距，由于水中环境的复杂性，目前仍然是难解的问题。

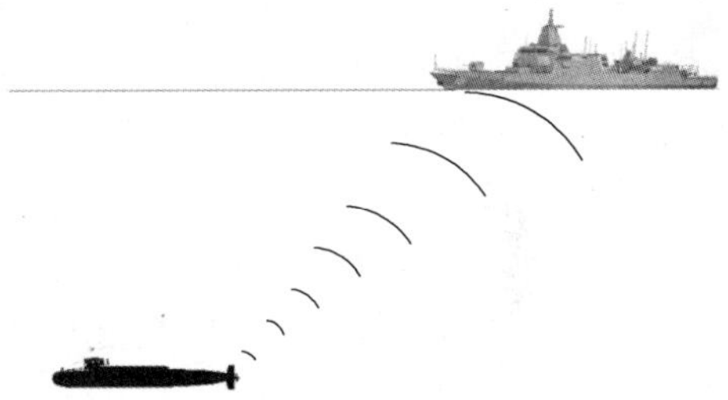

图Ⅱ-7 被动声呐

**2. 声呐换能器（水声发射器和水听器）**

水声换能器是声呐系统的重要组成部分，是声呐系统最前端的设备，是在水介质中实现声能量与其他形式能量或信息转换的一类器件，是声呐系统与水介质相互作用、交流信息的“窗口”，换能器的性能对于声呐系统的整体性能影响极大，致力于提升换能器性能的研究一直都备受重视，其中超磁致伸缩稀土换能器、高性能电致伸缩陶瓷换能器、矢量水听器、压电复合材料换能器、低频大面积PVDF水听器、光纤水听器等研究非常活跃，代表着换能器研究的最新发展动态。

从水声科学的发展过程来看，声呐技术的每一步发展都离不开换能器技术的发展。由于水声换能器在水声工程中有着至关重要的作用，许多发达国家都投入巨大力量进行研究，其动力主要是军事需求的强大推动和科学技术的整体进步。近几十年来，声隐身技术在潜艇舰船、鱼雷等目标物上广泛采用及改进，水声目标检测日益困难；与此相对应，迫切需要声呐对各种目标的主被动探测性能不断提升，水中的隐身和反隐身竞赛从未休止。

为了克服水声目标隐身技术给探测目标带来的困难，提高对各种目标的主被动探测性能，对声呐换能器在发射功率、转换效率、灵敏度等各个方面都在提出更高的要求；近年来，新型换能器材料和新概念的出现，拓宽了换能器的研究领域，为换能器性能的提高开辟了有效途径；计算机技术的迅速发展，利用多物理场有限元软件等进行计算机模拟，可以仿真振动系统的固有频率、振型、模态刚度、换能器方向性等，改变了换能器的设计方法；换能器加工工艺的进一步完善、改进，又为换能器的发展提供了有力的支持，换能器的研究与设计在经典理论和分析方法的基础上，新概念和新方法不断被提出，产品不断有更新换代，性能也在不断提升。

**3. 水声信号处理和目标识别**

声呐系统工作的目的，是探测并识别水中目标物体，其工作性能，不仅依赖于换能器的性能，很大程度上，还取决于水声信号处理的方法和设备。

水声目标识别，就是由声呐接收来自水中目标物体的声波，通过多种信息处理过程，提取目标特征并判别目标所属类型，为水中生产作业（包括海洋经济开发）或军事活动提供重要决策依据。

水声目标信号包括水中目标物体自身辐射的噪声和水中目标被声呐发出的声波照射后产生的回波信号。水声目标识别作为模式识别的一个分支，与其他目标识别问题具有某些相似性。

**4. 被动探测的水声目标辐射噪声及特征**

水中目标自身辐射的噪声组成复杂，对于舰船（包括潜艇）而言，是多种噪声源与其所处的水介质共同作用而产生的物理现象。舰船辐射噪声主要有三个来源：①机械噪声，产生于舰船上各种转动和往复式工作的机械、各种泵等激励源；②水动力噪声，由船体与其周围流体相对运动而产生；③螺旋桨噪声，由依靠螺旋桨推进的舰船产生。三类噪声的产生机理各不相同，因此舰船辐射噪声是多种特征多种因素的叠加，这些噪声都是被动声呐系统主要探测分析与识别的内容。

机械噪声通过舰船壳体向水中辐射而形成的水下噪声，是舰船辐射噪声在低频段的主要成分。机械噪声的声源多且复杂，具有宽带信号叠加窄带信号形式特征，很容易受到环境、多目标干扰以及海洋信道影响，甄选出可以远距离传播以及具有物理机理支持的特征是重要的研究课题。

舰船壳体振动引起的辐射噪声与其尺寸、材料、形状相关，表现为功率谱上的低频谱线成分，有采用基于薄壳振动及模态分解理论的壳体振动模型进行分析；目标的瞬态信号有撞击产生的冲击振动信号，也有因设备间歇性运行带来的脉冲式信号，有采用弹簧衰减器系统线性叠加的多模态振动模型进行分析；壳体振动信号和目标瞬态信号等与目标平台属性和运动状态相关联，是可用的分类识别特征。

螺旋桨是舰船（包括潜艇）的常见推进器，螺旋桨噪声是由螺旋桨在水中旋转激励辐射，包含有螺旋桨转速和叶片数等信息。不同类型舰船的螺旋桨参数和工况往往存在明显差异，因而螺旋桨相关特征可作为某些目标类别区分的重要参数。螺旋桨噪声是一种宽带辐射噪声，非均匀流场中桨叶旋转会对螺旋桨噪声产生周期调制，使螺旋桨噪声信号的包络幅度有周期起伏；螺旋桨噪声的产生还与螺旋桨结构和其推进中导致的水中空化状态密切相关，通过对螺旋桨噪声信号的分析，有可能获取更多目标物体相关信息。

在水声环境中，舰船的运动状态和位置也是目标分类识别的重要特征。目标的深度位置、航速、各种工况及其变化状态都有可能反映在目标物体辐射噪声的变化中。目标的方位距离信息包含在声呐阵列的时空采样数据中，通过对阵列数据信息的处理，有可能解算出目标空间位置参数；浅海信道的多路径效应或者不同的简正波模式叠加有时会在功率谱上产生类梳状的结构，使得运动目标辐射的噪声信号 LOFAR 谱中有强弱分明的干涉条纹，其中包含有不同深度运动目标的时空信息。

**5. 主动探测的目标回波信号及特征**

在主动声呐的工作过程中，发射信号经入射信道传播，遇到目标物体产生回波，回波携带有目标物体特征，再经反射信道到达接收阵列。目标物体也可视为二次声源，目标回波信号中包含有发射信号特征、声波入射至目标所经过的传输信道特征、目标物体散射特征、反射回波至接收阵所经过的传输信道特征等。主动声呐目标识别的关键在于要从包含以上诸多因素的回波信号中有效提取出反映目标物理本质的特征，例如材料特征、几何特征和运动特征。

目标物体的材料特征是指目标表面的软、硬边界，也包括壳体层数、内部填充、是否加肋等因素，主要表现为回波信号与发射信号之间的幅度差、相位差以及波形扩展等现象。对于弹性散射体，入射的声波会激励起其内部的声场，不同的材料属性，其声散射信号中可能包含相应的特征。

目标的几何特征指目标的尺度、形状、强散射区分布等平面或立体结构，主要引起目标回波中各反射点的声程差，表现为回波信号中各峰值的时延差。目标回波包络结构中的峰值一般对应于目标中的强反射点，其结构组成会随目标航向与照射方向夹角的改变而改变。

目标的运动特征指目标速度、加速度及转弯、上浮、下潜等运动状态。在频域上，目标的运动特征表现为发射信号与回波信号的频率差异（即多普勒频移）；而在时域上，则表现为回波信号相对于发射信号的拉伸或压缩。

**6. 被动探测的目标信号处理及特征提取方法**

功率谱分析曾是常用的机械噪声分析手段，基于目标噪声产生机理、特征表征和功率谱分析可以构造多个识别特征量，包括个体线谱分布、功率谱线谱连续谱能量相对分布、连续谱能量分布、线谱能量分布、特定频段线谱数量、谐波特征和线谱的波动特征等。

由于舰船辐射噪声源状态变化、目标运动等因素的影响，使得信号特征存在时变特性，LOFAR 分析蕴含序贯检测的思想，它利用辐射噪声功率谱在时间上的累积效应，以观测时间的增加减小干扰的影响。通过 LOFAR 分析可以提高对弱线谱的提取能力，同时具备对时变线谱、瞬态信号的检测提取能力。

听觉感知技术等仿生技术在水声目标特征提取中也有应用。听觉感知特征提取方法从听觉生理机制、耳蜗频率分解特性、掩蔽效应、临界带宽及人耳感知声音所表现出的听觉特性出发，构建基于响度、音调和音色等相应听觉特征，有可能获得接近声呐员对声音的良好辨识能力。

DEMON 分析是获取舰船螺旋桨特征的有效方法，其通过一组带通滤波器覆盖螺旋桨噪声所在的频段，将带通信号做检波处理并计算其低频功率谱，得到信号的解调谱。对解调谱进行谐波检测则可以提取到螺旋桨相关信息，包括螺旋桨的轴频、叶片数和桨支数等。解调谱中还可以进一步挖掘线谱调制深度、调制载频分布等特征信息，这些特征量反映出舰船目标螺旋桨的某些状态，在机理和试验的支持下，可为目标分类识别提供部分特征。

**7. 主动探测的目标信号处理及特征提取方法**

目标物体的材料性质对声呐回波可能产生重要影响，回波信号时域波形的突变性质和目标表面的反射特性有关。例如，大面积光滑表面的目标，其回波边缘较为陡峭；而随机起伏粗糙不平的表面，会使回波边缘较为模糊。在较近距离高信噪比条件下，通过波形边缘的准确提取，可有效分析目标表面的材料特质；而在远距离低信噪比或强混响干扰条件下，回波的到达前沿淹没于复杂、强烈的背景干扰中，需要通过更精细的波形设计及处理来分析提取目标的材料特性。对于线性调频回波信号的频域特性，可利用目标回波的亮点模型并通过分数傅里叶变换以实现刚性和弹性散射体差异特征的提取。

目标的几何特征，常表现为目标回波的亮点结构，亮点结构尤其适用于对大尺寸的军用目标（如水面舰艇和潜水艇等）进行分析。不同亮点在声轴上相互错开，形成沿时间分布的特征。当入射-反射方位发生变化时，亮点之间的相对距离和声程随之变化。通常利用匹配滤波方法、通过脉冲压缩从回波信号中提取目标各亮点的相对时延差。由于发射信号时间分辨率的限制以及旁瓣干扰的影响，利用常规匹配滤波方法准确估计主动目标弱几何散射信号的时延可能会有困难。针对这个问题，一方面通过发射信号的优化设计以提高信号的时间分辨率，如使用由若干个子脉冲组成的组合脉冲，选择合适的组合脉冲个数，即可在保证频率分辨率一定的条件下，获得所需的时间分辨率，以有效提高目标几何特征提取的精度。另一方面可以改善回波信号的处理方法，如利用目标速度参数对发射信号进行压缩或扩张预畸变，重构与回波信号匹配度更高的拷贝信号。

目标物体的运动特征主要体现为回波信号的多普勒频移，利用频率估计方法、通过求取接收信号和发射信号的频率差，可直接求得目标的相对运动速度。对于单频信号，进行FFT处理并由此估计目标速度简单易行，而直接对宽带信号进行频率偏移估计则比较困难。针对这个问题，使用密集-稀疏复合方法可产生低旁瓣和高精度的距离-多普勒图像，通过改进基于扩展不变性原理的加权最小二乘法，能获得精确的目标位置和速度估计。对于将线性调频信号作为发射信号的情况，利用分数阶傅里叶变换方法和宽带模糊度函数可估计目标速度，并能从混响背景中分辨出真实目标。

**8. 水声目标分类识别**

基于水声目标特征的分类识别方法主要有统计分类、模型匹配、神经网络和专家系统等方法。

统计分类识别方法应用最为广泛，该类方法主要利用目标特征的统计分布，依赖于对已有样本数据的统计分析和基于距离度量的判别方式。水听器阵列数据经过数据处理和特征提取得到目标特征向量，通过与参考模式进行比较，得到此样本向量被判定为各参考模式的一组概率，常用的基于统计分布的分类器有贝叶斯分类器、支持向量机（SVM）等。该类分类器的优点是算法相对简易、分类速度快，但得到的匹配模板是固定的，适于高质量的特征样本和较高信噪比要求，难以适应数据的剧烈变化，泛化率低。

基于模型的分类方法，是先将样本空间模型化，通过模型的分解和参量化，表达出有意义的子空间，需要目标模型、背景模型、环境模型等实现模式的最佳匹配。该分类方法算法简单，但因水声目标信号机理复杂，精确建模难度较大，适应性仍需提高。

神经网络分类方法是由大量非线性处理单元互联而构成多层网络，它具有大规模并行处理、分布式信息存储、非线性动力学和网络全局作用等特性。神经网络方法可通过网络本身的学习能力获取知识，构成权系数，实现训练样本空间的类别划分，并对新样本进行运算判决，这类系统在样本空间较完备时分类准确度高，具有很强的自适应和学习能力，能充分逼近复杂的非线性关系。但需要完备的训练样本数据，并且不方便观测中间的学习过程，不方便了解中间各层网络的物理意义。

专家系统识别方法是基于领域专家的经验知识建立起推理识别系统，构建的知识库具有一定的普遍性和代表性，因此具有对样本依赖性小的优点。在此类识别系统中，传感器数据经过特征提取得到的目标特征送入推理机中，推理机分析并与知识库中的条件进行对比而得出识别结论，此类方法有可能降低目标识别性能对样本数量的依赖。

# 3

# 第3篇 热学基础

日常生活中，我们所接触的物体是由大量微观粒子所组成的。在一定的温度下，这些粒子不停地在做无规则运动，称之为热运动。

以实验观测为基础，研究物质热运动的规律性，以及热运动对物体宏观性质的影响，这是热力学的研究方法。

从物质的微观结构入手，研究物质热运动及其规律，这是气体动理学的研究方法，它能深刻地揭示热现象的本质。

热力学和气体动理学理论统称为热学理论，两者研究的对象相同，仅所采用的研究手段不同而已。热力学是一种宏观理论，气体动理学是一种微观理论，它们是热学理论的两个方面，相辅相成，互为补充。

# 第6章

# 气体动理学理论

## 6.1　气体动理学的基本概念

为了解释气体的某些物理现象和物理性质，在分子假说的基础上发展起来的气体动理学，从热运动这一基本图像出发，描述了气体宏观性质，揭示了气体宏观规律的微观本质。

由于参与热运动的分子数目是大量的，例如1摩尔气体就含有 $6.022\times10^{23}$ 个分子，这些分子存在着相互作用（斥力或引力），并且进行着永不停息的无规则运动。对于这样巨大数量的分子的无规则运动，可以想象，我们用单纯力学的方法去研究简直是不可能的。幸运的是，虽然各个分子的运动是无规则的，但从大量分子的集体表现（即平均效果）来看，却存着一定的规律性。

### 6.1.1　热力学系统

热学所研究的对象是由大量微观粒子所组成的宏观物质系统，称为热力学系统，简称系统。与系统有相互作用的其他物体称为外界或周围。这种相互作用可以是交换能量（做功或传热），也可以是交换质量（即粒子数）。

如果系统与外界不发生任何相互作用，这样的系统称为孤立系统。孤立系统是一种理想化系统，实际系统与外界总是或多或少地有相互作用。

如果系统与外界只能交换能量而不交换质量，这种系统称为封闭系统。例如气缸中的气体，由于器壁和活塞的封闭，气体与外界没有质量的交换，但可以通过传热或推动活塞做功来交换能量，这里的气体就是封闭系统。

如果系统与外界既可以交换能量，又可有质量的交换，这样的系统称为开放系统。例如敞开容器中盛放的水，由于水分子的蒸发或凝结，容器中的水的质量可以发生变化，因此这里的水便是开放系统。

### 6.1.2　宏观量与微观量

气体的宏观量是指实验中的那些可观测量，它表征大量分子无规则运动的集体效应和平均效果。例如气体的温度、压强、内能和热容量等。不考虑系统内大量分子无规则运动的细节，而仅用可观测的宏观量来确定的系统状态，称为宏观状态，简称状态。在一定的宏观状态下，系统内大量分子还在不停地进行着无规则运动，系统内分子还可以处于大量的、不同的力学运动状态，这种力学运动状态称为微观状态。因此，系统的某一宏观状态，对应着大量的、不同的微观状态。任一时刻，系统处于任一微观状态时，用来表征个别分子或系统的物理量，称为微观量。例如某一时刻分子的速度、动能或系统的动能（所有分子动能之和）等，都是微观量。

### 6.1.3　统计规律性

理论表明，宏观量与微观量之间存在着内在的联系，这就是在一定的宏观条件（例如气体系统在给定的温度、压强和体积）下，宏观量是相应微观量的统计平均值。

为了计算某些统计平均值，我们简单地介绍有关统计方法的一些基本概念。

设想某一系统处于一定的宏观状态，它对应着大量不同的微观状态。我们来测量系统某一物理量 $v$ 的数值。由于系统微观状态在不断地变化，因此 $v$ 的测量值各次可能不同。将各次 $v$ 的测量值相加的总和，除以实验测量的总次数 $N$，可得 $v$ 的平均值。总次数不同，平均值一般也不相同，实验测量的次数越多，平均值就趋于稳定。当测量次数无限增加时，$v$ 的平均值称为统计平均值，简称平均值，可用 $\bar{v}$ 表示。其定义为

$$\bar{v}=\lim_{N\to\infty}\frac{N_1v_1+N_2v_2+\cdots+N_iv_i+\cdots}{N}=\lim_{N\to\infty}\sum_i\left(\frac{N_i}{N}v_i\right)$$

式中，$N_1,N_2,\cdots,N_i,\cdots$ 为测量值 $v_1,v_2,\cdots,v_i,\cdots$ 出现的次数，即相当于发现系统处于微观状态 1，微观状态2，…，微观状态 $i$，…的次数；$N=N_1+N_2+\cdots N_i+\cdots$ 为测量的总次数。

我们将微观状态 $i$ 出现的次数 $N_i$ 与总次数 $N$ 的比值，在 $N\to\infty$ 时的极限值，称为该微观状态 $i$ 出现的概率，用 $W_i$ 表示，即

$$W_i=\lim_{N\to\infty}\frac{N_i}{N}$$

这样，统计平均值可写成

$$\bar{v}=\sum_i v_iW_i$$

由此可见，物理量 $v$ 的统计平均值 $\bar{v}$，就是系统各种可能的微观状态出现的概率 $W_i$ 与相应微观量 $v_i$ 乘积之总和。

由于系统微观状态数极大，$v$ 可以看作连续变化，若物理量 $v$ 可以连续变化地取一切可能值，则上述求和可以用积分代替，即

$$\bar{v}=\int v\mathrm{d}W=\int_0^{\infty}vf(v)\,\mathrm{d}v$$

其中

$$\mathrm{d}W=\frac{\mathrm{d}N}{N}=f(v)\,\mathrm{d}v$$

$\mathrm{d}N/N$ 表示物理量 $v$ 取值在 $v\sim v+\mathrm{d}v$ 的微观状态数 $\mathrm{d}N$ 占总数 $N$ 的百分率。$f(v)$ 表示物理量 $v$ 取值在 $v$ 附近单位量值区间内的微观状态数占总数的百分率，常称为 $v$ 的分布函数。

将系统所有可能的微观状态出现的概率相加，显然有

$$\sum_i W_i=\sum_i\frac{N_i}{N}=\frac{\sum_i N_i}{N}=1$$

或者

$$\int \mathrm{d}W = \int \frac{\mathrm{d}N}{N} = \int_0^{\infty} f(v)\,\mathrm{d}v = 1$$

这个关系称为归一化条件。

## 6.2 理想气体状态方程

### 6.2.1 平衡态

系统的宏观状态可以分为平衡态和非平衡态。经验表明，在没有外界影响的条件下，系统经过一定时间以后，将达到一个确定的状态而不再发生任何宏观变化。这种在不受外界影响的条件下，宏观性质不随时间而改变的状态称为平衡态。否则就是非平衡态。

应该指出：①所谓不受外界影响，是指在宏观上外界对系统既不做功和传热，又无质量（即粒子数）的交换；②平衡态是指系统的宏观性质不发生变化，例如密度均匀、温度均匀、压强均匀等，且不随时间而变化。但从微观上来看，物质分子仍在不停地做无规则运动。因此这种平衡态称为热动平衡态。

### 6.2.2 准静态过程

处在平衡态的系统受到外界作用时，其状态就要发生变化。当系统从一个状态不断地变化到另一个状态，其间所经历的状态变化称为热力学过程，简称过程。如果过程进行得足够缓慢，使得其中每个中间状态都非常接近平衡态，这种过程称为**准静态过程**，也称平衡过程。

### 6.2.3 状态参量

在热学中，为了描述系统的平衡态，常用若干个表征系统特性的物理量作为描述系统状态的参量，称为状态参量。对于一定量的气体，其状态一般可用三个量来表征：①几何参量——气体所占的体积 $V$；②力学参量——气体的压强 $p$；③热学参量——气体的温度 $T$。

气体的体积 $V$ 是指气体分子所能达到的空间范围，与气体分子本身体积的总和不能混为一谈。气体体积 $V$ 的国际单位为立方米（符号 $\mathrm{m}^3$）。

气体压强 $p$ 是指气体对容器壁单位面积的正压力，它是大量气体分子对器壁无规则碰撞的宏观平均效果。国际单位制中，压强的单位为帕斯卡（符号 Pa），即牛顿每平方米（$\mathrm{N/m^2}$）。有时用标准大气压（符号 atm，非法定计量单位）或厘米汞柱（符号 cmHg，非法定计量单位）等单位表示。它们间的换算关系为

$$1\mathrm{atm} = 1.01325\times10^5\mathrm{Pa} = 76\mathrm{cmHg}$$

温度 $T$ 是表征物体冷热程度的物理量，温度的高低反映了物体内大量分子无规则运动的剧烈程度。温度是一个比较复杂的概念，在此我们对它不做深究。温度的标度方法即温标，在热学中常用两种：一种是热力学温标，单位是开尔文（符号 K）；另一种是摄氏温标，单位是摄氏度（符号℃）。热力学温度 $T$ 和摄氏温度 $t$ 的关系为

$$T = t + 273.15$$

### 6.2.4 理想气体状态方程

大量的实验事实表明，表征气体平衡态的三个参量 $p$、$V$、$T$ 之间存在着某种函数关系，即 $f(p,V,T)=0$，称为气体的状态方程。通常，气体在密度不太高、压强不太大（与大气压相比）和温度不太低（与室温相比）的实验范围内，遵守玻意耳-马略特定律、盖·吕萨克定律和查理定律。我们将任意情况下都严格遵守上述三条实验定律的气体，称为理想气体。在一定的平衡态下，一定量理想气体的三个状态参量 $p$、$V$、$T$ 之间存在的函数关系（即理想气体的状态方程），可以从这三条实验定律导出，这就是

$$\frac{pV}{T}=C$$

由于上式对任一平衡态（$p$、$V$、$T$）都成立，因此恒量 $C$ 可以由理想气体（以下简称为气体）标准状态时的 $p_0$、$V_0$、$T_0$ 值来确定，即

$$C=\frac{p_0V_0}{T_0}$$

在标准状态下，气体的摩尔体积为 $V_{0\mathrm{m}}=22.4\times10^{-3}\mathrm{m^3/mol}$，压强 $p_0=1\mathrm{atm}=1.01325\times10^5\mathrm{Pa}$，$T_0=273.15\mathrm{K}$。因此，质量为 $m$、摩尔质量为 $M$ 的理想气体，其物质的量 $\nu=m/M$，在标准状态下，其体积为 $V_0=\nu V_{0\mathrm{m}}$，则

$$C=\frac{p_0V_0}{T_0}=\nu\left(\frac{p_0V_{0\mathrm{m}}}{T_0}\right)=\nu R$$

式中，$R$ 称为普适气体常数。在国际单位制中，$R$ 的量值为

$$R=\frac{p_0V_{0\mathrm{m}}}{T_0}=\frac{1.013\times10^5\mathrm{N/m^2}\times22.4\times10^{-3}\mathrm{m^3/mol}}{273.15\mathrm{K}}=8.31\mathrm{J/(mol\cdot K)}$$

对于质量为 $m$、分子数为 $N$ 的理想气体，其状态方程为

$$pV=\nu RT \tag{6-1}$$

式中，物质的量 $\nu=m/M=N/N_0$（$N_0=6.022\times10^{23}/\mathrm{mol}$ 为阿伏伽德罗常数，即 1 摩尔气体的分子数）。

理想气体实际上是不存在的，它只是真实气体在一定条件下的初级近似。许多气体，例如氦、氖、氮、氧、氢等在常温和较低压强下都可作为理想气体处理。

由式（6-1）可见，当气体温度 $T$ 恒定，则 $pV=$恒量，在 $p$-$V$ 图上，曲线是一条等轴双曲线，称为理想气体的等温线。图 6-1 所示的是不同温度下的等温线。等温线的位置越高，相应的温度越高，因此有 $T_1<T_2<T_3$。前面曾经说明，一定量气体的任一平衡态，可用一组状态参量（$p$、$V$、$T$）的量值来表示，但因三者之间由状态方程式（6-1）相联系，因此通常可用 $p$-$V$ 图上的一点表示气体的某一平衡态。而气体的准静态过程，在 $p$-$V$ 图上则可用一条曲线来表示。如图 6-2 所示，曲线 $A\to B$ 表示从初态（$p_1$、$V_1$、$T_1$）向终态（$p_2$、$V_2$、$T_2$）逐步变化的一个准静态过程。

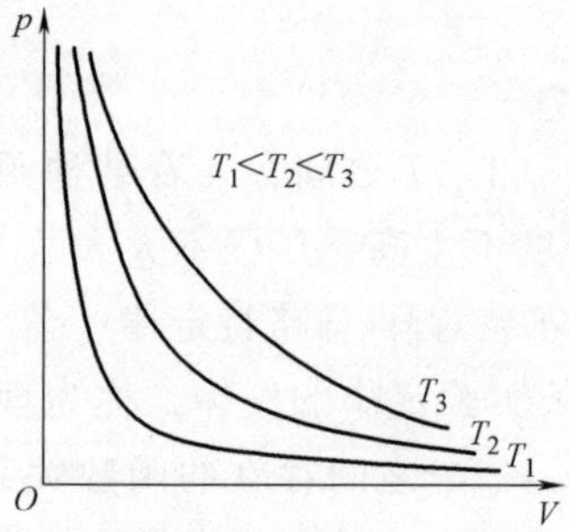


图 6-1 理想气体的等温线

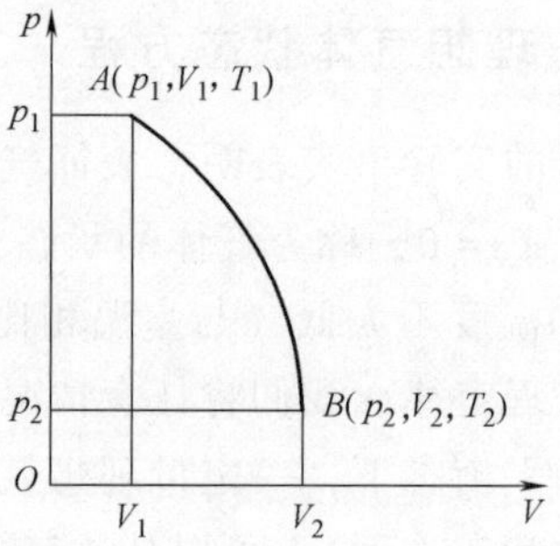


图 6-2 平衡态和准静态过程示意

## 6.3 理想气体的压强和温度公式

### 6.3.1 理想气体的微观模型

从气体动理学理论的基本观点来考察上述理想气体，它一定与气体分子的某种微观模型相对应。按照这种模型，可以在一定程度上解释实验所得的结果。下面首先说明气体分子热运动的基本特性，然后提出理想气体分子力学性质的物理模型，最后介绍理想气体大量分子热运动的统计假设。

**1. 气体分子热运动的基本特征**

实验观察到的布朗运动，虽然不是流体分子的热运动，但它却真实地反映了流体分子热运动的情形。

在标准状态下，气体密度大约是液体密度的千分之一。由于液体的可压缩性极小，可以假设液体分子是紧密排列着的，分子本身的线度大约等于两相邻分子中心之间的距离。由此可知，气体分子的间距，大约是其本身线度的十倍。因此可以把气体看作是彼此有很大间距的、大量分子的集合。在气体中由于分子的分布是相当稀疏的，分子间的相互作用力除碰撞的一瞬间外是相当微弱的，而分子间的碰撞却是相当频繁的（约 $10^{10}$ 次/s），因此分子都在不停地做杂乱的无规则运动。每一分子相继两次碰撞之间，可以看作由惯性支配下的自由运动；分子的运动方向是忽左忽右、忽前忽后、忽上忽下无规则地改变着；分子运动的速度时快时慢、动能时大时小；分子每次碰撞后的自由运动路程时长时短；轨迹曲曲折折极不规则。从大量分子的运动来看，呈现出一幅混乱无序的图像，然而从宏观角度观测，却存在着统计规律性。

由上可见，气体分子热运动的基本特征是：气体是由大量的分子所组成；气体分子在做永不停息的无规则运动；分子间存在相互作用，除碰撞的一瞬间外，这种相互作用是极其微弱的。

在气体分子热运动基本特征的基础上，为使问题简化，我们提出理想气体分子力学性质的物理模型。

**2. 理想气体分子模型**

1）气体分子的线度与分子间的平均间距相比，可以忽略不计，因此气体分子可以看作体积不计的小球。

2）气体分子的运动遵循牛顿运动定律，在与其他分子或器壁碰撞时，每个分子可以看作完全弹性的小球，满足动量守恒和机械能守恒定律。

3）由于气体分子间的平均间距很大，所以除碰撞的一瞬间外，分子间的相互作用可以忽略不计。此外，由于分子的动能平均来说，远远大于其在重力场中的势能，因此分子的重力也可忽略不计。

这样，气体分子可以看作是大量的、自由的、无规则运动着的弹性小球的集合。

**3. 气体分子热运动的统计假设**

对于由大量分子所组成的、处于平衡态的气体系统，我们假设：

1）气体分子的空间分布处处均匀。在容器中任一位置处单位体积内的分子数，不比其他位置处占有优势，即分子数密度 $n(x, y, z)$ 恒定。

2）沿空间各方向运动的分子数相等。因而向上、向下、向右、向左、向前、向后的分子数各占总分子数的六分之一（即 $N_{+x}=N_{-x}=N_{+y}=N_{-y}=N_{+z}=N_{-z}=N/6$）。

3）分子速度在各方向上的分量的各种统计平均值相等。例如，$\overline{v_x^2}=\overline{v_y^2}=\overline{v_z^2}$ 等。

由于 $v_x^2+v_y^2+v_z^2=v^2$，故有

$$\overline{v_x^2}=\overline{v_y^2}=\overline{v_z^2}=\frac{1}{3}\overline{v^2} \tag{6-2}$$

对于气体分子热运动的统计假设，我们必须强调两点：①气体必须处于平衡态；②气体必须包含大量分子，气体的分子数越多，越符合统计假设。

## 6.3.2 理想气体的压强公式

当人们打着伞走在大雨中时，大量的雨点连续不断地打在雨伞上，雨伞各处受到冲击，虽然分辨不出个别雨点的冲力多大，但却能感觉到一个持续向下的压力，这是大量雨点连续作用于伞上的一种集体表现。与此类似，容器中的气体对器壁的压强，就是大量气体分子对器壁不断碰撞的平均效果。下面我们从理想气体的分子模型和统计假设来推导理想气体的压强公式。

气体中大量分子不断地、无规则地与器壁相碰撞，对各单个分子来说，施于器壁冲量的大小、碰在器壁什么地方，都是偶然的、不连续的，但是对平衡态下大量分子的整体来说，由于分子数目极大，因而在空间分布上是均匀的，冲击是遍及整个器壁；在时间上也是均匀地、连续不断地与器壁相碰撞。其总效果是使器壁受到一个连续而均匀的压强。

在平衡态下，器壁各处的压强是完全相同的。为推导方便，我们取一个边长为 $a$、$b$、$c$ 的长方体容器，其体积为 $V=abc$。设容器内有 $N$ 个同类分子，则单位体积内的分子数即分子数密度 $n=N/V=N/abc$，每个分子的质量为 $m$。现在来计算气体对器壁的压强。

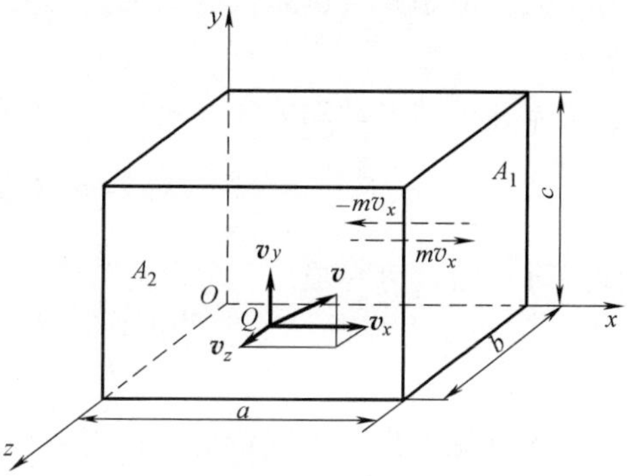

图 6-3 推导理想气体压强公式用图

如图 6-3 所示，我们来推导器壁 $A_1$ 所受到的压强。首先考虑某一分子 $Q$，其速度 $\boldsymbol{v}=v_x\boldsymbol{i}+v_y\boldsymbol{j}+v_z\boldsymbol{k}$。当分子 $Q$ 撞击器壁 $A_1$ 时，器壁 $A_1$ 将对

分子 $Q$ 一个沿 $-x$ 方向的冲力。由于碰撞假设是弹性的，所以碰撞前后，分子 $Q$ 的三个速度分量 $\{v_x, v_y, v_z\}$ 中，沿 $y$、$z$ 方向的两个速度分量 $v_y$、$v_z$ 不变，而沿 $x$ 方向的分量由 $v_x$ 变为 $-v_x$；这样对 $A_1$ 面每碰撞一次，分子动量的改变为 $(-mv_x)-mv_x=-2mv_x$。根据质点的动量定理，分子动量的改变量，等于面 $A_1$ 对分子 $Q$ 沿 $-x$ 方向的冲量。按照牛顿第三定律，同时分子 $Q$ 对面 $A_1$ 也一定有个沿 $+x$ 方向、大小相同的冲量 $2mv_x$。分子 $Q$ 从面 $A_1$ 弹回飞向面 $A_2$，碰撞面 $A_2$ 后，再弹回碰撞面 $A_1$。在与面 $A_1$ 相继二次碰撞之间，由于分子 $Q$ 在 $x$ 方向的速度分量 $v_x$ 的大小不变，而在 $x$ 方向上所经历的路程为 $2a$，因此相继两次碰撞的时间间隔为 $2a/v_x$。在单位时间内，分子 $Q$ 与面 $A_1$ 的碰撞次数为 $v_x/2a$。每次碰撞，分子 $Q$ 对面 $A_1$ 的冲量为 $2mv_x$。因此单位时间内分子 $Q$ 对面 $A_1$ 的冲量值累计为 $2mv_x \cdot v_x/2a=mv_x^2/a$。同理，单位时间内任一分子 $i$ 对面 $A_1$ 的冲量值累计也可记为 $mv_{ix}^2/a$。

容器内气体分子具有各种可能的速度。设具有速度 $\boldsymbol{v}_1,\boldsymbol{v}_2,\cdots,\boldsymbol{v}_i,\cdots$ 的分子数分别为 $N_1$，$N_2,\cdots,N_i,\cdots$，则 $N=N_1+N_2+\cdots+N_i+\cdots=\sum\limits_i N_i$。因此面 $A_1$ 在单位时间内受到气体分子总的冲量值（即面 $A_1$ 受到的平均冲力 $\overline{F}$）

$$\overline{F}=\frac{N_1 mv_{1x}^2}{a}+\frac{N_2 mv_{2x}^2}{a}+\cdots+\frac{N_i mv_{ix}^2}{a}+\cdots=\frac{m}{a}\sum_i N_i v_{ix}^2$$

根据压强的定义，面 $A_1$ 受到气体的压强

$$p=\frac{\overline{F}}{bc}=\frac{m}{abc}\sum_i N_i v_{ix}^2=\frac{Nm}{V}\sum_i \frac{N_i v_{ix}^2}{N}$$

由于宏观气体系统的分子数 $N$ 极大，可以看作 $N\rightarrow\infty$，根据统计平均值的定义，$\sum\limits_i (N_i v_{ix}^2/N)=\sum\limits_i W_i v_{ix}^2$，即为 $v_x^2$ 的统计平均值 $\overline{v_x^2}$；而 $N/V$ 为气体单位体积内的分子数，即分子数密度 $n$。因此上式可写成

$$p=nm\overline{v_x^2}$$

根据统计假设（3），有 $\overline{v_x^2}=\overline{v_y^2}=\overline{v_z^2}=\frac{1}{3}\overline{v^2}$，代入上式可得

$$p=\frac{1}{3}nm\overline{v^2} \tag{6-3a}$$

上面我们推导了面 $A_1$ 受到气体的压强，得到了式（6-3a）的结果。同理，其他各面所受的压强，也是式（6-3a）的结果。其实，不管容器是什么形状，气体对器壁的压强都是这一结果。

气体分子的平动动能 $\varepsilon_{\mathrm{t}}=mv^2/2$，其统计平均值即气体分子的平均平动动能

$$\overline{\varepsilon_{\mathrm{t}}}=\frac{1}{2}m\overline{v^2}$$

因此式（6-3a）可写成

$$p=\frac{2}{3}n\left(\frac{1}{2}m\overline{v^2}\right)=\frac{2}{3}n\overline{\varepsilon_{\mathrm{t}}} \tag{6-3b}$$

由此可见，作为宏观量的气体对器壁的压强，是相应微观量即气体分子的疏密程度和分子的平动动能的统计平均值，压强 $p$ 具有统计平均的意义。式（6-3a）和（6-3b）即为理想

气体的压强公式。

### 6.3.3　温度公式

利用理想气体状态方程和压强公式，可以找出气体的温度和分子平均平动动能的关系，从而可以深刻地阐明宏观热参量温度的微观本质。由式（6-1）

$$pV = \nu RT = \frac{N}{N_0}RT$$

可得

$$p = \frac{N}{V} \cdot \frac{R}{N_0} \cdot T$$

式中，$N/V=n$ 是气体的分子数密度；$R$、$N_0$ 都是常数，两者的比值也是常数，用 $k$ 表示，称为玻尔兹曼常数。

$$k = \frac{R}{N_0} = \frac{8.31\mathrm{J/(mol \cdot K)}}{6.022 \times 10^{23}\mathrm{mol}^{-1}} = 1.38 \times 10^{-23}\mathrm{J \cdot K^{-1}}$$

这样理想气体的状态方程，又可写成

$$p = nkT$$

与气体压强公式（6-3b）比较，可得分子平均平动动能与温度的关系

$$\overline{\varepsilon_\mathrm{t}} = \frac{1}{2}m\overline{v^2} = \frac{3}{2}kT \tag{6-4}$$

式（6-4）揭示了气体温度的统计意义：气体的温度是气体分子平均平动动能的量度。

应该指出：

1）温度是大量气体分子热运动的集体效果，具有统计的意义。对单个分子或少数分子来说，温度是毫无意义的。

2）若两种气体具有相同的温度，则这两种气体的分子具有相同的平均平动动能。温度高的气体，其分子的平均平动动能就大。温度标志着物体内分子无规则运动的剧烈程度。

3）气体分子的平均平动动能 $\overline{\varepsilon_\mathrm{t}}$ 与热力学温度 $T$ 成正比。按此观点，$T=0\mathrm{K}$ 将是气体分子热运动停止时的温度。其实分子运动是永不停息的，绝对零度也是永远不可能达到的。况且根据近代量子理论，即使在绝对零度时，物体内的粒子还将保持某种振动能量，称为零点振动能。至于气体，则在温度未达到 $T=0\mathrm{K}$ 以前，早已变成液体或固体了，理想气体的公式（6-4）也早就不适用了。

由式（6-4）可得分子速率二次方的平均值 $\overline{v^2}=3kT/m$，将它开方，即得气体分子的一种统计平均速率，称为气体分子的方均根速率

$$\sqrt{\overline{v^2}} = \sqrt{\frac{3kT}{m}} = \sqrt{\frac{3RT}{M}} \tag{6-5}$$

式中，$M=N_0m$ 为气体的摩尔质量。

由式（6-5）可见，$\sqrt{\overline{v^2}}$ 与 $\sqrt{T}$ 成正比，与 $\sqrt{M}$ 成反比。对同一气体，温度越高，方均根速率越大；在同一温度下，气体的摩尔质量越大，分子的方均根速率就越小。在 0℃（即 $T=273.15\mathrm{K}$）时，氧分子的方均根速率为 461m/s，而氢分子则为 1830m/s。

**例题 6-1**　一球形容器内装有某种理想气体，试推导出式（6-3a）所示的压强公式。若

此容器容积为 1L，其内表面吸附约 $5\times10^{17}$ 个分子，在一定条件下，这些分子全部脱附，变为 273K 的气体，则在容器内造成多大的压强？

**解** 设球形容器的半径为 $R$，则内壁总面积 $S=4\pi R^2$，气体的体积 $V=4\pi R^3/3$；气体的总分子数为 $N$，则分子数密度 $n=N/V=3N/4\pi R^3$；分子质量为 $m$。由前所述，气体的压强是大量分子碰撞容器内壁的综合效果。考虑一个速度为 $\boldsymbol{v}_i$ 的分子，撞击内壁的方向与该处球面法线方向成 $\theta$ 角，由于碰撞是完全弹性的，故分子碰撞前后的速率不变，它弹出的方向与该法线也成 $\theta$ 角，如图 6-4 所示。在每次碰撞中，分子对器壁作用的法向冲量为 $2mv_i\cos\theta$，分子每秒钟对内壁的碰撞次数为 $\dfrac{v_i}{2R\cos\theta}$，则该分子每秒钟作用于器壁的冲量为

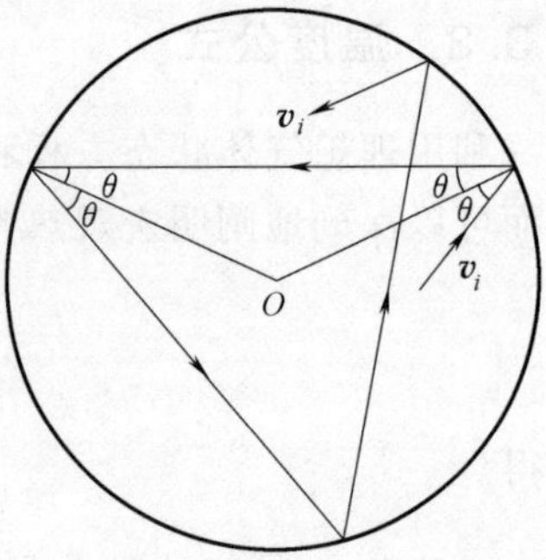


图 6-4 球形容器内推导气体压强公式

$$2mv_i\cos\theta\cdot\frac{v_i}{2R\cos\theta}=\frac{mv_i^2}{R}$$

对所有分子来说，假设具有速度 $\boldsymbol{v}_1,\boldsymbol{v}_2,\cdots,\boldsymbol{v}_i,\cdots$ 的分子数分别为 $N_1,N_2,\cdots,N_i,\cdots$，则单位时间内作用于器壁的总冲量值即平均总作用力为

$$\overline{F}=\sum_i\frac{N_imv_i^2}{R}=\frac{Nm}{R}\sum_i\frac{N_iv_i^2}{N}=\frac{Nm}{R}\sum_i W_iv_i^2=\frac{Nm}{R}\overline{v^2}$$

由压强定义可得

$$p=\frac{\overline{F}}{S}=\frac{Nm\overline{v^2}}{4\pi R^2\cdot R}=\frac{1}{3}\cdot\frac{Nm\overline{v^2}}{4\pi R^3/3}=\frac{1}{3}\cdot\frac{N}{V}\cdot m\overline{v^2}=\frac{1}{3}nm\overline{v^2}$$

可见，对球形容器内的理想气体，我们得到了与式（6-3）一样的压强公式。

$p=nkT=5\times10^{17}\times10^3\times1.38\times10^{-23}\times273=1.88\text{Pa}$，可见这个脱附造成的压强不是很大，但在压强为 $10^{-8}\sim10^{-4}$Pa 的电真空器件中，这是十分可观的，甚至可以造成器件报废。

## 6.4 能量均分定理 理想气体的内能

实际上气体分子由于具有一定的大小和比较复杂的结构（例如多原子分子由多个原子组成），不能看成质点。因此，分子运动不仅有平动，而且还有转动和分子内原子间的振动，分子热运动的能量还应将这些运动能量包括进来。为了说明平衡态下气体分子热运动能量所遵循的统计规律，并在此基础上计算理想气体的内能，我们引入自由度的概念。

### 6.4.1 自由度

决定物体空间位置所需要的独立坐标的数目，称为该物体的自由度。

如果一个质点在空间可以自由运动，则它在空间的位置需要三个独立坐标才能确定，例如（$x$，$y$，$z$），因此自由质点的自由度为 3。如果一个质点受到某种限制，只能在某一平面内运动，那么它的位置只需要两个独立坐标就能确定，例如（$x$，$y$），因此该质点的自由度

为2。如果一个质点只能直线运动，那么只要一个独立坐标就能确定位置，因此它的自由度为1。如果将平动的火车、轮船和飞机都视为质点，那么，火车的自由度为1，轮船的自由度为2，飞机的自由度则为3。

由于刚体有平动和转动，因此其自由度应该是平动自由度和转动自由度的总和。对于刚体在空间的自由运动可以这样讨论：

1）刚体的质心在空间的平动。确定其质心的空间位置由三个独立坐标决定，如图6-5中的$C(x, y, z)$。

2）刚体内过质心的轴在空间的方位。确定质心轴的方位由三个角度来决定，如图6-5中的质心轴$CA$的方位，由$\alpha$、$\beta$、$\gamma$三个方位角来确定。但$\alpha$、$\beta$、$\gamma$之间并不完全独立，由方程

$$\cos^2\alpha + \cos^2\beta + \cos^2\gamma = 1$$

相联系，其中只有两个是独立的，因此确定质心轴方位的坐标只有两个。

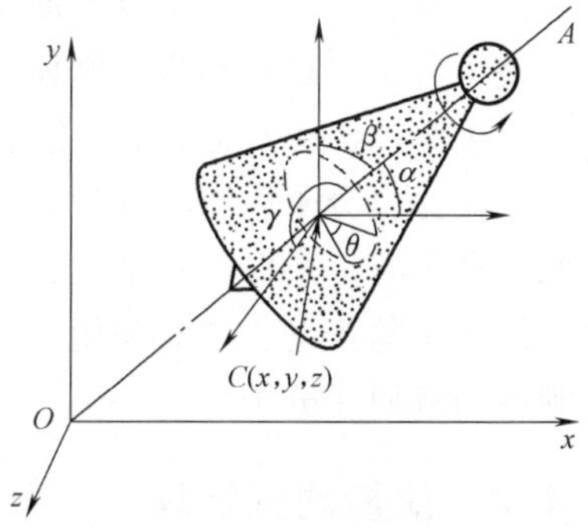


图6-5　刚体的自由度

3）刚体还可绕质心轴转动。表示这一转动，还需要一个角度变量。如图6-5中的角$\theta$。

总而言之，自由刚体有六个自由度：三个平动自由度，三个转动自由度。如果刚体运动受到某些限制，则其自由度要相应地减少。例如定轴转动的窗户、门，只有一个转动自由度；摇头电扇的转动轴有两个转动自由度。

气体分子的自由度，随气体分子的种类而异，比较复杂。按照分子的结构，气体可分为单原子分子、双原子分子和多原子分子气体，如图6-6所示。

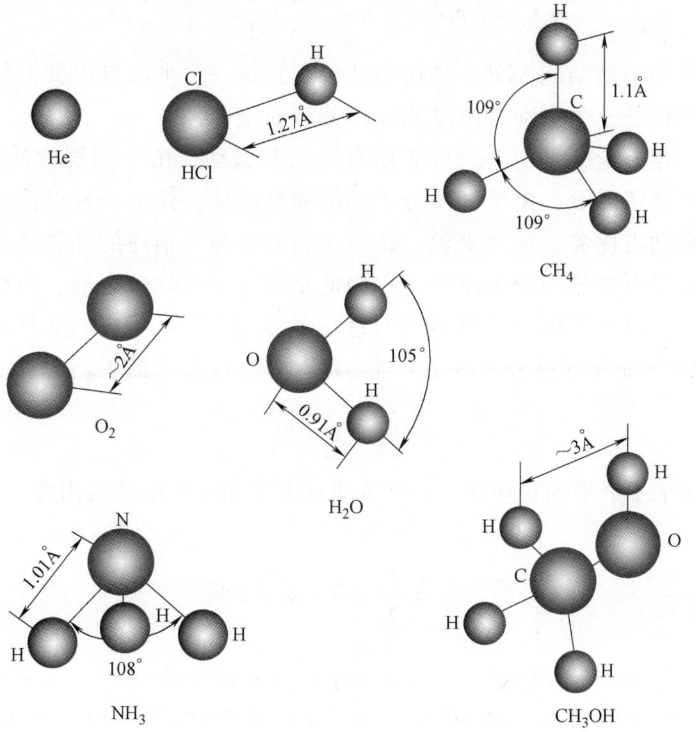


图6-6　气体分子的多种结构

由于原子很小，可以看成质点，因此单原子分子有三个平动自由度。在双原子分子中，如果两原子的间距保持不变，那么可将这分子看成是由两个质点组成的、哑铃式的刚性分子；由于质心位置需要三个独立坐标来确定，而连线的方位需要两个独立坐标来确定；以连线为轴的转动自由度不存在；因此双原子分子有五个自由度，其中三个属于平动，两个属于转动。在具有三个或三个以上原子的多原子分子中，如果这些原子间的相对位置彼此保持不变，整个分子可以看作自由刚体，因此一般有六个自由度，其中三个属于平动，三个属于转动[㊀]。事实上双原子或多原子分子，一般不是刚性的，由于原子之间有相互作用，原子间距要发生变化，分子内部将发生振动。因此除了平动、转动自由度外，还有振动自由度。例如双原子分子有一个振动自由度，这种分子中两个原子是由一个化学键相连，两原子间在连线方向做微小的振动，这时常用“彼此由一根轻弹簧连接两个质点”这样的物理模型来比拟非刚性的双原子分子。

## 6.4.2 能量均分定理

上节已经得到了理想气体分子平均平动动能的公式

$$\overline{\varepsilon_{\mathrm{t}}}=\frac{1}{2}m\overline{v^2}=\frac{3}{2}kT$$

式中，$\overline{v^2}=\overline{v_x^2}+\overline{v_y^2}+\overline{v_z^2}$，$\overline{v_x^2}$、$\overline{v_y^2}$、$\overline{v_z^2}$ 分别表示沿 $x$、$y$、$z$ 三个方向的速度分量二次方的平均值(简称方均值)。根据统计假设，大量分子做混乱的无规则运动，向各方向运动的机会均等，应有 $\overline{v_x^2}=\overline{v_y^2}=\overline{v_z^2}=\overline{v^2}/3$，因此

$$\frac{1}{2}m\overline{v_x^2}=\frac{1}{2}m\overline{v_y^2}=\frac{1}{2}m\overline{v_z^2}=\frac{1}{3}\left(\frac{1}{2}m\overline{v^2}\right)=\frac{1}{2}kT$$

由此可见，分子平均平动动能 $3kT/2$ 是均匀地分配到每一个平动自由度上的。因为分子平动有三个自由度，所以每一个平动自由度相应地分得能量 $kT/2$。

一般说来，气体分子除平动外，可能还有转动和振动。由于课程性质，我们不做证明，可直接推广，在平衡状态下，由于气体分子间的频繁碰撞，任何一种可能的运动，都不比其他任一种可能的运动占优势，平均来说，每一个独立坐标所描述的那种热运动，其平均动能都应相等。这一能量所遵循的分配原则，称为能量按自由度均分定理，简称**能量均分定理**。

根据这一定理，描述气体分子热运动的每一个独立坐标所对应的那种形式的热运动，其平均动能都是 $kT/2$。如果气体分子有 $i$ 个自由度，那么该分子的平均总动能为

$$\overline{\varepsilon_{\mathrm{k}}}=\frac{i}{2}kT \tag{6-6}$$

如果气体分子有 $t$ 个平动自由度，$r$ 个转动自由度和 $s$ 个振动自由度，那么 $i=t+r+s$，式(6-6) 又可写成

$$\overline{\varepsilon_{\mathrm{k}}}=\frac{1}{2}(t+r+s)kT$$

㊀ 在多原子分子中，如果各原子排成一直线，这样的分子称为直线型多原子分子，其行为类似于刚性双原子分子，有三个平动、两个转动自由度，例如 $CO_2$ 分子。不过为了方便起见，以后凡无特别声明，我们都将刚性多原子分子看作具有六个运动自由度的自由刚体。

对于单原子分子，$t=3$，$r=0$，$s=0$，则

$$\overline{\varepsilon_k}=\overline{\varepsilon_t}=\frac{3}{2}kT$$

对于刚性双原子分子，$t=3$，$r=2$，$s=0$，则

$$\overline{\varepsilon_k}=\overline{\varepsilon_t}+\overline{\varepsilon_r}=\frac{5}{2}kT$$

而非刚性双原子分子，$t=3$，$r=2$，$s=1$，则

$$\overline{\varepsilon_k}=\overline{\varepsilon_t}+\overline{\varepsilon_r}+\overline{\varepsilon_s}=\frac{6}{2}kT$$

对于多原子刚性分子，$t=3$，$r=3$，$s=0$，则

$$\overline{\varepsilon_k}=\overline{\varepsilon_t}+\overline{\varepsilon_r}=\frac{6}{2}kT$$

而非刚性的多原子分子，$t=3$，$r=3$，$s$ 的值就各不相同了。

*我们知道，弹性谐振子的振动能包括振动动能（$mv^2/2$）和振动势能（$kx^2/2$）两项(两个二次方项)，在一周期内，平均动能的值等于平均势能的值。由于分子内原子的微振动，可近似看作弹性谐振子的振动，因而对于每一个振动自由度，分子除了具有 $kT/2$ 的平均振动动能外，还具有 $kT/2$ 的平均振动势能。因此总的平均振动能量是 $kT$。于是若将分子振动势能考虑在内后，分子的平均总能量为

$$\bar{\varepsilon}=\frac{1}{2}(t+r+2s)kT$$

显然分子平均总能量不满足能量按自由度均分定理，但是，在统计物理中，一个物体的能量表达式中的平方项的数目称为物体的自由度，所以上式称为能量按平方项均分定理，仍简称为能量均分定理。此时对于非刚性的双原子分子，其平均总能量为

$$\bar{\varepsilon}=\frac{1}{2}(3+2+2\times1)kT=\frac{7}{2}kT$$

另外，量子理论表明，气体分子热运动的三种运动的能级间隔大小是不一样的，振动能级间隔最大，转动能级间隔次之，平动能级间隔最小（或者说准连续）。分子间频繁碰撞彼此所能交换的能量取决于温度，如果温度不是足够高，这个能量不是很大，小于某种运动形式的能级间隔，则此运动无法通过频繁碰撞来实现其能级的跃迁，我们说此种运动被“冻结”了，也就不参与能量均分；如果温度足够高，碰撞交换的能量足够大，超过某种运动的能级间隔，则此运动可以通过频繁碰撞来实现其能级跃迁，我们说此运动被“激活”了。例如氢分子在室温时，平动和转动自由度激发；在低温（比室温低得多）时只有平动自由度激发；只有在高温时，平动、转动和振动自由度才可能全部激发。又如氨分子，在室温时可能已有平动、转动和振动自由度激发了。

为了简便起见，以后在计算时，凡无特别的声明，我们把常温下的气体分子都视为刚性的，即只考虑平动和转动自由度，这时 $i=t+r$，于是分子的平均总能量为

$$\bar{\varepsilon}=\frac{i}{2}kT=\frac{1}{2}(t+r)kT \tag{6-7}$$

### 6.4.3 理想气体的内能

一般情况下，实际气体分子除了上述平均总能量外，气体内分子与分子之间还存在着相互作用势能。每个气体分子的能量以及分子与分子之间的相互作用势能，形成了气体内部的总能量，称为**气体的内能**。对于理想气体，由于忽略了分子与分子之间的相互作用，因此其内能仅是各个分子各种运动能量的总和；由于气体分子永不停息地热运动，因此气体的内能恒不为零。

因为1mol理想气体有 $N_0$ 个分子，每一分子的平均总能量 $\bar{\varepsilon}=ikT/2$，所以1mol气体的内能为

$$E_{\mathrm{mol}}=N_0\left(\frac{i}{2}kT\right)=\frac{i}{2}RT \tag{6-8a}$$

而质量为 $m$ 千克（或分子数为 $N$，或 $\nu$mol）的理想气体，其内能为

$$E=\nu E_{\mathrm{mol}}=\frac{i}{2}\nu RT \tag{6-8b}$$

式中，$\nu=m/M=N/N_0$。由此可知，一定量某种理想气体的内能，仅仅取决于气体的温度 $T$，与气体体积无关。这一结论与不考虑气体分子之间相互作用的假设是一致的。因此通常也可将"**理想气体的内能仅是温度的单值函数**"这一特性作为理想气体的又一定义。

一定量的某种理想气体，在不同的过程中，只要温度的改变量相同，那么其内能的改变量也相同，而与具体的过程无关。

**例题6-2** 氖气、氧气和氨气各为1mol，试求：

(1) 温度为0℃时它们的内能；

(2) 当温度升高1K时，它们的内能各增加多少？

**解** (1) 为简单计，室温时将双原子及以上的分子都看成是刚性分子。氖、氧和氨分子分别是单原子、双原子和多原子分子，根据理想气体内能公式

$$E_{\mathrm{mol}}=\frac{i}{2}RT$$

即可算出0℃（即273K）时1mol理想气体的内能分别为

氖气（单原子分子气体）

$$E_{\mathrm{mol}}=\frac{3}{2}RT=\frac{3}{2}\times 8.31\times 273\mathrm{J}=3.40\times 10^3\mathrm{J}$$

氧气（双原子分子气体）

$$E_{\mathrm{mol}}=\frac{5}{2}RT=\frac{5}{2}\times 8.31\times 273\mathrm{J}=5.67\times 10^3\mathrm{J}$$

氨气（多原子分子气体）

$$E_{\mathrm{mol}}=\frac{6}{2}RT=\frac{6}{2}\times 8.31\times 273\mathrm{J}=6.81\times 10^3\mathrm{J}$$

(2) 当温度由 $T$ 增加到 $T+\Delta T$ 时，内能的增量为

$$\Delta E_{\mathrm{mol}}=\frac{i}{2}R\Delta T$$

因此温度每增加 1K，1mol 理想气体的内能增加 $iR/2$。

氖气（单原子分子气体）

$$\Delta E_{\text{mol}} = \frac{3}{2}R = \frac{3}{2} \times 8.31\text{J} = 12.5\text{J}$$

氧气（双原子分子气体）

$$\Delta E_{\text{mol}} = \frac{5}{2}R = \frac{5}{2} \times 8.31\text{J} = 20.8\text{J}$$

氨气（多原子分子气体）

$$\Delta E_{\text{mol}} = \frac{6}{2}R = \frac{6}{2} \times 8.31\text{J} = 24.9\text{J}$$

## 6.5　麦克斯韦速率分布定律

6.3 节在讨论气体分子平均平动动能时，得到了气体分子的方均根速率$\sqrt{\overline{v^2}}$，它是分子速率的一种统计平均值，千万不能误认为气体在平衡态下每个分子都以方根速率运动着。实际上各个分子以不同的速率向各方向运动着，而且由于频繁地碰撞，每个分子的速度都在不断地变化。因此，若在某一特定的时刻去观测某一特定的分子，其速度的大小和方向完全是无法预料的，是偶然的。然而在一定的条件下，从大量分子的整体来看，它们的速率分布遵循着一定的统计规律性。

首先介绍一个演示统计规律性的实验器具——伽耳顿板，然后引入平衡态理想气体分子的速率分布规律——麦克斯韦速率分布定律，最后导出气体分子的三种统计特征速率。

### 6.5.1　统计规律性的演示

前面我们多次提及统计规律，那么什么是统计规律呢？简单地说，大量偶然事件的整体所显示的规律，称为统计规律。

现在结合伽耳顿板演示实验来说明统计规律性。先介绍实验装置。如图 6-7 所示，在一块光滑的竖直放置的木板上部规则地钉上许多铁钉，木板的下部用竖直隔板隔成许多等宽的狭槽，从板顶中央漏斗形的入口处可以投入大量小物体（如黄豆、绿豆或小弹子球等），板前复盖着玻璃。这种装置通常叫作伽耳顿板。

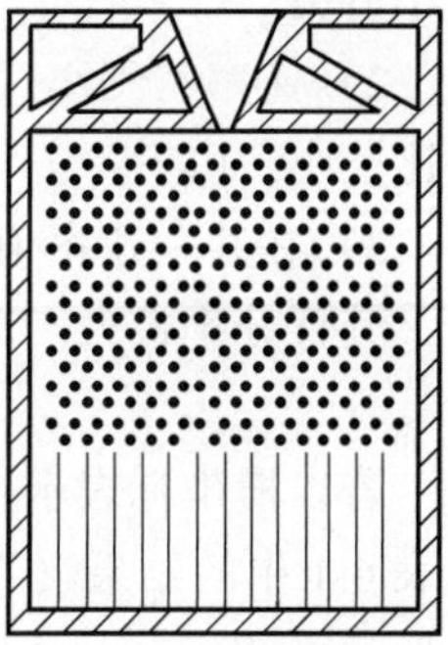

图 6-7　伽耳顿板

如果从入口处投入一颗黄豆，则其在下落过程中先后与铁钉发生多次碰撞，最后落入某一狭槽中。用一颗黄豆重复实验多次，可以发现黄豆每次落入哪一狭槽内是不可预料的，这说明，在一次实验中，一颗黄豆落入哪一狭槽是个偶然事件。

如果我们倒入一定数量的黄豆，观测黄豆按狭槽的分布情况，用墨笔在玻璃板上画出。重复多次实验，则发现：在黄豆数量较少的情况下，每次画出的曲线彼此有明显的差别；在黄豆数量很多的情况下，每次所得的曲线趋于一致。

实验结果表明，尽管一颗黄豆落入哪一狭槽中是个偶然事件；少量黄豆按狭槽分布也有明显的偶然性，但大量黄豆按狭槽的分布却是一定的、有规律的。因此伽耳顿板实验演示出大量黄豆按狭槽的分布遵守一定的统计规律性。

## 6.5.2 麦克斯韦速率分布定律

在平衡状态下，理想气体的大量分子按速率的分布遵循着一个完全确定的统计分布规律，这个规律在1859年由麦克斯韦首先应用统计方法导得。研究这一规律，对进一步理解气体分子的运动性质是很重要的。

研究气体分子按速率的分布情况，与用伽耳顿板演示中黄豆按狭槽的分布情况非常类似。将速率分成若干等间隔的区间，例如从0~100m·s$^{-1}$，100~200m·s$^{-1}$，200~300m·s$^{-1}$，……等区间，观测气体分子的速率处于上述各速率区间内的分子数占气体总分子数的百分比为多少，以及在哪一区间内的分子数最多等，参看表6-1。如果所取的区间越小，对分布的描述就越精确。

**表6-1 在0℃时氧气分子速率的分布情况**

| 速率区间/(m·s$^{-1}$) | 分子数的百分率$\left(\frac{\Delta N_v}{N}\right)$(%) | 速率区间/(m·s$^{-1}$) | 分子数的百分率$\left(\frac{\Delta N_v}{N}\right)$(%) |
|---|---|---|---|
| 100以下 | 1.4 | 500~600 | 15.1 |
| 100~200 | 8.1 | 600~700 | 9.2 |
| 200~300 | 16.5 | 700~800 | 4.8 |
| 300~400 | 21.4 | 800~900 | 2.0 |
| 400~500 | 20.6 | 900以上 | 0.9 |

表6-1列出了氧气分子在0℃时速率的分布情况。表中所取的速率间隔为$\Delta v=100\text{m}\cdot\text{s}^{-1}$，设分子总数为$N$，分子速率处于$v\sim v+\Delta v$中的分子数为$\Delta N_v$，则$\Delta N_v/N$显然表示处于该速率区间内的分子数占分子总数的百分率。从表中可以看出，气体分子速率分布具有如下几个特点：

1）速率在$v\sim v+\Delta v$中的分子数占总分子数的百分率与速率$v$有关，并与所取间隔$\Delta v$的大小有关。

2）速率特别小（100m·s$^{-1}$以下）或特别大（900m·s$^{-1}$以上）的分子数，其百分率都比较小。

3）在某一速率值（表中为300m·s$^{-1}$）附近的速率间隔（300~400m·s$^{-1}$）内的分子数，其百分率最大。改变气体的种类和温度，分子速率的分布情况虽有变化，但上述特点仍然具备。

若以横坐标表示速率$v$，纵坐标表示$\Delta N_v/(N\Delta v)$，则表6-1中的结果（百分率$\Delta N_v/N$），可由图6-8中各矩形的面积表示。从图中可以看出，矩形高度为$\Delta N_v/(N\Delta v)$，宽度为$\Delta v$，因此每块矩形的面积即为$\Delta N_v/N$，它表示分子速率出现在$v\sim v+\Delta v$区间内的分子数占总分子数的百分率。显然所有矩形面积的总和表示气体分子速率在0~∞范围内的分子数占总分子数的百分率，为100%，通常称之为归一化。

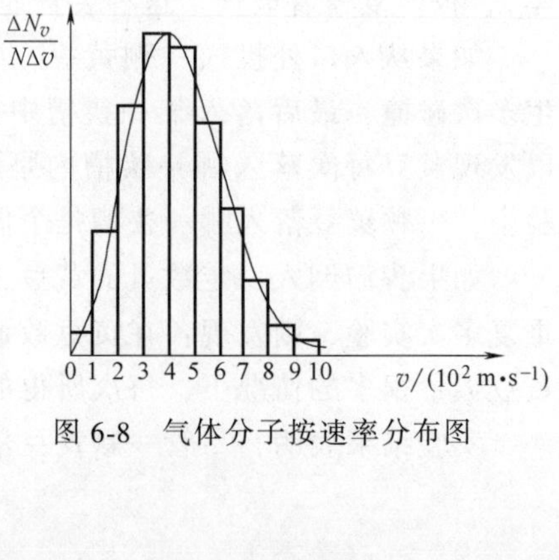


图6-8 气体分子按速率分布图

当然，速率间隔（$\Delta v$）划得越细，对分布的描述越精确。通常将速率间隔取得足够地小，用 $\mathrm{d}v$ 表示，则图 6-8 中的折线将变成一条光滑的曲线，如图中的细实线所示。这样的一条曲线，称为气体分子按速率的分布曲线。分布曲线上任何一点的纵坐标 $\mathrm{d}N_v/(N\mathrm{d}v)$ 是速率 $v$ 的函数，若用 $f(v)$ 表示，则有

$$f(v)=\frac{\mathrm{d}N_v}{N\mathrm{d}v} \tag{6-9}$$

则 $f(v)$ 被称为气体分子的**速率分布函数**；分布曲线下的总面积为

$$\int_0^{\infty} f(v)\,\mathrm{d}v=\int_0^{N}\frac{\mathrm{d}N_v}{N}=1 \tag{6-10}$$

式（6-10）称为归一化条件；分布曲线的峰值所对应的速率（图中大约在 $400\mathrm{m}\cdot\mathrm{s}^{-1}$ 附近），称为**最概然速率**，记为 $v_\mathrm{p}$。

值得指出，速率分布是大量分子所遵循的统计规律，分子数目越是大量，运动越是无规则，得出的结果越可靠、越精确；对少量分子显然是不合适的。

1859 年麦克斯韦从理论上导出了气体分子速率的分布规律。对于一定量的气体，在温度为 $T$ 的平衡态时，分子速率在 $v\sim v+\mathrm{d}v$ 区间内的分子数 $\mathrm{d}N_v$ 占总分子数 $N$ 的百分率为

$$\frac{\mathrm{d}N_v}{N}=\left(\frac{m}{2\pi kT}\right)^{3/2}\mathrm{e}^{-mv^2/2kT}\cdot 4\pi v^2\mathrm{d}v \tag{6-11}$$

式中，$m$ 为分子质量；$k$ 为玻尔兹曼常数。式（6-11）称为**麦克斯韦速率分布定律。**

$$f(v)=\frac{\mathrm{d}N_v}{N\mathrm{d}v}=\left(\frac{m}{2\pi kT}\right)^{3/2}\mathrm{e}^{-mv^2/2kT}\cdot 4\pi v^2 \tag{6-12}$$

函数 $f(v)$ 称为气体分子的麦克斯韦速率分布函数，其物理意义是：**处于温度为 $T$ 的平衡态气体，分子速率出现在 $v$ 附近、单位速率区间内的分子数占总分子数的百分率**。

**1. 分子速率的分布曲线**

以 $f(v)$ 为纵坐标，以 $v$ 为横坐标，根据式（6-12），画出给定气体在一定温度下的分子速率分布曲线，称为麦克斯韦速率分布曲线，如图 6-9 所示。

**2. 分子速率分布与温度的关系**

由式（6-12）可见，速率分布函数显然与温度有关。图 6-10 所示为某气体在不同温度下的分布函数曲线，由图可知：

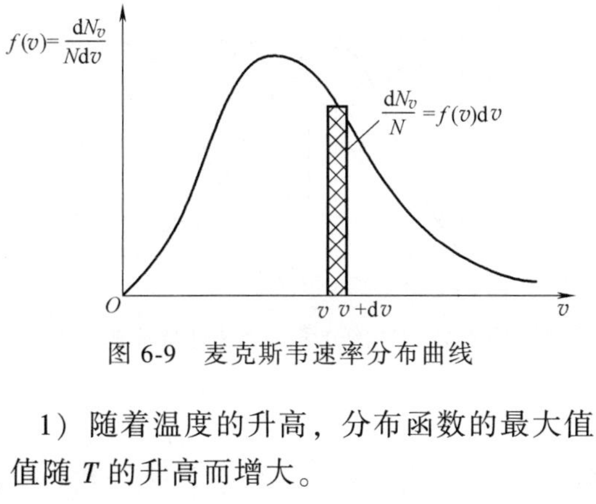


图 6-9　麦克斯韦速率分布曲线

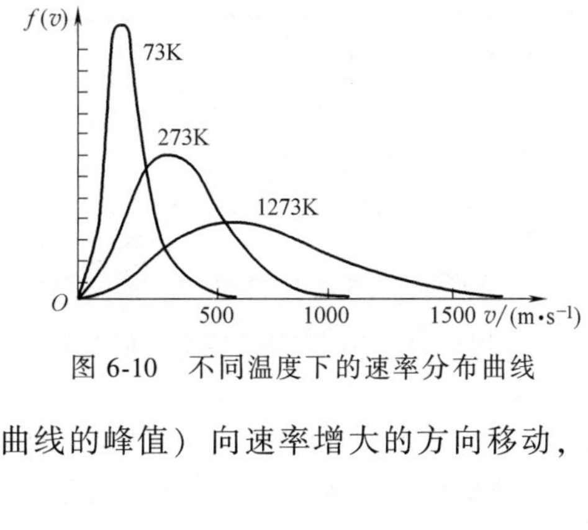


图 6-10　不同温度下的速率分布曲线

1）随着温度的升高，分布函数的最大值（即曲线的峰值）向速率增大的方向移动，即 $v_\mathrm{p}$ 值随 $T$ 的升高而增大。

2）随着温度的升高，曲线渐趋平坦。这是因为温度越高，分子运动越剧烈，速率大的分子数相对地增多，相应的 $v_p$ 值增大；此外由于分子总数不变，由归一化条件可知，曲线下的总面积不变，这必然导致随着温度的升高，曲线变得平坦，以保证曲线下包围的面积不变。

**3. 分子速率分布与分子质量的关系**

由式（6-12）可知，分布函数 $f(v)$ 除与温度有关外，还与分子质量（即分子种类）有关。图 6-11 所示为氢气、氧气分子的速率分布曲线。由图可见，在相同的温度下，氧气的最概然速率 $v_p$ 较氢气的为小。这是因为相同的温度对应分子相同的平均平动动能，由于氧分子质量较氢分子为大，因而其分子运动的方均根速率较小，相对来说，低速分子较多。此外，由于归一化条件限制，氧气分子的速率分布曲线要陡些。

### 6.5.3 三种统计特征速率

利用麦克斯韦速率分布函数和统计概念，可以导出三种统计特征速率的公式*（推导见后面）

**1. 最概然速率**

$$v_p = \sqrt{\frac{2kT}{m}} = \sqrt{\frac{2RT}{M}} \approx 1.41\sqrt{\frac{RT}{M}} \tag{6-13}$$

**2. 平均速率**

$$\bar{v} = \sqrt{\frac{8kT}{\pi m}} = \sqrt{\frac{8RT}{\pi M}} \approx 1.60\sqrt{\frac{RT}{M}} \tag{6-14}$$

**3. 方均根速率**

$$\sqrt{\overline{v^2}} = \sqrt{\frac{3kT}{m}} = \sqrt{\frac{3RT}{M}} \approx 1.73\sqrt{\frac{RT}{M}} \tag{6-15}$$

由上面三式可见：

1）对于摩尔质量 $M$ 相同的同种气体来说，在相同的温度下，有

$$\sqrt{\overline{v^2}} > \bar{v} > v_p$$

如图 6-12 所示。

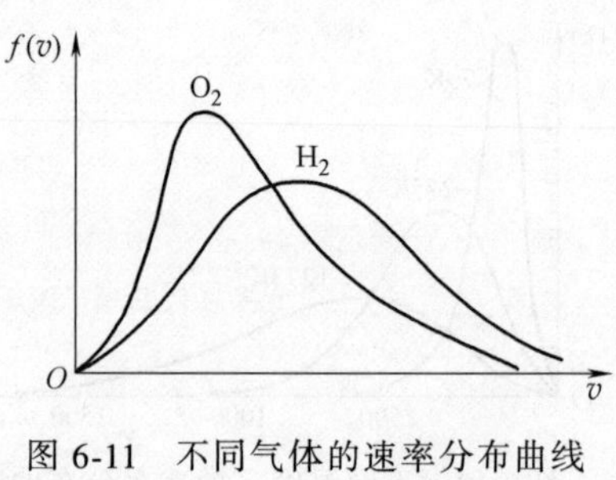


图 6-11　不同气体的速率分布曲线

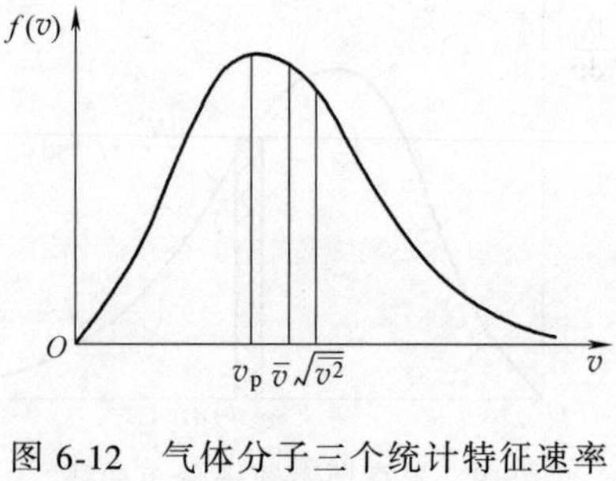


图 6-12　气体分子三个统计特征速率

2）不论哪一种速率，它们均与 $\sqrt{T}$ 成正比，与 $\sqrt{M}$ 成反比。

三种统计特征速率各有用处。知道最概然速率 $v_p$，也就知道了分布函数最大值（曲线

的峰值）对应的速率；知道了平均速率 $\bar{v}$，就可以计算分子的平均碰撞频率和平均自由程；知道了方均根速率 $\sqrt{\overline{v^2}}$，就可以计算气体分子的平均平动动能等。

### *4. 三种统计特征速率的推导

1）最概然速率 $v_p$ 是速率分布函数 $f(v)$ 的最大值所对应的速率。由函数极值条件有

$$\left.\frac{\mathrm{d}f(v)}{\mathrm{d}v}\right|_{v=v_p}=0$$

即

$$4\pi\left(\frac{m}{2\pi kT}\right)^{3/2}\left[2v\mathrm{e}^{-mv^2/2kT}-2v^2\left(\frac{mv}{2kT}\right)\mathrm{e}^{-mv^2/2kT}\right]_{v=v_p}=0$$

即得

$$v_p=\sqrt{\frac{2kT}{m}}$$

2）平均速率 $\bar{v}$ 是大量分子速率的统计平均值。由统计知识可得

$$\bar{v}=\int v\mathrm{d}W=\int_0^{\infty}vf(v)\,\mathrm{d}v$$

将麦克斯韦速率分布函数式（6-12）代入上式，有

$$\begin{aligned}\bar{v}&=\int_0^{\infty}\left(\frac{m}{2\pi kT}\right)^{3/2}\mathrm{e}^{-mv^2/2kT}4\pi v^3\,\mathrm{d}v\\&=4\pi\left(\frac{m}{2\pi kT}\right)^{3/2}\int_0^{\infty}v^3\mathrm{e}^{-mv^2/2kT}\,\mathrm{d}v\\&=4\pi\left(\frac{m}{2\pi kT}\right)^{3/2}\left[\frac{(2kT)^2}{2m^2}\right]\\&=\sqrt{\frac{8kT}{\pi m}}\end{aligned}$$

3）方均根速率 $\sqrt{\overline{v^2}}$ 与平均速率的推导相类似，利用统计方法和麦克斯韦速率分布函数式（6-12）可得方均根速率

$$\begin{aligned}\sqrt{\overline{v^2}}&=\left[\int_0^{\infty}v^2f(v)\,\mathrm{d}v\right]^{1/2}\\&=\left[4\pi\left(\frac{m}{2\pi kT}\right)^{3/2}\int_0^{\infty}v^4\mathrm{e}^{-mv^2/2kT}\,\mathrm{d}v\right]^{1/2}\\&=\left\{4\pi\left(\frac{m}{2\pi kT}\right)^{3/2}\cdot\frac{3}{8}\left[\frac{\pi}{\left(\frac{m}{2kT}\right)^5}\right]^{1/2}\right\}^{1/2}\\&=\sqrt{\frac{3kT}{m}}\end{aligned}$$

它与前面理想气体压强公式导出的结果相同。

### 6.5.4 气体分子速率分布的实验测定

分子速率分布可用实验方法直接测定。随着实验技术的不断完善和提高，测量结果越来越精确。图 6-13 所示的是蔡特曼和我国物理学家葛正权于 1930~1934 年测定分子速率分布所用的装置。现对该实验装置、原理和结果做一简单介绍。

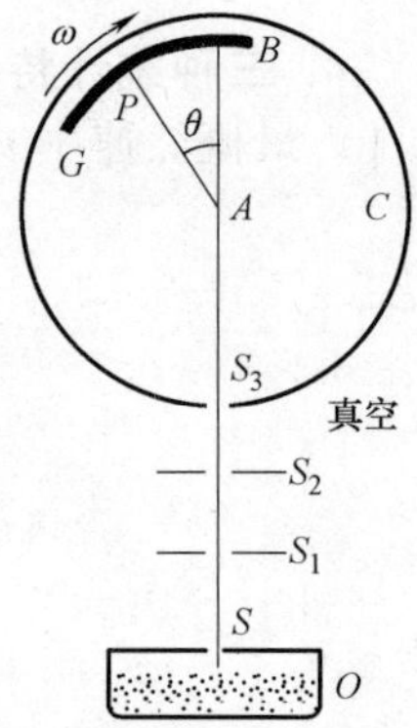

图 6-13 测定分子速率分布的一种实验装置

金属银在电热坩锅 $O$ 中加热汽化并蒸发，银原子束通过 $O$ 的小孔 $S$ 逸出，又穿过平行狭缝 $S_1$、$S_2$ 和 $S_3$ 进入圆筒 $C$ 中，$S_1$、$S_2$ 和 $S_3$ 狭缝的作用是使从 $O$ 中出来的原子束成一窄细束；圆筒 $C$ 可绕垂直于纸面的中心轴 $A$ 高速转动，转速约为 100r/s。进入圆筒的原子束将投射到、并粘附在弯曲状的玻璃板 $BG$ 上。取下玻璃板，用自动记录的测微光度计测定玻璃板上的黑白程度，就可确定到达玻璃板上任一部位的原子数。为避免银原子束与空气分子的碰撞，全部装置放在密闭、抽真空的容器内。

测定分子（银原子）速率分布的实验原理是：在圆筒 $C$ 高速转动的情况下，分子仅能在分子束穿过狭缝 $S_3$ 的短暂时间内进入圆筒，假设圆筒以顺时针方向旋转，那么当这些分子穿越圆筒直径时，玻璃板 $G$ 向右转动；在圆筒静止时，分子撞击在玻璃板上 $B$ 点附近，但由于圆筒的高速转动，分子现在应撞击在 $B$ 点的左方，而且分子的速率越小，穿越圆筒所需的时间越长，撞击点越偏左。玻璃板上的变黑程度反映出分子数目的多少。

设圆筒直径为 $D$，转动的角速度为 $\omega$，撞击点 $P$ 在 $B$ 的左方 $l$ 处的分子速率 $v$ 确定如下：

分子穿越圆筒的时间 $\Delta t=D/v$，在 $\Delta t$ 时间内 $P$ 点的角位移 $\Delta\theta=\omega\Delta t$，$\widehat{BP}$ 的长度则为

$$l=\frac{D}{2}\Delta\theta=\frac{D}{2}\omega\Delta t=\frac{\omega D^2}{2v}$$

式中，$D$、$\omega$ 一定，$v$ 越小则 $l$ 越大，即撞击点越偏左。测出 $l$ 即可求出分子的速率

$$v=\frac{\omega D^2}{2l}$$

设想将玻璃板 $BG$ 分成许多细狭条，每一条宽度 $\Delta l$，狭条 $l\sim l+\Delta l$ 对应分子速率区间 $v\sim v+\Delta v$。测出每一狭条内银层的厚度，也就测定了各速率区间内银原子的数目，从而确定了分子按速率的分布情况。这种实验的结果，与麦克斯韦理论预测的结果相接近。

**例题 6-3** 设气体服从麦克斯韦速率分布定律。若速率区间 $\Delta v=$ 小恒量，随着气体温度的降低，试求气体分子速率的百分率随温度的变化关系：

（1）气体分子速率在区间 $\bar{v}\sim\bar{v}+\Delta v$；

（2）气体分子速率在区间 $v_p\sim\bar{v}$。

**解** （1）设在速率区间 $\bar{v}\sim\bar{v}+\Delta v$ 内的分子数为 $\Delta N_1$，占总分子数 $N$ 的百分率 $\Delta N_1/N$ 为

$$\frac{\Delta N_1}{N}=\int_{\bar{v}}^{\bar{v}+\Delta v}f(v)\,\mathrm{d}v\approx f(\bar{v})\Delta v=\left[\left(\frac{m}{2\pi kT}\right)^{3/2}\mathrm{e}^{-m\bar{v}^2/2kT}4\pi(\bar{v})^2\right]\Delta v$$

由于 $\bar{v}=\sqrt{\dfrac{8kT}{\pi m}}$，则 $(\bar{v})^2=\dfrac{8kT}{\pi m}$，$\mathrm{e}^{-m\bar{v}^2/2kT}=\mathrm{e}^{-4/\pi}$，则

$$\frac{\Delta N_1}{N} \approx \frac{8}{\pi}\left(\frac{2m}{\pi kT}\right)^{1/2} e^{-4/\pi}\Delta v \propto T^{-1/2}$$

上面近似计算是考虑到了 $\Delta v$=小恒量的缘故。

由计算结果可见，随着温度 $T$ 的降低，气体分子的百分率 $\Delta N_1/N$ 却增大。

其实这一结论从图 6-10 中很容易得到。在低温线和高温线图上取速率区间 $\bar{v}\sim\bar{v}+\Delta v$ 处的细狭条，速率分布曲线与细狭条包围的面积即为气体分子速率处于区间 $\bar{v}\sim\bar{v}+\Delta v$ 内的百分率，由于 $\Delta v$=小恒量，温度越低，相应的 $f(\bar{v})$ 越大，狭条面积也就越大，这样上述结论显然成立。

（2）设在速率区间 $v_p\sim\bar{v}$ 内的分子数 $\Delta N_2$，占总分子数的百分率 $\Delta N_2/N$ 为

$$\frac{\Delta N_2}{N} = \int_{v_p}^{\bar{v}} f(v)\,dv = \int_{v_p}^{\bar{v}}\left(\frac{m}{2\pi kT}\right)^{3/2} e^{-mv^2/2kT}4\pi v^2\,dv$$

令 $x=(mv^2/2kT)^{1/2}$，则 $mv^2/2kT=x^2$，所以

$$\left[\frac{m(\bar{v})^2}{2kT}\right]^{1/2} = \bar{x},\qquad \left[\frac{mv_p^2}{2kT}\right]^{1/2} = x_p$$

考虑到

$$\bar{v} = \left[\frac{8kT}{\pi m}\right]^{1/2},\qquad v_p = \left[\frac{2kT}{m}\right]^{1/2}$$

代入上式可得

$$\bar{x} = \frac{2}{\sqrt{\pi}},\qquad x_p = 1$$

这样，百分率

$$\frac{\Delta N_2}{N} = \int_{v_p}^{\bar{v}}\left(\frac{m}{2\pi kT}\right)^{3/2} e^{-mv^2/2kT}4\pi v^2\,dv = \int_{x_p}^{\bar{x}}\frac{4}{\sqrt{\pi}}e^{-x^2}x^2\,dx$$

$$= \int_{1}^{2/\sqrt{\pi}}\frac{4}{\sqrt{\pi}}e^{-x^2}x^2\,dx = \text{恒量}$$

由此可见，不管温度如何变化，气体分子速率处于区间 $v_p\sim\bar{v}$ 内的百分率始终恒定不变。

**例题 6-4**　设气体服从麦克斯韦速率分布定律。试求：

（1）分子平动动能在 $\varepsilon\sim\varepsilon+d\varepsilon$ 范围内的分子数占总分子数的百分率；

（2）分子平动动能的最概然值；

（3）分子平动动能的平均值。

**解**　根据麦克斯韦速率分布，分子速率在 $v\sim v+dv$ 区间的分子数占总分子数的百分率为

$$\frac{dN_v}{N} = f(v)\,dv = \left(\frac{m}{2\pi kT}\right)^{3/2} e^{-mv^2/2kT}4\pi v^2\,dv \tag{1}$$

（1）分子平动动能 $\varepsilon=mv^2/2$，则 $v^2=2\varepsilon/m$，又 $d\varepsilon=mv\,dv$，则 $dv=d\varepsilon/mv=d\varepsilon/\sqrt{2m\varepsilon}$，将它们代入式（1）得

$$\frac{dN_v}{N} = f(\varepsilon)\,d\varepsilon = f(v)\,dv = \frac{4}{\sqrt{\pi}}\left(\frac{m}{2kT}\right)^{3/2} e^{-\varepsilon/kT}\cdot\frac{2\varepsilon}{m}\cdot\frac{d\varepsilon}{\sqrt{2m\varepsilon}}$$

即得

$$\frac{\mathrm{d}N_v}{N}=\frac{2}{\sqrt{\pi}}\left(\frac{1}{kT}\right)^{3/2}\mathrm{e}^{-\varepsilon/kT}\sqrt{\varepsilon}\,\mathrm{d}\varepsilon \tag{2}$$

式（2）为分子平动动能在 $\varepsilon\sim\varepsilon+\mathrm{d}\varepsilon$ 区间内的分子数占总分子数的百分率，其中分子平动动能的分布函数为

$$f(\varepsilon)=\frac{2}{\sqrt{\pi}}\left(\frac{1}{kT}\right)^{3/2}\mathrm{e}^{-\varepsilon/kT}\sqrt{\varepsilon} \tag{3}$$

（2）最概然平动动能是 $f(\varepsilon)$ 的最大值所对应的能量值 $\varepsilon_{\mathrm{p}}$，它可由

$$\left.\frac{\mathrm{d}f(\varepsilon)}{\mathrm{d}\varepsilon}\right|_{\varepsilon=\varepsilon_{\mathrm{p}}}=0$$

得到

$$\frac{1}{\sqrt{\varepsilon_{\mathrm{p}}}}\mathrm{e}^{-\varepsilon_{\mathrm{p}}/kT}\left(\frac{1}{2}-\frac{\varepsilon_{\mathrm{p}}}{kT}\right)=0$$

解得

$$\varepsilon_{\mathrm{p}}=\frac{1}{2}kT \tag{4}$$

（3）分子的平均平动动能由统计法得到

$$\bar{\varepsilon}=\int_0^\infty \varepsilon f(\varepsilon)\,\mathrm{d}\varepsilon=\int_0^\infty\frac{2}{\sqrt{\pi}}\left(\frac{\varepsilon}{kT}\right)^{3/2}\mathrm{e}^{-\varepsilon/kT}\mathrm{d}\varepsilon=\frac{3}{2}kT \tag{5}$$

这与能量均分定理的结果是一致的。

## 6.6 玻尔兹曼分布定律

麦克斯韦速率分布定律是理想气体在平衡态时分子速率的分布规律。在没有外力场时，分子只有动能，这时分子在空间的分布是均匀的，各处的密度、压强也是均匀的。如果有了外力场，分子除了具有动能外，还具有势能，这时分子的空间分布如何呢？它遵循什么样的规律呢？1877 年玻尔兹曼从理论上找到了这种分布规律。玻尔兹曼分布有广泛的含义，详细讨论该定律的导出及应用已超出本课程的范围，下面仅做一些简单的说明，然后将它应用于重力场中气体空间分布随高度的变化规律。

### 6.6.1 玻尔兹曼分布定律

在外力场中，气体分子既有平动动能 $\varepsilon_{\mathrm{t}}=mv^2/2$，同时又具有势能 $\varepsilon_{\mathrm{p}}$。气体分子在空间的分布取决于其势能 $\varepsilon_{\mathrm{p}}$，并与因子 $\mathrm{e}^{-\varepsilon_{\mathrm{p}}/kT}$ 成正比；同样分子按速度的分布取决于其平动动能 $\varepsilon_{\mathrm{t}}$，并且与因子 $\mathrm{e}^{-\varepsilon_{\mathrm{t}}/kT}$ 成正比。在温度为 $T$ 的平衡状态，气体分子的速度在区间 $v_x\sim v_x+\mathrm{d}v_x$、$v_y\sim v_y+\mathrm{d}v_y$、$v_z\sim v_z+\mathrm{d}v_z$ 内，并且空间位置在 $x\sim x+\mathrm{d}x$、$y\sim y+\mathrm{d}y$、$z\sim z+\mathrm{d}z$ 范围内的分子数，可表示为

$$\mathrm{d}N(\boldsymbol{r},\ \boldsymbol{v})=A\mathrm{e}^{-(\varepsilon_{\mathrm{t}}+\varepsilon_{\mathrm{p}})/kT}\mathrm{d}v_x\mathrm{d}v_y\mathrm{d}v_z\mathrm{d}x\mathrm{d}y\mathrm{d}z \tag{6-16}$$

式中，$A$ 是与位置坐标和速度无关的比例因子，它可能是温度 $T$ 的函数。式（6-16）称为麦

克斯韦-玻尔兹曼分布定律，又称为玻尔兹曼分布定律。它给出了气体分子数按能量的分布规律，有着广泛的适用范围。

如果只需知道分子数按空间位置的分布，可将式（6-16）对速度积分，可得到在体积元 $\mathrm{d}x\mathrm{d}y\mathrm{d}z$ 中的分子数

$$\mathrm{d}N' = A\left[\iiint_{-\infty}^{+\infty} \mathrm{e}^{-m(v_x^2+v_y^2+v_z^2)/2kT}\mathrm{d}v_x\mathrm{d}v_y\mathrm{d}v_z\right]\mathrm{e}^{-\varepsilon_\mathrm{p}/kT}\mathrm{d}x\mathrm{d}y\mathrm{d}z$$

将方括号内定积分的值与 $A$ 合并成另一因子 $C$，则

$$\mathrm{d}N' = C\mathrm{e}^{-\varepsilon_\mathrm{p}/kT}\mathrm{d}x\mathrm{d}y\mathrm{d}z \tag{6-17}$$

式（6-17）也称为玻尔兹曼分布定律。

由此可得在空间（$x$，$y$，$z$）附近单位体积内的分子数即分子数密度 $n$ 为

$$n = \frac{\mathrm{d}N'}{\mathrm{d}x\mathrm{d}y\mathrm{d}z} = C\mathrm{e}^{-\varepsilon_\mathrm{p}/kT}$$

如果以 $n_0$ 表示在 $\varepsilon_\mathrm{p}=0$ 处的分子数密度，则上式给出

$$n_0 = C$$

因此，上式可写成

$$n = n_0\mathrm{e}^{-\varepsilon_\mathrm{p}/kT} \tag{6-18}$$

玻尔兹曼分布不仅适用于气体，也适用于固体和液体的微观粒子。例如微观粒子可能具有一系列不连续的能量值，分别为 $\varepsilon_1$，$\varepsilon_2$，…，$\varepsilon_i$，…，则具有能量 $\varepsilon_i$ 的粒子数可表示为

$$N_i = C\mathrm{e}^{-\varepsilon_i/kT},\quad i = 1,2,3,\cdots \tag{6-19}$$

式中，$C$ 是与 $\varepsilon_i$ 无关的因子。上式也称为玻尔兹曼分布定律，它在固体物理、激光等近代物理中有着广泛的应用。

## 6.6.2　气体在重力场中的分布

在重力场中，气体分子的势能为 $\varepsilon_\mathrm{p}=mgh$，代入式（6-18），可得气体在重力场中分子数密度 $n$ 随高度 $h$ 的分布规律

$$n = n_0\mathrm{e}^{-mgh/kT} \tag{6-20a}$$

或

$$n = n_0\mathrm{e}^{-Mgh/RT} \tag{6-20b}$$

式中，$M=N_0m$ 为气体的摩尔质量；$R=N_0k$ 为摩尔气体常数；$N_0$ 为阿伏伽德罗常数。式（6-20a）表明，气体的分子数密度随着高度的增大按指数规律减小。1909 年皮兰曾在显微镜下对悬浊液内不同高度处的悬浮粒子进行统计，其结果直接证实了这一分布规律，并求出了阿伏伽德罗常数 $N_0$。这个实验结果在物理学史上最后确立了分子存在的真实性。

根据气体压强公式 $p=nkT$，再利用式（6-20a），即可得出气体压强随高度 $h$ 的分布为

$$p = p_0\mathrm{e}^{-mgh/kT} = p_0\mathrm{e}^{-Mgh/RT} \tag{6-21}$$

式中，$p_0=n_0kT$ 是高度 $h=0$ 处的压强。注意，式（6-21）是恒温气体的压强公式。它给出每升高 10m，气体压强约降低 133Pa，这就是高度计原理。将式（6-21）应用于大气，虽然大气压随高度的增大而降低在定性上符合，但在定量上不完全正确，出现误差的理由是式（6-21）是恒温气体的压强公式，而大气是非恒温气体，大气的温度随高度而发生变化。

**例题 6-5** 一装有气体的扁平圆柱形容器以角速度 $\omega$ 绕正中央竖直轴在水平面内匀角速旋转。已知分子质量为 $m$，求气体分子数密度沿径向分布的规律。

**解** 容器由于在旋转，为非惯性系，则距离转轴为 $r$ 的一个气体分子受惯性离心力为：$m\omega^2 r$。相当于气体分子处在一个离心力势场里，故分子的离心势能为（取零势能点在 $r=0$ 转轴处）

$$\varepsilon_{\mathrm{P}}(r)=\int_r^0 m\omega^2 r\mathrm{d}r=-\frac{1}{2}m\omega^2 r^2$$

设 $r=0$ 处分子数密度为 $n_0$，则由玻尔兹曼分布，分子数密度分布为

$$n(r)=n_0\mathrm{e}^{-\varepsilon_{\mathrm{P}}/kT}=n_0\mathrm{e}^{m\omega^2 r^2/2kT}$$

## 6.7 气体分子的平均碰撞频率和平均自由程

在室温下，气体分子的平均速率约几百米每秒，从表面看，分子以这样高的速率运动，气体中的一切过程，似乎都应在一瞬间就会完成。但实际情况并不如此，例如，打开香水瓶，香味要经过几秒甚至几十秒的时间才会传几米远的距离，事实表明气体的混合（扩散过程）进行得相当慢，这个矛盾是由克劳修斯首先解决的。他提出：气体分子的速率虽然很大，但在前进过程中要与其他分子做多次碰撞，所走的路程非常曲折，如图 6-14 所示。因此尽管从 $A$ 点到 $B$ 点的直线距离不远，但分子却要经历较长的时间才能到达。事实上，气体发生的扩散、热传导和黏滞现象，都与分子间的碰撞密切有关。因此研究分子的碰撞具有重要的意义。

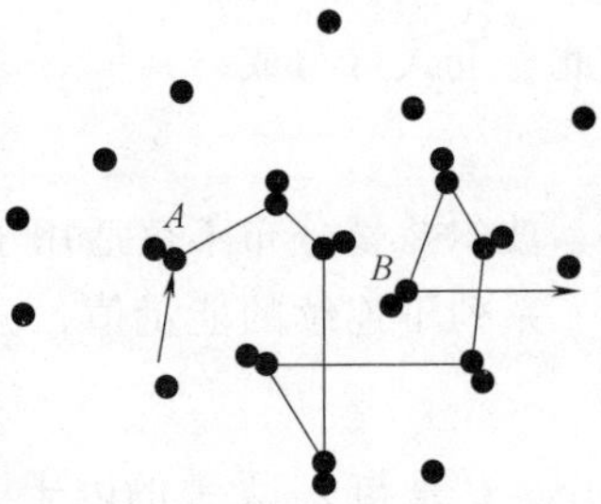

图 6-14 气体分子碰撞的示意

### 6.7.1 碰撞模型

分子间的碰撞，实际上是在分子力作用下分子间的相互散射过程，分子是由原子核和电子所组成的复杂带电系统，当分子间相距极近时，它们间的相互作用呈现斥力，这种斥力随分子间距的减小而迅速增大。在初步考虑问题时，常采用简化的物理模型：通常将分子看成具有一定体积的圆形刚球，把分子间的相互散射看作刚球间的弹性碰撞，两分子中心之间的最小平均距离看作是刚球的直径，称为分子的有效直径。

### 6.7.2 平均碰撞频率和自由程

气体分子在运动中经常与其他分子发生碰撞，分子在任意相继两次碰撞之间自由运行的距离，称为自由程，对个别分子来说，自由程有长有短，并无确定的数值，但对大量分子无规则运动而言，分子的自由程却遵从一个完全确定的统计规律。因此我们可以求出分子在一秒钟内与其他分子的平均碰撞次数，以及分子相继两次碰撞之间自由运动的平均路程。前者称为分子的平均碰撞频率，用 $\overline{Z}$ 表示；后者称为分子的平均自由程，用 $\overline{\lambda}$ 表示。它们之间的关系为

$$\overline{Z}\,\overline{\lambda} = \bar{v}$$

式中，$\bar{v}$ 为分子的平均速率。

分子的平均自由程 $\overline{\lambda}$ 和平均碰撞频率 $\overline{Z}$ 的大小是由气体的性质和状态所决定。为研究简单起见，假设分子都是有效直径为 $d$ 的刚性球，并假定只有某一分子以平均相对速率 $\bar{u}$ 运动，则可以认为其他分子都静止不动。由于分子每碰撞一次，其速度方向就改变一次，因此运动分子的球心的轨迹是一条折线，如图 6-15 所示的折线 $ABCD\cdots$。由图 6-15 可以看出，其他分子的球心离开折线的距离小于 $d$ 时，都将被这运动分子所碰撞。因此以分子的有效直径 $d$ 为半径作一个曲折的圆柱体，这样凡是球心在此圆柱体内的分子都要被碰撞。现在来计算一秒钟内运动分子与其他分子平均碰撞的次数。设气体的分子数密度为 $n$，而圆柱体的体积为 $\pi d^2\bar{u}$，则该圆柱体内的分子数为 $\pi d^2\bar{u}n$。显然这就是运动分子一秒钟内与其他分子的平均碰撞频率 $\overline{Z}$，即

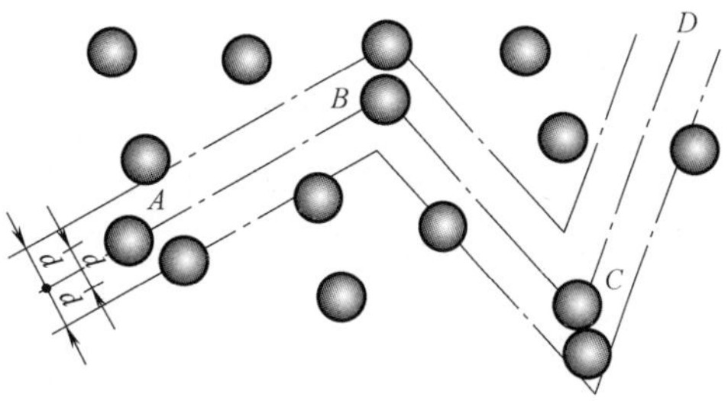

图 6-15　分子碰撞频率与自由程

$$\overline{Z} = \pi d^2\bar{u}n$$

利用麦克斯韦速率分布律可以证明，气体分子的平均相对速率 $\bar{u}$ 与分子的平均速率 $\bar{v}$ 之间存在如下关系：

$$\bar{u} = \sqrt{2}\bar{v}$$

将此关系代入上式，即得平均碰撞频率

$$\overline{Z} = \sqrt{2}\pi d^2\bar{v}n \tag{6-22}$$

由于 $\overline{Z}\,\overline{\lambda}=\bar{v}$，则分子的平均自由程为

$$\overline{\lambda} = \frac{\bar{v}}{\overline{Z}} = \frac{1}{\sqrt{2}\pi d^2 n} \tag{6-23a}$$

可见，平均自由度程 $\overline{\lambda}$ 与分子的有效直径 $d$ 的二次方和气体的分子数密度 $n$ 成反比，与分子的平均速率 $\bar{v}$ 无关。在标准状态下，几种气体分子的有效直径和平均自由程量值见表 6-2。由于气体压强 $p=nkT$，则可以求出 $\overline{\lambda}$ 与温度 $T$ 和压强 $p$ 的关系为

$$\overline{\lambda} = \frac{kT}{\sqrt{2}\pi d^2 p} \tag{6-23b}$$

可见，在一定的温度下，压强越小，气体的分子数密度也越小，所以平均自由程越长。表 6-3 给出了 0℃时不同压强下气体分子平均自由程的数量级。

**表 6-2　在标准状态下若干气体分子的 $d$ 与 $\overline{\lambda}$**

| 气　体 | $\overline{\lambda}$/m | $d$/m | 气　体 | $\overline{\lambda}$/m | $d$/m |
|---|---|---|---|---|---|
| $H_2$ | $1.123\times10^{-7}$ | $2.7\times10^{-10}$ | $N_2$ | $0.599\times10^{-7}$ | $3.1\times10^{-10}$ |
| $O_2$ | $0.647\times10^{-7}$ | $2.9\times10^{-10}$ | | | |

表 6-3 0℃时各种压强下气体分子 $\bar{\lambda}$ 的数量级

| 压强 $p$/Pa | 压强 $p$/atm | $\lambda$/m | 压强 $p$/Pa | 压强 $p$/atm | $\lambda$/m |
|---|---|---|---|---|---|
| $10^5$ | 1 | $10^{-7}$ | $10^{-2}$ | $10^{-7}$ | 1 |
| $10^2$ | $10^{-3}$ | $10^{-4}$ | $10^{-4}$ | $10^{-9}$ | $10^2$ |
| 1 | $10^{-5}$ | $10^{-2}$ | $10^{-6}$ | $10^{-11}$ | $10^4$ |

**例题 6-6** 已知氢气的摩尔质量 $M=2.02\times10^{-3}\,\mathrm{kg/mol}$，取分子的有效直径 $d=2.7\times10^{-10}\,\mathrm{m}$，试计算在标准状态下，氢分子的平均自由程和平均碰撞频率。

**解**

$$\bar{\lambda}=\frac{kT}{\sqrt{2}\pi d^2 p}=\frac{1.38\times10^{-23}\times273}{1.41\times3.14\times(2.7\times10^{-10})^2\times1.01\times10^5}\mathrm{m}=1.16\times10^{-7}\,\mathrm{m}\approx400d$$

由于分子的平均速率为

$$\bar{v}=\sqrt{\frac{8RT}{\pi M}}=\sqrt{\frac{8\times8.31\times273}{3.14\times2.02\times10^{-3}}}\,\mathrm{m/s}=1.69\times10^3\,\mathrm{m\cdot s^{-1}}$$

所以

$$\bar{Z}=\frac{\bar{v}}{\bar{\lambda}}=\frac{1.69\times10^3}{1.16\times10^{-7}}\mathrm{s^{-1}}=1.46\times10^{10}\,\mathrm{s^{-1}}$$

气体在标准状态或低真空状态下，平均自由程很小，但在高真空状态下，平均自由程可达数米到数千米，譬如显像管中的真空可达 $10^{-6}$ 托（1 托=1/760 标准大气压），此时的平均自由程约为 77 米，故阴极发射的电子束可视作还没有来得及发生碰撞就到达了屏幕，这也是电真空器必须在高真空条件下工作的原因。

## *6.8 气体内的迁移现象

前面各节主要是讨论在平衡态下气体的性质。但实际上很多问题都要涉及非平衡态下气体的变化过程。例如气体内各部分的温度不均匀、密度不均匀或流速不均匀等。由于气体分子的不断碰撞和无规则运动，气体内各部分将逐渐趋于均匀，气体的状态将逐步趋向平衡态。这种现象称为气体内的迁移现象。迁移现象有三种：内摩擦，热传导和扩散，一般来说这三种过程同时存在，但为研究简单起见，我们将它们分别加以讨论。

### 6.8.1 内摩擦现象

内摩擦现象，也称黏滞现象。当气体内各气层之间有相对的宏观定向运动时，因各气层的流速不同（注意，此处的流速是指气层中分子群的宏观定向运动的速度，而不是指热运动的速度。这种定向速度是叠加在杂乱的热运动速度上的），由于不同气层间分子的不断相互碰撞，使气层的流速将逐渐趋于均匀一致，由此引起宏观的内摩擦现象，在相邻两气层的接触面上，形成一对等值而反向、阻碍两气层相对运动的摩擦力，称为内摩擦力。气体的这种性质称为黏滞性。例如在输气管道中的煤气，沿管轴的流速最大，在管壁处的流速为零，这一现象恰恰表明了从管壁到管轴各层气体之间的内摩擦作用。

设气体的密度和温度是均匀的，但有宏观流动，各气层的流速平行于 $x$ 轴，在 $y=0$ 处，气层的流速为0，在 $y=h$ 处，气层的流速为 $\boldsymbol{u}_0$，从 $y=0$ 到 $h$，各气层的流速逐渐递增，在任一平行于 $xz$ 平面的气层内流速均匀。在气体中，沿 $y$ 轴方向出现的流速空间变化率 $\mathrm{d}u/\mathrm{d}y$（即流速在气层单位间距上的增量），称为速度梯度，应该指出，流速沿 $x$ 轴方向，而速度梯度却在 $y$ 轴方向上。在相邻两气层之间的接触面上，作用着一对等值而反向的内摩擦力 $\boldsymbol{F}_\mathrm{r}$ 与 $\boldsymbol{F}'_\mathrm{r}$，如图6-16所示。实验事实表明，接触面 $EF$ 上内摩擦力的大小与该处的速度梯度成正比，与所取的面积 $\Delta S$ 也成正比，即

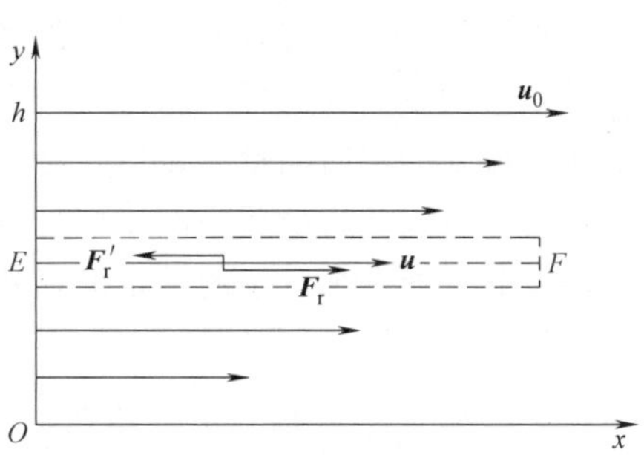

图6-16　气体的黏滞流动

$$F_\mathrm{r} = \pm\eta\frac{\mathrm{d}u}{\mathrm{d}y}\Delta S \tag{6-24}$$

式中，$\eta$ 称为黏度，单位是 Pa · s。若上式取正号，表示 $\boldsymbol{F}_\mathrm{r}$ 与流速同向，作用于流速较慢的气层上，使它加速；若上式取负号；表示 $\boldsymbol{F}'_\mathrm{r}$ 与流速反向，作用于流速较快的气层上，使它减速。

从气体动力学理论的观点来看，由于气体流动，每个分子除了具有热运动动量外，还具有定向运动的动量。在气体中任选一平面，它平行于 $xz$ 平面，例如 $EF$ 平面，因为气体密度均匀，所以在同一时间内，自上而下和自下而上穿过 $EF$ 平面的分子数目是相等的。由于上层气体分子定向运动动量比下层气体分子要大，这样上下两侧交换分子的结果，使每秒内有定向动量从上面气层向下面气层发生净迁移，也就是说，上面气层的定向动量减少，下面气层的定向动量有等量的增加。在宏观上来说，这一效应正与上层对下层作用一个沿 $x$ 轴正方向的摩擦力而同时下层对上层也作用一个沿 $x$ 轴负方向的摩擦力相对应。因此气体的黏滞性起源于气体分子定向动量的迁移。打个形象的比喻：在两列紧邻轨道上分别以不同的速度同向行驶着的火车接近时，彼此投掷包裹，结果较慢的火车加速，而较快的火车减速。

从气体动理学理论可以证明，气体的黏度为

$$\eta = \frac{1}{3}\rho\bar{\lambda}\bar{v} \tag{6-25}$$

式中，$\rho$ 为气体密度，$\bar{\lambda}$ 和 $\bar{v}$ 分别为气体分子的平均自由程和平均速率。

黏度 $\eta$ 的表达式（6-25）推导如下：

首先计算在 $\mathrm{d}t$ 时间内因分子热运动上下两侧通过 $EF$ 平面的分子数，再计算上下两侧动量的净迁移量，最后对照式（6-24），得出黏度 $\eta$ 的关系式（6-25），为简化起见，设想各处都有占总数1/6的分子向上运动，也有占总数1/6的分子向下运动；由于分子热运动的平均速率 $\bar{v}$ 比气流定向流速 $u$ 大得多（通常 $\bar{v}$ 在几百米每秒，而 $u$ 不足几十米每秒）因此 $u$ 与 $\bar{v}$ 相比可忽略不计，认为向各方向运动的分子的速率都是 $\bar{v}$。设平面 $EF$ 的面积为 $\Delta S$，单位体积内的分子数为 $n$，那么在 $\mathrm{d}t$ 时间内自上向下或自下向上穿过 $EF$ 平面的分子数都是

$$\frac{1}{6}n\bar{v}\mathrm{d}t\Delta S$$

虽然从上向下和从下向上的分子数相等，但它们所迁移的动量并不相等。

假设当任一分子与某一气层中的其他分子发生碰撞，它就失去原来的定向动量而获得碰撞处的定向动量；我们可以认为 $EF$ 平面上下两侧所交换的分子都具有通过 $EF$ 平面以前最后一次被碰处的定向动量。显然各分子最后一次被碰处的位置是不同的。对大量分子的平均效果而言，可以认为最后一次碰撞处的位置与 $EF$ 平面的距离为平均自由程 $\bar{\lambda}$ 处的气层。上下气层彼此交换一个分子的动量净迁移为

$$\Delta p_1 = mu_{y+\bar{\lambda}} - mu_{y-\bar{\lambda}}$$

式中，$u_{y+\bar{\lambda}}$ 和 $u_{y-\bar{\lambda}}$ 分别表示气体在 $y+\bar{\lambda}$ 和 $y-\bar{\lambda}$ 处气层的流速。若以 $\mathrm{d}u/\mathrm{d}y$ 表示 $y$ 处的速度梯度，显然

$$u_{y+\bar{\lambda}} - u_{y-\bar{\lambda}} = 2\bar{\lambda}\frac{\mathrm{d}u}{\mathrm{d}y}$$

代入之前一式，即得

$$\Delta p_1 = 2m\bar{\lambda}\frac{\mathrm{d}u}{\mathrm{d}y}$$

在 $\mathrm{d}t$ 时间内，因通过 $EF$ 平面上下气层交换的分子数为 $n\bar{v}\mathrm{d}t \cdot \Delta S/6$，则动量净迁移为

$$\mathrm{d}p = \left(\frac{1}{6}n\bar{v}\mathrm{d}t \cdot \Delta S\right)\Delta p_1 = \left(\frac{1}{3}nm\,\bar{v}\,\bar{\lambda}\,\frac{\mathrm{d}u}{\mathrm{d}y}\Delta S\right)\mathrm{d}t$$

因此，单位时间内的动量的净迁移（即内摩擦力）为

$$F_{\mathrm{r}} = \frac{\mathrm{d}p}{\mathrm{d}t} = \frac{1}{3}nm\bar{v}\,\bar{\lambda}\,\frac{\mathrm{d}u}{\mathrm{d}y}\Delta S = \frac{1}{3}\rho\bar{\lambda}\,\bar{v}\,\frac{\mathrm{d}u}{\mathrm{d}y}\Delta S$$

式中，$\rho=nm$ 是气体密度。将上式与式（6-24）比较，即可得到黏度 $\eta$ 的表达式（6-25）

$$\eta = \frac{1}{3}\rho\bar{\lambda}\,\bar{v}$$

## 6.8.2 热传导现象

若气体内各部分的温度不均匀时，将有热量从温度较高处向温度较低处传递，这种现象称为热传导现象。

设气体的温度沿 $y$ 轴变化，$\mathrm{d}T/\mathrm{d}y$ 表示气体温度 $T$ 沿 $y$ 轴方向的空间变化率，称为温度梯度。令 $\Delta S$ 为垂直于 $y$ 轴的某一指定平面的面积，实验表明，单位时间内通过这面积 $\Delta S$ 的热量 $\mathrm{d}Q/\mathrm{d}t$ 与这一平面所在处的温度梯度成正比，同时也与面积 $\Delta S$ 成正比，则有

$$\frac{\mathrm{d}Q}{\mathrm{d}t} = -K\frac{\mathrm{d}T}{\mathrm{d}y}\Delta S \qquad (6\text{-}26)$$

式中，$K$ 为比例系数，称为热导率或导热系数，单位为 W/(m·K)；负号表示热量的传递方向是从温度较高处指向温度较低处，与温度梯度反向。

实验测得氢气的热导率为 $16.8\times10^{-2}$ W/(m·K)，氧气为 $2.42\times10^{-2}$ W/(m·K)，空气为 $2.3\times10^{-2}$ W/(m·K)。可见气体的热导率很小。

从气体动理学理论的观点来看，温度较高处，分子的平均动能较大，温度较低处，分子的平均动能较小。设气体的密度均匀，在任一时间内，从上边“热层”内的分子通过指定平面 $\Delta S$ 到达下面“冷层”的分子数，与下面“冷层”内的分子到达上面“热层”的分子数相等，由于“热层”与“冷层”内分子的平均动能不同，因而有气体分子热运动动能的

净迁移。结果使“冷层”的温度升高，“热层”的温度降低，在宏观上表现为热量从高温处向低温处传递的，这就是热传导现象。因此，热传导过程的本质是气体分子热运动动能的迁移过程。

由气体动理学理论可以导出热导率

$$K=\frac{1}{3}\frac{C_{V,\ m}}{\mu}\rho\bar{v}\ \bar{\lambda}=\frac{C_{V,\ m}}{\mu}\eta \tag{6-27}$$

式中，$C_{V,m}$ 为气体的摩尔定容热容；$\rho$、$\bar{v}$、$\bar{\lambda}$、$\eta$ 的含义同前。

## 6.8.3　扩散现象

若容器内各部分气体的密度不均匀，或各部分气体的种类不同，那么经过一段时间后，容器内各部分气体的密度以及气体的成分都将趋于均匀，这种现象称为扩散现象。

扩散现象简单地分为两类，一类是同类分子气体因密度不均匀而产生的扩散，称为自扩散，另一类是分子种类不同的两种气体在总密度均匀和无宏观气流情况下的扩散，称为互扩散。

我们只讨论自扩散的情况（至于互扩散的情况可粗略地看成两种气体各自独立地自扩散）。设气体的密度 $\rho$ 沿 $y$ 轴方向改变，该气体沿 $y$ 轴方向的空间变化率 $\mathrm{d}\rho/\mathrm{d}y$，称为密度梯度。令 $\Delta S$ 为垂直于 $y$ 轴的某指定平面的面积，实验表明，在单位时间内通过该指定平面扩散的气体质量与这一平面所在处的密度梯度成正比，同时也与面积 $\Delta S$ 成正比，即

$$\frac{\mathrm{d}m}{\mathrm{d}t}=-D\frac{\mathrm{d}\rho}{\mathrm{d}y}\Delta S \tag{6-28}$$

式中，$D$ 为比例系数，称为自扩散系数。负号表示气体的扩散从密度较大处向密度较小处进行，与密度梯度的方向相反，$D$ 的单位是 $\mathrm{m^2/s}$。

从气体动理学理论的观点看，扩散现象是气体分子热运动的结果，分子从密度较高的气层向密度较低的气层运动，同时也存在相反方向上的运动，但由于密度较高处气层的分子数较多，所以向密度较低处气层迁移的分子数也较反向的为多。由于气体分子都有一定的质量，因此扩散现象本质上是气体质量的迁移过程。

由气体动理学理论可以导出自扩散系数

$$D=\frac{1}{3}\bar{\lambda}\ \bar{v} \tag{6-29}$$

在工程技术（例如弹道工程）和日常生活中，经常会遇到内摩擦，热传导和扩散这三种现象。研究这三种现象有很重要的实际意义。

几种气体的黏度、热导率和自扩散系数见表 6-4。

**表 6-4　几种气体的黏度、热导率和自扩散系数**

| 气　　体 | $\eta/10^{-5}\mathrm{Pa\cdot s}$ (273K) | $K/10^{-2}\mathrm{W\cdot m^{-1}\cdot K^{-1}}$ (273K) | $D/10^{-5}\mathrm{m^2\cdot s^{-1}}$ (273K) |
|---|---|---|---|
| Ne | 2.97 | 4.60 | 4.52 |
| $H_2$ | 0.84 | 16.8 | 12.8 |
| $O_2$ | 1.89 | 2.42 | 1.81 |
| $CO_2$ | 1.39 | 1.49 | 0.97 |
| $CH_4$ | 1.03 | 3.04 | 2.06 |

## 6.9 非理想气体状态方程

理想气体是真实气体的一种简化模型。实验结果表明，真实气体与理想气体的状态方程不是完全符合，特别在高压和低温情况下。

我们在介绍理想气体分子模型时曾假设：①气体分子本身的体积可以忽略不计；②除碰撞的一瞬间外，分子间的相互作用可以忽略不计。这些假设是引起误差的主要原因。因此将理想气体状态方程应用到真实气体，必须考虑真实气体的特征，予以适当地修正。

### 6.9.1 分子力

气体分子是个很复杂的系统，分子由原子组成，而原子又由带正电的原子核和带负电的电子组成。分子间相互作用的引力和斥力统称为分子力。从本质上来说，可以认为分子力是一种电磁作用力。

分子力 $\boldsymbol{F}$ 随两分子间距离 $r$ 的变化情况如图 6-17 所示。图中 $r_0$ 为两分子间的平衡距离，即当两分子相距 $r_0$ 时，每个分子所受的斥力 $\boldsymbol{F}_1$ 与引力 $\boldsymbol{F}_2$ 恰好平衡，如图 6-17a（Ⅰ）所示，$r_0$ 的数量级约为 $10^{-10}$m。当 $r<r_0$ 时，分子力的总效果表现为斥力，如图 6-17a（Ⅱ）所示，斥力 $\boldsymbol{F}_1'$>引力 $\boldsymbol{F}_2'$，所谓分子有“本身的体积”、不能完全压缩，正是反映了这种斥力的存在。当 $r>r_0$ 时，分子力的总效果表现为引力，如图 6-17a（Ⅲ）中所示，引力 $\boldsymbol{F}_2''$>斥力 $\boldsymbol{F}_1''$，而且这种引力在距离增大（$r>10^{-8}$m）时，迅速趋近于零。在低压情况下，分子间的距离相当大，这种引力极其微弱，以致可以忽略不计，这时气体才可看作理想气体。分子所受的引力、斥力以及两者的合力随 $r$ 的变化如图 6-17b 所示。

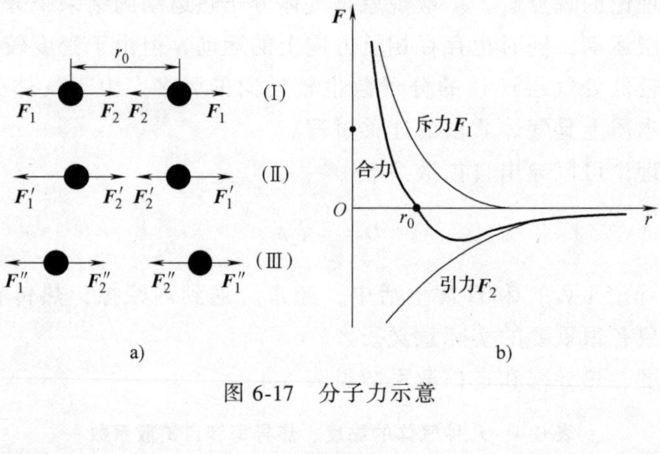

图 6-17 分子力示意

### 6.9.2 诺贝尔方程

如果只考虑气体分子本身占有体积（即只考虑分子间的斥力而忽略分子间的引力作用），我们对理想气体的状态方程加以修正，那么气体状态方程的形式应怎样呢？

1mol 理想气体的状态方程为

$$pV_0 = RT$$

式中，$V_0$ 表示 1mol 气体可被压缩的空间，由于理想气体分子本身的体积忽略不计，因此气体可被压缩的空间就是整个容器的容积。但是，真实气体分子本身占有一定的体积，气体可被压缩的空间显然应比容器的容积小某一个量值 $b$。对于给定的气体来说，$b$ 是一个常数，它与分子本身占有体积有关。由实验可测定，修正量 $b$ 约等于 1mol 气体分子本身总体积的四倍。

当考虑了分子占有体积后，1mol 气体的状态方程应修正为

$$p(V_0 - b) = RT \tag{6-30a}$$

如果有 $\nu$ 摩尔气体，则状态方程相应地为

$$p(V - \nu b) = \nu RT \tag{6-30b}$$

式中，$V=\nu V_0$ 为 $\nu$ 摩尔气体的体积。式（6-30a）或式（6-30b）在工程上常称为诺贝尔方程。

现在来估计一下 $b$ 的量级。由于分子的有效直径约为 $10^{-10}$m，分子的体积约为

$$v_1 = \frac{4}{3}\pi r^3 \approx 4 \times 10^{-30}\ \mathrm{m}^3$$

在标准状态下，1mol 气体的体积为 $V_0=22.4\times10^{-3}\mathrm{m}^3$，分子数 $N_0=6.022\times10^{23}/\mathrm{mol}$，所有分子的总体积为

$$V_1 = N_0 v_1 \approx 2.5 \times 10^{-6}\mathrm{m}^3$$

$b$ 约为 $V_1$ 的四倍，则

$$b = 4V_1 \approx 10^{-5}\mathrm{m}^3$$

$b$ 仅为气体体积的万分之四，$V_0 \gg b$，$b$ 可以忽略不计。但是当气体压强增大，例如 $p=1000\mathrm{atm}$ 时，假定玻意耳定律仍能应用，则气体体积缩小到 $2.24\times10^{-5}\mathrm{m}^3$，与 $b$ 为同一数量级，显然 $b$ 不能忽略，这时再也不能当作理想气体了。

## 6.9.3　范德瓦尔斯方程

在考虑气体分子本身占有体积后，1mol 气体的压强为

$$p = \frac{RT}{V_0 - b}$$

下面我们再讨论气体分子间的引力对压强的影响。

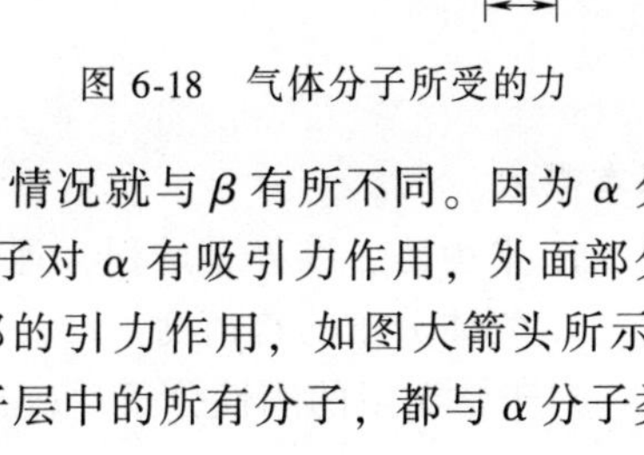

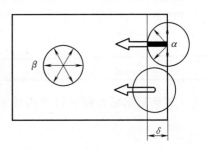

图 6-18　气体分子所受的力

上面已经指出，引力随分子间距离的增大而迅速减小，分子间的引力有一定的有效作用距离 $\delta$，超过此距离，引力实际上可忽略。在容器中气体的内部，任意选定一个分子 $\beta$，如图 6-18 所示。以 $\beta$ 的中心为球心、以有效作用距离 $\delta$ 为半径，作一个球面，对 $\beta$ 有引力作用的其他分子的中心都在这球面内。$\delta$ 称为分子力的作用半径。对于给定的气体，$\delta$ 是个常量。由于球面内的其他分子平均来说相对于 $\beta$ 是对称分布的，所以它们对 $\beta$ 分子的引力作用互相抵消，$\beta$ 受合力为零。对于靠近器壁的分子 $\alpha$ 等，情况就与 $\beta$ 有所不同。因为 $\alpha$ 分子的球面有一部分在容器外，容器内的那部分球面内的分子对 $\alpha$ 有吸引力作用，外面部分则没有。因此对 $\alpha$ 分子的合力是垂直于器壁指向气体内部的引力作用，如图大箭头所示。这样在靠近边界面处，取一个厚度为 $\delta$ 的分子层，在此分子层中的所有分子，都与 $\alpha$ 分子类

似，受到一个指向气体内部的引力作用。由于气体分子进入此分子层后就会受到指向气体内部的引力作用，因而削弱了分子碰撞器壁时施于器壁的冲量，也就减小了气体对器壁的压强。因此在考虑了分子间的引力后，气体分子施于器壁的压强应减小一个量值 $p_i$，这样器壁所受的压强

$$p=\frac{RT}{V_0-b}-p_i \tag{1}$$

式中，$p_i$ 表示真实气体表面层单位面积上所受内部分子的引力，常称为内压强。

$p_i$ 一方面与器壁附近单位面积上分子层内被吸引的分子数成正比，而这个分子数是与容器中单位体积内的分子数 $n$ 成正比的；另一方面，$p_i$ 又与能对每一个撞向器壁的分子产生吸引力的分子数成正比，而这个分子数目也与 $n$ 成正比。因此 $p_i$ 与 $n^2$ 成正比，对于一定量的气体，$n$ 与气体的体积 $V_0$ 成反比，所以 $p_i$ 与 $V_0^2$ 成反比，即

$$p_i=\frac{a}{V_0^2} \tag{2}$$

比例系数 $a$ 的量值取决于气体的性质，可由实验测定。例如，二氧化碳的 $a=3.61\times10^{-6}\text{m}^6\cdot\text{atm/mol}^2$，$b=42.8\times10^{-6}\text{m}^3/\text{mol}$。将 $p_i=a/V_0^2$ 代入式（1），整理后即得

$$\left(p+\frac{a}{V_0^2}\right)(V_0-b)=RT \tag{6-31a}$$

上式称为1mol气体的范德瓦尔斯方程。

如果是同温同压条件下的 $\nu$ 摩尔气体，体积为 $V$，则由 $V=\nu V_0$。所以 $V_0=V/\nu$，将它代入式（6-31a），可得 $\nu$ 摩尔气体的范德瓦尔斯方程

$$\left(p+\frac{\nu^2 a}{V^2}\right)(V-\nu b)=\nu RT \tag{6-31b}$$

由表6-5可见，在气体压强较高时（例如 $p=1000\text{atm}$），范德瓦尔斯方程也显示出一定的误差。尽管如此，它与理想气体状态方程相比较，已能较好地反映客观实际情况。

**表6-5　范德瓦尔斯方程与理想气体状态方程准确度的比较**

| 压强 $p$/atm | $pV/10^{-3}\text{atm}\cdot\text{m}^3$ | $\left(p+\nu^2\frac{a}{V^2}\right)(V-\nu b)/10^{-3}\text{atm}\cdot\text{m}^3$ |
|---|---|---|
| 1 | 1.0000 | 1.000 |
| 100 | 0.9941 | 1.000 |
| 200 | 1.0483 | 1.009 |
| 500 | 1.3900 | 1.014 |
| 1000 | 2.0685 | 0.983 |

范德瓦尔斯方程（以及诺贝尔方程）是较好地描述非理想气体的状态方程。

# 本章提要

**基本概念**

1. 平衡态，准静态过程，理想气体分子模型，统计假设。

2. 气体分子的自由度　$i=t+r+s$

对于常温下的刚性分子　$i=t+r$（单原子、双原子、多原子分子的 $i$ 分别为3，5，6）。

3. 三种特征速率（麦克斯韦速率分布下）

最概然速率

$$v_p = \sqrt{\frac{2kT}{m}} = \sqrt{\frac{2RT}{M}}$$

平均速率

$$\bar{v} = \int_0^\infty vf(v)\,dv = \sqrt{\frac{8kT}{\pi m}} = \sqrt{\frac{8RT}{\pi M}}$$

方均根速率

$$\sqrt{\overline{v^2}} = \left[\int_0^\infty v^2 f(v)\,dv\right]^{\frac{1}{2}} = \sqrt{\frac{3kT}{m}} = \sqrt{\frac{3RT}{M}}$$

4. 平均碰撞频率

$$\overline{Z} = \sqrt{2}\pi d^2 n\bar{v}$$

5. 平均自由程

$$\overline{\lambda} = \frac{\bar{v}}{\overline{Z}} = \frac{1}{\sqrt{2}\pi d^2 n} = \frac{kT}{\sqrt{2}\pi d^2 p}$$

**基本定律和基本公式**

1. 状态方程

理想气体

$$pV = \nu RT$$

范德瓦尔斯气体（1mol）

$$\left(p + \frac{a}{V_0^2}\right)(V_0 - b) = RT$$

要理解 $a/V_0^2$ 和 $b$ 的物理含义。

2. 理想气体的压强公式

$$p = \frac{1}{3}nm\overline{v^2} = \frac{2}{3}n\overline{\varepsilon_t} = nkT$$

3. 能量均分定理（刚性分子）

$$\bar{\varepsilon} = \frac{i}{2}kT = \begin{cases} \frac{3}{2}kT & \text{单原子分子} \\ \frac{5}{2}kT & \text{刚性双原子分子} \\ 3kT & \text{刚性多原子分子} \end{cases}$$

4. 理想气体的内能公式

$$E = \frac{i}{2}\nu RT$$

5. 麦克斯韦速率分布律（物理含义略）

$$\frac{dN_v}{N} = f(v)\,dv = \left(\frac{m}{2\pi kT}\right)^{\frac{3}{2}} e^{-\frac{mv^2}{2kT}} 4\pi v^2\,dv$$

其中，分布函数（物理意义略）

$$f(v)=\left(\frac{m}{2\pi kT}\right)^{\frac{3}{2}} e^{-\frac{mv^2}{2kT}} 4\pi v^2$$

归一化条件

$$\int_0^{\infty} f(v)\,dv = 1$$

6. 玻尔兹曼分布律

$$dN = n_0 e^{-\varepsilon_p/kT} dxdydz$$

$$n = n_0 e^{-\varepsilon_p/kT}$$

对重力场

$$n = n_0 e^{-mgh/kT}$$

$$p = p_0 e^{-mgh/kT}$$

*7. 迁移过程基本公式

(1) 内摩擦 $F_r = \pm\eta \frac{du}{dy}\Delta S,\quad \eta=\frac{1}{3}\rho\bar{\lambda}\ \bar{v}$

(2) 热传导 $\frac{dQ}{dt}=-K\frac{dT}{dy}\Delta S,\quad K=\frac{1}{3}\rho\bar{\lambda}\ \bar{v}C_{V,m}/\mu$

(3) 扩　散 $\frac{dm}{dt}=-D\frac{d\rho}{dy}\Delta S,\quad D=\frac{1}{3}\bar{\lambda}\bar{v}$

## 习　题

6-1 (1) 试述理想气体的宏观定义和理想气体的分子模型。

(2) 试述气体分子热运动的统计假设及成立条件。

(3) 指出下列各式所表示的物理意义：

1) $\frac{1}{2}kT$ 2) $\frac{i}{2}kT$ 3) $\frac{3}{2}kT$ 4) $\frac{i}{2}\nu RT$

6-2 一容器装有100g氧气，其压强为10atm，温度为47℃。由于容器漏气，经一定的时间后，压强降为原来的5/8，温度降到27℃。试求：

(1) 容器的容积；

(2) 漏掉的氧气质量（设氧气可视为理想气体）。

6-3 一容积为$1.0\times10^{-3}m^3$的密闭玻璃容器，被抽真空到$1.0\times10^{-5}$mmHg的压强。为了提高真空度，将它放入300℃的烘箱内烘烤，使器壁释放出所吸附的气体分子，若烘烤后容器内气体的压强增为$1.0\times10^{-2}$mmHg，问器壁原来吸附了多少分子？（设气体原来的温度为27℃）

6-4 如果气体由几种类型的分子组成，试说明这混合气体的压强公式可写作

$$p = p_1 + p_2 + \cdots = \frac{1}{3}n_1 m_1 \overline{v_1^2} + \frac{1}{3}n_2 m_2 \overline{v_2^2} + \cdots$$

式中，$p$为总压强；$p_1$等为每种气体的分压强；$n_1$等为每种气体的分子数密度；$m_1$等为每种气体的分子质量；$\overline{v_1^2}$等为每种气体分子的方均速率。设每种气体的摩尔数分别为$\nu_1$，$\nu_2$，…混合气体的体积为$V$，试证明

$$p=p_1+p_2+\cdots=\frac{\nu_1RT}{V}+\frac{\nu_2RT}{V}+\cdots$$

此式称为道尔顿分压定律，即混合气体的总压强等于各气体分压强之和。在推证过程中，你怎样理解道尔顿分压定律的微观本质？

6-5　设想每秒有 $1.5\times10^{23}$ 个氮分子（质量为 28 原子质量单位），以 500m/s 的速度沿着与器壁法线成 45°角的方向撞在面积为 $2\times10^{-4}\text{m}^2$ 的器壁上，求这群分子作用在器壁上的压强。

6-6　温度为 27℃时，1mol 氦气分子具有的平动总动能和转动总动能各为多少？

6-7　一容器分成等容积的两部分，分别储有不同类型的双原子分子理想气体，它们的压强相同，在常温常压下，它们的内能是否相等？

6-8　有一空房间，与大气相通，开始时室内外同温，都为 $T_0$。现有制冷机使室内温度降到 $T$，若将空气视为某种理想气体，房间内气体的内能改变了多少？

6-9　储有氧气的容器以速率 $u=100\text{m/s}$ 运动，假设该容器突然停止，全部定向运动的动能都变为气体分子热运动的动能，问容器中氧气的温度将会上升多少？

6-10　容器内储有氧气，其压强为 $p=1\text{atm}$，温度 27℃，求：

（1）气体的分子数密度 $n$；

（2）氧分子的质量 $m$；

（3）气体的密度 $\rho$；

（4）分子间的平均距离 $\bar{l}$；

（5）分子的平均速率 $\bar{v}$ 和方均根速率 $\sqrt{\overline{v^2}}$；

（6）分子的平均动能 $\overline{\varepsilon_k}$。

6-11　已知 $f(v)$ 是气体分子的速率分布函数，说明以下各式的物理意义。

（1）$f(v)\,\mathrm{d}v$；

（2）$nf(v)\,\mathrm{d}v$，其中 $n$ 为分子数密度；

（3）$\int_{v_1}^{v_2}f(v)\,\mathrm{d}v$；

（4）$\int_0^{v_\mathrm{p}}f(v)\,\mathrm{d}v$，其中 $v_\mathrm{p}$ 为最概然速率；

（5）$\int_0^{v_0}vf(v)\,\mathrm{d}v$；

（6）$\int_{v_\mathrm{p}}^{\infty}v^2f(v)\,\mathrm{d}v$。

6-12　（1）最概然速率的物理意义是什么？一个分子具有最概然速率的概率是多少？

（2）气体分子速率与最概然速率之差不超过 1%的分子数占总分子数的百分比为多少？

6-13　在相同的温度下，氢气和氦气分子的速率分布曲线如题 6-13 图所示，其中曲线 $A$ 的峰值对应的速率为 1000m/s，试求氢气、氦气分子的最概然速率和氦气分子的方均根速率。

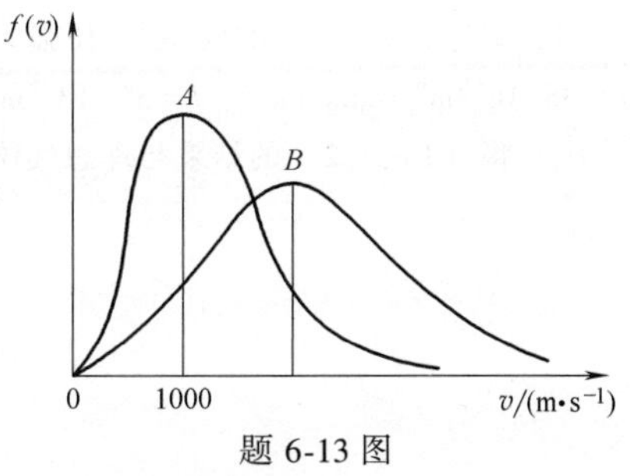


题 6-13 图

6-14　理想气体内能为 $E$，压强为 $p$，体积为 $V$，试求气体的状态方程：

（1）单原子分子理想气体；

（2）双原子分子理想气体；

（3）多原子分子理想气体。

6-15 导体内的 $N$ 个自由电子可视为理想气体，其中电子最大速率为 $v_F$（称为费米速率），它们的速率分布函数为

$$f(v)=\begin{cases}\dfrac{4\pi A}{N}v^2 & 0\leqslant v\leqslant v_F\\ 0 & v>v_F\end{cases}$$

（1）试画出 $f(v)$-$v$ 的曲线示意图；

（2）由 $N$、$v_F$ 确定待定常数 $A$；

（3）求电子的平均动能。

*6-16 理想气体的多原子分子由 $N$ 个原子组成，求高温 $T$ 时气体的摩尔内能。

6-17 下面四种情况中，哪一种一定能使理想气体分子的平均碰撞频率增大？

（1）同时升压升温；

（2）同时升压降温；

（3）同时降压降温；

（4）降压但保持温度不变。

6-18 由 $N$ 个粒子组成的系统，粒子的速率分布函数为

$$f(v)=\begin{cases}cv^2 & 0\leqslant v\leqslant v_0\\ b & v_0\leqslant v\leqslant 2v_0\\ 0 & v>2v_0\end{cases}$$

其中，$b$、$c$ 为待定常数。

（1）试画出分布函数 $f(v)$-$v$ 的曲线示意图；

（2）设 $v_0$ 为已知，试求常数 $b$ 和 $c$；

（3）求粒子的平均速率 $\bar{v}$ 和速率 $v\leqslant v_0$ 的粒子数。

6-19 设大气处于平衡状态，温度为 300K，平均分子量为 30，已知某高度处的大气压是水平面处的 $e^{-1}$ 倍，则该处的高度为多少？

6-20 热水瓶胆两壁间相距 $e=4\times10^{-3}$m，其间充满温度 27℃ 的氮气，氮分子的有效直径为 $d=3.1\times10^{-10}$m，压强为 $1.00\times10^{-4}$atm，试求：

（1）氮分子的平均自由程 $\bar{\lambda}$；

（2）氮气的黏度 $\eta$，扩散系数 $D$；

（3）当压强降为多大时，氮的热导率才会比它在大气压下的数值小？

*6-21 （1）试计算密闭容器内质量为 2.2kg 氧气的压强，设容器的容积 $V=30\times10^{-3}\text{m}^3$，温度 $t=27$℃，气体满足范德瓦尔斯方程；

（2）试计算密度为 100kg/m³、压强为 100atm 氧气的温度。设气体满足范德瓦尔斯方程。（设氧气的 $a=1.36\times10^{-6}\text{m}^6\cdot\text{atm/mol}^2$，$b=32\times10^{-6}\text{m}^3/\text{mol}$）

（3）将（1）、（2）的结果与理想气体的情况做比较。

# 第7章

# 热力学基础

## 7.1 热力学第一定律

热力学的任务之一是从能量观点出发，在宏观上研究热力学系统在状态变化过程中有关热功转换的关系问题。首先介绍内能、功、热量这三个重要概念，然后讨论三者之间的联系。

### 7.1.1 内能 功和热量

在一定的状态，系统具有一定的能量。在热力学中往往不考虑系统整体的定向机械运动，因此，由上章可知，这个能量就是系统内大量分子无规则运动的动能和相互作用势能的总和，称为系统的内能，实验表明：它是系统状态的单值函数。当系统状态发生变化时，只要初、终状态给定，则不论经历什么过程，系统内能的改变量都是相同的，即内能的改变量仅决定于初、终状态，而与所经历的过程无关。

无数事实表明，系统状态的变化，总是通过外界对系统做功，或向系统传热，或两者兼施来完成的。例如，一杯水，可以通过加热用传热的方法使其升温，也可用搅拌做功的方法（焦耳热功当量实验）使其升温。虽然两者的方式不同，但都能导致系统相同的状态改变，因此做功和传热是等效的。在国际单位制中，功和热量的单位都是焦耳（符号 J）。过去习惯上以焦耳作为功的单位，以卡（cal）作为热量的单位（卡是非法定计量单位），根据焦耳热功当量实验可得：1cal=4.186J。

应该指出，做功与传热虽然有其等效的一面，但它们的实质是不同的。做功是通过物体的宏观位移来完成的，它在物体宏观规则的定向运动能量和系统的分子微观无规则热运动能量之间起到转换作用，从而改变系统的内能。传热是通过分子间的相互作用（碰撞）来完成的，它所起的作用是使系统外和系统内分子的热运动能量之间发生转移，从而也改变系统的内能。

### 7.1.2 热力学第一定律

历史上不少人曾企图制造一种能够不断地对外做功而无需能源的机器（即第一类永动机），却从未成功。热力学第一定律是对这类尝试失败的总结。热力学第一定律可以笼统地叙述为：**第一类永动机造不成**。焦耳的热功当量实验为热力学第一定律提供了牢固的实验基础。

在一般情况下，做功和传热往往同时存在，使系统的状态发生变化。如果外界对系统传递的热量为 $Q$，使系统从内能为 $E_1$ 的初态，变化到内能为 $E_2$ 的终态，同时系统对外做功为 $A$[⊖]，那么

$$Q=\Delta E+A \tag{7-1}$$

上式就是热力学第一定律的数学表达式，式中各量的单位均为焦耳。$Q$、$\Delta E$（即 $E_2-E_1$）和 $A$ 可正可负，一般规定：系统从外界吸收热量时 $Q$ 为正值，向外界放出热量时 $Q$ 为负值；系统对外界做功时 $A$ 为正值，外界对系统做功时 $A$ 为负值；系统内能增加时 $\Delta E$ 为正值，内能减少时 $\Delta E$ 为负值。

**热力学第一定律**表明：外界对系统所传递的热量，一部分使系统的内能增加，另一部分用于系统对外做功。显然，热力学第一定律就是在热力学范围内的能量守恒定律。对于系统状态微小变化的元过程，热力学第一定律可写作

$$đQ=\mathrm{d}E+đA \tag{7-2}$$

### 7.1.3 准静态过程

准静态过程，就是系统经历的中间状态都无限逼近于平衡态的变化过程。应该明确，平衡和过程是两个对立的概念，平衡即不变，过程则意味着改变，为了把二者结合起来，只能通过无限缓慢地改变来实现。显然，准静态过程是理想化的。热力学的研究是以准静态过程的研究为基础的，把理想的平衡过程弄清楚了，将有助于对实际的非平衡过程的研究。

对于给定的气体系统，每一个平衡状态可用一组状态参量 $p$、$V$、$T$ 来描述，由于其中只有两个是独立的，因此任意给定两个参量的值，就对应于一个平衡状态。在 $p$-$V$ 图中任意一点对应一个平衡状态，任意一条连续曲线代表一个准静态过程。

现在来讨论气体在一膨胀过程中所做的功。设有一气缸，内有一定质量的气体，压强为 $p$，活塞的面积为 $S$，气体作用于活塞上的力 $F=pS$，若气体做准静态膨胀，当活塞移动一微小距离 $\mathrm{d}l$ 时（图 7-1），气体所做的元功为

$$đA = F\mathrm{d}l = pS\mathrm{d}l = p\mathrm{d}V \tag{7-3}$$

式中，$\mathrm{d}V=S\mathrm{d}l$ 是气体体积的微小增量。若气体膨胀，其体积增大，$\mathrm{d}V>0$，$đA$ 为正值，表示系统对外做功；反之，气体被压缩，体积减小，$\mathrm{d}V<0$，$đA$ 为负值，表示外界对系统做功。图 7-2 中画斜线的小狭条的面积表示式（7-3）中元功 $đA$，而从状态 $a$ 变化到状态 $b$ 的整个过程 $acb$ 中，气体所做的总功等于上述所有小面积元 $đA$ 的总和，即等于曲线 $acb$ 下面的面积，用积分表示为

$$A=\int_{V_1}^{V_2} p\mathrm{d}V \tag{7-4}$$

由图 7-2 可知，如果系统是沿着曲线 $adb$ 进行，那么气体所做的功等于曲线 $adb$ 下面的面积，较曲线 $acb$ 所示过程中做的功为大。由此得出重要的结论：当系统从一个状态 $a$ 变化到另一个状态 $b$ 时，系统所做的功不仅取决于系统的初、终状态，而且与系统所经历的过程有关，即功是过程量。

热力学第一定律在准静态过程中的表达式为

---

⊖ 注意，这里采用热工学的习惯用法，$A$ 表示系统对外做功，与上面定性讨论时外界对系统做功，意思上相反。

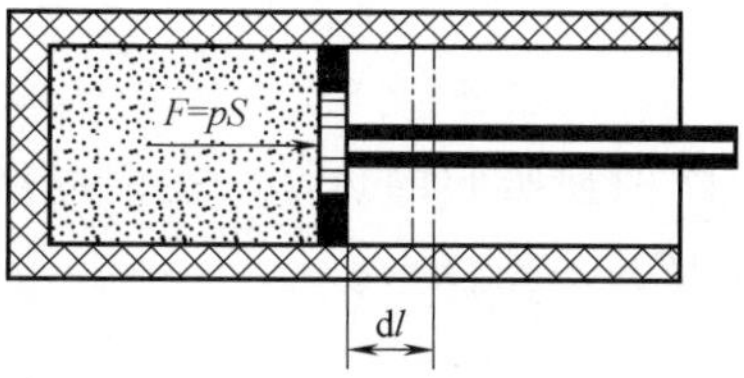


图 7-1　气体膨胀时所做的功

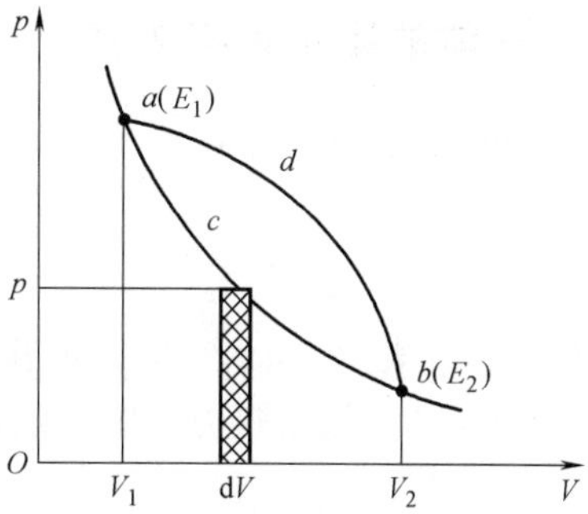


图 7-2　气体膨胀时做功的图示法

$$đQ = dE + p dV \tag{7-5a}$$

和

$$Q = \Delta E + \int_{V_1}^{V_2} p dV \tag{7-5b}$$

式（7-5a）对应元过程，式（7-5b）对应有限过程。

由于内能 $E$ 是状态的单值函数，内能的改变量与过程无关，而功是过程量，因此系统吸收的热量通常也是过程量。

## 7.2　气体的摩尔热容

### 7.2.1　气体的摩尔热容的定义

我们知道，热量是过程量。向某一物体传递的热量不仅取决于其初、终状态，而且与过程的性质有关。在某一过程中，1mol 物质当温度升高 1K 时所吸收的热量，称为这种物质在该过程中的**摩尔热容**，用 $C_m$ 表示。设 1mol 物质在某元过程中吸收热量 $dQ_m$，温度升高 $dT$，按照定义，该过程的摩尔热容 $C_m$ 为

$$C_m = \frac{đQ_m}{dT} \tag{7-6}$$

由此可以算出 $\nu$ 摩尔物质从温度 $T_1$ 变为 $T_2$ 过程中，所吸收的热量为

$$Q = \int_{T_1}^{T_2} \nu C_m dT$$

在此过程中如果物质的摩尔热容为常数（或近似为常数），则上式可写成

$$Q = \nu C_m (T_2 - T_1)$$

摩尔热容 $C_m$ 与比热容 $c$ 的关系为

$$C_m = Mc$$

式中，$M$ 为物质的摩尔质量。

由于热量是过程量，所以摩尔热容 $C_m$ 也是过程量。在气体的摩尔热容中，最简单而又最重要的是摩尔定容热容和摩尔定压热容。（至于固体和液体虽然也有这两种热容，但它们的体胀系数很小，因热膨胀而对外做的功可以忽略不计，所以这两种热容实际差值很小，通常不加区别）。

### 7.2.2 气体的摩尔定容热容

气体的摩尔定容热容 $C_{V,\mathrm{m}}$（下标 $V$ 表示体积保持不变），按照式（7-6），可表示为

$$C_{V,\mathrm{m}}=\frac{(\text{đ}Q_{\mathrm{m}})_V}{\mathrm{d}T}$$

式中，$(\text{đ}Q_{\mathrm{m}})_V$ 表示 1mol 气体在定容过程中温度升高 $\mathrm{d}T$ 时所吸收的热量。在定容过程中，$\mathrm{d}V=0$，则 $\text{đ}A=0$，根据热力学第一定律有 $(\text{đ}Q_{\mathrm{m}})_V=(\mathrm{d}E)_V$，所以

$$C_{V,\mathrm{m}}=\frac{(\text{đ}Q_{\mathrm{m}})_V}{\mathrm{d}T}=\left(\frac{\partial E}{\partial T}\right)_V$$

如果是理想气体，当温度为 $T$ 时，1mol 气体的内能 $E=(i/2)RT$，它是温度的单值函数，则上式可写成

$$C_{V,\mathrm{m}}=\frac{(\text{đ}Q_{\mathrm{m}})_V}{\mathrm{d}T}=\frac{\mathrm{d}E}{\mathrm{d}T}=\frac{i}{2}R \tag{7-7}$$

式中，$i$ 为分子的自由度，$R$ 为摩尔气体常数（$R=8.31\mathrm{J/(mol\cdot K)}$）。因此理想气体的摩尔定容热容，只与分子的自由度 $i$ 有关。

对于单原子分子理想气体，$i=3$，$C_{V,\mathrm{m}}=\frac{3}{2}R\approx 12.5\mathrm{J/(mol\cdot K)}$。

对于刚性的双原子分子理想气体，$i=5$，$C_{V,\mathrm{m}}=(5/2)R\approx 20.8\mathrm{J/(mol\cdot K)}$。

对于刚性的多原子分子理想气体，$i=6$，$C_{V,\mathrm{m}}=(6/2)R\approx 24.9\mathrm{J/(mol\cdot K)}$。

理想气体的内能只是温度的单值函数，内能的改变量只决定于初、终状态的温度，即

$$\mathrm{d}E=\nu C_{V,\mathrm{m}}\mathrm{d}T=\frac{i}{2}\nu R\mathrm{d}T \tag{7-8a}$$

$$\Delta E=\nu C_{V,\mathrm{m}}\Delta T=\frac{i}{2}\nu R(T_2-T_1) \tag{7-8b}$$

在不同的变化过程中，如果温度的改变量相同，尽管气体吸收的热量和所做的功随过程的不同而异，但气体内能的改变量却是相同的，与所经历的过程无关，即式（7-8a）和式（7-8b）适用于理想气体的任意过程。

### 7.2.3 气体的摩尔定压热容

气体的摩尔定压热容 $C_{p,\mathrm{m}}$（下标 $p$ 表示压强不变），按式（7-6）可表示为

$$C_{p,\mathrm{m}}=\frac{(\text{đ}Q_{\mathrm{m}})_p}{\mathrm{d}T}$$

式中，$(\text{đ}Q_{\mathrm{m}})_p$ 表示 1mol 气体在定压过程中温度升高 $\mathrm{d}T$ 时所吸收的热量，由于 $(\text{đ}Q_{\mathrm{m}})_p=(\mathrm{d}E+p\mathrm{d}V)_p$，所以

$$C_{p,\mathrm{m}}=\frac{(\text{đ}Q_{\mathrm{m}})_p}{\mathrm{d}T}=\frac{(\mathrm{d}E+p\mathrm{d}V)_p}{\mathrm{d}T}=\left(\frac{\partial E}{\partial T}\right)_p+p\left(\frac{\partial V}{\partial T}\right)_p$$

对于 1mol 理想气体，因为 $\mathrm{d}E=C_{V,\mathrm{m}}\mathrm{d}T=(i/2)R\mathrm{d}T$，而由理想气体状态方程 $pV=RT$ 可知，在定压过程中有 $p\mathrm{d}V=R\mathrm{d}T$，因此

$$C_{p,\mathrm{m}}=C_{V,\mathrm{m}}+R \tag{7-9a}$$

式（7-9）称为迈耶公式，它表明在定压过程中，温度升高 1K 时，1mol 理想气体比定容过程要多吸收热量 8.31J，用于转换成对外所做的功。由此可见，摩尔气体常数 $R$ 等于 1mol 理想气体在定压过程中温度升高 1K 时对外所做的功。因 $C_{V,\mathrm{m}}=(i/2)R$，则式（7-9a）可写成

$$C_{p,\mathrm{m}}=\frac{i}{2}R+R=\frac{i+2}{2}R \tag{7-9b}$$

对于单原子分子理想气体，$i=3$，$C_{p,\mathrm{m}}=(5/2)R\approx20.8\mathrm{J/(mol\cdot K)}$。

对于刚性双原子分子理想气体，$i=5$，$C_{p,\mathrm{m}}=(7/2)R\approx29.1\mathrm{J/(mol\cdot K)}$。

对于刚性多原子分子理想气体，$i=6$，$C_{p,\mathrm{m}}=(8/2)R\approx33.2\mathrm{J/(mol\cdot K)}$。

摩尔定压热容与摩尔定容热容的比值称为**比热容比**，常用 $\gamma$ 表示，写作

$$\gamma=\frac{C_{p,\mathrm{m}}}{C_{V,\mathrm{m}}} \tag{7-10a}$$

对于理想气体，

$$\gamma=\frac{C_{p,\mathrm{m}}}{C_{V,\mathrm{m}}}=\frac{i+2}{i} \tag{7-10b}$$

对于单原子分子理想气体，$i=3$，$\gamma=5/3\approx1.67$。

对于刚性双原子分子理想气体，$i=5$，$\gamma=7/5\approx1.40$。

对于刚性多原子分子理想气体，$i=6$，$\gamma=8/6\approx1.33$。

表 7-1 列举了常温常压下若干气体摩尔热容的实验数据。

**表 7-1　气体摩尔热容的实验数据**

| 原子数 | 气体的种类 | $C_{p,\mathrm{m}}/\mathrm{J\cdot mol^{-1}\cdot K^{-1}}$ | $C_{V,\mathrm{m}}/\mathrm{J\cdot mol^{-1}\cdot K^{-1}}$ | $C_{p,\mathrm{m}}-C_{V,\mathrm{m}}/\mathrm{J\cdot mol^{-1}\cdot K^{-1}}$ | $\gamma=\frac{C_{p,\mathrm{m}}}{C_{V,\mathrm{m}}}$ |
|---|---|---|---|---|---|
| 单原子 | 氦 | 20.95 | 12.61 | 8.34 | 1.66 |
| | 氩 | 20.90 | 12.53 | 8.37 | 1.67 |
| 双原子 | 氢 | 28.83 | 20.47 | 8.36 | 1.41 |
| | 氮 | 28.88 | 20.56 | 8.32 | 1.40 |
| | 一氧化碳 | 29.00 | 21.20 | 7.80 | 1.37 |
| | 氧 | 29.61 | 21.16 | 8.45 | 1.40 |
| 三个以上的原子 | 水蒸气 | 36.2 | 27.8 | 8.4 | 1.31 |
| | 甲烷 | 35.6 | 27.2 | 8.4 | 1.30 |
| | 氯仿 | 72.0 | 63.7 | 8.3 | 1.13 |
| | 乙醇 | 87.5 | 79.1 | 8.4 | 1.11 |

从表中可以看出：

1）对各种气体来说，两种摩尔热容之差（$C_{p,\mathrm{m}}-C_{V,\mathrm{m}}$）都接近 $R$。

2）对单原子和双原子气体来说，$C_{p,\mathrm{m}}$、$C_{V,\mathrm{m}}$ 和 $\gamma$ 的实验值接近于理论值。这说明经典的热容理论能近似地反映客观实际情况。但是对分子结构比较复杂的多原子气体来说，理论值与实验值偏差较大。

此外从表 7-2 还可看出，气体的摩尔热容并不是恒定的，还随温度的变化而变化。要把这些现象解释清楚，必须要用量子理论，这些都是统计物理讨论的内容。

表 7-2 气体摩尔定容热容在不同温度下的实验数据

（单位：$J \cdot mol^{-1} \cdot K^{-1}$）

| 气　体 | 273K | 373K | 473K | 773K | 1473K | 2273K |
|---|---|---|---|---|---|---|
| $N_2$, $O_2$, HCl, CO | 20.5 | 20.6 | 21.6 | 22.4 | 24.1 | 26.0 |
| 气　体 | 50K | | 500K | | 2500K | |
| $H_2$ | 12.5 | | 21.0 | | 29.3 | |

**例题 7-1** 0.1mol 单原子理想气体，从初态 $a$ 经历准静态过程达到终态 $b$，如图 7-3 所示。

（1）若过程沿直线 $acb$，试求气体的内能改变和吸收的热量；

（2）若过程沿折线 $adb$，试求气体的内能改变和吸收的热量。

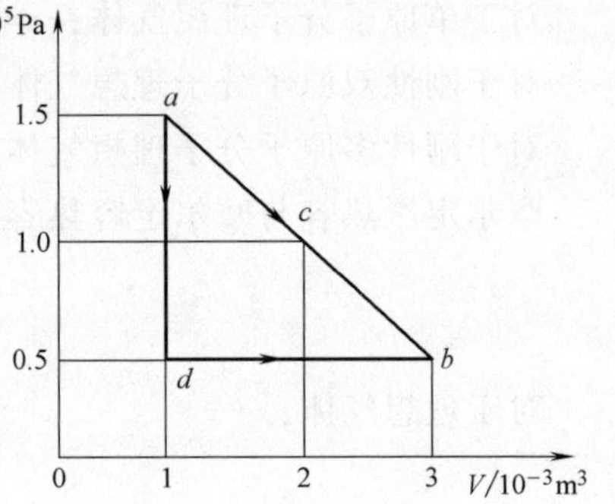

图 7-3 例题 7-1 图

**解** 应用理想气体状态方程 $pV=\nu RT$ 求出 $T_a$、$T_b$、$T_d$ 分别为

$$T_a=\frac{p_aV_a}{\nu R}=\frac{1.5\times10^5\times1\times10^{-3}}{0.1\times8.31}\text{K}=180.5\text{K}$$

$$T_b=\frac{p_bV_b}{\nu R}=\frac{0.5\times10^5\times3\times10^{-3}}{0.1\times8.31}\text{K}=180.5\text{K}$$

$$T_d=\frac{p_dV_d}{\nu R}=\frac{0.5\times10^5\times1\times10^{-3}}{0.1\times8.31}\text{K}=60.2\text{K}$$

$$\Delta E_{ab}=E_b-E_a=\nu C_{V,\text{m}}(T_b-T_a)=0$$

（1）过程沿直线 $acb$，内能改变和热量分别为

$$\Delta E_{acb}=\Delta E_{ab}=0$$

$$Q_{acb}=\Delta E_{acb}+S_{acb}=0+\int_{V_a}^{V_b}p\text{d}V$$

由图示可知，$S_{acb}$ 即为直线 $acb$ 下面的面积

$$S_{acb}=\frac{1}{2}[(1.5+0.5)\times10^5]\times[(3-1)\times10^{-3}]\text{J}=200\text{J}$$

因此

$$Q_{acb}=200\text{J}$$

（2）过程沿折线 $adb$，内能改变和热量分别为

$$\Delta E_{adb}=\Delta E_{ad}+\Delta E_{bd}=\nu C_{V,\text{m}}(T_d-T_a)+\nu C_{V,\text{m}}(T_b-T_d)=\nu C_{V,\text{m}}(T_b-T_a)=0$$

$$Q_{adb}=Q_{ad}+Q_{db}$$

由于

$$Q_{ad}=Q_V=\Delta E_{ad}=\nu C_{V,\text{m}}(T_d-T_a)$$

$$Q_{db}=Q_p=\nu C_{p,\text{m}}(T_b-T_d)=\nu(C_{V,\text{m}}+R)(T_b-T_d)$$

因此

$$\begin{aligned}Q_{adb} &= \nu C_{V,\mathrm{m}}(T_d - T_a) + \nu(C_{V,\mathrm{m}} + R)(T_b - T_d) \\ &= \nu C_{V,\mathrm{m}}(T_b - T_a) + \nu R(T_b - T_d) \\ &= 0 + 0.1 \times 8.31 \times (180.5 - 60.2)\,\mathrm{J} \\ &= 100\mathrm{J}\end{aligned}$$

由上面的计算可知，内能是状态的单值函数，内能的改变与过程无关，仅取决于初终态；理想气体的内能改变仅取决于初终态的温度。因此 $\Delta E_{acb} = \Delta E_{adb} = \Delta E_{ab} = 0$；而热量是过程量，与过程有关，因此 $Q_{acb} = 200\mathrm{J}$，而 $Q_{adb} = 100\mathrm{J}$，它们的量值不同。

## 7.3 热力学第一定律对理想气体等值过程的应用

热力学第一定律确定了系统在状态变化过程中的功、热量和内能增量之间的关系。它是一个普遍定律，对于气体、液体和固体等系统，都能适用。作为热力学第一定律的简单应用，下面来讨论理想气体的几种准静态过程。

### 7.3.1 定容过程

定容过程的特征是过程中气体的体积保持不变，即 $V$ 恒定，$\mathrm{d}V = 0$。

准静态定容过程可以这样实现：设想有一气缸，活塞固定不动，把气缸与一系列有微小温度差的恒温热源依次相接触，使气体温度逐渐升高，同时压强逐渐增加，从 $p_1$ 变为 $p_2$，但体积保持不变，如图 7-4 所示。

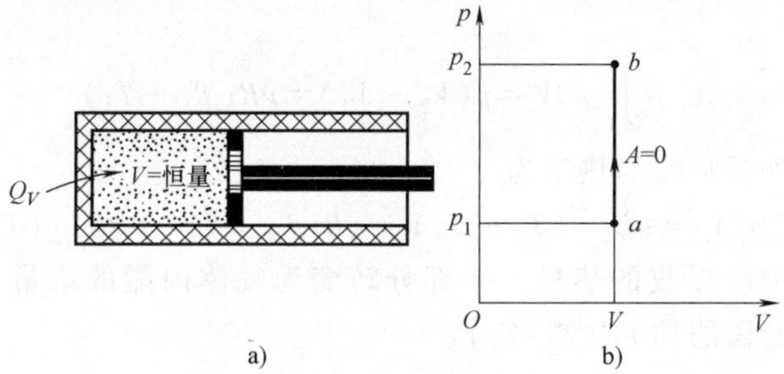


图 7-4 定容过程

在定容过程中，$V$ 恒定，$\mathrm{d}V = 0$，所以

$$đA = 0, \quad A = 0$$

根据热力学第一定律，得到 $\nu$ 摩尔气体所吸收的热量

$$(đQ)_V = \mathrm{d}E = \nu C_{V,\mathrm{m}}\,\mathrm{d}T \tag{7-11}$$

$$Q_V = \Delta E = E_2 - E_1 = \nu C_{V,\mathrm{m}}(T_2 - T_1) \tag{7-12}$$

由式 (7-12) 可见，定容过程中，外界传给气体的热量，全部用来增加气体的内能。

### 7.3.2 定压过程

定压过程的特征是过程中气体的压强保持不变，即 $p$ 恒定，$\mathrm{d}p = 0$。

准静态定压过程可以这样实现：设想有一气缸，活塞上所加的外力保持不变，把气缸与一系列有微小温度差的恒温热源依次相接触。每次接触的结果，将有微小的热量传给气体，使气体温度升高，压强也随之较外界所加的压强增加一个微小量，于是推动活塞对外做功。由于体积的膨胀，又使压强降低，从而保证气缸内气体的压强不变，如图 7-5 所示。

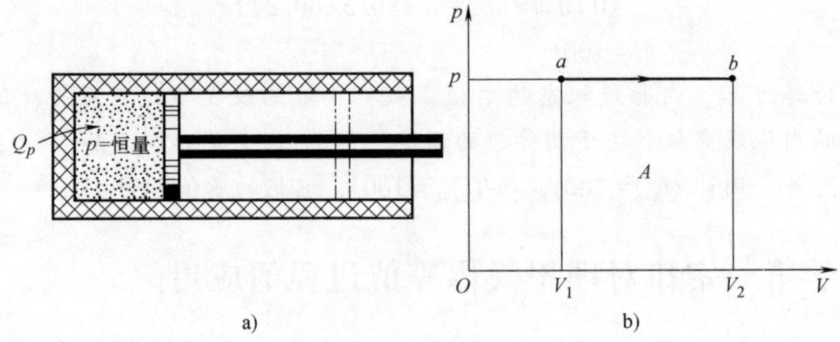


图 7-5 定压过程

下面我们来计算气体体积增加 d$V$ 时对外所做的功 đ$A$ 和吸收的热量 đ$Q$。

根据理想气体状态方程

$$pV=\nu RT$$

在一微小变化过程中，$p$ 恒定，体积增加 d$V$，温度增加 d$T$，则气体所做的功为

$$(\text{đ}A)_p=p\mathrm{d}V=\nu R\mathrm{d}T \tag{7-13}$$

根据热力学第一定律，得

$$(\text{đ}Q)_p=\mathrm{d}E+(\text{đ}A)_p=\nu C_{V,\mathrm{m}}\mathrm{d}T+\nu R\mathrm{d}T=\nu C_{p,\mathrm{m}}\mathrm{d}T \tag{7-14}$$

当气体从状态 $a(p,V_1,T_1)$ 定压变化到状态 $b(p,V_2,T_2)$，如图 7-5b 所示，气体对外做功为

$$A_p=\int_{V_1}^{V_2}p\mathrm{d}V=p(V_2-V_1)=\nu R(T_2-T_1)$$

整个过程中，气体从外界吸收的热量为

$$Q_p=\Delta E+A_p=\nu C_{V,\mathrm{m}}(T_2-T_1)+\nu R(T_2-T_1)=\nu C_{p,\mathrm{m}}(T_2-T_1) \tag{7-15}$$

亦即气体在定压过程中所吸收的热量，一部分转变为气体内能的增量 $\Delta E=\nu C_{V,\mathrm{m}}(T_2-T_1)$，另一部分转变为对外所做的功 $\nu R(T_2-T_1)$。

### 7.3.3 等温过程

等温过程的特征是过程中气体的温度保持不变，即 $T$ 恒定，d$T$=0。

准静态等温过程可以这样实现：设想一气缸，其四壁绝对不导热，而底部绝对导热。现将气缸底部与一恒温热源相接触，使活塞上作用的外力极其缓慢地降低，缸内气体将随其逐渐膨胀，对外做功（图 7-6a），气体内能将随之而缓慢减小，温度也将微微降低。但因气体与恒温热源相接触，由于传热而使气体温度保持恒定。等温膨胀过程在 $p$-$V$ 图中可用一曲线表示（图 7-6b），这条曲线称为**等温线**。由于 $pV=\nu RT=C$（恒定），所以等温线是等轴双曲线的一支。

在等温过程中，理想气体内能 $E=(i/2)\nu RT$ 保持恒定，当气体从状态 $a(p_1,V_1,T)$ 变化到状态 $b(p_2,V_2,T)$ 时，内能的改变量为零，即

$$\Delta E=E_2-E_1=0$$

等温过程中，$p$ 是变量，由状态方程可得

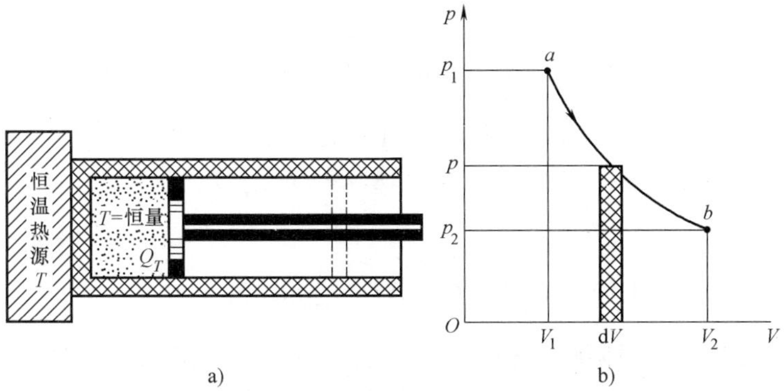


图 7-6 等温过程

$$p=\frac{\nu RT}{V}$$

根据热力学第一定律，等温过程中气体体积微小变化时所吸收的热量和对外所做的功为

$$(\text{đ}Q)_T=(\text{đ}A)_T=p\mathrm{d}V=\nu RT\frac{\mathrm{d}V}{V} \tag{7-16}$$

当气体从状态 $a(p_1,V_1,T)$ 等温变化到状态 $b(p_2,V_2,T)$ 时（图 7-6b），气体从恒温热源吸收的热量和对外所做的功为

$$Q_T=A_T=\int_{V_1}^{V_2}\nu RT\frac{\mathrm{d}V}{V}=\nu RT\ln\frac{V_2}{V_1}$$

由于 $p_1V_1=p_2V_2$，上式可写作

$$Q_T=A_T=\nu RT\ln\frac{V_2}{V_1}=\nu RT\ln\frac{p_1}{p_2} \tag{7-17}$$

上面各式中，各量中的下角标 $T$ 表示温度保持不变。

由式（7-17）可见，在等温膨胀过程中，气体吸收的热量全部用于对外做功；在等温压缩时，外界对气体所做的功全部转变为传给恒温热源的热量。

### 7.3.4 绝热过程

在整个变化过程中，如果系统与外界始终没有热量的交换，这种变化过程称为绝热过程。绝热过程的特征是 $\text{đ}Q=0$。

要实现准静态绝热过程，系统的外壁必须完全绝热，过程也要进行得极其缓慢。但在自然界中，完全绝热的壁是没有的，因而实际的过程只能是近似绝热的。例如保温瓶内物质所经历的变化过程可以看作近似的绝热过程；又如声波传播时引起空气的膨胀和压缩过程，炮膛内火药气体的膨胀过程，内燃机气缸中的爆燃过程等，由于这些过程进行得很快，来不及与外界交换热量，因此也可看作近似的绝热过程。

现在来讨论理想气体在绝热准静态过程中内能改变和做功的情况。

由于内能是状态的单值函数，理想气体的内能只是温度的单值函数，因此，当绝热过程中温度变化 $\mathrm{d}T$（或 $\Delta T=T_2-T_1$）时，内能的改变量仍为

$$\mathrm{d}E=\nu C_{V,\mathrm{m}}\mathrm{d}T=\frac{i}{2}\nu R\mathrm{d}T$$

和

$$\Delta E=E_2-E_1=\nu C_{V,\mathrm{m}}\Delta T=\frac{i}{2}\nu R(T_2-T_1)$$

根据热力学第一定律（$đQ=\mathrm{d}E+p\mathrm{d}V$）和绝热过程的特点 $đQ=0$，则有

$$đA=p\mathrm{d}V=-\mathrm{d}E=-\nu C_{V,\mathrm{m}}\mathrm{d}T \tag{7-18}$$

和

$$A=-\Delta E=-\nu C_{V,\mathrm{m}}\Delta T=\frac{i}{2}\nu R(T_1-T_2) \tag{7-19}$$

由上式可以看出，当气体绝热膨胀时，内能减少，温度降低，同时压强也在降低。因此，绝热过程中的气体 $p$、$V$、$T$ 三参量同时发生变化。在绝热准静态过程中，理想气体的三个参量中，任意两参量间满足关系式（证明见下面）为

$$pV^{\gamma}=C_1 \tag{7-20a}$$

$$TV^{\gamma-1}=C_2 \tag{7-20b}$$

$$T^{-\gamma}p^{\gamma-1}=C_3 \tag{7-20c}$$

这些方程称为**准静态绝热过程方程**。式中，$\gamma$ 为比热容比，$C_1$、$C_2$、$C_3$ 为三个不同的恒量。以后，我们可按问题的需要和方便，任意选取其中之一来应用。

式（7-20a）常称为**泊松方程**，根据泊松方程，在 $p$-$V$ 图上画出理想气体准静态绝热过程所对应的曲线，如图 7-7 所示，称为绝热线。和等温线（$pV=C$）相比，绝热线（$pV^{\gamma}=C_1$）比等温线要陡些（因为 $\gamma=C_{p,\mathrm{m}}/C_{V,\mathrm{m}}>1$）。对于这一点可从数学角度解释如下：同一气体的等温线和绝热线相交于 $A$，由等温线和绝热线对应的过程方程，可分别求出 $A$ 点处两线的斜率

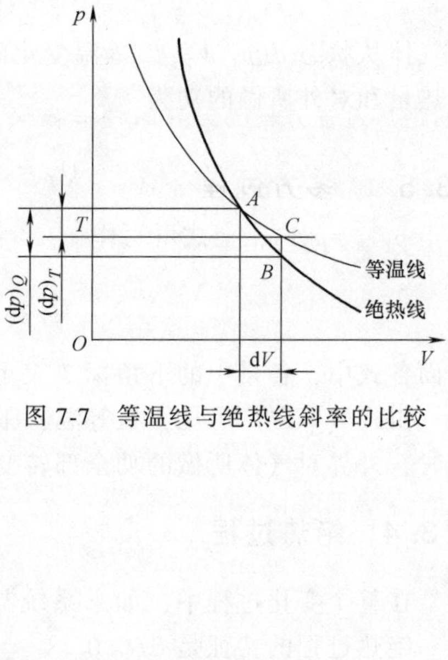


图 7-7　等温线与绝热线斜率的比较

等温线斜率

$$\left(\frac{\partial p}{\partial V}\right)_T=-\frac{p_A}{V_A}$$

绝热线斜率

$$\left(\frac{\partial p}{\partial V}\right)_Q=-\gamma\frac{p_A}{V_A}$$

由于 $\gamma>1$，所以在交点处两线斜率的绝对值，绝热线较等温线为大，这说明同一气体从同一初态膨胀相同的体积，在绝热过程中压强的降低比等温过程要多。我们也可以从物理角度来解释：气体压强 $p=nkT$，在等温过程中，气体膨胀 $\mathrm{d}V$，温度 $T$ 不变，而气体分子数密度 $n$ 降低，从而引起压强 $p$ 的降低；而在绝热过程中，气体膨胀相同的体积 $\mathrm{d}V$，一方面引起 $n$ 降低同样的数值，另一方面温度 $T$ 也要降低，这两者都要引起压强 $p$ 的降低。因此气体体积改变 $\mathrm{d}V$，绝热过程中气体压强的改变比等温过程要大，因而绝热线斜率的绝对值比等温线要大，亦即绝热线比等温线要陡。

利用理想气体状态方程、热力学第一定律和准静态绝热过程的特点（$đQ=0$），可以导出理想气体准静态绝热过程方程。

由于 $đQ=0$，所以 $đA=-dE$，即

$$pdV=-\nu C_{V,m}dT \tag{1}$$

对理想气体状态方程 $pV=\nu RT$，两边求微分，得

$$pdV+Vdp=\nu RdT \tag{2}$$

对式（1）、式（2）两式消去 $dT$，得

$$pdV+Vdp=-\frac{R}{C_{V,m}}pdV$$

整理后可得

$$(C_{V,m}+R)pdV+C_{V,m}Vdp=0$$

因为 $C_{p,m}=C_{V,m}+R$，$\gamma=C_{p,m}/C_{V,m}$，则上式变成

$$\frac{dp}{p}+\gamma\frac{dV}{V}=0$$

将上式积分，得

$$\ln p+\gamma\ln V=C$$

则

$$pV^{\gamma}=C_1$$

上式即为准静态绝热过程方程式（7-20a），利用式（7-20a）和 $pV=\nu RT$，消去 $p$ 或 $V$，即可得到绝热过程方程的另外两种形式式（7-20b）和式（7-20c）。

### 7.3.5 *多方过程

下面我们介绍在热工实际过程中有着广泛应用的多方过程。若热力学系统在某过程中满足

$$pV^n=C \tag{7-21}$$

则称此过程为多方过程，其中 $C$ 为常数，$n$ 是常数，称为多方指数，可取任意值。例如定压过程，$p$ 为常数，则 $V^n=C/p=C'$（常数），因此 $n=0$；又如定容过程，$V$ 为常数，而 $pV^n=C$，两边开 $n$ 次方得 $p^{1/n}V=C^{1/n}$，或 $p^{1/n}=C^{1/n}V^{-1}=C''$（常数），因此 $n\to\infty$。

理想气体从状态Ⅰ$(p_1,V_1,T_1)$ 经多方过程而变为状态Ⅱ$(p_2,V_2,T_2)$，这时有 $pV^n=p_1V_1^n=p_2V_2^n$，气体所做的功为

$$A=\int_{V_1}^{V_2}pdV=\int_{V_1}^{V_2}\frac{p_1V_1^n}{V^n}dV=p_1V_1^n\int_{V_1}^{V_2}\frac{dV}{V^n}$$

$$=p_1V_1^n\left(\frac{V_2^{1-n}-V_1^{1-n}}{1-n}\right)$$

$$=\frac{p_2V_2-p_1V_1}{1-n}=\frac{p_1V_1-p_2V_2}{n-1} \tag{7-22}$$

现在我们来推导理想气体多方过程的摩尔热容。由摩尔热容的定义和热力学第一定律，可得多方过程的摩尔热容

$$C_{n,m}=\left(\frac{đQ}{dT}\right)_n=\left(\frac{dE+pdV}{dT}\right)_n=C_{V,m}+p\left(\frac{dV}{dT}\right)_n \tag{1}$$

由 1mol 理想气体状态方程，可得 $p=RT/V$，由多方过程方程 $pV^n=C$ 可得

$$pV\cdot V^{n-1}=RTV^{n-1}=C$$

对上式求微分得

$$RT(n-1)V^{n-2}\mathrm{d}V+RV^{n-1}\mathrm{d}T=0$$

简化得

$$\left(\frac{\mathrm{d}V}{\mathrm{d}T}\right)_n=\frac{-V}{(n-1)T} \tag{2}$$

将 $p=RT/V$ 与式（2）代入式（1），得

$$C_{n,\mathrm{m}}=C_{V,\mathrm{m}}+\left(\frac{RT}{V}\right)\left[\frac{-V}{(n-1)T}\right]=C_{V,\mathrm{m}}-\frac{R}{n-1}=\left(\frac{n-\gamma}{n-1}\right)C_{V,\mathrm{m}} \tag{7-23}$$

式中，$n$ 和 $\gamma$ 分别为多方指数和比热容比。

**例题 7-2** 质量 $3.2\times10^{-3}$kg、压强 1atm、温度 27℃的氧气，先定容升压到 3atm，再等温膨胀降压至 1atm，然后又定压压缩使体积缩小一半。试求氧在全过程中内能的改变量，它所做的功和吸收的热量；并将氧的状态变化过程在 $p$-$V$ 图中表示出来。

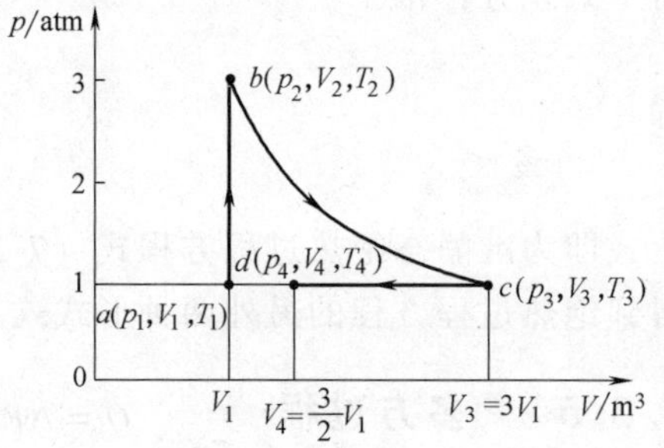


图 7-8 例题 7-2 图

**解** 先确定各分过程的初、终态 $a$，$b$，$c$，$d$。在 $p$-$V$ 图中表示出全过程，如图 7-8 所示。

（1）定容升压过程：初态 $a(p_1,V_1,T_1)$，终态 $b(p_2,V_2,T_2)$。$p_2=3p_1=3\text{atm}$，$V_2=V_1$，$T_1=300\text{K}$，则用理想气体状态方程 $pV=\nu RT=(m/M)RT$ 可求出 $V_1$，$T_2$

$$V_1=\frac{m}{M}\frac{RT_1}{p_1}=\frac{3.2\times10^{-3}}{32\times10^{-3}}\times\frac{8.21\times10^{-5}\times300}{1}\text{m}^3=2.46\times10^{-3}\text{m}^3$$

$$T_2=\frac{p_2V_2}{\frac{m}{M}R}=\frac{3\times2.46\times10^{-3}}{\frac{3.2\times10^{-3}}{32\times10^{-3}}\times8.21\times10^{-5}}\text{K}=900\text{K}$$

在此过程中，气体的功 $A_{ab}=0$，则

$$Q_{ab}=\Delta E_{ab}=\nu C_{V,\mathrm{m}}(T_2-T_1)=\frac{3.2\times10^{-3}}{32\times10^{-3}}\cdot\frac{5}{2}R(900-300)=150R=1247\text{J}$$

（2）等温膨胀过程：初态 $b(p_2,V_2,T_2)$，终态 $c(p_3,V_3,T_3)$。$T_3=T_2=900\text{K}$，$p_3=1\text{atm}$，由状态方程 $pV=(m/M)RT$ 可求出 $V_3$

$$V_3=\frac{m}{M}\frac{RT_3}{p_3}=\frac{3.2\times10^{-3}}{32\times10^{-3}}\times\frac{8.21\times10^{-5}\times900}{1}\text{m}^3=7.39\times10^{-3}\ \text{m}^3$$

在此过程中，气体内能改变 $\Delta E_{bc}=0$，则

$$Q_{bc}=A_{bc}=\nu RT_2\ln\frac{p_2}{p_3}=0.1\times8.31\times900\ln\frac{3}{1}\text{J}=822\text{J}$$

（3）定压压缩过程：初态 $c(p_3,V_3,T_3)$，终态 $d(p_4,V_4,T_4)$、$p_4=p_3=1\text{atm}$，$V_4=V_3/2$，

则由定压过程方程可知，$T/V$ 恒定，即 $T_4/V_4=T_3/V_3$，则

$$T_4=\frac{V_4}{V_3}\cdot T_3=\frac{1}{2}\times 900\text{K}=450\text{K}$$

在此过程中，气体的内能改变

$$\Delta E_{cd}=\nu C_{V,\text{m}}(T_4-T_3)=0.1\times\frac{5}{2}R(450-900)=-112.5R=-935\text{J}$$

$$A_{cd}=p_3(V_4-V_3)=\nu R(T_4-T_3)=0.1\times 8.31\times(450-900)\text{J}=-374\text{J}$$

$$Q_{cd}=\Delta E_{cd}+A_{cd}=-1309\text{J}$$

全过程中内能改变、功、热量分别为

$$\Delta E=\Delta E_{ab}+\Delta E_{bc}+\Delta E_{cd}=[1247+0+(-935)]\text{J}=312\text{J}$$

$$A=A_{ab}+A_{bc}+A_{cd}=[0+822+(-374)]\text{J}=448\text{J}$$

$$Q=Q_{ab}+Q_{bc}+Q_{cd}=[1247+822+(-1309)]\text{J}=760\text{J}$$

另解：因理想气体的内能只是温度的单值函数，因此全过程中内能改变

$$\Delta E=\Delta E_{ad}=\nu C_{V,\text{m}}(T_4-T_1)=0.1\times\frac{5}{2}R(450-300)=312\text{J}$$

总功

$$A=A_{ab}+A_{bc}+A_{cd}=448\text{J}$$

根据热力学第一定律，总热量

$$Q=\Delta E+A=312\text{J}+448\text{J}=760\text{J}$$

**例题 7-3**　一个测定空气比热容比 $\gamma$ 的实验如下：大玻璃瓶内装有干燥空气，瓶口处有一小活门和大气相通，又有一连通器和气压计相连。开始时活门关闭，瓶中气体与大气同温，温度为 $T_0$，压强 $p_1$ 比大气压强 $p_0$ 稍高。现在打开活门，让气体膨胀，一见其压强与大气压强平衡时即刻关上活门，此时气体的温度已略有下降，待气体温度与大气温度重新平衡时，压强略有回升，达到 $p_2$。试证明空气的 $\gamma$ 为

$$\gamma=\frac{\ln p_1-\ln p_0}{\ln p_1-\ln p_2}$$

**解**　上述实验过程可分为两个阶段：

(1) 绝热过程（因过程较快，来不及与外界交换热量），已冲出瓶外的那部分气体，我们可不去管它，以留在瓶内的气体来说，初态 $a(p_1,V_1,T_0)$，终态 $b(p_0,V,T)$。可见，经绝热膨胀后，温度由 $T_0$ 降为 $T$，压强由 $p_1$ 降为 $p_0$，体积由 $V_1$ 增为 $V$。由绝热过程方程式(7-20c) 得

$$T_0^{-\gamma}p_1^{\gamma-1}=T^{-\gamma}p_0^{\gamma-1}$$

即

$$\left(\frac{p_1}{p_0}\right)^{\gamma-1}=\left(\frac{T_0}{T}\right)^{\gamma}\tag{1}$$

(2) 定容过程，初态 $b(p_0,V,T)$，终态 $c(p_2,V,T_0)$。

由定容过程方程 $p/T$=常数，可得

$$\frac{p_2}{T_0}=\frac{p_0}{T}$$

即
$$\frac{p_2}{p_0}=\frac{T_0}{T} \tag{2}$$

由式 (1)、式 (2) 再得

$$\left(\frac{p_1}{p_0}\right)^{\gamma-1}=\left(\frac{p_2}{p_0}\right)^{\gamma}$$

两边取自然对数后有

$$(\gamma-1)\ln\frac{p_1}{p_0}=\gamma\ln\left(\frac{p_2}{p_0}\right)$$

即
$$(\gamma-1)(\ln p_1-\ln p_0)=\gamma(\ln p_2-\ln p_0)$$

可得

$$\gamma=\frac{\ln p_1-\ln p_0}{\ln p_1-\ln p_2}$$

## 7.4 卡诺循环

### 7.4.1 循环过程及其效率

为了从能量转换的角度来研究热机性能，我们引入循环及其效率的概念。如果物质系统由某状态出发，经历任意变化过程最后又回到初态，这样的整个过程称为循环过程，简称循环。组成循环的每个过程称为分过程，该物质系统称为工作物质，简称工质。循环过程可用 *p-V* 图上的闭合曲线来表示，如图 7-9 中的闭合曲线 *abcda* 表示一个准静态循环过程。若循环曲线的方向是顺时针的，称为正循环，反之，称为负循环或逆循环。

正循环是热机的基本工作过程，负循环是制冷机的基本工作过程。

所谓热机，就是利用工作物质连续不断地将热能转化为功的装置。所谓制冷机，就是利用外界对工作物质不断地做功，使之从低温物体不断地吸收热量，从而获得低温的装置。

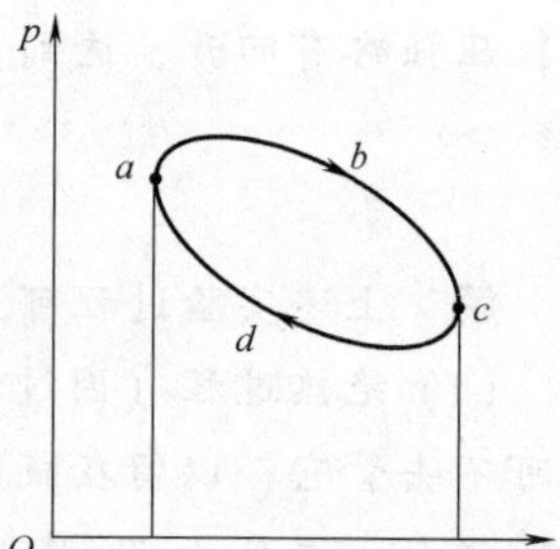


图 7-9 循环过程

在图 7-9 所示的正循环中，过程 *abc*，工作物质膨胀，对外做功（正功），其值等于曲线 *abc* 下面的面积；过程 *cda*，工作物质被压缩，外界对工质做功（工质做负功），其值等于曲线 *cda* 下面的面积。在整个循环中，工质对外所做的净功为 $A$，它等于闭曲线 *abcda* 所包围的面积。

每一个循环，可能有些分过程工质吸热，有些分过程工质放热。我们令各吸热分过程中工质吸收热量的总和为 $Q_1$，各放热分过程中工质放出热量总和的绝对值为 $Q_2$，由于工作物质的内能是状态的单值函数，所以经历一个完整循环又回到原来状态时，内能不变，这是循环的重要特征。

根据热力学第一定律可知

$$Q_1-Q_2=A$$

我们把一个循环过程中，工质对外所做的净功 $A$ 与它从外界吸收的热量 $Q_1$ 之比，定义为该循环（热机）的效率，用 $\eta$ 表示

$$\eta = \frac{A}{Q_1} = 1 - \frac{Q_2}{Q_1} \tag{7-24}$$

负循环过程进行的方向与正循环相反，在负循环中，外界对工质做功的绝对值（净功）为 $A$（数值上也等于循环曲线所围的面积），工质从低温物体吸收热量的总和为 $Q_2$，向高温物体放出热量总和的绝对值为 $Q_1$，根据热力学第一定律，可得

$$Q_1 - Q_2 = A$$

或

$$Q_1 = Q_2 + A$$

负循环的效能高低用制冷系数 $w$ 来衡量，它被定义为工质（从低温物体）吸收的热量 $Q_2$ 与外界所做的净功 $A$ 之比，即

$$w = \frac{Q_2}{A} = \frac{Q_2}{Q_1 - Q_2} \tag{7-25}$$

应该指出，从式（7-24）、式（7-25）中的 $Q_1$，$Q_2$ 和 $A$ 都是取的绝对值（因此都为正值）。

### 7.4.2　卡诺循环

1824 年，法国青年工程师卡诺在对热机的最大可能效率问题进行深入的理论研究后，提出了卡诺循环过程，它对热力学第二定律的建立起到奠基的作用。

在整个卡诺循环中，工作物质只与两个热源即高温热源和低温热源交换能量。以卡诺循环作为基本工作过程的热机，称为卡诺热机。卡诺热机在一循环过程中，工作物质从高温热源吸收热量 $Q_1$，部分用于对外做功 $A$，另一部分热量 $Q_2$ 放给低温热源。

现在我们来讨论工作物质为理想气体的准静态卡诺循环。因为是准静态过程，因此气体在与温度为 $T_1$ 的高温热源接触时，两者基本上无温度差，气体与高温热源接触而吸热的过程是一个温度为 $T_1$ 的等温膨胀过程；同样，气体与低温热源接触而放热的过程是一个温度为 $T_2$ 的等温压缩过程。由于气体只与两个热源交换能量，所以当气体不与两热源接触时必然是绝热过程。这样，准静态的卡诺循环是由两个等温过程和两个绝热过程组成。图 7-10a 为卡诺循环的工作示意图，图 7-10b 为理想气体卡诺循环的 $p$-$V$ 图。曲线 $a$-$b$ 和 $c$-$d$ 表示温度为 $T_1$ 和 $T_2$ 的两条等温线，曲线 $b$-$c$ 和 $d$-$a$ 是两条绝热线。

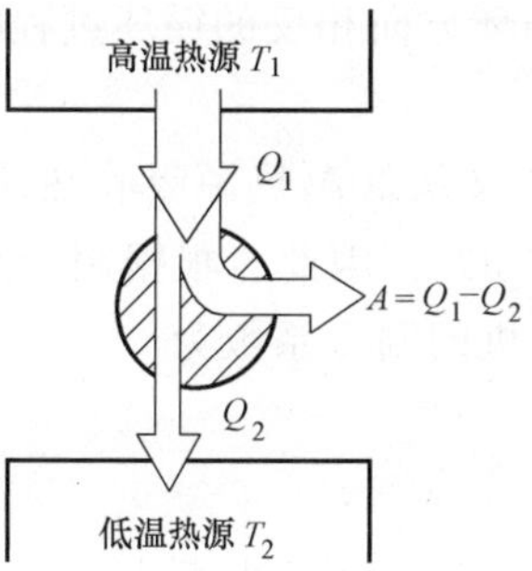


a)

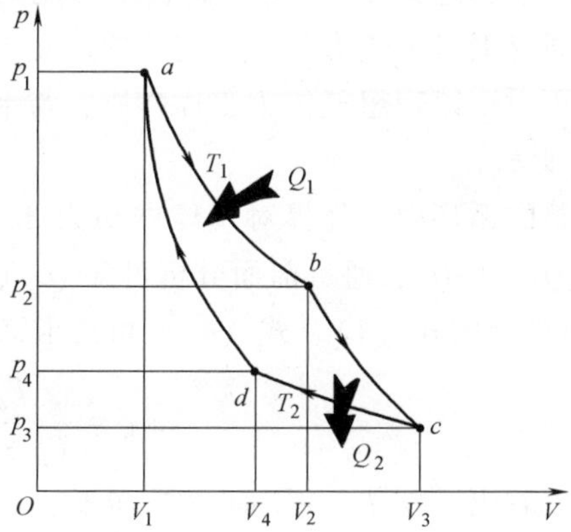


b)

图 7-10　卡诺循环（热机）的工作示意图和 $p$-$V$ 图

在完成一个卡诺循环后，气体的内能保持不变，则 $\Delta E=0$，但气体与外界通过传热和做功而有能量的交换。气体在等温膨胀过程 $a$-$b$ 中，从高温热源 $T_1$ 吸收热量 $Q_1$ 全部用于对外做功 $A_1$

$$Q_1 = A_1 = \nu RT_1 \ln \frac{V_2}{V_1} \tag{1}$$

在等温压缩过程 $c$-$d$ 中，气体向低温热源 $T_2$ 放出的热量 $Q_2$，等于外界对气体所做的功 $A_2$

$$Q_2 = A_2 = \nu RT_2 \ln \frac{V_3}{V_4} \tag{2}$$

应用两绝热过程方程有 $T_1V_2^{\gamma-1}=T_2V_3^{\gamma-1}$ 和 $T_2V_4^{\gamma-1}=T_1V_1^{\gamma-1}$，于是可得

$$\left(\frac{V_2}{V_1}\right)^{\gamma-1} = \left(\frac{V_3}{V_4}\right)^{\gamma-1} \quad 或 \quad \frac{V_2}{V_1}=\frac{V_3}{V_4} \tag{3}$$

由式（2）、式（3）可得

$$Q_2 = \nu RT_2 \ln \frac{V_3}{V_4} = \nu RT_2 \ln \frac{V_2}{V_1} \tag{4}$$

由式（1）、式（4）可知

$$\frac{Q_2}{Q_1} = \frac{T_2}{T_1} \tag{7-26}$$

根据热力学第一定律，气体对外所做的净功为 $A=Q_1-Q_2$，根据循环效率的定义式（7-24），可得卡诺循环（热机）的效率为

$$\eta_{卡} = 1 - \frac{T_2}{T_1} \tag{7-27}$$

由上面的讨论可知

1）一个完整的卡诺循环，必须有高温热源和低温热源。

2）卡诺循环的效率只与两热源的温度有关，高温热源温度 $T_1$ 越高、低温热源温度 $T_2$ 越低，效率 $\eta$ 越大。

3）卡诺循环的效率总是不大于 100%。

热机的效率能否达到 100%呢？倘若不可能达到 100%，最大可能效率又是多少呢？关于这些问题的研究促进了热力学第二定律的确立。

现在我们再讨论以理想气体为工作物质，与卡诺循环方向相反的循环过程闭合曲线 $adcba$，如图 7-11 所示。

在一个完整的循环中，外界对气体做功为 $A$，气体又从低温热源吸收热量 $Q_2$，向高温热源放出热量 $Q_1=A+Q_2$。通过前面分析可知 $Q_2/Q_1=T_2/T_1$，因此，根据制冷系数的定义式（7-25）及前面推导的式（1）、式（4），可得卡诺制冷机的制冷系数为

$$w_{卡} = \frac{T_2}{T_1 - T_2} \tag{7-28}$$

由上式可以看出，在 $T_1$ 一定时，$T_2$ 越低，$w_{卡}$ 也越小，这说明要从低温热源中吸取一定的热量，低温热源温度越低，消耗的功越多。

**例题 7-4** 一卡诺热机工作于温度为 400K 的高温热源和 300K 的低温热源之间，在一次

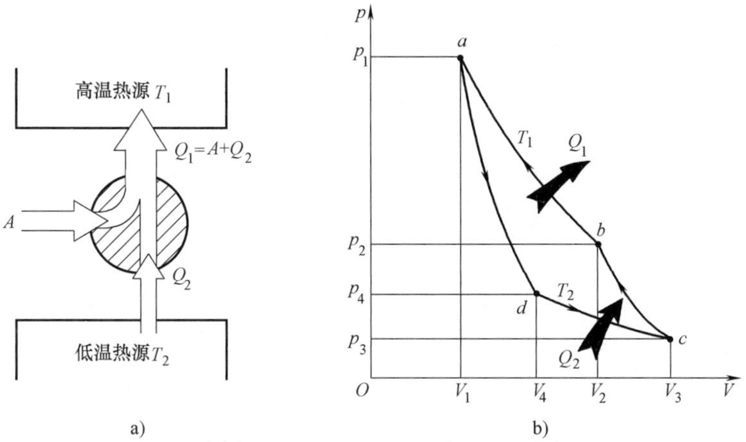


图 7-11　卡诺循环（制冷机）工作示意图及 $p$-$V$ 图

完整的循环中对外做净功为 800J。现在低温热源的温度保持不变，而使高温热源的温度提高时，在一次完整循环中对外做净功 10000J。而这两个循环工作于相同的绝热线之间，求

（1）第一个循环中，工作物质（设为理想气体）向低温热源放出的热量；

（2）第二个循环的效率；

（3）第二个循环中高温热源的温度。

**解**　设在第一个循环中，高温热源的温度为 $T_1=400\text{K}$，低温热源的温度为 $T_2=300\text{K}$。第二个循环中则分别为 $T_1'$ 和 $T_2'=T_2$。

（1）根据热力学第一定律，一个完整循环中有：$Q_1-Q_2=A$，而

$$Q_1=\nu RT_1\ln\frac{V_2}{V_1}$$

$$Q_2=\nu RT_2\ln\frac{V_2}{V_1}\qquad [\text{由前面推导的式（4）}]$$

则

$$A=Q_1-Q_2=\nu R(T_1-T_2)\ln\frac{V_2}{V_1}$$

即

$$\nu R\ln\frac{V_2}{V_1}=\frac{A}{T_1-T_2}=\frac{800}{100}\text{J/K}=8\text{J/K}$$

从而有

$$Q_2=\nu RT_2\ln\frac{V_2}{V_1}=300\times 8\text{J}=2400\text{J}$$

（2）设第二个循环中相应各量的符号在右上角都加一撇。

因　$T_2'=T_2$，故　$Q_2'=Q_2=2400\text{J}$。

而

$$Q_1'=Q_2'+A'=2400\text{J}+10000\text{J}=12400\text{J}$$

因此

$$\eta_{卡}'=\frac{A'}{Q_1'}=\frac{10000}{12400}=80.6\%$$

(3) 根据前面推导中的式 (7-26): $Q_1/Q_2=T_1/T_2$, 有

$$\frac{Q_1'}{Q_2'}=\frac{T_1'}{T_2'}$$

因此

$$T_1'=\frac{Q_1'}{Q_2'}\cdot T_2'=\frac{12400}{2400}\times 300\text{K}=1550\text{K}$$

或利用公式

$$\eta'_{卡}=1-\frac{T_2'}{T_1'}=\frac{A'}{Q_1'}$$

从而得到

$$T_1'=\frac{T_2'}{1-\dfrac{A'}{Q_1'}}=\frac{T_2}{1-\eta'_{卡}}=1550\text{K}$$

**例题 7-5** 一定量理想气体从初态 $a$ 出发, 经历一循环过程 $abcda$, 最后回到初态 $a$, 如图 7-12 所示。设 $T_a=300\text{K}$, $C_{p,\text{m}}=(5/2)R$。求:

(1) 一循环过程中外界传给气体的净热量;

(2) 该循环的效率。

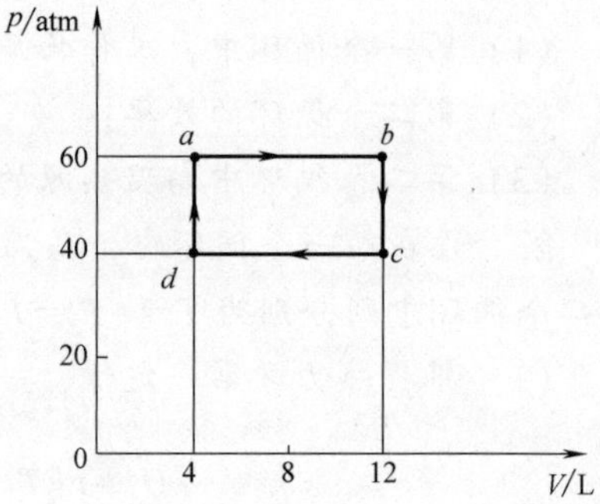


图 7-12 例题 7-5 图

**解** (1) 求气体吸收的净热量, 可用两种方法。

第一种方法: 利用热力学第一定律求解。

一个循环中, $\Delta E=0$, 净热量

$$\begin{aligned}Q&=Q_1-Q_2=A=(p_a-p_d)(V_b-V_a)\\&=20\times1.013\times10^5\times8\times10^{-3}\text{J}\\&=1.62\times10^4\ \text{J}\end{aligned}$$

第二种方法: 先求各分过程中的热量, 然后求它们的代数和。

利用定压和定容过程方程, 求 $b$、$c$、$d$ 各状态的温度

$$T_b=\frac{V_b}{V_a}T_a=\frac{12}{4}\times300\text{K}=900\text{K}$$

$$T_c=\frac{p_c}{p_b}T_b=\frac{40}{60}\times900\text{K}=600\text{K}$$

$$T_d=\frac{V_d}{V_c}T_c=\frac{4}{12}\times600\text{K}=200\text{K}$$

气体的物质的量为

$$\nu=\frac{p_aV_a}{RT_a}$$

各分过程的热量分别为

$$Q_{ab}=\nu C_{p,\text{m}}(T_b-T_a)>0(\text{吸热})$$
$$Q_{bc}=\nu C_{V,\text{m}}(T_c-T_b)<0(\text{放热})$$
$$Q_{cd}=\nu C_{p,\text{m}}(T_d-T_c)<0(\text{放热})$$

$$Q_{da}=\nu C_{V,\mathrm{m}}(T_a-T_d)>0(\text{吸热})$$

由于 $C_{p,\mathrm{m}}=C_{V,\mathrm{m}}+R=(5/2)R$，则 $C_{V,\mathrm{m}}=(3/2)R$，因此一循环中气体吸收的净热量为

$$\begin{aligned}Q&=Q_{ab}+Q_{bc}+Q_{cd}+Q_{da}\\&=\nu R(T_b-T_a+T_d-T_c)\\&=\nu R(900-300+200-600)\\&=200\nu R=\frac{2}{3}\nu RT_a=\frac{2}{3}p_aV_a\\&=\frac{2}{3}\times60\times4\times1.013\times10^2\,\mathrm{J}\\&=1.62\times10^4\,\mathrm{J}\end{aligned}$$

（2）根据效率定义 $\eta=A/Q_1$，其中 $A$ 为一循环中气体对外所做的净功，由上面的计算可知，$A=Q=1.62\times10^4\ \mathrm{J}=200\nu R$，$Q_1$ 为各吸热分过程中吸收热量之和，由上可知为

$$\begin{aligned}Q_1&=Q_{ab}+Q_{da}\\&=\nu C_{p,\mathrm{m}}(T_b-T_a)+\nu C_{V,\mathrm{m}}(T_a-T_d)\\&=\nu\frac{5}{2}R(900-300)+\nu\frac{3}{2}R(300-200)\\&=1650\nu R\end{aligned}$$

因此

$$\eta=\frac{A}{Q_1}=\frac{200\nu R}{1650\nu R}=12.1\%$$

**例题 7-6**　一制冷机的基本工作过程如图 7-13 所示的循环，其中 $ab$ 为绝热线，$bc$ 为定容线，$ca$ 为等温线，设工质为理想气体，比热容比为 $\gamma$。试求该循环的制冷系数。

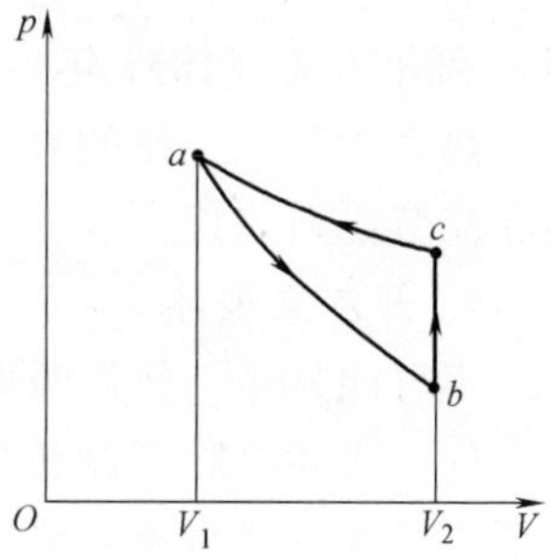


图 7-13　例题 7-6 图

**解**　气体从状态 $b$ 定容升压到状态 $c$，吸收热量 $Q_2$ 为

$$Q_2=\Delta E_{bc}=\nu C_{V,\mathrm{m}}(T_c-T_b)$$

又从状态 $c$ 等温压缩到状态 $a$，放出热量 $Q_1$ 为

$$Q_1=|Q_{ca}|=\nu RT_a\ln\frac{V_2}{V_1}$$

根据制冷系数定义，有

$$w=\frac{Q_2}{Q_1-Q_2}=\frac{\nu C_{V,\mathrm{m}}(T_c-T_b)}{\nu RT_a\ln\dfrac{V_2}{V_1}-\nu C_{V,\mathrm{m}}(T_c-T_b)}=\frac{1-\dfrac{T_b}{T_a}}{\dfrac{R}{C_{V,\mathrm{m}}}\ln\dfrac{V_2}{V_1}-\left(1-\dfrac{T_b}{T_a}\right)}$$

利用关系式 $R=C_{p,\mathrm{m}}-C_{V,\mathrm{m}}$，$C_{p,\mathrm{m}}/C_{V,\mathrm{m}}=\gamma$，则

$$w=\frac{1-\dfrac{T_b}{T_a}}{(\gamma-1)\ln\dfrac{V_2}{V_1}-\left(1-\dfrac{T_b}{T_a}\right)}$$

由于 $a \to b$ 为绝热过程，则有

$$T_a V_1^{\gamma-1} = T_b V_2^{\gamma-1}$$

即

$$\frac{T_b}{T_a} = \left(\frac{V_1}{V_2}\right)^{\gamma-1}$$

因此

$$w = \frac{1 - \left(\frac{V_1}{V_2}\right)^{\gamma-1}}{(\gamma-1)\ln\frac{V_2}{V_1} - \left[1 - \left(\frac{V_1}{V_2}\right)^{\gamma-1}\right]}$$

# 7.5 热力学第二定律

## 7.5.1 热力学第二定律的两种表述

热力学第一定律排除了制造第一类永动机的可能性。但是能否设想，在遵守热力学第一定律的前提下，制造一种热机，它能不断地循环工作，过程的唯一效果是从单一热源吸收热量而完全变为对外所做的功。如果这类热机可以制成，就可以把蕴含在海洋或大气（它们可以看作热源）中的能量转化为功。历史上把这样的热机叫作第二类永动机。第二类永动机的效率为100%（因为 $Q_2=0$，$A=Q_1$，$\eta=1$）。大量的实践证明，第二类永动机是造不成的。因为它违背了另一客观规律，这个规律就是热力学第二定律，它是在克劳修斯（1850年）和开尔文（1851年）分别审查卡诺的工作时发现的。

热力学第二定律的表述方式有很多，在这里我们只介绍两种最著名的表述——开尔文表述和克劳修斯表述。

**1. 开尔文表述**

不可能从单一热源吸取热量使之完全变为功，而不引起其他任何变化。

这一表述排除了制造第二类永动机的可能性。也就是说任何热机从热源吸取热量做功，总要放出部分热量给外界，工作物质才能恢复到原来的状态。

应该说明：在开尔文表述（简称开氏表述）中，“不引起其他任何变化”这几个字非常重要，不可缺少。例如理想气体的等温膨胀过程，气体只从单一热源吸收热量用于对外做功，气体的内能不变，但是气体的体积膨胀了，即引起了变化，因而该等温膨胀过程并不违背热力学第二定律。

**2. 克劳修斯表述**

热量不能自动地从低温物体传向高温物体。

这一表述排除了制造第二类永动制冷机的可能性。所谓第二类永动制冷机就是无需外界对它做功，能自动从低温物体吸取热量传给高温物体。应该指出，克氏表述中“自动”两字不能少。热量从低温物体传给高温物体是可能的，但外界必须做功，这就不是“自动”的，因而不违背热力学第二定律。

通过摩擦，功可以全部变为热；热力学第二定律却说明热量不能完全变为功（且不引

起其他任何变化）。热量可以从高温物体自动传向低温物体，而热力学第二定律却说明热量不能自动地从低温物体传给高温物体。热力学第一定律说明在任何过程中能量必须守恒，热力学第二定律却说明并非所有能量守恒的过程都能实现，有的过程可以实现，有的过程则不能实现。热力学第二定律是反映自然界宏观过程进行的方向性的一个规律，它指出自发的宏观过程是单向性的。在热力学中，它是独立于热力学第一定律之外的另一新的规律，两者缺一不可。

***3. 开氏表述和克氏表述的等价性**

从表面看，这两种表述是各自独立的，其实两者是统一的。为了说明这一点，我们可做如下说明：

（1）违背克氏表述的，必然也违背开氏表述。

（2）违背开氏表述的，必然也违背克氏表述。

证明（1）：若克氏表述不成立，则开氏表述也不成立。

假设克氏表述不成立，即热量 $Q_2$ 能自动地从温度为 $T_2$ 的低温热源传给温度为 $T_1$ 的高温热源，如图 7-14 所示。我们使用一卡诺热机 $a$（图 7-14），在温度为 $T_1$ 和 $T_2$ 的两热源间循环工作，从高温热源吸取热量 $Q_1$，并向低温热源传递的热量恰好为 $Q_2$，工质在一循环终了时，整个系统组成一复合热机所产生的唯一效果是从单一热源吸收热量 $Q_1-Q_2$，并使之全部转变为对外所做的功，即整个系统成为第二类永动热机，因此开氏表述也不成立。

证明（2）：若开氏表述不成立，则克氏表述也不成立。

假设开氏表述不成立，即有一热机 $c$（图 7-15）能从温度为 $T_1$ 的热源吸收热量 $Q_1$，使之全部转化为功 $A=Q_1$，利用这个功 $A$ 来带动一卡诺制冷机 $b$，使它从低温热源吸收热量 $Q_2$，把热量 $Q_1+Q_2$ 传向高温热源，如图 7-15 所示。$b$ 和 $c$ 组成一复合制冷机，外界没有对复合制冷机做功，而它从低温热源吸取热量 $Q_2$ 传向高温热源，即复合制冷机成为第二类永动制冷机，这违背克氏表述。

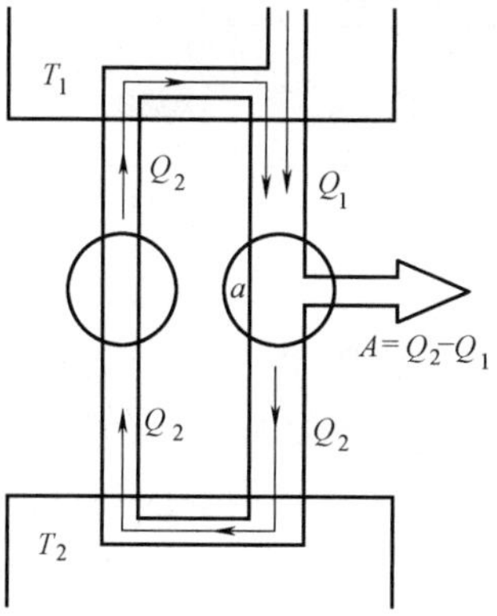


图 7-14　开氏和克氏表述等价性证明 I

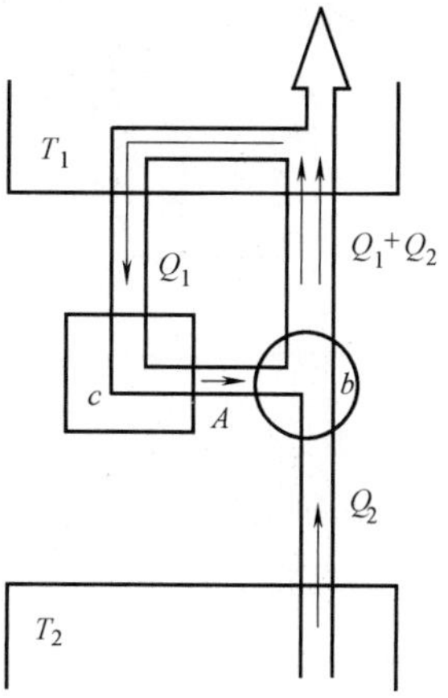


图 7-15　开氏和克氏表述等价性证明 II

热力学第二定律的实质是指明了与热现象有关的自然界发生的一切自动进行的单向性和不可逆性。

### 7.5.2 可逆过程和不可逆过程

设系统从状态 $A$ 经历过程 $P$ 变为状态 $B$，如果能使系统反向变化，重复刚才系统的每一个中间状态，从状态 $B$ 回复到原来的状态 $A$，而且外界也都完全复原，那么，过程 $P$ 称为**可逆过程**。如果不论用什么手段都不能使系统回复到原来的状态 $A$，或者系统虽然能恢复到状态 $A$，但外界不能完全复原，那么过程 $P$ 称为**不可逆过程**。

单纯的、无机械能损耗的机械运动是可逆过程。例如一单摆，如果不受空气阻力和其他摩擦力的作用，它离开某一位置后，经过一个周期又回到原来的位置，而周围一切都无变化，因此是一个可逆过程。

热力学系统中，实际发生的一切自发过程都是不可逆过程。举例如下：

1）自发的热传导过程是不可逆过程。热量从高温物体自动直接传向低温物体，但根据热力学第二定律的克氏说法，热量不可能再自动地传向高温物体。因此热传导的不可逆性是热力学第二定律克氏说法的直接结果。

2）功热自动转换的过程是不可逆过程。例如，通过对物体摩擦做功，该功将完全变为热量。根据热力学第二定律的开氏说法，从该物体取出这热量使之完全变为功而不引起其他任何变化是不可能的。因此功热自动转换是不可逆的。

3）气体向真空的自由膨胀是不可逆过程。如图 7-16 所示，抽掉隔板后，$A$ 室中的气体向真空的 $B$ 室膨胀，这就是气体对真空的自由膨胀，最后气体均匀地充满整个容器。气体膨胀后，我们可以用活塞将气体压回到 $A$ 室，使气体回复原来状态，但是外界必须对气体做功，所做的功转化为气体向外界放出的热量。根据热力学第二定律的开氏说法，从气体中取出这部分热量把它完全变为功而不引起其他任何变化是不可能的。因此气体的自由膨胀过程是不可逆过程。

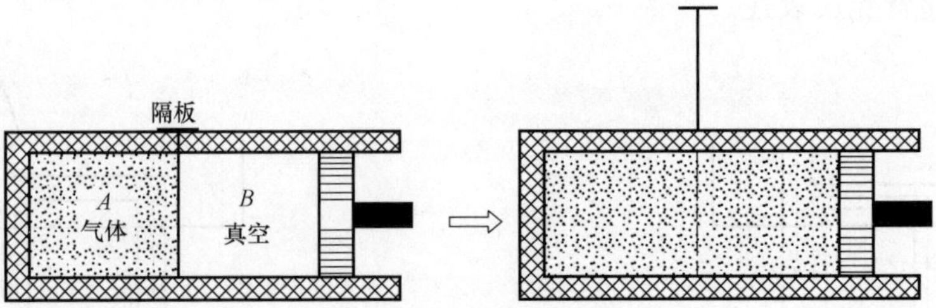


图 7-16 气体的自由膨胀

4）气体迅速膨胀的过程是不可逆过程。气缸中气体迅速膨胀时，活塞附近气体的压强小于气体内部的压强，设气体内部的压强为 $p$，迅速膨胀一小体积 $\Delta V$，气体所做的功 $A_1$ 将小于 $p\Delta V$。反之将气体压回原体积，活塞附近气体的压强不小于气体内部的压强，外界所做的功 $A_2$ 不小于 $p\Delta V$。因此，迅速膨胀后，虽然可将气体压回原状态，但外界必须多做净功 $A_2-A_1$。这功将增加气体的内能，而后以热量的形式放出。根据热力学第二定律的开氏说法，从气体取得的这部分热量，不可能再全部变为功而不引起其他任何变化。所以气体迅速膨胀的过程是不可逆过程。同理可以说明迅速压缩的过程也是不可逆过程。只有当气体准静态地膨胀或压缩时，过程才可能是可逆的。

那么，什么样的热力学过程才是可逆的呢？我们知道，改变热力学系统的状态有做功和热传导两个途径，所以热力学过程一般都要涉及二者或其中之一。从做功来看，如果热力学系统有宏观位移且存在摩擦等耗散因素，则必然存在功变热，而这是不可逆的，所以可逆过程不允许存在摩擦等耗散因素；从传热来看，如果两个物体之间存在有限小的温差，则随着传热的进行，两个物体各自的宏观状态在不断变化，这不是一个准静态过程，只有当两个物体之间存在无穷小的温差的时候（亦即所谓等温热传导），两个物体在传热过程中经历的每一个瞬间状态都无限地逼近平衡态，这样的传热过程才是一个准静态过程，它才能反向进行，亦即可逆过程。另外，前面举例已说明，只有当气体准静态地膨胀或压缩时，过程才有可能可逆。所以，只有在无摩擦等耗散因素存在的前提下进行的准静态过程才是可逆过程。实际上，这两个条件在现实中都无法满足，所以热力学系统中的实际自发过程都是不可逆过程。因此，可逆过程仅仅是一种理想的极限过程，实际并不存在，但可使实际过程尽可能地接近可逆过程。

### 7.5.3 卡诺定理

卡诺循环的每一分过程都是可逆过程，因此卡诺循环是可逆循环。由热力学第二定律可以证明卡诺定理：

1）在相同温度 $T_1$ 的高温热源和相同温度 $T_2$ 的低温热源之间工作的一切可逆热机（即工质的循环是可逆的），不论工质是何种物质，效率都相等，都等于 $1-T_2/T_1$，即 $\eta_{可逆}=1-T_2/T_1$。

2）在相同温度 $T_1$ 的高温热源和相同温度 $T_2$ 的低温热源之间工作的一切不可逆热机（即工质的循环是不可逆的）的效率，不可能高于可逆热机，即 $\eta\leqslant\eta_{可逆}$。

卡诺定理指出了提高热机效率的途径：

1）应当使实际的不可逆循环过程尽量地接近可逆过程。

2）应当尽量地增大两热源的温度差（$T_1-T_2$）。通常 $T_2$ 是室温，所以要尽量提高高温热源的温度 $T_1$。

*卡诺定理的证明

1）在相同温度 $T_1$ 的高温热源和相同温度 $T_2$ 的低温热源之间工作的一切可逆热机，它们的效率都相等。

设有两热源：高温热源温度 $T_1$；低温热源温度 $T_2$。现有两可逆热机 $a$ 和 $b$，工作于相同的两热源之间，$a$ 为卡诺机，如图 7-17 所示。我们调节两机可做相等的功 $A$。现在使两机联合使用，$b$ 机从高温热源吸收热量 $Q_1'$，向低温热源放出热量 $Q_2'=Q_1'-A$，其效率为 $\eta_{可逆}=A/Q_1'$；$b$ 机所做的功 $A$ 恰好供给卡诺机 $a$，使 $a$ 逆向运行，从低温热源吸收热量 $Q_2=Q_1-A$，向高温热源放出热量 $Q_1$，其效率为 $\eta_{卡}=A/Q_1$。假设 $\eta_{可逆}>\eta_{卡}$，则

$$\frac{A}{Q_1'}>\frac{A}{Q_1},\qquad 可知\ Q_1'<Q_1$$

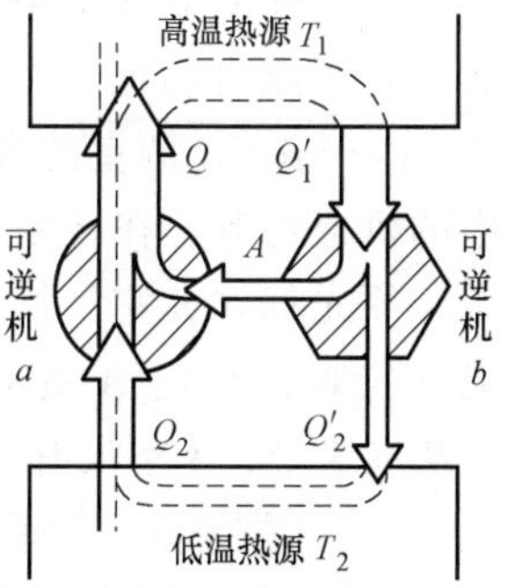

图 7-17 卡诺定理证明

现在

$$A=Q_1-Q_2=Q_1'-Q_2',\qquad 可知\ Q_2'<Q_2$$

在两机联合工作时，可看作一部复合机，结果外界没有对复合机做功，而复合机能将热量 $Q_2-Q_2'$（$Q_2-Q_2'=Q_1-Q_1'$）从低温热源传给高温热源，违背热力学第二定律的克氏说法。所以

$\eta_{可逆}>\eta_{卡}$ 是不可能的，则 $\eta_{可逆}\leqslant\eta_{卡}$。

反之，使卡诺机 $a$ 正向运行，$b$ 机反向运行，则又可证明 $\eta_{卡}>\eta_{可逆}$ 是不可能的，则 $\eta_{卡}\leqslant\eta_{可逆}$。从上述两结果中可知，$\eta_{卡}>\eta_{可逆}$，或 $\eta_{可逆}>\eta_{卡}$ 都是不可能的，只有 $\eta_{卡}=\eta_{可逆}$ 才成立。

因此，在相同的 $T_1$ 和 $T_2$ 两温度间工作的一切可逆热机，效率都相等，即

$$\eta_{可逆}=\eta_{卡}=1-\frac{T_2}{T_1}$$

2）在相同温度 $T_1$ 的高源热源和相同温度 $T_2$ 的低温热源之间工作的一切不可逆热机，其效率不可能高于可逆热机的效率。

现在用一台不可逆热机 $c$ 来代替上述的可逆热机 $b$，让 $a$、$c$ 联合工作。按同样的方法，可以证明 $\eta_{不可}>\eta_{卡}$ 为不可能，即只有 $\eta_{卡}\geqslant\eta_{不可}$；由于 $c$ 是不可逆热机，因此无法证明 $\eta_{不可}\geqslant\eta_{卡}$。因此结论是 $\eta_{不可}\leqslant\eta_{卡}=\eta_{可逆}$。换言之，在相同的 $T_1$ 和 $T_2$ 两温度间工作的一切不可逆热机，其效率不可能大于可逆热机的效率，即 $\eta_{不可}\leqslant 1-T_2/T_1$。

# 7.6 熵 热力学第二定律的统计意义

热力学第二定律的实质是指明了与热现象有关的一切宏观过程的自发进行单向性和不可逆性。这种不可逆性是与大量分子的无规则运动密切相关的。现在我们首先从微观的角度来了解这种不可逆性，然后引入描述系统无序度的物理量——熵函数，介绍热力学第二定律的定量表达式——孤立系统的熵增加原理，最后说明热力学第二定律的适用范围。

## 7.6.1 热力学第二定律的统计意义

为了说明热力学过程的不可逆性，我们以孤立系统中气体的自由膨胀为例来说明。如图 7-18 所示，有一容器，被一活动隔板 $P$ 分为容积相等的两室 $A$、$B$。$A$ 室中充满气体，$B$ 室中保持真空。现在我们来考察任一气体分子，例如分子 $a$。在隔板抽去前，分子只能在 $A$ 室中运动，抽掉隔板后，它能在整个容器中运动，由于碰撞它可能时而在 $A$ 室，时而在 $B$ 室。因此对单个分子来说，它在飞到 $B$ 室中后，有可能自动地（指无外界影响）退回 $A$ 室。由于 $A$、$B$ 两室的容积相等，分子在两室中的机会均等，在 $A$ 室或 $B$ 室的概率各为 1/2。现在如果我们同时考察 $a$、$b$、$c$、$d$ 四个分子，原先都在 $A$ 室，抽去隔板后，它们有可能飞到 $B$ 室。四分子在容器中的分配有五种可能（宏观状态）：$A$ 室 4 个、$B$ 室没有；$A$ 室 3 个，$B$ 室 1 个；$A$ 室 2 个，$B$ 室 2 个；$A$ 室 1 个，$B$ 室 3 个；$A$ 室没有，$B$ 室 4 个。每一种宏观状态又对应若干微观状态，见表 7-3。

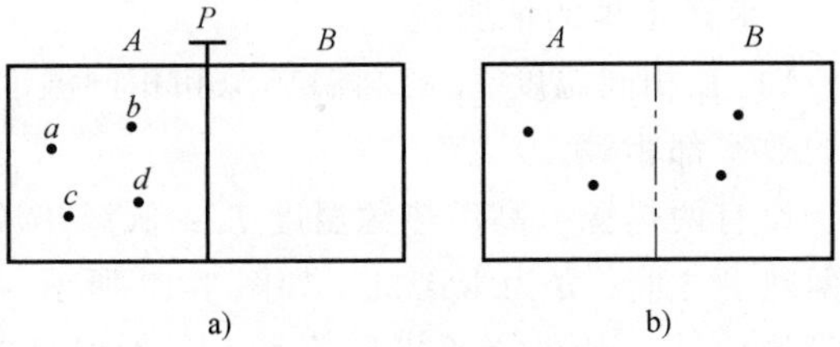


图 7-18 气体的自由膨胀

**表 7-3 气体分子分布的宏观状态与微观状态的对应**

| 宏观态 | (一) | (二) | | | | (三) | | | | | | (四) | | | | (五) |
|---|---|---|---|---|---|---|---|---|---|---|---|---|---|---|---|---|
| $A$ 室 | $abcd$ | $abc$ | $abd$ | $acd$ | $bcd$ | $ab$ | $ac$ | $ad$ | $bc$ | $bd$ | $cd$ | $a$ | $b$ | $c$ | $d$ | 0 |
| $B$ 室 | 0 | $d$ | $c$ | $b$ | $a$ | $cd$ | $bd$ | $bc$ | $ad$ | $ac$ | $ab$ | $bcd$ | $acd$ | $abd$ | $abc$ | $abcd$ |
| 微观态数 | 1 | 4 | | | | 6 | | | | | | 4 | | | | 1 |

可以看到共有 16 种可能方式（16 种微观状态）。假设每一微观状态出现的机会均等，那么每一微观状态可能出现的概率为 1/16。因此四个分子全部回到 $A$ 室（自动退回）的概率为 1/16；而均匀分布，即 $A$ 室中 2 个、$B$ 室中 2 个（宏观状态（三）的情况）的概率为 6/16。对少数分子来说，观察到全部分子自动缩回 $A$ 室的可能性是有的，只是概率小一些而已，而观察到均匀分布的机会多一些。

对于宏观系统（例如 1mol 气体分子）而言，$N_0 \approx 6\times10^{23}$ 个，分子自动缩回到 $A$ 室的概率为 $1/2^N = 1/2^{6\times10^{23}}$，这个概率几乎为零，实际上在一个人的有生之年是根本观察不到的；而均匀分布，即 $A$ 室 $N/2$ 个、$B$ 室 $N/2$ 个的概率为最大。也就是说，我们观察到的几乎都是均匀分布情形，而自动收缩回到半边的情况几乎观察不到，所以气体的自由膨胀实际上是一个宏观的不可逆过程。

由上面说明可知，不可逆过程实质上是从一个概率较小的宏观状态向概率较大的宏观状态的转变过程。与此相反的过程概率非常小，实际上是观察不到的。所以热力学第二定律在本质上是一种统计性的规律。

### 7.6.2 熵函数

由上面的讨论可知，当所有分子都在 $A$ 室而 $B$ 室为真空的宏观状态，气体分布最不均匀，状态的概率最小，对应的微观状态数最少；当有一半分子在 $A$ 室、一半分子在 $B$ 室时，气体均匀分布，即气体到达平衡状态时，状态概率最大，对应的微观状态数最多。在气体均匀分布的平衡状态时，分子可以在整个容器内向各方向运动，其混乱程度大，即无序度大；当所有分子都在 $A$ 室而 $B$ 室真空的宏观状态，气体的混乱程度小，即无序度小。因此不可逆过程的方向是从无序度较小的宏观状态向无序度较大的宏观状态的转变过程，达到平衡态以后，气体的无序度最大，宏观状态（及宏观性质）不再发生变化。

现在我们引入一个描述宏观系统无序度的物理量——**熵**，用 $S$ 表示。与内能一样，它是一个状态的单值函数，其定义为

$$S = k\ln\Omega \tag{7-29}$$

式中，$k$ 为玻尔兹曼常数；$\Omega$ 是系统的某一宏观状态所对应的可能的微观状态数。式（7-29）称为玻尔兹曼熵公式。

当孤立系统处于概率较小、微观状态数较少的宏观状态时，系统的无序度较小，由式（7-29）可知，此时系统的熵较小；反之，当孤立系统处于概率较大、微观状态数较多的宏观状态时，系统的熵较大；当孤立系统达到平衡状态时，系统的概率最大，微观状态数最多，熵最大。

### 7.6.3 熵增加原理

在孤立系统中，宏观不可逆过程总是向着熵增加的方向进行。当熵达到最大值时，系统相应地达到平衡态，并始终保持平衡态不变。此为熵增加原理，其数学表示为

$$\mathrm{d}S \geqslant 0 \tag{7-30a}$$

或

$$\Delta S = S_2 - S_1 \geqslant 0 \tag{7-30b}$$

不等号对应不可逆过程，等号对应可逆过程。式（7-30a）实际上就是热力学第二定律的定

量表示式。

如果不是孤立系统，由于外界的影响，使系统的熵减小是可能的。但是如果将系统和外界的熵一起考虑，则总熵是不会减少的。

### 7.6.4 克劳修斯不等式

如果不是孤立系统，那么描述和判定热力学过程不可逆性的热力学第二定律的定量表达式应是如何呢？热力学理论证明，其表示为

$$\mathrm{d}S \geqslant \frac{đQ}{T} \tag{7-31a}$$

和

$$\Delta S = S_2 - S_1 \geqslant \int_{(a)}^{(b)} \frac{đQ}{T} \tag{7-31b}$$

其中，等号对应可逆过程，称为克劳修斯等式；不等号对应不可逆过程，称为克劳修斯不等式。式（7-31a）是微小变化过程的微分形式，而式（7-31b）是有限变化过程的积分形式。其中，$đQ$ 是微过程中系统所吸收的热量，$T$ 为所接触的热源的温度，$\mathrm{d}S$ 为该过程的熵变。$a$、$b$ 表示有限过程的初、终状态，$S_1$ 和 $S_2$ 表示初、终状态时系统的熵。$\mathrm{d}S$ 或 $\Delta S$ 是系统终态与初态的熵增，与具体过程是否可逆无关，但 $đQ/T$ 或 $\int_{(a)}^{(b)} đQ/T$ 与具体过程是否可逆有关。在可逆过程中 $đQ/T=\mathrm{d}S$ 或 $\int_{(a)}^{(b)} đQ/T = \Delta S$，而在不可逆过程中 $đQ/T < \mathrm{d}S$ 或 $\int_{(a)}^{(b)} đQ/T < \Delta S$。

由上面两式可见，对于孤立系统或绝热过程，$đQ=0$，此时式（7-31a）和式（7-31b）分别变为式（7-30a）和式（7-30b），满足熵增加原理。

下面应用熵的概念来讨论几个不可逆过程。

**1. 热传导**

热传导是一个不可逆过程。设有温度为 $T_1$ 和 $T_2$ 的物体，组成一个孤立系统，它们彼此互相热接触。如果 $T_1>T_2$，则在极短时间内将有热量 $đQ$（已取绝对值）从物体 1 传给物体 2，那么物体 1 的熵变为 $-đQ/T_1$，物体 2 的熵变为 $đQ/T_2$，因此总熵变为

$$\frac{đQ}{T_2} - \frac{đQ}{T_1}$$

由于 $T_1>T_2$，上式大于零。这说明孤立系统内上述不可逆过程引起熵的增加。

**2. 理想气体的绝热自由膨胀**

绝热自由膨胀是不可逆过程。设膨胀前气体的体积为 $V_1$，压强为 $p_1$，温度为 $T$，熵为 $S_1$，膨胀后体积变为 $V_2(>V_1)$，压强降为 $p_2(<p_1)$，温度保持不变，熵为 $S_2$。我们来计算这一过程中的熵变。因为熵是状态的单值函数，熵变只决定于初、终状态，而与所经历的过程无关。为了计算方便，我们可以任意设想一个可逆过程，使气体从状态 1 变化到状态 2，计算这一可逆过程中的熵变，所得的结果应该就是自由膨胀过程中的熵变。设有一可逆等温膨胀过程，气体从状态$(p_1,V_1,T,S_1)$变化到终态$(p_2,V_2,T,S_2)$，吸收热量 $Q>0$，该过程的熵变为

$$\Delta S = S_2 - S_1 = \int_{(1)}^{(2)} \frac{\text{đ}Q}{T} = \frac{Q}{T} > 0$$

也就是说自由膨胀后气体的熵增加了，因此自由膨胀是一个不可逆过程。

也可以这样来计算。根据热力学第一定律 $\text{đ}Q = \mathrm{d}E + \mathrm{d}A$，因为可逆等温过程，$\mathrm{d}E = 0$，$\mathrm{d}A = p\mathrm{d}V$，因此

$$\mathrm{d}S = \frac{\text{đ}Q}{T} = \frac{p\mathrm{d}V}{T}$$

由理想气体状态方程 $pV = \nu RT$，上式可写作

$$\mathrm{d}S = \nu R \frac{\mathrm{d}V}{V}$$

$$\Delta S = S_2 - S_1 = \int_{S_1}^{S_2} \mathrm{d}S = \int_{V_1}^{V_2} \nu R \frac{\mathrm{d}V}{V} = \nu R \ln \frac{V_2}{V_1}$$

由于膨胀 $V_2 > V_1$，气体的熵增加，因此自由膨胀为不可逆过程。

### 7.6.5　热力学第二定律的适用范围

热力学第二定律是大量实验事实的总结，其正确性是由它所推出的结论与实验相符而得到证实。

热力学第二定律指明了宏观不可逆过程进行的方向，即宏观系统随时间的演化规律，它有极其重要的意义。应该注意，热力学第二定律是在时间和空间上都有限的宏观系统中由大量实验总结出来的，因而它有一定的适用范围。对于由少数原子或分子组成的系统，它们遵守经典或量子力学的运行规律，不存在单向性问题，热力学第二定律并不适用。同样，也不能把热力学第二定律任意外推到无限的宇宙中去。

在物理学的发展史上，曾有人错误地把热力学第二定律推广到整个宇宙，提出所谓的“热寂说”。他们把宇宙看作一个孤立系统，认为宇宙的熵永远增大，并且越来越大，整个宇宙渐渐趋向平衡态，一旦熵达到极大值，整个宇宙达到平衡，温度趋于均匀，这时宇宙就进入一个死寂的永恒状态。承认这个观点，就会导致上帝创造世界的唯心结论。

这种对宇宙演化的荒谬观点是错误的。它的错误首先在于把科学规律无根据、不合理地外推；其次把宇宙看成孤立系统。每个科学定律都有其适用范围，把定律的适用范围适当地推广当然有可行性，但必须以新的实验事实的验证为根据。到目前为止，没有任何迹象表明整个宇宙正在趋向平衡状态。此外，在广义相对论中，宇宙不能看作一个孤立系统，它是处于引力场中的系统。目前人们的天文观测已可达到极其遥远的太空范围，观测到有的恒星虽然在向它的晚年趋近，但也有新的恒星系在形成。因而把熵增加原理不合理地外推到整个宇宙是不行的。恩格斯在《自然辩证法》中指出了热寂说的错误，他写道：“放射到太空中去的热一定有可能通过某种途径（指明这一途径是以后自然科学的课题）转变为另一种运动形式，在这种运动形式中，它能够重新集结和活动起来”。

* 在有限空间范围内的宏观物理过程，不仅存在趋向平衡态的弛豫过程，而且也有偏离平衡态的涨落过程，在合适的外界条件下，甚至还可以远离平衡态，可以保持非平衡定态而不趋向平衡态，还可实现一系列的非平衡突变现象。1969 年比利时学派提出了“耗散结构”的概念与理论，为自然界存在的大量（特别是生物系统中）远离平衡的有序现象的解释，

提供了理论基础。发现它与趋向平衡现象一样，非但不违背热力学第二定律，而是同样受到第二定律的支配。

## *7.6.6 热力学第二定律的信息论表示式

信息通常指在学习或观测中所得到的新闻、消息、知识和数据。在科学上，信息具有严格和确切的含义，它是指某些抽象的、能被贮存、提取和交换的资料及数据的集合。可以用信息量 $I$ 对信息做定量描述。

**1. 信息量负熵原理**

1979 年 Szilard 首先揭示了信息量和热力学熵之间的内在联系。熵与信息量的定量关系则由 Shanonn 第一个给出。我们将熵和信息量之间的定量关系称为信息量负熵原理。

信息量的热力学定义式为

$$I = k\ln\left(\frac{\Omega_0}{\Omega}\right) \tag{1}$$

式中，$k$ 为玻尔兹曼常数，$\Omega_0$、$\Omega$ 分别为系统初态和终态的可能状态数，$I$ 为系统终态的信息量。

热力学中系统的玻尔兹曼熵公式为

$$S = k\ln\Omega \tag{2}$$

由式（1）、式（2）可得

$$I = -(S - S_0) \quad 或 \quad S = S_0 - I \tag{3}$$

式（3）称为信息量负熵原理。其中 $S_0$、$S$ 分别为系统初态和终态的熵。由式（3）可知，信息量 $I$ 是以熵变的负值出现的。因此可以得出结论：

1）系统获得的信息量=系统熵的减少；

2）系统获得的信息量=系统负熵的增加。

因此可以说，熵是系统无序性的量度，而信息量是系统有序性的量度。系统越有序，其信息量越大而熵越小；相反系统越无序，其信息量越小而熵越大。

**2. 热力学第二定律的信息论表示式**

热力学第二定律的文字叙述形式很多，最著名的有开尔文和克劳修斯表述。它们可用同一数学式表达

$$dS \geqslant 0 \tag{4a}$$

式（4a）为孤立系统的熵增加原理，式中不等号对应不可逆过程，等号对应可逆过程。

从信息论的观点，运用式（3）可将热力学第二定律改写成

$$dI \leqslant 0 \tag{4b}$$

式（4b）称为孤立系统的信息量减少原理，式中不等号对应不可逆过程，等号对应可逆过程。显然式（4a）和式（4b）是等价的，只不过一个用熵 $S$、另一个用信息量 $I$ 来描述同一定律而已。

热力学第二定律的本质在于指明：一切实际的热力学过程进行的方向，在有限的时间空间范围内，孤立系统中一切自发的热力学过程都是向信息量不断减少（或熵不断增加）的方向进行，直至信息量为最小值（或熵为最大值）时，系统达到平衡状态。

# 本章提要

**基本概念**

1. 内能　状态量。气体 $E=E(T,V)$，理想气体 $E=E(T)=i\nu RT/2$。

2. 功　过程量。气体准静态过程的膨胀压缩功为

$$đA = p\mathrm{d}V, \qquad A = \int_{V_1}^{V_2} p\mathrm{d}V$$

规定系统对外做功 $A>0$，外界对系统做功 $A<0$。

3. 热量　过程量。规定系统吸收热量 $Q>0$，放出热量 $Q<0$。

4. 摩尔热容　$C_{\mathrm{m}}=\dfrac{1}{\nu}\dfrac{đQ}{\mathrm{d}T}$，

对理想气体

(1) 摩尔定容热容　$C_{V,\mathrm{m}}=\dfrac{i}{2}R$

(2) 摩尔定压热容　$C_{p,\mathrm{m}}=C_{V,\mathrm{m}}+R=\dfrac{1}{2}(i+2)R$

(3) 摩尔等温热容　$C_{T,\mathrm{m}}\to\infty$

(4) 摩尔绝热热容　$C_{Q,\mathrm{m}}=0$

(5) 迈耶公式　$C_{p,\mathrm{m}}-C_{V,\mathrm{m}}=R$

(6) 比热容比　$\gamma=C_{p,\mathrm{m}}/C_{V,\mathrm{m}}=(i+2)/i$

5. 准静态过程，可逆过程和不可逆过程

6. 熵　状态量。熵是系统无序度的量度，定义为 $S=k\ln\Omega$，$\Omega$ 为系统某宏观态对应的微观状态数。

**基本定律和基本公式**

1. 热力学第一定律　是热运动范围内的能量守恒定律。表达式为

$$đQ = \mathrm{d}E + đA$$

$$Q = \Delta E + A$$

2. 热力学第二定律　具体表述很多，最著名的有开尔文表述和克劳修斯表述，这两种表述是等价的。

热力学第二定律指明了自然界中一切实际的热力学宏观过程都是单向的、不可逆的。

热力学第二定律的微观意义：不可逆过程的实质是从一个概率较小的宏观状态向概率较大的宏观状态的转变过程。

热力学第二定律的数学表达式：

(1) 熵增加原理（对孤立系统或绝热过程）

$$\mathrm{d}S \geqslant 0$$

$$\Delta S = S_2 - S_1 \geqslant 0$$

式中，不等号对应不可逆过程，等号对应可逆过程。

(2) 克劳修斯不等式

$$\mathrm{d}S \geqslant \frac{\text{đ}Q}{T}$$

$$\Delta S = S_2 - S_1 \geqslant \int_{(1)}^{(2)} \frac{\text{đ}Q}{T}$$

式中，不等号对应不可逆过程，等号对应可逆过程。

3. 循环效率 $\eta = \frac{A}{Q_1} = 1 - \frac{Q_2}{Q_1}$

式中，$A$ 为一循环过程中系统对外所做的净功；$Q_1$ 为一循环过程中系统吸收热量的总和；$Q_2$ 为一循环过程中系统放出热量的总和（绝对值）。

对于卡诺循环则有

$$\eta_{卡} = 1 - \frac{T_2}{T_1}$$

式中，$T_1$ 和 $T_2$ 分别为高温热源和低温热源的温度。

4. 制冷系数 $w = \frac{Q_2}{A} = \frac{Q_2}{Q_1 - Q_2}$

式中，$A$ 为一循环过程中外界对系统所做的功；$Q_2$ 为一循环过程中系统从低温热源吸取的热量；$Q_1$ 为一循环过程中系统向高温热源放出的热量。

对于制冷卡诺循环则有

$$w_{卡} = \frac{T_2}{T_1 - T_2}$$

5. 卡诺定理 $\eta \leqslant \eta_{卡} = 1 - \frac{T_2}{T_1}$ （文字叙述略）

6. 理想气体各准静态等值过程（表 7-4）

**表 7-4 理想气体各准静态等值过程表**

| 过程 | 特 征 | 过程方程 | $A$ | $\Delta E$ | $Q$ | 摩尔热容 |
|---|---|---|---|---|---|---|
| 定容过程 | $V$=常数<br>$\mathrm{d}V=0$ | $\frac{P}{T}$=常数 | 0 | $\nu C_{V,\mathrm{m}}\Delta T = \frac{i}{2}\nu R\Delta T$ | 同 $\Delta E$ | $C_{V,\mathrm{m}} = \frac{i}{2}R$ |
| 定压过程 | $p$=常数<br>$\mathrm{d}p=0$ | $\frac{V}{T}$=常数 | $A = p\Delta V = \nu R\Delta T$ | $\nu C_{V,\mathrm{m}}\Delta T$ | $\nu C_{p,\mathrm{m}}\Delta T$ | $C_{p,\mathrm{m}} = C_V + R$ |
| 等温过程 | $T$=常数<br>$\mathrm{d}T=0$ | $pV$=常数 | $\nu RT\ln\frac{V_2}{V_1} = \nu RT\ln\frac{p_1}{p_2}$ | 0 | 同 $A$ | $C_{T,\mathrm{m}} = \infty$ |
| 绝热过程 | $Q=0$ | $pV^{\gamma} = C_1$<br>$TV^{\gamma-1} = C_2$<br>$T^{-\gamma}p^{\gamma-1} = C_3$ | $A = -\Delta E = -\nu C_{V,\mathrm{m}}\Delta T = \frac{p_1V_1 - p_2V_2}{\gamma - 1}$ | $\nu C_{V,\mathrm{m}}\Delta T$ | 0 | $C_{Q,\mathrm{m}} = 0$ |
| 多方过程 | $n$=常数 | $pV^n$=常数 | $A = \frac{p_1V_1 - p_2V_2}{n-1}$ | $\nu C_{V,\mathrm{m}}\Delta T$ | $\Delta E + A$ | $C_{n,\mathrm{m}} = C_{V,\mathrm{m}} - \frac{R}{n-1}$ |

# 习　　题

7-1　回答下列问题。

（1）能否说“一系统含有热量”或“一系统含有功”？

（2）什么叫第一类永动机？为什么第一类永动机造不成？

（3）什么叫第二类永动机？为什么第二类永动机造不成？

7-2　一系统由题7-2图中的 $a$ 态沿 $abc$ 到达 $c$ 态时，吸收热量350J，同时对外做功126J。

（1）如果沿 $adc$ 进行，则系统做功42J，这种情况下系统吸收多少热量？

（2）当系统由 $c$ 态沿曲线 $cea$ 返回 $a$ 态时，如果外界对系统做功84J，问这种情况下系统是吸热还是放热？热量传递多少？

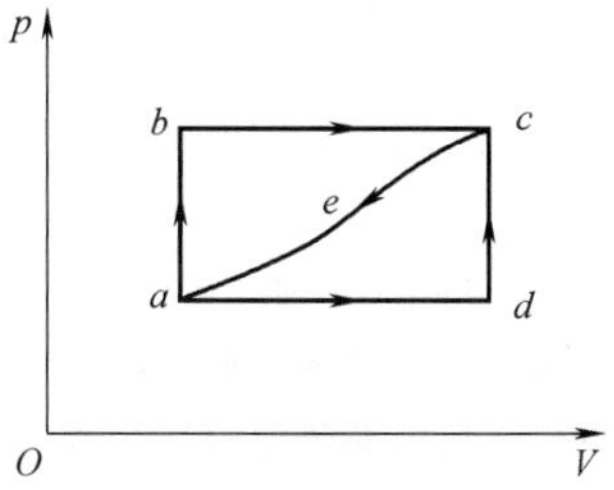


题7-2图

7-3　物质的量相同的三种气体：He，$O_2$，$NH_3$，都作为理想气体。它们从相同的初态出发，都经过定容吸热过程，如吸收热量相等，试问：

（1）温度升高是否相等？

（2）压强增加是否相等？

7-4　一定质量的单原子理想气体，开始时处于状态 $a$，体积为1L，压强为3atm，先做等压膨胀至 $b$ 态，体积为2L，次做等温膨胀至 $c$ 态，体积为3L，最后定容冷却到1atm的压强，如题7-4图所示。求：

（1）气体在全过程中内能的改变；

（2）气体在全过程中所做的功和吸收的热量。

7-5　如题7-5图所示，1mol氧气，由状态 $a$ 变化到状态 $b$，试求下列三种情况下，气体内能的改变、所做的功和吸收的热量。

（1）由 $a$ 等温变化到 $b$；

（2）由 $a$ 定容变化到 $c$，再由 $c$ 定压变化到 $b$；

（3）由 $a$ 定压变化到 $d$，再由 $d$ 定容变化到 $b$。

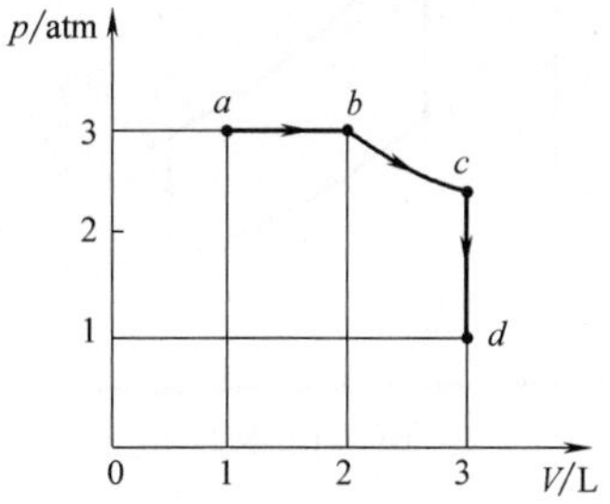


题7-4图

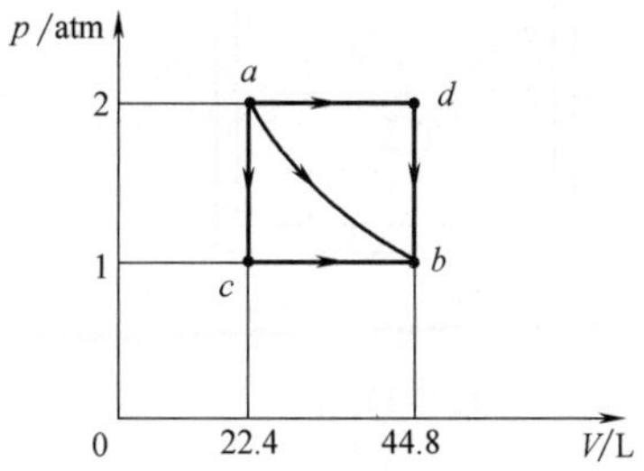


题7-5图

7-6　设有 $8\times10^{-3}$kg氧气，体积为 $0.41\times10^{-3}\text{m}^3$，温度为27℃。氧气膨胀到 $4.1\times10^{-3}\text{m}^3$，试求下列两种情况下气体所做的功。

（1）氧气做绝热膨胀；

（2）氧气做等温膨胀。

7-7　题7-7图所示为两个卡诺循环 $abcda$ 和 $a'b'c'd'a'$，已知两循环曲线所包围的面积相等即 $S_{abcd}=S_{a'b'c'd'}$，试问一循环后

（1）气体对外所做的净功哪个多？

（2）这两个循环的效率哪个大？

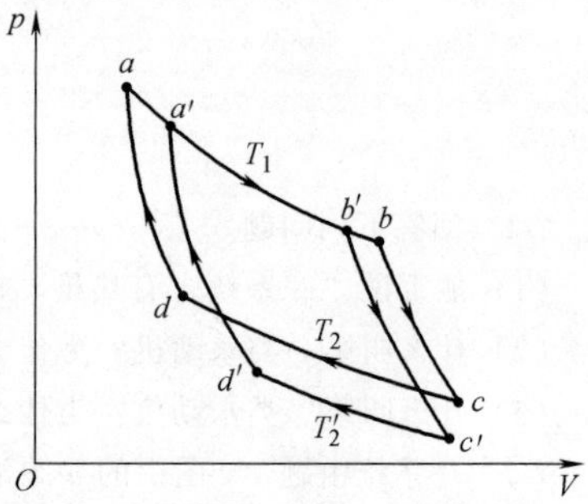

题 7-7 图

7-8 1mol 氧气，可视为理想气体，由体积 $V_1$ 按照 $p=KV^2$（$K$ 为已知常数）的规律膨胀到 $V_2$，试求：

（1）气体所做的功；

（2）气体吸收的热量；

（3）该过程气体的摩尔热容。

7-9 1mol 理想气体经历某一准静态过程，其摩尔热容为 $C_m$（常数），试求该过程的过程方程。

7-10 一根长度为 4.00m 的炮筒，内膛半径为 0.20m。质量为 18.84kg 的炮弹，击发后火药爆燃完毕时，炮弹已被推行了 1.00m，速率达到 400m/s，这时膛内气压为 $2.00\times10^8$Pa。此后假设膛内气体做绝热膨胀，直到炮弹出口。试求：（假定该绝热膨胀为准静态过程）

（1）若比热容比 $\gamma=2.0$，在这一绝热膨胀过程中气体对炮弹所做的功；

（2）炮弹的出口速度（不计摩擦）。

7-11 如题 7-11 图所示，总容积为 40L 的绝热容器中央，有一质量不计的绝热隔板，可以无摩擦地升降。$A$、$B$ 两部分各装有 1mol 的氮气，最初它们的压强均为 $1.013\times10^5$Pa。现在使微小电流通过 $B$ 中的电阻而缓缓加热，直到 $A$ 部气体体积缩小到一半为止。求这一过程中：

（1）$B$ 中气体的过程方程（以 $T$、$V$ 关系表示）；

（2）两部分气体各自的最后温度；

（3）$B$ 中气体吸收的热量。

7-12 奥托循环如题 7-12 图所示，$bc$ 和 $de$ 为绝热过程，工作物质为理想气体，比热容比为 $\gamma$，压缩比令为 $r=V/V_0$。试求循环效率。

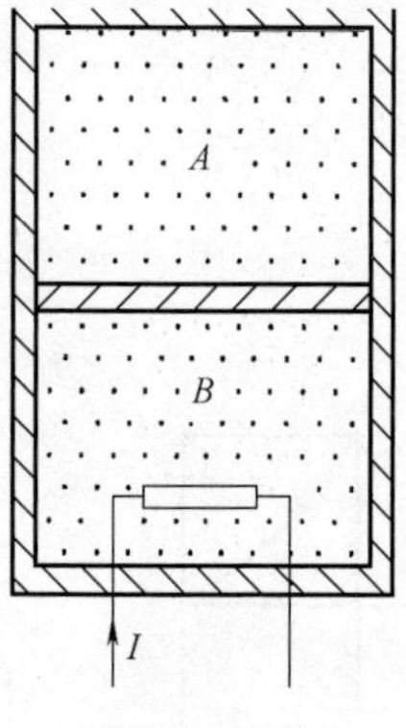

题 7-11 图

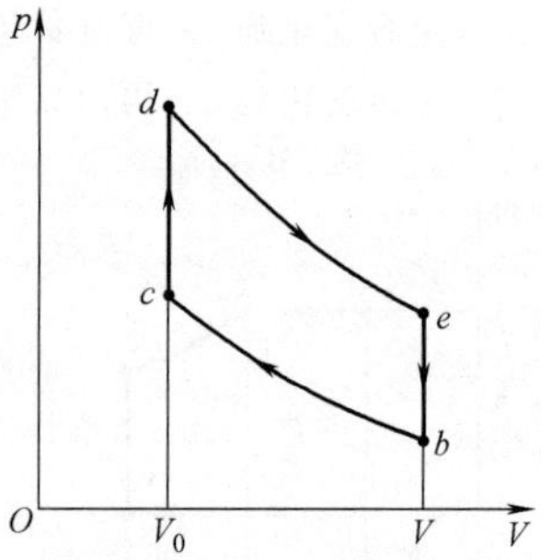

题 7-12 图

7-13 一定量的理想气体，其循环过程如题 7-13 图所示。$ab$ 为等温线，$ca$ 为绝热线，试证明其效率为

$$\eta = 1 - \frac{1}{\gamma - 1}\left[\frac{\left(\dfrac{V_1}{V_2}\right)^{\gamma-1} - 1}{\ln\dfrac{V_1}{V_2}}\right]$$

式中，$\gamma$ 为比热容比。

7-14 一定量的理想气体，其循环过程如题 7-14 图所示，$ca$ 为等温线。试证明其效率为

$$\eta = \left(1 - \frac{1}{\gamma}\right)\left[1 - \frac{\ln \frac{V_2}{V_1}}{\frac{V_2}{V_1} - 1}\right]$$

式中，$\gamma$ 为比热容比。

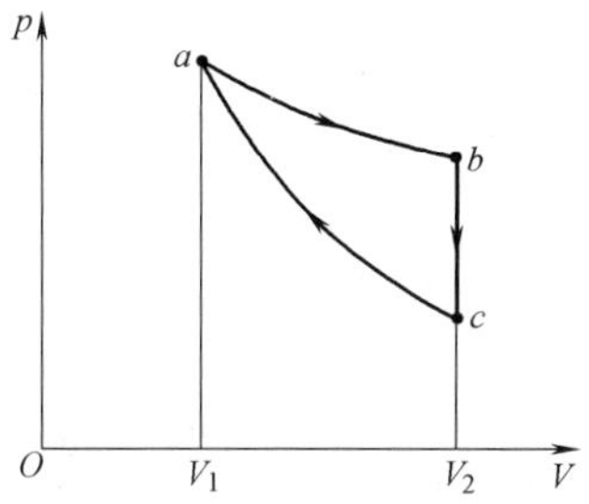


题 7-13 图

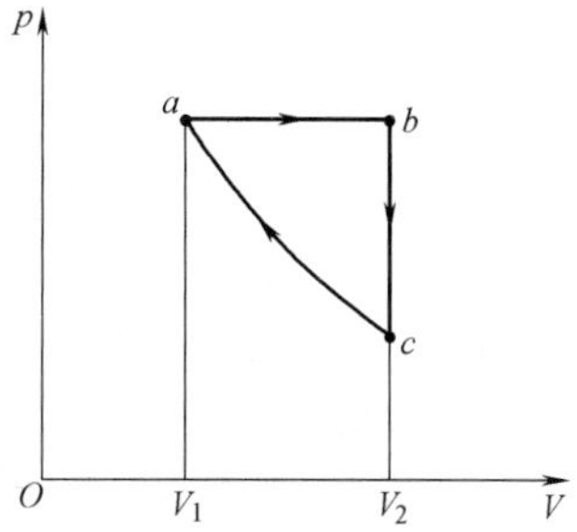


题 7-14 图

7-15　一卡诺制冷机，从 0℃的水中吸取热量，向 27℃的房间放热。假定将 50kg 0℃的水变成 0℃的冰，冰的熔解热 $L=3.35\times10^5$ J/kg，试求：

（1）向房间放出的热量；

（2）使制冷机工作所需的机械功；

（3）用此机从 −10℃的冷库中吸取相等的热量，需要做多少机械功？

7-16　一台冰箱工作时，其冷冻室中的温度为 −10℃，室温为 15℃。若按卡诺循环来计算，则此制冷机每消耗 $10^3$J 的功，可以从冷冻室中吸出多少热量？

*7-17　理想气体经历 b、c、d、e 四个不同的过程，由状态 A 到达状态 B，如题 7-17 图所示，已知 c 为绝热线。试问：

（1）气体平均摩尔热容最大的是哪一过程？最小的是哪一过程？

（2）气体摩尔热容为正的是哪些过程？为负的是哪些过程？

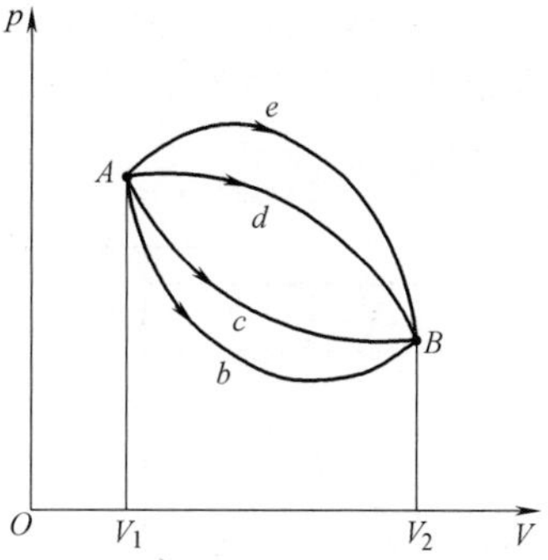


题 7-17 图

7-18　如题 7-18 图所示，将两热机串联使用，热机Ⅰ从温度为 $T_1$ 的热源吸取热量 $Q_1$，向温度 $T_2$ 的热源放出热量 $Q_2$；热机Ⅱ从温度为 $T_2$ 的热源吸取热量 $Q_2$，向温度为 $T_3$ 的热源放出热量 $Q_3$，如果热机Ⅰ和Ⅱ对外做功各为 $A_1$ 和 $A_2$。这两个热机一起工作的最大可能效率为多少？并证明：联合机效率 $\eta$ 与热机Ⅰ和Ⅱ的效率 $\eta_1$ 和 $\eta_2$ 的关系为

$$\eta = \eta_1 + (1 - \eta_1)\eta_2$$

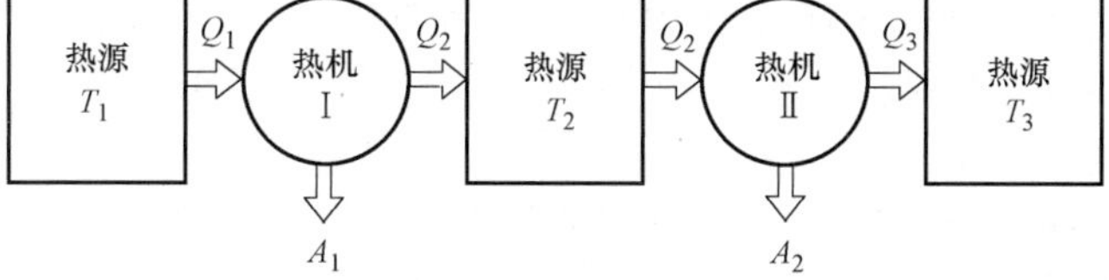


题 7-18 图

*7-19　如题 7-19 图所示，已知 $V_2=2V_1$，$p_2=2p_1$，试求 1mol 双原子分子理想气体的循环效率。

*7-20　摩尔定容热容为常数的某理想气体的两循环曲线如题 7-20 图所示，试证明这两个循环的效率相同。

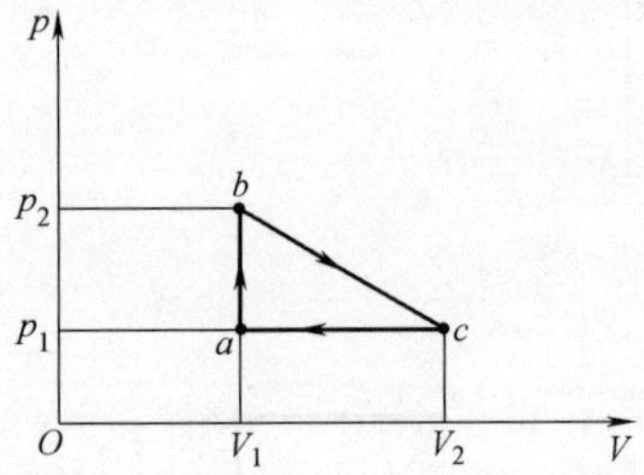


题 7-19 图

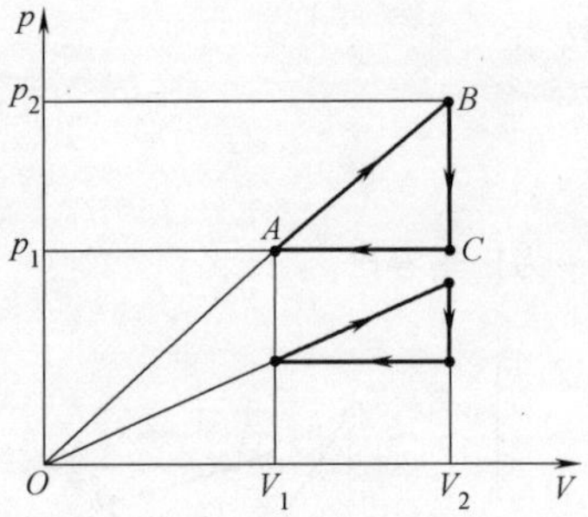


题 7-20 图

*7-21　某气体经历的循环如题 7-21 图所示，试证明：该气体在循环过程中的摩尔热容不能为常数。

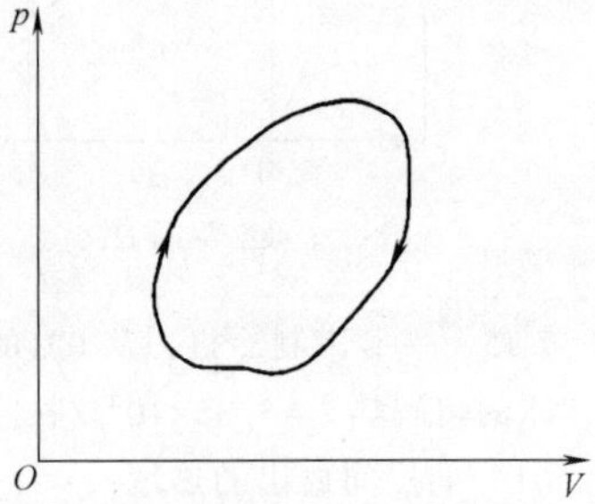


题 7-21 图

7-22　在 $p$-$V$ 图上，理想气体一条等温线与一条绝热线最多只能有几个交点？试说明理由。

7-23　如题 7-23 图所示，将容器隔成容积相等的左右两室，左室充满理想气体，右室真空。现在抽掉隔板，让气体绝热自由膨胀而充满整个容器直至平衡状态。在该过程中，气体内能改变量 $\Delta E$、温度改变量 $\Delta T$、熵的改变量 $\Delta S$ 各为多少？该过程是否可逆？

*7-24　如题 7-24 图所示，温熵图中所示理想气体的五个准静态过程分别为：等温、绝热、定容、定压和多方过程（$1<n<\gamma$），试指出每一曲线代表的具体过程。

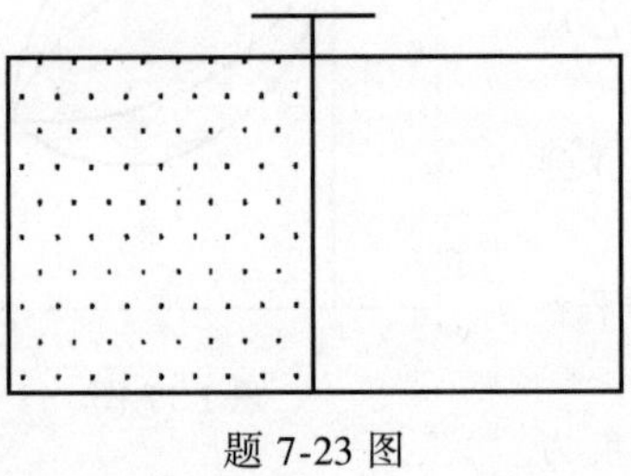

题 7-23 图

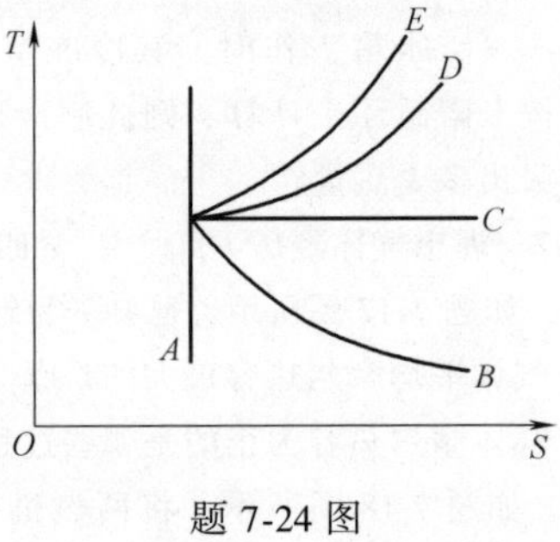


题 7-24 图

7-25　试根据热力学第二定律判断下列两种说法是否正确。

（1）功可以全部转化为热，但热不能全部转化为功；

（2）热量能够从高温热源传到低温热源，但低温热源不能传热给高温热源。

7-26　判断下列说法哪一个是正确的。

（1）由于熵是状态函数，因此系统经一循环过程的熵变为零；

（2）已知状态 $a$、$b$ 的熵分别为 $S_a$ 和 $S_b$，且 $S_b<S_a$，由熵增加原理可知，由态 $a$ 不可能经历一个不可逆过程到达态 $b$；

（3）气体向真空的自由膨胀，因为 $Q=0$，所以熵保持不变。

*7-27　下列三种情形中对 320g 氧气进行加热，试求各过程中氧气的熵变（氧气视为理想气体）：

（1）定压下由 273K 加热到 673K；

（2）定容下由 273K 加热到 673K；

（3）等温下体积膨胀到原来的 16 倍。

*7-28　高温物体 $A$ 的温度 $T_1$，低温物体 $B$ 的温度 $T_2$，彼此热接触组成孤立系统，试证明该热传导过

程为不可逆过程。

7-29　斯特林制冷机相较于传统的压缩节流制冷系统，具有绿色环保以及节能的优点，斯特林制冷循环由两个等温过程和两个等容过程组成的闭式逆向热力学循环，也称为定容回热循环。试证明其制冷系数和卡诺制冷系数相同。

## 物理学与现代科学技术Ⅲ

### 制冷技术的物理基础

制冷技术在国民经济的许多领域得到广泛的应用，它也渗透到人们的日常生活中，例如电冰箱、空调器等已在普通家庭中得到广泛使用。

制冷技术多种多样，例如压缩制冷、磁制冷、铁电制冷、半导体制冷等，无论哪种制冷，它们都建立在物理原理的基础上：外界对工作物质做功，使其从低温物体吸收热量，向高温物体放出热量，达到制冷的目的。这里仅介绍两种制冷技术。

**1. 压缩制冷技术**

压缩制冷是目前应用最广泛的制冷技术，电冰箱、空调器等都是采用该技术。它们是借助压缩机对制冷剂（常用氟里昂、氨等）的压缩循环来完成的。虽然目前压缩制冷的工作物质多采用氟里昂，但由于其造成大气污染，引起“温室效应”。更严重的是，它破坏保护地球生物的高空臭氧层，因此全世界几十个国家共同制定了《蒙特利尔议定书》，我国也于1992年8月成为该议定书的缔约国。我国已于2005年前禁止使用氟里昂等制冷剂。

图Ⅲ-1是电冰箱的工作原理图。工作物质（制冷剂）常采用较易液化的氟里昂和氨（沸点为-33.35℃）。氨蒸汽在压缩机$C$中被绝热压缩至9atm，温度升高到70℃；高温高压的蒸汽，通过排汽阀又进入冷凝器$B$，将热量传给周围的空气或冷水（高温热源），凝结成20℃左右的液态氨；然后经节流阀$K$的节流过程，降压至3atm，进入冷冻室$A$的蒸发器；在蒸发器中液态氨由于压缩机吸气阀1的抽气作用，液态氨沸腾，从冷冻室吸热汽化，使冷冻室降温。氨气本身再进入压缩机进行下一次循环。随着外界不断地对压缩机做功，循环反复进行，冷冻室内的热量不断地被带走，使冷冻室的温度不断降低，达到制冷的目的。

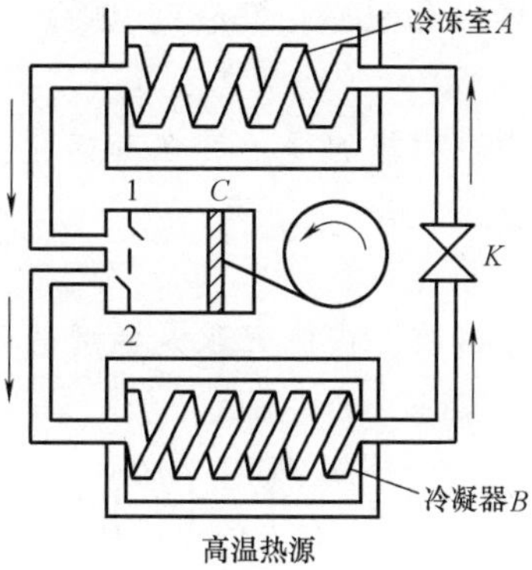


图Ⅲ-1　压缩制冷机的原理图

空调器的工作原理与前面分析大致相同。如果将冷凝器$B$放在室外大气中，蒸发器放在室内作为冷冻室$A$，则在夏季使用时，可使室内获得“冷气”，将“热气”排给室外；如果将$A$放在室外，$B$放在室内，则在冬季使用时可使室内获得“暖气”，这种用途的制冷机，又称“热泵”。

设完成一个循环，外界对压缩机做功$A$，工作物质从冷冻室吸热$Q_2$，向冷凝器放热$Q_1$，则由热力学第一定律可得$A=Q_1-Q_2$，制冷系数为

$$w=\frac{Q_2}{A}=\frac{Q_2}{Q_1-Q_2}$$

在理想卡诺制冷循环时

$$w = \frac{T_2}{T_1 - T_2}$$

它指明了提高制冷系数 $w$ 的方向，即同时降低高温热源温度和升高低温热源温度。但高温热源温度通常是一定的，所以低温物体温度越低，$w$ 越小，以致到几乎不能制冷的状态。这也是这种制冷技术的缺点。

**2. 磁制冷技术**

磁制冷的基本原理是根据磁性材料的磁热效应：在等温磁化时向外界放出热量，绝热退磁时冷却降温，并从外界吸收热量。磁制冷的优点是效率高、无污染，制冷温度可以很低。法国制造成磁制冷样机，其效率是普通电冰箱的 1.5 倍。在科学研究中已用该技术获得了 $10^{-6}$K 的低温。美、日等国也已设计和制造了磁冰箱的原型机。

1918 年万斯（Weiss）发现，铁磁体绝热磁化时会伴随着可逆的温度变化，称为**磁热效应**。该效应采用磁性材料为工质，使其等温磁化和绝热退磁，从而获得低温。其物理原理如下：

将磁场强度 $\boldsymbol{H}$ 作用下的磁性材料看作一个热力学系统，在可逆的元过程中有

$$TdS = dE + đA \tag{1}$$

式中，$dE$ 为系统内能的增量；$TdS$ 为可逆过程中系统吸收的热量，$dS$ 为系统熵的增量；$đA$ 为该过程中系统对外所做的功，$đA = \sum_i X_i dx_i = pdV - \mu_0 H dM$。其中，右边第一项为机械功，若系统膨胀，对外做正功，反之则做负功；第二项为磁化功。对于固体磁性材料，第一项可忽略（体积变化很小），则式（1）写成

$$TdS = dE - \mu_0 H dM \tag{2}$$

考虑到内能 $E$ 是温度 $T$ 和磁化强度 $M$ 的函数，则有

$$TdS = \left(\frac{\partial E}{\partial T}\right)_M dT + \left[\left(\frac{\partial E}{\partial M}\right)_T - \mu_0 H\right] dM \tag{3}$$

对顺磁质，内能 $E$ 仅是温度的函数（与 $M$ 的关系很小，可不计），则式（3）为

$$TdS = C_M dT - \mu_0 H dM \tag{4}$$

式中，$C_M = \left(\frac{đQ}{dT}\right)_M = \left(\frac{\partial E}{\partial T}\right)_M$ 为磁化热容量，是正值。

对于等温过程有 $dT=0$，则式（4）变为

$$TdS = -\mu_0 H dM$$

对于 $dM>0$，则 $TdS = đQ_{可逆} < 0$，系统放热。

对于绝热退磁，有 $đQ_{可逆} = TdS = 0$，则式（4）变为

$$C_M dT = \mu_0 H dM$$

因为 $dM>0$，$C_M>0$，则 $dT<0$，系统降温冷却。

对磁性材料反复进行等温磁化和绝热退磁，就可以获得低温，实现磁制冷。

# 4

# 第 4 篇　电磁学(Ⅰ)

# 第 8 章

# 真空中的静电场

本章主要研究静止电荷在真空中所激发的静电场。介绍描写静电场性质的两个基本物理量——电场强度及电势，反映静电场性质的基本定理——高斯定理及环路定理。

## 8.1 电荷和电场

### 8.1.1 电荷

电荷是一切实体物质的一种属性。自然界只存在两种电荷，即正电荷和负电荷，并证明：同种电荷相斥，异种电荷相吸。各种物质所带电荷的最小单位称为基本电荷 $e$，其数量由密立根在 1909 年测得：$e=1.602\times10^{-19}\text{C}$，各种物质的带电量总是基本电荷的整数倍，这一现象被称为量子化现象。近代理论推测基本粒子由若干种夸克或反夸克组成，每一夸克或反夸克可能携带$\pm\frac{1}{3}e$ 或$\pm\frac{2}{3}e$ 的电量，但至今单独存在的夸克尚未在实验中发现。

实验指出：当一种电荷出现时，必然有等量异号电荷同时出现；当一种电荷消失时，必然有等量异号电荷同时消失。例如，$\gamma$ 射线穿过铅板产生正、负电子对时，就有等量正负电荷同时出现，当正、负电子对复合成 $\gamma$ 光子时，等量正负电荷同时消失。因此在一个与外界没有电荷交换的系统内，系统的正、负电荷的电量的代数和将保持不变，这就是电荷守恒定律。

### 8.1.2 库仑定律

1785 年法国科学家库仑通过实验总结出两个点电荷之间的相互作用规律，即库仑定律：在真空中两个点电荷之间的相互作用力 $\boldsymbol{F}$ 的大小与两点电荷 $q_1$、$q_2$ 的乘积成正比，与它们之间的距离 $r$ 的平方成反比，力的方向沿两点电荷的连线，同号电荷相斥，异号电荷相吸。用矢量式表示为

$$\boldsymbol{F}=k\frac{q_1q_2}{r^2}\boldsymbol{r}_0 \tag{8-1}$$

式中，$r$ 是两个点电荷之间的距离；$\boldsymbol{r}_0$ 是从施力电荷指向受力电荷方向的单位矢量；$k$ 是比例系数，在 SI（国际单位）制中，$k=8.98755\times10^9\text{N}\cdot\text{m}^2/\text{C}^2\approx9\times10^9\text{N}\cdot\text{m}^2/\text{C}^2$。为了简化由库仑定律导出的一些公式，令 $k=\frac{1}{4\pi\varepsilon_0}$，式中 $\varepsilon_0=8.85\times10^{-12}\text{C}^2/(\text{N}\cdot\text{m}^2)$，被称为真空介

电常数，又称真空电容率。式（8-1）可改写为

$$\boldsymbol{F} = \frac{1}{4\pi\varepsilon_0}\frac{q_1q_2}{r^2}\boldsymbol{r}_0 \tag{8-2}$$

如图 8-1 所示，当 $q_1$ 与 $q_2$ 同号时，$\boldsymbol{F}$ 与 $\boldsymbol{r}_0$ 同方向，即 $q_2$ 受斥力；当 $q_1$ 与 $q_2$ 异号时，$\boldsymbol{F}$ 与 $\boldsymbol{r}_0$ 反向，表示 $q_2$ 受引力。

库仑定律只适用于研究两个静止点电荷之间的相互作用。当空间存在多个点电荷时，采用力的叠加原理，即作用在其中任意一个点电荷上的力，应等于所有其他点电荷分别单独存在时作用在该点电荷上的库仑力的矢量和。如图 8-2 画出了电荷 $q_1$ 和 $q_2$ 对第三个点电荷 $q_0$ 的作用力的叠加情况。电荷 $q_1$ 和 $q_2$ 作用在电荷 $q_0$ 上的力分别为 $\boldsymbol{F}_{01}$ 和 $\boldsymbol{F}_{02}$，因而 $q_0$ 受到的合力为

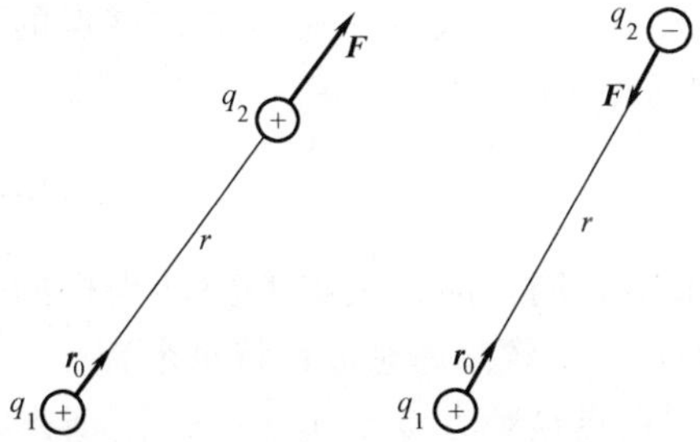

图 8-1　点电荷之间的相互作用

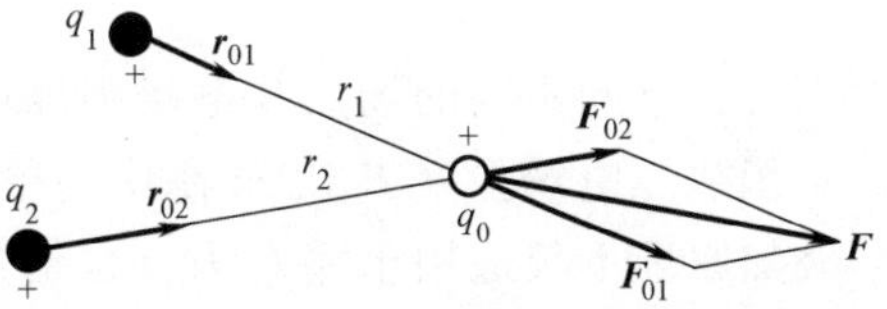

图 8-2　静电力叠加原理

$$\boldsymbol{F} = \boldsymbol{F}_{01} + \boldsymbol{F}_{02} = \frac{q_0q_1}{4\pi\varepsilon_0 r_1^2}\boldsymbol{r}_{01} + \frac{q_0q_2}{4\pi\varepsilon_0 r_2^2}\boldsymbol{r}_{02}$$

对于由 $n$ 个静止的点电荷 $q_1$，$q_2$，…，$q_n$ 组成的电荷系，若以 $\boldsymbol{F}_1$，$\boldsymbol{F}_2$，…，$\boldsymbol{F}_n$ 分别表示它们单独存在时施于点电荷 $q_0$ 上的力，则由力的叠加原理可知，$q_0$ 受到的力应为

$$\boldsymbol{F} = \boldsymbol{F}_1 + \boldsymbol{F}_2 + \cdots + \boldsymbol{F}_n = \sum_{i=1}^{n}\boldsymbol{F}_i \tag{8-3a}$$

由库仑定律可得

$$\boldsymbol{F} = \sum_{i=1}^{n}\frac{1}{4\pi\varepsilon_0}\frac{q_0q_i}{r_i^2}\boldsymbol{r}_{0i} \tag{8-3b}$$

式中，$r_i$ 为 $q_0$ 与 $q_i$ 之间距离；$\boldsymbol{r}_{0i}$ 为从点电荷 $q_i$ 指向 $q_0$ 方向的单位矢量。

**电场　电场强度**　库仑定律给出了两个静止电荷之间静电力的大小和方向，但并没有说明作用力是如何从一个电荷作用于另一电荷的。对库仑定律的物理解释，历史上有两种观点，一种是超距作用观点；一种是相互作用通过场来传递的观点。在静电情况下，两种观点的描述是等价的，都给出相同的计算结果，因而无法判断哪一种观点是错误的。在运动电荷的情况下，实验证实超距作用的观点是错误的，场的观点是正确的。一个电荷在它周围的空间产生电场，第二个电荷并没有直接接触第一个电荷，而是处在第一个电荷的电场中并与该电场发生相互作用。可将这种作用示意为

$$\text{电荷}\underset{\text{作用于}}{\overset{\text{产　生}}{\rightleftharpoons}}\text{电场}\underset{\text{产　生}}{\overset{\text{作用于}}{\rightleftharpoons}}\text{电荷}$$

由此可见，电场是传递静电力的中介物质。

近代物理理论和实验证实了电场以及磁场是一种客观实在，它们以光速运动。电磁场与实物一样具有能量、质量和动量。场与实物是物质存在的两种不同形式。

电场对处于其中的电荷施以作用力，这是电场的一个重要性质。为了描述电场的这个性质，可引入一个正试验电荷 $q_0$ 来检测电场。$q_0$ 的电荷必须很小，以避免由于它的引入而对电场的分布产生影响；其次，$q_0$ 的线度也必须很小，可视为点电荷，使能细致地反映出电场中各点的性质。

通常将产生电场的电荷称为场源电荷，把电场中某考察点称为场点。试验电荷 $q_0$ 置于场源电荷所产生电场的某场点上，$q_0$ 将受到电场作用的静电力 $\boldsymbol{F}$。实验证明：$\boldsymbol{F}$ 的大小与电量 $q_0$ 成正比，而比值$\dfrac{\boldsymbol{F}}{q_0}$则与试验电荷无关，仅与给定场点的电场性质有关，因此可用$\boldsymbol{F}/q_0$来描述电场的性质。我们定义比值$F/q_0$ 为电场强度的大小，并定义正试验电荷在该点的受力方向为该点电场强度的方向。**电场强度**，用符号 $\boldsymbol{E}$ 表示，即

$$\boldsymbol{E}=\frac{\boldsymbol{F}}{q_0} \tag{8-4}$$

一般而言，空间不同的场点其电场强度的大小、方向都不相同，即矢量 $\boldsymbol{E}$ 是空间坐标的一个矢量函数。电场强度 $\boldsymbol{E}$ 在 SI 制中的单位为 N/C 或 V/m（牛顿每库仑或伏特每米）。

叠加原理不仅适用于库仑力，也适用于电场强度。在点电荷系 $q_1$，$q_2$，…，$q_n$ 所产生的电场中，试验电荷 $q_0$ 所受的合力由式（8-3a）给出为

$$\boldsymbol{F}=\boldsymbol{F}_1+\boldsymbol{F}_2+\cdots+\boldsymbol{F}_n$$

两边除以 $q_0$，得

$$\frac{\boldsymbol{F}}{q_0}=\frac{\boldsymbol{F}_1}{q_0}+\frac{\boldsymbol{F}_2}{q_0}+\cdots+\frac{\boldsymbol{F}_n}{q_0}$$

按照电场强度定义，上式为

$$\boldsymbol{E}=\boldsymbol{E}_1+\boldsymbol{E}_2+\cdots+\boldsymbol{E}_n \tag{8-5}$$

即电场中任一点处的总电场强度 $\boldsymbol{E}$，等于各个点电荷单独存在时在该点各自产生的电场强度的矢量和，这就是**电场强度叠加原理**。

### 8.1.3 电场强度的计算

如果已知场源电荷的分布，根据电场强度叠加原理，从点电荷电场强度公式出发，就可以计算电场中各点的电场强度。

**1. 点电荷的电场强度**

在真空中，距场源电荷 $q$ 为 $r$ 的场点 $P$ 处放置试验电荷 $q_0$，按库仑定律，$q_0$ 所受电场力为

$$\boldsymbol{F}=\frac{1}{4\pi\varepsilon_0}\frac{q_0 q}{r^2}\boldsymbol{r}_0$$

式中，$\boldsymbol{r}_0$ 是从场源指向场点方向的单位矢量，则 $P$ 点的电场强度是

$$\boldsymbol{E}=\frac{\boldsymbol{F}}{q_0}=\frac{1}{4\pi\varepsilon_0}\frac{q}{r^2}\boldsymbol{r}_0 \tag{8-6}$$

如果 $q$ 为正电荷，$\boldsymbol{E}$ 的方向与 $\boldsymbol{r}_0$ 方向一致；如果 $q$ 为负电荷，$\boldsymbol{E}$ 与 $\boldsymbol{r}_0$ 方向相反。电场强度在空间呈球对称分布。

### 2. 点电荷系的电场强度

设真空中电场由若干点电荷 $q_1$，$q_2$，…，$q_n$ 共同产生的，各点电荷到电场中场点 $P$ 的矢径分别为 $\boldsymbol{r}_1$，$\boldsymbol{r}_2$，…，$\boldsymbol{r}_n$，相应单位矢量为 $\boldsymbol{r}_{01}$，$\boldsymbol{r}_{02}$，…，$\boldsymbol{r}_{0n}$。由电场强度叠加原理，立即得到 $P$ 点的合电场强度为

$$\boldsymbol{E}=\boldsymbol{E}_1+\boldsymbol{E}_2+\cdots+\boldsymbol{E}_n=\sum_{i=1}^{n}\boldsymbol{E}_i$$

依据式（8-6），上式为

$$\boldsymbol{E}=\sum_{i=1}^{n}\frac{q_i}{4\pi\varepsilon_0 r_i^2}\boldsymbol{r}_{0i} \tag{8-7}$$

### 3. 连续带电体的电场强度

任何带电体全部电荷分布都可以看成是许多电荷元 $\mathrm{d}q$ 的集合，$\mathrm{d}q$ 可视为点电荷。在电场中任一场点 $P$ 处，每一电荷元 $\mathrm{d}q$ 在 $P$ 点产生的电场强度为

$$\mathrm{d}\boldsymbol{E}=\frac{1}{4\pi\varepsilon_0}\frac{\mathrm{d}q}{r^2}\boldsymbol{r}_0$$

式中，$r$ 为 $\mathrm{d}q$ 到场点 $P$ 的距离；$\boldsymbol{r}_0$ 是从 $\mathrm{d}q$ 指向 $P$ 点的单位矢量。利用电场强度叠加原理就可算出带电体在 $P$ 点所产生的电场强度为

$$\boldsymbol{E}=\int\mathrm{d}\boldsymbol{E}=\int\frac{1}{4\pi\varepsilon_0}\frac{\mathrm{d}q}{r^2}\boldsymbol{r}_0 \tag{8-8a}$$

在电荷连续分布的情形下，常引入电荷密度的概念，具体形式大致有三种：

1）体分布：带电体的电荷连续分布在整个体积内，定义电荷体密度 $\rho=\mathrm{d}q/\mathrm{d}V$，其中 $\mathrm{d}V$ 是电荷元 $\mathrm{d}q$ 的体积，则 $\mathrm{d}q=\rho\mathrm{d}V$。

2）面分布：带电体的电荷连续分布在整个面上，定义电荷面密度 $\sigma=\mathrm{d}q/\mathrm{d}S$，$\mathrm{d}S$ 是电荷元 $\mathrm{d}q$ 的面积，则 $\mathrm{d}q=\sigma\mathrm{d}S$。

3）线分布：带电体的电荷连续分布在线上，定义电荷线密度 $\lambda=\mathrm{d}q/\mathrm{d}l$，$\mathrm{d}l$ 为电荷元 $\mathrm{d}q$ 的长度，则 $\mathrm{d}q=\lambda\mathrm{d}l$。

把上述三种分布 $\mathrm{d}q$ 的表达式代入式（8-8a），得

$$\boldsymbol{E}=\begin{cases}\displaystyle\int_V\frac{\rho\mathrm{d}V}{4\pi\varepsilon_0 r^2}\boldsymbol{r}_0 & \text{（体分布）}\\ \displaystyle\int_S\frac{\sigma\mathrm{d}S}{4\pi\varepsilon_0 r^2}\boldsymbol{r}_0 & \text{（面分布）}\\ \displaystyle\int_l\frac{\lambda\mathrm{d}l}{4\pi\varepsilon_0 r^2}\boldsymbol{r}_0 & \text{（线分布）}\end{cases} \tag{8-8b}$$

式（8-8a）和式（8-8b）中的被积函数是矢量函数，在具体运算时通常必须把被积函数 $\mathrm{d}\boldsymbol{E}$ 在 $x$、$y$、$z$ 三个坐标轴方向上的分量式写出，然后分别求得 $\boldsymbol{E}$ 的三个分量，最后求合成矢量 $\boldsymbol{E}$。

**例题 8-1** （电偶极子的电场强度）有两个电量相等符号相反，相距为 $l$ 的点电荷 $+q$ 和

$-q$，它们在空间要产生电场。若考察的场点到这两个点电荷的距离比 $l$ 大得很多时，这两个点电荷系统称为**电偶极子**。从 $-q$ 指向 $+q$ 的矢量 $\boldsymbol{l}$ 称为电偶极子的轴，$q\boldsymbol{l}$ 称为电偶极子的**电偶极矩**，用符号 $\boldsymbol{p}_e$ 表示，$\boldsymbol{p}_e=q\boldsymbol{l}$。求：

（1）电偶极子轴线延长线上一点的电场强度；

（2）电偶极子轴线的中垂线上一点的电场强度。

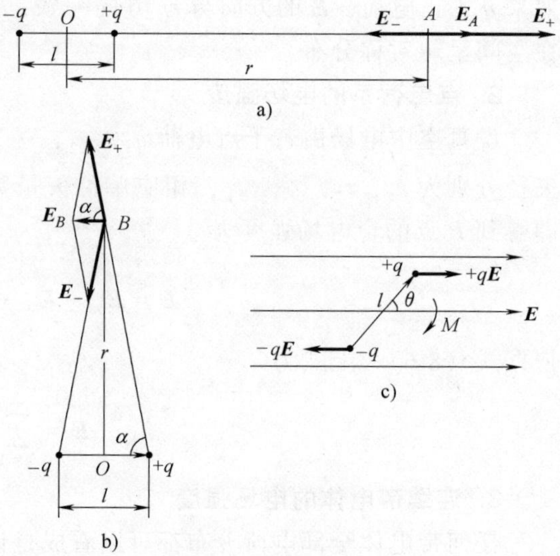


图8-3 例题8-1图

**解** （1）计算电偶极子轴线延长线上某点A处的电场强度 $\boldsymbol{E}_A$。令电偶极子轴线的中点到 $A$ 点的距离为 $r$（$r>>l$），如图 8-3a 所示，$+q$ 和 $-q$ 在 $A$ 点产生的电场强度 $\boldsymbol{E}_+$ 和 $\boldsymbol{E}_-$，同在轴线上，方向相反，大小分别为

$$E_+=\frac{q}{4\pi\varepsilon_0\left(r-\frac{l}{2}\right)^2},\quad E_-=\frac{q}{4\pi\varepsilon_0\left(r+\frac{l}{2}\right)^2}$$

$A$ 点总电场强度 $\boldsymbol{E}_A$ 的大小为

$$E_A=E_+-E_-=\frac{1}{4\pi\varepsilon_0}\left[\frac{q}{\left(r-\frac{l}{2}\right)^2}-\frac{q}{\left(r+\frac{l}{2}\right)^2}\right]=\frac{q}{4\pi\varepsilon_0}\frac{2rl}{(r^2-l^2/4)^2}$$

因为 $r>>l$，所以

$$E_A=\frac{1}{4\pi\varepsilon_0}\frac{2ql}{r^3}=\frac{1}{4\pi\varepsilon_0}\frac{2p_e}{r^3}$$

$\boldsymbol{E}_A$ 的指向与电偶极矩 $\boldsymbol{p}_e$ 的指向相同，如图 8-3a 中所示。

（2）计算电偶极子中垂线上某点 $B$ 的电场强度 $\boldsymbol{E}_B$。如图 8-3b 所示，令中垂线上 $B$ 点到电偶极子的中心 $O$ 的距离为 $r(r>>l)$。$+q$ 和 $-q$ 在 $B$ 点产生的电场强度 $\boldsymbol{E}_+$ 和 $\boldsymbol{E}_-$ 的大小分别为

$$E_+=\frac{1}{4\pi\varepsilon_0}\frac{q}{r^2+\frac{l^2}{4}},\quad E_-=\frac{1}{4\pi\varepsilon_0}\frac{q}{r^2+\frac{l^2}{4}}$$

其方向如图 8-3b 所示。根据电场强度叠加原理，$B$ 点电场强度 $\boldsymbol{E}_B=\boldsymbol{E}_++\boldsymbol{E}_-$，则 $\boldsymbol{E}_B$ 的大小为

$$E_B=E_+\cos\alpha+E_-\cos\alpha=\frac{1}{4\pi\varepsilon_0}\frac{ql}{\left(r^2+\frac{l^2}{4}\right)^{3/2}}$$

由于 $r>>l$ 得

$$E_B=\frac{ql}{4\pi\varepsilon_0 r^3}=\frac{p_e}{4\pi\varepsilon_0 r^3}$$

$\boldsymbol{E}_B$ 的指向与电偶极矩 $\boldsymbol{p}_e$ 的指向相反。

最后计算电偶极子在外电场中所受的作用。当电偶极子处在外电场中时，由于 $l$ 很小，电偶极子的正负电荷所在处的电场强度可以看作相等。设外电场强度为 $\boldsymbol{E}$，$\boldsymbol{l}$ 与 $\boldsymbol{E}$ 之间的夹角为 $\theta$，如图 8-3c 所示。两个电荷所受力分别为 $-q\boldsymbol{E}$ 和 $+q\boldsymbol{E}$。这两个力大小相等，方向相反，但不在一条直线上，所以合力为零，而合力矩为

$$M = qEl\sin\theta = p_e E\sin\theta$$

即

$$\boldsymbol{M} = \boldsymbol{p}_e \times \boldsymbol{E}$$

力矩 $\boldsymbol{M}$ 的作用总是使电偶极子转向电场强度 $\boldsymbol{E}$ 的方向。

**例题 8-2**　有一均匀带电直线，长为 $L$，电荷为 $q$，设线外任一场点 $P$ 离开直线的垂直距离为 $a$，$P$ 点和直线两端的连线与直线之间的夹角分别为 $\theta_1$ 和 $\theta_2$。求 $P$ 点的电场强度。

**解**　选取坐标如图 8-4 所示。在带电直线上距原点 $O$ 为 $x$ 处取一长为 $\mathrm{d}x$ 的电荷元，其电荷 $\mathrm{d}q=\lambda\mathrm{d}x=\dfrac{q}{L}\mathrm{d}x$。电荷元 $\mathrm{d}q$ 在 $P$ 点的电场强度 $\mathrm{d}\boldsymbol{E}$ 的大小为

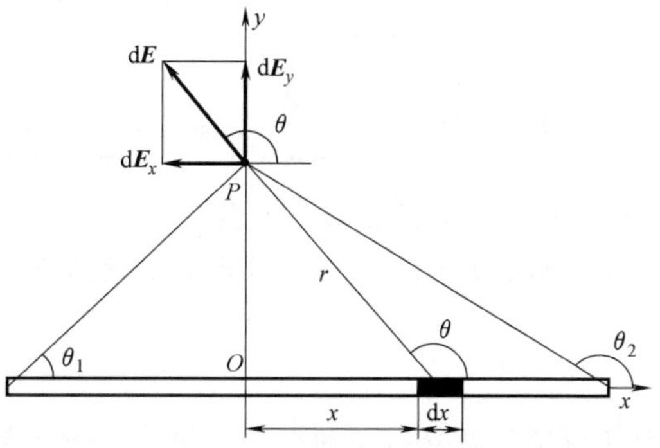

图 8-4　例题 8-2 图

$$\mathrm{d}E = \frac{\mathrm{d}q}{4\pi\varepsilon_0 r^2} = \frac{\lambda\mathrm{d}x}{4\pi\varepsilon_0 r^2}$$

不同位置的电荷元在 $p$ 点产生的电场强度 $\mathrm{d}\boldsymbol{E}$ 有不同的方向，它们在 $P$ 点的分量分别是

$$\mathrm{d}E_x = \mathrm{d}E\cos\theta = \frac{\lambda\mathrm{d}x}{4\pi\varepsilon_0 r^2}\cos\theta$$

$$\mathrm{d}E_y = \mathrm{d}E\sin\theta = \frac{\lambda\mathrm{d}x}{4\pi\varepsilon_0 r^2}\sin\theta$$

由于 $r=a/\sin\theta$，$x=-a\cot\theta$，$\mathrm{d}x=a\mathrm{d}\theta/\sin^2\theta$，将被积函数化简为单一变量 $\theta$ 的函数，并确定积分限，再进行积分，得到

$$E_x = \int_{\theta_1}^{\theta_2}\frac{\lambda}{4\pi\varepsilon_0 a}\cos\theta\mathrm{d}\theta = \frac{\lambda}{4\pi\varepsilon_0 a}(\sin\theta_2 - \sin\theta_1)$$

$$E_y = \int_{\theta_1}^{\theta_2}\frac{\lambda}{4\pi\varepsilon_0 a}\sin\theta\mathrm{d}\theta = -\frac{\lambda}{4\pi\varepsilon_0 a}(\cos\theta_2 - \cos\theta_1)$$

$$\boldsymbol{E} = E_x\boldsymbol{i} + E_y\boldsymbol{j} = \frac{\lambda}{4\pi\varepsilon_0 a}(\sin\theta_2 - \sin\theta_1)\boldsymbol{i} - \frac{\lambda}{4\pi\varepsilon_0 a}(\cos\theta_2 - \cos\theta_1)\boldsymbol{j}$$

当 $a \ll L$ 时，即 $P$ 点极靠近直线，这时带电直线可看作无限长，用 $\theta_1=0$ 和 $\theta_2=\pi$ 代入得

$$E_x = 0$$

$$E_y = \frac{\lambda}{2\pi\varepsilon_0 a}$$

**例题 8-3**　半径为 $R$ 的均匀带电细圆环，电荷量为 $q$。求圆环轴线上任一点的电场强度。

**解**　取如图 8-5 所示的坐标，设场点 $P$ 距原点（环心）为 $x$，在环上取电荷元 $\mathrm{d}q=\lambda\mathrm{d}l=$

$\frac{q}{2\pi R}\mathrm{d}l$，d$q$ 在 $P$ 点产生的电场强度的大小为

$$\mathrm{d}E=\frac{\mathrm{d}q}{4\pi\varepsilon_0 r^2}=\frac{\lambda \mathrm{d}l}{4\pi\varepsilon_0 r^2}$$

由于圆环对 $P$ 点是轴对称的，故可将 d$E$ 分解为平行和垂直于轴线（$x$ 轴）的两个分量 d$E_x$ 和 d$E_y$，圆环上各电荷元的 d$E_y$ 相互抵消的，故 $P$ 点电场强度大小为

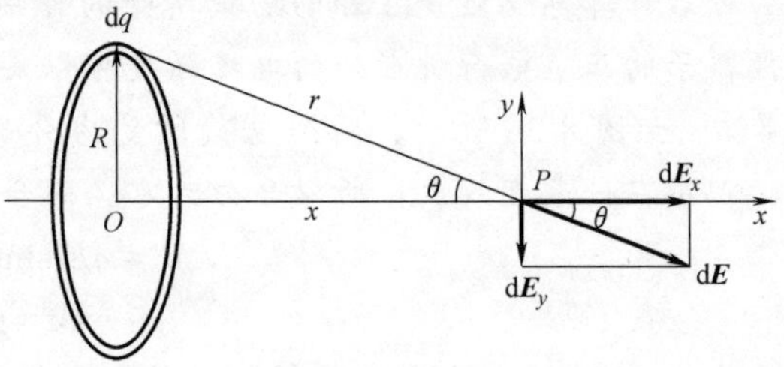

图8-5　例题8-3 图

$$E=\int \mathrm{d}E_x=\int\frac{\lambda \mathrm{d}l}{4\pi\varepsilon_0 r^2}\cos\theta=\frac{\lambda\cos\theta}{4\pi\varepsilon_0 r^2}\int_0^{2\pi R}\mathrm{d}l=\frac{q}{4\pi\varepsilon_0 r^2}\cos\theta=\frac{qx}{4\pi\varepsilon_0(x^2+R^2)^{3/2}}$$

$p$ 点电场强度方向沿 $x$ 轴的方向。

当 $x=0$，$E=0$，即环心处电场强度为零。又当 $x\gg R$，则有

$$E=\frac{q}{4\pi\varepsilon_0 x^2}$$

此结果说明远离环心处的电场近似等于一个点电荷 $q$ 所产生的电场。

当 $|x|\ll R$ 时，则有

$$E=\frac{q}{4\pi\varepsilon_0 R^3}x$$

此结果说明在 $x$ 轴上紧邻原点附近 $\boldsymbol{E}$ 的大小与 $x$ 成线性关系。

**例题 8-4**　如图 8-6 所示，有一均匀带电薄圆盘，半径为 $R$，电荷面密度为 $\sigma(\sigma>0)$，求圆盘轴线上任一点的电场强度。

**解**　带电圆盘可看成由许多同心的带电细圆环组成。取一半径为 $r$，宽度为 d$r$ 的细圆环，此圆环带电荷 d$q=\sigma 2\pi r\mathrm{d}r$，由上例可知，此圆环电荷在 $P$ 点产生的电场强度大小为

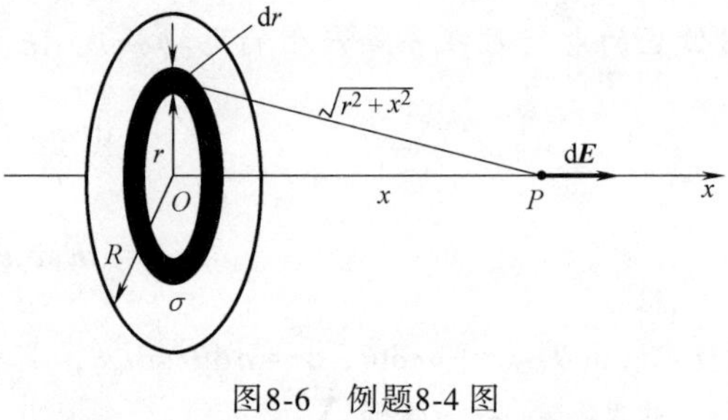

图8-6　例题8-4 图

$$\mathrm{d}E=\frac{x\mathrm{d}q}{4\pi\varepsilon_0(r^2+x^2)^{3/2}}=\frac{x\sigma 2\pi r\mathrm{d}r}{4\pi\varepsilon_0(r^2+x^2)^{3/2}}$$

方向指向 $x$ 轴正向。由于组成圆盘的各圆环的电场 d$\boldsymbol{E}$ 方向都相同，所以 $P$ 点的电场强度大小为

$$E=\int \mathrm{d}E=\frac{2\pi\sigma x}{4\pi\varepsilon_0}\int_0^R\frac{r}{(x^2+r^2)^{3/2}}\mathrm{d}r=\frac{\sigma}{2\varepsilon_0}\left[1-\frac{x}{\sqrt{x^2+R^2}}\right]$$

其方向也垂直于圆盘面指向+$x$ 方向。

当 $x\ll R$ 时，有限的盘面对 $P$ 点可视为是无限大平面，这时有

$$E=\frac{\sigma}{2\varepsilon_0}$$

即对于无限大带电平面，它在空间所产生电场的电场强度大小处处相等，与场点到平面的距

离无关，而方向垂直于平面。所以无限大均匀带电平面两侧的电场是均匀场。

当 $x>>R$ 时，则有

$$E \approx \frac{\pi R^2 \sigma}{4\pi\varepsilon_0 x^2} = \frac{q}{4\pi\varepsilon_0 x^2}$$

这个结果说明，在远离带电圆盘处的电场也相当于一个点电荷的电场。

## 8.2　静电场的高斯定理

### 8.2.1　电场线

为了形象直观地描述电场的分布，可以在电场中画出一系列有指向的曲线，使曲线上每一点的切线正方向（沿曲线指向）与该点的电场强度方向一致，这些曲线就叫作电场线（或电力线），如图 8-7a 所示。为了既能表示电场强度的方向，又能表示电场强度的大小，在画电场线时做如下规定：某点电场强度的大小与该点电场线密度成正比。设想通过 $P$ 点取一个垂直于电场方向的面元 $\Delta S$，通过此面元的电场线条数为 $\Delta\Phi_e$，由于面元线度很小，可以认为面上各点的电场强度近似等于 $P$ 点的电场强度。因此，$P$ 点电场强度的大小为

$$E = \lim_{\Delta S \to 0} \frac{\Delta\Phi_e}{\Delta S} = \frac{d\Phi_e}{dS} \tag{8-9}$$

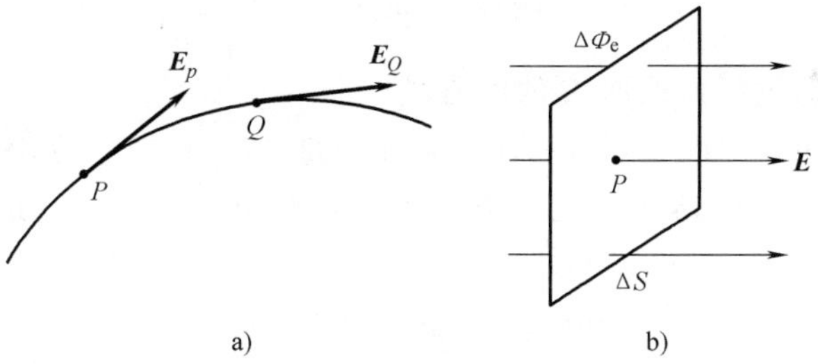


图8-7　电场线和电场线密度

按照此规定画电场线，则电场线密处电场强度就大，电场线疏处电场强度就小。图 8-8 画出了几种典型电场的电场线的分布示意图。

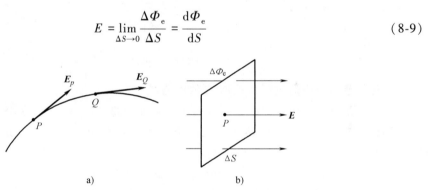

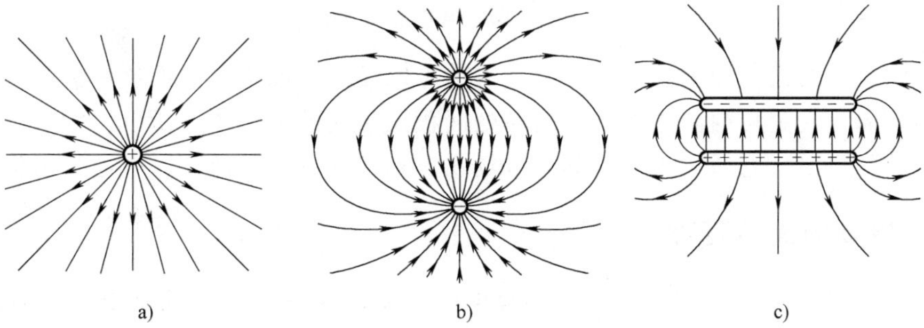


图8-8　几种典型电场的电场线

a）正电荷　b）电偶极子　c）正、负带电板

静电场中的电场线具有如下的性质：

1）电场线起始于正电荷(或无限远处)，终止于负电荷(或无限远处)，不会在没有电荷处中断；

2）两条电场线不会相交；

3）电场线不形成闭合曲线。

### 8.2.2 电通量

通过电场中某一曲面的电场线数叫作通过该曲面的**电场通量**，简称**电通量**或 $\boldsymbol{E}$ 通量，用符号 $\Phi_e$ 表示。电通量的计算如下：

**1. 在均匀电场中通过平面 S 的电通量**

若平面 $S$ 与电场强度 $\boldsymbol{E}$ 垂直，则 $\Phi_e = ES$，如图 8-9a 所示。若平面 $S$ 的法线方向的单位矢量 $\boldsymbol{n}$ 与电场强度 $\boldsymbol{E}$ 成 $\theta$ 角，如图 8-9b 所示，则 $\Phi_e = ES_\perp = ES\cos\theta$，写成矢量形式为

$$\Phi_e = \boldsymbol{E} \cdot \boldsymbol{S} \tag{8-10}$$

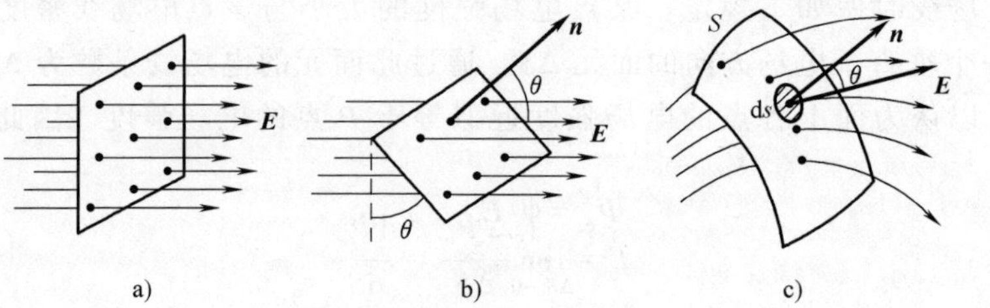


图8-9 电通量

**2. 在任意电场中通过任意曲面 S 的电通量**

如图 8-9c 所示，在 $S$ 曲面上任取一小面积元矢量 $\mathrm{d}\boldsymbol{S}$，其大小为 $\mathrm{d}S$，法向的单位矢量为 $\boldsymbol{n}$。将 $\mathrm{d}\boldsymbol{S}$ 看成平面，并认为 $\mathrm{d}\boldsymbol{S}$ 面上的各点电场强度 $\boldsymbol{E}$ 相等。因 $\boldsymbol{n}$ 与 $\boldsymbol{E}$ 夹角为 $\theta$，则通过 $\mathrm{d}S$ 的电通量为

$$\mathrm{d}\Phi_e = E\cos\theta \mathrm{d}S = \boldsymbol{E} \cdot \mathrm{d}\boldsymbol{S}$$

通过整个 $S$ 面的电通量，等于通过各面积元通量的总和，即

$$\Phi_e = \int_S \mathrm{d}\Phi_e = \int_S \boldsymbol{E} \cdot \mathrm{d}\boldsymbol{S} \tag{8-11}$$

若 $S$ 曲面为闭合曲面，通过 $S$ 闭合面的电通量为

$$\Phi_e = \oint_S \mathrm{d}\Phi_e = \oint_S \boldsymbol{E} \cdot \mathrm{d}\boldsymbol{S} \tag{8-12}$$

对于不闭合的曲面，面上各处的法线正方向可以任意选取指向曲面这一侧或另一侧。对于闭合曲面，通常规定自内向外的方向为各处面积元法线的正方向。所以，如果电场线从闭合曲面之内向外穿出，电通量为正；如果电场线从外部穿入闭合曲面，电通量为负。

### 8.2.3 静电场的高斯定理

高斯定理是用电通量表示的电场和场源电荷关系的定理，是反映静电场性质的重要规律。为了引入高斯定理，我们先考察一个孤立的点电荷的简单情况。如图 8-10a 所示，$q$ 为真空中的正点电荷，以 $q$ 为球心，任意长 $r$ 为半径作一球面 $S$ 包围这点电荷。球面上任一点

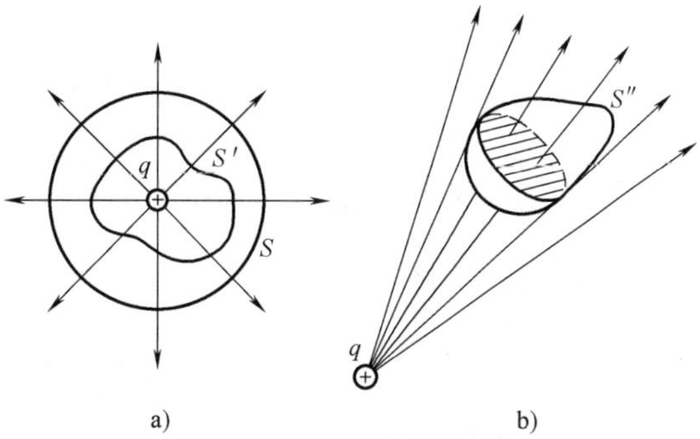

图8-10　高斯定理的证明

的电场强度 $\boldsymbol{E}$ 的大小都是 $\frac{q}{4\pi\varepsilon_0 r^2}$，方向都沿着矢量 $\boldsymbol{r}$ 的方向，且处处与球面垂直。由式（8-12），得到通过这球面 $S$ 的电通量为

$$\Phi_e = \oint_S \boldsymbol{E} \cdot d\boldsymbol{S} = \oint_S \frac{q}{4\pi\varepsilon_0 r^2} dS$$

$$= \frac{q}{4\pi\varepsilon_0 r^2} 4\pi r^2 = \frac{q}{\varepsilon_0}$$

此结果与球面半径 $r$ 无关，只与它所包围的电荷有关。对以点电荷 $q$ 为中心的任意球面来说，通过它们的电通量都是一样的，都等于 $q/\varepsilon_0$。

场源电荷仍是点电荷 $q$，设想另一个任意闭合曲面 $S'$，$S'$与球面 $S$ 包围同一个点电荷 $q$，$S'$与 $S$ 之间并无其他电荷，如图 8-10a 所示。由于电场线的连续性，可以得出通过闭合曲面 $S$ 和 $S'$的电场线数目是一样的，都等于 $q/\varepsilon_0$，与闭合曲面的形状无关，所以下式仍然成立，即

$$\Phi_e = \oint_{S'} \boldsymbol{E} \cdot d\boldsymbol{S} = \frac{q}{\varepsilon_0}$$

场源电荷为点电荷 $q$，$q$ 在任意闭合曲面 $S''$的外面，即闭合曲面 $S''$不包围点电荷 $q$，如图 8-10b 所示。由于电场线的连续性可得出，由这一侧进入 $S''$的电场线条数一定等于另一侧穿出 $S''$的电场线条数，所以净穿出闭合曲面 $S''$的电场线总条数为零，亦即通过 $S''$面的电通量为零。用公式表示为

$$\Phi_e = \oint_{S''} \boldsymbol{E} \cdot d\boldsymbol{S} = 0$$

场源电荷为 $q_1$，$q_2$，…，$q_n$ 组成的电荷系，其中有 $k$ 个点电荷（$k \leqslant n$）$q_1$，$q_2$，…，$q_k$ 位于闭合曲面 $S$ 内，另外 $n-k$ 个点电荷 $q_{k+1}$、…、$q_n$ 位于闭合曲面 $S$ 外。由电场强度叠加原理可知，闭合曲面 $S$ 上任一点的电场强度 $\boldsymbol{E}$ 为闭合曲面内外的 $n$ 个点电荷单独存在时在该点激发的电场强度的矢量和，即

$$\boldsymbol{E} = \boldsymbol{E}_1 + \boldsymbol{E}_2 + \cdots + \boldsymbol{E}_k + \boldsymbol{E}_{k+1} + \cdots + \boldsymbol{E}_n = \sum_{i=1}^{n} \boldsymbol{E}_i$$

这时通过闭合曲面 $S$ 的电通量为

$$\begin{aligned}\Phi_e &= \oint_S \boldsymbol{E} \cdot d\boldsymbol{S} = \oint_S \boldsymbol{E}_1 \cdot d\boldsymbol{S} + \oint_S \boldsymbol{E}_2 \cdot d\boldsymbol{S} + \cdots + \oint_S \boldsymbol{E}_k \cdot d\boldsymbol{S} + \\ &\quad \oint_S \boldsymbol{E}_{k+1} \cdot d\boldsymbol{S} + \cdots + \oint_S \boldsymbol{E}_n \cdot d\boldsymbol{S} \\ &= \left\{\frac{1}{\varepsilon_0}q_1 + \frac{1}{\varepsilon_0}q_2 + \cdots + \frac{1}{\varepsilon_0}q_k\right\} + \{0 + 0 + \cdots + 0\} \\ &= \frac{1}{\varepsilon_0}\sum_{i=1}^{k} q_i\end{aligned}$$

即

$$\Phi_e = \oint_S \boldsymbol{E} \cdot \mathrm{d}\boldsymbol{S} = \frac{1}{\varepsilon_0}\sum_{i=1}^{k} q_i \tag{8-13a}$$

式中，$\sum_{i=1}^{k} q_i$ 表示在闭合曲面 $S$ 内所有电荷的代数和。若电荷在闭合曲面内的分布是连续的，式（8-13a）亦可写作

$$\oint_S \boldsymbol{E} \cdot \mathrm{d}\boldsymbol{S} = \frac{1}{\varepsilon_0}\int_V \rho \mathrm{d}V \tag{8-13b}$$

式中，$V$ 为被闭合曲面 $S$ 所包围的体积；$\rho$ 是 $V$ 内任一点的电荷体密度。

式（8-13）就是**高斯定理**的数学表达式。它可表述如下：在真空中的任意静电场中，通过任一闭合曲面的电通量等于该闭合曲面内所包围的电荷代数和的 $\varepsilon_0$ 分之一。定理中的任一闭合曲面也常称为“高斯面”。

高斯定理指出，当 $\sum q_i$ 为正时，$\Phi_e>0$，表示有电场线从它们发出并穿出闭合曲面，所以正电荷称为静电场的源头。当 $\sum q_i$ 为负时，$\Phi_e<0$，表明有电场线穿入闭合曲面而终止于负电荷，所以负电荷称为静电场的尾闾。高斯定理说明了电场线始于正电荷，终止于负电荷，亦即静电场是有源场。

使用高斯定理时要注意：

1）式（8-13）中的 $\boldsymbol{E}$ 是指闭合曲面 $S$ 上的各点的电场强度，它是由全部电荷（既包括曲面内的电荷，又包括曲面外的电荷）共同激发的合电场强度，并非只由闭合曲面内的电荷所激发。

2）通过闭合曲面的总电通量只取决于它所包围的电荷，与闭合面外的电荷无关，与闭合曲面内的电荷怎样分布也无关。

对于静止电荷的电场，库仑定律与高斯定理两者可以说是等价的，但在研究运动电荷的电场时，人们发现，库仑定律不再成立，而高斯定理仍然有效。

### 8.2.4　高斯定理的应用

当给定问题中的电荷分布具有某种对称性时，可以应用高斯定理求解电场强度的分布。这种方法一般包含两步：根据电荷分布的对称性分析电场强度分布是否具有某种对称性，如球对称、面对称、轴对称等，从而判断能否用高斯定理简便地求出电场强度分布。如能用高斯定理求电场强度，则根据电场的对称性，选取通过场点的合适的高斯面 $S$。所谓“合适”，主要是指在计算通过高斯面 $S$ 的电通量 $\oint_S \boldsymbol{E} \cdot \mathrm{d}\boldsymbol{S}$ 时，$E\cos\theta$ 可以从积分号中提出来，而只需对简单的几何曲面进行积分就可以了。下面举例说明。

**例题 8-5**　求均匀带电球面的电场分布。

**解**　设球面半径为 $R$ 带电荷 $q$，如图 8-11 所示。由于电荷对球心 $O$ 是球对称分布，相应地电场分布也具有球对称性：距球心等距离的各点，电场强度大小相等，方向沿半径方向向外。

（1）球外任意一点 $P$ 处的电场强度。设 $P$ 点距球心为 $r$，以 $r$ 为半径作一与带电球面同心的球面 $S$ 作为高斯面，如图 8-11 所示，则通过它的电通量为

$$\Phi_e = \oint_S \boldsymbol{E} \cdot \mathrm{d}\boldsymbol{S} = \oint_S E\mathrm{d}S = E4\pi r^2$$

此球面包围的电荷代数和$\sum q = q$。根据高斯定理有

$$E4\pi r^2 = \frac{q}{\varepsilon_0}$$

由此得出

$$E = \frac{1}{4\pi\varepsilon_0}\frac{q}{r^2} \quad (r>R) \tag{8-14a}$$

此结果表明，均匀带电球面外的电场强度分布与电荷全部集中在球心时的一个点电荷的电场分布相同。

（2）球内任意一点$P'$处的电场强度。设$P'$距球心为$r'$，过$P'$点作半径为$r'$的同心球面$S'$为高斯面，如图 8-11 所示。通过$S'$的电通量为$E4\pi r'^2$，由于$S'$面所包围的电荷为零，由高斯定理得

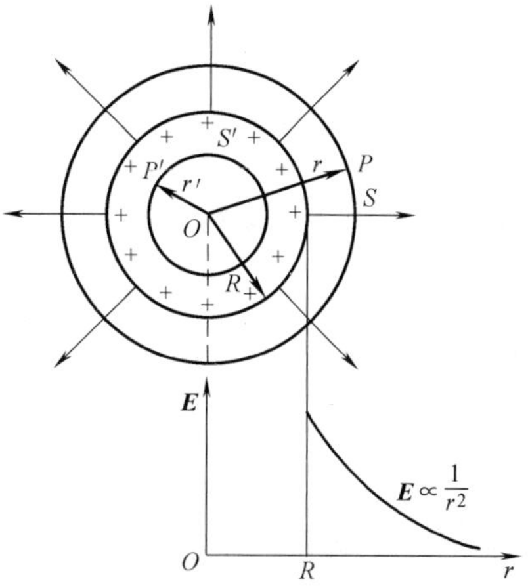

图 8-11 均匀带电球面电场强度计算

$$E4\pi r'^2 = 0$$

$$E = 0 \quad (r<R) \tag{8-14b}$$

此结果表明，均匀带电球面内部的电场强度处处为零。

由上述结果所画出的电场强度随距离的变化曲线如图 8-11 所示，叫作$E$-$r$曲线。

**例题 8-6** 求均匀带电球体的电场强度分布。

**解** 设球半径为$R$，所带总电荷为$q$。设想均匀带电球体是由一层层同心的均匀带电球面组成，因而电荷分布具有球对称性，电场分布也具有球对称性。

（1）球外任意一点$P$处的电场强度。设$P$点距球心为$r$，以$r$为半径作一与带电球体同心的球面$S$作为高斯面，如图 8-12a 所示。通过$S$的电通量为$E4\pi r^2$，$S$面内包围的电荷$\sum q_i = q$。根据高斯定理有

$$E4\pi r^2 = \frac{1}{\varepsilon_0}q$$

得到

$$E = \frac{1}{4\pi\varepsilon_0}\frac{q}{r^2} \quad (r \geqslant R) \tag{8-15a}$$

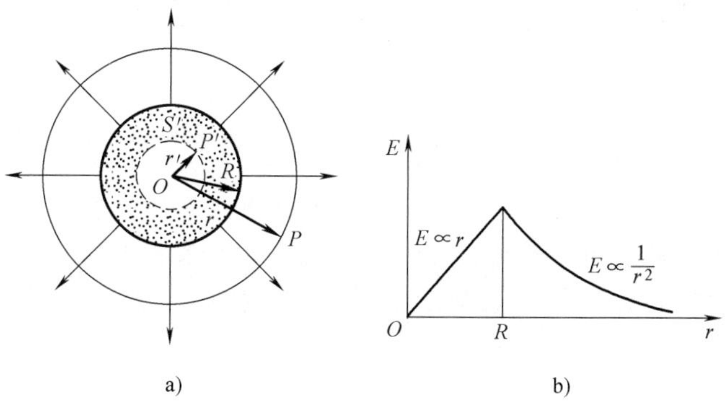

图8-12 均匀带电球体电场计算

此结果表明，均匀带电球体外的电场强度与位于球心、有相同电量的点电荷产生的电场相同。

(2) 球内任意一点 $P'$ 处的电场强度。设 $P'$ 距球心为 $r'$，过 $P'$ 作半径为 $r'$ 的同心球面 $S'$ 为高斯面，如图 8-12 所示，通过 $S'$ 的电通量为 $E4\pi r'^2$，$S'$ 面所包围的电荷可以这样计算：由电荷体密度的定义可得 $\rho=q/(4/3\pi R^3)$，因而 $S'$ 面所包围的电荷为

$$\sum q_{内}=\frac{q}{\frac{4}{3}\pi R^3}\frac{4}{3}\pi r'^3=\frac{qr'^3}{R^3}$$

应用高斯定理可得

$$E4\pi r'^2=\frac{qr'^3}{\varepsilon_0 R^3}$$

$$E=\frac{1}{4\pi\varepsilon_0}\frac{qr'}{R^3}\quad (r'\leqslant R)$$

将 $r'$ 换成 $r$，上式可写成

$$E=\frac{1}{4\pi\varepsilon_0}\frac{qr}{R^3}\quad (r\leqslant R) \tag{8-15b}$$

由此可见，均匀带电球体内任一点的电场强度与该点到球心的距离 $r$ 成正比，在球心处电场强度为零。

均匀带电球体的 $E-r$ 曲线如图 8-12b 所示。

**例题 8-7** 求无限长均匀带电圆柱面的电场强度分布。

**解** 设半径为 $R$ 的无限长圆柱面均匀带电，圆柱面单位长度的电荷为 $\lambda$，如图 8-13 所示。

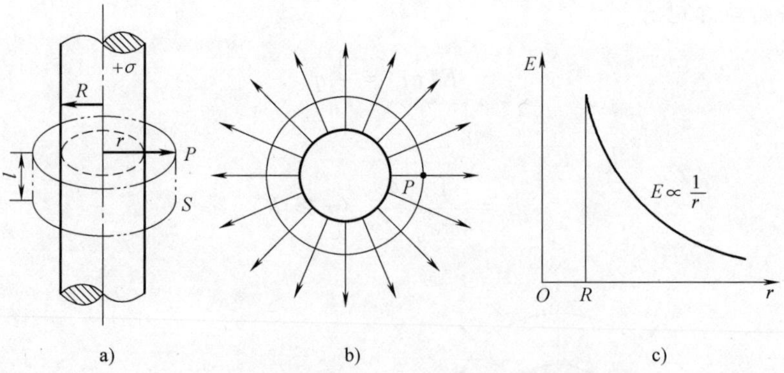


图8-13 无限长均匀带电圆柱面的电场强度计算

无限长圆柱面是一个理想模型，实际上只要带电圆柱面的长度比半径大得多，而且场点离轴线很近，又不靠近圆柱面的两端，就可以将它当作无限长圆柱面来处理。

因为无限长均匀带电圆柱面的电荷分布是轴对称性的，因而电场的分布也具有轴对称性。也就是在离开圆柱面轴线等距离的各点，电场强度的大小相等，方向都垂直于圆柱面向外，如图 8-13b 所示。

(1) 圆柱面外任意一点 $P$ 的电场强度。设 $P$ 点到圆柱面轴线的距离为 $r(r>R)$。取一高

为 $l$，与无限长带电圆柱面共轴的闭合圆柱面作为高斯面 $S$，$S$ 的侧面通过场点 $P$，上下底面和圆柱面轴线垂直，如图 8-13a 所示。通过高斯面 $S$ 的电通量为

$$\Phi_e = \oint_S \boldsymbol{E} \cdot d\boldsymbol{S} = \int_{侧面} \boldsymbol{E} \cdot d\boldsymbol{S} + \int_{上底} \boldsymbol{E} \cdot d\boldsymbol{S} + \int_{下底} \boldsymbol{E} \cdot d\boldsymbol{S}$$

在 $S$ 面的上、下底面上，电场强度的方向与底面平行，因此上式等号右侧后两项等于零。而在侧面上各点 $\boldsymbol{E}$ 的大小相等，方向处处与侧面正交（见图 8-13b），所以有

$$\oint_S \boldsymbol{E} \cdot d\boldsymbol{S} = \int_{侧面} E dS = E2\pi r l$$

高斯面 $S$ 内包围的电荷为

$$\sum q_i = \lambda l$$

由高斯定理得

$$E2\pi r l = \frac{1}{\varepsilon_0}\lambda l$$

由此得到

$$E = \frac{\lambda}{2\pi\varepsilon_0 r} \quad (r>R) \tag{8-16a}$$

（2）圆柱面内任一点的电场强度。根据同样的讨论，由于高斯面 $S'$ 内所包围的电荷为零，可知带电圆柱面内部的电场强度等于零，即

$$E = 0 \quad (r<R) \tag{8-16b}$$

无限长均匀带电圆柱面的 $E\text{-}r$ 曲线如图 8-13c 所示。

**例题 8-8**　求无限大均匀带电平面的电场强度分布。

**解**　设无限大均匀带电平面的电荷面密度为 $+\sigma$，如图 8-14 所示。

无限大平面也是一个理想模型，只要带电平面的尺寸比场点到平面的距离大得多，场点远离带电平面的边缘，就可以将带电平面看成是无限大。

由于电荷均匀分布在一个无限大平面上，所以平面两侧的电场具有面对称性。即离平面等距离的各点，电场强度大小相等，电场强度方向与平面垂直，如图 8-14a 所示。

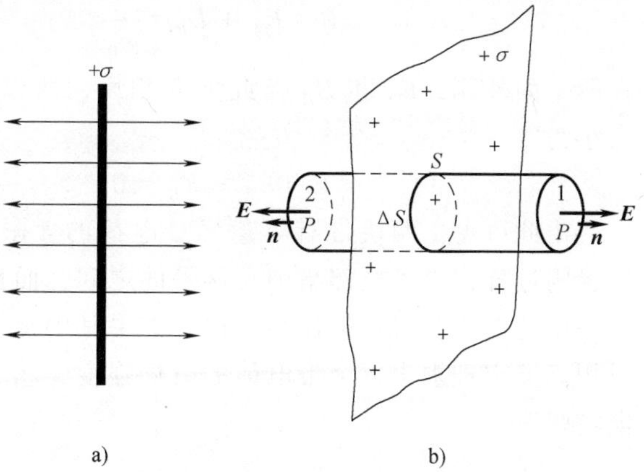


图8-14　无限大均匀带电平面的电场强度计算

设场点 $P$ 为带电平面右侧的一点，场点 $P'$ 为平面左侧和 $P$ 点对称的点。选取闭合圆柱面为高斯面 $S$，它的侧面与带电平面垂直，两个底面分别通过 $P$ 和 $P'$ 与带电平面平行，且底面积为 $\Delta S$，如图 8-14b 所示。通过高斯面 $S$ 的电通量为

$$\oint_S \boldsymbol{E} \cdot d\boldsymbol{S} = \int_{底面1} \boldsymbol{E} \cdot d\boldsymbol{S} + \int_{底面2} \boldsymbol{E} \cdot d\boldsymbol{S} + \int_{侧面} \boldsymbol{E} \cdot d\boldsymbol{S}$$

$S$ 面的侧面上各点的电场强度方向与侧面平行，所以通过侧面的通量为零。对于两底面来

说，电场强度方向与底面法线平行。所以上式为

$$\oint_S \boldsymbol{E} \cdot \mathrm{d}\boldsymbol{S} = E\Delta S + E\Delta S = 2E\Delta S$$

高斯面 $S$ 内包围的电荷为

$$\sum q_i = \sigma \Delta S$$

则由高斯定理得

$$2E\Delta S = \frac{1}{\varepsilon_0}\sigma \Delta S$$

由此得到

$$E = \frac{\sigma}{2\varepsilon_0} \tag{8-17}$$

上式表明，无限大均匀带电平面两侧的电场是均匀场。这一结果与例题 8-4 中的结论是相同的。

由上式结论和电场强度叠加原理可以求出带等量异号电荷一对“无限大”平行平面的电场强度分布。设两无限大均匀带电平面的电荷面密度分别为+σ 和−σ，按电场强度叠加原理，空间任一点的合电场强度 $\boldsymbol{E}$ 是每一带电平面各自所产生电场强度 $\boldsymbol{E}_A$ 和 $\boldsymbol{E}_B$ 的矢量和，即

$$\boldsymbol{E} = \boldsymbol{E}_A + \boldsymbol{E}_B$$

而 $\boldsymbol{E}_A$ 和 $\boldsymbol{E}_B$ 的数值均为 $\sigma/2\varepsilon_0$，方向如图 8-15 所示。在两平面之间，$\boldsymbol{E}_A$ 和 $\boldsymbol{E}_B$ 的方向都是从 $A$ 板指向 $B$ 板，所以合电场强度的大小为

$$E = E_A + E_B = \frac{\sigma}{\varepsilon_0} \tag{8-18a}$$

在两平面外侧，$\boldsymbol{E}_A$ 和 $\boldsymbol{E}_B$ 彼此方向相反，所以合电场强度的大小为

$$E = E_A - E_B = 0 \tag{8-18b}$$

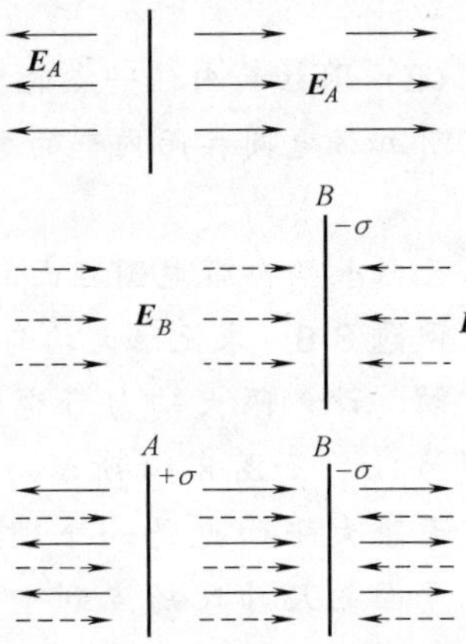

图8-15 两无限大均匀带电平面的电场

由此可见，两块带有等量异号电荷的无限大平行平面除边缘附近外，电场全部集中在两平面之间，而且是均匀的。

由此看出，对带电体系来说，如果其中每个带电体上的电荷分布都具有对称性，那么可以用高斯定理求出每个带电体的电场强度，然后再应用电场强度叠加原理求出带电体系的总电场强度。

## 8.3 静电场的环路定理 电势

### 8.3.1 静电场力做功与路径无关

首先考虑单个点电荷产生的电场。如图 8-16 所示，设静止点电荷 $q$ 位于 $O$ 点，试验电荷 $q_0$ 在 $q$ 的电场中从 $a$ 点经任意路径 $\widehat{acb}$ 移到 $b$ 点。在路径 $\widehat{acb}$ 上任取一点 $c$，其位矢为 $\boldsymbol{r}$。在 $c$ 点附近取一位移元 $\mathrm{d}\boldsymbol{l}$，在这位移元上，电场强度 $\boldsymbol{E}$ 可以认为是不变的，因而电场力所做

的元功为

$$\text{đ}A = q_0\boldsymbol{E}\cdot \mathrm{d}\boldsymbol{l} = q_0 E\cos\theta \mathrm{d}l$$

$$= \frac{1}{4\pi\varepsilon_0}\frac{q_0 q}{r^2}\mathrm{d}l\cos\theta$$

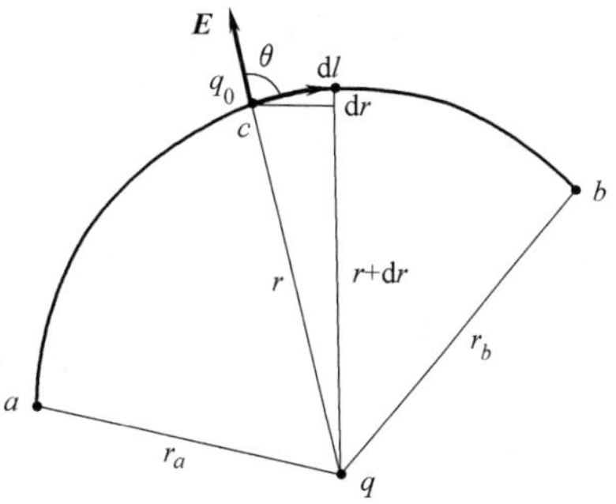


图 8-16　电力场做功与路径无关

式中，$\theta$ 是 $\boldsymbol{E}$ 与 $\mathrm{d}\boldsymbol{l}$ 之间的夹角，$\mathrm{d}l\cos\theta$ 是 $\mathrm{d}\boldsymbol{l}$ 在 $\boldsymbol{E}$ 方向上的投影，也就是 $\mathrm{d}\boldsymbol{l}$ 在径矢 $\boldsymbol{r}$ 上的投影，即 $\mathrm{d}l\cos\theta = \mathrm{d}r$，所以上式为

$$\text{đ}A = \frac{1}{4\pi\varepsilon_0}\frac{q_0 q}{r^2}\mathrm{d}r$$

当试验电荷 $q_0$ 从 $a$ 点移到 $b$ 点时，电场力所做的功为

$$A = q_0\int \boldsymbol{E}\cdot \mathrm{d}\boldsymbol{l} = \frac{qq_0}{4\pi\varepsilon_0}\int_{r_a}^{r_b}\frac{\mathrm{d}r}{r^2} = \frac{qq_0}{4\pi\varepsilon_0}\left(\frac{1}{r_a} - \frac{1}{r_b}\right) \tag{8-19a}$$

式中，$r_a$、$r_b$ 分别是试验电荷 $q_0$ 在起点 $a$ 和终点 $b$ 离点电荷 $q$ 的距离。

由此可见，在点电荷 $q$ 的电场中，静电场力的功仅与试验电荷 $q_0$ 的始末位置有关，与其移动的路径无关。

其次，讨论任意带电体系所产生的电场。这时，我们可以把带电体划分为许多电荷元，每一电荷元可以看作是一个点电荷。于是，可以把带电体系看成点电荷系，总电场强度 $\boldsymbol{E}$ 是各点电荷 $q_1$，$q_2$，…，$q_n$ 单独存在时产生的电场强度 $\boldsymbol{E}_1$，$\boldsymbol{E}_2$，…，$\boldsymbol{E}_n$ 的矢量和，从而当试验电荷 $q_0$ 从 $a$ 点沿任意路径移到 $b$ 点时，电场力做功为

$$\begin{aligned}
A_{ab} &= \int_a^b \boldsymbol{F}\cdot \mathrm{d}\boldsymbol{l} = q_0\int_a^b \boldsymbol{E}\cdot \mathrm{d}\boldsymbol{l} \\
&= q_0\int_a^b (\boldsymbol{E}_1 + \boldsymbol{E}_2 + \cdots + \boldsymbol{E}_n)\cdot \mathrm{d}\boldsymbol{l} \\
&= q_0\int_a^b \boldsymbol{E}_1\cdot \mathrm{d}\boldsymbol{l} + q_0\int_a^b \boldsymbol{E}_2\cdot \mathrm{d}\boldsymbol{l} + \cdots + q_0\int_a^b \boldsymbol{E}_n\cdot \mathrm{d}\boldsymbol{l} \\
&= \frac{q_0 q_1}{4\pi\varepsilon_0}\left(\frac{1}{r_{1a}} - \frac{1}{r_{1b}}\right) + \frac{q_0 q_2}{4\pi\varepsilon_0}\left(\frac{1}{r_{2a}} - \frac{1}{r_{2b}}\right) + \cdots + \frac{q_0 q_n}{4\pi\varepsilon_0}\left(\frac{1}{r_{na}} - \frac{1}{r_{nb}}\right) \\
&= \sum_{i=1}^{n}\frac{q_0 q_i}{4\pi\varepsilon_0}\left(\frac{1}{r_{ia}} - \frac{1}{r_{ib}}\right)
\end{aligned} \tag{8-19b}$$

式中，$r_{ia}$ 和 $r_{ib}$ 分别为 $a$、$b$ 两点到点电荷 $q_i$ 的距离。

既然每一点电荷电场力功都与路径无关，那么它们的代数和也与路径无关。因而得出结论：试验电荷在任何静电场中移动时，电场力做的功只与试验电荷的大小以及路径起点和终点的位置有关，而与其移动的路径无关。这说明电场力是保守力，静电场是保守力场。

### 8.3.2　静电场的环路定理

如图 8-17 所示，在任意静电场中任取一闭合路径 $L$，其上 $a$、$b$ 两点将路径 $L$ 分成 $L_1$ 和 $L_2$ 两段。试验电荷 $q_0$ 从 $a$ 点出发经 $L_1$ 到达 $b$ 点，再由 $b$ 点经 $L_2$ 回到 $a$ 点。则由式（8-19）知，电场力做功为

$$A = q_0\oint_L \boldsymbol{E}\cdot \mathrm{d}\boldsymbol{l} = q_0\int_{a\,(L_1)}^{b} \boldsymbol{E}\cdot \mathrm{d}\boldsymbol{l} + q_0\int_{b\,(L_2)}^{a} \boldsymbol{E}\cdot \mathrm{d}\boldsymbol{l}$$

$$= q_0\int_a^b \boldsymbol{E}\cdot \mathrm{d}\boldsymbol{l} - q_0\int_a^b \boldsymbol{E}\cdot \mathrm{d}\boldsymbol{l} = 0$$

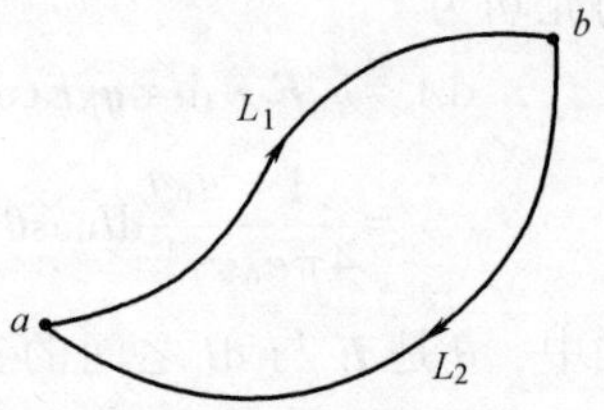

图 8-17　环路定理

即

$$A = q_0\oint_L \boldsymbol{E}\cdot \mathrm{d}\boldsymbol{l} = 0$$

由于 $q_0$ 不为零，因此有

$$\oint_L \boldsymbol{E}\cdot \mathrm{d}\boldsymbol{l} = 0 \tag{8-20}$$

积分 $\oint_L \boldsymbol{E}\cdot \mathrm{d}\boldsymbol{l}$ 称为静电场的环流，上式称为静电场的环路定理，它表明在静电场中，电场强度沿任意闭合路径的线积分等于零。这就是静电场为保守力场的另一种说法，因而可以引入电势能和电势的概念。

在 8.2 中曾指出，电场线有头有尾，它不是闭合曲线，电场线的这一特征与静电场的环路定理有联系。因为如果电场线是闭合的，可以选一闭合的电场线为积分路径，电场强度沿这一路径的环流就不等于零了，故电场线不形成闭合曲线。这样，若用场论的另一术语来表述，静电场是无旋场。又因为静电场还遵从高斯定理，所以通常说静电场是一种有源无旋场或有源保守场。

## 8.3.3　电势能

由于静电场力与重力相似，是保守力，所以我们可以仿照在重力场中引入重力势能那样在静电场中引入电势能的概念。静电场力对电荷所做的功就是电荷电势能改变的量度。设 $W_a$ 和 $W_b$ 分别表示试验电荷 $q_0$ 在起点 $a$ 和终点 $b$ 的电势能，则有

$$W_a - W_b = A_{ab} = q_0\int_a^b \boldsymbol{E}\cdot \mathrm{d}\boldsymbol{l}$$

为了确定电场中某点电势能的大小，必须取定一个电势能的零点。当场源电荷分布在有限区域时，通常取无限远处为电势能的零点，即 $W_\infty = 0$。若令 $b$ 为无限远点，便得

$$W_a = A_{a\infty} = q_0\int_a^\infty \boldsymbol{E}\cdot \mathrm{d}\boldsymbol{l} \tag{8-21}$$

即电荷 $q_0$ 在电场中某点的电势能等于将 $q_0$ 从该点移到无限远处时电场力所做的功。

需要说明的是：电势能应属于 $q_0$ 和电场这整个系统的，是场源电荷与 $q_0$ 之间的相互作用能，并不是只属于 $q_0$ 的。

国际单位制中，电势能的单位用焦耳（J）表示，还有一种常用的能量单位叫作“电子伏”，记作 eV，1eV 表示 1 个电子通过 1V 电势差时所获得的动能。“电子伏”与“焦耳”的关系为

$$1\mathrm{eV} = 1.60\times10^{-19}\mathrm{J}$$

## 8.3.4　电势与电势差

由式（8-21）可知，电场中 $a$ 点的电势能与试验电荷 $q_0$ 成正比，比值 $W_a/q_0$ 却与 $q_0$ 无

关，只决定于 $a$ 点电场的性质。所以这一比值是反映静电场中给定点电场性质的物理量，称为**电势**。如以 $\varphi_a$ 表示 $a$ 点的电势，则有

$$\varphi_a = \frac{W_a}{q_0} = \int_a^{\infty} \boldsymbol{E} \cdot \mathrm{d}\boldsymbol{l} \tag{8-22}$$

上式为电势的定义式，可叙述为：静电场中某点的电势，数值上等于单位正电荷在该点的电势能，或等于把单位正电荷从该点移到无限远处时电场力所做的功。

电势与电势能一样也是一个相对量，其值与电势零点的选择有关。关于电势零点的选取可视具体情况而定。若带电体为有限大小，一般规定无限远处为零电势。在实用中，也常选取大地或电器外壳的电势为零。

静电场中，任意两点 $a$ 和 $b$ 的电势之差称为电势差，也称电压。用公式表示为

$$\varphi_a - \varphi_b = \int_a^{\infty} \boldsymbol{E} \cdot \mathrm{d}\boldsymbol{l} - \int_b^{\infty} \boldsymbol{E} \cdot \mathrm{d}\boldsymbol{l} = \int_a^b \boldsymbol{E} \cdot \mathrm{d}\boldsymbol{l} \tag{8-23}$$

即电场中 $a$、$b$ 两点的电势差在数值上等于把单位正电荷从 $a$ 点移到 $b$ 点时电场力所做的功。因此，当任一电荷 $q$ 在电场中从 $a$ 点移到 $b$ 点时，电场力所做的功可用电势差表示为

$$A_{ab} = q\int_a^b \boldsymbol{E} \cdot \mathrm{d}\boldsymbol{l} = q(\varphi_a - \varphi_b) \tag{8-24}$$

从式（8-23）可知，电场中任意两点的电势差仅与它们的相对位置有关，而与电势零点的选取无关。

在 SI 制中，电势和电势差的单位为伏特，符号记为 V。

### 8.3.5 电势叠加原理

设场源电荷系由若干个带电体组成，它们各自分别产生的电场为 $\boldsymbol{E}_1$，$\boldsymbol{E}_2$，…，$\boldsymbol{E}_n$。由电场强度叠加原理知道总电场强度 $\boldsymbol{E}=\boldsymbol{E}_1+\boldsymbol{E}_2+\cdots+\boldsymbol{E}_n$。根据电势定义式（8-22），电场中 $P$ 点的电势应为

$$\begin{aligned}\varphi &= \int_P^{\infty} \boldsymbol{E} \cdot \mathrm{d}\boldsymbol{l} = \int_P^{\infty} (\boldsymbol{E}_1 + \boldsymbol{E}_2 + \cdots + \boldsymbol{E}_n) \cdot \mathrm{d}\boldsymbol{l} \\ &= \int_P^{\infty} \boldsymbol{E}_1 \cdot \mathrm{d}\boldsymbol{l} + \int_P^{\infty} \boldsymbol{E}_2 \cdot \mathrm{d}\boldsymbol{l} + \cdots + \int_P^{\infty} \boldsymbol{E}_n \cdot \mathrm{d}\boldsymbol{l} \\ &= \varphi_1 + \varphi_2 + \cdots + \varphi_n\end{aligned}$$

或写成

$$\varphi = \sum_{i=1}^{n} \varphi_i \tag{8-25}$$

上式称作电势叠加原理，它表示在电荷系的电场中任一点的电势等于每一个带电体单独存在时在该点所产生的电势的代数和。

### 8.3.6 电势的计算

计算电势有两种方法。

**1. 利用点电荷的电势公式和电势叠加原理**

在选无限远处为零电势时，点电荷 $q$ 的电场中任一场点 $P$ 的电势为

$$\varphi_P = \int_P^\infty \boldsymbol{E} \cdot \mathrm{d}\boldsymbol{l} = \int_P^\infty \frac{q}{4\pi\varepsilon_0 r^2}\boldsymbol{r}_0 \cdot \mathrm{d}\boldsymbol{l} = \int_P^\infty \frac{q\mathrm{d}r}{4\pi\varepsilon_0 r^2} = \frac{q}{4\pi\varepsilon_0 r} \tag{8-26}$$

由于点电荷电场中，各点电场强度的方向均沿径向，所以在式（8-26）中选择的积分路径也是沿径向的直线。

对于点电荷系的电场，根据电势叠加原理，任一场点 $P$ 的电势为

$$\varphi_P = \sum_i \varphi_i = \sum_i \frac{q_i}{4\pi\varepsilon_0 r_i} \tag{8-27}$$

式中，$r_i$ 为场源电荷 $q_i$ 到任一场点 $P$ 的距离。由于电势是标量，上式中的叠加是代数叠加。

如果带电体的电荷是连续分布的，只需将上式的求和改为积分

$$\varphi = \int \frac{\mathrm{d}q}{4\pi\varepsilon_0 r} \tag{8-28a}$$

对于体分布、面分布、线分布的带电体，它们的电荷分布可用电荷体密度 $\rho$，电荷面密度 $\sigma$ 和电荷线密度 $\lambda$ 分别表示，式（8-28a）可写为

$$\varphi = \begin{cases} \displaystyle\int_V \frac{\rho\mathrm{d}V}{4\pi\varepsilon_0 r} \\ \displaystyle\int_S \frac{\sigma\mathrm{d}S}{4\pi\varepsilon_0 r} \\ \displaystyle\int_l \frac{\lambda\mathrm{d}l}{4\pi\varepsilon_0 r} \end{cases} \tag{8-28b}$$

上式的积分是标量积分，所以电势的积分计算比电场强度的积分计算要简单得多。

**2. 利用电势的定义式**

利用电势的定义式 $\varphi_P = \int_P^\infty \boldsymbol{E} \cdot \mathrm{d}\boldsymbol{l}$ 求电势也称电场强度积分法。如果电场强度分布已知，或电场强度分布很容易用高斯定理求出，应该用电势定义式求电势。此时求空间某场点的电势就是计算该点到零电势参考点的线积分。如果积分路线上电场强度表达式各段不同，积分应分段进行，在某一区域积分，就必须用该区域的电场强度表达式。

**例题 8-9** 求电偶极子电场中的电势分布。

**解** 如图 8-18 所示，根据式（8-27）可得到点 $P$ 的电势为

$$\varphi = \varphi_1 + \varphi_2 = \frac{q}{4\pi\varepsilon_0 r_1} + \frac{-q}{4\pi\varepsilon_0 r_2} = \frac{q(r_2 - r_1)}{4\pi\varepsilon_0 r_1 r_2}$$

令 $r$ 为电偶极子中心到 $P$ 点的距离，对于离电偶极子比较远的点，即 $r \gg l$ 时，应有

$$r_1 r_2 \approx r^2, \quad r_2 - r_1 \approx l\cos\theta$$

于是

$$\varphi = \frac{ql\cos\theta}{4\pi\varepsilon_0 r^2} = \frac{p_{\mathrm{e}}\cos\theta}{4\pi\varepsilon_0 r^2}$$

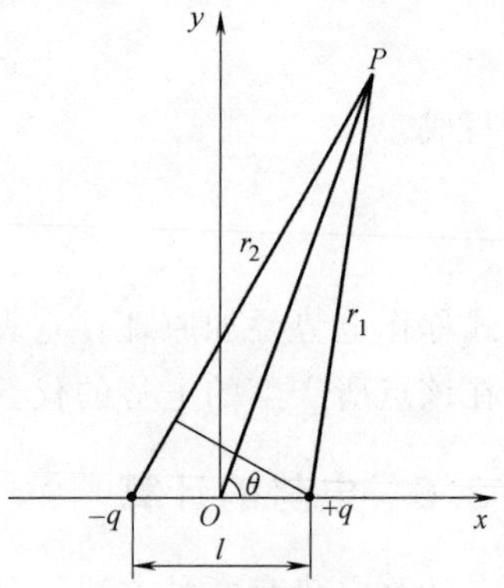


图8-18 例题8-9图

**例题 8-10** 一半径为 $R$ 的均匀带电细圆环，电荷为 $q$，求在圆环轴线上任意点 $P$ 的电势。

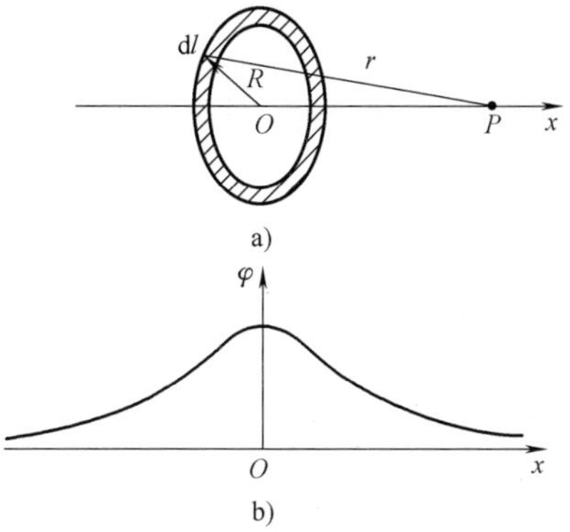

图8-19 例题 8-10 图

**解** 图 8-19a 中以 $x$ 表示环心到 $P$ 点的距离，在圆环上任取一小段长为 d$l$ 的电荷元，它的电荷为

$$\mathrm{d}q=\lambda\mathrm{d}l=\frac{q}{2\pi R}\mathrm{d}l$$

式中，$\lambda=\frac{q}{2\pi R}$是电荷线密度。电荷元 d$q$ 在圆环轴线上 $P$ 点产生的电势为

$$\mathrm{d}\varphi=\frac{\mathrm{d}q}{4\pi\varepsilon_0 r}=\frac{q\mathrm{d}l}{8\pi^2\varepsilon_0 R(R^2+x^2)^{1/2}}$$

整个带电圆环在 $P$ 点产生的电势为

$$\varphi=\int\mathrm{d}\varphi=\int_0^{2\pi R}\frac{q\mathrm{d}l}{8\pi^2\varepsilon_0 R(R^2+x^2)^{1/2}}=\frac{q}{4\pi\varepsilon_0(R^2+x^2)^{1/2}}$$

当 $x=0$ 时，$\varphi=\frac{q}{4\pi\varepsilon_0 R}$，表明带电圆环在环心处的电势不为零，但环心处的电场强度为零。当 $x>>R$ 时，$\varphi=\frac{q}{4\pi\varepsilon_0 x}$，相当于将环上电荷全部集中在圆心处的点电荷在该点的电势。均匀带电圆环的电势随 $x$ 的变化曲线如图 8-19b 所示。

**例题 8-11** 求半径为 $R$，总电量为 $q$ 的均匀带电球面的电势分布。

**解** 由例题 8-5 给出均匀带电球面的电场强度分布为

$$E=\begin{cases}\dfrac{q}{4\pi\varepsilon_0 r^2}\boldsymbol{r}_0 & r>R\\ 0 & r<R\end{cases}$$

选无限远处电势为零，并沿径向为积分路径，这样 $\boldsymbol{E}$ 与 d$\boldsymbol{l}$ 同方向，且 d$l$=d$r$，所以

$$\varphi_P=\int_P^\infty\boldsymbol{E}\cdot\mathrm{d}\boldsymbol{l}=\int_P^\infty E\cos\theta\mathrm{d}l=\int_r^\infty E\mathrm{d}r$$

若场点 $P$ 为球面外（$r>R$）一点，该点电势为

$$\varphi_P=\int_r^\infty\frac{q}{4\pi\varepsilon_0 r^2}\mathrm{d}r=\frac{q}{4\pi\varepsilon_0 r}$$

若场点 $P$ 为球面内（$r<R$）一点，该点电势为

$$\varphi_P=\int_P^\infty\boldsymbol{E}\cdot\mathrm{d}\boldsymbol{l}=\int_r^R E_{内}\,\mathrm{d}r+\int_R^\infty E_{外}\,\mathrm{d}r=\int_r^R 0\cdot\mathrm{d}r+\int_R^\infty\frac{q}{4\pi\varepsilon_0 r^2}\mathrm{d}r=\frac{q}{4\pi\varepsilon_0 R}$$

**计算结果说明**：球面外任一场点的电势，相当于将整个球面的电荷集中于球心时的点电

荷的电势；球面内任一点的电势是一个常量，与球面电势相等。电势随 $r$ 的变化曲线如图 8-20 所示。

**例题 8-12** 有一无限长均匀带电直线，如图 8-21 所示，电荷线密度为 $\lambda$，求场中电势分布。

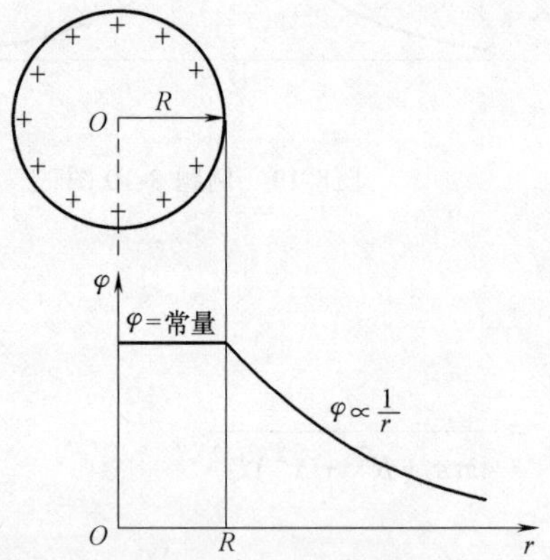


图8-20 例题8-11 图

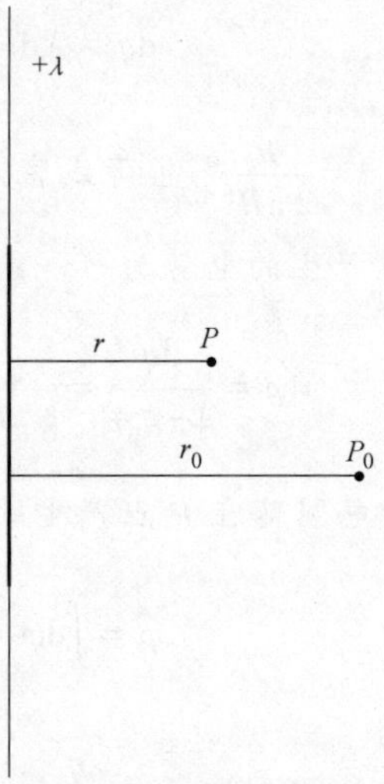


图 8-21 例题8-12 图

**解** 所谓无限长仅具有物理上的相对意义，但在做数学处理时是作为真正无限长来计算的。因此，无限长带电直线的电荷分布是扩展到无限远的。这时我们不能应用以点电荷的电势公式为基础的电势叠加法，否则会得到场点电势为无穷大的不合理结果。其次，对于无限扩展的源电荷，为了避免场点电势为无穷大的不合理结果，也不能将电势零点选在无限远处，应选在有限区域内。下面应用电势定义式来求场点 $P$ 的电势。

已知无限长均匀带电直线的电场强度为

$$E=\frac{\lambda}{2\pi\varepsilon_0 r}$$

选取离带电直线为 $r_0$ 的 $P_0$ 点为参考点，场点 $P$ 与参考点 $P_0$ 的电势差为

$$\varphi_P-\varphi_{P_0}=\int_P^{P_0}\boldsymbol{E}\cdot\mathrm{d}\boldsymbol{l}=\int_r^{r_0}E\mathrm{d}r=\int_r^{r_0}\frac{\lambda}{2\pi\varepsilon_0 r}\mathrm{d}r=\frac{\lambda}{2\pi\varepsilon_0}\ln r_0-\frac{\lambda}{2\pi\varepsilon_0}\ln r$$

为了得到场点 $P$ 的电势，在本题中将参考点选在 $r_0=1$ 处，此时 $\varphi_{P_0}=0$，于是 $P$ 点电势为

$$\varphi_P=-\frac{\lambda}{2\pi\varepsilon_0}\ln r$$

与无限长均匀带电直线类似的情况还有无限长带电圆柱、带电圆筒等。

对于无限大的均匀带电平面，其电场强度为

$$E=\frac{\sigma}{2\varepsilon_0}$$

场中任意两点的电势差为

$$\varphi_P - \varphi_{P_0} = \int_P^{P_0} \boldsymbol{E} \cdot \mathrm{d}\boldsymbol{l} = \int_x^{x_0} \frac{\sigma}{2\varepsilon_0} \mathrm{d}x = \frac{\sigma}{2\varepsilon_0} x_0 - \frac{\sigma}{2\varepsilon_0} x$$

我们也不能选无限远处为电势零点。如果选 $x_0 = 0$，$V_{P0} = 0$，则场点 $P$ 的电势为

$$\varphi_P = -\frac{\sigma}{2\varepsilon_0} x$$

可见选无限大均匀带电平面本身为零电势面是很方便的。

## 8.4　等势面　电场强度与电势的微分关系

### 8.4.1　等势面

一般来说，电势是位置坐标的函数，电场中各点的电势是不同的，但也存在一些电势相同的点。电场中电势相等的点所构成的曲面叫作**等势面**。例如点电荷 $q$ 的电势 $\varphi = q/4\pi\varepsilon_0 r$，可见和点电荷距离相等的各点的电势相等，这些点连起来构成以 $q$ 为球心的球面，所以点电荷电场中的等势面是以 $q$ 为球心的一系列同心球面，如图 8-22a 所示。

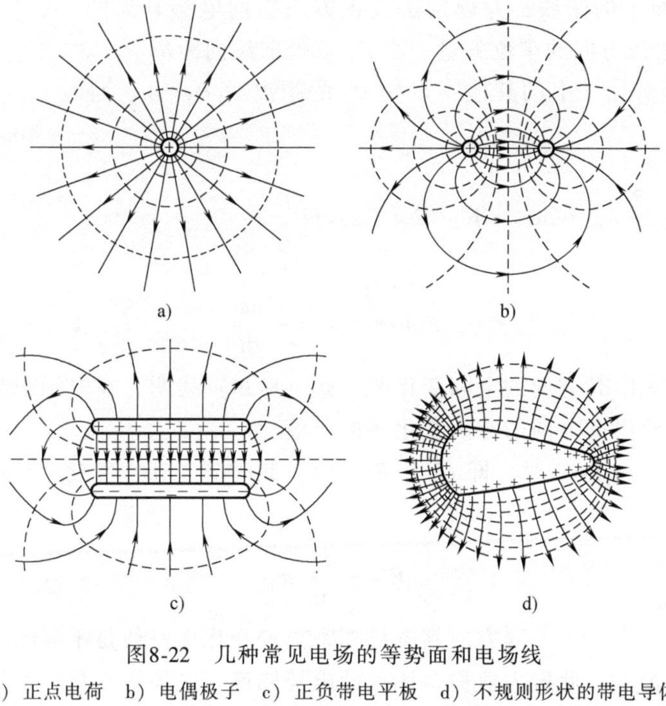

图8-22　几种常见电场的等势面和电场线

a）正点电荷　b）电偶极子　c）正负带电平板　d）不规则形状的带电导体

在画等势面时，通常规定电场中任意两个相邻等势面之间的电势差都相等。这样等势面的疏密反映了电势变化的快慢。图 8-22 就是按照规定画出来的几种常见带电体的等势面和电场线。

从等势面图中，可以看出等势面有下列特点：

1）在任何静电场中，沿等势面移动电荷时，电场力不做功。因为当试验电荷 $q_0$ 沿等势

面从 $a$ 点移到 $b$ 点时，电场力做功为 $A_{ab}=q_0(\varphi_a-\varphi_b)$，因 $\varphi_a-\varphi_b=0$，所以 $A_{ab}=0$。

2）在任何静电场中，电场线和等势面正交。设试验电荷 $q_0$ 沿等势面有一微小位移 $\mathrm{d}\boldsymbol{l}$，电场力的功为 $\mathrm{d}A=q_0E\cos\theta\mathrm{d}l$，其中 $\theta$ 为电场强度 $\boldsymbol{E}$ 的方向与 $\mathrm{d}\boldsymbol{l}$ 的夹角。因为 $\mathrm{d}A=0$，在 $q_0$、$E$ 和 $\mathrm{d}l$ 均不等于 0 的情况下，只有 $\cos\theta=0$，即 $\theta=\frac{\pi}{2}$，就是说 $\boldsymbol{E}$ 与 $\mathrm{d}\boldsymbol{l}$ 垂直。由于 $\boldsymbol{E}$ 和等势面上任意方向的位移元 $\mathrm{d}\boldsymbol{l}$ 垂直，故 $\boldsymbol{E}$ 和等势面垂直。图 8-22 中各种电场的电场线和等势面的图形都表示这种性质。图 8-22 中电场线的箭头表示电场线由电势较高的等势面指向电势较低的等势面。

3）等势面密集的地方电场强度大，稀疏的地方电场强度小。

### 8.4.2 电场强度与电势的微分关系

电场强度和电势都是描述电场中各点性质的物理量，电场强度和电势之间关系密切，式（8-22）以积分形式表示电场强度和电势之间的关系。下面研究以微分形式表示电场强度和电势的关系。

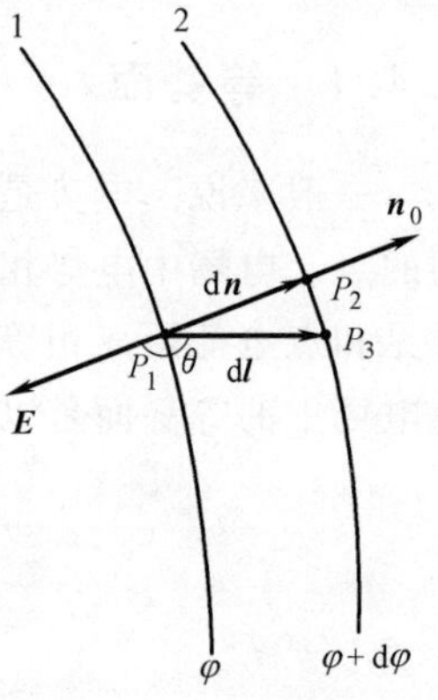


图8-23 电场强度与电势的关系

如图 8-23 所示，在任意静电场中，取两个邻近的等势面 1 和 2，电势分别为 $\varphi$ 和 $\varphi+\mathrm{d}\varphi$，并设 $\mathrm{d}\varphi>0$。$P_1$ 为等势面 1 上的一点，在 $P_1$ 点处作等势面 1 的法线，并规定法线正方向指向电势升高的方向，以 $\boldsymbol{n}_0$ 表示法线方向的单位矢量。在 $P_1$ 点处取法向距离 $P_1P_2=\mathrm{d}n$，从 $P_1$ 点到等势面 2 上的其他一点如 $P_3$ 的距离 $P_1P_3=\mathrm{d}l$，且 $\mathrm{d}\boldsymbol{l}$ 与 $\boldsymbol{E}$ 的夹角为 $\theta$。

由式（8-23），

$$\varphi-(\varphi+\mathrm{d}\varphi)=\boldsymbol{E}\cdot\mathrm{d}\boldsymbol{l}=E\cos\theta\mathrm{d}l$$

即

$$E\cos\theta=E_l=-\frac{\mathrm{d}\varphi}{\mathrm{d}l} \tag{8-29}$$

式中，$\mathrm{d}\varphi/\mathrm{d}l$ 为电势沿 $\mathrm{d}l$ 方向的空间变化率。式（8-29）表明，在电场中某点电场强度沿某方向的分量等于电势沿此方向的空间变化率的负值。

若取式（8-29）中 $\theta=0$ 时，即 $\mathrm{d}\boldsymbol{l}$ 沿 $\boldsymbol{E}$ 方向，此时 $\mathrm{d}l=\mathrm{d}n$，变化率 $\mathrm{d}\varphi/\mathrm{d}n$ 具有最大值，这时

$$\boldsymbol{E}=-\frac{\mathrm{d}\varphi}{\mathrm{d}n}\boldsymbol{n}_0 \tag{8-30}$$

过电场中任意一点，沿不同方向其电势随距离的变化率一般是不等的。沿某一方向其电势随距离的变化率最大，此最大值称为该点的**电势梯度**，电势梯度是一个矢量，它的方向是该点附近电势升高最快的方向，即法线 $\boldsymbol{n}_0$ 的方向。

式（8-30）表明：电场中任一点的电场强度等于该点电势梯度的负值。式中负号表示该点电场强度方向和电势梯度方向相反，即电场强度指向电势降低最快的方向。

当电势函数用直角坐标系表示时，即 $\varphi=\varphi(x,y,z)$，电场强度 $\boldsymbol{E}$在坐标轴上的投影为

$$E_x=-\frac{\partial\varphi}{\partial x},\ E_y=-\frac{\partial\varphi}{\partial y},\ E_z=-\frac{\partial\varphi}{\partial z} \tag{8-31}$$

写成矢量式

$$\boldsymbol{E}=-\left(\frac{\partial\varphi}{\partial x}\boldsymbol{i}+\frac{\partial\varphi}{\partial y}\boldsymbol{j}+\frac{\partial\varphi}{\partial z}\boldsymbol{k}\right) \tag{8-32}$$

这就是式（8-30）用直角坐标表示的形式。常用电势梯度 **grad**$\varphi$ 或$\nabla\varphi$ 符号表示，这样，式（8-30）又常写作

$$\boldsymbol{E}=-\mathbf{grad}\varphi=-\nabla\varphi \tag{8-33}$$

上式就是电场强度与电势的微分关系，由它可方便地根据电势分布求出电场强度分布。

需要指出，电场强度与电势的微分关系说明，电场中某点的电场强度只与该点的电势梯度有关，只有在电势处处恒定不变的空间各点，电场强度才等于零。但是，电势值为零的地方，电场强度不一定为零。反之，电场强度为零处，电势也不一定等于零。这就是说，从一点的电势不足以确定该点的电场强度，从一点的电场强度也不足以确定该点的电势，只有获知电势在某场点领域上的空间变化，才能求得该点的电场强度。

电势梯度的单位是伏特每米（V/m），所以电场强度也常用这个单位。

电场强度和电势之间的微分关系，提供了计算电场强度的一种方法。计算电场强度时可先计算电势，因为计算电势时的标量积分比计算电场强度时的矢量积分要简单一些，再利用式（8-30）或式（8-32）来计算电场强度。下面举例说明。

**例题 8-13**　计算半径为 $R$，面电荷密度为 $\sigma$ 的均匀带电薄圆盘轴线上的电场强度分布。（参考图 8-6）。

**解**　设轴线上 $P$ 点距圆盘中心 $O$ 的距离为 $x$。在圆盘上任取半径为 $r$，宽为 $\mathrm{d}r$ 的圆环，其所带电荷 $\mathrm{d}q=\sigma 2\pi r\mathrm{d}r$，该圆环在 $P$ 点的电势由例题 8-10 的结论可得

$$\mathrm{d}\varphi=\frac{\mathrm{d}q}{4\pi\varepsilon_0(r^2+x^2)^{1/2}}=\frac{\sigma 2\pi r\mathrm{d}r}{4\pi\varepsilon_0(r^2+x^2)^{1/2}}=\frac{\sigma r\mathrm{d}r}{2\varepsilon_0(r^2+x^2)^{1/2}}$$

整个带电圆盘在 $P$ 点的电势为

$$\varphi=\int\mathrm{d}\varphi=\int_0^R\frac{\sigma r\mathrm{d}r}{2\varepsilon_0(r^2+x^2)^{1/2}}=\frac{\sigma}{2\varepsilon_0}\left(\sqrt{R^2+x^2}-x\right)$$

结果说明，轴线上的电势仅为 $x$ 的函数。因而

$$E_x=-\frac{\mathrm{d}\varphi}{\mathrm{d}x}=-\frac{\mathrm{d}}{\mathrm{d}x}\left[\frac{\sigma}{2\varepsilon_0}\left(\sqrt{R^2+x^2}-x\right)\right]=\frac{\sigma}{2\varepsilon_0}\left(1-\frac{x}{\sqrt{R^2+x^2}}\right)$$

根据圆盘电荷分布的对称性，显然有

$$E_y=0,\quad E_z=0$$

所以

$$\boldsymbol{E}=E_x\boldsymbol{i}=\frac{\sigma}{2\varepsilon_0}\left[1-\frac{x}{\sqrt{R^2+x^2}}\right]\boldsymbol{i}$$

这一结果与 8.1 节中例 8.4 所得的结果一致，但计算更为简便。

# 本章提要

## 基本概念及场的叠加原理

1. 电场强度 $$\boldsymbol{E}=\frac{\boldsymbol{F}}{q_0}$$

点电荷电场强度公式：$\boldsymbol{E}=\dfrac{q}{4\pi\varepsilon_0 r^2}\boldsymbol{r}_0$

电场强度叠加原理

$$\boldsymbol{E}=\sum \boldsymbol{E}_i=\begin{cases}\displaystyle\sum_i \frac{1}{4\pi\varepsilon_0}\frac{q_i}{r_i^2}\boldsymbol{r}_{0i} & (\text{点电荷系})\\ \displaystyle\int \frac{1}{4\pi\varepsilon_0}\frac{\mathrm{d}q}{r^2}\boldsymbol{r}_0 & (\text{电荷作连续分布})\end{cases}$$

电荷 $q$ 在电场中受力：$\boldsymbol{F}=q\boldsymbol{E}$

2. 电势　电势差

电势 $$\varphi_a=\frac{W_a}{q_0}=\int_a^{\infty}\boldsymbol{E}\cdot\mathrm{d}\boldsymbol{l}$$

电势差 $$\varphi_a-\varphi_b=\int_a^b \boldsymbol{E}\cdot\mathrm{d}\boldsymbol{l}$$

电势叠加原理

$$\varphi=\sum \varphi_i=\begin{cases}\displaystyle\sum_i \frac{1}{4\pi\varepsilon_0}\frac{q_i}{r_i} & (\text{点电荷系})\\ \displaystyle\int \frac{1}{4\pi\varepsilon_0}\frac{\mathrm{d}q}{r} & (\text{电荷作连续分布})\end{cases}$$

电荷 $q$ 在电场中运动时电场力的功

$$A_{ab}=q(\varphi_a-\varphi_b)$$

3. 电场强度与电势的关系

积分关系 $$\varphi_a=\int_a^{\infty}\boldsymbol{E}\cdot\mathrm{d}\boldsymbol{l}$$

微分关系 $$\boldsymbol{E}=-\frac{\mathrm{d}\varphi}{\mathrm{d}n}\boldsymbol{n}_0$$

4. 电通量 $$\Phi_{\mathrm{e}}=\int_S \boldsymbol{E}\cdot\mathrm{d}\boldsymbol{S}$$

## 基本规律、定理

1. 库仑定律 $$\boldsymbol{F}=\frac{1}{4\pi\varepsilon_0}\frac{q_1q_2}{r^2}\boldsymbol{r}_0$$

2. 高斯定理　$\oint_S \boldsymbol{E}\cdot\mathrm{d}\boldsymbol{S}=\dfrac{1}{\varepsilon_0}\sum q_i$，说明静电场是有源场。

3. 环路定理 $\oint_L \boldsymbol{E}\cdot \mathrm{d}\boldsymbol{l}=0$，说明静电场是无旋场（保守力场）。

**几种典型的静电场公式**

1. 均匀带电球面

$$\boldsymbol{E}=\begin{cases}0 & r<R\\ \dfrac{q}{4\pi\varepsilon_0 r^2}\boldsymbol{r}_0 & r>R\end{cases}$$

2. 均匀带电球体

$$\boldsymbol{E}=\begin{cases}\dfrac{q\boldsymbol{r}}{4\pi\varepsilon_0 R^3}\boldsymbol{r}_0 & r\leqslant R\\ \dfrac{q}{4\pi\varepsilon_0 r^2}\boldsymbol{r}_0 & r>R\end{cases}$$

3. 无限长均匀带电圆柱面

$$\boldsymbol{E}=\begin{cases}0 & r<R\\ \dfrac{\lambda}{2\pi\varepsilon_0 r}\boldsymbol{r}_0 & r>R\end{cases}$$

4. 无限长均匀带电直线

$$\boldsymbol{E}=\frac{\lambda}{2\pi\varepsilon_0 r}\boldsymbol{r}_0$$

5. 无限大均匀带电平面

$$E=\frac{\sigma}{2\varepsilon_0}，\text{方向垂直于带电平面}$$

## 习 题

8-1 点电荷的电场强度公式为 $E=\dfrac{q}{4\pi\varepsilon_0 r^2}$，当所研究的场点与点电荷的距离 $r\to 0$ 时，则 $E\to\infty$，这个结论合理吗？为什么？

8-2 在真空中有两个平行平板，相距为 $d$，板面积均为 $S$，分别带电 $+q$ 和 $-q$。在求两板之间的作用力时，有人说，根据库仑定律，两板间的作用力 $F=\dfrac{q^2}{4\pi\varepsilon_0 d^2}$；又有人说，因为 $F=qE$，而 $E=\sigma/\varepsilon_0$，$\sigma=q/S$，所以 $F=q^2/\varepsilon_0 S$；还有人说，由于一个板上的电荷在另一板处的电场强度为 $E=\sigma/2\varepsilon_0$，所以 $F=qE=q^2/2\varepsilon_0 S$。试问这三种说法哪种对？为什么？

8-3 如果通过闭合面 $S$ 的电通量 $\Phi_e$ 为零，是否能肯定 $S$ 面上每一点的电场强度都等于零？如果在闭合面 $S$ 上，$\boldsymbol{E}$ 处处为零，能否肯定此闭合面一定没有包围净电荷？

8-4 静电场的高斯定理说明静电场是什么场？说明电场线具有什么性质？电场强度的环流 $\oint_l \boldsymbol{E}\cdot \mathrm{d}\boldsymbol{l}$ 表示什么物理意义？$\oint \boldsymbol{E}\cdot \mathrm{d}\boldsymbol{l}=0$ 表示静电场具有怎样的性质？

8-5 下列说法是否正确，请举例说明。

（1）电场强度相等的区域，电势也处处相等；

（2）电场强度为零处，电势一定为零；

（3）电势为零处，电场强度一定为零；

（4）电场强度大处，电势一定高。

8-6 氢原子由一个质子（即氢原子核）和一个电子组成。根据经典模型，在正常状态下，电子绕核做圆周运动，轨道半径是 $5.29\times10^{-11}$m。已知电子带负电，质子带正电，它们的电荷相等，都是 $1.6\times10^{-19}$C，电子质量 $m_e=9.11\times10^{-31}$kg，质子质量 $m_p=1.67\times10^{-27}$kg，引力常量为 $G=6.67\times10^{-11}\mathrm{N\cdot m^2/kg}$。求：（1）电子所受的库仑力；（2）库仑力是万有引力的多少倍？（3）电子的速度。（4）本题说明了什么？

8-7 真空中两带有同种电荷的点电荷之间的距离为 $a$，两者总带电量为 $q$，问它们各带多少电量时，相互之间的作用力最大？该最大作用力是多少？

8-8 题 8-8 图所示为一种线性电四极子，它由两个相同的电偶极子 $\boldsymbol{p}=q\boldsymbol{l}$ 组成，这两个电偶极子在同一直线上，但方向相反，它们的负电荷重合在一起，试证明：当 $r\gg l$ 时，在它们的延长线上离中心为 $r$ 的 $P$ 点处的电场强度为 $E=\dfrac{3Q}{4\pi\varepsilon_0 r^4}$，式中 $Q=2ql^2$ 叫作电四极矩。

8-9 用不导电的细塑料棒弯成半径为 50.0cm 的开口圆环，开口处的空隙为 2.0cm，电荷为 $3.12\times10^{-9}$C 的正电荷均匀分布在棒上，求圆心处电场强度的大小和方向。

8-10 长为 $l$ 的直导线 $AB$ 上，均匀地分布着线密度为 $\lambda$ 的正电荷，如题 8-10 图所示。求：

（1）在导线的延长线上与导线 $B$ 端相距为 $d_1$ 处的 $P$ 点的电场强度；

（2）在导线的垂直平分线上与导线中点相距为 $d_2$ 处的 $Q$ 点的电场强度。

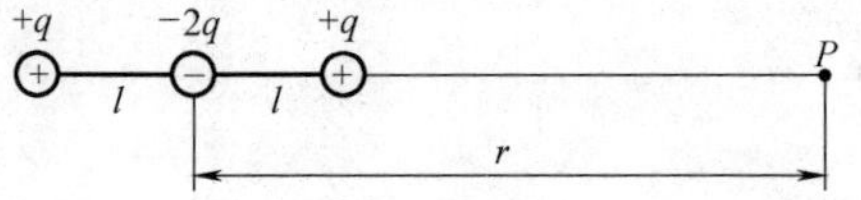


题 8-8 图

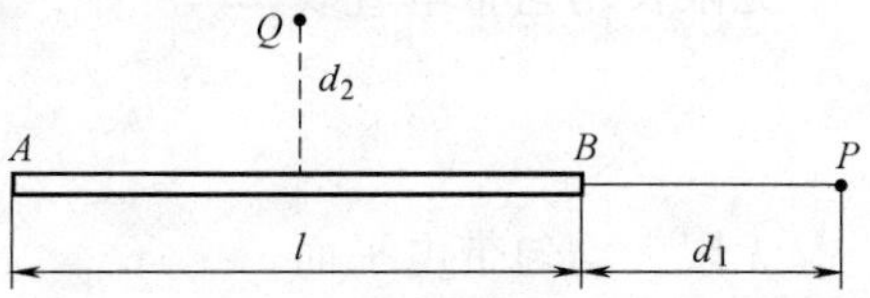


题8-10 图

8-11 一细玻璃棒被弯成半径为 $R$ 的半圆形，沿其上半部均匀分布有电荷 $+q$，沿下半部均匀分布有电荷 $-q$，如题 8-11 图所示，求半圆中心 $P$ 点处的电场强度 $E$。

8-12 如题 8-12 图所示，一无限长均匀带电直线，电荷线密度为 $\lambda_1$，若有一长度为 $l$ 的均匀带电直线，电荷线密度为 $\lambda_2$，并且与无限长带电直线相垂直放置，其近端到无限长直线的距离为 $a$，试求 $l$ 所受的电场力。

8-13 宽度为 $a$ 的无限长均匀带正电荷的平面，电荷面密度为 $\sigma$，求与带电面共面的一点 $P$ 处的电场强度 $\boldsymbol{E}$，$P$ 到平面相邻边的垂直距离为 $a$。

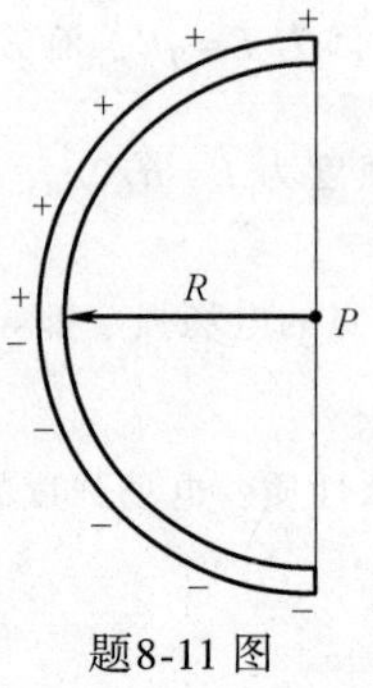


题8-11 图

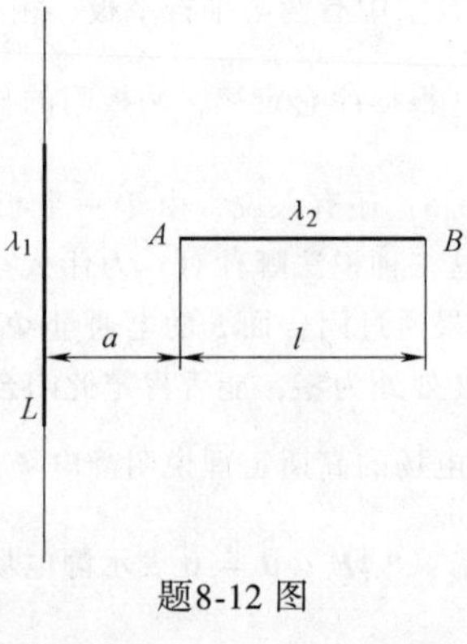


题8-12 图

8-14 （1）在一均匀电场 $E$ 中，有一半径为 $R$ 的半球面，半球面的轴线与电场强度 $E$ 的方向成 $\pi/6$ 的夹角，求通过此半球面的电通量。

（2）如题 8-14（2）图所示，在点电荷 $q$ 的电场中，取一半径为 $R$ 的圆平面，设 $q$ 在该圆平面的轴线上的 $A$ 点处，试计算通过这圆平面的电通量。图中 $OA=x$，$OB=R$，$\alpha=\arctan R/x$。

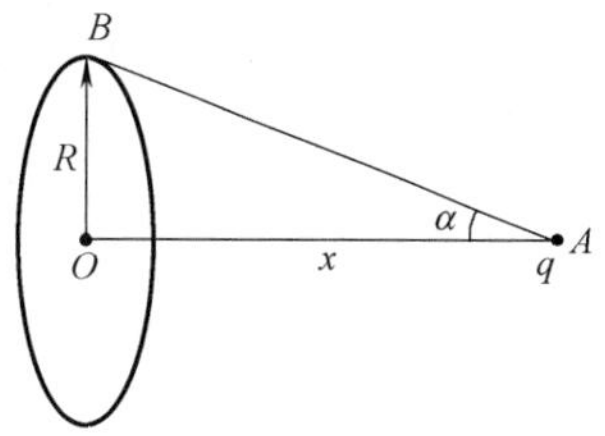

题 8-14（2）图

8-15 在真空中静电场 $\boldsymbol{E}=bx\boldsymbol{i}$，有一边长为 $a$ 的正方体如题 8-15 图所示，求过 $x=2a$，$x=a$ 面 $S_1$、$S_2$ 的电通量，过立方体表面的电通量及立方体内的总电荷 $Q$。

8-16 大小两个同心球面，半径分别为 $R_1$ 和 $R_2$，小球面上带有电荷为 $q_1$，大球面上带有电荷 $q_2$。

（1）求空间电场强度分布；

（2）问电场强度是否是坐标 $r$ 的连续函数？并作出 $E$-$r$ 曲线。

8-17 两个无限长同轴圆柱面，半径分别为 $R_1$ 和 $R_2$（$R_2>R_1$），带有等值异号电荷，每单位长度的电荷均为 $\lambda$（即电荷线密度），试分别求出（1）$r<R_1$，（2）$r>R_2$，（3）$R_1<r<R_2$ 时，离轴线为 $r$ 处的电场强度。

8-18 如题 8-18 图所示，在厚度为 $d$ 的无限大平板层内，均匀地分布着正电荷，体密度为 $\rho$，求空间各处的电场强度分布。

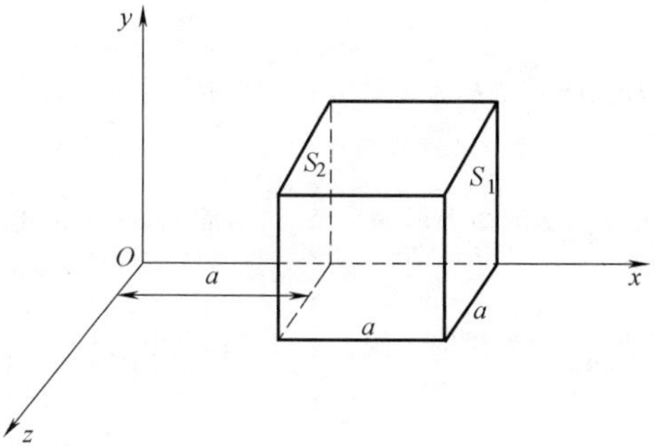

题 8-15 图

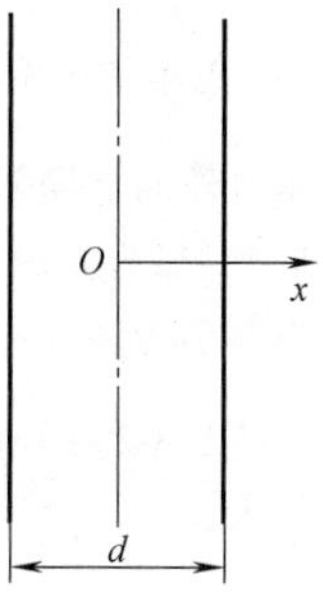

题8-18 图

8-19 如题 8-19 图所示，三个无限大的平行平面都均匀带电，面电荷密度分别为 $\sigma_1$，$\sigma_2$、$\sigma_3$。求下列情况下各处的电场强度：

（1）$\sigma_1=\sigma_3=-\sigma$，$\sigma_2=\sigma$；

（2）$\sigma_1=\sigma$，$\sigma_2=\sigma_3=-\sigma$。

8-20 如题 8-20 图所示，电荷以面密度 $\sigma$ 均匀地分布在一无限大平板及中心 $O$ 在板上、半径为 $R$ 的球面上（注意：球内无电荷），求与 $O$ 点的垂直距离为 $l$ 的 $P$ 点的电场强度。

8-21 半径为 $R$ 的无限长直圆柱体内均匀带电，电荷的体密度为 $\rho$。求：（1）圆柱体内、外的电场强度分布；（2）画出 $E$-$r$ 关系曲线。

8-22 在半径为 $R$，电荷体密度为 $\rho$ 的均匀带电球体内部，有一不带电的球形空腔，它的半径为 $R'$，它的中心 $O'$ 与球心 $O$ 的距离为 $a$，如题 8-22 图所示。求：

（1）空腔中心 $O'$ 的电场强度；

（2）证明空腔内的电场是均匀的。

8-23 在题 8-23 图所示的球形区域 $a<r<b$ 中，已知电荷体密度 $\rho=A/r$，式中 $A$ 为常数，$r$ 是距球心的距离。在其半径为 $a$ 的封闭空腔中心（$r=0$）处，有一点电荷 $q$，求：

（1）图中 $r$ 处的电场强度（$a<r<b$）；

（2）$A$ 为何值时，才能使 $a<r<b$ 区域中的电场具有恒定值？

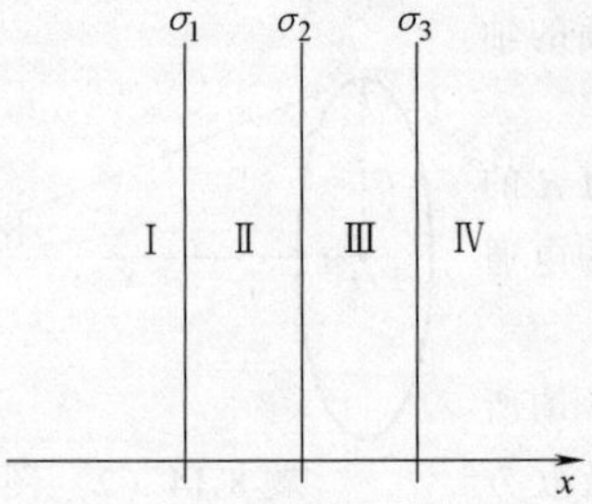


题8-19 图

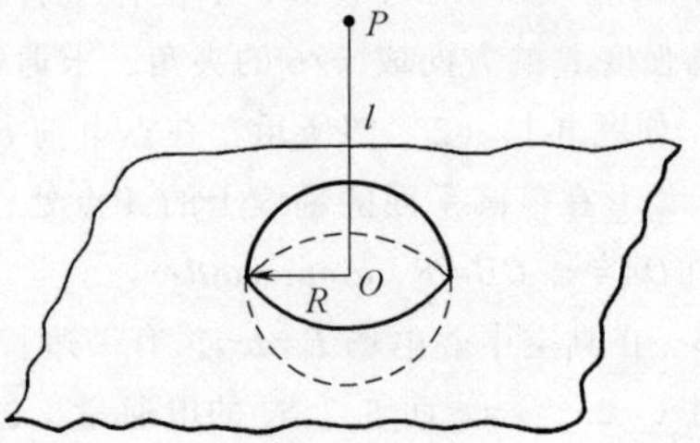


题8-20 图

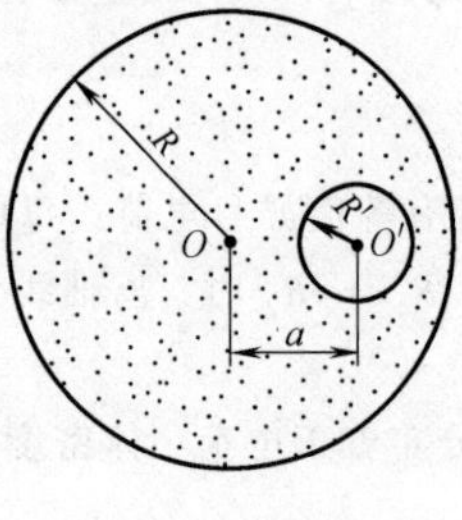


题8-22 图

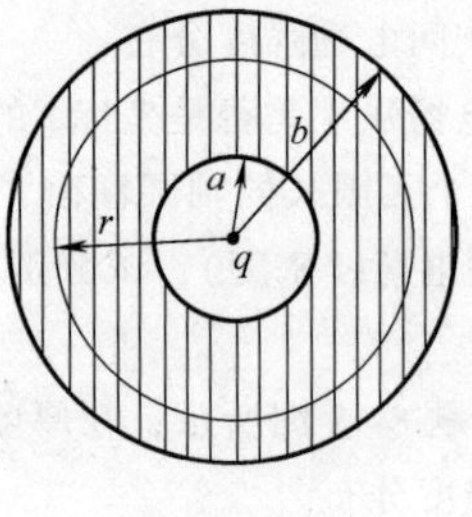


题8-23 图

8-24　一无限长带电圆柱体，半径为 $b$，其电荷体密度 $\rho=\dfrac{K}{r}$，$K$ 为正常数，$r$ 为轴线到场点的距离，求带电圆柱体内外的电场强度分布。

*8-25　半径为 $R$ 的均匀带电球面上，电荷面密度为 $\sigma$，在球面上取面元 $\Delta S$，求面元 $\Delta S$ 上的电荷受到的电场力的大小为多少？

8-26　如题 8-26 图所示，$AB=2l$，$\overset{\frown}{OCD}$ 是以 $B$ 为中心，$l$ 为半径的半圆，$A$ 点有正点电荷 $+q$，$B$ 点有负点电荷 $-q$，求：

（1）把单位正电荷从 $O$ 点沿 $\overset{\frown}{OCD}$ 移到 $D$ 点，电场力对它做的功。

（2）把单位负电荷从 $D$ 点沿 $AB$ 的延长线移到无穷远去，电场力对它做的功。

8-27　一无限大平行板电容器如题 8-27 图所示，设 $A$、$B$ 两板相隔 5.0cm，板上各带电荷面密度 $\sigma=3.3\times10^{-6}\mathrm{C/m^2}$，$A$ 板带正电，$B$ 板带负电并接地（地的电势为零），求：

（1）在两板之间离 $A$ 板 1.0cm 处 $P$ 点的电势；

（2）$A$ 板的电势。

8-28　两个均匀带电的同心球面，半径分别为 $R_1=5.00\mathrm{cm}$，$R_2=10.0\mathrm{cm}$，电荷分别为 $q_1=3.30\times10^{-9}\mathrm{C}$，$q_2=0.67\times10^{-9}\mathrm{C}$，求内球和外球的电势。

8-29　两均匀带电球壳同心放置，半径分别为 $R_1$ 和 $R_2$（$R_1<R_2$），已知内、外球壳之间的电势差为 $U$，求两球壳间的电场强度分布。

8-30　如题 8-30 图所示，三块互相平行的均匀带电大平面，电荷面密度分别为 $\sigma_1=1.2\times10^{-4}\mathrm{C/m^2}$，$\sigma_2=2.0\times10^{-5}\mathrm{C/m^2}$，$\sigma_3=1.1\times10^{-4}\mathrm{C/m^2}$。$A$ 点与平面Ⅱ相距为 5.0cm，$B$ 点与平面Ⅱ相距 7.0cm。

（1）计算 $A$、$B$ 两点的电势差；

（2）设把电荷 $q_0=-1.0\times10^{-8}\mathrm{C}$ 的点电荷从 $A$ 点移到 $B$ 点，外力克服电场力做多少功？

8-31　两共轴的圆柱面上带有均匀分布的等量异号电荷，半径分别为 $R_1$ 和 $R_2$，已知两圆柱面间的电势差为 $U_0$。求：

（1）圆柱面上单位长度所带电荷；

（2）两圆柱面间的电场强度分布。

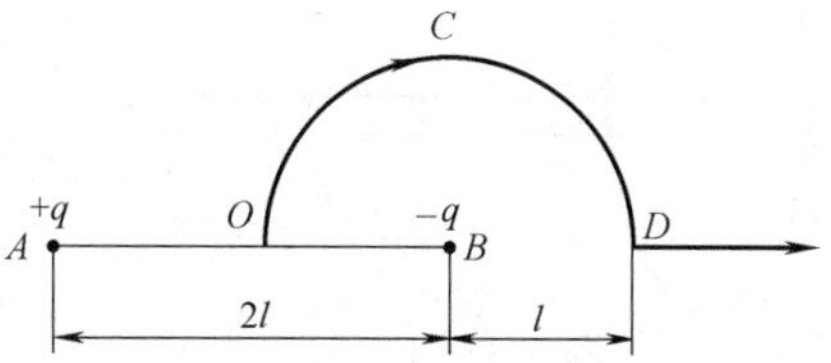


题 8-26 图

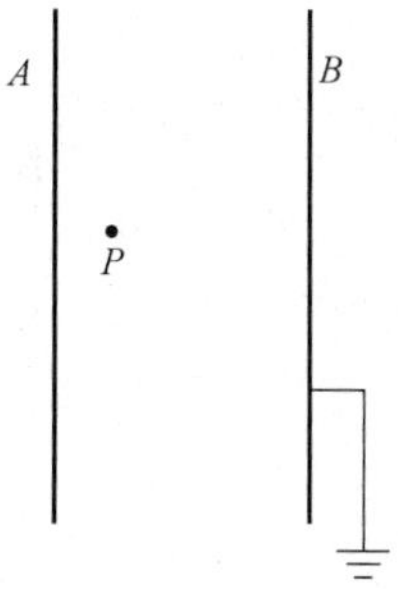


题 8-27 图

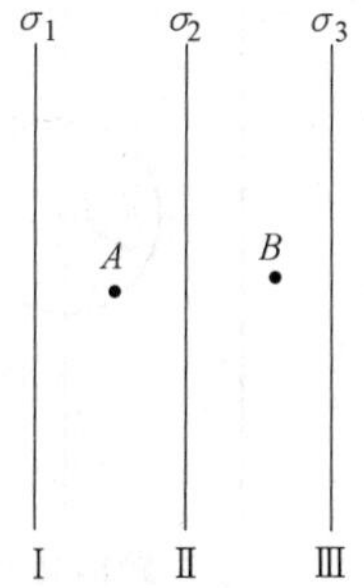


题8-30 图

8-32　如题 8-32 图所示，$A$、$B$ 是真空中的两块相互平行的无限大均匀带电平面，电荷面密度分别为 $+\sigma$ 和 $-2\sigma$，若 $A$ 板选作零电势参考点，求图中 $a$ 点的电势。

8-33　电荷 $q$ 均匀分布在半径为 $R$ 的非导电球内，

（1）求证：离中心 $r$（$r<R$）远处的电势为

$$\varphi = \frac{q(3R^2 - r^2)}{8\pi\varepsilon_0 R^3}$$

（2）依照这一表达式，在球心处电势 $\varphi$ 不为零，这是否合理？

8-34　如题 8-34 图所示，一个均匀分布的带正电球层，电荷体密度为 $\rho$，球层内表面半径为 $R_1$，外表面半径为 $R_2$，试计算距球心为 $r$ 处 $B$ 点的电场强度和电势。

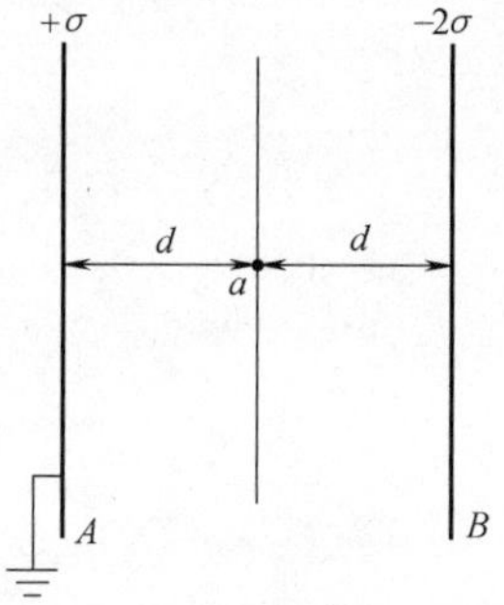


题8-32 图

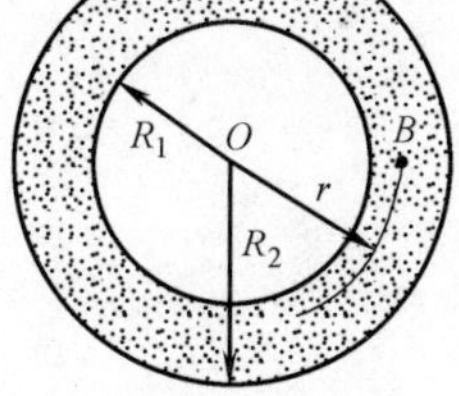


题8-34 图

*8-35　半径为 $R$ 的带电球体，其电荷体密度分布为 $\rho = qr/\pi R^4$（$r\leqslant R$），$q$ 为正常数。当 $r>R$ 时 $\rho=0$。求：（1）带电球体的总电荷 $Q$；（2）球体内外各点的电场强度；（3）球体内外各点的电势。

*8-36　一厚度为 $d$ 的无限大均匀带电板，体电荷密度 $\rho>0$，以带电板中心面上一点 $O$ 为球心挖去一半径为 $a\left(a<\dfrac{d}{2}\right)$ 的球形空腔，如题 8-36 图所示，设挖去球形空腔不影响板上电荷分布。求：

（1）$N$ 点的电场强度（$N$ 点到球心的距离为 $r$）；

（2）球心 $O$ 处的电势（以 $P$ 为参考点）。

提示：用挖补法来解。

8-37　如题 8-37 图所示，一半径为 $a$、带电量为 $q$ 的均匀带电细圆环，以圆心处为 $x$ 轴原点，垂直于圆平面水平向右为 $x$ 轴正方向。求：

（1）$x$ 轴上任一点 $x$ 处电场强度的大小；

（2）$x$ 轴上任一点 $x$ 处的电势（取无穷远点为零势面）；

（3）一电子被约束在轴上 $|x| \ll a$ 的范围内自由运动，试证明电子沿轴线作谐振动并求出谐振动的周期。（取电子电量大小为 $e$，质量为 $m$）

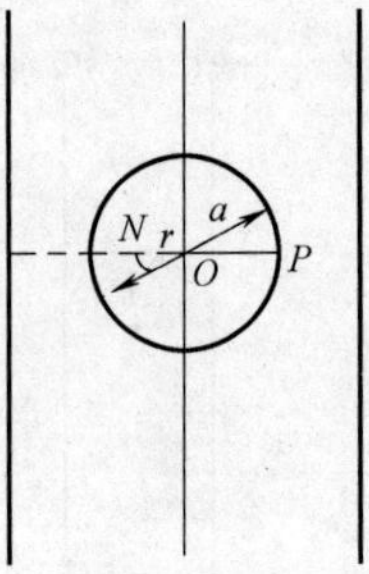

题8-36 图

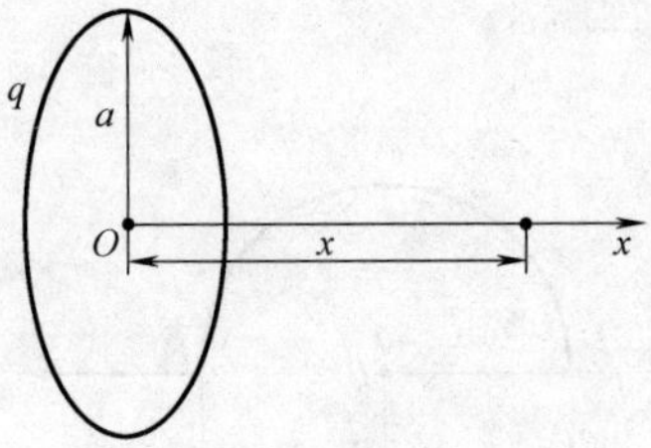

题 8-37 图

# 第 9 章

# 静电场中的导体和电介质

本章主要研究静电场对导体和电介质的影响，以及导体和电介质对静电场的影响。同时，本章将介绍描述导体性质的一个物理量——电容，以及静电场能量的计算。

## 9.1 静电场中的导体

### 9.1.1 导体的静电平衡条件

金属导体是由带正电的晶体点阵和带负电的自由电子组成的。当导体不带电也不受外电场作用时，晶体点阵的正电荷和自由电子的负电荷正好抵消，因此在宏观上，导体的各部分都呈电中性，这时自由电子除了微观热运动外，没有宏观的定向运动。

将导体放入静电场中，导体中的自由电子在电场力的作用下，将逆着电场方向相对于晶体点阵做宏观定向运动，从而引起导体中电荷的重新分布，这就是静电感应现象，因静电感应而出现的电荷叫感应电荷。

如图 9-1 所示，在匀强电场 $\boldsymbol{E}_0$ 中放入一块金属板，在电场力的作用下金属板内部的自由电子将逆着外电场方向运动，使板的两个侧面出现等量异号的感应电荷，感应电荷产生一个场强方向和原来场强 $\boldsymbol{E}_0$ 方向相反的附加电场 $\boldsymbol{E}'$，$\boldsymbol{E}'$阻止自由电子的继续运动，直到 $\boldsymbol{E}_0+\boldsymbol{E}'=0$，这时导体中的自由电子的定向运动就完全停止，导体两端的正负感应电荷不再增加，电荷又达到了新的平衡分布。所以导体处于静电平衡状态的特征是导体表面和内部的任一部分都没有宏观的电荷运动，导体内部自由电子所受的合力必须为零，而导体表面上的自由电子也只能受到与表面垂直而指向外部的力。综上所述，导体处于静电平衡状态所必须满足的条件是：

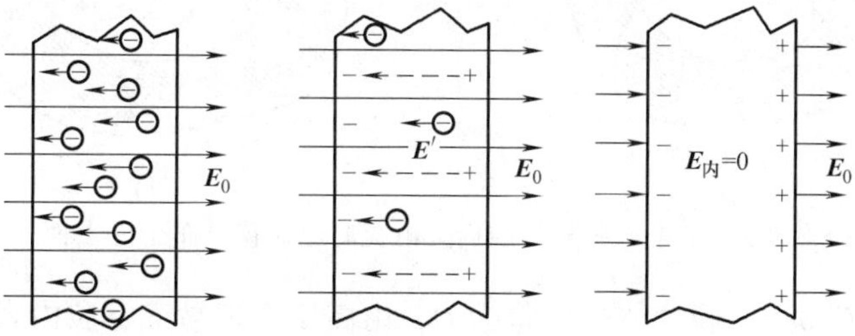

图 9-1　导体在电场中的静电感应

1）导体内部任一点的电场强度为零。

2）导体表面任何一点的场强方向垂直于该点表面。

导体的静电平衡条件也可用电势表示：在静电平衡时，导体上各点电势相等，即导体表面是一等势面，整个导体是一等势体。这是很显然的，设 $a$、$b$ 为导体内部或表面上任意两点，这两点的电势差等于单位正电荷沿任意路径从 $a$ 点移到 $b$ 点时电场力所做的功。如果路径在导体内部则因导体内 $\boldsymbol{E}=0$，所以这个功等于零；如果路径在导体表面上，则因 $\boldsymbol{E}$ 与导体表面垂直，因而与路径正交，这个功也等于零。由此可知导体内部各点的电势相等，且等于导体表面的电势。

## 9.1.2 导体上的电荷分布

处于静电平衡的导体上的电荷分布有以下规律：

1）达到静电平衡的实心导体，电荷全部分布在导体表面，导体内部各处净电荷为零。

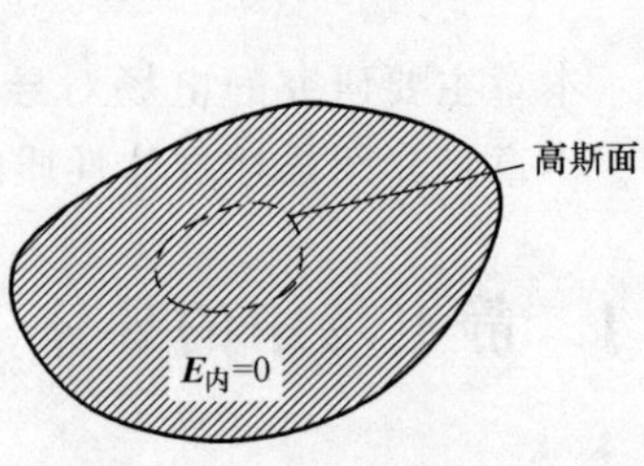


图 9-2 导体内无净电荷

**证明**：如图 9-2 所示，在导体内部任意作一个闭合曲面 $S$，由高斯定理 $\oint_S \boldsymbol{E}\cdot \mathrm{d}\boldsymbol{S}=\frac{1}{\varepsilon_0}\sum q_i$，有 $\oint \boldsymbol{E}\cdot \mathrm{d}\boldsymbol{S}=0$。因为静电平衡时导体内部 $\boldsymbol{E}=0$，因而 $\sum q=0$，即在高斯面 $S$ 内没有净电荷。$S$ 为导体内部任意高斯面，它所包围的体积可任意的小，所以可得出导体内部任意小的体积内都没有净电荷，净电荷都只能分布在导体表面上的结论。

2）空腔导体达到静电平衡时的电荷分布。

① 若导体内有空腔，腔内无电荷，则空腔内表面无净余电荷分布，电荷只分布在导体的外表面。如图 9-3 所示，包围空腔内表面作一紧邻高斯面，由于该高斯面各点的电场强度为零，则该高斯面内电荷代数和也为零，可分为图 9-3a 和图 9-3b 两种可能情况。然而图 9-3b 情况是不被允许存在的，因为若内表面某处有正电荷 $+q'$，另一处有等量负电荷 $-q'$，则必有电场线从 $+q'$ 发出而终止于 $-q'$，这时腔内电场强度沿任意由正电荷处到负电荷处的积分 $\int_+^- \boldsymbol{E}\cdot \mathrm{d}\boldsymbol{l}$ 不等于零，于是内表面有等量异号电荷分布的两处之间就存在电势差。显然，这与处于静电平衡状态的导体是等势体相矛盾。因此，空腔内表面不能有净电荷分布，电荷只能分布在空腔导体的外表面上。

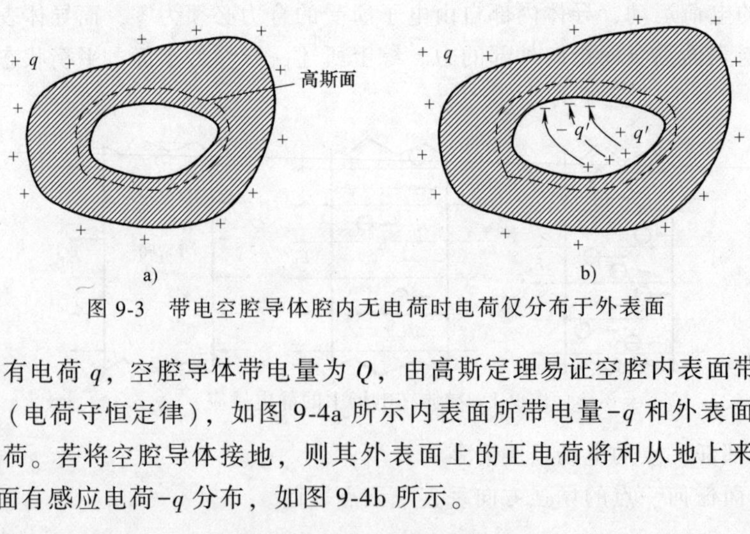


图 9-3 带电空腔导体腔内无电荷时电荷仅分布于外表面

② 若腔内有电荷 $q$，空腔导体带电量为 $Q$，由高斯定理易证空腔内表面带电为 $-q$，外表面带电为 $Q+q$（电荷守恒定律），如图 9-4a 所示内表面所带电量 $-q$ 和外表面所带电量中的 $+q$ 均为感应电荷。若将空腔导体接地，则其外表面上的正电荷将和从地上来的等量负电荷中和，仅内表面有感应电荷 $-q$ 分布，如图 9-4b 所示。

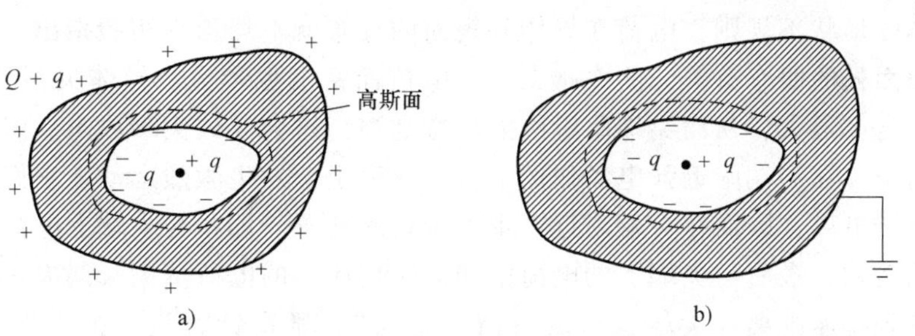


图 9-4　带电空腔导体腔内无电荷时电荷仅分布于外表面

3）处于静电平衡的导体，其表面上各处的电荷面密度与该处表面紧邻处的电场强度的大小成正比。

**证明**：如图 9-5 所示，在导体表面紧邻处取一点 $P$，以 $\boldsymbol{E}$ 表示该处的电场强度。过 $P$ 作一个平行于导体表面的面积元 $\Delta S$，以 $\Delta S$ 为底，以过 $P$ 点的导体表面法线为轴作一封闭的扁平圆柱形高斯面 $S$，其另一底面 $\Delta S'$在导体的内部，且 $\Delta S=\Delta S'$。考虑到导体内部场强处处为零，导体表面附近的场强与表面垂直，对此高斯面有

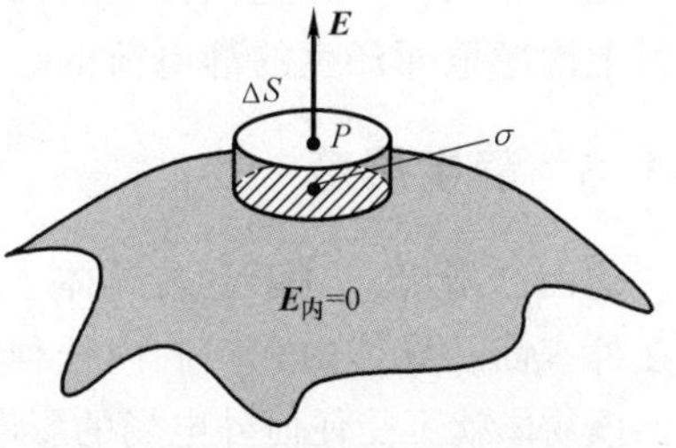


图 9-5　导体表面电荷与场强关系

$$\oint_S \boldsymbol{E}\cdot \mathrm{d}\boldsymbol{S}=\frac{1}{\varepsilon_0}\sum q_i$$

通过高斯面的电通量为

$$\oint_S \boldsymbol{E}\cdot \mathrm{d}\boldsymbol{S}=\int_{\Delta S}\boldsymbol{E}\cdot \mathrm{d}\boldsymbol{S}+\int_{\Delta S'}\boldsymbol{E}\cdot \mathrm{d}\boldsymbol{S}+\int_{侧面}\boldsymbol{E}\cdot \mathrm{d}\boldsymbol{S}=\int_{\Delta S}E\cos 0°\mathrm{d}S+0+0=\int_{\Delta S}E\mathrm{d}S=E\Delta S$$

高斯面内包围的自由电荷的电量为

$$\sum q_i=\sigma\Delta S$$

于是，由高斯定理得

$$E\Delta S=\frac{1}{\varepsilon_0}\sigma\Delta S$$

$$E=\frac{\sigma}{\varepsilon_0}$$

或

$$\sigma=\varepsilon_0 E \tag{9-1}$$

此式说明处于静电平衡的导体表面上各处的电荷面密度与当地表面紧邻处的场强大小成正比。利用上式也可以由导体表面某处的电荷面密度 $\sigma$，求出当地表面紧邻处的场强 $\boldsymbol{E}$ 来。

必须指出的是，导体表面附近的电场 $\boldsymbol{E}$ 是所有电荷（包括该导体上的全部电荷以及导体外现有的其他电荷）激发的合场强，不是仅有当地导体表面上的电荷激发的。当导体外的电荷位置发生变化时，导体上的电荷分布也会发生变化，而导体外面的场强分布也要发生变化。这种变化将一直继续到它满足式（9-1）的关系使导体又处于静电平衡为止。

4）孤立导体处于静电平衡时，导体表面的电荷面密度与该处表面的曲率有关，曲率越大的地方，电荷面密度越大。

带电导体的形状不规则，电荷在导体外表面的分布就不均匀。实验指出，导体表面的电荷面密度与表面处的曲率有关，曲率越大处，电荷面密度也越大。导体尖端处的曲率最大，因而电荷面密度亦最大，从而尖端附近的电场特别强，这会导致尖端放电。因为空气中总存在一些正负离子，在尖端附近强电场作用下，这些离子会发生激烈运动，它们和中性分子碰撞，使空气分子电离，因而在尖端附近产生大量新的离子。那些与尖端上电荷异号的离子受到吸引向尖端运动，最后与尖端上的电荷中和，使导体上的电荷从尖端漏失；与尖端上电荷同号的离子受到排斥则离开尖端，形成所谓“电风”。避雷针就是根据尖端放电的原理制造的。

在高压设备中，为了防止尖端放电而引起的危险和电能的浪费，往往采用表面极光滑而又较粗的导线，并把电极做成光滑的球状曲面。静电消除器也是利用尖端放电实现消除加工材料上因摩擦而产生的静电荷的。

### 9.1.3 静电屏蔽

前面已指出，对于空腔导体，腔内没有电荷，在外电场中达到静电平衡时，电荷只能分布在外表面，导体内和空腔内任何一处的场强都为零。如果把任一物体放入空心导体的空腔内，该物体就不受任何外电场的影响，从而空腔导体起到了屏蔽外电场的作用（见图 9-3a）。

另一方面，当空腔内有电荷分布时，由于静电感应，在金属空腔的内、外表面将分别出现等量异号的感应电荷，空腔外表面电荷所产生的电场就会对外界产生影响，为了消除这种影响，可把空腔导体接地，如图 9-4b 所示，外表面的感应电荷因接地而被中和，相应的电场随之消失，这样金属壳内带电体的电场就对壳外不再产生影响了。

由此可见，一个接地的空腔导体，外界的电场不会影响腔内的物体，腔内带电体的电场也不会影响腔外的物体，这就是静电屏蔽原理。

静电屏蔽原理在生产技术上有许多应用。为了避免外界电场对某些精密的电磁测量仪器的干扰，或者为了避免一些高压设备对外界的影响，一般都在这些设备的外围安装接地的金属网罩。用来传送微弱信号的连接导线，也往往在导线外面包一层用金属丝纺织的屏蔽线层，用于避免外界的干扰。

### 9.1.4 有导体存在时，电场强度和电势的计算

电场强度和电势是描述静电场的两个重要物理量，在静电情况下，当空间有导体分布时，许多实际问题静电平衡后空间电场强度和电势的计算非常重要，如充了电的电容器，要计算其电容就要首先计算静电平衡后两极板间的电场强度和电势差。计算的主要理论依据有：静电平衡条件、高斯定理和电荷守恒定律。这些理论依据本质上确定了导体的边界条件，因此，由上述理论依据所列方程的解就是满足边界条件的，其解就是唯一正确的解。下面举例说明由导体存在时场强和电势的计算。

**例题 9-1** 有两块可看作无限大的金属平板 $A$、$B$ 平行放置，间距为 $d$，每板的面积为 $S$，现 $A$ 板带电 $+q_A$，$B$ 板带电 $+q_B$，且 $q_A>q_B$，求两板各表面上的电荷面密度以及两板间的电势差和电场分布。

**解** 由于静电平衡时导体内部无净电荷，所以电荷只能分布在两金属板的表面上。不计边缘效应，这些电荷可以看成是均匀分布的，设四个表面上的电荷面密度分别为 $\sigma_1$、$\sigma_2$、

$\sigma_3$ 和 $\sigma_4$，如图 9-6 所示。由电荷守恒定律可知

$$\sigma_1 + \sigma_2 = \frac{q_A}{S} \tag{1}$$

$$\sigma_3 + \sigma_4 = \frac{q_B}{S} \tag{2}$$

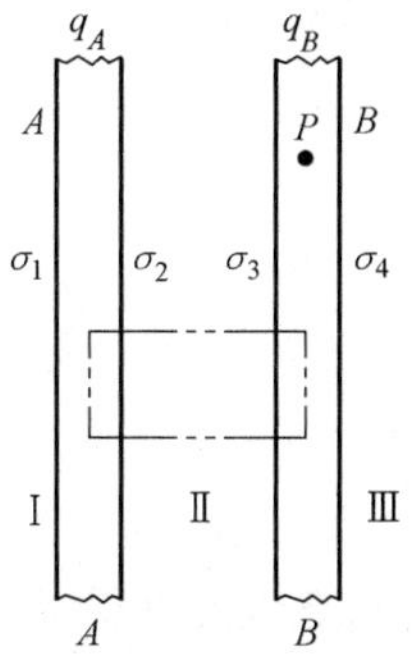

图 9-6　例题 9-1 图

由于板间电场与板面垂直，且板内的电场强度为零，所以选一个两底分别在两个金属板内而侧面垂直于板面的封闭面作为高斯面，则通过此高斯面的电通量 $\oint_S \boldsymbol{E} \cdot \mathrm{d}\boldsymbol{S} = 0$，而 $\sum q_i = (\sigma_2+\sigma_3)S$。根据高斯定理可以得出

$$\sigma_2 + \sigma_3 = 0 \tag{3}$$

在金属板内任一点 $P$ 的电场强度应该是四个带电面的电场强度的叠加，取垂直板面向右方向为正方向，则有

$$E_P = \frac{\sigma_1}{2\varepsilon_0} + \frac{\sigma_2}{2\varepsilon_0} + \frac{\sigma_3}{2\varepsilon_0} - \frac{\sigma_4}{2\varepsilon_0} = 0$$

得

$$\sigma_1 + \sigma_2 + \sigma_3 - \sigma_4 = 0 \tag{4}$$

对以上四个方程联立求解，可得电荷分布情况为

$$\sigma_1 = \sigma_4 = \frac{q_A + q_B}{2S}$$

$$\sigma_2 = -\sigma_3 = \frac{q_A - q_B}{2S}$$

由此可得电场分布如下：

在Ⅰ区　　$E_1 = \dfrac{q_A+q_B}{2\varepsilon_0 S}$，　方向向左

在Ⅱ区　　$E_2 = \dfrac{q_A-q_B}{2\varepsilon_0 S}$，　方向向右

在Ⅲ区　　$E_3 = \dfrac{q_A+q_B}{2\varepsilon_0 S}$，　方向向右

两板间的电势差为

$$\varphi_A - \varphi_B = \int_A^B \boldsymbol{E}_2 \cdot \mathrm{d}\boldsymbol{l} = E_2 \cdot d = \frac{q_A - q_B}{2\varepsilon_0 S}d$$

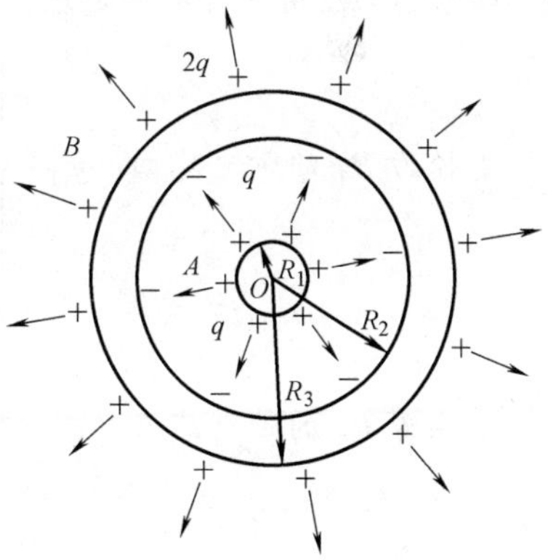

图 9-7　例题 9-2 图

**例题 9-2**　半径为 $R_1$ 的金属球，外面罩一个同心金属球壳，它的内、外半径分别为 $R_2$、$R_3$，金属球和球壳的电荷都是 $q$，如图 9-7 所示。问两球上的电荷如何分布？各区域的电势如何？

**解**　电荷分布情况：金属球带电 $+q$ 均匀分布于球面上，球壳内表面感应出电荷 $-q$，均匀分布于壳之内表面，球壳外表面电荷为 $2q$，均匀分布于外表面上，电荷呈球对称分布。

**解法 1**　根据电势定义求电势。先由高斯定理求出各区域电场强度如下：

$$E=\begin{cases}E_1=0 & r<R_1\\ E_2=\dfrac{q}{4\pi\varepsilon_0 r^2} & R_1<r<R_2\\ E_3=0 & R_2<r<R_3\\ E_4=\dfrac{q}{2\pi\varepsilon_0 r^2} & r>R_3\end{cases}$$

以无限远处电势为零，则各区域电势分别为

$$\varphi_4=\int_r^{\infty}\boldsymbol{E}_4\cdot\mathrm{d}\boldsymbol{l}=\int_r^{\infty}\frac{q}{2\pi\varepsilon_0 r^2}\mathrm{d}r=\frac{q}{2\pi\varepsilon_0 r},\quad r\geqslant R_3$$

$$\varphi_3=\int_r^{\infty}\boldsymbol{E}\cdot\mathrm{d}\boldsymbol{l}=\int_r^{R_3}\boldsymbol{E}_3\cdot\mathrm{d}\boldsymbol{r}+\int_{R_3}^{\infty}\boldsymbol{E}_4\cdot\mathrm{d}\boldsymbol{r}=\frac{q}{2\pi\varepsilon_0 R_3},\quad R_2\leqslant r<R_3$$

$$\varphi_2=\int_r^{\infty}\boldsymbol{E}\cdot\mathrm{d}\boldsymbol{l}=\int_r^{R_2}\boldsymbol{E}_2\cdot\mathrm{d}\boldsymbol{r}+\int_{R_2}^{R_3}\boldsymbol{E}_3\cdot\mathrm{d}\boldsymbol{r}+\int_{R_3}^{\infty}\boldsymbol{E}_4\cdot\mathrm{d}\boldsymbol{r}$$

$$=\frac{q}{4\pi\varepsilon_0 r}-\frac{q}{4\pi\varepsilon_0 R_2}+\frac{q}{2\pi\varepsilon_0 R_3},\quad R_1\leqslant r<R_2$$

$$\varphi_1=\int_r^{\infty}\boldsymbol{E}\cdot\mathrm{d}\boldsymbol{l}=\int_r^{R_1}\boldsymbol{E}_1\cdot\mathrm{d}\boldsymbol{r}+\int_{R_1}^{R_2}\boldsymbol{E}_2\cdot\mathrm{d}\boldsymbol{r}+\int_{R_2}^{R_3}\boldsymbol{E}_3\cdot\mathrm{d}\boldsymbol{r}+\int_{R_3}^{\infty}\boldsymbol{E}_4\cdot\mathrm{d}\boldsymbol{r}$$

$$=\frac{q}{4\pi\varepsilon_0 R_1}-\frac{q}{4\pi\varepsilon_0 R_2}+\frac{q}{2\pi\varepsilon_0 R_3},\quad r<R_1$$

**解法2** 应用电势叠加原理。由例题 8-11 知，三个带电球面在空间的电势分别为

半径为 $R_1$ 的带电球面 $\varphi_1=\begin{cases}\dfrac{q}{4\pi\varepsilon_0 R_1} & r\leqslant R_1\\ \dfrac{q}{4\pi\varepsilon_0 r} & r>R_1\end{cases}$

半径为 $R_2$ 的带电球面 $\varphi_2=\begin{cases}\dfrac{-q}{4\pi\varepsilon_0 R_2} & r\leqslant R_2\\ \dfrac{-q}{4\pi\varepsilon_0 r} & r>R_2\end{cases}$

半径为 $R_3$ 的带电球面 $\varphi_3=\begin{cases}\dfrac{q}{2\pi\varepsilon_0 R_3} & r\leqslant R_3\\ \dfrac{q}{2\pi\varepsilon_0 r} & r>R_3\end{cases}$

空间各点的电势，为三个带电球面在该点产生的电势的叠加，得

在 $r\geqslant R_3$ 区域 $\varphi_4=\dfrac{q}{4\pi\varepsilon_0 r}-\dfrac{q}{4\pi\varepsilon_0 r}+\dfrac{q}{2\pi\varepsilon_0 r}=\dfrac{q}{2\pi\varepsilon_0 r}$

在 $R_2 \leqslant r < R_3$ 区域 $$\varphi_3 = \frac{q}{4\pi\varepsilon_0 r} - \frac{q}{4\pi\varepsilon_0 r} + \frac{q}{2\pi\varepsilon_0 R_3} = \frac{q}{2\pi\varepsilon_0 R_3}$$

在 $R_1 \leqslant r < R_2$ 区域 $$\varphi_2 = \frac{q}{4\pi\varepsilon_0 r} - \frac{q}{4\pi\varepsilon_0 R_2} + \frac{q}{2\pi\varepsilon_0 R_3}$$

在 $r < R_1$ 区域 $$\varphi_1 = \frac{q}{4\pi\varepsilon_0 R_1} - \frac{q}{4\pi\varepsilon_0 R_2} + \frac{q}{2\pi\varepsilon_0 R_3}$$

## 9.2 静电场中的电介质

与导体相比，电介质内每个分子或原子中的电子受原子核的束缚力很强，致使电子不能像导体中的自由电子那样在介质内自由运动，因此导电能力很差。理想情况下可以认为是不导电的物质。

### 9.2.1 电介质的极化

从物质的电结构看，电介质的每一个分子都带有等量异号的电荷，一般地说，正负电荷并不集中在分子中的某一点，而是分布在分子所占有的空间内。但是，在远大于分子线度的距离处，分子中全部负电荷在该处产生的电场同一个单独的负电荷产生的电场一样，这个等效负电荷在分子中的位置称为该分子的负电荷中心。同理，每个分子的全部正电荷也有一个相应的正电荷中心。如果分子的正负电荷中心不重合，这样一对距离极近的等值异号正负点电荷称为分子的等效电偶极子，相应的电矩称为分子电矩。

由于分子结构不同，电介质可分为两类。在一类电介质中，外电场不存在时，分子的正负电荷中心是重合的，其分子电矩为零。这种电介质称为无极分子电介质，如 $H_2$、$N_2$、$CH_4$ 等。在另一类电介质中，即使外电场不存在时，分子的正负电荷中心也不相重合，其分子电矩不为零，等效于一个电偶极子。这种电介质称为有极分子电介质，如 $SO_2$、$H_2S$、$NH_3$、有机酸等。这两类电介质的电极化过程并不相同，现讨论如下：

**1. 无极分子的位移极化**

由无极分子组成的电介质置于外电场中时，在电场力的作用下，正负电荷中心将发生相对位移形成电偶极子。这些电偶极子电矩的方向都沿着外电场的方向。因此，在和外电场垂直的电介质两个端面上会出现等量异号电荷，如图 9-8 所示。这种电荷不会脱离电介质分子，不能在电介质中自由移动，所以称为极化电荷，或束缚电荷。在宏观上，电介质中出现极化电荷的现象称为电介质的极化现象。外电场越强，分子电矩也就越大，在宏观上电介质表面出现的极化电荷就越多，电极化程度也就越高。无极分子的极化是由于正负电荷中心的

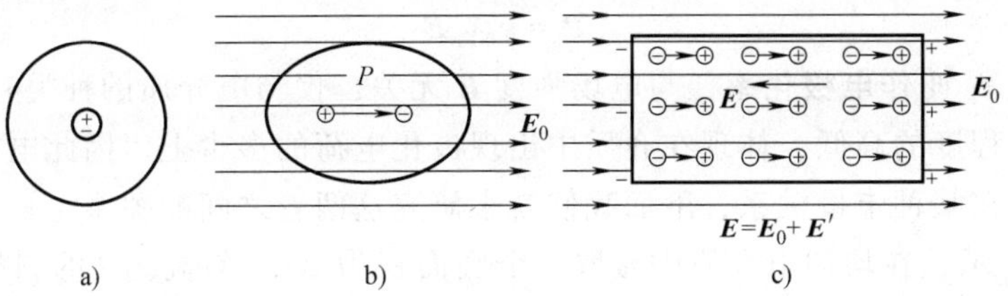


图 9-8 无极分子极化示意

相对位移而形成的，所以称为位移极化。

**2. 有极分子的转向极化**

由有极分子组成的电介质，虽然每个分子都有一定的等效分子电矩，但是在没有外电场时，由于分子做不规则的热运动，介质内部分子电矩的排列是杂乱无章的，所以电介质内部各部分都是电中性的，对外不产生电场。当有外电场时，每个分子的电矩都将受到电场的力矩的作用，使分子电矩趋向外电场方向，如图 9-9 所示。由于分子的热运动，这种转向也仅是部分的，即所有分子电矩不可能很整齐地沿着外电场方向排列起来。外电场越强，分子电矩的排列整齐程度越大。在宏观上，电介质表面出现的极化电荷就越多，电极化的程度就越高。有极分子的极化是由于分子电矩转向外电场而形成的，所以称为转向极化。

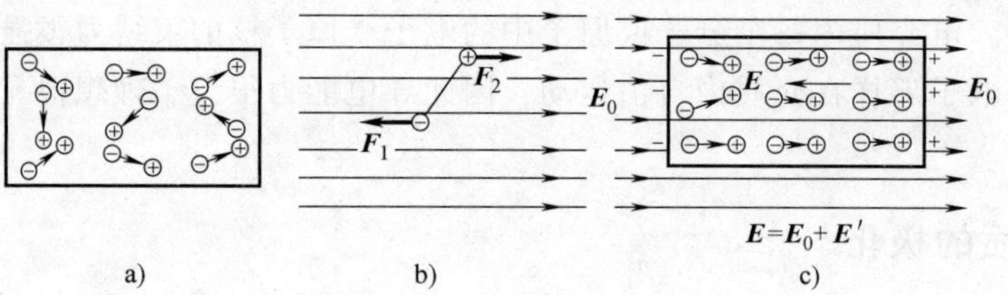


图 9-9　有极分子极化示意

综上所述，所谓电极化过程，就是使分子电偶极子有一定取向并增大其电矩的过程。两类电介质电极化的微观过程虽然不同，但宏观结果，即在电介质中出现极化电荷，却都是一样的。因此，在对电介质极化做宏观描述时，就没有必要把这两种电介质分开讨论。

## 9.2.2　电极化强度

在电介质内，任取一体积元 $\Delta V$，当没有外电场时，这体积元内所有分子电矩的矢量和 $\sum \boldsymbol{p}_i$ 等于零。但是，在外电场中，这体积元内所有分子电矩的矢量和将不等于零，即 $\sum \boldsymbol{p}_i \neq 0$。我们取单位体积内的分子电矩矢量和作为量度电介质极化程度的物理量，称为电极化强度，用 $\boldsymbol{P}$ 表示，即

$$\boldsymbol{P} = \frac{\sum_i \boldsymbol{p}_i}{\Delta V} \tag{9-2}$$

在国际单位制中，$\boldsymbol{P}$ 的单位是 $C/m^2$（库仑每平方米）。

如果在电介质中各处的电极化强度的大小和方向都相同，则称这样的极化是均匀极化，否则极化是不均匀的。

实验表明，当电介质中的电场强度 $\boldsymbol{E}$ 不太强时，各种各向同性的电介质（我们以后仅限于讨论此种电介质）的电极化强度与 $\boldsymbol{E}$ 成正比，方向相同。可写成

$$\boldsymbol{P} = \varepsilon_0 \chi_e \boldsymbol{E} \tag{9-3}$$

式中，比例系数 $\chi_e$ 叫作**电极化率**，与电场强度 $\boldsymbol{E}$ 无关，仅与电介质的种类有关。

电介质极化程度的高低，体现在介质中出现极化电荷的多少上。因此电极化强度和极化电荷之间必定存在某种定量关系，下面我们就来研究这两者之间的关系。

如图 9-10 所示，在均匀电介质中截取一个底面积为 $\Delta S$、斜高为 $l$ 的斜柱体，它的轴线与电极化强度 $\boldsymbol{P}$ 平行。

若斜柱体的体积 $\Delta V$ 为宏观小体积元，斜柱体内电介质可认为是均匀极化的。设两个底面上出现的极化电荷面密度分别为 $+\sigma'$ 和 $-\sigma'$，则整个斜柱体就相当于一个电偶极子，其电偶极矩为 $\sigma'\Delta Sl$，它又等于体积元 $\Delta V$ 内所有分子电偶极矩的矢量和，即

$$\left|\sum_i \boldsymbol{p}_i\right| = \sigma'\Delta Sl$$

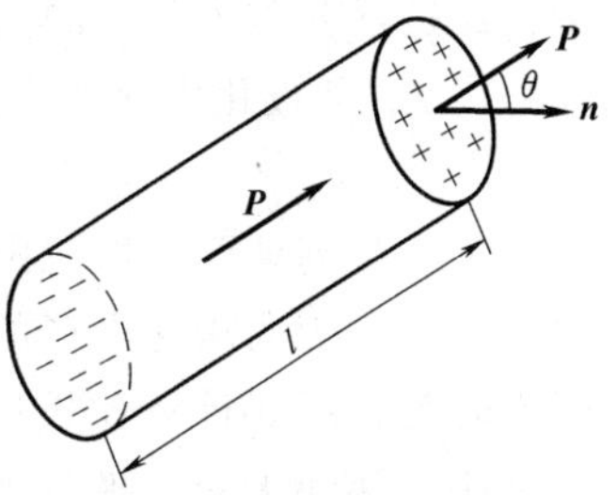

图 9-10　电极化强度与极化电荷的关系

设底面法线与电极化强度的夹角为 $\theta$，则斜柱体的体积 $\Delta V$ 为

$$\Delta V = \Delta Sl\cos\theta$$

根据 $\boldsymbol{P}$ 的定义式（9-2），则有

$$|\boldsymbol{P}| = \frac{\left|\sum_i \boldsymbol{p}_i\right|}{\Delta V} = \frac{\sigma'}{\cos\theta}$$

所以

$$\sigma' = |\boldsymbol{P}|\cos\theta = P_n = \boldsymbol{P}\cdot\boldsymbol{n} \tag{9-4}$$

式中，$P_n$ 是电极化强度 $\boldsymbol{P}$ 沿介质表面外法线方向的分量；$\boldsymbol{n}$ 为面元 $\Delta S$ 法线方向的单位矢量。上式说明：均匀电介质极化时产生的极化电荷面密度，等于该处电极化强度沿表面外法线方向的投影。显然，当 $0\leqslant\theta<90°$ 时，表面出现正极化电荷；而当 $90°<\theta\leqslant180°$ 时，则出现负极化电荷。

对于非均匀电介质，除在电介质表面出现极化电荷外，在电介质内部还将产生极化电荷，这时极化电荷体密度和该点处极化的情况有关。

当外加电场不太强时，只引起电介质的极化，不会破坏电介质的绝缘性能。如果外电场很强，则电介质分子中的正负电荷就可能被拉开而变成可以自由移动的电荷。由于大量的这种自由电荷的产生，电介质的绝缘性能就会遭到明显破坏而变成导体，这种现象叫作电介质的击穿。

使电介质发生击穿的临界电压称为击穿电压，与此相应的场强称为击穿场强。表 9-1 给出了几种电介质的击穿场强的数值。

**表 9-1　几种电介质被击穿时的电场强度**　（单位：kV/cm）

| 电介质 | 被击穿的电场强度 | 电介质 | 被击穿的电场强度 |
|---|---|---|---|
| 玻　璃 | 1000~3000 | 陶　瓷 | 100~300 |
| 云　母 | 2000~3000 | 多孔性陶瓷 | 15~25 |
| 浸渍纸 | 1000~3000 | 木　材 | 40~60 |
| 未浸渍纸 | 70~100 | 大理石 | 40~50 |

## 9.2.3　电介质中的高斯定理

将高斯定理应用到电介质中时，其数学表达式可写为

$$\oint_S \boldsymbol{E}\cdot d\boldsymbol{S} = \frac{1}{\varepsilon_0}\sum(q_0+q') \tag{9-5}$$

式中，$\boldsymbol{E}$ 是电介质中所取的高斯面上各点的电场强度，它等于没有电介质时自由电荷产生的电场强度 $\boldsymbol{E}_0$ 和极化电荷产生的电场强度 $\boldsymbol{E}'$ 的矢量和，即

$$\boldsymbol{E}=\boldsymbol{E}_0+\boldsymbol{E}'$$

$\sum(q_0+q')$ 是高斯面 $S$ 所包围的自由电荷和极化电荷的代数和。式（9-5）对讨论电场的性质很不方便，因为极化电荷的分布不仅与自由电荷产生的电场有关，还与电介质性质、形状等因素有关，因此计算比较困难。如何得到便于实际应用的有电介质时的高斯定理呢？为此，来研究两块无限大平行平板间充满均匀电介质的这个特例。

如图 9-11 所示，设两平行平板所带的自由电荷面密度分别为 $+\sigma_0$ 和 $-\sigma_0$，在靠近两平板的电介质表面上的极化电荷面密度分别为 $-\sigma'$ 和 $+\sigma'$。作图中虚线所示的高斯面 $S$，高斯面的左右两个端面与极板平行，左端面 $S_1$ 在导体板内，右端面 $S_2$ 在电介质内，且两端面面积相等，即 $S_1=S_2$。

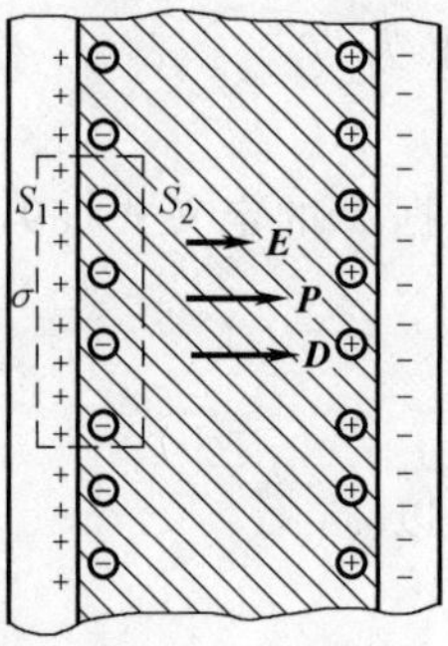


图 9-11 电介质中的高斯定理

由于电介质的极化电荷是电介质极化的结果，所以极化电荷与电极化强度之间一定存在某种定量的关系，这种定量关系可如下求得。考虑电极化强度 $\boldsymbol{P}$ 对整个高斯面 $S$ 的积分，有

$$\oint_S \boldsymbol{P}\cdot\mathrm{d}\boldsymbol{S}=\oint_{S_1}\boldsymbol{P}\cdot\mathrm{d}\boldsymbol{S}+\int_{侧面}\boldsymbol{P}\cdot\mathrm{d}\boldsymbol{S}+\int_{S_2}\boldsymbol{P}\cdot\mathrm{d}\boldsymbol{S}$$

因为 $S_1$ 面在导体板内，所以 $S_1$ 面上的诸点的 $\boldsymbol{P}=0$，故有 $\int_{S_1}\boldsymbol{P}\cdot\mathrm{d}\boldsymbol{S}=0$；对高斯面侧面上的诸点，因为 $\boldsymbol{P}\perp\mathrm{d}\boldsymbol{S}$，故也有 $\int_{侧面}\boldsymbol{P}\cdot\mathrm{d}\boldsymbol{S}=0$；对 $S_2$ 面上的诸点，$\boldsymbol{P}$ 的大小相等。由式（9-4）知 $P=\sigma'$，$\boldsymbol{P}$ 的方向垂直 $S_2$ 面向外，因此由于极化而越过 $S_2$ 面向外移出高斯面的电荷为 $\sum q'_{出}=\int_{S_2}\boldsymbol{P}\cdot\mathrm{d}\boldsymbol{S}$，即通过整个高斯面向外移出的电荷为

$$\sum q'_{出}=\oint_S \boldsymbol{P}\cdot\mathrm{d}\boldsymbol{S}$$

因为电介质是中性的，根据电荷守恒，由于电极化而在高斯面内留下的多余电荷，即极化电荷应为

$$\sum q'=-\sum q'_{出}=-\oint_S \boldsymbol{P}\cdot\mathrm{d}\boldsymbol{S} \tag{9-6}$$

这就是电介质内由于电极化而产生的极化电荷与电极化强度的关系：高斯面内的极化电荷等于通过该高斯面的电极化强度通量的负值。

将式（9-6）代入高斯定理，移项整理后可得

$$\oint_S(\varepsilon_0\boldsymbol{E}+\boldsymbol{P})\cdot\mathrm{d}\boldsymbol{S}=\sum q_0$$

引入一新的物理量电位移 $\boldsymbol{D}$，并令

$$\boldsymbol{D}=\varepsilon_0\boldsymbol{E}+\boldsymbol{P} \tag{9-7}$$

代入上式，得

$$\oint_S \boldsymbol{D}\cdot\mathrm{d}\boldsymbol{S}=\sum q_0 \tag{9-8}$$

式（9-8）称为有电介质时的高斯定理。$\Psi=\int_S \boldsymbol{D}\cdot\mathrm{d}\boldsymbol{S}$ 称为通过曲面 $S$ 的**电位移通量**（简称 $\boldsymbol{D}$

通量)。它表明通过电介质中任一闭合曲面的电位移 $\boldsymbol{D}$ 的通量等于该面所包围的自由电荷的代数和。

对于各向同性电介质，由式（9-3）可知 $\boldsymbol{P}=\chi_e\varepsilon_0\boldsymbol{E}$，因此

$$\boldsymbol{D}=\varepsilon_0\boldsymbol{E}+\boldsymbol{P}=\varepsilon_0\boldsymbol{E}+\chi_e\varepsilon_0\boldsymbol{E}=\varepsilon_0(1+\chi_e)\boldsymbol{E}$$

令 $\varepsilon_r=1+\chi_e$，$\varepsilon=\varepsilon_0\varepsilon_r$。$\varepsilon_r$ 称为介质的相对介电常数，$\varepsilon$ 称为介质的介电常数。$\varepsilon_r$ 和 $\varepsilon$ 都是表征电介质性质的。$\varepsilon_r$ 是一个大于或等于 1 的纯数。由此可得

$$\boldsymbol{D}=\varepsilon\boldsymbol{E} \tag{9-9}$$

与用电场线表示电场强度 $\boldsymbol{E}$ 一样，也可以用电位移线来表示电位移 $\boldsymbol{D}$。同样我们规定：电位移线上任一点的切线方向表示该点处 $\boldsymbol{D}$ 的方向；通过与 $\boldsymbol{D}$ 垂直的单位面积内的电位移线数，等于该点处 $\boldsymbol{D}$ 的量值。

式（9-8）表明，电位移的源是自由电荷，所以电位移线是从自由正电荷出发，终止于自由负电荷，在没有自由电荷的地方，电位移线不能中断。

图 9-12 画出了在匀强电场中插入均匀电介质平板前后电场线和电位移线的对比情况。

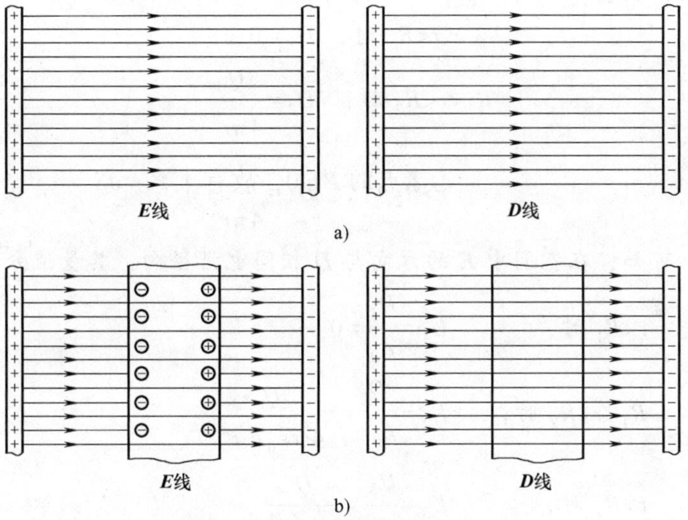


图 9-12　电场线和电位移线的对比

a）匀强电场　b）匀强电场中插入均匀电介质平板后

利用介质中的高斯定理，可以方便地求解充满均匀电介质的电场问题。当已知自由电荷的分布时，可先由式（9-8）求得 $\boldsymbol{D}$，再由式（9-9）求出介质中的电场强度 $\boldsymbol{E}$。但必须注意，$\boldsymbol{D}$ 只是一个辅助物理量，描写电场性质的物理量仍是电场强度和电势。

在 SI 中，$\boldsymbol{D}$ 的单位是 $\mathrm{C/m^2}$（库仑每平方米）

可以证明，当均匀电介质充满电场，或在电场中均匀电介质的表面为等势面时，电介质中的电场强度 $\boldsymbol{E}$ 和电势 $\varphi$ 分别为

$$\boldsymbol{E}=\frac{\boldsymbol{E}_0}{\varepsilon_r},\qquad \varphi=\frac{\varphi_0}{\varepsilon_r} \tag{9-10}$$

式中，$\boldsymbol{E}_0$ 和 $\varphi_0$ 是真空中的电场强度和电势。介质中的电场强度和电势的大小削弱为真空中的 $\varepsilon_r$ 分之一。

必须说明，由电位移 $\boldsymbol{D}$ 表述的高斯定理是存在介质情况下的普遍关系式，如利用它求出电位移 $\boldsymbol{D}$ 则是有条件的，即要求自由电荷的分布和电介质的分布具有相同的对称性。下面举例说明。

**例题 9-3** 半径为 $R_1$ 的导体球，带电荷 $Q$，外包一层相对介电常数为 $\varepsilon_r$ 的均匀电介质球壳，该介质球壳的外半径为 $R_2$，球壳外面是真空，如图 9-13 所示。求空间各点的 $\boldsymbol{D}$ 和 $\boldsymbol{E}$。

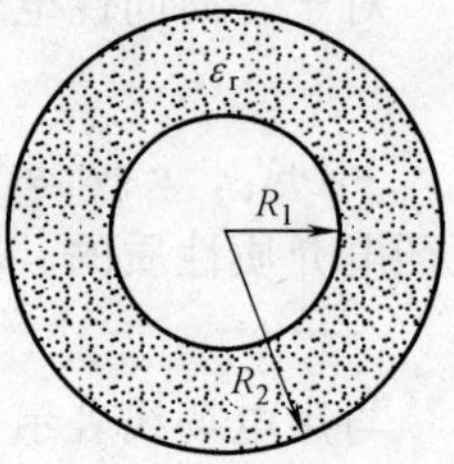

图 9-13 例题 9-3 图

**解** 由自由电荷和电介质分布的球对称性可知，$\boldsymbol{D}$ 和 $\boldsymbol{E}$ 的分布也具有球对称性。为了求出距球心距离为 $r$ 处的电位移 $\boldsymbol{D}$，可以作一个半径为 $r$ 的球面 $S$ 为高斯面，在 $S$ 面上 $\boldsymbol{D}$ 的方向沿径向且大小相等。由高斯定理得

$$\oint_S \boldsymbol{D}\cdot \mathrm{d}\boldsymbol{S} = D\cdot 4\pi r^2 = \sum q_0$$

当 $r<R_1$ 时，$S$ 面在球面内，电荷分布在导体球的外表面，故 $\sum q_0=0$；当 $r>R_1$ 时，球面上电荷在所作高斯面内，故 $\sum q_0=Q$。所以 $\boldsymbol{D}$ 的分布为

$$r<R_1 \text{ 时，}\quad D_1=0$$

$$R_1<r<R_2 \text{ 时，}\quad D_2=\frac{Q}{4\pi r^2}$$

$$r>R_2 \text{ 时，}\quad D_3=\frac{Q}{4\pi r^2}$$

由式（9-10）可知，在空间中 $\boldsymbol{E}$ 的方向与 $\boldsymbol{D}$ 相同也沿径向，其量值分布为

$$r<R_1 \text{ 时，}\qquad E_1=\frac{D_1}{\varepsilon_0}=0$$

$$R_1<r<R_2 \text{ 时，}\qquad E_2=\frac{D_2}{\varepsilon_0\varepsilon_r}=\frac{Q}{4\pi\varepsilon_0\varepsilon_r r^2}$$

$$r>R_2 \text{ 时，}\qquad E_3=\frac{D_3}{\varepsilon_0}=\frac{Q}{4\pi\varepsilon_0 r^2}$$

**例题 9-4** 两个无限长均匀带电的共轴圆柱面导体（同轴电缆），内、外圆柱面的半径分别为 $R_1$ 和 $R_2$，单位长度上带的电荷分别为 $+\lambda$ 和 $-\lambda$，两导体之间充满相对介电常数 $\varepsilon_r$ 的电介质。求：

(1) 介质中的 $\boldsymbol{D}$、$\boldsymbol{E}$ 分布及两导体的电势差；

(2) 介质中的 $\boldsymbol{P}$ 及介质表面的极化电荷面密度。

**解** (1) 由自由电荷和电介质分布的轴对称性可知，$\boldsymbol{D}$ 和 $\boldsymbol{E}$ 的分布也具有轴对称性。故可以在介质内取一个与圆柱面共轴的封闭柱面作为高斯面 $S$，设柱面半径为 $r$（$R_1<r<R_2$），高为 $h$。由高斯定理

$$\oint_S \boldsymbol{D}\cdot \mathrm{d}\boldsymbol{S} = \sum q_i$$

得

$$\oint_S \boldsymbol{D}\cdot \mathrm{d}\boldsymbol{S} = D2\pi rh$$

$$\sum q_i = \lambda h$$

所以

$$D2\pi rh=\lambda h$$

$$D=\frac{\lambda}{2\pi r}$$

由 $\boldsymbol{D}=\varepsilon\boldsymbol{E}$ 可得

$$E=\frac{\lambda}{2\pi\varepsilon_0\varepsilon_r r}$$

$\boldsymbol{D}$ 和 $\boldsymbol{E}$ 的方向均沿径向向外。两导体间的电势差为

$$\varphi_1-\varphi_2=\int_L \boldsymbol{E}\cdot \mathrm{d}\boldsymbol{l}=\int_{R_1}^{R_2}\frac{\lambda}{2\pi\varepsilon_0\varepsilon_r r}\mathrm{d}r=\frac{\lambda}{2\pi\varepsilon_0\varepsilon_r}\ln\frac{R_2}{R_1}$$

(2) 介质内 $\boldsymbol{P}$ 与 $\boldsymbol{E}$ 同向，$\boldsymbol{P}$ 的大小为

$$P=\chi_e\varepsilon_0 E=(\varepsilon_r-1)\varepsilon_0 E=\frac{\lambda}{2\pi r}\left(1-\frac{1}{\varepsilon_r}\right)$$

在半径为 $R_1$ 的介质面上，极化电荷是负的

$$\sigma_1'=-P_1=-\frac{\lambda}{2\pi R_1}\left(1-\frac{1}{\varepsilon_r}\right)$$

而在半径为 $R_2$ 的介质面上，极化电荷是正的

$$\sigma_2'=P_2=\frac{\lambda}{2\pi R_2}\left(1-\frac{1}{\varepsilon_r}\right)$$

下面列出在相对介电常数为 $\varepsilon_r$ 的均匀电介质充满整个场的情况下，几种典型带电体的电位移和电场强度公式。

(1) 点电荷 $q$ 的 $\boldsymbol{D}$ 和 $\boldsymbol{E}$

$$\boldsymbol{D}=\frac{q}{4\pi r^2}\boldsymbol{r}_0$$

$$\boldsymbol{E}=\frac{q}{4\pi\varepsilon_0\varepsilon_r r^2}\boldsymbol{r}_0$$

(2) 无限长均匀带电直线的 $\boldsymbol{D}$ 和 $\boldsymbol{E}$

$$\boldsymbol{D}=\frac{\lambda}{2\pi r}\boldsymbol{r}_0$$

$$\boldsymbol{E}=\frac{\lambda}{2\pi\varepsilon_0\varepsilon_r r}\boldsymbol{r}_0$$

(3) 两均匀带等量异号电荷的无限大平板间的 $\boldsymbol{D}$ 和 $\boldsymbol{E}$

$D=\sigma_0$，方向与板面垂直从正极板指向负极板

$E=\dfrac{\sigma_0}{\varepsilon_0\varepsilon_r}$，方向与 $\boldsymbol{D}$ 的方向相同

## 9.3　电容　电容器

电容是导体或导体组的一个重要性质，电容器是一种特殊的导体组合，它通常由电介质隔开的两个金属导体组成。电容器在电工和电子线路中起着很多种作用，交流电路中电流和

电压的控制、发射机中振荡电流的产生、接收机中的调谐、整流电路中的滤波、电子线路中的时间延迟等都要用到电容器。本节主要研究电容器的电容及计算。

## 9.3.1　孤立导体的电容

当一个导体的周围不存在其他导体和带电体时，该导体称为孤立导体。对一个半径为 $R$、带有电荷量为 $q$ 的孤立导体球，当静电平衡时，导体球为一等势体，其电势为

$$\varphi = \frac{q}{4\pi\varepsilon_0 R}$$

电量与电势的比值 $q/\varphi = 4\pi\varepsilon_0 R$ 是一个恒量，它与导体球是否带电荷及带多少电荷无关，因此这一比值反映了该导体球的某种电学性质。

实验表明，对任何形状的孤立导体，它所带电荷与其电势的比值只与导体自身的几何形状及周围介质有关，与导体是否带电荷无关。因此，这个比值称为孤立导体的电容，用 $C$ 表示。即

$$C = \frac{q}{\varphi} \tag{9-11}$$

$C$ 是描写导体的容电能力大小的物理量。由式（9-11）可知，$C$ 在数值上等于导体电势 $\varphi$ 为一个单位时导体所带电荷 $q$ 的大小。

在国际单位制中，电容的单位是法拉，用符号 F 表示。常用的还有微法拉（μF）或皮法拉（pF）等单位。

$$1\mu F = 10^{-6} F$$
$$1pF = 10^{-12} F$$

## 9.3.2　电容器的电容

在实际问题中，我们所遇到的一般都不是孤立导体。例如，在一个带电导体 $A$ 附近有其他导体 $C$ 和 $D$ 存在，则在 $C$、$D$ 上会产生感应电荷，这些感应电荷会激发电场，使导体 $A$ 上的电荷重新分布，这时导体 $A$ 上的电势不仅与 $A$ 所带电荷有关，还与导体 $C$、$D$ 的位置和形状等因素有关。为了消除周围其他导体的影响，可以利用静电屏蔽原理，用一个封闭的导体壳 $B$ 将 $A$ 屏蔽起来，如图 9-14 所示。可以证明，导体 $A$ 和导体壳 $B$ 之间的电势差 $\varphi_A - \varphi_B$ 与导体 $A$ 所带电荷成比例，不受外界影响。我们把导体 $A$ 和导体壳 $B$ 所组成的导体系叫作电容器，$A$、$B$ 为电容器的两个极板。当电容器两极板分别带有等量异号电荷 $+q$ 和 $-q$ 时，我们定义：电荷 $q$ 与两极板间电势差 $\varphi_A - \varphi_B$ 的比值为电容器的电容，即

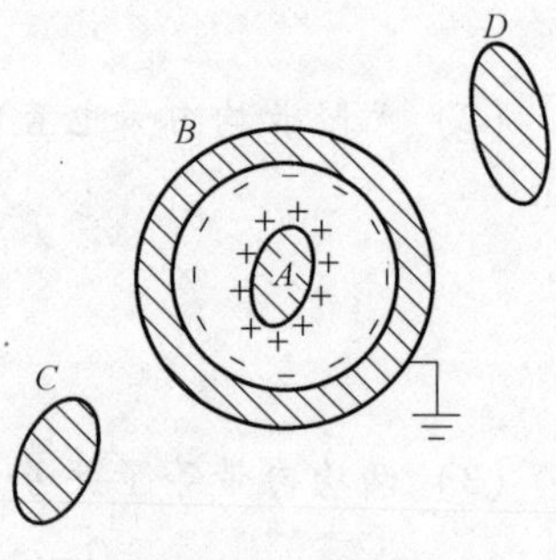

图 9-14　电容器

$$C = \frac{q}{\varphi_A - \varphi_B} \tag{9-12}$$

$C$ 的大小取决于极板的形状、大小、相对位置及周围介质，与极板是否带电无关。在实际所应用的电容器中，对其屏蔽性能的要求并不很高，只要求从一个极板发出的电场线几乎都终止在另一个极板上就行了。

孤立导体实际上仍可以认为是电容器，只是另一导体在无限远处，且电势为零。这样式（9-12）就简化为式（9-11）。

### 9.3.3　电容器电容的计算

下面根据电容的定义，计算几种常用的电容器的电容。

**1. 平板电容器的电容**

平板电容器由大小相同、面积为 $S$ 的两平行极板组成。两板内表面之间的距离为 $d$，两板间充满相对介电常数为 $\varepsilon_r$ 的均匀电介质，并假设板面的线度远大于两板内表面之间的距离，如图 9-15 所示。

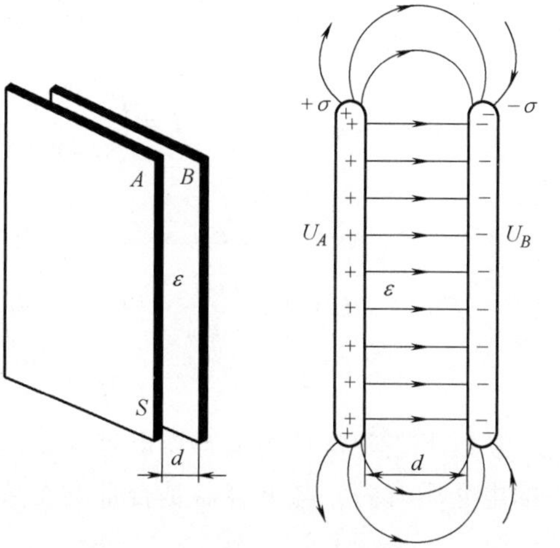


图 9-15　平行板电容器的计算

设 $A$ 板带正电荷，电荷面密度为 $+\sigma$，$B$ 板带等量负电荷，电荷面密度为 $-\sigma$。忽略边缘效应，两板间电场强度的大小为

$$E=\frac{\sigma}{\varepsilon_0\varepsilon_r}$$

两板之间的电势差为

$$\varphi_A-\varphi_B=Ed=\frac{\sigma d}{\varepsilon_0\varepsilon_r}=\frac{qd}{\varepsilon_0\varepsilon_r S}$$

式中，$\sigma=q/S$。将上述结果代入式（9-12）得

$$C=\frac{q}{\varphi_A-\varphi_B}=\frac{\varepsilon_0\varepsilon_r S}{d}\tag{9-13}$$

**2. 球形电容器的电容**

球形电容器是由两个同心金属球壳组成。设球壳的内、外半径分别为 $R_A$ 和 $R_B$，两球壳之间充满相对介电常数为 $\varepsilon_r$ 的电介质，如图 9-16 所示。

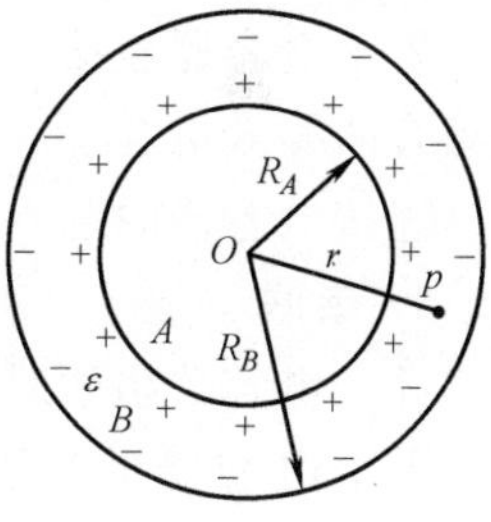


图 9-16　球形电容器

设内外球壳分别带电荷 $+q$ 和 $-q$，两球壳之间距球心为 $r$ 处的电场强度为

$$E=\frac{q}{4\pi\varepsilon_0\varepsilon_r r^2}$$

电场强度方向沿径向向外，两球壳间的电势差为

$$\varphi_A-\varphi_B=\int_{R_A}^{R_B}\boldsymbol{E}\cdot d\boldsymbol{l}=\int_{R_A}^{R_B}\frac{q}{4\pi\varepsilon_0\varepsilon_r r^2}dr=\frac{q}{4\pi\varepsilon_0\varepsilon_r}\left(\frac{1}{R_A}-\frac{1}{R_B}\right)$$

所以

$$C=\frac{q}{\varphi_A-\varphi_B}=\frac{q}{\dfrac{q}{4\pi\varepsilon_0\varepsilon_r}\left(\dfrac{1}{R_A}-\dfrac{1}{R_B}\right)}=\frac{4\pi\varepsilon_0\varepsilon_r R_A R_B}{R_B-R_A}\tag{9-14}$$

**3. 圆柱形电容器电容**

圆柱形电容器是由两个同轴的圆柱面极板组成，设圆柱面极板的半径分别为 $R_A$ 和 $R_B$，

长度为 $l$，且 $l \gg (R_B - R_A)$，两极板间充满相对介电常数为 $\varepsilon_r$ 的电介质，如图 9-17 所示。

设内、外圆柱面均匀带电荷 $+q$ 和 $-q$，电荷线密度 $\lambda = q/l$。在两极板之间距轴线的距离为 $r$ 处的电场强度为

$$E = \frac{\lambda}{2\pi\varepsilon_0\varepsilon_r r}$$

电场强度的方向沿径向向外。于是两圆柱面间的电势差为

$$\varphi_A - \varphi_B = \int_{R_A}^{R_B} \boldsymbol{E} \cdot \mathrm{d}\boldsymbol{l} = \int_{R_A}^{R_B} \frac{\lambda}{2\pi\varepsilon_0\varepsilon_r r}\mathrm{d}r = \frac{\lambda}{2\pi\varepsilon_0\varepsilon_r}\ln\frac{R_B}{R_A}$$

所以

$$C = \frac{q}{\varphi_A - \varphi_B} = \frac{\lambda l}{\dfrac{\lambda}{2\pi\varepsilon_0\varepsilon_r}\ln\dfrac{R_B}{R_A}} = \frac{2\pi\varepsilon_0\varepsilon_r l}{\ln\dfrac{R_B}{R_A}} \qquad (9\text{-}15)$$

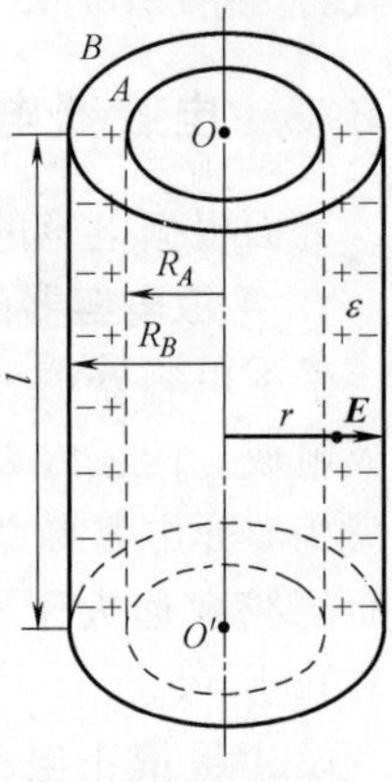

图 9-17 圆柱形电容器

从以上三种常见的电容器电容的表达式可以看出，电容只与电容器本身的几何形状和其中的电介质有关，与电容器是否带电无关。

## 9.3.4 电容器的串联和并联

每个电容器成品除了标明型号外，还必须标明其电容和耐压。使用时，电容器两极板上所加的电势差不能超过所规定的耐压值，以免击穿介质损坏电容器。但是，在实际使用中现有电容器的容量或者电容器的耐压不一定满足实际需要，因此，常把几个电容器以一定方式连接起来使用，以适应不同的需要。

若干电容器连接成电容器组合，这种组合所容的电荷和两端的电势差之比，称为该电容器组合的等效电容。

连接电容器的基本方法有串联和并联两种：

**1. 串联**

几个电容器串联时，串联的每一个电容器都带有相同的电荷 $q$，电压与电容成反比地分配在各个电容器上，如图 9-18 所示。因此串联电容器组的等效电容为

$$C = \frac{1}{\dfrac{1}{C_1} + \dfrac{1}{C_2} + \cdots + \dfrac{1}{C_n}} \qquad (9\text{-}16)$$

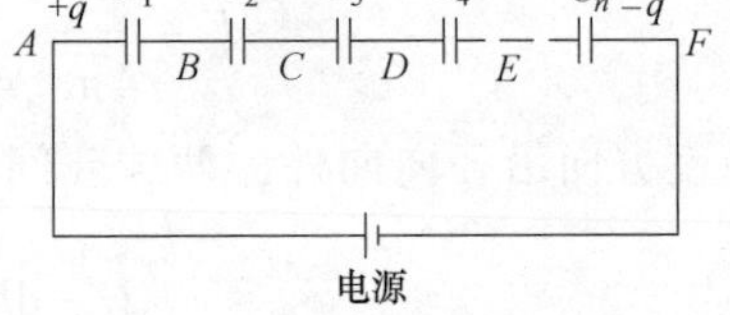

图 9-18 电容器的串联

即电容器串联后，其等效电容的量值比每一个电容的量值都要小，但整个串联电容器组的耐压程度提高了。

**2. 并联**

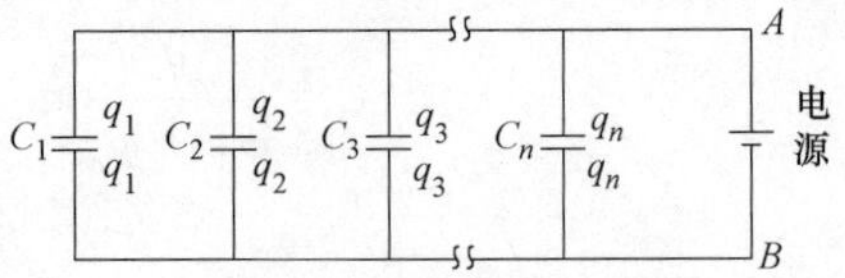

图 9-19 电容器的并联

几个电容器并联时，加在各电容器上的电压是相同的，电荷与电容成正比地分配在各个电容器上，

如图 9-19 所示。因此并联电容器组的等效电容为

$$C = C_1 + C_2 + \cdots + C_n \tag{9-17}$$

即电容器并联后，其电容值增加了，但耐压程度没有变。

**例题 9-5**　一平行板电容器如图 9-20 所示，两极板相距为 $d$，面积为 $S$，电势差为 $U$，其中放有一层厚度为 $t$ 的均匀电介质，介质的两表面与极板相平行，设电介质的相对介电常数为 $\varepsilon_r$，介质两边都是空气（本例作为真空计算），略去边缘效应，求：

（1）这电容器的电容；

（2）两极板上所带的电荷；

（3）极板上的自由电荷面密度。

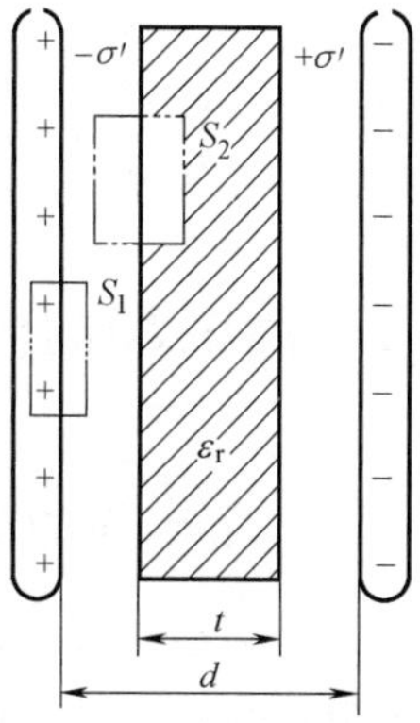

图 9-20　例题 9-5 图

**解**　设电容器带电后，两极板上自由电荷面密度分别为$+\sigma$ 和$-\sigma$。用 $D_0$ 和 $D$ 分别表示空气间隙中的电位移和介质中的电位移，$E_0$ 和 $E$ 分别表示空气间隙中的电场强度和介质中的电场强度。（读者也可应用高斯定理，选用图中闭合曲面 $S_1$、$S_2$ 来证明）可得到

$$D_0 = D = \sigma$$

$$E_0 = \frac{\sigma}{\varepsilon_0}, \qquad E = \frac{\sigma}{\varepsilon} = \frac{\sigma}{\varepsilon_0\varepsilon_r}$$

两极板间的电势差为

$$\varphi_A - \varphi_B = E_0(d-t) + Et = \left(\frac{d-t}{\varepsilon_0} + \frac{t}{\varepsilon_r\varepsilon_0}\right)\sigma = \frac{t + \varepsilon_r(d-t)}{\varepsilon_r\varepsilon_0}\sigma$$

（1）设极板上的电荷为 $q$，则 $\sigma = q/S$，于是

$$\varphi_A - \varphi_B = \frac{t + \varepsilon_r(d-t)}{\varepsilon_r\varepsilon_0} \cdot \frac{q}{S}$$

则平行板电容器的电容为

$$C = \frac{q}{\varphi_A - \varphi_B} = \frac{\varepsilon_0\varepsilon_r S}{\varepsilon_r(d-t) + t}$$

（2）当 $\varphi_A - \varphi_B = U$ 时，电容器带的电荷为

$$Q = CU = \frac{\varepsilon_0\varepsilon_r SU}{\varepsilon_r(d-t) + t}$$

（3）此时，极板上自由电荷面密度为

$$\sigma = \frac{Q}{S} = \frac{\varepsilon_0\varepsilon_r U}{\varepsilon_r(d-t) + t}$$

本题中的平行板电容器，可看作是由一个空气平板电容器 $C_1$ 和一个充有电介质的平板电容器 $C_2$ 串联而成，其等值电容为

$$\frac{1}{C} = \frac{1}{C_1} + \frac{1}{C_2}$$

而

$$C_1 = \varepsilon_0 \frac{S}{d-t}, \quad C_2 = \varepsilon_0\varepsilon_r \frac{S}{t}$$

所以

$$\frac{1}{C}=\frac{d-t}{\varepsilon_0 S}+\frac{t}{\varepsilon_0\varepsilon_r S}=\frac{\varepsilon_r(d-t)+t}{\varepsilon_0\varepsilon_r S}$$

则

$$C=\frac{\varepsilon_0\varepsilon_r S}{\varepsilon_r(d-t)+t}$$

如果将电介质板换成金属板，由于在静电平衡时金属板内部的电场强度为零，不难证明此时其电容值为 $C_0=\varepsilon_0 S/(d-t)$。

## 9.4 静电场的能量

### 9.4.1 带电体的能量

设有一个带电体带有电荷 $Q$。设想这个带电体上所带的电荷 $Q$ 是不断地把微小电荷 $dq$ 从无限远处移到带电体上的结果。当开始把第一个 $dq$ 从无限远处移到这物体上时，由于物体原来不带电，在移动 $dq$ 的过程中，$dq$ 并没有受到电力的作用，外力不需做功。当物体带电 $dq$ 后，再把第二个 $dq$ 从无限远处移到这带电体上时，就需要外力克服静电力做功。这样，当带电体带有电荷 $q$，相应的电势为 $\varphi$ 时，如果把又一个 $dq$ 从无限远处移到这带电体上时，外力所做的功为

$$dA=\varphi dq$$

所以在带电体带电荷 $Q$ 的全部过程中，外力所做的总功为

$$A=\int_0^Q \varphi dq$$

因为静电力是保守力，所以外力所做的功应等于带电体所具有的电势能。这样，我们得到带电体能量的计算式为

$$W=A=\int_0^Q \varphi dq \tag{9-18}$$

下面以电容器为例计算带电电容器的能量。设想电容器的带电过程是不断地从原来中性的 $B$ 板上取正电荷 $dq$ 移到 $A$ 板上而逐步建立的。当 $A$、$B$ 两极板上已分别带有电荷 $+q$ 和 $-q$ 时，两极板之间的电势差为 $\Delta\varphi=q/C$，$C$ 为电容器电容。这时再从 $B$ 板取 $dq$ 的电荷移到 $A$ 板，外力做功为

$$dA=\Delta\varphi dq=\frac{q}{C}dq$$

在电容器带电的全过程中，外力所做的总功为

$$A=\int_0^Q \frac{q}{C}dq=\frac{1}{2}\frac{Q^2}{C}$$

根据功能原理，此功等于电容器的能量，故带电电容器具有的能量为

$$W_e=\frac{1}{2}\frac{Q^2}{C} \tag{9-19a}$$

因为 $C=\dfrac{Q}{\varphi_A-\varphi_B}$，所以上式也可以写为

$$W_e = \frac{1}{2}C(\varphi_A - \varphi_B)^2 \tag{9-19b}$$

$$W_e = \frac{1}{2}Q(\varphi_A - \varphi_B) \tag{9-19c}$$

无论电容器的结构和形状如何，式（9-19）对任何电容器都适用。

### 9.4.2　电场的能量

带电系统带电的过程，实际上就是带电系统电场的建立过程。从场的观点来看，带电系统的能量也就是电场的能量。下面以平行板电容器为例来说明这一点。

将平板电容器的电容 $C=\frac{\varepsilon S}{d}$ 和两极板间电势差 $\varphi_A-\varphi_B=Ed$ 代入式（9-19b）便得到

$$W_e = \frac{1}{2}C(\varphi_A - \varphi_B)^2 = \frac{1}{2}\frac{\varepsilon S}{d}(Ed)^2 = \frac{1}{2}\varepsilon E^2 Sd$$

式中，$Sd$ 是电容器内电场空间所占的体积。上式说明平行板电容器所储存的电能不仅与电容器的电场强度 $\boldsymbol{E}$、介质的介电常数 $\varepsilon$ 有关，而且还与电场空间的体积成正比。这表明电场能量是储存在整个电场中的，也就是说电场具有能量。

由于平板电容器中的电场是均匀分布的，所以储存的能量也是均匀分布的。在电场中，单位体积内所储存的能量称为电场能量体密度，用 $w_e$ 表示，即

$$w_e = \frac{W_e}{V} = \frac{1}{2}\varepsilon E^2 = \frac{1}{2}DE = \frac{1}{2}\frac{D^2}{\varepsilon} \tag{9-20}$$

上述结果虽然从均匀电场的特例中导出，但是可以证明这是一个普遍适用的公式。在非均匀电场中，能量密度是逐点变化的。

对计算任一带电系统整个电场中的总能量，只需把整个体积内的电场能量累加起来，也就是求如下积分：

$$W_e = \int_V w_e \mathrm{d}V = \int_V \frac{1}{2}\varepsilon E^2 \mathrm{d}V \tag{9-21}$$

式中的积分区域遍及整个电场空间。

式（9-18）和式（9-19）表明，能量的存在是由于电荷的存在，电荷是能量的携带者。但是式（9-20）和式（9-21）却表明，电能是储存于电场中的，电场是能量的携带者。这是因为在静电场中，电荷和电场总是同时存在、相伴而生的，因此无法用实验来验证电能究竟是以哪种方式储存的。但是在交变电磁场的实验中，已经证明了能量是能够以电磁波的形式而传播的，变化的电场可以离开电荷而独立存在，没有电荷也可以有电场，这一事实说明电能的确是定域在电场中的。上述结论对于了解电磁场的性质具有很大意义。电场是一种物质，物质和能量是不可分割的，电场能量正是电场物质性的一个表现。

**例题 9-6**　半径分别为 $R_1$ 和 $R_3$ 的同心导体球面组成的球形电容器，极板上分别带有电荷 $+q$ 和 $-q$，中间充满相对介电常数分别为 $\varepsilon_{r1}$ 和 $\varepsilon_{r2}$ 的两层介质，且它们的分界面为一半径为 $R_2$ 的球面，如图 9-21 所示。求此电容器中储存的电能。

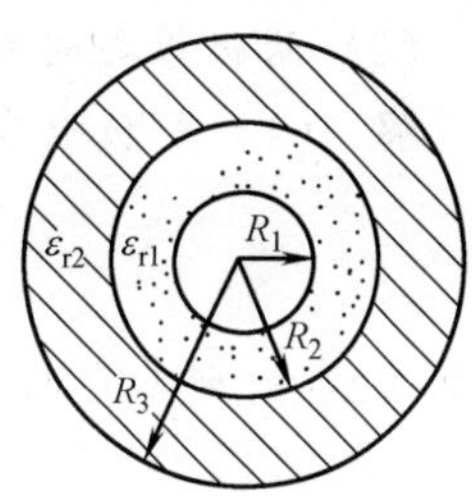

图 9-21　例题 9-6 图

**解** 两球壳之间离球心为 $r$ 处的电场强度可用高斯定理求得为

$$E_1=\frac{q}{4\pi\varepsilon_0\varepsilon_{r1}r^2}=\frac{q}{4\pi\varepsilon_1 r^2},\ R_1<r\leqslant R_2$$

$$E_2=\frac{q}{4\pi\varepsilon_0\varepsilon_{r2}r^2}=\frac{q}{4\pi\varepsilon_2 r^2},\ R_2<r<R_3$$

式中，$\varepsilon_1=\varepsilon_0\varepsilon_{r1}$，$\varepsilon_2=\varepsilon_0\varepsilon_{r2}$。

电场能量密度分别为

$$w_{e1}=\frac{1}{2}\varepsilon_1E_1^2=\frac{q^2}{32\pi^2\varepsilon_1r^4},\quad R_1<r\leqslant R_2$$

$$w_{e2}=\frac{1}{2}\varepsilon_2E_2^2=\frac{q^2}{32\pi^2\varepsilon_2r^4},\quad R_2<r<R_3$$

取一半径为 $r$、厚度为 $\mathrm{d}r$ 的薄球壳作为体积元，该体积元的大小为 $\mathrm{d}V=4\pi r^2\mathrm{d}r$，体积元中储存的能量分别为

$$\mathrm{d}W_{e1}=w_{e1}\mathrm{d}V=\frac{q^2}{32\pi^2\varepsilon_1r^4}4\pi r^2\mathrm{d}r=\frac{q^2}{8\pi\varepsilon_1r^2}\mathrm{d}r,\quad R_1<r\leqslant R_2$$

$$\mathrm{d}W_{e2}=w_{e2}\mathrm{d}V=\frac{q^2}{32\pi^2\varepsilon_2r^4}4\pi r^2\mathrm{d}r=\frac{q^2}{8\pi\varepsilon_2r^2}\mathrm{d}r,\quad R_2<r<R_3$$

电场总能量

$$\begin{aligned}W_e&=\int_V\mathrm{d}W_e=\int_{V_1}\mathrm{d}W_{e1}+\int_{V_2}\mathrm{d}W_{e2}\\&=\int_{R_1}^{R_2}\frac{q^2}{8\pi\varepsilon_1r^2}\mathrm{d}r+\int_{R_2}^{R_3}\frac{q^2}{8\pi\varepsilon_2r^2}\mathrm{d}r\\&=\frac{q^2}{8\pi}\left[\frac{1}{\varepsilon_1}\left(\frac{1}{R_1}-\frac{1}{R_2}\right)+\frac{1}{\varepsilon_2}\left(\frac{1}{R_2}-\frac{1}{R_3}\right)\right]\end{aligned}$$

此题亦可先求出该电容器的电容 $C$，然后用电容器的能量公式 $W_e=\frac{1}{2}\frac{q^2}{C}$ 求得电容器中储存的能量，其结果和上述计算所得是一致的。读者可自行验证。

**例题 9-7** 一平行板空气电容器的极板面积为 $S$、间距为 $d$。用电源充电后，两极板上带电荷分别为 $+Q$ 和 $-Q$。断开电源后，再把两极板的距离拉大到 $2d$。求：

(1) 外力克服两极板相互吸引力所做的功；

(2) 两极板之间的相互吸引力。

**解** (1) 平板电容器拉开前后的电容分别为

$$C_1=\frac{\varepsilon_0S}{d},\quad C_2=\frac{\varepsilon_0S}{2d}$$

带电荷 $\pm Q$ 时所储存的电能分别为

$$W_{e1}=\frac{1}{2}\frac{Q^2}{C_1}=\frac{1}{2}\frac{Q^2d}{\varepsilon_0S},\quad W_{e2}=\frac{1}{2}\frac{Q^2}{C_2}=\frac{1}{2}\frac{Q^2 2d}{\varepsilon_0S}$$

按功能原理，外力克服电容器两极板间的相互吸引力所做的功等于电容器中电场能量的增量。即

$$A = W_{e2} - W_{e1} = \frac{1}{2}\frac{Q^2 d}{\varepsilon_0 S}$$

（2）由于断开电源后拉开两极板时 $Q$ 不变，电场强度不变，两极板间的吸引力应为恒力，设为 $F$。拉开两极板时所加外力为 $F_{外}$，且 $F_{外}=F$。外力所做的功 $A=Fd$，所以

$$F = \frac{A}{d} = \frac{Q^2}{2\varepsilon_0 S}$$

还可用另一种方式求 $F$：将其中一个极板 $A$ 看作是在另一极板 $B$ 的电场中的带电体，极板 $B$ 在极板 $A$ 处激发的电场强度为 $E=\sigma/2\varepsilon_0=Q/2\varepsilon_0 S$，极板 $A$ 的电荷为 $Q$，故所受作用力为

$$F = QE = \frac{Q^2}{2\varepsilon_0 S}$$

## *9.4.3　带电系统的能量

### 1. 点电荷系的电势能

图 9-22 表示两个相距为 $r$ 的点电荷 $q_1$ 和 $q_2$。通常把两个点电荷相距为无穷远处时规定为电势能零点。为了计算两个点电荷系的电势能，设想它们原来都分散在无穷远处，先把 $q_1$ 从无穷远处移到 $P_1$ 点，在这个过程中由于它与 $q_2$ 的距离仍为无穷远，无需反抗电场力做功。再把 $q_2$ 从无穷远移到 $P_2$ 点时，由于 $q_1$ 在 $P_1$ 点的周围已产生电场，所以在移动 $q_2$ 的过程中就要反抗电场力做功。由功和能的关系，反抗电场力所做的功即转化为这两个点电荷系统的电势能。

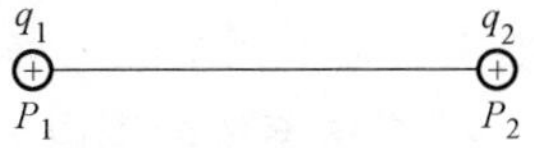

图 9-22　两个电点荷系的互能

$$W = q_2(\varphi_2 - \varphi_\infty) = q_2\varphi_2 = q_2\frac{q_1}{4\pi\varepsilon_0 r} = \frac{q_1 q_2}{4\pi\varepsilon_0 r}$$

式中，$\varphi_2=q_1/4\pi\varepsilon_0 r$ 是点电荷 $q_1$ 在 $P_2$ 点处的电势。

反之，先从无穷远处把 $q_2$ 移到 $P_2$ 点，再从无穷远处把 $q_1$ 移到 $P_1$ 点，同理可得

$$W = q_1(\varphi_1 - \varphi_\infty) = q_1\varphi_1 = q_1\frac{q_2}{4\pi\varepsilon_0 r} = \frac{q_1 q_2}{4\pi\varepsilon_0 r}$$

合并上两式，可将 $W$ 写成如下对称形式：

$$W = \frac{1}{2}[q_1\varphi_1 + q_2\varphi_2]$$

对于三个点电荷 $q_1$、$q_2$ 和 $q_3$ 组成的电荷系，如图 9-23 所示，在先移动 $q_1$ 和 $q_2$ 反抗电场力做功为 $q_1q_2/4\pi\varepsilon_0 r_{12}$（如上所述），再将 $q_3$ 从无穷远处移到 $P_3$ 的过程中，反抗电场力做的功应是

$$q_3\varphi_3 = q_3\left(\frac{q_1}{4\pi\varepsilon_0 r_{13}} + \frac{q_2}{4\pi\varepsilon_0 r_{23}}\right)$$

所以，三个点电荷系的电势能为

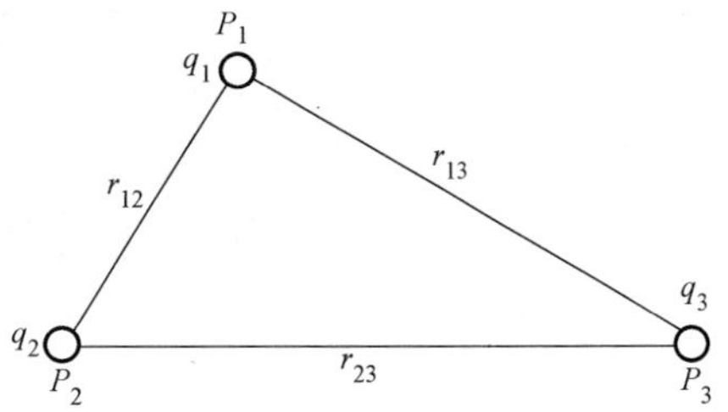

图 9-23　三个点电荷系的互能

$$W = \frac{q_1 q_2}{4\pi\varepsilon_0 r_{12}} + \frac{q_1 q_3}{4\pi\varepsilon_0 r_{13}} + \frac{q_2 q_3}{4\pi\varepsilon_0 r_{23}}$$

$$= \frac{1}{2}\left[q_1\left(\frac{q_2}{4\pi\varepsilon_0 r_{12}} + \frac{q_3}{4\pi\varepsilon_0 r_{13}}\right) + q_2\left(\frac{q_1}{4\pi\varepsilon_0 r_{12}} + \frac{q_3}{4\pi\varepsilon_0 r_{23}}\right) + q_3\left(\frac{q_1}{4\pi\varepsilon_0 r_{13}} + \frac{q_2}{4\pi\varepsilon_0 r_{23}}\right)\right]$$

$$= \frac{1}{2}(q_1 V_1 + q_2 V_2 + q_3 V_3)$$

将上述结果推广到由 $n$ 个点电荷系组成的电荷系统，其电势能公式为

$$W = \frac{1}{2}\sum_{i=1}^{n} q_i \varphi_i \tag{9-22}$$

式中，$\varphi_i$ 是除 $q_i$ 外所有其他点电荷在 $q_i$ 处电势的叠加。

综上所述，电荷系的电势能的出现是因为电荷间有相互作用力，所以电势能又叫作电荷间的相互作用能或互能。在上面计算互能时，对于任何一个点电荷，不管它的电荷是多少，都是作为一个整体从无穷远处一起移到给定点的。实际上，点电荷也可看作是由许多无限小的电荷元从分散状态聚集到一起而形成的，这一过程也要反抗电场力做功，由这个功量度的电势能称为电荷的形成能、固有能或自能。带电体在形成过程中具有的电势能，作为一个整体也叫带电体的自能，以区别于它和其他带电体之间的互能。

带电系统中各带电体的自能和各个带电体之间的互能，就构成了带电系统的总静电能。事实上，带电系统的总静电能就是该系统的电场能量。

**2. 带电系统的静电能**

把带电系统上的电荷分成许多无限小的电荷元 d$q$，如前所述，带电系统的形成过程，可以设想是把各个电荷元 d$q$ 不断地从无穷远的分散状态移到带电系统上的过程。根据式(9-22) 只需把求和号改为积分形式，即

$$W = \frac{1}{2}\int_q \varphi \mathrm{d}q \tag{9-23}$$

式中，$\varphi$ 是带电系统中所有电荷在电荷元 d$q$ 处的电势。由于式 (9-23) 中考虑了所有无限小电荷元之间的互能，它既包括了各个带电体形成的自能，也包括了各带电体之间的互能，所以它表示的是整个带电系统的静电能，比式 (9-22) 具有更广泛的意义。当然，如果带电系统只是一个电荷连续分布的带电体，其静电能也就是它的自能了。

**例题 9-8** 半径为 $R$ 的球体，均匀带电荷 $q$，求其静电场能量。

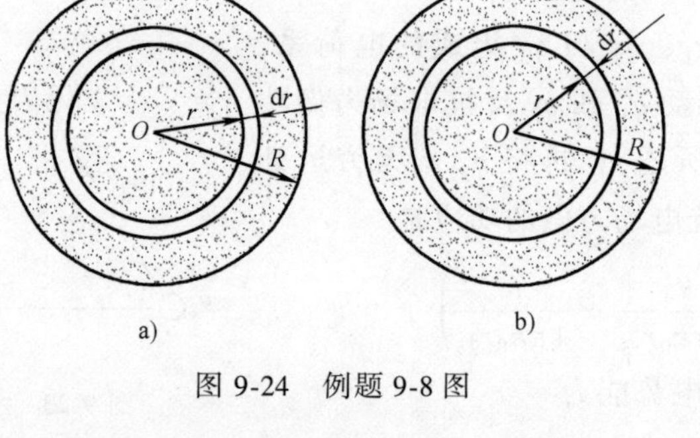


图 9-24 例题 9-8 图

**解法1**　应用式（9-23）求解。在例题8-6中已求得均匀带电球体的电场强度分布为

$$E_1=\frac{qr}{4\pi\varepsilon_0 R^3}\quad (r\leqslant R)$$

$$E_2=\frac{q}{4\pi\varepsilon_0 r^2}\quad (r>R)$$

根据电场强度与电势的关系，可求得均匀带电球体内离球心为 $r$ 处的电势为

$$\varphi=\int_r^{\infty}\boldsymbol{E}\cdot \mathrm{d}\boldsymbol{l}=\int_r^R\frac{qr}{4\pi\varepsilon_0 R^3}\mathrm{d}r+\int_R^{\infty}\frac{q}{4\pi\varepsilon_0 r^2}\mathrm{d}r=\frac{q}{8\pi\varepsilon_0}\left(\frac{3}{R}-\frac{r^2}{R^3}\right)$$

根据式（9-23）有

$$W=\frac{1}{2}\int\varphi\mathrm{d}q$$

因为 $\mathrm{d}q=\rho 4\pi r^2\mathrm{d}r$，$\rho=q/[(4/3)\pi R^3]$ 为电荷体密度，于是

$$W=\frac{1}{2}\int\frac{q\varphi}{\frac{4}{3}\pi R^3}\cdot 4\pi r^2\mathrm{d}r=\frac{3q^2}{16\pi\varepsilon_0 R^3}\int_0^R r^2\left(\frac{3}{R}-\frac{r^2}{R^3}\right)\mathrm{d}r=\frac{3q^2}{20\pi\varepsilon_0 R}$$

**解法2**　应用式（9-18）求解。如图9-24b所示，在形成均匀带电球体的过程中，当电荷由无穷远处已迁移到球体上的电荷为 $q'$ 时，相应的球半径为 $r$ 处的电势为

$$\varphi_r=\frac{q'}{4\pi\varepsilon_0 r}=\frac{\frac{4}{3}\pi r^3\rho}{4\pi\varepsilon_0 r}=\frac{\rho r^2}{3\varepsilon_0}$$

根据式（9-18）有

$$\mathrm{d}W=\varphi_r\mathrm{d}q=\frac{\rho r^2}{3\varepsilon_0}\rho 4\pi r^2\mathrm{d}r$$

$$W=\int\varphi_r\mathrm{d}q=\int_0^R\frac{4\pi\rho^2}{3\varepsilon_0}r^4\mathrm{d}r=\frac{3q^2}{20\pi\varepsilon_0 R}$$

**解法3**　应用式（9-21）求解，此式说明电场是能量的携带者。因此，积分应遍及整个电场存在的空间，即

$$\begin{aligned}W&=\int w\mathrm{d}V=\int_{r<R}w_1\mathrm{d}V+\int_{r>R}w_2\mathrm{d}V\\&=\int_0^R\frac{1}{2}\varepsilon_0E_1^2\cdot 4\pi r^2\mathrm{d}r+\int_R^{\infty}\frac{1}{2}\varepsilon_0E_2^2\cdot 4\pi r^2\mathrm{d}r\\&=\int_0^R\frac{1}{2}\varepsilon_0\left(\frac{qr}{4\pi\varepsilon_0R^3}\right)^2 4\pi r^2\mathrm{d}r+\int_R^{\infty}\frac{1}{2}\varepsilon_0\left(\frac{q}{4\pi\varepsilon_0r^2}\right)^2 4\pi r^2\mathrm{d}r\\&=\frac{3q^2}{20\pi\varepsilon_0 R}\end{aligned}$$

这就是均匀带电球体的静电能，三种计算方法的结果完全相同。

## 本章提要

**静电场中的导体**

1. 静电平衡条件

$$\boldsymbol{E}_{内}=0,\quad \boldsymbol{E}_{表面}\perp 表面$$

或者用电势表示：导体是个等势体。

2. 静电平衡时导体上的电荷分布

（1）电荷全部分布在导体表面，导体内部各处净电荷为零。

（2）表面上各处电荷面密度与该处表面紧邻处的电场强度的大小成正比。

3. 静电屏蔽

（1）空腔导体能屏蔽外电场的作用。

（2）接地的空腔导体隔离内、外电场的影响。

**静电场中的电介质**

1. 极化的宏观效果

（1）处于电场中的电介质，因极化使电介质的表面（或内部）出现束缚电荷。

（2）电极化强度 $\boldsymbol{P}$ 是量度电介质极化程度的物理量，其定义为：$\boldsymbol{P}=\dfrac{\sum \boldsymbol{p}_i}{\Delta V}$。对各向同性电介质

$$\boldsymbol{P}=\varepsilon_0(\varepsilon_r-1)\boldsymbol{E}$$

（3）束缚电荷面密度：$\sigma'=\boldsymbol{P}\cdot\boldsymbol{n}$

2. 电位移 $\boldsymbol{D}$

（1）$\boldsymbol{D}=\varepsilon_0\boldsymbol{E}+\boldsymbol{P}$

（2）对于各向同性电介质 $\boldsymbol{D}=\varepsilon_0\varepsilon_r\boldsymbol{E}=\varepsilon\boldsymbol{E}$

**有介质时的高斯定理**

$$\oint \boldsymbol{D}\cdot d\boldsymbol{S}=\sum_i q_{自由}$$

**电容器的电容**

1. 定义 $$C=\frac{q}{\varphi_A-\varphi_B}$$

2. 常见电容器的电容

平行板电容器 $$C=\frac{\varepsilon S}{d}$$

球形电容器 $$C=\frac{4\pi\varepsilon R_A R_B}{R_B-R_A}$$

圆柱形电容器 $$C=\frac{2\pi\varepsilon l}{\ln\dfrac{R_B}{R_A}}$$

**静电场的能量**

1. 电容器的能量

$$W_e = \frac{1}{2}\frac{Q^2}{C} = \frac{1}{2}C(\varphi_A - \varphi_B)^2 = \frac{1}{2}Q(\varphi_A - \varphi_B)$$

2. 电场的能量密度

$$w_e = \frac{1}{2}\varepsilon E^2 = \frac{1}{2}DE$$

3. 电场的能量

$$W_e = \int_V w_e \mathrm{d}V = \int_V \frac{1}{2}\varepsilon E^2 \mathrm{d}V$$

# 习　题

9-1　有一个不带电的导体球壳，在球壳内放入一个带正电的小球，两者保持不接触。试说明：

(1) 在什么地方有电场存在？

(2) 球壳内表面和外表面有电荷出现吗？它们如何分布？

(3) 小球在球壳内部移动时，在球壳内表面包围的空间中，电场是否发生改变？在球壳层中和层外的电场是否改变？

9-2　若一带电导体表面上某点附近电荷面密度为 $\sigma$，这时该点外侧附近的电场强度大小为 $E=\sigma/\varepsilon_0$，如果将另一带电体移近，该点电场强度是否改变？公式 $E=\sigma/\varepsilon_0$ 是否仍成立？

9-3　无限大均匀带电平面外的电场强度为 $E=\dfrac{\sigma}{2\varepsilon_0}$，$\sigma$ 是电荷面密度。这个公式对于均匀带电的导体表面在其外侧附近空间产生的电场也应适用。但带电导体表面附近的电场强度却是 $E=\dfrac{\sigma}{\varepsilon_0}$，前者比后者小一半，这是为什么？

9-4　如题 9-4 图所示，在一个半径为 $R$ 不带电的导体球 $A$ 的附近，放置一正点电荷 $q$，点电荷与导体球心相距为 $b$，试问球内各点的电势多大？导体表面有电荷吗？球上有净电荷吗？如果将 $A$ 球接地，则球上的净电荷又为多少？

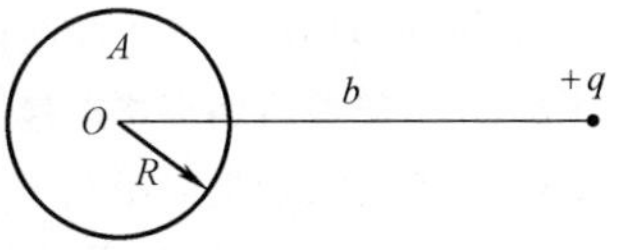


题 9-4 图

9-5　一导体薄球壳的半径为 $R$，球壳内有一点电荷 $q$，点电荷偏离球心的距离为 $r$ ($r<R$)，则球心处和球壳的电势各为多少？

9-6　在带有等量异号电荷的两平行金属板之间，分别有一个介质球和一个球形空腔（题 9-6 图），比较在这两种情况下，$A$、$B$ 两点哪一点的电场强度大，为什么？

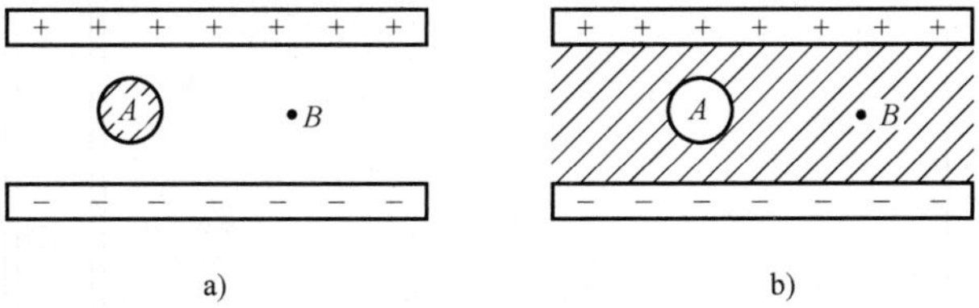


题 9-6 图

9-7　如题 9-7 图所示，在带有等值异号电荷的两平行板之间充有均匀电介质，图中画出了三组力线，试判断哪一组是 $D$ 线，哪一组是 $E$ 线，哪一组是 $P$ 线？

9-8　如题9-8图所示，在一不带电的均匀介质球外放一点电荷 $q$，问高斯面 $S_1$ 上 $\boldsymbol{E}$ 通量为多少？$\boldsymbol{D}$ 通量为多少？高斯面 $S_2$ 上 $\boldsymbol{E}$ 通量为多少；$\boldsymbol{D}$ 通量为多少？

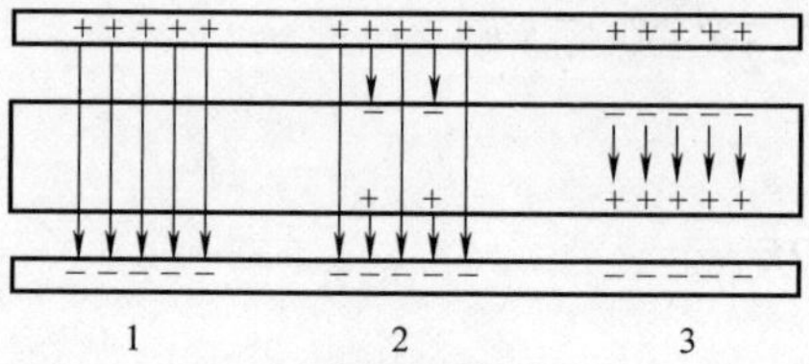

题 9-7 图

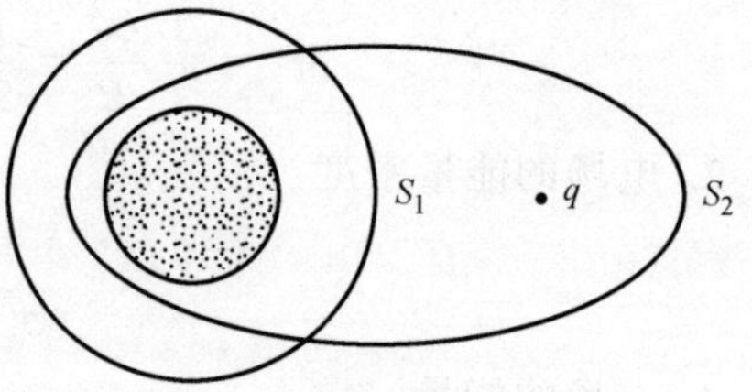

题 9-8 图

9-9　无限大均匀带电介质平板 $A$，电荷面密度为 $\sigma_1$，将介质板 $A$ 移近一导体 $B$，表面上靠近 $P$ 点处的电荷面密度为 $\sigma_2$，$P$ 点是极靠近导体 $B$ 表面的一点，如题9-9图所示，则 $P$ 点的电场强度是多少？

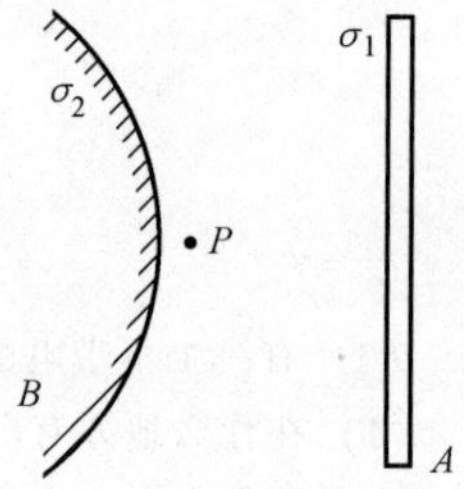

题 9-9 图

9-10　试分析空气平行板电容器中插入电介质 $\varepsilon_r$ 时，在以下两种情况下：

（1）充电后的电容器和电源断开；

（2）电容器始终和电源相联。

$E$、$U$、$C$、$\sigma$（或 $q$）$W$ 的变化规律。

9-11　（1）电容器带电时的能量 $W=Q^2/2C$，它表示的是电势能还是电场能？

*（2）按照电场能量公式 $W=\int_V w\mathrm{d}V=\int_V \frac{1}{2}\varepsilon E^2\cdot\mathrm{d}V$ 计算带电体的电能时，$W$ 总是正值，而两个点电荷 $q$ 和 $Q$ 在相距为 $a$ 时的电势能 $W_a=qQ/(4\pi\varepsilon_0 a)$，当 $q$ 和 $Q$ 异号时，电势能具有负值，应如何理解上述问题？

9-12　把一块面积为 $S$ 的金属平板放进电场强度为 $E$ 的均匀电场中，使其板面与电场强度方向垂直，求在金属板的每个面上感应出多少电荷？

9-13　如题9-13图所示，两块导体平面 $A$、$B$ 平行放置，平板间距为 $d$，面积相同且为 $S$，$A$ 板带电 $Q_A$，$B$ 板带电 $Q_B$，略去边缘效应。

（1）求两板四个表面上的电荷面密度和两板的电势差；

（2）用一导线将两板连接起来，再求电荷面密度；

（3）断开导线后把 $B$ 板接地，再求电荷面密度和两板的电势差。

9-14　$A$、$B$、$C$ 是三块平行金属板，面积均为 $S$，$A$、$B$ 相距 $d_1$，$A$、$C$ 相距 $d_2$，$B$、$C$ 两板都接地（题9-14图）。

（1）设 $A$ 板带正电 $q_A$，不计边缘效应，求 $B$ 板和 $C$ 板上的感应电荷，以及 $A$ 板的电势。

（2）若在 $A$、$B$ 间充以相对介电常数 $\varepsilon_r$ 的均匀电介质，再求 $B$ 板和 $C$ 板上的感应电荷，以及 $A$ 板的电势。

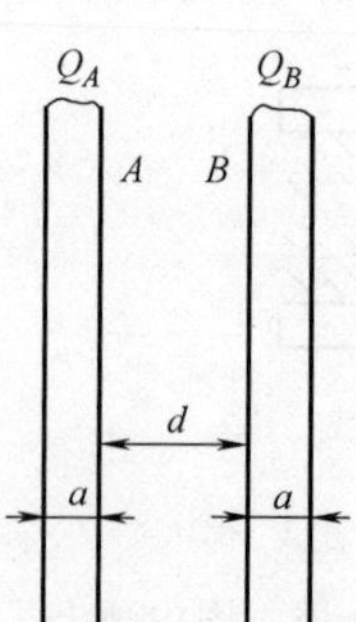

题 9-13 图

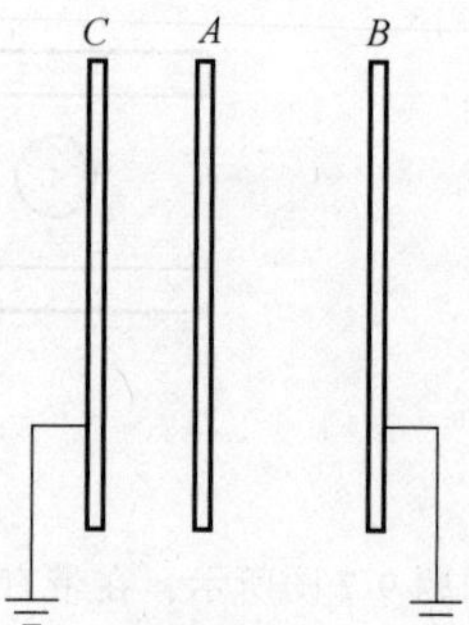

题 9-14 图

9-15　一导体球半径为 $R_1$，其外同心地罩以内、外半径分别为 $R_2$ 和 $R_3$ 的厚导体壳，此系统带电后内球电势为 $\varphi$，外球所带电荷为 $Q$，求内球所带电荷 $q$。

9-16　半径为 $R_1$ 的金属球 $A$，带电荷 $q$，把一个原来不带电的半径为 $R_2$ 的金属球壳 $B$（其厚度不计）同心地罩在 $A$ 球的外面。

（1）$R_1$、$R_2$ 之间的电势分布；

（2）用导线把 $A$ 和 $B$ 连接起来，再求（1）。

9-17　如题 9-17 图所示，在一接地导体球壳 $A$ 内有一同心带电小球 $B$，$A$ 外有一电荷为 $q$ 的点电荷。已知点电荷与球壳 $A$ 的球心间的距离为 $b$，球壳 $A$ 的外表面半径为 $R$，试求 $A$ 外表面上的总电荷。

9-18　如题 9-18 图所示，同轴传输线是由两个很长且彼此绝缘的同轴金属直圆筒构成。设内圆筒的电势为 $\varphi_1$，半径为 $R_1$，外圆筒的电势为 $\varphi_2$，内半径为 $R_2$。求其间离轴为 $r$ 处（$R_1<r<R_2$）的电势。

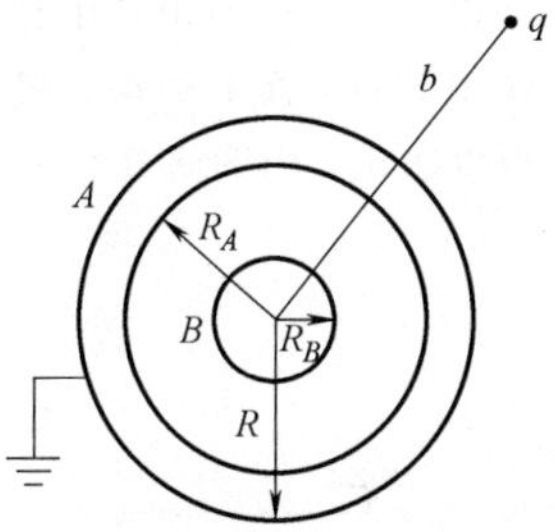


题 9-17 图

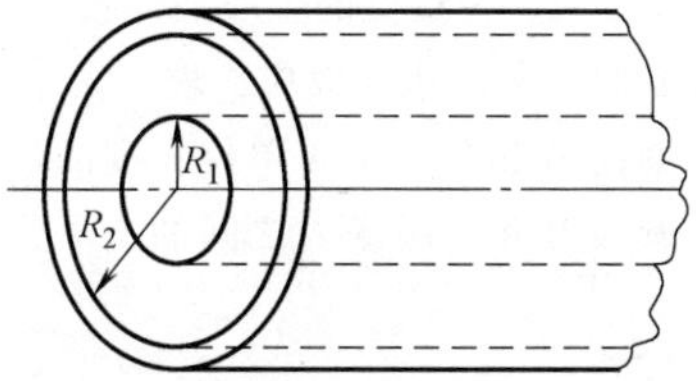


题 9-18 图

9-19　在半径为 $R$ 的金属球之外有一层半径为 $R'$的均匀介质层（见题 9-19 图）。设电介质的相对介电常数为 $\varepsilon_r$，金属球带电荷为 $Q$，求：

（1）介质层内、外的电场强度分布；

（2）介质层内、外的电势分布；

（3）金属球的电势。

9-20　为了测量电介质材料的相对介电常数，将一块厚为 1.5cm 的材料慢慢地插进距离为 2.0cm 的两块带有等量异号电荷的平行导体板中间，在插入电介质以前，两导体板间的电势差为 $3.0\times10^5$V，在插入过程中，导体板上电荷保持不变，插入之后，电势差为 $1.8\times10^5$V，问电介质的相对介电常数为多大？

9-21　两平行导体板相距为 5mm，板上带有等值异号的电荷，电荷面密度为 $20\mu C\cdot m^{-2}$，两板间有两片电介质，一为 2mm 厚，相对介电常数为 3，另一为 3mm 厚，相对介电常数为 4，如题 9-21 图所示，求：

（1）各介质中的电位移；

（2）各介质中的电场强度；

（3）各介质面上的极化电荷面密度。

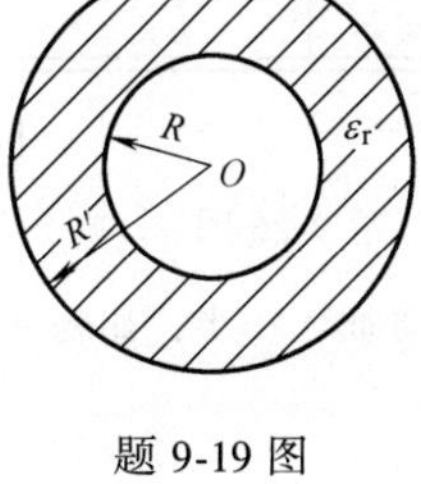


题 9-19 图

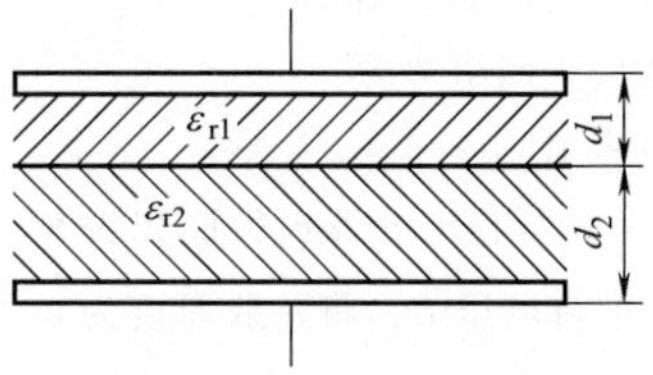


题 9-21 图

9-22　一同轴电缆是由半径为 $R_1$ 的导线和与它同轴的接地金属薄壁圆筒组成。圆筒半径为 $R_2$，长为 $L$（$L\gg R_2$）。两导体间充满均匀介质，其相对介电常数为 $\varepsilon_r$，导线带电荷 $Q$，略去边缘效应，求：

(1) $r<R_1$, $R_1<r<R_2$, $r>R_2$ 范围内的电场强度分布；

(2) 内外导体的电势差。

9-23　半径为 $R_1$ 的无限长均匀带电圆柱体，介电常数为 $\varepsilon$，电荷体密度 $\rho$，外罩半径为 $R_2$ 的均匀带电同轴圆柱面，单位长度上的电荷为 $\lambda$。如题 9-23 图所示，图中 $a$、$b$、$c$ 各点到轴线的距离分别为 $r_a$、$r_b$、$r_c$，求：

(1) $a$、$b$、$c$ 各点的电位移矢量 $\boldsymbol{D}$ 和电场强度 $\boldsymbol{E}$；

(2) $b$ 点的电势 $\varphi_b$；

(3) 圆柱体表面和圆柱面之间的电势差（提示：选轴线处为零电势）。

9-24　题 9-24 图是一种静电除尘装置示意图，半径为 $a$ 的金属细棒 A 接高压电源（一般几万伏）负端，内径为 $R$ 的金属圆筒 B 接高压电源正端，在圆筒 B 和金属棒 A 之间形成很强的轴向对称分布的静电场。为安全起见，金属圆筒 B 接地。在金属棒附近电场最强，足以使空气电离，产生自由电子和带正电的离子。正离子被吸引到带负电的金属棒 A 上并被中和。电子在电场力的作用下向圆筒 B 运动的过程中被吸附于尘埃粒子中，带负电的尘埃最终被吸引到圆筒 B 上，这样尘埃气体得以净化。当圆筒 B 和金属棒 A 之间电压为 $U$ 时，忽略边缘效应，求：

(1) 圆筒 B 和金属棒 A 单位长度的带电量；

(2) 圆筒 B 和金属棒 A 之间的电场分布。

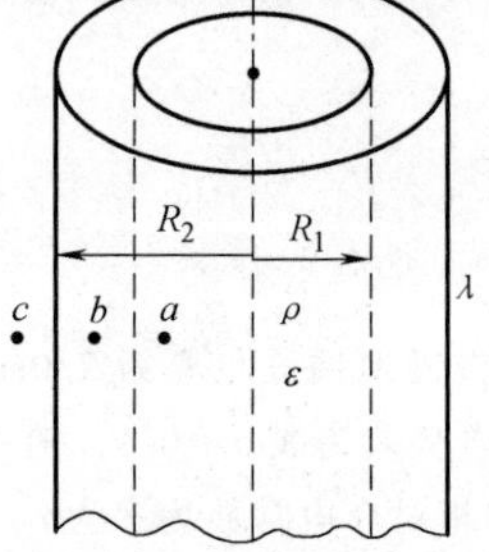

题 9-23 图

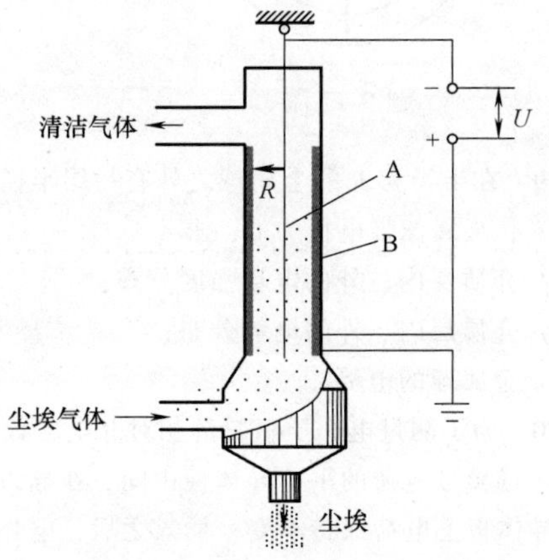

题 9-24 图

9-25　一平行板电容器两极板面积都是 $2.0\text{m}^2$，相距为 5.0mm，当两极之间是空气时，加上 $10^4$V 的电压，然后取去电源，再在其间插入两平行电介质层，一层 $\varepsilon_{r1}=5.0$，厚为 2.0mm，另一层 $\varepsilon_{r2}=2.0$，厚为 3.0mm，略去边缘效应。求：

(1) 电介质内的 $\boldsymbol{E}$ 和 $\boldsymbol{D}$；

(2) 两极板间电势差；

(3) 电容 $C$。

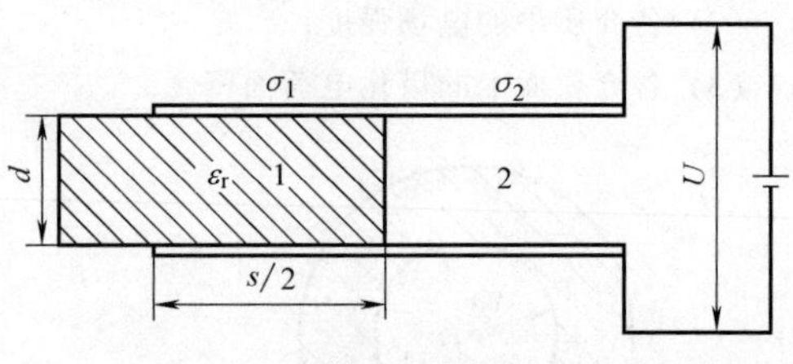

题 9-26 图

9-26　一平行板电容器极板面积为 $S$，间距为 $d$，接在电源上以维持电压 $U$，将一块厚度为 $d$、相对介电常数为 $\varepsilon_r$ 的均匀电介质插入一半，如题 9-26 图所示，忽略边缘效应。求：

(1) 1、2 两区域的 $E$ 和 $D$；

(2) 介质内的 $P$ 及表面极化电荷面密度 $\sigma'$；

(3) 1、2 两区极板上自由电荷面密度 $\sigma_1$ 及 $\sigma_2$。

9-27　一平行板电容器，每一极板的面积为 $S$，两极板的距离为 $d$，其间充满电介质，电介质的相对介电常数按 $\varepsilon_r=\varepsilon_{r0}(x+d)/d$ 的规律变化，式中的 $x$ 为两板间某点距极板 $A$ 的垂直距离，如题 9-27 图所示，忽略边缘效应，求该电容器的电容。

9-28　球形电容器由半径为 $R_1$ 的导体球和与它同心的导体球壳构成，壳的内半径为 $R_2$，其间有两层均匀介质，分界面的半径为 $R$，相对介电常数分别为 $\varepsilon_{r1}$ 和 $\varepsilon_{r2}$，如题 9-28 图所示。设球和球壳内表面分别带电荷 $+Q$ 和 $-Q$。求：(1) 两介质中的电位移 $\boldsymbol{D}_1$、$\boldsymbol{D}_2$ 和电场强度 $\boldsymbol{E}_1$、$\boldsymbol{E}_2$；(2) 球和球壳间的电势差 $U$；(3) 电容 $C$。

9-29　球形电容器的一半充满相对介电常数为 $\varepsilon_r=7$ 的电介质。球面的半径为：内半径 $r=5.00\text{cm}$，外半径 $R=6.00\text{cm}$，如题 9-29 图所示。不计电场在两个半球交面上的弯曲，求电容 $C$。

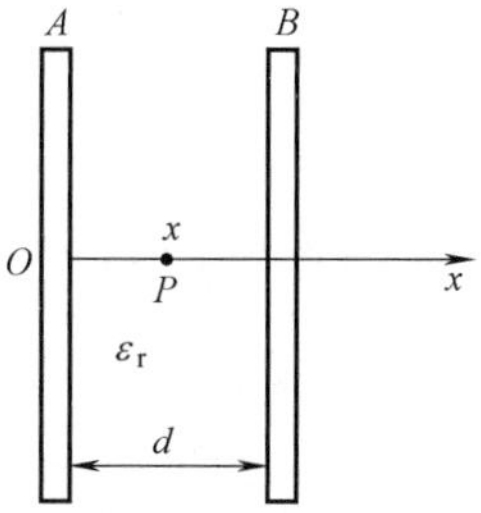

题 9-27 图

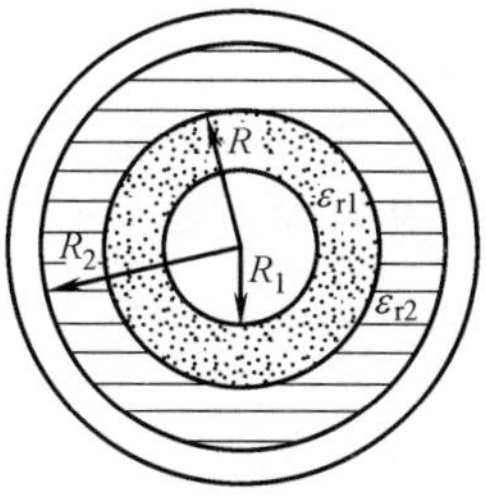

题 9-28 图

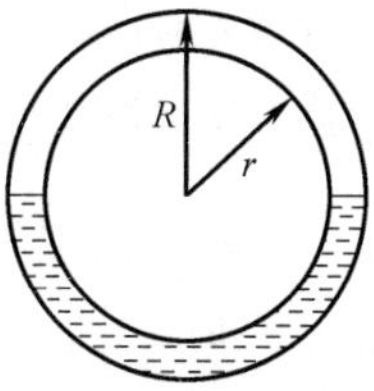

题 9-29 图

9-30　有两条半径都是 $r$ 的平行“无限长”直导线 $A$、$B$，中心距离为 $d$，且 $d \gg r$，如题 9-30 图所示，求单位长度的电容。若 $r=1.0\text{mm}$，$d=5.0\text{mm}$，计算此电容值。

9-31　如题 9-31 图所示，由两层均匀电介质充满的圆柱形电容器的截面，两电介质的相对介电常数分别为 $\varepsilon_{r1}$ 和 $\varepsilon_{r2}$，设沿轴线单位长度上内外圆筒的电荷为 $\lambda$ 和 $-\lambda$。求：

(1) 两介质中的 $\boldsymbol{D}$ 和 $\boldsymbol{E}$；

(2) 单位长度的电容。

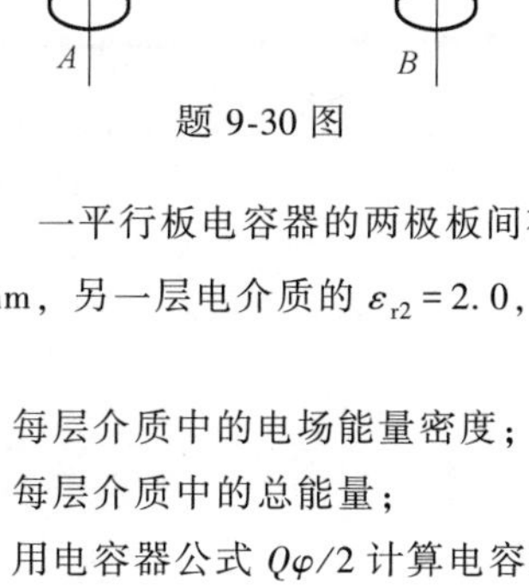

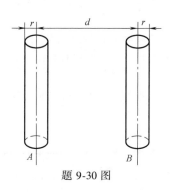

题 9-30 图

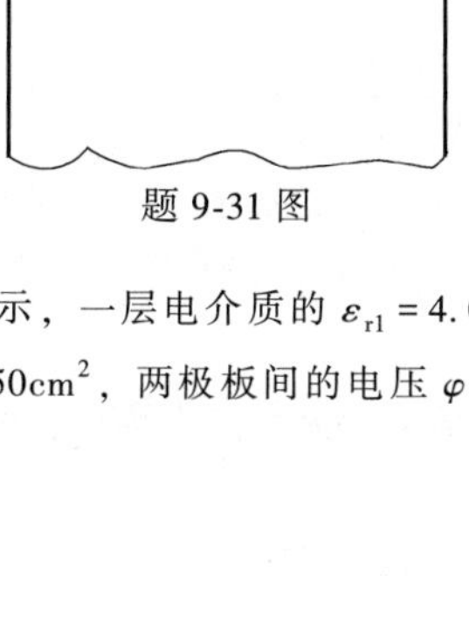

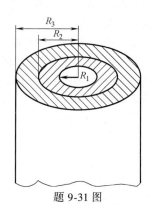

题 9-31 图

9-32　一平行板电容器的两极板间有两层均匀电介质如题 9-32 图所示，一层电介质的 $\varepsilon_{r1}=4.0$，厚度 $d_1=2.0\text{mm}$，另一层电介质的 $\varepsilon_{r2}=2.0$，厚度 $d_2=3.0\text{mm}$。极板面积 $S=50\text{cm}^2$，两极板间的电压 $\varphi=200\text{V}$。计算：

(1) 每层介质中的电场能量密度；

(2) 每层介质中的总能量；

(3) 用电容器公式 $Q\varphi/2$ 计算电容器的总能量。

9-33　如题 9-33 图所示，一平行板电容器两极板相距为 $d$，其间充满两种电介质，相对介电常数为 $\varepsilon_{r1}$ 的介质所占的面积为 $S_1$，相对介电常数为 $\varepsilon_{r2}$ 的介质所占的面积为 $S_2$。略去边缘效应，当两金属极板上的自由电荷分别为+$Q$和-$Q$时，分别求两种介质中的能量密度及总能量。

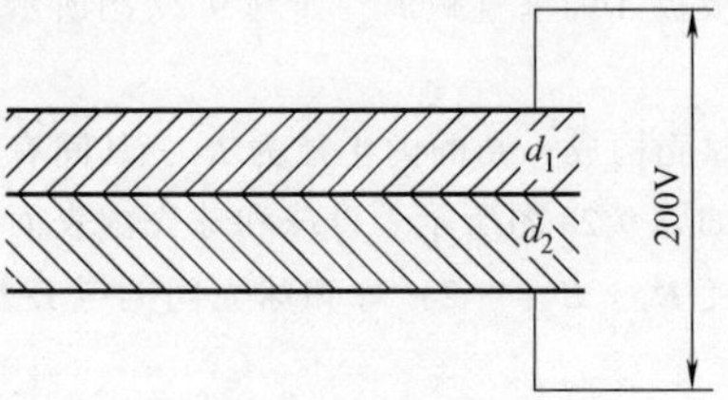


题 9-32 图

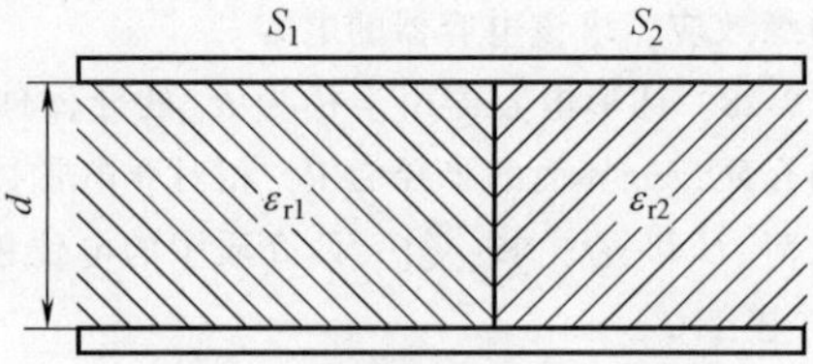


题 9-33 图

9-34　有一平行板空气电容器，每块极板面积均为 $S$，两板间距为 $d$，今以厚度为 $d'$、相对介电常数为 $\varepsilon_r$ 的均匀电介质板平行地插入电容器中。

(1) 计算此时电容器的电容；

(2) 现使电容器充电到两极板的电势差为 $U_0$ 后与电源断开，再把电介质板从电容器中抽出，问需做功多少？

9-35　一平行板电容器极板面积为 $S$，间距为 $d$，接在电源上以维持电压 $U$ 不变，将一块厚为 $d$，相对介电常数为 $\varepsilon_r$ 的均匀电介质板插入极板间空隙。计算：

(1) 静电能的改变；

(2) 电场对电源所做的功；

(3) 电场对介质板做的功。

9-36　一球形电容器，内、外半径分别为 $a$ 和 $b$，电势差为 $U$ 且保持不变，试计算：

(1) 电容器任一极板所带电荷；

(2) 内球半径 $a$ 为多大时，才能使内球面上的电场强度为最小 ($b$ 不变)？

(3) 求这个最小的电场强度值和满足此条件时电容器的能量。

9-37　半径为 $R_1$ 的导体球外套有一个与它同心的导体球壳，球壳的内、外半径分别为 $R_2$ 和 $R_3$，内球面与球壳间是空气，球壳外是介电常数为 $\varepsilon$ 的无限大均匀电介质，当内球带电荷为 $Q$ 时，求：

(1) 这个系统储存了多少电能？

(2) 如果用导线把内球与球壳连一起，上述答案有何改变？能量变化到哪里去了？

9-38　两个同轴的圆柱面，长度均为 $l$，半径分别为 $a$ 和 $b$，两圆柱面之间充有介电常数为 $\varepsilon$ 的均匀电介质，当这两个圆柱面带有等量异号电荷+$Q$和-$Q$时，求：

(1) 在半径为 $r$ ($a<r<b$)、厚度为 d$r$、长度为 $l$ 的圆柱薄壳中任一点处，电场能量密度是多少？整个薄壳中的总能量是多少？

(2) 电介质中的总能量是多少（由积分式算出）？能否由此总能量推算圆柱形电容器的电容？

9-39　圆柱形电容器由一长直导线和套在它外面的共轴导体圆筒构成，设长直导线的半径为 $a$，圆筒的内半径为 $b$，试证明：这电容器带电时，所储存的能量有一半是在半径 $x=\sqrt{ab}$ 的圆柱体内。（式中 $x$ 是两极间任一点距中心轴线的垂直距离，且 $a<x<b$）。

## 物理学与现代科学技术Ⅳ

随着科学研究和生产实践的发展，静电技术已广泛应用于各行各业，它对提高产品质量、开发新品种、提高劳动生产率起着重要作用，如静电纺纱机、静电复印机和静电储存器等。它还被应用于改善劳动条件，减少环境污染，如静电除尘、静电喷漆等。但是在某些方面静电的产生却带来了严重危害，甚至引起灾害事故，应加以消除，如航空静电等。近年来，柔性可穿戴智能电子设备发展迅速，柔性摩擦纳米发电机的发明，可以很好地解决柔性智能电子设备的可持续供能问题。下面简介静电技术的应用。

## 摩擦纳米发电机

### 1. 压电摩擦纳米发电机

2006年，中国科学院大学纳米科学与技术学院院长、中国科学院北京纳米能源与系统研究所首席科学家王中林等人巧妙地利用了两种物理效应来收集小型机械能：压电效应和摩擦起电效应，成功地研制出世界上最小的发电机——纳米发电机，标志着人类进入纳米能源时代，他也因此被誉为是“纳米发电机之父”。纳米能源被称为“新时代的能源”——物联网、传感网络、人工智能和大数据时代的分布式移动式能源。这一具有革命性的新能源技术，将开启人类能源模式新篇章，为微纳电子系统发展和物联网、传感网络实现能源自给和自驱动提供了新途径。纳米能源，作为一个全新的研究领域，是指利用新技术和微纳米材料来高效收集和储存环境中的能量，实现微纳系统的可持续运转。

### 2. 柔性摩擦纳米发电机

2011年，王中林（见图Ⅳ-1）的一个学生在测试一款纳米发电机时观察到了5V的电压信号，起初大家以为这是一个误差，数值比预想的要高出一个数量级，但王中林觉得其中或许另有玄机。仔细研究发现，原来这次测试器件使用的材料表面比较粗糙，在实验中封装不稳，发生了滑动，造成了摩擦起电。王中林顿时想到：为什么不把这个摩擦起电转为摩擦发电呢？

图Ⅳ-1　柔性摩擦纳米发电机发明人王中林

经过一年的探索，2012年初，王中林院士等人利用水凝胶-弹性体复合材料制成仿皮肤式摩擦纳米发电机（TENG）。这种摩擦纳米发电机可以贴合在皮肤上，可适应人体各种运动收集所产生的能量并转换为电能，从而驱动柔性电子设备，是名副其实的“能源皮肤（Energy Skin）”。这是一种颠覆性的技术，并具有史无前例的输出性能和优点。它既用不着磁铁也不用线圈，在制作中用到的是质轻、低密度并且价廉的高分子材料。摩擦纳米发电机的发明是机械能发电和自驱动系统领域的一个里程碑式的发现，为有效收集机械能提供了一个全新的模式。摩擦纳米发电机可以用来收集生活中原本浪费掉的各种形式的机械能，同时还可以用作自驱动传感器来检测机械信号。这种机械传感器在触屏和电子皮肤等领域具有潜在应用。另外，如果把多个发电机单元集成到网络结构中，它可以用来收集海洋中的水能，可以为大尺度的“蓝色能源”提供一种全新的技术方案，这有可能为整个世界的能源可持续发展做出重大贡献。

研究小组展示了单电极摩擦纳米发电机的三明治结构图（见图Ⅳ-2a）。由于水凝胶的良好离子导电性（$1.25\times10^{-5}$S/cm），该夹层中央拥有高浓度的正负离子。通过测试，这种超薄（380μm）的摩擦纳米发电机可以很好地贴合人类皮肤，而且具有良好的弹性以及对可见光的透过性。电学性能测试表明，皮肤和PDMS层接触面以1.5Hz的频率、0.2m/s的速度稳定运动以及压力约100kPa时，可以稳定得到70V的开路电压，23.4nC的短路电荷量，以及 0.46μA 的短路电流。另外，该薄膜材料在受到 75%的拉伸并循环 600 次后，没有表现机械疲劳和降解，电学性能也没有明显降低。

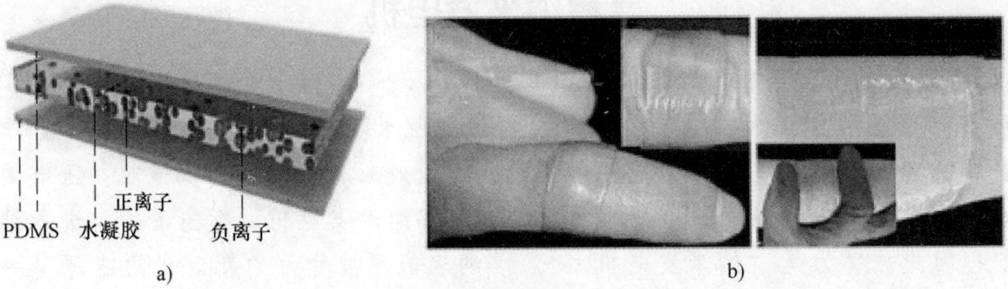


图Ⅳ-2 单电极 纳米发电机

a）单电极摩擦纳米发电机的三明治结构图 b）纳米发电机的弹性展示照片

他们在此单电极摩擦纳米发电机的基础上设计了双电极摩擦纳米发电机（见图Ⅳ-3a）。这种柔性器件可以贴合人体不同位置，并适应不同的运动。电学性能测试表明，双电极摩擦纳米发电机可以得到最大 100V 的开路电压，32nC 的短路电荷量，以及 0.36μA 的短路电流。另外，他们还展示了双电极的纳米发电机模拟人体的不同运动姿势下的电学性能。在受压、拉伸、弯曲和扭曲等不同的受压模式下，由动能所产生的电能足以持续驱动电子手表。

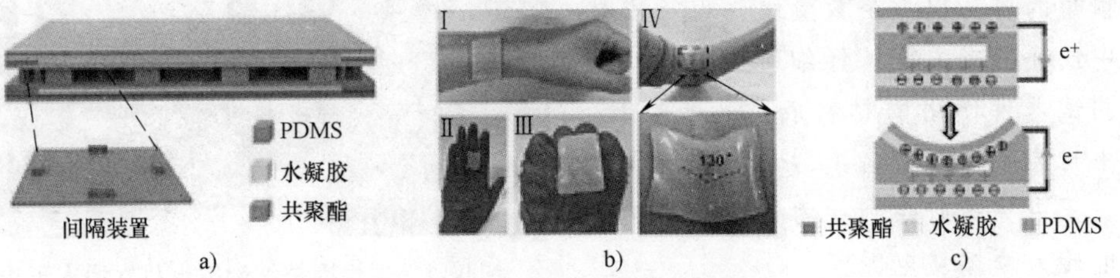


图Ⅳ-3 双电极 纳米发电机

a）双电极纳米发电机的结构示意图（共聚酯弹性体层；PDMS 弹性体层；水凝胶层）

b）纳米发电机贴合皮肤的形状适应能力

c）双电极纳米发电机的工作机理示意图（共聚酯弹性体层；PDMS 弹性体层；水凝胶层）

### 3. 共生型心脏起搏器（SPM）

同年，王中林团队在之前研究的基础上，又研制出了真正意义上的自驱动心脏起搏器——共生型心脏起搏器（SPM）。试验显示，目前在每一个心脏运动周期 SPM 可获得能量 0.495μJ，高于心脏起搏器发出一次起搏电脉冲的阈值能量（通常为 0.377μJ）。换句话说，SPM 在每次心动周期所收集的能量已经超过了起搏人类心脏所需要的能量。目前，SPM 已在实验动物（猪）体内实现了“全植入”的自驱动运行，并成功开展了大动物模型心律不齐的治疗。下一步，团队的研究重点是植入式器件的小型化、长效的生物安全性等，预计有望在 5~10 年内开展临床试验。

凭借在微纳能源和自驱动系统领域的开创性成就，王中林教授获得 2019 年度“阿尔伯特·爱因斯坦世界科学奖”，成为首位获此殊荣的华人科学家。

# 航空静电

## 1. 航空静电的起电方式

一根玻璃棒与丝绸摩擦后，如果把玻璃棒移近纸屑，就能把纸屑吸起来，这就是摩擦生电。除摩擦生电的现象外，当一个金属物体靠近另一个带电的物体时，在靠近带电体一端的金属会显出与带电体相反的电荷，另一端则显出相同的电荷，此种现象叫静电感应。摩擦和静电感应，都能使飞机带电。当飞机靠近带电的云层时，在飞机上靠近云的一侧，就会感应产生与之相反的电荷。此外，由于发动机排出的废气中，正负离子不平衡也可使飞机带电。

## 2. 航空静电的危害

（1）干扰无线电　早在1939年前后，就有人发现飞机飞行时，静电起电和放电过程对飞机上的无线电设备产生严重的射频干扰，特别是对中、长波导航系统的干扰尤为严重。飞机在飞行过程中，静电不断产生、积累，使飞机电压上升。当电压达到足够高时，在机体突出部位的周围空间形成的电场强度超过了空气的击穿场强，便会发生电晕放电。这种电晕放电，尤如一台无线电发射机，不断向空间发射频带宽度达10~20MHz的无线电波。不但对机上无线电通讯产生杂音干扰，而且对导航系统产生干扰。

（2）罗盘不定向　飞机接近云层或入云时，无线电罗盘定向距离大大缩短，指示器的指针大幅度摆动或晃动性转圈。同样型号的无线电罗盘，装的机型不同，反映不定向的影响也不同。这是因为在飞机外表的高阻介质面上，受摩擦和撞击作用而产生静电，当电压达到足够高时，就会产生横跨介质表面的闪光放电。主要表现在座舱盖的有机玻璃受水雾、冰晶撞击带正电荷，而铝质机身带负电荷，两者之间的电位差高到一定程度时，便会击穿介质表面的空气，形成闪光放电。这种闪光放电，开始在座舱盖边框周围发生，当静电电位更高时，向座舱盖中部发展，形成淡蓝色的闪光。夜航入云后，座舱盖周围出现的蓝色火花尤为明显。在这种火花放电的作用下，将罗盘置于“接收机”工作状态，耳机内无导航台信号，只有一片噪声，而在“人工定向”位置，导航台信号仍可清晰地听到。这说明，飞机入云后，无线电罗盘不能定向是由于垂直天线接收的导航台信号为干扰噪声所淹没的缘故。

（3）遭遇雷击　当飞机进入雷雨云中，在很强的外电场作用下，使飞机感应起电。带电的飞机又能在很大程度上影响周围大气中的电场强度，可能造成放电现象。在雷雨区飞行的飞机，飞行速度越大，飞机带电的程度也越大，越有可能被闪电击伤。闪电击中飞机后，通过飞机内部的闪电，在爆炸点或接头不好的地方可能引起火灾。放电通过飞机的金属结构部分，可使飞机的机械坚固性减弱，甚至破坏有铆接的地方，烧伤、损坏飞机上凸出的机件。闪电还能击伤飞行人员和损坏仪表、电气装置。

（4）油箱燃爆　由于飞行和着陆滑跑过程中，油箱内的剩余燃料不断晃动，燃料与油箱壁、油箱内卡普隆布及其他机件剧烈摩擦，以及燃料本身分子之间的摩擦，都能产生大量的静电荷。油箱中的静电电势一般能达数千伏甚至数万伏。由于烃类燃料是电的绝缘介质，导电系数很小，静电在油箱中消失慢，积聚快。燃料中积聚的静电荷能否引起静电失火，必须同时具备：静电跳火的最低能量要达到0.25mJ，才能点着可燃混合气；燃料蒸气的着火浓度在0.3%~7.8%（体积分数）；燃料蒸气的着火温度在24~75℃（随使用燃料牌号而不同）。因此，在夏季气温较高、温度较大的情况下，个别飞机上由于油箱中的某个金属导体接触电阻很高，着陆后不久油面静电积聚，就可能发生油箱燃爆起火，烧毁飞机的现象。

(5) 电击伤人 飞机着陆后，地勤人员接收飞机，放机梯时，偶尔会遇上电击，严重时可把人击倒。这是因为飞机飞行时，机体上积聚很高的静电电势，在着陆中，搭地线没接地把静电导走，橡胶轮胎使飞机与地面绝缘。当地面人员放置机梯时，接触到高电势的机体，使静电经人体导入地下。不过，静电电压虽然很高，但电流很小，一般为十几到几十微安，并且一经放电，电压立即下降，故不会对人员产生致命的危险。

(6) 静电起火 在大型运输机的客舱内都铺设有地毯，由于人在步行时以一定的速度与地毯接触摩擦而产生静电。如果在地毯上步行的人体带有足够大的电荷，人体的电位又达到两千伏，如果静电放电引起室内温度异常上升或点燃了可燃蒸气，就会发生爆炸或发生火灾。

此外，在给飞机加油、用汽油清洗机件时，也可能因静电起火，烧伤人员和飞机。

**3. 航空静电的消除**

(1) 抗静电油漆 对飞机外表的高阻介质表面，特别是靠近天线系统的高阻介质表面，如天线罩，涂以表面电阻为 $10^7 \sim 10^9\Omega$ 的抗静电油漆，可以大大减弱闪光放电。但抗静电油漆不能用于需要透明度好的座舱盖上。所以，这些特殊部位的抗静电问题，还有待进一步研究解决。

(2) 抗静电添加剂 采用抗静电添加剂来防止燃料静电失火的方法，国内外都很重视，进行了大量的工作。抗静电添加剂能增大燃料的电导率，使静电荷消失较快，不至于积聚到火花放电的程度。为了提高燃料的电导率，加入燃料中的添加剂是一些电离物质，它一方面和油箱摩擦而增加电荷，但另一方面由于其电导率提高而使电荷消失加快。因消失的电荷远远大于增加的，从而得到的净效应仍可减少燃料所带的电荷量。抗静电添加剂的加入量一般为一吨燃料约含 1~3g。我国某研究所研制的一种抗静电添加剂，经现场加油试验，加入抗静电添加剂后，油面最高电压几乎下降为零。

(3) 搭铁线 在飞机上各连接部位之间，如每根操纵拉杆的两端，都安装有金属搭铁线。金属搭铁线一般用很细的金属丝编织而成，质地柔软，既不妨碍操纵，又可将各连接件构成整个导体，消除连接处的接触电阻，减少连结点之间的电位差，从而消除静电放电的干扰。

(4) 搭地线 飞机机轮通常都安装有搭地线，使飞机滑跑时，将机体的静电和轮胎与地面摩擦产生的静电导入地下，可以避免静电伤人。

(5) 避开雷雨区 雷雨季节，天气变化莫测。风云骤变，无线电耳机中有较强烈的“咔嚓、咔嚓”的杂音，座舱盖上有跳火花现象时，说明已接近雷雨云，应立即急转弯绕过雷雨区。若已误入雷雨云中，则应关闭无线电，飞机爬高，以避免遭遇雷击或撞山。

(6) 导电纤维 飞机上的地毯中夹杂有直径为 0.05~0.07mm 的不锈钢丝导电纤维，消除静电的效果很好。如果旅客穿的鞋子与导电纤维直接接触，人体上电荷靠纤维传导立即降低电压。如果不直接接触，导电纤维可通过电晕放电效应来消除人体上的静电。

此外，为了减少飞机静电放电对机上无线电设备的干扰，天线应尽可能安装在远离发生电晕放电的地方。采用脊背天线或复合天线，可以大大减小罗盘不定向的情况。

# 附 录

## 附录 A 矢量

### 1. 标量和矢量

物理学中有一类物理量，如时间、质量、功、能量、温度等，只有大小，没有方向，这类物理量称为**标量**。另一类物理量，如位移、力、加速度、冲量、角动量等，既有大小又有方向，而且相加时遵守平行四边形运算法则，这类物理量称为**矢量**。通常，矢量印刷时用黑体字母，例如 $\boldsymbol{a}$，书写时用带箭头的字母，例如 $\vec{a}$，以区别于标量。在作图时，可用一有向线段来表示。线段的长度表示矢量的大小，而箭头的指向表示该矢量的方向，如图 A-1 所示。

由于矢量具有大小和方向，所以只有大小相等、方向相同的两矢量才相等（图 A-2a）。若一矢量和另一矢量 $\boldsymbol{a}$ 大小相等，而方向相反，这一矢量就称为 $\boldsymbol{a}$ 矢量的负矢量，用 $-\boldsymbol{a}$ 表示（图 A-2b）。

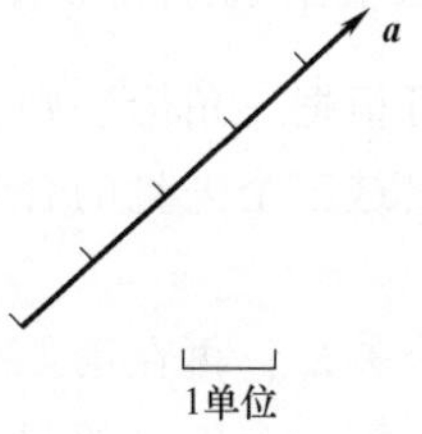


图 A-1 矢量的图示

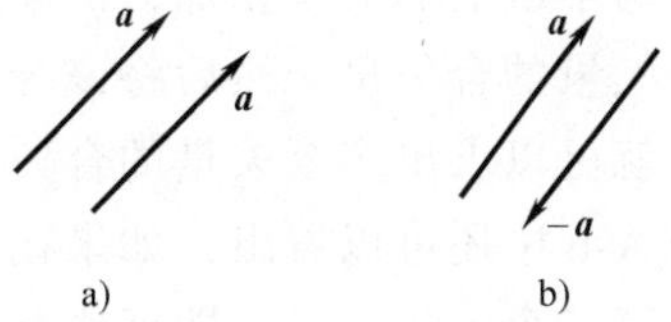


图 A-2 等矢量和负矢量

将一矢量平移后，其大小和方向都保持不变。这样在进行矢量运算和分析矢量关系时，常根据需要将矢量平移，如图 A-3 所示。

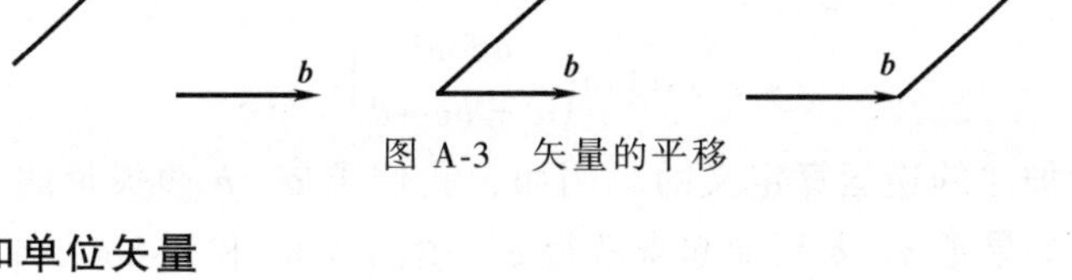


图 A-3 矢量的平移

### 2. 矢量的模和单位矢量

矢量的大小称为矢量的**模**。矢量 $\boldsymbol{a}$ 的模常用符号 $a$ 或 $|\boldsymbol{a}|$ 表示。

如果矢量 $\boldsymbol{a}_0$ 的模为 1，且方向与矢量 $\boldsymbol{a}$ 相同，则 $\boldsymbol{a}_0$ 称为矢量 $\boldsymbol{a}$ 方向上的**单位矢量**。这

样，引进单位矢量后，矢量 $\boldsymbol{a}$ 可表示为

$$\boldsymbol{a} = |\boldsymbol{a}|\boldsymbol{a}_0 \quad \text{或} \quad \boldsymbol{a} = a\boldsymbol{a}_0$$

这种表示法实际上是将矢量的大小和方向分别表示出来。

对直角坐标系来说，通常用 $\boldsymbol{i}$，$\boldsymbol{j}$，$\boldsymbol{k}$ 分别表示沿 $x$、$y$、$z$ 三个主轴正方向的单位矢量。

**3. 矢量的加减法**

矢量的运算与标量运算不同。例如，一质点同时受到若干个不同方向的作用力，在计算合力时，不是简单地代数相加，而必须遵从平行四边形法则。因此矢量相加的方法常称为**平行四边形法则**。

设有两个矢量 $\boldsymbol{a}$ 和 $\boldsymbol{b}$，如图 A-4 所示。将它们相加时，可将其中一矢量平移，使它们的起点交于一点，再以它们为邻边作平行四边形，以两矢量的起点作平行四边形的对角线，此对角线即表示两矢量 $\boldsymbol{a}$、$\boldsymbol{b}$ 之和，用矢量式表示为

$$\boldsymbol{c} = \boldsymbol{a} + \boldsymbol{b}$$

式中，$\boldsymbol{c}$ 称为合矢量；$\boldsymbol{a}$ 和 $\boldsymbol{b}$ 则称为矢量 $\boldsymbol{c}$ 的分矢量。

两矢量的平行四边形法则也可简化成三角形法则：以矢量 $\boldsymbol{a}$ 的末端为起点，作矢量 $\boldsymbol{b}$，则由 $\boldsymbol{a}$ 的起点画到 $\boldsymbol{b}$ 的末端的矢量，即是合矢量 $\boldsymbol{c}$。同样，如以 $\boldsymbol{b}$ 矢量的末端为起点作矢量 $\boldsymbol{a}$，由 $\boldsymbol{b}$ 的起点画到 $\boldsymbol{a}$ 的末端的矢量也就是合矢量 $\boldsymbol{c}$，如图 A-5 所示。

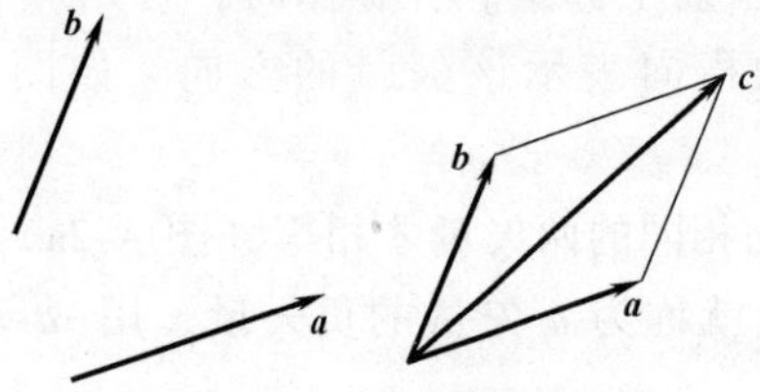


图 A-4 矢量的加法

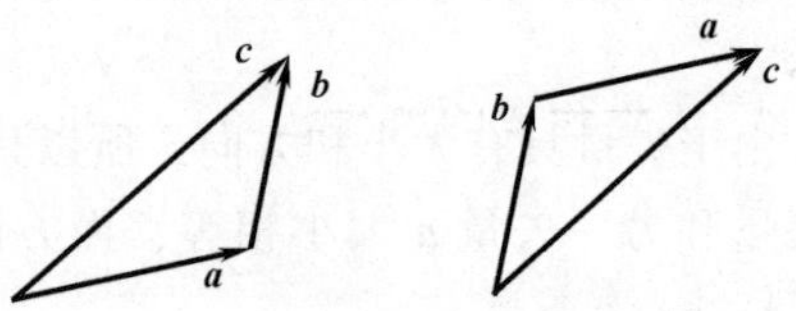


图 A-5 矢量合成的三角形法则

对于两个以上的矢量相加，例如求 $\boldsymbol{a}$、$\boldsymbol{b}$、$\boldsymbol{c}$ 和 $\boldsymbol{d}$ 的合矢量，可根据三角形法则，先求出其中两个矢量的合矢量，然后将该合矢量与第三个矢量相加，求出这三个矢量的合矢量，依此类推，就可以求出多个矢量的合矢量，如图 A-6 所示。

从图 A-6 中还可以看出，如果在第一个矢量的末端画出第二个矢量，再在第二个矢量的末端画出第三个矢量……，即把所有相加的矢量首尾相连，然后由第一个矢量的起点最后一个矢量的末端作一矢量，这个矢量就是它们的合矢量。由于所有的分矢量与合矢量在矢量图上围成一个多边形，所以这种求合矢量的方法常称为**多边形法则**。

合矢量的大小和方向，也可以通过计算求得。如图 A-7 中，矢量 $\boldsymbol{a}$、$\boldsymbol{b}$ 之间的夹角为 $\theta$，那么合矢量 $\boldsymbol{c}$ 的大小和方向很容易从图上看出

$$c = \sqrt{(a + b\cos\theta)^2 + (b\sin\theta)^2} = \sqrt{a^2 + b^2 + 2ab\cos\theta}$$

$$\varphi = \arctan\left(\frac{b\sin\theta}{a + b\cos\theta}\right)$$

矢量的减法是按矢量加法的逆运算定义的。例如，我们求 $\boldsymbol{a}$、$\boldsymbol{b}$ 两矢量的差 $\boldsymbol{a}-\boldsymbol{b}$，它是另一矢量 $\boldsymbol{d}$，即 $\boldsymbol{d}=\boldsymbol{a}-\boldsymbol{b}$，如果把 $\boldsymbol{d}$、$\boldsymbol{b}$ 相加起来就得 $\boldsymbol{a}$。由图 A-8a 和 A-8b 可知，$\boldsymbol{a}-\boldsymbol{b}$ 等于由 $\boldsymbol{b}$ 的末端到达 $\boldsymbol{a}$ 的末端的矢量；$\boldsymbol{a}-\boldsymbol{b}$ 也等于 $\boldsymbol{a}$ 和 $-\boldsymbol{b}$ 的合矢量，即

$$\boldsymbol{a} - \boldsymbol{b} = \boldsymbol{a} + (-\boldsymbol{b})$$

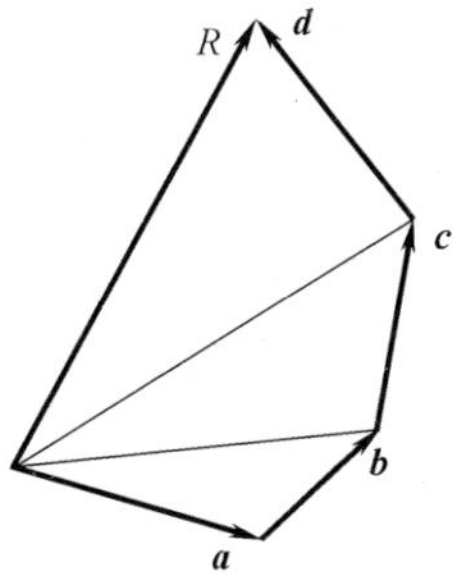


图 A-6　多矢量合成

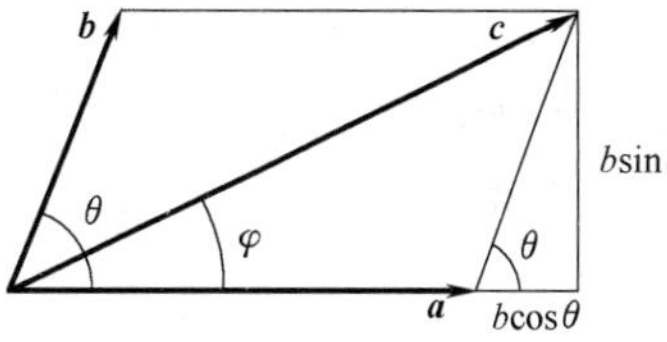


图 A-7　两矢量合成的计算

所以矢量差 $\boldsymbol{a}-\boldsymbol{b}$ 的求法，可按图 A-8a 和图 A-8b 中所示的三角形法则或平行四边形法则来进行。

如果求矢量差 $\boldsymbol{b}-\boldsymbol{a}$，用同样的方法可以知道，等于由 $\boldsymbol{a}$ 的末端到达 $\boldsymbol{b}$ 的末端的矢量（见图 A-8c），它的大小同 $\boldsymbol{a}-\boldsymbol{b}$ 的大小相等，但方向相反。

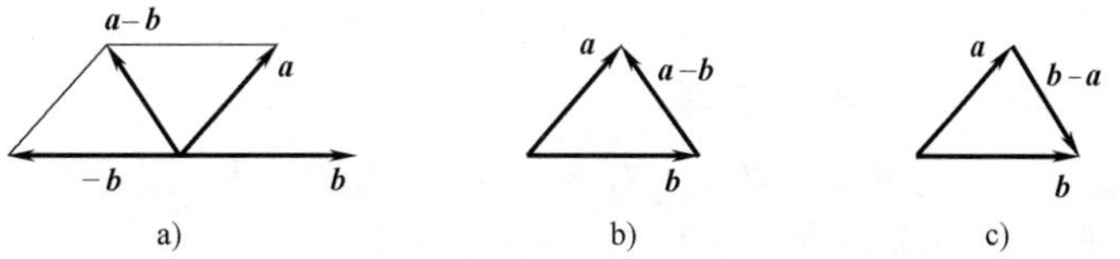


图 A-8　矢量的减法

**4. 矢量合成的解析法**

两个或两个以上的矢量可以合成为一个矢量，同样，一个矢量也可以分解成两个或两个以上的分矢量；但是一个矢量分解成为两个分矢量时，有无数种解答，如图 A-9 所示。如果先限制定两个分矢量的方向，则解答是唯一的。我们常将矢量沿直角坐标轴分解。由于坐标轴的方向已确定，所以任一矢量的在各坐标轴上的分矢量只需表示为带有正号或负号的数值即可，这些分矢量的量值都是标量，一般叫分量。如图 A-10 所示。矢量 $\boldsymbol{a}$ 在轴 $x$ 和 $y$ 上的分量分别为

$$a_x = a\cos\theta, \quad a_y = a\sin\theta$$

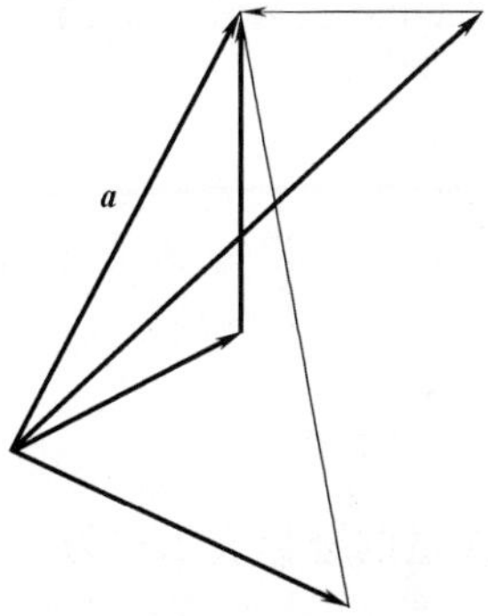


图 A-9　矢量的分解

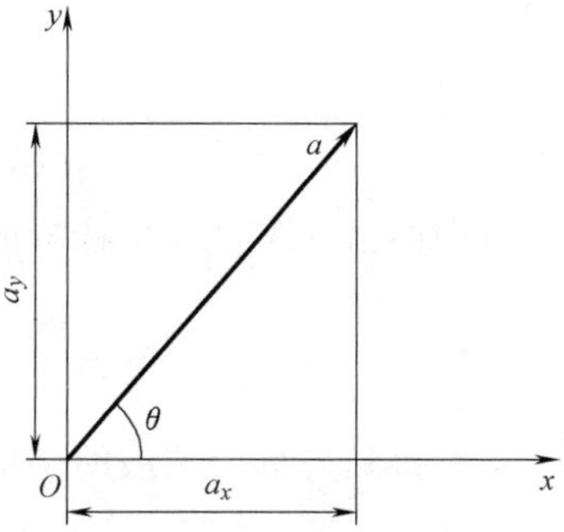


图 A-10　矢量的正交分解

显然，矢量 $\boldsymbol{a}$ 的模与分量 $a_x$、$a_y$ 之间的关系为

$$a = |\boldsymbol{a}| = \sqrt{a_x^2 + a_y^2}$$

矢量 $\boldsymbol{a}$ 的方向可用其与 $x$ 轴的夹角 $\theta$ 来表示，即

$$\theta = \arctan\frac{a_y}{a_x}$$

应用矢量的分量表示法，可以使矢量加减法的运算得到简化，如图 A-11 所示。设有两矢量 $\boldsymbol{a}$ 和 $\boldsymbol{b}$，在坐标轴上的分量分别为 $a_x$、$a_y$ 和 $b_x$、$b_y$。由图很容易得到合矢量 $\boldsymbol{c}$ 在坐标轴上的分量满足关系式

$$c_x = a_x + b_x, \quad c_y = a_y + b_y$$

就是说，合矢量在任一直角坐标轴上的分量等于分矢量在同一坐标轴上各分量的代数和。这样，通过分矢量在坐标轴上的分量就可以求得合矢量的大小和方向。

**5. 矢量的数乘**

一个数 $n$ 和矢量 $\boldsymbol{a}$ 相乘，那会得到另一个矢量 $n\boldsymbol{a}$，其量值为 $na$，如果 $n>0$，其方向与 $\boldsymbol{a}$ 相同；如果 $n<0$，其方向与 $\boldsymbol{a}$ 相反。

**6. 矢量的坐标表示**

矢量的合成与分解是密切相连的，在空间直角坐标系中，任一矢量 $\boldsymbol{a}$ 都可沿坐标轴方向分解为三个分矢量，如图 A-12 所示，即

$$\boldsymbol{a}_x = a_x\boldsymbol{i}, \quad \boldsymbol{a}_y = a_y\boldsymbol{j}, \quad \boldsymbol{a}_z = a_z\boldsymbol{k}$$

由矢量合成的三角形法则不难得到

$$\boldsymbol{a} = a_x\boldsymbol{i} + a_y\boldsymbol{j} + a_z\boldsymbol{k}$$

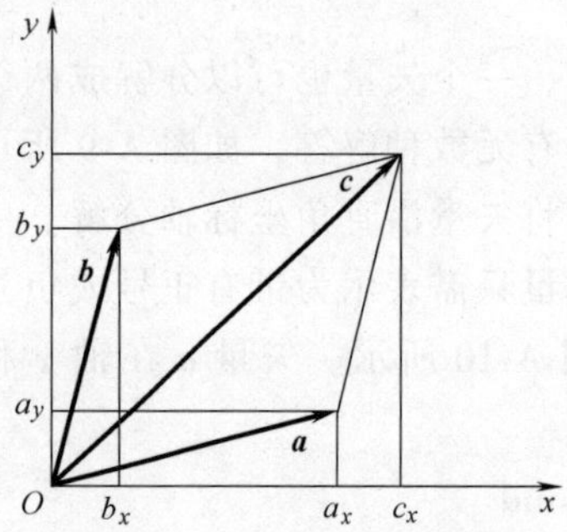


图 A-11 矢量合成的解析法

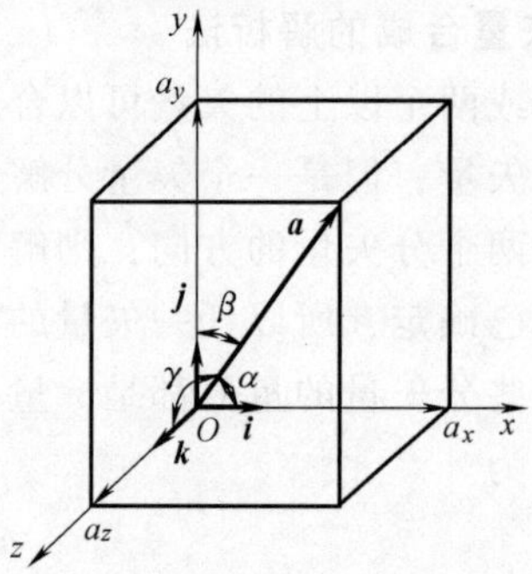


图 A-12 矢量的坐标表示

于是矢量 $\boldsymbol{a}$ 的模为

$$a = |\boldsymbol{a}| = \sqrt{a_x^2 + a_y^2 + a_z^2}$$

而矢量 $\boldsymbol{a}$ 的方向则由该矢量与坐标轴的夹角 $\alpha$、$\beta$、$\gamma$ 来确定

$$\cos\alpha = \frac{a_x}{a}, \quad \cos\beta = \frac{a_y}{a}, \quad \cos\gamma = \frac{a_z}{a}$$

由此，又可得到矢量加减法的坐标表示式。设 $\boldsymbol{a}$ 和 $\boldsymbol{b}$ 两矢量的坐标表示式为

$$\boldsymbol{a} = a_x\boldsymbol{i} + a_y\boldsymbol{j} + a_z\boldsymbol{k}$$
$$\boldsymbol{b} = b_x\boldsymbol{i} + b_y\boldsymbol{j} + b_z\boldsymbol{k}$$

因此

$$\boldsymbol{a} \pm \boldsymbol{b} = (a_x \pm b_x)\boldsymbol{i} + (a_y \pm b_y)\boldsymbol{j} + (a_z \pm b_z)\boldsymbol{k}$$

7. 矢量的标积和矢积

在物理学中，我们常常遇到两个矢量相乘的情况。例如，功 $A$ 与力 $\boldsymbol{F}$ 和位移 $\boldsymbol{l}$ 的关系为

$$A = Fl\cos\theta$$

式中，$\theta$ 是力与位移之间的夹角。力 $\boldsymbol{F}$ 和位移 $\boldsymbol{l}$ 都是矢量，而功 $A$ 是只有大小与正负、没有方向的量，即标量。又如力矩 $\boldsymbol{M}$ 的大小为

$$M = Fd = Fr\sin\theta$$

式中，$d$ 是力臂；$\boldsymbol{r}$ 是力的作用点的位置矢量；$\theta$ 是 $\boldsymbol{r}$ 和 $\boldsymbol{F}$ 之间的夹角。$\boldsymbol{r}$ 和 $\boldsymbol{F}$ 也都是矢量，而力矩 $\boldsymbol{M}$ 也是矢量。由此可知，两矢量相乘有两种可能：两个矢量相乘得到一个标量的叫作**标积**（或称**点积**）；两矢量相乘得到一个矢量的叫作**矢积**（又称**叉积**）。

设 $\boldsymbol{a}$、$\boldsymbol{b}$ 为任意两个矢量，它们的夹角为 $\theta$，则它们的标积通常用 $\boldsymbol{a}\cdot\boldsymbol{b}$ 来表示，定义为

$$\boldsymbol{a}\cdot\boldsymbol{b} = ab\cos\theta$$

上式表示：$\boldsymbol{a}\cdot\boldsymbol{b}$ 等于矢量 $\boldsymbol{a}$ 在 $\boldsymbol{b}$ 矢量方向上的投影 $a\cos\theta$ 与矢量 $\boldsymbol{b}$ 的模的乘积，也等于矢量 $\boldsymbol{b}$ 在 $\boldsymbol{a}$ 矢量方向上的投影 $b\cos\theta$ 与矢量 $\boldsymbol{a}$ 的模的乘积，如图 A-13 所示。

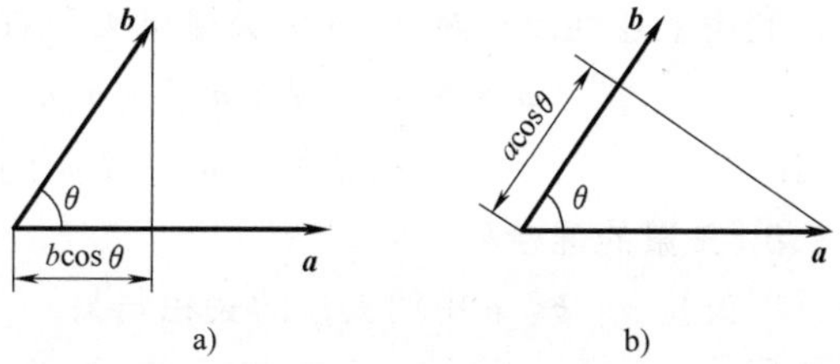


图 A-13　矢量的标积

引进矢量的标积以后，功就可以用力与和位移的标积来表示，即

$$A = \boldsymbol{F}\cdot\boldsymbol{l}$$

根据标积的定义，可以得出下列结论：

1）当 $\theta=0$，即 $\boldsymbol{a}$、$\boldsymbol{b}$ 两矢量平行时，$\cos\theta=1$，因此，$\boldsymbol{a}\cdot\boldsymbol{b}=ab$。当 $a$ 和 $b$ 相等时，$\boldsymbol{a}\cdot\boldsymbol{a}=a^2$。

2）当 $\theta=\pi/2$，即 $\boldsymbol{a}$、$\boldsymbol{b}$ 两矢量垂直时，$\cos\theta=0$，所以 $\boldsymbol{a}\cdot\boldsymbol{b}=0$。

3）根据以上两点结论可知，直角坐标系的单位矢量 $\boldsymbol{i}$、$\boldsymbol{j}$、$\boldsymbol{k}$ 具有正交性，即

$$\boldsymbol{i}\cdot\boldsymbol{i}=\boldsymbol{j}\cdot\boldsymbol{j}=\boldsymbol{k}\cdot\boldsymbol{k}=1$$

$$\boldsymbol{i}\cdot\boldsymbol{j}=\boldsymbol{j}\cdot\boldsymbol{k}=\boldsymbol{k}\cdot\boldsymbol{i}=0$$

利用上述性质对 $\boldsymbol{a}$、$\boldsymbol{b}$ 两矢量求标积有

$$\boldsymbol{a}\cdot\boldsymbol{b} = (a_x\boldsymbol{i}+a_y\boldsymbol{j}+a_z\boldsymbol{k})\cdot(b_x\boldsymbol{i}+b_y\boldsymbol{j}+b_z\boldsymbol{k})$$
$$= a_xb_x + a_yb_y + a_zb_z$$

矢量 $\boldsymbol{a}$ 和 $\boldsymbol{b}$ 的矢积 $\boldsymbol{a}\times\boldsymbol{b}$ 是另一矢量 $\boldsymbol{c}$，即

$$\boldsymbol{c} = \boldsymbol{a}\times\boldsymbol{b}$$

矢量 $\boldsymbol{c}$ 的大小为

$$c = ab\sin\theta$$

其中，$\theta$ 为 $\boldsymbol{a}$、$\boldsymbol{b}$ 两矢量间的夹角，矢量 $\boldsymbol{c}$ 的方向则垂直于 $\boldsymbol{a}$、$\boldsymbol{b}$ 两矢量所组成的平面，指向由右手螺旋法则确定，即从 $\boldsymbol{a}$ 经由小于 180°的角转向 $\boldsymbol{b}$ 时大拇指伸直时所指的方向，如图 A-14 所示。

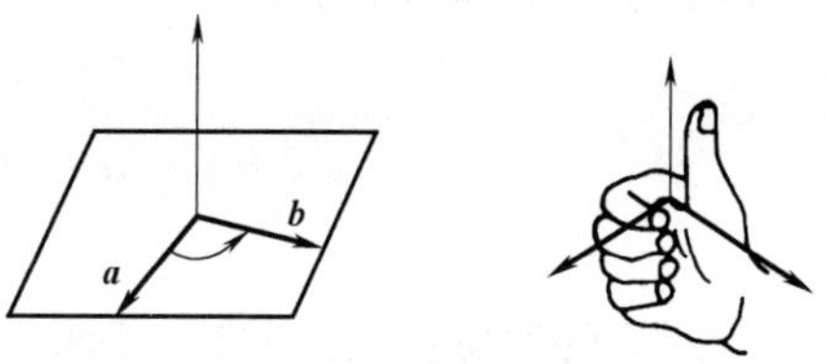


图 A-14　矢量的矢积

引进了矢量的矢积以后，力矩就可以用力作用

点的位置矢量 $\boldsymbol{r}$ 与力 $\boldsymbol{F}$ 的矢积来表示，即

$$\boldsymbol{M}=\boldsymbol{r}\times\boldsymbol{F}$$

根据矢量矢积的定义，可以得出以下结论：

1）当 $\theta=0$，即 $\boldsymbol{a}$、$\boldsymbol{b}$ 两矢量平行时，$\sin\theta=0$，所以 $\boldsymbol{a}\times\boldsymbol{b}=0$。

2）当 $\theta=\pi/2$，即 $\boldsymbol{a}$、$\boldsymbol{b}$ 两矢量垂直时，$\sin\theta=1$，矢积 $\boldsymbol{a}\times\boldsymbol{b}$ 具有最大值，其大小为 $ab$。

3）矢积 $\boldsymbol{a}\times\boldsymbol{b}$ 的方向与 $\boldsymbol{a}$、$\boldsymbol{b}$ 两矢量的次序有关。$\boldsymbol{a}\times\boldsymbol{b}$ 与 $\boldsymbol{b}\times\boldsymbol{a}$ 所表示的两矢量的方向正好相反，即

$$\boldsymbol{a}\times\boldsymbol{b}=-(\boldsymbol{b}\times\boldsymbol{a})$$

4）在直角坐标系中，单位矢量之间的矢积为

$$\boldsymbol{i}\times\boldsymbol{i}=\boldsymbol{j}\times\boldsymbol{j}=\boldsymbol{k}\times\boldsymbol{k}=0$$

$$\boldsymbol{i}\times\boldsymbol{j}=\boldsymbol{k},\quad \boldsymbol{j}\times\boldsymbol{k}=\boldsymbol{i},\quad \boldsymbol{k}\times\boldsymbol{i}=\boldsymbol{j}$$

利用上述性质，对 $\boldsymbol{a}$、$\boldsymbol{b}$ 两矢量求矢积有

$$\begin{aligned}\boldsymbol{a}\times\boldsymbol{b}&=(a_x\boldsymbol{i}+a_y\boldsymbol{j}+a_z\boldsymbol{k})\cdot(b_x\boldsymbol{i}+b_y\boldsymbol{j}+b_z\boldsymbol{k})\\&=(a_yb_z-a_zb_y)\boldsymbol{i}+(a_zb_x-a_xb_z)\boldsymbol{j}+(a_xb_y-a_yb_x)\boldsymbol{k}\end{aligned}$$

**8. 矢量的混合积**

三矢量 $\boldsymbol{a}$、$\boldsymbol{b}$、$\boldsymbol{c}$ 中两矢量的矢积与另一矢量的标积，例如 $\boldsymbol{a}\cdot(\boldsymbol{b}\times\boldsymbol{c})$，称为这三矢量的混合积。

设矢量 $\boldsymbol{b}$、$\boldsymbol{c}$ 之间的夹角为 $\theta$，这两矢量的矢积 $\boldsymbol{b}\times\boldsymbol{c}$ 为一矢量；矢量 $\boldsymbol{a}$ 与 $\boldsymbol{b}$ 之间的夹角为 $\alpha$。那么，根据上述矢积和标积的定义可知，混合积 $\boldsymbol{a}\cdot(\boldsymbol{b}\times\boldsymbol{c})$ 为一标量，其大小为

$$\boldsymbol{a}\cdot(\boldsymbol{b}\times\boldsymbol{c})=\boldsymbol{a}\cdot\boldsymbol{d}=ad\cos\alpha=abc\sin\theta\cos\alpha$$

如果已知三矢量 $\boldsymbol{a}$、$\boldsymbol{b}$、$\boldsymbol{c}$ 的坐标表示式

$$\boldsymbol{a}=a_x\boldsymbol{i}+a_y\boldsymbol{j}+a_z\boldsymbol{k}$$

$$\boldsymbol{b}=b_x\boldsymbol{i}+b_y\boldsymbol{j}+b_z\boldsymbol{k}$$

$$\boldsymbol{c}=c_x\boldsymbol{i}+c_y\boldsymbol{j}+c_z\boldsymbol{k}$$

由于

$$\boldsymbol{d}=\boldsymbol{b}\times\boldsymbol{c}=(b_yc_z-b_zc_y)\boldsymbol{i}+(b_zc_x-b_xc_z)\boldsymbol{j}+(b_xc_y-b_yc_x)\boldsymbol{k}$$

则

$$d_x=b_yc_z-b_zc_y$$

$$d_y=b_zc_x-b_xc_z$$

$$d_z=b_xc_y-b_yc_x$$

因此混合积的坐标表示式为

$$\begin{aligned}\boldsymbol{a}\cdot(\boldsymbol{b}\times\boldsymbol{c})&=\boldsymbol{a}\cdot\boldsymbol{d}=a_xd_x+a_yd_y+a_zd_z\\&=a_x(b_yc_z-b_zc_y)+a_y(b_zc_x-b_xc_z)+a_z(b_xc_y-b_yc_x)\end{aligned}$$

也可以表示成行列式的形式

$$\boldsymbol{a}\cdot(\boldsymbol{b}\times\boldsymbol{c})=\begin{vmatrix}a_x & a_y & a_z\\ b_x & b_y & b_z\\ c_x & c_y & c_z\end{vmatrix}$$

利用行列式的性质："行列式相邻两行互换后行列式改变正负号"的这一性质，可以得到

$$\boldsymbol{a}\cdot(\boldsymbol{b}\times\boldsymbol{c})=\boldsymbol{b}\cdot(\boldsymbol{c}\times\boldsymbol{a})=\boldsymbol{c}\cdot(\boldsymbol{a}\times\boldsymbol{b})$$

# 附录B 国际单位制（SI）简介

鉴于国际上使用的单位制种类繁多，换算十分复杂，对科学与技术交流带来许多困难。根据1954年国际度量衡会议的决定。自1978年1月1日起实行国际单位制，简称国际制，国际代号为SI。1984年2月27日我国国务院发布《关于在我国统一实行法定计量单位的命令》，颁布的我国统一法定计量单位以国际单位制为基础，执行它，不仅有利于我国的经济建设，有利于加强同世界各国人民的经济文化交流，而且可以使我国的计量制度进一步统一。

国际单位制是在国际公制和米千克秒制基础上发展起来的。在国际单位制中，规定了七个基本单位，即米（长度单位）、千克（质量单位）、秒（时间单位）、安培（电流单位）、开尔文（热力学温度单位）、摩尔（物质的量单位）、坎德拉（发光强度的单位），还规定了两个辅助单位，即弧度（平面角单位）、球面度（立体角单位）。其他单位均由这些基本单位导出。国际单位制的基本单位及辅助单位的名称、符号、定义及在我国的使用规则详见国家标准《量和单位》（GB 3100~3102—1993）。现将《量和单位》（GB 3100~3102—1993）中“国际单位制及其应用”（GB 3100—1993）的有关内容摘要介绍如下：

单位符号和单位的中文符号的使用规则为：

1）中文符号只在小学、初中教科书和普通书刊中有必要时使用。

2）单位和词头的符号在公式、数据表、曲线图、刻度盘和产品铭牌等需要简单明了的地方使用，也用于叙述文字中。

单位及词头的符号的书写规则为：

1）单位符号一律用正体字母，除来源于人名的单位符号第一个字母要大写外，其余均为小写字母（升的符号L例外）。例如，米（m）、秒（s）、坎德拉（cd），来源于人名的如安培（A）、帕斯卡（Pa）、韦伯（Wb）等。

2）单位符号应写在全部数值之后，并与数值间留适当的空隙。

3）SI词头符号一律用正体字母，SI词头符号与单位符号间，不得留空隙。

4）单位名称和单位符号都必须各作为一个整体使用，不得拆开。如摄氏度的单位符号为℃，20摄氏度不得写成或读成摄氏20度，只能写成20℃。

单位名称的使用规则为：

1）组合单位的名称与其符号表示的顺序一致。符号中的乘号没有对应的名称，除号的对应名称为“每”字，无论分母中有几个单位，“每”字都只出现一次。如比热容的单位符号是J/(kg·K)，其名称是“焦耳每千克开尔文”，而不是“每千克开尔文焦耳”或“焦耳每千克每开尔文”，波数的单位符号是$m^{-1}$，其名称为“每米”，而不是“负一次方米”。

2）乘方形式的单位名称，其顺序应是指数名称在前，单位名称在后，指数名称由相应的数字加“次方”二字而成。如截面二次矩单位符号是$m^4$，其名称为“四次方米”；体积单位符号是$m^3$，其名称为“立方米”或“三次方米”。

3）书写组合单位的名称时，不加乘或除的符号或其他符号。如电阻率单位符号是Ω·m，其名称为“欧姆米”，而不是“欧姆·米”，“欧姆-米”“[欧姆][米]”等。

国际单位制（SI）基本单位见表B-1。SI辅助单位见表B-2。SI词头见表B-3。

**表 B-1 SI 基本单位**

| 量的名称 | 单位名称 | 单位符号 | 定义 |
|---|---|---|---|
| 长度 | 米 | m | 米是光在真空中(1/299793458)s 时间间隔内所经路径的长度(第 17 届国际计量大会,1983) |
| 质量 | 千克(公斤) | kg | 千克是质量单位,等于国际千克原器的质量(第 1 届和第 3 届国际计量大会,1889,1901) |
| 时间 | 秒 | s | 秒是铯-133 原子基态的两个超精细能级之间跃迁所对应的辐射的 9 192 631 770 个周期的持续时间(第 13 届国际计量大会,1967,决议 1) |
| 电流 | 安[培] | A | 安培是电流的单位。在真空中,截面积可忽略的两根相距 1m 的无限长平行圆直导线内通以等量恒定电流时,若导线间相互作用力在每米长度上为 $2\times10^{-7}$N,则每根导线中的电流为 1A(国际计量委员会,1946,决议 2,1948 年第 9 届国际计量大会批准) |
| 热力学温度 | 开[尔文] | K | 热力学温度开尔文是水的三相点热力学温度的 1/273.16(第 13 届国际计量大会,1967,决议 4) |
| 物质的量 | 摩[尔] | mol | 摩尔是一系统的物质的量,该系统中所包含的基本单元数与 0.012kg 碳-12 的原子数目相等。在使用摩尔时,基本单位应予指明,可以是原子、分子、离子、电子及其他粒子,或是这些粒子的特定组合(国际计量委员会 1969 年提出,1971 年第 14 届国际计量大会通过,决议 3) |
| 发光强度 | 坎[德拉] | cd | 坎德拉是一光源在给定方向上的发光强度,该光源发出频率为 $540\times10^{12}$Hz 的单色辐射,且在此方向上的辐射强度为(1/683)W/sr(第 16 届国际计量大会,1979,决议 3) |

**表 B-2 SI 辅助单位**

| 量的名称 | 单位名称 | 单位符号 | 定义 |
|---|---|---|---|
| [平面]角 | 弧度 | rad | 弧度是一个圆内两条半径之间的平面角,这两条半径在圆周上截取的弧长与半径相等(国际标准化组织建议书 R31 第 1 部分,1965 年 12 月第 2 版) |
| 立体角 | 球面度 | sr | 球面度是一个立体角,其顶点位于球心,而它在球面上所截取的面积等于以球半径为边长的正方形面积(国际标准化组织建议书 R31 第 1 部分,1965 年 12 月第 2 版) |

**表 B-3 SI 词头**

| 因数 | 词头名称 | | 符号 | 因数 | 词头名称 | | 符号 |
|---|---|---|---|---|---|---|---|
| | 原文(法) | 中文 | | | 原文(法) | 中文 | |
| $10^{18}$ | cxa | 艾[可萨] | E | $10^{-1}$ | dèci | 分 | d |
| $10^{15}$ | peta | 拍[它] | P | $10^{-2}$ | centi | 厘 | c |
| $10^{12}$ | tèra | 太[拉] | T | $10^{-3}$ | milli | 毫 | m |
| $10^{9}$ | giga | 吉咖 | G | $10^{-6}$ | micro | 微 | μ |
| $10^{6}$ | mèga | 兆 | M | $10^{-9}$ | nano | 纳[诺] | n |
| $10^{3}$ | kilo | 千 | k | $10^{-12}$ | pico | 皮[可] | p |
| $10^{2}$ | hecto | 百 | h | $10^{-15}$ | femto | 飞[母托] | f |
| $10^{1}$ | dèca | 十 | da | $10^{-18}$ | atto | 阿[托] | a |

# 附录 C　常用物理量基本常数表

| 名　　称 | 符号 | 最佳实验值 | 供计算用的值 |
|---|---|---|---|
| 真空中光速 | $c$ | 299792458±1.2m/s | $3.00\times10^{8}$m/s |
| 引力常量 | $G_0$ | $(6.6720\pm0.0041)\times10^{-11}m^3/(s^2\cdot kg)$ | $6.67\times10^{-11}m^3/(s^2\cdot kg)$ |
| 阿伏伽德罗常数 | $N_A$ | $(6.022045\pm0.000031)\times10^{23}$/mol | $6.02\times10^{23}$/mol |
| 摩尔气体常数 | $R$ | $(8.31441\pm0.00026)$J/(mol·K) | 8.31J/(mol·K) |
| 玻尔兹曼常数 | $k$ | $(1.380662\pm0.000044)\times10^{-23}$J/K | $1.38\times10^{-23}$J/K |
| 在 273.15K 和 101.325kPa 时，理想气体的摩尔体积 | $V_m$ | $(22.41383\pm0.00070)\times10^{-3}m^3$/mol | $22.4\times10^{-3}m^3$/mol |
| 元电荷 | $e$ | $1.6021892\pm0.0000046)\times10^{-19}$C | $1.602\times10^{-19}$C |
| 原子质量单位 | $u$ | $(1.6605655\pm0.000086)\times10^{-27}$kg | $1.66\times10^{-27}$kg |
| 电子静质量 | $m_e$ | $(9.109534\pm0.000047)\times10^{-31}$kg | $9.11\times10^{-31}$kg |
| 电子比荷 | $e/m_e$ | $(1.7588047\pm0.0000049)\times10^{-11}$C/kg | $1.76\times10^{-11}$C/kg |
| 质子静质量 | $m_p$ | $(1.6726485\pm0.0000086)10^{-27}$kg | $1.673\times10^{-27}$kg |
| 中子静质量 | $m_n$ | $(1.6749543\pm0.0000086)\times10^{-27}$kg | $1.675\times10^{-27}$kg |
| 法拉第常数 | $F$ | $(9.648456\pm0.000027)\times10^{4}$C/mol | 96500C/mol |
| 真空介电常数 | $\varepsilon_0$ | $(8.854187818\pm0.000000071)\times10^{-12}$F/m | $8.85\times10^{-12}$F/m |
| 真空磁导率 | $\mu_0$ | $12.5663706144\times10^{-7}$H/m | $4\pi\times10^{-7}$H/m |
| 电子磁矩 | $\mu_e$ | $(9.284832\pm0.000036)\times10^{-24}$J/T | $9.28\times10^{-24}$J/T |
| 质子磁矩 | $\mu_p$ | $(1.4106171\pm0.0000055)\times10^{-26}$J/T | $1.41\times10^{-26}$J/T |
| 玻尔半径 | $a_0$ | $(5.2917706\pm0.0000044)\times10^{-11}$m | $5.29\times10^{-11}$m |
| 玻尔磁子 | $\mu_B$ | $(9.274078\pm0.000036)\times10^{-24}A\cdot m^2$ | $9.27\times10^{-24}A\cdot m^2$ |
| 核磁子 | $\mu_N$ | $(5.050824\pm0.0000020)\times10^{-27}A\cdot m^2$ | $5.05\times10^{-27}A\cdot m^2$ |
| 普朗克常量 | $h$ | $(6.626076\pm0.000004)\times10^{-34}J\cdot s$ | $6.63\times10^{-34}J\cdot s$ |

# 附录 D　地球、月球、太阳及大气的有关数据

| 物理量名称 | 数　　值 |
|---|---|
| 地球的质量 $m_E$ | $5.98\times10^{24}$kg |
| 地球的半径 $R_E$ | $6.37\times10^{6}$m(平均半径) |
| | $6.3782\times10^{6}$m(赤道半径) |
| | $6.3568\times10^{6}$m(极半径) |
| 重力加速度(海平面处)$g$ | $9.8065m/s^2$(标准参考值) |
| | $9.7804m/s^2$(赤道) |
| | $9.8322m/s^2$(两极) |
| 地球的周期 $T_E$ | $365.26d=3.156\times10^{7}$s |
| 地球的平均轨道速度 $v_E$ | $2.98\times10^{4}$m/s |

（续）

| 物理量名称 | 数 值 |
| --- | --- |
| 地球的平均轨道加速度 $a_E$ | $5.93\times10^{-3}$ m/s$^2$($-6.02\times10^{-4}$) |
| 地球中心到月球中心的距离 | $3.844\times10^8$ m |
| 月球的周期 $T_M$ | 27.32d = $2.360\times10^6$ s |
| 月球的质量 $m_M$ | $7.35\times10^{22}$ kg($=0.123M_E$) |
| 月球的半径 $R_M$ | $1.738\times10^6$ m($=0.2728R_E$) |
| 月球表面的重力加速度 | 1.62m/s$^2$($=0.165g$) |
| 地球中心到太阳中心的距离 | $1.496\times10^{11}$ mm(平均值)<br>$1.471\times10^{11}$ m(在近日点)<br>$1.521\times10^{11}$ m(在远日点) |
| 太阳的质量 $m_S$ | $1.99\times10^{30}$ kg($=3.329\times10^5M_E$) |
| 太阳的半径 $R_S$ | $6.960\times10^8$ m($=109.2R_E$) |
| 在海平面处标准大气压 | $1.013\times10^5$ N/m$^2$ |
| 在海平面处 0℃的干燥空气密度 | 1.293kg/m$^3$ |
| 在 0℃下空气中的声速 | 331m/s |
| 干燥空气的平均分子量 | 28.97 |

# 部分习题参考答案

## 第 1 章

1-2 （1） $\boldsymbol{v}=(3.0\boldsymbol{i}-8.0t\boldsymbol{j})\,\mathrm{m/s}$；（2） $\boldsymbol{a}=-8.0\boldsymbol{j}\,\mathrm{m/s^2}$；
（3） $\boldsymbol{v}=(3.0\boldsymbol{i}-16.0\boldsymbol{j})\,\mathrm{m/s}$； $\boldsymbol{a}=-8.0\boldsymbol{j}\,\mathrm{m/s^2}$

1-3 （1） $v=v_0\mathrm{e}^{-kt}$；（2） $x_M=\dfrac{v_0}{k}\left(1-\mathrm{e}^{-kt}\right)_{t\to\infty}=\dfrac{v_0}{k}$

1-4 （1） $v=\dfrac{sv_0}{\sqrt{h^2+s^2}}$；（2） $a=\dfrac{v_0^2h^2}{(h^2+s^2)^{3/2}}$；（3） $x=\sqrt{h^2+s^2}-h$

1-5 （1） 350ms；（2） 82ms

1-7 （1） $\theta=\arctan\left(\dfrac{h}{s}\right)$；（2） $t=\dfrac{\sqrt{h^2+s^2}}{v_0}$， $\boldsymbol{r}=s\boldsymbol{i}+\left[h-\dfrac{g(h^2+s^2)}{2v_0^2}\right]\boldsymbol{j}$

1-8 10.5m/s

1-9 2.0m/s

1-10 31.12°或 62.82°

1-11 （1） $a_{\mathrm{n}}=\dfrac{(v_0-bt)^2}{R}$， $a_{\mathrm{t}}=-b$， $a=\dfrac{1}{R}\sqrt{b^2R^2+(v_0-bt)^4}$

$\boldsymbol{a}$ 与切向的夹角为： $\theta=\arctan\left(\dfrac{a_n}{a_t}\right)=\arctan\left[\dfrac{(v_0-bt)^2}{-bR}\right]$

（2） $t=\dfrac{v_0}{b}$， $n=\dfrac{v_0^2}{4\pi bR}$

1-12 （1） $0.034\mathrm{m/s^2}$；（2） 84min

1-13 $a=9.0g$

1-14 （1） $a_{\mathrm{t}}=4.8\mathrm{m/s^2}$， $a_{\mathrm{n}}=230.4\mathrm{m/s^2}$；（2） $\theta=3.15\mathrm{rad}$

1-15 （1） 5.8m/s；（2） 16.7m；（3） 67°

1-16 185km/h，西偏南 22°

1-17 $t=\sqrt{\dfrac{2h}{g+a}}$

1-18 $\dfrac{\sin\beta-\mu\cos\beta}{\sin\alpha+\mu\sin\alpha}\leqslant\dfrac{m_A}{m_B}\leqslant\dfrac{\sin\beta+\mu\cos\beta}{\sin\alpha-\mu\cos\alpha}$

1-19 $v=\sqrt{\frac{2}{3}gR}$，$\theta=\arccos\left(\frac{2}{3}\right)$

1-20 （1）$t=\frac{m}{k}\ln\left(1+\frac{kv_0}{mg}\right)$；（2）$h=\frac{m}{k}\left[\frac{mg}{k}\ln\left(1+\frac{kv_0}{mg}\right)-v_0\right]$

1-21 $h\approx3.59\times10^7\text{m}$

1-22 $v=\sqrt{\frac{g}{L}[(L^2-a^2)-\mu(L-a)^2]}$

1-23 $F_N=\left(\frac{m_1m_2\cos\beta}{m_1+m_2\sin^2\beta}\right)g$

1-24 $\omega=\sqrt{\frac{gk}{x_0k\cos\alpha+mg}}$，$x=x_0+\frac{mg}{k\cos\alpha}$

1-25 （1）$6.1\text{ m/s}^2$，向左；（2）$0.98\text{ m/s}^2$，向左

1-26 9.9s

1-27 $F=\frac{Gm_2m_1}{d(L+d)}$

1-28 大于 $4.7\times10^{24}$ kg

## 第 2 章

2-1 （1）$A_1=5170.5\text{J}$；（2）$A_2=994.5\text{J}$

2-2 −6J

2-3 $A=-\frac{3}{8}mv_0^2$

2-4 $v=v_0\text{e}^{-2\pi\mu}$

2-5 $A=-62\text{J}$

2-6 $s=h\left(\frac{1}{\mu}-\cot\theta\right)$

2-7 （1）当弹簧为原长时，$v_m=b\sqrt{\frac{k}{m_1+m_2}}$

2-8 （1）$v_0=\sqrt{5Rg+\frac{6kR^2}{m}}$；（2）$v_p=\sqrt{3Rg+\frac{4kR^2}{m}}$

2-9 （1）$F=(m_1+m_2)g$

2-10 $2.52\times10^7\text{m}$

2-11 （1）$-\frac{Gm m_{星}\,x}{(x^2+R^2)^{3/2}}$；（2）$v=\left[2Gm_{星}\left(\frac{1}{R}-\frac{1}{\sqrt{x^2+R^2}}\right)\right]^{1/2}$

2-13 $1.12\left(\frac{A}{B}\right)^{\frac{1}{6}}$

2-14 $0.68\times10^{-11}\text{m}$

2-15 （1）36.75m；（2）$1.68\times10^{12}$J

2-16 （1）4.30N；（2）21.1N

2-17 32N

2-18 （1）1.33m/s；（2）0.67s

2-19 354m/s

2-20 25cm

2-21 $\frac{h_1^n}{h^{n-1}}$

2-22 6.31km/s

2-23 0.2m

## 第 3 章

3-1 （1）$9.83\times10^{37}$ kg·m$^2$；（2）$2.6\times10^{29}$J

3-2 $I_x=\frac{1}{48}ml^2$，$I_y=\frac{1}{16}ml^2$，$I_z=\frac{1}{12}ml^2$

3-3 $6.49\times10^3$kg·m$^2$，$4.36\times10^6$J

3-4 $\left(\frac{1}{3}m+m_{盘}\right)l^2+2m_{盘}lr+\frac{3}{2}m_{盘}r^2$

3-5 （1）$\frac{2\theta}{t^2}$；（2）$\frac{2\theta R}{r^2}$

（3）$F_{T1}=M\left(g-\frac{2\theta R}{t^2}\right)$，$F_{T2}=\frac{-I(2\theta/t^2)+MR(g-2\theta R/t^2)}{R}$

3-6 （1）−4.71N·m；（2）22.2J；（3）3圈

3-7 $\frac{3R\omega_0}{8\mu_k g}$

3-8 $\sqrt{\frac{mgh}{\frac{m}{2}+\frac{I}{2r^2}+\frac{m_{球壳}}{3}}}$

3-9 $v_0=\frac{1}{m}\sqrt{(m_{棒}+3m)(m_{棒}+2m)lg/3}$

3-10 （1）1.6kg·m$^2$；（2）5.0kg·m$^2$/s

3-11 $\frac{I_1R_2\omega_0}{I_1R_2^2+I_2R_1^2}$

3-12 $v=\sqrt{\frac{2mgh-kh^2}{m+\frac{I}{R^2}}}$

3-13 （1）$\frac{3g}{2}$；（2）$\frac{1}{4}mg$

3-14 （1）$\frac{3m_0(v_0+v)}{ml}$；（2）$-\frac{1}{2}\mu_k mgl$；（3）$\frac{2m_0(v_0+v)}{\mu_k mg}$，$n=\frac{3m_0^2(v_0+v)^2}{2\pi\mu_k m^2 gl}$

3-15 （1）$v=\frac{2m_{棒}\sqrt{3gl}}{3m+m_{棒}}$；（2）$v=\frac{m_{棒}\sqrt{3gl}}{3m+m_{棒}}$

3-16 $\theta=\arccos\left[1-\frac{m^2h}{\left(m+\frac{1}{3}m_{棒}\right)\left(m+\frac{1}{2}m_{棒}\right)l}\right]$

## 第 4 章

4-3 $x=A\cos\left(\frac{2\pi}{T}t+\frac{\pi}{3}\right)$

4-4 $T=2\pi\sqrt{\frac{m}{k}}$，$T'=2\pi\sqrt{\frac{m}{2k}}$

4-6 $x_A=6\cos\left(\frac{\pi}{2}t-\frac{2\pi}{3}\right)$

$x_B=6\cos\left(\frac{\pi}{2}t+\frac{2\pi}{3}\right)$

4-7 $A=6\text{m}$，$\Phi=\pi$

4-8 （1）$F=-(k_1+k_2)x=-kx$；（2）$T=2\pi\sqrt{\frac{m}{k_1+k_2}}$

4-9 （1）$\nu=\frac{1}{2\pi}\sqrt{\frac{k_1k_2}{m(k_1+k_2)}}$

（2）$x=\sqrt{\left(\frac{m_0^2v_0^2}{m+m_0}\right)\left(\frac{1}{k_1}+\frac{1}{k_2}\right)}\cos\left[\sqrt{\frac{k_1k_2}{(m+m_0)(k_1+k_2)}}t+\frac{\pi}{2}\right]$

4-10 （1）$\ddot{\theta}+\frac{mgL}{I}\theta=0$；（2）$T=2\pi\sqrt{\frac{I}{mgL}}$

4-11 （1）$T=2\pi\sqrt{\frac{m+I/R^2}{k}}$；（2）$x=\frac{mg}{k}\cos\left(\sqrt{\frac{k}{m+I/R^2}}t+\pi\right)$

4-12 （1）$T_0=2\pi\sqrt{\frac{m_{物}}{k}}$，$T=2\pi\sqrt{\frac{m_{物}+m}{k}}$

（2）$A_1=A\sqrt{\frac{m_{物}}{m_{物}+m}}$，$A_2=A$

4-13 $x=\sqrt{\frac{2mgh}{k}}\cos\left(\sqrt{\frac{k}{m}}t-\frac{\pi}{2}\right)$

4-14 $\ddot{x}+\frac{\pi\rho gd^2}{4m}x=0$，$T=2\pi\sqrt{\frac{4m}{\pi\rho gd^2}}$

4-15 （1）平衡位置上方 2.45cm 处；（2）1.33cm

4-16 （1）$E_k=3E/4$，$E_p=E/4$；（2）$x=\pm A/\sqrt{2}$

4-17 （1）$A=0.089\text{m}$，$\varphi=1.19\text{rad}$；（2）$x=0.089\cos(10t+1.19)\text{m}$

4-18 $A_2=0.1\text{m}$，$\Delta\varphi=\varphi_2-\varphi_1=\pi/2$

4-19 （1）$x=2A\cos(\omega t+\pi/3)$；（2）$t=\pi/3\omega$

4-20 $T=2\pi\sqrt{\dfrac{l}{3g}}$

4-21 $T=2\pi\sqrt{\dfrac{3m}{2k}}$

## 第 5 章

5-3 （1）分别为：$\varphi_0=0$，$\varphi_1=-\dfrac{\pi}{2}$，$\varphi_2=-\pi$，$\varphi_3=-\dfrac{3\pi}{2}$，$\varphi_4=-2\pi$；

（2）分别为：$\varphi_0=0$，$\varphi_1=\dfrac{\pi}{2}$，$\varphi_2=\pi$，$\varphi_3=\dfrac{3\pi}{2}$，$\varphi_4=2\pi$

5-4 （1）$\lambda_{空气}=0.34\text{m}$；（2）$\nu=1000\text{Hz}$，$\lambda_{水}=1.5\text{m}$

5-5 （1）$A=0.25\text{m}$，$\omega=125/\text{s}$，$T=5.02\times10^{-2}\text{s}$，$u=338\text{m/s}$，$\lambda=17.0\text{m}$；

（2）$y=0.25\cos(125t-3.7)$；

（3）$\Delta\varphi=-5.55\text{rad}$

5-6 （1）$y=0.1\times10^{-3}\cos25\pi\times10^3 t$（$y$ 以 m 计）；

（2）$y=0.1\times10^{-3}\cos2\pi\left(12.5\times10^3 t-\dfrac{x}{0.4}\right)$（$y$ 以 m 计）；

（3）$y=0.1\times10^{-3}\sin5\pi x$（$y$ 以 m 计）

5-7 （1）$\Delta x=0.12\text{m}$；（2）$\Delta\varphi=\pi$

5-8 （1）$y=3\times10^{-2}\cos\left[10^4\pi\left(t-\dfrac{x}{100}\right)+\dfrac{3\pi}{2}\right]$（$y$ 以 m 计）；

（2）$x=10^{-2}\text{km}$，其中 $k=0$，$\pm1$，$\pm2$，…

5-9 （1）$y=2\cos\left(\dfrac{5}{2}\pi t-\dfrac{\pi}{2}x+\dfrac{\pi}{3}\right)$（$y$ 以 m 计）；

（2）$x_P=\dfrac{11}{3}\text{m}$ $y_P=2\cos\left(\dfrac{5}{2}\pi t-\dfrac{3}{2}\pi\right)$（$y$ 以 m 计）；

（3）$\Delta\varphi=\dfrac{3}{4}\pi$

5-10 （1）以 $B$ 为原点：$y=0.03\cos4\pi\left(t-\dfrac{x}{0.2}\right)$

以 $O$ 为原点：$y=0.03\cos4\pi\left(t+\dfrac{1}{4}-\dfrac{x}{0.2}\right)$；

（2）$y_O=0.03\cos4\pi\left(t+\dfrac{1}{4}\right)$，$y_A=0.03\cos4\pi\left(t+\dfrac{13}{20}\right)$

$y_C=0.03\cos4\pi\left(t-\dfrac{7}{10}\right)$

5-11 $y=10\cos\left(7\pi t-\frac{\pi}{12}x+\frac{\pi}{3}\right)$ cm

5-12 （1）$y=10\cos\left[\pi\left(t-\frac{x}{20}\right)+\frac{\pi}{3}\right]$（$y$ 以 cm 计）；（2）$x_P=23.31$cm

5-13 （1）$y=0.04\cos\left(2\pi t-2\pi x-\frac{\pi}{2}\right)$；（2）$y=0.04\sqrt{2}\cos\left(2\pi t-\frac{\pi}{4}\right)$

5-14 （1）$\bar{w}=2.50\times10^{-5}\text{J/m}^3$，$w_{\max}=5.00\times10^{-5}\text{J/m}^3$；

（2）$W=5.1\times10^{-7}$J

5-16 $I_1=0.398\text{J/(s}\cdot\text{m}^2)$，$I_2=0.016\text{J/(s}\cdot\text{m}^2)$

5-17 $\Delta\varphi=10.32\pi$

5-18 （1）$\Delta\varphi=0$；（2）$A=0.4\times10^{-2}$m；（3）$A=0.28\times10^{-2}$m

5-19 （1）$y=5\cos\left(\frac{\pi}{2}t-\frac{\pi}{2}x+\frac{3}{2}\pi\right)$；（2）$x=0$，2，4

5-20 $x=15+2k$（$x$ 以 m 计），$k=0$，±1，…，±7

5-21 $y_{反}=10^{-3}\cos(200\pi t+\pi x)$（以 m 计）

5-22 （1）$y_{入}=A\cos\left(\omega t-2\pi\frac{x}{\lambda}+\frac{3}{2}\pi\right)$（$y$ 以 m 计）；

（2）$y_{反}=A\cos\left(\omega t+2\pi\frac{x}{\lambda}-\frac{\pi}{2}\right)$（$y$ 以 m 计）；

（3）$y_{合}=-\sqrt{3}A\sin\omega t$

5-23 $y=5\cos\left(\pi x-\frac{\pi}{3}\right)\sin\pi t$(m)

5-24 （1）$y=2A\cos\frac{2\pi x}{\lambda}\sin\omega t$；

（2）波节位置：$x=(2k+1)\frac{\lambda}{4}$，$k=0$，1，…

波腹位置：$x=k\frac{\lambda}{2}$，$k=0$，1，…

5-25 $v_S=0.25$m/s

5-26 $v_S=66.6$ km/h，$\nu_S=468$Hz

5-27 $\Delta\nu=\frac{2v}{u-v}\nu_0$

5-28 （1）$y_1=A\cos\left[\omega t-\omega\left(\frac{2l+l_0-x}{u_1}\right)-\pi\right]$；

（2）$y_2=A\cos\left[\omega t-\omega\left(\frac{2l+l_0-x}{u_1}\right)-\omega\frac{2d}{u_2}\right]$；

（3）$d_{\min}=\frac{\pi u_2}{2\omega}$

5-29 （1）声源右侧空气中波长 $\lambda_1'=0.306$m，声源左侧空气中波长 $\lambda_2'=0.374$m；（2）每秒

内到达反射面的波数 $v_2'=1.3\text{kHz}$；（3）反射波在空气中的波长 $\lambda_3'=0.20\text{m}$

## 第 6 章

6-2 （1）$V=8.2\times10^{-3}\text{m}^3$；（2）$\Delta M=33.3\text{g}$

6-3 $\Delta N=1.65\times10^{17}$ 个

6-5 $p=2.46\times10^4\text{Pa}$

6-6 $E_t=3739.5\text{J}$，$E_r=3739.5\text{J}$

6-8 $\Delta E=0$

6-9 $\Delta T=7.7\text{K}$

6-10 （1）$n=2.44\times10^{25}/\text{m}^3$；（2）$m=5.31\times10^{-26}\text{kg}$；（3）$\rho=1.30\text{kg/m}^3$；

（4）$\bar{l}=3.45\times10^{-9}\text{m}$；（5）$\bar{v}=4.45\times10^2\text{m/s}$，$\sqrt{\overline{v^2}}=4.83\times10^2\text{m/s}$；

（6）$\bar{E}_k=1.04\times10^{-20}\text{J}$

6-12 （2）$\Delta N/N=1.67\%$

6-13 $v_{p\text{He}}=1000\text{m/s}$，$v_{p\text{H}_2}=1000\sqrt{2}\,\text{m/s}$

$\sqrt{\overline{v_{\text{He}}^2}}=500\sqrt{6}\,\text{m/s}$

6-14 （1）$pV=2E/3$；（2）$pV=2E/5$；（3）$pV=E/3$；

6-15 （2）$A=3N/4\pi v_F^3$；（3）$\bar{E}_k=\dfrac{3}{5}\left(\dfrac{1}{2}mv_F^2\right)$

6-16 $E_m=3(N-1)RT$

6-17 （2）同时升压降温

6-18 （2）$c=3/4v_0^3$，$b=3/4v_0$；（3）$\bar{v}=21v_0/16$，$\dfrac{\Delta N}{N}=\dfrac{1}{4}$

6-19 $h=8.31\times10^3\text{m}$

6-20 （1）$\bar{\lambda}=9.61\times10^{-4}\text{m}$；（2）$\eta=1.73\times10^{-5}\text{Pa}\cdot\text{s}$，$D=1.52\times10^{-1}\text{m}^2/\text{s}$；

（3）$p'=2.4\text{Pa}$

6-21 （1）$p=54.0\text{atm}$；（2）$T=396.6\text{K}$；（3）$\Delta p=-2.2\text{atm}$，$\Delta T=7.6\text{K}$

## 第 7 章

7-2 （1）$Q_{adc}=266\text{J}$；（2）$Q_{cea}=-308\text{J}$

7-4 （1）$\Delta E=0$；（2）$Q=A=550\text{J}$

7-5 （1）$\Delta E=0$，$A_T=Q_T=3145\text{J}$；（2）$\Delta E=0$，$A_{acb}=Q_{acb}=2269\text{J}$；

（3）$\Delta E=0$，$A_{adb}=Q_{adb}=4538\text{J}$

7-6 （1）$A_Q=941\text{J}$；（2）$A_T=1435\text{J}$

7-7 （1）$A_{abcd}=A_{a'b'c'd'}$；（2）$\eta_{abcd}<\eta_{a'b'c'd'}$

7-8 （1）$A=K(V_2^3-V_1^3)/3$；（2）$Q=17K(V_2^3-V_1^3)/6$；（3）$C=17R/6$

7-9 $pV^n=K$，$n=(C_m-C_{p,m})/(C_m-C_{V,m})$

7-10 （1）$1.884\times10^7\text{J}$；（2）$1.47\times10^3\text{m/s}$

7-11 （1）$T(0.04-V)^{1.4}=51V$；（2）322K，965K；（3）$1.66\times10^4$ J

7-12 $\eta=1-\dfrac{1}{r^{\gamma-1}}$

7-15 （1）$Q_1=1.83\times10^7$ J；（2）$A=1.65\times10^6$J；（3）$A'=2.36\times10^6$J

7-16 $1.05\times10^4$J

7-17 （1）$C_b$ 最大，$C_e$ 最小；（2）$C_e$、$C_d$ 为负，$C_b$ 为正

7-18 $\eta=1-\dfrac{T_3}{T_1}$

7-19 $\eta=\dfrac{A}{Q_1}=\dfrac{8}{67}\approx12\%$

7-24 $A$——绝热，$B$——多方，$C$——等温，$D$——等压，$E$——等体

7-27 （1）$\Delta S=\nu C_{p,\mathrm{m}}\ln\dfrac{T_2}{T_1}=262\mathrm{J/K}$；（2）$\Delta S=\nu C_{V,\mathrm{m}}\ln\dfrac{T_2}{T_1}=187\mathrm{J/K}$

（3）$\Delta S=\nu R\ln\dfrac{V_2}{V_1}=230\mathrm{J/K}$

## 第 8 章

8-1 不合理，此时点电荷模型的假设已失效。

8-2 第三种情况是对的，$E=\dfrac{q}{2\varepsilon_0 S}$，$F=qE=\dfrac{q^2}{2\varepsilon_0 S}$

8-3 错，对

8-4 静电场是有源场，电场线起于正电荷，终于负电荷，在无电荷处不中断。$\oint \boldsymbol{E}\cdot\mathrm{d}\boldsymbol{l}$ 表示在静电场中将单位正电荷沿闭合路径 $l$ 运动一周，静电力所做的功。电场线不能构成闭合线，静电场是有势场。

8-5 （1）错；（2）错；（3）错；（4）错

8-6 （1）$F_{\mathrm{e}}=8.22\times10^{-8}$N；（2）$\dfrac{F_{\mathrm{e}}}{F_{\mathrm{m}}}=2.27\times10^{39}$；（3）$v=2.19\times10^6$m/s

（4）$F_{\mathrm{e}}\gg F_{\mathrm{m}}$，在原子物理学等领域里不必考虑粒子万有引力。

8-7 （1）$\dfrac{q}{2}$；（2）$\dfrac{q^2}{16\pi\varepsilon_0 a^2}$

8-9 $E_0=0.72$V/m，方向由圆心指向隙缝

8-10 （1）$\dfrac{\lambda}{4\pi\varepsilon_0}\left(\dfrac{1}{d_1}-\dfrac{1}{d_1+l}\right)$，方向沿 $x$ 轴正向；

（2）$\dfrac{\lambda l}{4\pi\varepsilon_0 d_2\sqrt{d_2^2+l^2/4}}$，方向沿 $y$ 轴正向

8-11 $E=\dfrac{q}{\pi^2\varepsilon_0 R^2}$

8-12 $F=\frac{\lambda_1\lambda_2}{2\pi\varepsilon_0}\ln\frac{a+l}{a}$，若 $\lambda_1$ 与 $\lambda_2$ 同号，则 $\boldsymbol{F}$ 沿 $x$ 轴正方向；若 $\lambda_1$ 与 $\lambda_2$ 异号，则 $\boldsymbol{F}$ 沿 $x$ 轴负方向。

8-13 $E=\frac{\sigma}{2\pi\varepsilon_0}\ln 2$，方向沿 $x$ 轴正向

8-14 （1）$\Phi_e=\frac{\sqrt{3}}{2}\pi R^2E$；（2）$\Phi_e=\frac{q}{2\varepsilon_0}\left(1-\frac{x}{\sqrt{R^2+x^2}}\right)$

8-15 $\Phi_{S1}=2ba^3$，$\Phi_{S2}=-ba^3$，$\Phi_e=ba^3$，$Q=\varepsilon_0a^3b$

8-16 （1）$E=\begin{cases}0 & (0\leqslant r<R_1)\\ \frac{q_1}{4\pi\varepsilon_0r^2} & (R_1\leqslant r<R_2)\\ \frac{q_1+q_2}{4\pi\varepsilon_0r^2} & (r\geqslant R_3)\end{cases}$

（2）函数在带电面上不连续

8-17 （1）$E=0$；（2）$E=0$；（3）$E=\frac{\lambda}{2\pi\varepsilon_0r}$

8-18 $E=\frac{\rho x}{\varepsilon_0}\left(x\leqslant\frac{d}{2}\right)$，$E=\frac{\rho d}{2\varepsilon_0}\left(x\geqslant\frac{d}{2}\right)$，$\boldsymbol{E}$ 的方向与板层外法线方向一致

8-19 （1）$E_{\mathrm{I}}=\frac{\sigma}{2\varepsilon_0}$，$E_{\mathrm{II}}=-\frac{\sigma}{2\varepsilon_0}$，$E_{\mathrm{III}}=\frac{\sigma}{2\varepsilon_0}$，$E_{\mathrm{IV}}=\frac{-\sigma}{2\varepsilon_0}$；

（2）$E_{\mathrm{I}}=\frac{\sigma}{2\varepsilon_0}$，$E_{\mathrm{II}}=\frac{3\sigma}{2\varepsilon_0}$，$E_{\mathrm{III}}=\frac{\sigma}{2\varepsilon_0}$，$E_{\mathrm{IV}}=\frac{-\sigma}{2\varepsilon_0}$

8-20 $E=\frac{\sigma}{2\varepsilon_0}\left(\frac{2R^2}{l^2}+\frac{l}{\sqrt{R^2+l^2}}\right)$

8-21 （1）$E=\frac{\rho r}{2\varepsilon_0}(r<R)$，$E=\frac{\rho\pi R^2}{2\pi\varepsilon_0r}=\frac{\lambda}{2\pi\varepsilon_0r}(r>R)$

8-22 （1）$\boldsymbol{E}=\frac{\rho}{3\varepsilon_0}\boldsymbol{a}$

8-23 （1）$E=\frac{q+2\pi A(r^2-a^2)}{4\pi\varepsilon_0r^2}$；（2）$A=\frac{q}{2\pi a^2}$

8-24 $\boldsymbol{E}=\frac{Kb}{\varepsilon_0r}\boldsymbol{r}_0$ $(r>b)$，$\boldsymbol{E}=\frac{K}{\varepsilon_0}\boldsymbol{r}_0$ $(r<b)$

8-25 $F=\frac{\sigma^2\Delta S}{2\varepsilon_0}$

8-26 （1）$\frac{q}{6\pi\varepsilon_0l}$；（2）$\frac{q}{6\pi\varepsilon_0l}$

8-27 （1）$\varphi_P=1.5\times10^4\,\mathrm{V}$；（2）$\varphi_A=1.9\times10^4\,\mathrm{V}$

8-28 $\varphi_{内}=6.54\times10^2\,\mathrm{V}$，$\varphi_{外}=3.57\times10^2\,\mathrm{V}$

8-29 $E=\frac{U}{r^2}\frac{R_1R_2}{(R_2-R_1)}$

8-30 （1）$\varphi_A-\varphi_B=9.0\times10^4\text{V}$；（2）$A'=9.0\times10^{-4}\text{J}$

8-31 （1）$\lambda=2\pi\varepsilon_0U_0/\ln\frac{R_2}{R_1}$；（2）$\boldsymbol{E}=U_0/r\ln\frac{R_2}{R_1}\boldsymbol{r}_0$

8-32 $\varphi_a=-\frac{3\sigma}{2\varepsilon_0}d$

8-34 $E=\frac{\rho r}{3\varepsilon_0}-\frac{\rho R_1^3}{3\varepsilon_0 r^2}$，方向沿径向向外，$\varphi=\frac{\rho}{6\varepsilon_0}\left(3R_2^2-r^2-\frac{2R_1^3}{r}\right)$

8-35 （1）$Q=q$；（2）$\boldsymbol{E}_{内}=\frac{qr^2}{4\pi\varepsilon_0R^4}\boldsymbol{r}_0$，$\boldsymbol{E}_{外}=\frac{q}{4\pi\varepsilon_0r^2}\boldsymbol{r}_0$；

（3）$\varphi_{内}=\frac{q}{12\pi\varepsilon_0R}\left(4-\frac{r^3}{R^3}\right)$，$\varphi_{外}=\frac{q}{4\pi\varepsilon_0r}$

8-36 （1）$\boldsymbol{E}_N=\frac{2}{3\varepsilon_0}\rho\boldsymbol{r}$；　（2）$V_O=\frac{\rho a^2}{3\varepsilon_0}$

8-37 （1）$E=\frac{qx}{4\pi\varepsilon_0(a^2+x^2)^{3/2}}$；（2）$\varphi=\frac{q}{4\pi\varepsilon_0(a^2+x^2)^{1/2}}$；（3）$T=2\pi a\left(\frac{4\pi\varepsilon_0am}{eq}\right)^{1/2}$

## 第 9 章

9-1 （1）在球壳内部和球壳外部空间都有电场存在；（2）球壳内表面出现负电荷，外表面出现正电荷；（3）球壳内表面包围的空间中的电场要发生改变，球壳层里的电场不改变，始终为零。

9-2 公式 $E=\frac{\sigma}{\varepsilon_0}$仍成立，但因 $\sigma$ 不是原值，所以表面附近电场强度将改变。

9-3 无限大带电平面是忽略厚度的几何平面，实际带电薄板电荷分布在两个表面上，设左面为 $\sigma_1$，右面为 $\sigma_2$，均匀分布时 $\sigma_1=\sigma_2$，式 $E=\frac{\sigma}{2\varepsilon_0}$中 $\sigma$ 应为 $\sigma_1+\sigma_2$，式 $E=\frac{\sigma}{\varepsilon_0}$中的 $\sigma$ 应等于 $\sigma_1$ 或 $\sigma_2$。

9-4 $\varphi_{内}=\frac{q}{4\pi\varepsilon_0b}$，导体表面存在等量正负感应电荷，$A$ 球接地球上净电荷 $q'=-\frac{R}{b}q$。

9-5 $\varphi_0=\frac{q}{4\pi\varepsilon_0r}$，$\varphi_R=\frac{q}{4\pi\varepsilon_0R}$

9-6 $E_A<E_B$，$E_A>E_B$

9-7 第 1 组 $\boldsymbol{D}$ 线，第 2 组 $\boldsymbol{E}$ 线，第 3 组 $\boldsymbol{P}$ 线。

9-8 0；0；$\frac{q}{\varepsilon_0}$；$q$

9-9 $\frac{\sigma_2}{\varepsilon_0}$

9-10 （1）$E$ 减小，$\Delta U$ 变小，$C$ 增大，$\sigma$ 不变，$W$ 减少

（2）$\Delta U$ 不变，$E$ 不变，$C$ 增大，$\sigma$ 变大，$W$ 增大

9-11 （1）电场能

9-12 $q=\pm\varepsilon_0 ES$

9-13 （1）$\sigma_1=\sigma_4=\dfrac{Q_A+Q_B}{2S}$，$\sigma_2=-\sigma_3=\dfrac{Q_A-Q_B}{2S}$，$\Delta\varphi_{AB}=\dfrac{Q_A-Q_B}{2\varepsilon_0 S}d$；

（2）$\sigma_1'=\sigma_4'=\dfrac{Q_A+Q_B}{2S}$，$\sigma_2'=-\sigma_3'=0$；

（3）$\sigma_1''=\sigma_4''=0$，$\sigma_2''=-\sigma_3''=\dfrac{Q_A+Q_B}{2S}$，$\Delta\varphi_{AB}''=\dfrac{Q_A+Q_B}{2\varepsilon_0 S}d$

9-14 （1）$q_1=\dfrac{d_2}{d_1+d_2}q_A$，$q_2=\dfrac{d_1}{d_1+d_2}q_A$，$\varphi_A=\dfrac{q_A}{\varepsilon_0 S}\dfrac{d_1 d_2}{d_1+d_2}$；

（2）$q_1=\dfrac{\varepsilon_r d_2}{d_1+\varepsilon_r d_2}q_A$，$q_2=\dfrac{d_1}{d_1+\varepsilon_r d_2}q_A$，$\varphi_A=\dfrac{q_A}{\varepsilon_0 S}\dfrac{d_1 d_2}{d_1+\varepsilon_r d_2}$

9-15 $q=\dfrac{4\pi\varepsilon_0 R_1 R_2 R_3 V-R_1 R_2 Q}{R_1 R_2+R_2 R_3-R_1 R_3}$

9-16 （1）$\varphi=\dfrac{q}{4\pi\varepsilon_0 r}$（$r\geqslant R_1$）；（2）$\varphi=\dfrac{q}{4\pi\varepsilon_0 R_2}$（$r\leqslant R_2$），$\varphi=\dfrac{q}{4\pi\varepsilon_0 r}$（$r>R_2$）

9-17 $Q=-\dfrac{R}{b}q$

9-18 $\varphi_r=\varphi_1+(\varphi_2-\varphi_1)\ln\dfrac{r}{R_1}\Big/\ln\dfrac{R_2}{R_1}$

9-19 （1）$E_{内}=\dfrac{Q}{4\pi\varepsilon_0\varepsilon_r r^2}$，（$R<r<R'$），$E_{外}=\dfrac{Q}{4\pi\varepsilon_0 r^2}$，（$r>R'$）；

（2）$\varphi_{内}=\dfrac{Q}{4\pi\varepsilon_0\varepsilon_r}\left(\dfrac{1}{r}+\dfrac{\varepsilon_r-1}{R'}\right)$，$R<r<r'$；$\varphi_{外}=\dfrac{Q}{4\pi\varepsilon_0 r}$，$r>R'$；

（3）$\varphi_{球}=\dfrac{Q}{4\pi\varepsilon_0\varepsilon_r}\left(\dfrac{1}{R}+\dfrac{\varepsilon_r-1}{R'}\right)$

9-20 $\varepsilon_r=2.1$

9-21 （1）$D_1=D_2=20\mu C/m^2$；

（2）$E_1=7.5\times10^5 V/m$，$E_2=5.6\times10^5 V/m$；

（3）$\sigma_1'=13.3\mu C/m^2$，$\sigma_2'=15.0\mu C/m^2$

9-22 （1）$\boldsymbol{E}_1=0$（$r<R_1$），$\boldsymbol{E}_2=\dfrac{Q}{2\pi\varepsilon_0\varepsilon_r rL}\boldsymbol{r}_0$（$R_1<r<R_2$），$\boldsymbol{E}_3=0$（$r>R_2$）；

（2）$\varphi_1-\varphi_2=\dfrac{Q}{2\pi\varepsilon_0\varepsilon_r L}\ln\dfrac{R_2}{R_1}$

9-23 （1）$\boldsymbol{D}_a=\dfrac{\rho r_a}{2}\boldsymbol{r}_0$，$\boldsymbol{E}_a=\dfrac{\rho r_a}{2\varepsilon}\boldsymbol{r}_0$，$\boldsymbol{D}_b=\dfrac{\rho R_1^2}{2r_b}\boldsymbol{r}_0$，$\boldsymbol{E}_b=\dfrac{\rho R_1^2}{2\varepsilon_0 r_b}\boldsymbol{r}_0$

$$D_c=\frac{\pi R_1^2\rho+\lambda}{2\pi r_c}r_0,\ E_c=\frac{\pi R_1^2\rho+\lambda}{2\pi\varepsilon_0 r_c}r_0;$$

(2) $\varphi_b=-\frac{R_1^2\rho}{2\varepsilon_0}\ln\frac{r_b}{R_1}-\frac{\rho R_1^2}{4\varepsilon}$;

(3) $\varphi_{R_1}-\varphi_{R_2}=\frac{\rho R_1^2}{2\varepsilon_0}\ln\frac{R_2}{R_1}$

9-24 (1) $\lambda=\frac{2\pi\varepsilon_0 U}{\ln R/a}$; (2) $E_r=\frac{U}{r\ln R/a}$

9-25 (1) $D_1=D_2=1.8\times10^{-5}C/m^2$, $E_1=0.4\times10^6 V/m$, $E_2=10^6 V/m$;

(2) $U=3.8\times10^3 V$; (3) $9.4\times10^{-9}F$

9-26 (1) $E_1=E_2=\frac{U}{d}$, $D_1=\frac{\varepsilon_0\varepsilon_r U}{d}$, $D_2=\frac{\varepsilon_0 U}{d}$;

(2) $P=(\varepsilon_r-1)\varepsilon_0\frac{U}{d}$, $\sigma_{上}'=(1-\varepsilon_r)\varepsilon_0\frac{U}{d}$, $\sigma_{下}'=(\varepsilon_r-1)\varepsilon_0\frac{U}{d}$;

(3) $\sigma_1=\frac{\varepsilon_0\varepsilon_r U}{d}$, $\sigma_2=\frac{\varepsilon_0 U}{d}$

9-27 $C=\frac{\varepsilon_0\varepsilon_{r_0}S}{d\ln2}$

9-28 (1) $D_1=\frac{Q}{4\pi r^2}r_0$, $E_1=\frac{Q}{4\pi\varepsilon_0\varepsilon_{r_1}r^2}r_0$, $R_1<r<R$

$D_2=\frac{Q}{4\pi r^2}r_0$, $E_2=\frac{Q}{4\pi\varepsilon_0\varepsilon_{r_2}r^2}r_0$, $R<r<R_2$;

(2) $U=\frac{Q[\varepsilon_{r_2}(R-R_1)R_2+\varepsilon_{r_1}R_1(R_2-R)]}{4\pi\varepsilon_0\varepsilon_{r_1}\varepsilon_{r_2}RR_1R_2}$;

(3) $C=\frac{4\pi\varepsilon_0\varepsilon_{r_1}\varepsilon_{r_2}RR_1R_2}{\varepsilon_{r_2}(R-R_1)R_2+\varepsilon_{r_1}R_1(R_2-R)}$

9-29 $C=133\times10^{-12}F$

9-30 $C_1=\frac{\pi\varepsilon_0}{\ln\frac{d}{r}}$, $C_1=7.1\times10^{-12}F/m$

9-31 (1) $D_1=D_2=\frac{\lambda}{2\pi r}r_0$, $E_1=\frac{\lambda}{2\pi\varepsilon_0\varepsilon_{r_1}r}r_0$, $R_1<r<R_2$, $E_2=\frac{\lambda}{2\pi\varepsilon_0\varepsilon_{r_2}r}r_0$,

$R_2<r<R_3$;

(2) $C=\frac{2\pi\varepsilon_0\varepsilon_{r_1}\varepsilon_{r_2}}{\varepsilon_{r_2}\ln\frac{R_2}{R_1}+\varepsilon_{r_1}\ln\frac{R_3}{R_2}}$

9-32 (1) $w_1=1.1\times10^{-2}J/m^3$, $w_2=2.2\times10^{-2}J/m^3$;

（2） $W=1.1\times10^{-7}\text{J}$，$W_2=3.3\times10^{-7}\text{J}$；

（3） $W=W_1+W_2=4.4\times10^{-7}\text{J}$

9-33 $w_1=\dfrac{Q^2\varepsilon_{r_1}}{2\varepsilon_0(\varepsilon_{r_1}S_1+\varepsilon_{r_2}S_2)^2}$，$w_2=\dfrac{Q^2\varepsilon_{r_2}}{2\varepsilon_0(\varepsilon_{r_1}S_1+\varepsilon_{r_2}S_2)^2}$，

$W=\dfrac{Q^2d}{2\varepsilon_0(\varepsilon_{r_1}S_1+\varepsilon_{r_2}S_2)}$

9-34 （1） $C=\dfrac{\varepsilon_0\varepsilon_r S}{\varepsilon_r d-(\varepsilon_r-1)d'}$；（2） $A=\dfrac{\varepsilon_r(\varepsilon_r-1)\varepsilon_0 Sd'V_0^2}{2[\varepsilon_r d-(\varepsilon_r-1)d']^2}$

9-35 （1） $\Delta W=\dfrac{1}{2}\dfrac{\varepsilon_0(\varepsilon_r-1)S}{d}U^2$；（2） $A'=\dfrac{\varepsilon_0(\varepsilon_r-1)S}{d}U^2$（电源对电场做功）；

（3） $A=\dfrac{1}{2}\dfrac{\varepsilon_0(\varepsilon_r-1)S}{d}U^2$

9-36 （1） $q=\dfrac{4\pi\varepsilon_0 ab}{b-a}U$；（2） $a=\dfrac{1}{2}b$；（3） $E_{\min}=\dfrac{4U}{b}$，$W=2\pi\varepsilon_0 bU^2$

9-37 （1） $W=\dfrac{Q^2}{8\pi\varepsilon_0}\left(\dfrac{1}{R_1}-\dfrac{1}{R_2}\right)+\dfrac{Q^2}{8\pi\varepsilon R_3}$；（2） $W=\dfrac{Q^2}{8\pi\varepsilon R_3}$

9-38 （1） $\mathrm{d}W=\dfrac{Q^2}{4\pi\varepsilon_0}\dfrac{\mathrm{d}r}{r}$，$W=\dfrac{Q^2}{8\pi^2\varepsilon r^2l^2}$；（2） $W=\dfrac{Q^2}{4\pi\varepsilon l}\ln\left(\dfrac{b}{a}\right)$，$C=\dfrac{2\pi\varepsilon l}{\ln\dfrac{b}{a}}$

# 参 考 文 献


[1] 程守洙，江之永主编. 普通物理学：上册，中册，下册［M］. 5 版. 北京：高等教育出版社，1998.
[2] 马文蔚. 物理学：上册，中册，下册［M］. 4 版. 北京：高等教育出版社，2001.
[3] 陆果. 基础物理教程：上册，下册［M］. 北京：高等教育出版社，1999.
[4] 吴锡珑. 大学物理教程：第一册，第二册，第三册［M］. 2 版. 北京：高等教育出版社，2001.
[5] 张三慧. 大学物理学：1~5 册［M］. 2 版. 北京：清华大学出版社，1999.
[6] 廖耀发，等. 大学物理：上册，下册［M］. 武汉：武汉大学出版社，2001.
[7] 周勇志. 大学物理学：1~3 册［M］. 3 版. 广州：华南理工大学出版社，2001.
[8] 诸葛向彬. 工程物理学［M］. 杭州：浙江大学出版社，1999.
[9] 吴王杰. 大学物理学［M］. 北京：高等教育出版社，2019.